普通高等教育"十一五"国家级规划教材

环境工程微生物学

主　编　林　海
副主编　李天昕　周北海　邢　奕

北　京
冶金工业出版社
2008

内容简介

本书重点介绍了与环境保护特别是与环境污染治理密切相关的微生物知识。内容包括环境工程微生物学的发展历史和发展趋势，微生物的微观结构和形态的观察方法以及环境污染治理工程中常见微生物的形态、结构和特征，微生物培养、分离的原理和方法以及微生物生长繁殖规律，微生物对常见有机污染物质的代谢。同时介绍了微生物的遗传和变异，微生物在给水和排水工程、大气污染治理、固体废物处理中的应用原理和实例，以及最新的微生物脱硝技术和生物修复的相关知识。

本书除作为高等学校环境科学、环境工程、土木资源、给水排水、生物冶金等专业的教学用书外，也可供相关专业厂矿工程技术人员阅读参考。

图书在版编目(CIP)数据

环境工程微生物学/林海主编. —北京:冶金工业出版社，2008.10

普通高等教育“十一五”国家级规划教材

ISBN 978-7-5024-4612-3

Ⅰ. 环… Ⅱ. 林… Ⅲ. 环境生物学:微生物学—教材
Ⅳ. X172

中国版本图书馆 CIP 数据核字(2008)第 151293 号

出版人　曹胜利
地　　址　北京北河沿大街嵩祝院北巷 39 号，邮编 100009
电　　话　(010)64027926　电子信箱　postmaster@cnmip.com.cn
责任编辑　张　卫　李　雪　美术编辑　李　心　版式设计　张　青
责任校对　王贺兰　责任印制　李玉山
ISBN 978-7-5024-4612-3
北京兴顺印刷厂印刷;冶金工业出版社发行;各地新华书店经销
2008 年 10 月第 1 版，2008 年 10 月第 1 次印刷
787mm × 1092mm　1/16; 22.5 印张; 599 千字; 347 页;1 - 3000 册
45.00 元
冶金工业出版社发行部　电话:(010)64044283　传真:(010)64027893
冶金书店　地址:北京东四西大街 46 号(100711)　电话:(010)65289081
(本书如有印装质量问题，本社发行部负责退换)

前　言

随着经济的发展和人们物质文化生活水平的提高，环境问题已越来越受到世人的关注，其中环境污染治理是人们研究的重点。在目前的治理方法中，生物方法由于具有降解速度快、效率高、成本低等特点而被广泛采用，微生物在生物处理中担当着重要的角色。

本书在查阅国内外大量科技文献资料的基础上，立足于环保，重点介绍了与环境保护特别是污染治理密切相关的微生物知识，总结了作者多年教学和科研工作的实践经验，归纳了国内外近年来环境工程微生物学的研究成果。本书按照教学大纲要求，同时按照"步进式"思维模式编写，从微生物的基础理论知识逐渐过渡到微生物的实际应用，充分体现理论与实际相结合的特点。全书共分9章，第1章主要介绍了环境工程微生物学的发展历史和发展趋势；第2章主要介绍了微生物的微观结构、形态的观察方法和环境污染治理工程中常见微生物的形态、结构与特征；第3章主要论述了培养和分离微生物的原理、方法以及微生物的生长繁殖规律；第4章主要介绍了微生物如何代谢常见的有机污染物质；第5章主要介绍了微生物的遗传和变异，重点阐述了如何开发高效污染物降解菌种；第6章主要介绍了微生物在给水和排水工程中的应用原理和实例；第7章主要介绍了微生物在大气污染治理中的应用原理和实例，介绍了最新的微生物脱硝技术；第8章主要介绍了微生物在固体废物处理中的应用原理和实例；第9章介绍了生物修复的相关知识。

参加本书编写的人员有：林海（第1章、第3.1节~3.3节）、李天昕（第4.3节~4.5节、第6.1节~6.2节、第9章）、周北海（第2章、第6.3节、第8章）、邢奕（第4.1节~4.2节、第5.5节~5.7节、第7章）、吕绿洲（第3.4节~3.5节、第5.1节~5.4节）、陈月芳（编写各章要点及小结）。

全书由林海教授统稿。在编写过程中得到了研究生郭丽丽、杨柳、卢晓君、程琳、万静生、于昕蕾、贾小宇、刘璐、赵慧的大力帮助，在此表示感谢。同时感谢教育部高等教育司和北京科技大学为本书编写提供的经费支持。

由于水平所限，书中不妥之处，恳请同行和读者批评指正。

编　者

2008年5月于北京

目　　录

1 绪 论

本章要点

(1) 微生物的发现历程;

(2) 微生物的定义、化学组成和如何分类;

(3) 在自然界碳、氮、磷、硫的循环中微生物所起的作用;

(4) 环境工程微生物学研究的对象、发展历史和趋势。

1.1 微生物的发现

人们在真正看到微生物之前,实际上已经感觉或推测到它们的存在,甚至人们已经在不知不觉中应用它们。我国早在商代至战国时期就有酿酒手工业,即在不完全灭菌条件下,培养出优良菌种曲用于酿酒;当时的埃及人也已经学会烘制面包和酿制果酒。2500 年前我国已经发明用鼻苗法种痘,用细菌浸出法开采铜。

真正看见并描述微生物的第一人是荷兰商人安东·范·列文虎克(Antony van Leevwenhoek,1632~1723 年)。他用自己制作的显微镜(放大倍数 50~300 倍)发现了微生物,并将这些微生物称为"wee animalcules"(微小动物)。列文虎克在当时观察的河水、雨水、牙垢中,清楚地看见了细菌和原生动物,首次揭示了一个崭新的生物世界——微生物界。

1.2 微生物的定义、化学组成和分类

1.2.1 微生物的定义

微生物(microorganism,microbe)是一切肉眼看不见或看不清楚的微小生物的总称。它们是一些个体微小(直径小于 0.1mm)、构造简单的低等生物,包括属于原核类的细菌、放线菌、支原体、衣原体、立克次氏体和蓝细菌(过去称蓝藻或蓝绿藻),属于真核类的真菌(酵母菌和霉菌)、原生动物和显微藻类,以及属于非细胞类的病毒、类病毒和朊病毒等。

1.2.2 微生物的化学组成

生态系统中的各种生物细胞都是由各种不同化学元素所组成的,微生物也不例外。据微生物中各类化学元素量的不同,可将它们大体分为主要元素(macroelement)和微量元素(trace element)。主要元素包括碳、氢、氧、氮、磷、硫、钾、镁、钙、铁等,而前 6 种则约占菌细胞干重的 97%,如表 1-1 所示;微量元素则包括锌、锰、钠、氯、钼、硒、钴、铜、钨、镍、硼等。

表 1-1 微生物细胞中几种主要元素的质量分数 (%)

元 素	细菌(干重)	酵母菌(干重)	真菌(干重)
碳	约 50	约 50	约 48

续表 1-1

元 素	细菌(干重)	酵母菌(干重)	真菌(干重)
氮	约15	约12	约5
氢	约8	约7	约7
氧	约20	约31	约40
磷	约3	—	—
硫	约1	—	—

由表1-1也可看出,细菌、酵母菌和真菌中6种主要元素的含量是有差别的,也就是说,微生物细胞的化学元素组成往往因微生物种类不同而有所不同。不仅如此,该元素组成也常会随菌龄以及培养条件的不同在一定范围内发生变化,如幼龄菌比老龄菌的氮含量高;在氮源丰富的培养基(medium)上生长的细胞也要比在氮源相对贫乏的培养基上生长的细胞氮含量高。

微生物细胞中的各种化学元素主要以有机物、无机物和水的形式存在。众所周知,水是生命之源,是细胞维持正常生命活动必不可少的成分,一般要占细胞干重的70%~90%。

微生物细胞中的干物质主要由无机物和有机物组成,其中有机物主要包括蛋白质、糖、脂、核酸、维生素以及它们的降解产物和一些代谢产物等物质。对细胞有机成分的分析通常有两种方式:一种是用化学方法直接抽提细胞内的有机成分,然后加以定性和定量的分析;另一种是先将细胞破碎,获得不同的亚显微结构再分析这些结构的化学成分。无机物是指在细胞中与有机物相结合或单独存在的无机盐(inorganic salt)等物质。无机物成分的分析一般是先将干细胞在高温炉(550℃)中焚烧成灰,所得到的灰分物质即为各种无机元素的氧化物,称为灰分(ash constituent),然后采用无机化学常规分析法即可定性定量地分析出灰分中各种无机元素的含量。

1.2.3 微生物的分类

近100多年来,人类对微生物的分类从两界系统经历了三、四、五和六界系统。微生物在所有界级分类系统中,都占有最宽广的领域,占有绝大多数的"席位"。若按1977年我国学者王大椿等在魏泰克(R. H. Whittaker)主张五界系统的基础上再增加一个病毒界而形成的六界系统,那么微生物在该分类系统中应分别属于病毒界、原核生物界、真核原生生物界和真菌界。本书根据六界分类系统将环境工程微生物在生物学分类中的地位归纳如图1-1所示。

- 生物
  - 非细胞结构生物——病毒界(Vira)
  - 原核细胞——原核生物界——(蓝绿细菌)
    - 蓝藻门(Cyanophyta Eubacteriae)
    - 细菌门(Bacteriophyta)
      - 真细菌纲
        - 真细菌亚纲(Eubacteriae)
        - 防线菌亚纲(Actinomycetes)
      - 立克次氏体纲(Rickettsiae)
      - 黏细菌纲(Myxobacteriae)
      - 螺旋体纲(Spirochaetao)
      - 支原体纲(Mycoplasmao)
  - 具细胞结构生物
    - 胞生物(Procaryota)
    - 真核细菌生物
      - 真核原生生物界(Protistae)
        - 原生动物
        - 真核藻类
      - 真菌界(Fung)
        - 酵母菌
        - 霉菌
      - 动物界(Animalia)
        - 微型后生动物
        - 高、低等动物
      - 植物界(Plantae)
        - 低等植物
        - 高等植物

图1-1 环境工程微生物在生物学分类中的地位

1.3　微生物在自然界物质循环中的作用

自然界中的物质循环有氧、碳、氮、硫、磷、铁、锰及各种有毒或无毒污染物的循环。促使这些物质循环的作用有物理作用、化学作用和生物作用,生物是起主导作用的,而微生物则在生物作用中占有了极重要的地位。因此,生物圈中的大部分元素都在微生物作用下以不同的速率参与生物地球循环。

1.3.1　碳素循环

碳是构成生物体的主要元素。碳素循环(the carbon cycle)主要包括空气中二氧化碳通过光合作用形成有机化合物,以及有机物被分解释放出二氧化碳到大气中,这是自然界最基本的物质循环。

碳素循环包括 CO_2 的固定和 CO_2 的再生。植物和藻类以及光合微生物,通过光合作用固定自然界中的 CO_2,合成有机碳化合物,进而转化成各种有机碳化合物。动物以植物为食物,经过生物氧化释放出 CO_2,动物、植物的尸体经微生物完全降解(即矿化作用)后,最终主要产物之一也是 CO_2。地下埋藏的煤炭、石油等,经过人类的开发、利用,例如作为燃料,燃烧后也产生 CO_2,重新加入碳循环。通过这些生物和非生物过程产生的 CO_2,随后又被植物和光合微生物利用,开始新的碳素循环,如图 1-2 所示。

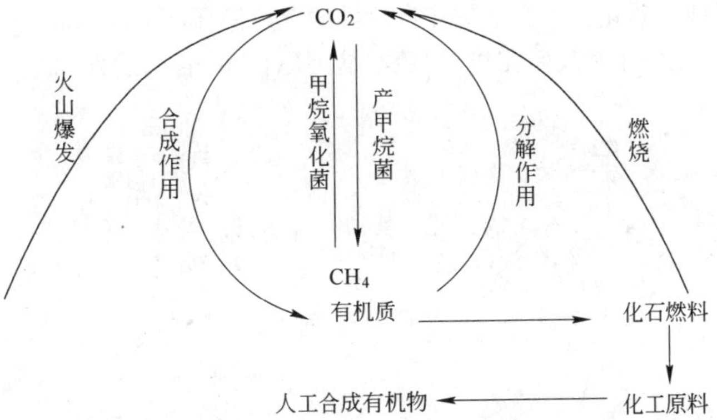

图 1-2　自然界中的碳素循环

1.3.2　氮素循环

氮素是构成生物体的另一种必需元素。自然界中的氮素循环(the nitrogen cycle)包括许多转化作用。空气中的氮气被固氮微生物及植物与微生物的共生体固定成氨态氮,经过硝化微生物的作用转化成硝态氮,后者被植物或微生物同化成有机氮化物。动物食用含氮的植物,又转变成动物体内的蛋白质。动物、植物、微生物的尸体及排泄物被微生物分解后,又以氨的形式释放出来,这种过程叫做氨化作用。由硝化菌产生的硝酸盐在无氧条件下被一些微生物还原成为氮气,重新回到大气中,开始新的氮素循环。微生物在氮素循环中的几种作用归纳为固氮作用、硝化作用、同化作用、氨化作用和反硝化作用,如图 1-3 所示。

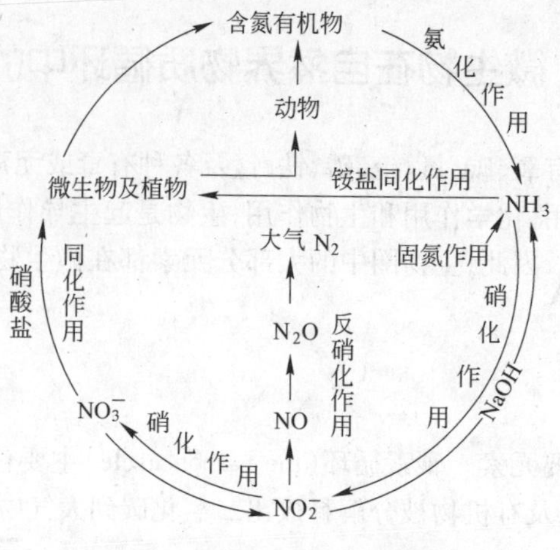

图 1－3　自然界中的氮素循环

1.3.3　硫素循环

硫是生物的重要营养元素，是一些必需氨基酸和某些维生素、辅酶等的成分。自然界中的硫和硫化氢被微生物氧化成为硫酸盐，后者被植物和微生物同化成为有机硫化物，构成其自身组分；动物食用植物和微生物，将其转化成为动物有机硫化物；当动、植物的尸体被微生物分解时，含硫的有机质主要是蛋白质降解成为硫化氢，进入到环境中。此外，环境中的硫酸盐在缺氧条件下，能被微生物还原成为硫化氢。微生物在自然界的硫素循环（the sulphur cycle）中，参与了脱硫作用、硫化作用、硫同化作用和反硫化作用（硫酸盐还原作用）各个过程，如图 1－4 所示。

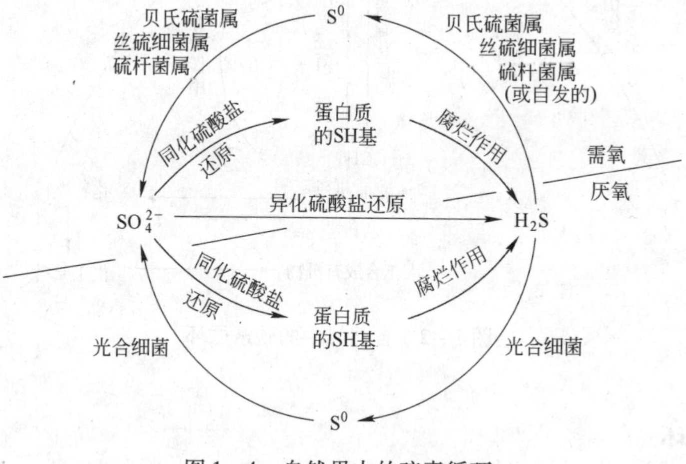

图 1－4　自然界中的硫素循环

1.3.4　磷素循环

在生物圈中，磷元素是比较稀缺的。在中性和碱性条件下，由于磷酸中的磷易被两价金属离子（Ca^{2+}，Mg^{2+}）和铁离子（Fe^{3+}）所沉淀，使其含量更趋下降。

磷在一切生命形式中都是极其重要的元素，在生物体中，它经常以磷酸状态存在。细胞内含磷最多的成分是 RNA 分子。此外，DNA、ATP 和细胞膜上的磷脂等都是重要的含磷有机物。自然界中磷素循环（the phosphorus cycle）如图 1－5 所示。

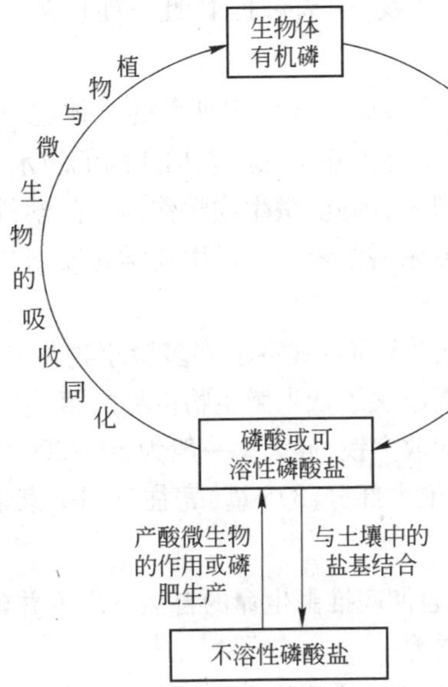

图1－5　自然界中的磷素循环

1.4　环境工程微生物学的研究对象和任务

环境工程微生物学是将环境污染防治与微生物学相结合而产生发展起来的一门交叉学科，属于环境微生物学的研究范畴，重点是研究环境污染防治工程中涉及的微生物学问题，是在普通微生物学的基础上，着重研究栖息在自然环境、受污染环境和人工处理系统中的微生物生态、环境的自净作用，环境污染及其生物处理工程中的微生物学原理。

环境工程微生物学的具体研究内容包括：微生物的形态、细胞结构及其功能，微生物的营养、呼吸、物质代谢、生长、繁殖、遗传与变异等；栖息在水体、土壤、空气、城市生活污水、工业废水和城市有机固体废物生物处理系统中以及废气生物处理系统中的微生物及其生态；饮用水的卫生细菌学；微生物在生物圈的物质循环与转化中的作用；水体和土壤的自净作用，污染水体治理和污染土壤的修复等环境工程技术的问题；用于环境污染检测的微生物及其相关技术等。

环境工程微生物学的研究方向和具体任务就是充分利用有益微生物资源为人类造福，防止、控制、消除环境污染，化害为利。

1.5　环境工程微生物学的发展历史和趋势

1.5.1　微生物学的发展历史

微生物学的发展历史可分为五个时期，现简述如下：

1.5.1.1　史前期

史前期是指人类还未见到微生物个体尤其是细菌细胞前的一段漫长的历史时期，大约在距今8000年前至公元1676年间。当时的人类虽未见到微生物的个体，却自发地与微生物频繁地打交道，并凭自己的经验在实践中开展利用有益微生物和防治有害微生物的活动。但由于在思想方法上长期停留在“实践—实践—实践”的基础上，因此只能长期处于低水平的应用阶段。

1.5.1.2 初创期

从1676年列文虎克用自制的单式显微镜观察到细菌的个体起，直至1861年近200年的时间。在这一时期中，人们对微生物的研究仅停留在形态描述的低级水平上，而对它们的生理活动及其与人类实践活动的关系却未加研究，因此，微生物学作为一门学科在当时还未形成。

这一时期的代表人物是荷兰的业余科学家——微生物学先驱列文虎克。他的贡献主要有三方面：

(1) 利用单式显微镜(透镜直径约3 mm)观察了许多微小物体和生物，并于1676年首次观察到形态微小、作用巨大的细菌，从而解决了认识微生物世界的第一个障碍。

(2) 一生制作了419架显微镜或放大镜，放大率一般为50~200倍，最高者达266倍。

(3) 发表过约400篇论文，其中绝大部分(375篇)寄往英国皇家学会发表。

1.5.1.3 奠基期

从1861年巴斯德根据曲颈瓶试验彻底推翻生命的自然发生说并建立胚种学说(germtheory)起，直至1897年的一段时间。其特点为：

(1) 建立了一系列研究微生物所必要的独特方法和技术，从而解决了认识微生物的第二、三、四个障碍。

(2) 借助于良好的研究方法，开创了寻找病原微生物的“黄金时期”。

(3) 把微生物学的研究从形态描述推进到生理学研究的新水平。

(4) 开始客观上以辩证唯物主义的“实践—理论—实践”的思想方法指导科学实验。

(5) 微生物学以独立的学科形式开始形成，但当时主要还是以其各应用性分支学科的形式存在。

本时期的代表人物主要是法国的巴斯德(L. Pasteur，1822~1895年)和德国的科赫(R. Koch，1843~1910年)，他们可分别被称为微生物学的奠基人和细菌学的奠基人。

巴斯德学派的主要贡献是提出了生命只能来自生命的胚种学说，并认为只有活的微生物才是传染病、发酵和腐败的真正原因，再加上消毒灭菌等一系列方法的建立，就为微生物学的发展奠定了坚实的基础。

科赫学派的重要业绩主要有三个方面：

(1) 建立了研究微生物的一系列重要方法，尤其在分离微生物纯种方面，他们把早年在马铃薯块上的固体培养技术改进为明胶平板培养技术(1881年)，并进而提高到琼脂平板培养技术(1882年)。在1881年前后，科赫及其助手们还创立了许多显微镜技术，包括细菌鞭毛染色在内的许多染色方法、悬滴培养法以及显微摄影技术。

(2) 利用平板分离方法寻找并分离到多种传染病的病原菌，例如炭疽病菌(1877年)、结核杆菌(1882年)、链球菌(1882年)和霍乱弧菌(1883年)等。

(3) 在理论上，科赫于1884年提出了科赫法则(Koch's postulates)。

1.5.1.4 发展期

1897年德国人E. Buchner用无细胞酵母菌压榨汁中的“酒化酶”(zymase)对葡萄糖进行酒精发酵成功，从而开创了微生物生化研究的新时代。此后，微生物生理、代谢研究就蓬勃开展了起来。

在发展期中，微生物学研究有以下几个特点：

(1) 进入了微生物生化水平的研究。

(2) 应用微生物的分支学科更为扩大，出现了抗生素等新学科。

(3) 开始出现微生物学史上的第二个“淘金热”——寻找各种有益微生物代谢产物的热潮。

(4) 在各微生物应用学科较深入发展的基础上，一门以研究微生物基本生物学规律的综合学科——普通微生物学开始形成，代表人物是美国加利福尼亚大学伯克利分校的 M. Doudo-roff。

(5) 各相关学科和技术方法相互渗透，相互促进，加速了微生物学的发展。

1.5.1.5 成熟期

从 1953 年 4 月 25 日 J. D. Watson 和 H. F. C. Crick 在英国的《自然》杂志上发表关于 DNA 结构的双螺旋模型起，整个生命科学就进入了分子生物学研究的新阶段，同样也是微生物学发展史上成熟期到来的标志。

本时期的特点为：

(1) 微生物学从一门在生命科学中较为孤立的以应用为主的学科，迅速成长为一门十分热门的前沿基础学科。

(2) 在基础理论的研究方面，逐步进入到分子水平的研究，微生物迅速成为分子生物学研究中的最主要的对象。

(3) 在应用研究方面，向着更自觉、更有效和可人为控制的方向发展，至 20 世纪 70 年代初，有关发酵工程的研究已与遗传工程、细胞工程和酶工程等紧密结合，微生物已成为新兴的生物工程中的主角。

1.5.2 环境工程微生物学的发展趋势

环境工程微生物学自建立以来，在理论研究和应用技术方面的发展取得了令人瞩目的成绩，而且呈现出强劲的发展势头。展望 21 世纪的环境工程微生物学，将在以下几个领域中取得更大的进展。

1.5.2.1 微生物功能基因组学的研究

这将大大促进污染控制、废物资源化、生物农药、清洁生产方面的特效微生物菌种和有益微生物剂的研究、开发和利用大发展，而且可带动整个生物功能基因组计划的发展。

1.5.2.2 开拓微生物生态学研究的新方法

在了解微生物之间、微生物与其他生物之间、微生物与理化环境因素之间相互作用关系研究的基础上，引入环境微生物基因组信息，研究微生物基因组与环境理化因子和环境功能之间的关系，为提高废物生物处理效率和强化环境自净和修复能力提供理论和技术支撑；推动新的快速、准确的生物监测技术的开发；为人类生存环境的健康发展发挥更大的作用。

1.5.2.3 开发利用微生物有益的生命现象

微生物除具有生长、繁殖、代谢和对环境条件的刺激能做出反应等生物学共同特性外，微生物还具有多种特性，例如：高等生物都不具有的代谢途径和功能，如化能自养、厌氧生活、生物固氮作用和放氧的光合作用；微生物个体微小、代谢速度极高、生长快、易大量培养；微生物对外界条件变化敏感、易变异等。这些都将是 21 世纪研究的重要课题。人类发现利用微生物的特性不仅可以解决很多重大的科学理论问题，如生命起源与进化问题、物质运动基本规律问题，还可促进解决人类能源材料问题、食品和营养品等问题。

1.5.2.4 开发与其他学科交叉的研究

微生物学与建筑工程学结合形成了废物(废水、废气、固体废物)处理系统；微生物学与生态学理论结合建立了环境微生物监测的理论、方法和技术。微生物学与能源、材料、计算机交叉结合也一定能推动资源微生物学的发展，丰富环境微生物学的内容。此外，环境微生物研究技术和方法也会在吸收其他学科研究成果基础上得到进步。

1.5.2.5 环境微生物产业的发展

微生物在20世纪中期就得到广泛应用，并形成了庞大的微生物产业。环境微生物学建立仅30年的时间就硕果累累，例如，用于农、林、渔、牧业的菌剂，不仅对农、林、渔、牧业增产、增收、增益起到了巨大的作用，而且可以减少生产废物的产生，环境效益显著；用于"三废"处理、废物资源化的菌剂不断推陈出新，在污染控制领域的发展方面起到了很大的作用。21世纪基因工程为生物的研究和应用必然得到大发展，将为难降解有毒有机物的生物净化打下良好的基础；DNA芯片的发展，将推动分子生物监测技术的发展，并使生物监测在定量化、分析精密度和可比性等方面取得突出进展。

小 结

1. 荷兰商人安东·列文虎克利用自己制作的显微镜发现了微生物，成为描述微生物的第一人。首次揭示了一个崭新的生物世界——微生物界。

2. 微生物是一切肉眼看不见或看不清楚的微小生物的总称。组成生物细胞的化学元素分为主要元素和微量元素。

3. 自然界中促使物质循环的作用有物理作用、化学作用和生物作用，其中生物作用是起主导作用的，而微生物在生物作用中占有了极其重要的地位。自然界中的物质循环包括：碳素循环、氮素循环、硫素循环、磷素循环。

4. 环境工程微生物的研究方向和任务是充分利用有益微生物资源为人类造福，防止、控制、消除环境污染，化害为利。

5. 微生物学的发展历史可分为五个时期：史前期、初创期、奠基期、发展期和成熟期。

思考题

1-1 真正看见并描述微生物的第一个人是哪个国家的，何人？

1-2 微生物的定义是什么，它分为哪几类，每类举出一个实例。

1-3 微生物细胞中主要元素占多少，水在细胞中占多大比例？

1-4 如何分析微生物细胞干物质中无机物和有机物的质量分数和成分？

1-5 碳素循环、氮素循环、硫素循环、磷素循环的原理各是什么？

1-6 环境工程微生物学的研究内容是什么？

1-7 微生物学发展经历了哪五个时期，每个时期的特点是什么？

1-8 环境工程微生物学的发展趋势是什么？

2 微生物的形态结构及其与环境的关系

本章要点

(1) 如何制备微生物样品及使用显微镜观察微生物的形态结构;

(2) 原核微生物和真核微生物的大小、结构、形态、繁殖、培养、测试;

(3) 革兰氏染色的原理和步骤以及革兰氏阴阳细菌的区别;

(4) 病毒的特点、大小、形态、结构、培养和繁殖。

微生物的形态和结构是认识微生物生命过程的基础。微生物的生命过程包含各种必需的生化反应,这些反应要在一个细胞中完成,就要求细胞具有一定的结构来保障各种反应在恰当的地点以适当的反应程度有秩序地进行,同时保证完成这些反应所需要的信息能够准确地保存和传递。此外,在生命过程中细胞需要不断地、有序地与其周围环境之间进行物质、能量、信息的交流,这同样要求细胞具有一定的结构,以既保证交流的有序性又保证细胞的完整性。

微生物根据其是否具有细胞形态可分为细胞型和非细胞型两类。病毒是不具细胞结构的微生物。凡具有细胞结构的微生物称为细胞型微生物,按照系统发育(phylogeny)进一步分为真细菌(细菌,eubacteria)、古细菌(archaea)和真核生物(eukarya),其中真细菌、古细菌虽然在系统发育上是两种完全不同的微生物类群,但它们均不具备完整的细胞核,仅含有裸露的脱氧核糖核酸(DNA)形成的"核区",在细胞形态和结构上基本一致,因此称为原核生物(prokaryotes)。原核微生物包括细菌、放线菌、蓝细菌、支原体、立克次氏体、衣原体以及古细菌等。具有完整细胞核的真核微生物包括真菌(fungi)、藻类(algea)和原生生物(protozoa)。

细胞是构成生命的基础,是独立于其他细胞和环境的实体,是一个复杂的化学系统。细胞与无生命实体的区别主要体现在4个方面:

(1) 细胞能够生长和复制。

(2) 细胞是高度有序的,而且对出入细胞的物质具有选择限制性。

(3) 细胞由处于化学还原态的元素如C,N,O,S等构成。

(4) 细胞依靠自己摄食。

细胞在生理上是有序的,从而能够完成使之成为生命实体的过程,其基本组成有细胞膜(cell membrane,细胞与周围环境之间的屏障,可限制物质出入细胞,也是细胞必需的一些外反应发生的地点)、细胞壁(cell wall,支撑细胞,能使细胞保持刚性,保护细胞膜的结构)、细胞质(cytoplasm,是细胞内部的主要成分,由水、细胞生命活动所需的大分子组成)、染色体(chromosome,储存记录细胞的遗传与生物化学功能信息的遗传密码)、核糖体(ribosomes,将遗传密码转化为能够促进细胞反应的催化剂)以及酶(enzymes,生物催化剂,促进所需生物化学反应的催化剂)。

2.1 微生物形态结构的观察

由于微生物的个体绝大多数都很小,往往难以用肉眼直接观察到。微生物尤其是细菌的发现主要应归因于显微镜(microscope)的发明,显微镜也被认为是微观世界的窗口。可以想象,如果没有各种显微镜的发明制造,微生物学的发展则远非今天的状况。

2.1.1 显微镜

很久以前,人们就注意到食物腐烂时就不能食用或食后将引起疾病,然而某些"腐败"食物食后却无危害甚至会增加美味。而在几个世纪之前,人们觉察到疾病如天花是由某种可传播物质引起的。但由于研究这些物质的技术落后,对这种现象的原因认识非常模糊且无法解释。

大约在16世纪末,荷兰的眼镜商詹森(Zaccharias Janssen)和他的儿子把几块镜片放进了一个圆筒中,结果发现通过圆筒看到附近的物体大得出奇,这就是现在的显微镜和望远镜的前身。

詹森制造的显微镜是第一台复合式显微镜(图2-1),它使用两个凸透镜,1个凸透镜把另外1个所成的像进一步放大,这就是复合式显微镜的基本原理。如果两个凸透镜中的1个能放大10倍,另1个能放大20倍,那么,整个镜片组合的放大倍数则为10×20=200倍。不过,詹森时代的复合式显微镜并没有真正显示出它的威力,它们的放大倍数太低。

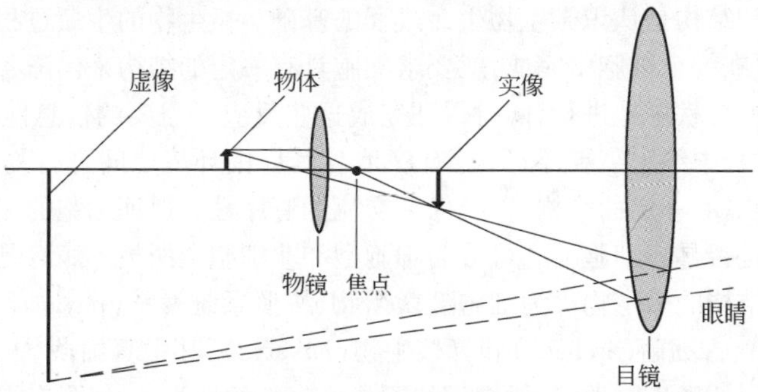

图2-1 复合式显微镜

1665年,英国科学家罗伯特·虎克用他的显微镜(图2-2)观察软木切片时,惊奇地发现其中存在着一个一个"单元"结构,虎克把它们称做"细胞"。荷兰人安东尼·冯·列文虎克制造的显微镜让人们大开眼界,如图2-3所示。当列文虎克把他的显微镜对准一滴雨水的时候,他惊奇地发现了其中令人惊叹的小小世界——无数的微生物游弋其中。他把这个发现报告给了英国皇家学会,引起了一阵轰动。人们有时候把列文虎克称为"显微镜之父"。严格地说,这不太正确,列文虎克没有发明第一个复合式显微镜,他的成就是制造出了高质量的凸透镜镜头。

在接下来的两个世纪里,复合式显微镜得到了充分的完善,如人们发明了能够消除色差和其它光学误差的透镜组。但是由于光学显微镜分辨率极限的限制,与19世纪的显微镜相比,现在我们使用的普通光学显微镜基本上没有太大改进。而提高显微镜分辨率的途径之一就是设法缩短光的波长,或者用电子束来替代光。

1938年,德国工程师 Max Knoll 和 Ernst Ruska 制造出了世界上第一台透射电子显微镜(TEM)。1952年,英国工程师 Charles Oatley 制造出了第一台扫描电子显微镜(SEM)。电子显微镜是20世纪最重要的发明之一。由于电子的速度可加速到很高,所以电子显微镜的分辨率可达到纳米级,很多在可见光下看不见的物体,如病毒,在电子显微镜下都清晰可见。

1983年,IBM公司苏黎世实验室的两位科学家 Gerd Binnig 和 Heinrich Rohrer 发明了扫描隧道显微镜(STM)。这种显微镜依靠所谓的"隧道效应"工作,分辨率可达到单个原子的级别。因为这项发明,Binnig 和 Rohrer 获得了1986年的诺贝尔物理学奖。而且,电子显微镜的发明者 Ruska 也于同年分享了诺贝尔物理学奖。

图 2-2 罗伯特·胡克的显微镜

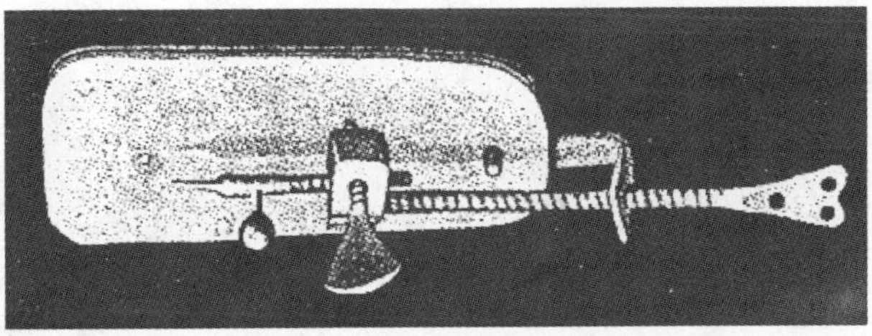

图 2-3 列文虎克的显微镜

2.1.2 显微镜观察样品的制备

显微镜观察样品的制备一般采用压滴法，多适用于制作藻类、原生动物和微型后生动物的标本片。制作方法(以制作藻类标本为例)如图 2-4 所示。具体步骤为：取一片干净的载玻片在实验台上，用一支滴管吸取试管中藻类培养液于载玻片的中央，用干净的盖玻片覆盖在液滴上(注意不要有气泡)即成标本片。

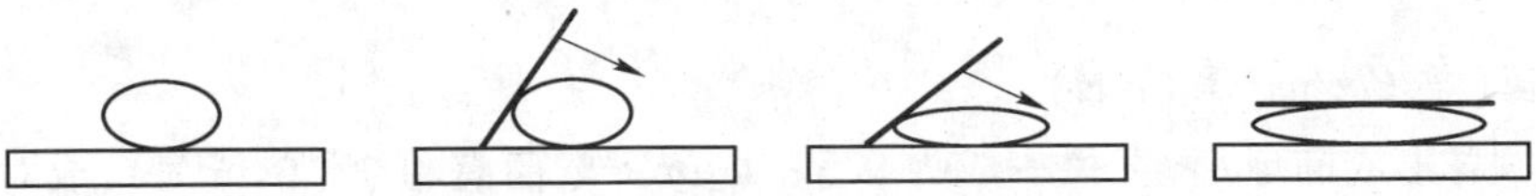

图 2-4 用压滴法制作标本的过程

用压滴法观察活性污泥中的原生动物和微型后生动物，其标本制作方法同上。

2.2 原核微生物

原核微生物的核原始且发育不全，核质裸露，与细胞质没有明显的界线，称为拟核或类核。原核微生物没有细胞器，只有由细胞质膜内陷形成的不规则的泡沫结构体系，如中间体和光合作用层片及其他内折，也不进行有丝分裂。原核微生物包括细菌门和蓝绿细菌门中的所有微生物。

细菌门包括细菌(包括真细菌)、放线菌、蓝细菌、立克次氏体(包括衣原体)和支原体等。

2.2.1 细菌

细菌是指一类单细胞、细胞细短、结构简单、细胞壁坚韧、多以二分裂方式繁殖和水生性较强的原核生物,是一个完整的生命体。细菌广泛分布于自然界中,相同或相似的物种通常遍布世界的各个角落。细菌存在于土壤、水体以及空气当中,并通过气流、水流分散到世界各地。

细菌对环境非常重要,它们能够将各种无机、有机污染物转化为无害的矿物质,从而使矿物质通过循环回到环境中。它们能够氧化许多人工合成的有机化学物质,并通过正常的生物过程自然生成有机化学物质。在废水处理系统中使用细菌就是为了达到这一目的。

然而,细菌的功能并非对人类都有益。有些细菌是病原体,过去曾引发许多瘟疫,即使是现在,一些细菌的存在仍是世界上主要疾病和痛苦的根源。因此,人类需要保护自身受水、食物以及空气中病原体的危害,同时利用细菌的重要能力来清除水体以及土壤中的污染物。

2.2.1.1 细菌的形态与大小

细菌与古细菌一起,被公认为最小的生命体,它们的行为是所有其他物种生存的基础。细菌种类繁杂,数量巨大,形态千差万别。细菌形态学包括细菌的形状、大小、结构以及彼此之间的空间关系。就单个细胞而言,细菌的常见形状主要有球状、杆状和螺旋状三种,球状细菌简称球菌,杆状细菌简称杆菌,螺旋状细菌简称螺旋菌(图2-5)。

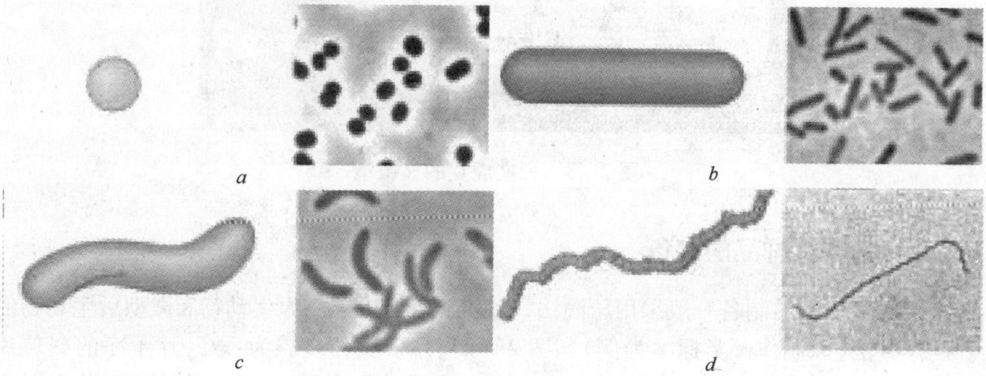

图2-5 细菌的基本形状

a—球菌;*b*—杆菌;*c*—螺旋菌;*d*—特殊形状菌

A 球菌(单 *Coccus*/复 *Cocci*)

球菌呈圆球形或椭球形,直径一般为0.5~1 μm。球菌有单个(单球菌)、成对(双球菌,*diplococcus*)、四联(四联球菌,*tetrad*)、八叠(八叠球菌,*sarcina*)、葡萄状(葡萄球菌,*staphylococcus*)以及长链(链球菌,*streptococcus*),这主要取决于球菌因分裂平面不同以及分裂后菌体间相互粘连方式和程度不同而形成不同的堆叠方式。

B 杆菌(单 *Bacillus*/复 *Bacilli*)

杆菌细胞多呈直杆状,有的稍微弯曲,分散存在或呈链状排列。各种杆菌的直径和长度比例差异很大,按其尺寸大小一般分为小型杆菌((0.2~0.4)μm×(0.7~1.5)μm),中型杆菌((0.5~1)μm×(2~3)μm)和大型杆菌((1~1.25)μm×(3~8)μm)。杆菌是细菌中种类最多的,工农业生产中所用的细菌大多为杆菌。

C 螺旋菌(单 *Spirillum*/复 *Spirilla*)

螺旋菌细胞呈弯曲杆状,细胞壁坚韧较硬,常以单细胞方式分散存在。根据其弯曲情况可分为弧菌(*vibrio*)、螺旋菌(*spirillum*)。前者只有一个弯曲,大小与杆菌相似,后者有 2 ~ 6 个弯曲,大小为(0.3 ~ 1) μm × (1 ~ 50) μm。若菌体弯曲螺旋圈数超过 6 个,则通称为螺旋体(*spirochete*)。

D 特殊形状菌

除了上述三种基本形态外,细菌还有其他形状。譬如,柄杆菌属(*Carlobacter*),细胞呈杆状或梭状,并具有一根特征性的细柄,可附着在基质上(图 2 - 6);球衣菌(*Sphaerotilus*)能形成衣鞘,杆状的细胞在衣鞘内呈链状排列而形成丝状。

此外,支原体(*mycoplasma*)无细胞壁,因此细胞具有高度的多形性,即使在同一培养基中也可常出现不同大小的球状、环状以及不规则的多边形状。支原体在琼脂平板上呈典型的"煎鸡蛋"菌落特征,如图 2 - 7 所示。

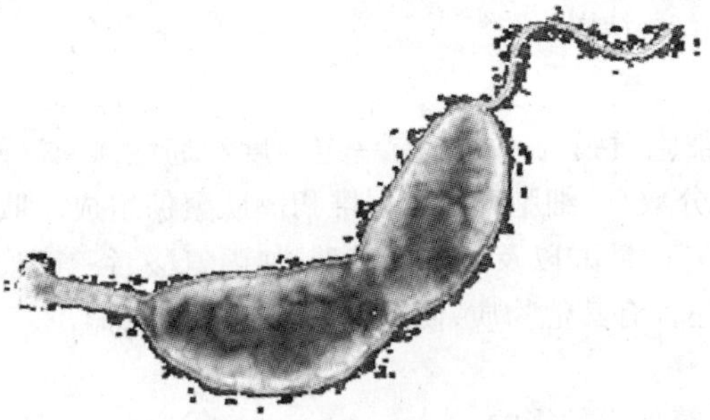

图 2 - 6 新月柄杆菌

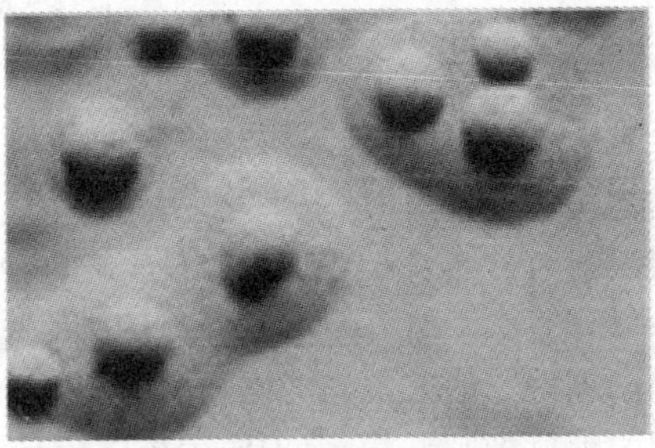

图 2 - 7 肺炎支原体的菌落形态

细菌的形状和大小随种类不同而有很大差异,表示细菌大小尺寸的单位一般用微米(μm)。球菌的大小用菌体直径来表示,杆菌和螺旋菌的以其宽度(即直径) × 长度来表示。值得注意的是,通常所表示的螺旋菌的长度是指其两端间的距离,并非其真正伸展的长度。有的与最大的病毒粒子相近,显微镜下仅勉强可见,而有的细菌长度可达 600 μm,肉眼可见。多数细菌细胞的直径约为 0.5 μm, 长度约为 0.5 ~ 5 μm。但已报道最小的微细菌(*nanobacteria*)直径甚至小于 0.05 μm,而最大的球菌纳米比亚嗜硫珠菌(*Thiomargarita namibia*),其直径大小可达 100 ~ 750 μm。同一种细菌的大小同样会有差异。一般而言,经干燥固定的菌体比活菌体要缩短 1/3 ~ 1/4。采用衬托染色法时观察到的菌体比普通染色法的大,甚至可能比活菌体还要大。因此,通常所记载的菌体大小都是平均值或是有代表性菌株的值。

细菌的形状和大小受多种因素的影响,如培养温度、培养时间、培养基组分与浓度等都可能引起细菌形状和大小的改变。一般情况下,处于幼龄阶段或生长条件适宜时,细菌表现出特定的形状,但比成熟或老龄的细菌要大。在较老的培养物中或不适宜的培养条件下,细胞尤其是杆菌常出现不正常的形状,如细胞膨大、出现梨形、产生分支、菌体伸长等不规则的形态。若将老的培养物转移到新鲜培养基中或适宜的培养条件下,细胞又可恢复到原来的形态。培养基中渗透压的增加也会导致细胞变小。

2.2.1.2 细菌细胞的结构

原核细胞的结构包括基本结构和特殊结构。前者包括细胞壁、细胞膜、细胞质、核质体、核糖体、异染粒等,为多数原核细胞所共有;后者如鞭毛、菌毛、荚膜、芽孢等,仅为部分细菌或一般细菌在特殊环境下才有。细菌细胞结构如图 2 - 8 所示。

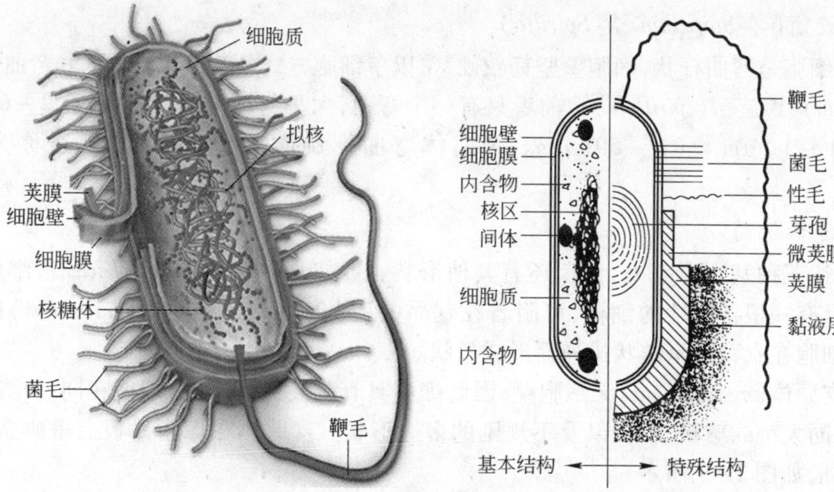

图 2-8 细菌细胞结构

A 细胞壁

细胞壁(cell wall)是位于细胞表面,内侧紧贴细胞质膜的一层具有一定硬度和韧性,略具弹性的外被结构,约占细胞干重的10% ~25%(质量分数)。细胞壁由多层堆积的肽聚糖组成。肽聚糖(peptidoglycan)由N-乙酰基葡萄糖胺、N-乙酰基胞壁酸以及一些氨基酸,如丙氨酸、谷氨酸、赖氨酸或二氨庚二酸等组成。完整的细胞壁通常还含有其他物质,使细胞具有特殊性能。

细菌细胞壁的主要功能有:

(1) 维持细胞形状,保护原生质体免受渗透压等外力的影响。

(2) 阻挡大分子物质如酶蛋白或某些抗生素进入细胞,使细胞免受伤害。

(3) 为细胞生长、分裂和鞭毛运动所必需。

(4) 赋予细胞特定的抗原性、致病性及对抗生素和噬菌体的敏感性。

原核生物的细胞壁除了具有以上的共性外,不同细菌的细胞壁的化学组成和结构有所不同。通过革兰氏染色法(Gram staining)可将细菌分为革兰氏阳性菌(G^+细菌)和革兰氏阴性菌(G^-细菌)两大类,其染色过程如下:

(1) 在无菌操作条件下,用接种环挑取少量细菌于干净的载玻片上涂布均匀,固定。

(2) 用草酸铵结晶紫染色1min,水洗去掉浮色。

(3) 用碘-碘化钾溶液媒染1min,倾去多余溶液。

(4) 用中性脱色剂如乙醇或丙酮酸脱色,革兰氏阳性菌不被褪色而呈紫色,革兰氏阴性菌被褪色而呈无色。

(5) 用蕃红染液复染1 min。

通过革兰氏染色,革兰氏阳性菌呈紫色,革兰氏阴性菌呈红色。革兰氏阳性菌的细胞壁(G^+细菌细胞壁)和革兰氏阴性菌的细胞壁(G^-细菌细胞壁)的基本结构如图2-9所示。

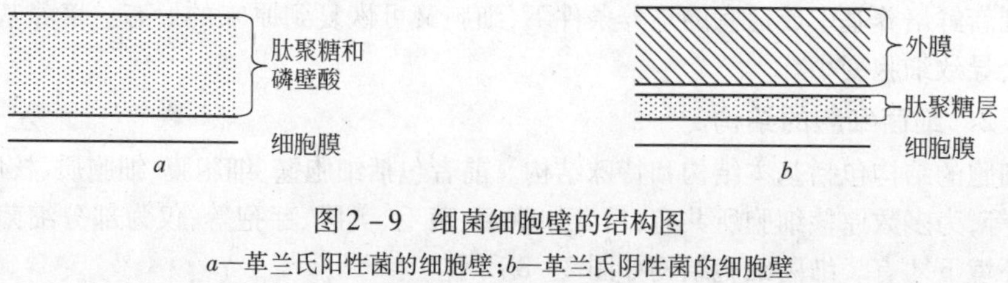

图 2-9 细菌细胞壁的结构图

a—革兰氏阳性菌的细胞壁;*b*—革兰氏阴性菌的细胞壁

a G⁺细菌细胞壁

G^+细菌细胞壁以肽聚糖(peptidoglycan)和磷壁酸为主,前者可占细胞壁物质总量的50% ~ 90%(质量分数),后者的含量一般小于5%(质量分数)(图2-10)。

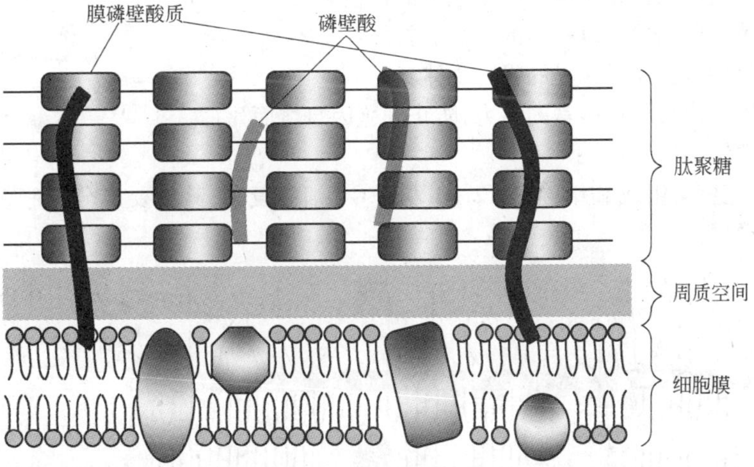

图2-10 革兰氏阳性菌细胞壁

肽聚糖是一个大分子复合物(图2-11),是原核微生物所特有的成分,由大量小分子单体聚合而成。每一个肽聚糖单体含有3个组成部分:

(1) 双糖单位,由1个N-乙酰葡萄糖胺(NAG)和N-乙酰胞壁酸(NAM)通过β-1,4-糖苷键连接而成。

(2) 短肽侧链,由4个氨基酸分子按L型或D型交替连接在NAM上而形成的短肽。

(3) 肽"桥"(五甘氨酸内桥),指把前一肽聚糖单体肽"尾"中的第四个氨基酸L-Ala与后一个肽聚糖单体肽"尾"中的第三个氨基酸L-Lys通过肽键连接起来的短肽。

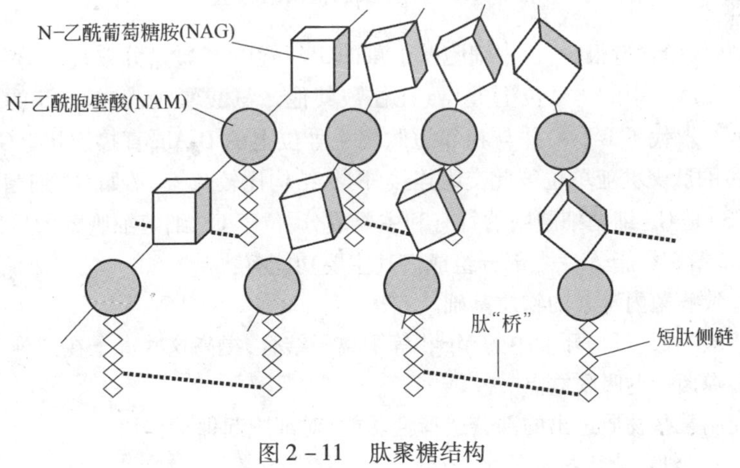

图2-11 肽聚糖结构

磷壁酸(Teichoic acid)又名垣酸,是由多个核糖醇(核糖醇型)或甘油(甘油型)以磷酸二酯键连接而成的一种酸性多糖,为大多数G^+细菌所特有,而在G^-细菌中不存在。磷壁酸主要有两类:壁磷壁酸和膜磷壁酸。前者与细胞壁中的肽聚糖分子间发生共价结合,其含量与培养基的成分有关,可用稀酸、碱提取;后者与细胞膜上的磷脂共价结合,可用45%热酚水提取。

磷壁酸的作用有：

(1) 与环境中的 Mg^{2+} 等阳离子结合，提高这些离子在细胞表面的浓度，以保证细胞膜上一些合成酶的活性需要。

(2) 保证革兰氏阳性致病菌与宿主细胞的粘连。

(3) 赋予革兰氏阳性菌以特异的活性需要。

(4) 提供某些噬菌体以特异的吸附受体。

(5) 调节细胞内细胞自溶素的活力，防止细胞因自溶而死亡。

b　G^- 细菌细胞壁

G^- 细菌细胞壁的组成和结构(图 2－12)比 G^+ 细菌复杂，其主要成分有脂多糖(LPS)、磷脂、脂蛋白、肽聚糖。

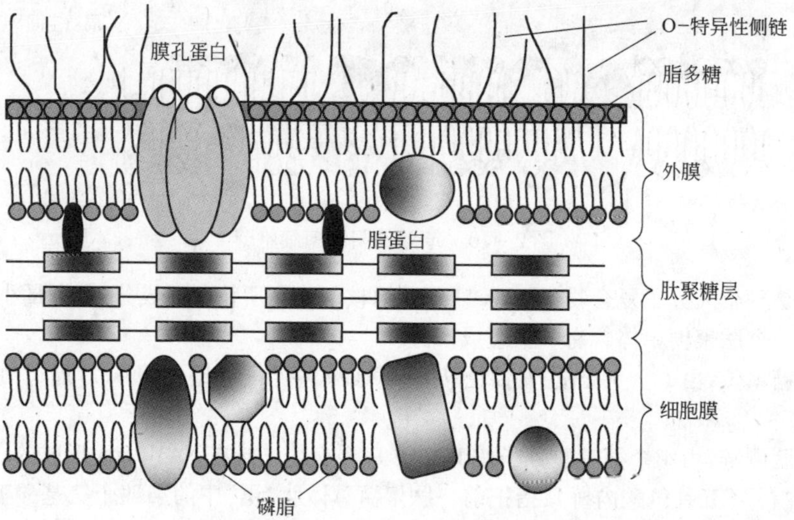

图 2－12　革兰氏阴性菌细胞壁

G^- 细菌的肽聚糖含量很少，仅占细胞壁干重的 5%～10%(质量分数)。肽聚糖单体结构与 G^+ 细菌相同，但短肽尾中的 3 号位上 L-Lys 往往被其他二氨酸取代，如 E. coli 的肽聚糖中的二氨基庚二酸(DAP)取代了 L-Lys，并与相邻短肽尾 4 号位上的 D-Ala 直接连接。G^- 细菌中只有 30%(质量分数)的肽聚糖亚单位彼此交织连接，网状结构比较疏松，不如 G^+ 细菌的坚固。

脂多糖(LPS)是 G^- 细菌细胞壁的特有和主要成分，位于 G^- 细菌细胞壁的最外层，由 O－特异性侧链、核心多糖和类脂 A 三个部分组成。其主要功能有：

(1) 是一些致病菌内毒素的物质基础。

(2) 与磷壁酸相似，可与环境中的 Mg^{2+} 等阳离子结合，提高这些离子在细胞表面的浓度。

(3) 是许多噬菌体的吸附立点。

(4) 具有控制某些物质进出的部分选择性功能，对细胞起保护作用。

(5) 决定了 G^- 细菌表面抗原的多样性。

LPS 分子结构十分复杂，相对分子质量在 10000 以上，化学组成因种类而有一定的差别。类脂 A 的种类较少(约 7～8 种)，在核心多糖区和 O-特异性侧链中具有一些独特的多糖，如 2-酮-3-脱氧辛糖酸。O-特异性侧链种类极多，不同种或类型的细菌的 O-特异性侧链组成和结构均有变化，构成了各自的特异抗原，称 O-抗原。O-抗原的差异在免疫学和临床诊断中具有重要价值。

在 G^- 细菌的脂多糖和磷脂层外膜上还嵌合有多种蛋白，称外膜蛋白。多数外膜蛋白的功能还不清楚，其中研究得较为清楚的是膜孔蛋白。每个膜孔蛋白分子是由 3 个相对分子质量相同的蛋白亚基组成的一种三聚体跨膜蛋白，中间有一直径约 1 nm 的孔道，通过孔的开闭，可阻止某些物质进入细胞。

c　细胞壁缺陷型细菌

当细菌用溶菌酶处理或在含有青霉素的培养基中培养时，由于溶菌酶可以水解 N-乙酰葡萄糖胺(NAG)和 N-乙酰胞壁酸(NAM)相连的 β-1,4-糖苷键，青霉素作为短肽尾末端 D-Ala-D-Ala 结构的类似物，对肽聚糖合成中转肽霉起竞争性抑制作用，导致肽聚糖无法合成，最终使细胞壁被水解或不能形成，细菌丧失了细胞壁中的肽聚糖，成为细胞壁缺陷细菌。

细胞壁缺陷型细菌通常分为原生质体(protoplast)和球形体(spheroplast)两类。

革兰氏阳性菌的细胞壁主要由肽聚糖组成，经过溶菌酶或青霉素处理后，细胞壁完全缺失后剩下的以细胞膜包裹着的部分称为原生质体。革兰氏阴性菌在经过青霉素处理后依然保存它的外膜，被称为球形体或原生质球，它保留了部分细胞壁。

B　细胞膜

细胞膜(cell membrane)是一层柔软而富有弹性的具有选择性的半透性薄膜，其外侧紧贴于细胞壁内层，而内侧则包围着整个细菌的原生质，又称为原生质膜(plasma membrane)或质膜(plasma lemma)，其中含 30% ~40% 的脂类，2% 的多糖和 60% ~70% 的蛋白质(均为质量分数)。

细胞膜结构如图 2-13 所示，它由上下两层致密的着色层和中间夹着的一个不着色层(区域)组成。不着色层是由具有正负电荷的，有极性磷脂双分子层组成，是两性分子。亲水基朝着膜的内外表面的水相，疏水基(由脂肪酰基团组成)在不着色区域。蛋白质主要结合在膜的表面，有的位于均匀的双层磷脂中，疏水键占优势。有的蛋白质由内外侧伸入膜的中部，有的穿透两层磷脂分子，膜的表面的蛋白质还带有多糖。有些蛋白质在膜内的位置不固定，能转动和扩散，使细胞膜成为一个流动镶嵌的功能区域。细胞膜可以内陷成层状、管状或囊状的膜内折系统，位于细胞质的表面或深部，常见的有中间体。

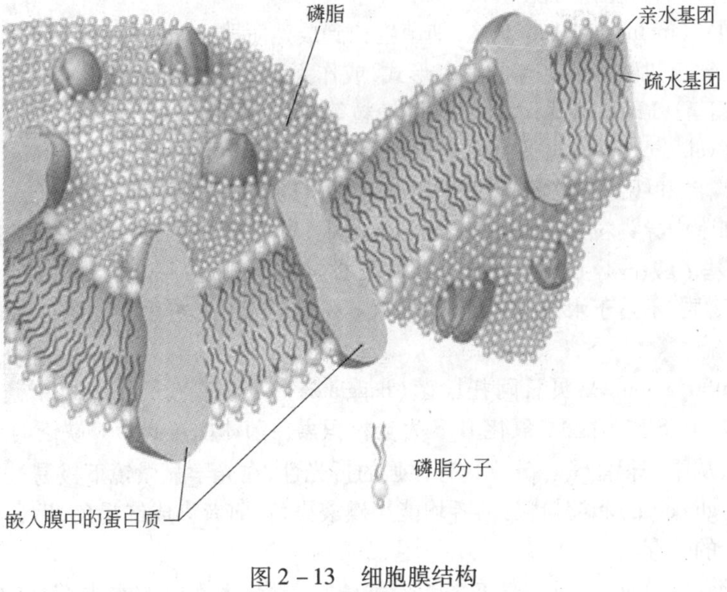

图 2-13　细胞膜结构

细胞膜具有十分重要的生理功能：

(1) 维持渗透压的梯度和溶质的转移。细胞膜是半透性膜,具有高度选择性,能阻止高分子通过,并选择性地逆浓度梯度吸收某些低分子进入细胞。由于膜具有极性,膜上有各种与渗透有关的酶,还可使两种结构类似的糖进入细胞的比例不同,吸收某些分子,排出某些分子。

(2) 细胞膜上有合成细胞壁和形成横膈膜组分的酶,故能在膜的外表面合成细胞壁。

(3) 膜内陷形成的中间体(相当于高等植物的线粒体)含有细胞色素,参与呼吸作用。中间体与染色体的分离和细胞分裂有关,还为 DNA 提供附着点。

(4) 细胞膜上有琥珀酸脱氢酶、DADH 脱氢酶、细胞色素氧化酶、电子传递系统、氧化磷酸化酶及腺苷三磷酸酶,是氧化磷酸化或光合磷酸化产生 ATP 的部位,在细胞膜上进行物质代谢和能量代谢。

(5) 细胞膜上有鞭毛基粒,鞭毛由此长出,即为鞭毛提供支点并为其运动提供能量。

C 细胞质及其内含物

细胞质(cytoplasm)是在细胞膜以内,除核物质以外的无色透明、黏稠的复杂的胶体,亦称原生质。它由蛋白质、核酸、多糖、脂类、无机盐和水组成。幼龄菌的细胞质稠密、均匀,富含核糖核酸(RNA),占固体物的15% ~20%(质量分数),嗜碱性强,易被碱性染料和中性染料着染。成熟细胞的细胞质可形成各种储藏颗粒。老龄菌细胞因缺乏营养,核糖核酸被细菌用作氮源和磷源而降低含量,使细胞着色不均匀,故可通过染色均匀与否判断细菌的生长阶段。

细胞质内含物如下：

(1) 核糖体(ribosome)。原核微生物的核糖体是分散在细胞质中的亚微颗粒,是合成蛋白质的部位。它由核糖核酸(RNA)和蛋白质组成,其中 RNA 占 60%(质量分数),蛋白质占 40%(质量分数)。大肠杆菌的核糖体可分解出三种相对分子质量不同的 RNA:16S RNA、23S RNA 和 5S RNA。核糖体的沉降常数为 70S(由大 50S 和小 30S 组成),直径为 20 mm。在生长旺盛的细胞中,每个核糖体和初生态的多肽链连接形成多聚核糖体。有实验证明:逐步将核糖体的蛋白质成分去掉不影响核糖体合成蛋白质的功能,如果改变 16S RNA 一端的结构,核糖体合成蛋白质的效率同野生型核糖体有明显的区别,可见核糖体的蛋白质成分只是起到维持形态和稳定功能的作用,起转录作用的核糖体可能是 16S RNA。

(2) 内含颗粒(inclusome granule)。细菌生长到成熟阶段,因营养过剩所形成的一些贮藏颗粒,通常作为糖类、无机物和能量等的贮存形式,或作为调节细胞内渗透压的一种方式存在,如异染粒、聚 β-羟基丁酸(PHB)、硫粒、淀粉粒、肝糖粒等。

1) 异染粒(volutin):异染粒是由多聚偏磷酸、核糖核酸、蛋白质、脂类及 Mg^{2+} 组成,是一种无机内含物,是磷源和能源的贮藏物,可用甲苯胺或甲烯蓝染成紫红色而不显蓝色,故称为异染粒。在生长的细胞中异染粒含量较多,在老的细胞中,异染粒常被用作碳源和磷源而减少。

2) 聚 β-羟基丁酸(poly-β-hydroxybutyric):聚 β-羟基丁酸是一种聚脂类,被一单层蛋白质膜包围,为脂溶性物质,不溶于水,易被脂染性染料苏丹黑着染,在光学显微镜下清晰可见,被作为碳源和能源。

3) 硫粒(sulfur granule):贝日阿托氏菌(baggiatoa)、发硫菌(thiothrix)、紫硫螺菌及绿硫菌(chlorobium)利用 H_2S 作为能源,氧化 H_2S 为硫粒积累在菌体内。当营养缺乏时,菌体氧化体内的硫粒为 SO_4^{2-},从中获得能量。硫粒具有很强的折光性,在光学显微镜下极易被看到。

4) 肝糖粒(glucogen)和淀粉粒:两者均能用碘液染色,前者染成红褐色,后者染成深蓝色,它们是碳源和能量的贮存物。

(3) 气泡(gas vacuole)。气泡是许多光合细菌营养型、无鞭毛的水生细菌中存在的充满气体的泡囊状内含物，内由数排小气泡组成，外有 2 nm 厚的蛋白质膜包裹。紫色光合细菌和蓝绿细菌含有气泡，借以调节浮力。专性好氧的盐杆菌属（halobacterium）体内含气泡最多，在盐含量高的水中嗜盐细菌借助气泡浮到水表面吸收氧气。因此，一般细菌通过气泡可调节菌体到达一定位置，以便得到合适的光照、氧气浓度和营养。

D 拟核

细菌作为原核微生物，其核没有核膜包裹，没有核仁和固定的形态，故称为拟核（nucleoid）或核质体等。它由脱氧核糖核酸（DNA）纤维组成，即由一条环状双链的 DNA 分子高度折叠缠绕形成的。以大肠杆菌为例，大肠杆菌体长 1 ~ 2 μm，其 DNA 长度为 1100 μm，等于菌体长的 1000 倍。由于高度紧密折叠，拟核只占菌体的很小一部分，在电子显微镜下看到它是一个透明的、不易着色的纤维状区域，用特异性的福尔根（Fulegen）染色法着染后，在光学显微镜下可见，它呈球状、棒状、哑铃状。

拟核携带着遗传信息，是重要的遗传物质。

E 细菌细胞的特殊结构

a 糖被（glycocalyx）

有些细菌在细胞壁表面包裹一层透明胶状或黏液状的物质称为糖被。它可以分为荚膜（capsule）、黏液层（slime layer）和菌胶团（zoogloea）。

荚膜是一些细菌在其细胞表面分泌的一种黏性物质，把细胞壁完全包围封住。荚膜能相对稳定地附着在细胞表面，使细菌与外界环境有明显的边缘。在高碳氮比和强的通气条件的培养基中，有利于好氧细菌荚膜的形成。细菌荚膜一般很厚，有的细菌荚膜很薄，在 200 μm 以下，称为微荚膜。荚膜是细菌的分类特征之一。

荚膜的化学组成：含水率在 90% ~98%，有的细菌的荚膜含多糖（单体为 D-葡萄糖、D-葡萄糖醛酸、D-半乳糖、L-鼠李糖、L-岩藻糖等）。炭疽杆菌含多肽（单体为 D-谷氨酸）。巨大芽孢杆菌的荚膜由多糖组成网状结构，其间隙镶嵌主要由 D-谷氨酸组成的多肽。有的荚膜含脂类类白复合体。荚膜很难着色，可用复染色法染色，先用染料染菌体，然后用墨汁将背景涂黑，即可衬托出菌体和背景之间的透明区，这个透明区就是荚膜，在光学显微镜下清晰可见。

荚膜的功能：

（1）荚膜有助于细菌的侵染力，具有荚膜的 S-型肺炎链球菌毒力强，有助于该菌侵染人体。

（2）荚膜对细菌有保护作用，保护致病菌免受宿主吞噬细胞的吞噬，防止微小动物的吞噬和噬菌体的侵袭，增强对外界不良环境的抵抗力，保护细菌免受干燥的影响。

（3）荚膜是细胞外贮藏物，当缺乏营养时，荚膜可被用作碳源和能源，有的荚膜还可以作氮源。

（4）废水生物处理中的细菌荚膜有生物吸附作用，将废水中的有机物、无机物及胶体吸附于菌体表面上。

有些细菌没有荚膜，其细胞表面仍可分泌黏性的多糖，疏松地附着在细菌细胞壁的表面，与外界没有明显的边缘，这叫黏液层。在废水生物处理过程中，有生物吸附作用，在曝气池中因曝气搅动和水的冲击力容易把细菌黏液层冲刷入水中，以致增加水中的有机物，它可被其他微生物利用。

有些细菌由于其遗传特性决定，细菌之间按一定的排列方式互相黏集在一起，被一个公共荚膜包围，形成一定形状的细菌集团，叫菌胶团。菌胶团在水的生物处理中发挥着重要的作用，其形状有球形、蘑菇形、椭圆形、分枝状、垂丝状及不规则形状。

b 芽孢（spore）

有些细菌在生长发育后期，由于环境中营养的缺乏以及有害代谢产物的积累，会在细胞内形成一个内生孢子,称为芽孢。所有的芽孢都能抵抗外界不良环境,但芽孢是抵抗外界不良环境的休眠体,而不是繁殖体。芽孢是分类鉴定依据之一。

芽孢具有抵抗外界恶劣环境条件的能力,是保护菌种生存的一种适应性结构,一个细胞只能形成一个芽孢,当细菌遇到恶劣环境条件时,菌体内形成芽孢,以芽孢来适应恶劣环境,一旦环境条件适宜就释放出芽孢(出芽),形成新的营养细胞。例如,普通细菌在 70 ~ 80℃ 的水中煮沸 10 min就死亡,而芽孢在 120 ~ 140℃ 时还能生存几个小时。在 5% 的苯酚溶液中,普通细菌立即死亡,而芽孢能存活长达 15 天。

c 鞭毛(flagella)

由细胞膜上的鞭毛基粒长出穿过细胞壁伸向体外的一条纤维的波浪状的丝状物,叫做鞭毛。鞭毛的直径为 0.01 ~ 0.02 μm,长度不等,为 15 ~ 20 μm。具有鞭毛的细菌都能运动,不同细菌的鞭毛着生部位不同,如图 2 - 14 所示。细菌根据鞭毛的着生方式可分为以下几种:一端单毛菌、一端丛毛菌、两端单毛菌、两端丛毛菌、周身鞭毛菌、侧身鞭毛菌。鞭毛的着生部位、数目、排列是细菌分类的依据。鞭毛运动是依靠细胞膜上的 ATP 酶水解 ATP 来提供能量。

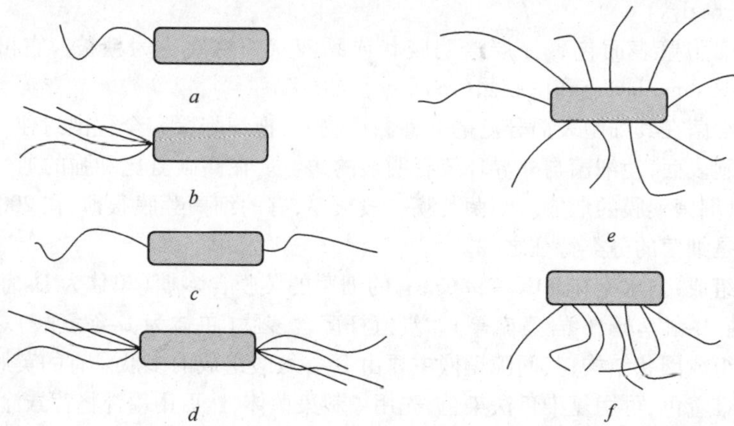

图 2 - 14 鞭毛着生部位

a—一端单毛菌;*b*—一端丛毛菌;*c*—两端单毛菌;*d*—两端丛毛菌;*e*—周身鞭毛菌;*f*—侧身鞭毛菌

2.2.2 古细菌

古细菌(archaea)也包括在环境工程微生物学领域引起广泛关注的原核微生物,在很多方面与细菌相似。实际上,直到人们能够在遗传及进化特性的基础上以分子生物学方法区分生物时,古细菌才被确认为是一种完全不同的谱系。在古细菌和细菌之间,具有决定意义的区别在于:尽管各种细菌的细胞壁变化很大,但几乎总是含有肽聚糖,而古细菌的细胞壁却不含这种物质。

古细菌是一个独特的类群,大部分为严格厌氧菌,在正常氧分压下不能生活。古细菌一般生活在高温、高盐、强酸、强碱等极端环境中。在微生物系统进化关系建立之前,人们认为古细菌和真细菌的差别主要是生活环境不同,但系统进化关系研究表明,古细菌和真细菌之间存在很大差别,主要有:

(1) 古细菌的 16SrRNA 序列与真核生物的 16SrRNA 序列更为接近,比真细菌的 16SrRNA 序列更远些。

(2) 古细菌细胞膜中磷酸脂肪酸与甘油之间是醚键,而真细菌和真核生物则为脂键。

(3) 古细菌的代谢多样性相对单纯,而真细菌相对复杂。

(4) 古细菌细胞有扁平、直角几何形态,而真细菌没有,表明在细胞结构方面有根本性区别。

(5) 古细菌有独特的辅酶,如产甲烷菌有 F_{420}、F_{430}、COM 和 B 因子。

2.2.2.1 产甲烷菌

产甲烷菌(methanogens)是一种非常重要的古细菌。产甲烷菌一词由 Bryant(1974 年)提出,以避免这一类细菌与氧化甲烷的好氧菌相混淆。产甲烷菌是一群形态多样,具有特殊细胞成分,可代谢 H_2 和 CO_2 以及少数几种简单有机物生成甲烷的严格厌氧的古细菌。产甲烷菌包括食氢产甲烷菌和食乙酸产甲烷菌两个生理类群,是厌氧食物链中的最后一组成员。尽管它们具有各种各样的形态,但它们在食物链中的地位使它们具有相同的生理特性。在严格厌氧条件下,发酵性细菌、产氢产乙酸菌和耗氢产乙酸菌在没有外源电子受体的情况下,把乙酸、H_2 和 CO_2 转化为甲烷、CO_2 和水,使有机物在厌氧条件下的分解作用得以顺利进行。因此,又把它们称为有机物厌氧降解的“清洁工”。

产甲烷菌广泛分布于自然界,常见于同氧气隔绝的厌氧反应器、底泥、沼泽、稻田、垃圾填埋场、反刍动物瘤胃等环境中。在厌氧消化器中,污泥消化时的产甲烷菌数量约为 10^6 ~ 10^8 个/mL,UASB 颗粒污泥中的产甲烷菌数量可达 10^9 个/mL。

产甲烷菌的革兰氏反应不定,最适生长温度为 37 ~ 45℃。有些产甲烷菌会自发荧光,可借此加以识别,有些生有鞭毛或纤毛,但不能运动。其 DNA 中(G + C)(鸟嘌呤 + 胞嘧啶)的摩尔分数为 52% ~ 61%。产甲烷菌不能利用 3 个碳以上的碳水化合物、糖类和蛋白质,可以利用 CO_2、甲基类化合物和乙酸作为底物产生甲烷并同时获得能量,氨是其唯一的氮源。

2.2.2.2 极端嗜盐菌

极端嗜盐菌(extremely halophilic archaea)一般定义为能够在 1.5 mol/L 盐度环境中生长的微生物,多数为严格好氧菌,也有兼性厌氧菌,常见于盐湖、盐场、盐腌食品等环境中。在固体培养基上生长时,极端嗜盐菌常出现多形态特点,为化能异养型,需要蛋白质或氨基酸为氮源。革兰氏为阴性。

2.2.2.3 极端嗜热菌

极端嗜热菌(hyperthermophiles)能够在 100℃ 以上的水中生活,最适生长温度为 80℃,分布于火山地区,富硫温泉、富硫水体中。化能有机营养型极端嗜热菌能够以 S^0 为电子受体来氧化有机物获得能量;化能无机营养型 Pyrolobus 能以 H_2 为电子供体还原硫酸根,产生 N_2(反硝化)。

2.2.2.4 无细胞壁古细菌

无细胞壁古细菌(thermoplasma)又称热源体,类似于支原体,无细胞壁,生活于能自身发热的煤垃圾堆和酸热温泉中,适宜生长温度为 55℃,适宜 pH 值为 2。细胞膜内含有四醚类脂,没有固醇类物质。这种细胞膜组分有利于细胞抵御高温和强酸。

2.2.2.5 硫酸盐还原菌

硫酸盐还原菌(sulfer-reducing bacteria,SRB)是指一类能把硫酸盐、亚硫酸盐、硫代硫酸盐等硫氧化物以及单质硫还原成硫化氢这一生理特征细菌的统称。因此,在这一生理类群中,包括各种形态、生理、生态分布等方面的差异。

1895 年首先由 Beijerinck 发现了该类细菌,但在相当长的一段时间内,对硫酸盐还原菌的研究进展缓慢。一直到 20 世纪 70 年代前期,人们还认为该类细菌只能利用乳酸、苹果酸等有限的几种脂肪酸。到了 70 年代后期,大量的关于河流和海底沉积物的研究,证实了还有能降解其他脂肪酸的硫酸盐还原菌的存在。1976 年,Pfennig 和 Biebl 发现了一种能氧化乙酸的硫酸盐还原菌,它能在氧化乙酸的同时将单质硫还原为硫化物。1977 年,Widdel 和 Pfennig 分离到了能利用乙酸的第一个硫酸盐还原菌(*Desulfotomaculum acetoxidans*)的纯培养,在此之后很多研究者又成功地分离出了可降解其他脂肪酸的硫酸盐还原菌。目前认为,硫酸盐还原菌是一类所能利用基质范围相当广泛的微生物。1981 年,Pfennig 等人建议将所有异化作用的硫酸盐还原菌归属于一个生理类群,并于 1984 年提出了分属检索表。迄今为止,硫酸盐还原菌已有 12 个属 40 多个种,各属硫酸盐还原菌除了一个共同点即能还原硫酸盐外,其他方面则没有太多类似之处。

硫酸盐还原菌大多数是中温性的,一般在 30℃左右,生长最适 pH 值一般在中性偏碱范围,培养基置备时一般灭菌前将 pH 值调至 7.0 ~ 7.6。硫酸盐还原菌是严格厌氧菌,只有 *Eh* 在 -100 mV以下时才开始生长;生长都需要维生素作为生长因子,在培养基中加入酵母浸提物即可获得较好生长;在维生素中以生物素、叶酸、盐酸硫胺等促进作用较大,而氨基苯甲酸、叶黄素等作用较小。

2.2.3　放线菌

放线菌是介于细菌与丝状真菌之间而又近于细菌的一类细胞呈分支丝状的原核微生物,因菌落基内菌丝呈放射状生长而得名(图 2 - 15),多数为革兰氏阳性。

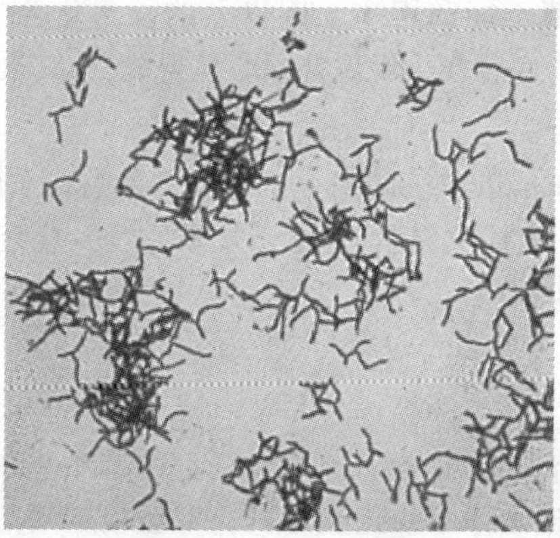

图 2 - 15　放线菌属

放线菌多为腐生,少数为寄生。腐生型放线菌在自然界的物质循环中起着十分重要的作用,而某些寄生型放线菌是人、动物的致病菌。

很多放线菌能产生抗生素。据估计,全世界共发现 4000 多种抗生素,其中绝大多数是由放线菌中的链霉菌属(*Streptomyces*)产生的,如临床所用的四环素、链霉素、头孢霉素、利副霉素等,农业上用的井冈霉素、庆丰霉素等。有些放线菌还用于生产维生素、酶制剂等。此外,放线菌在石油脱蜡、烃类发酵、污水处理等方面都有很好的应用。

2.2.3.1　放线菌的形态结构

放线菌的形态比细菌复杂,但仍属于单细胞原核微生物。在显微镜下,放线菌呈分支丝状,这些细丝一样的结构叫做菌丝。放线菌菌丝直径与细菌相似,小于 1 μm。菌丝细胞的结构与细菌相似。

根据菌丝形态和功能的不同,放线菌菌丝可分为基内菌丝、气生菌丝和孢子菌丝三种。链霉菌属是放线菌中最经常被分离到的属,其形态如图 2 - 16 所示。

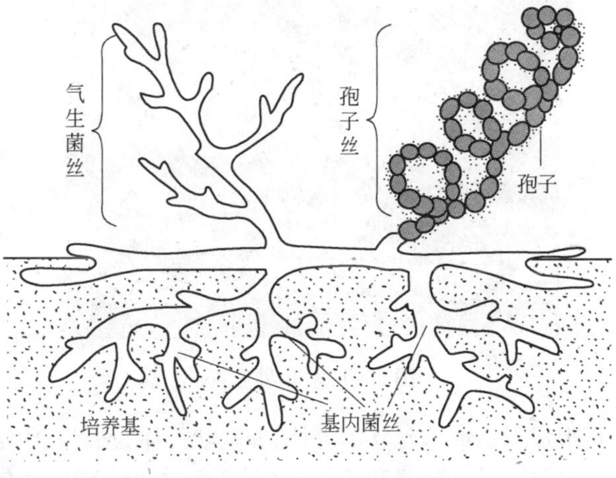

图2-16 放线菌菌丝形态

A 营养菌丝

营养菌丝也称基内菌丝,生长于培养基内,主要功能是吸收营养物质。营养菌丝一般无隔膜,内含有许多核质体,直径约为0.2~0.8 μm,但长度差别很大。有的无色素,有的能产生不同色素。若是水溶性的色素,可渗入培养基内,将培养基染上相应的颜色。如果是非水溶性色素,则使菌落呈相应的颜色。因此,色素是鉴定放线菌菌种的一个重要依据。

B 气生菌丝

营养菌丝发育到一定时期,向培养基外生长伸向空间的菌丝称为气生菌丝。它叠生于营养菌丝上,直径约为1~1.4 μm。

C 孢子菌丝

放线菌生长发育到一定阶段,气生菌丝分化形成孢子菌丝,称为孢子丝。孢子丝的形状和排列方式因种而异,有直链形、波曲形、螺旋形等。孢子丝发育到一定阶段可形成孢子。由于孢子含有不同色素,成熟的孢子堆常带有颜色,而且在一定条件下比较稳定,是鉴定放线菌菌种的依据之一。此外,放线菌还具有一些其他的形态结构,如以诺卡氏菌属为代表的放线菌具有分支状、发达的营养菌丝,但多数无气生菌丝;小单孢菌属、小四孢菌属等会在菌丝的顶端形成1到数个孢子;孢囊链霉菌属的放线菌具有由气生菌丝盘卷而成的孢囊,孢囊内部有多个孢囊孢子。

2.2.3.2 放线菌的菌落特征

放线菌在固体培养基上形成与细菌不同的菌落特征。放线菌菌丝相互交错缠绕形成质地致密的小菌落,干燥、不透明、难以挑取。大量孢子覆盖于菌落表面时,形成粉末状或颗粒状的典型放线菌落,由于基内菌丝和孢子常有颜色,使得菌落的正反面呈现出不同的色泽。

在实验室内对放线菌进行摇瓶培养时,常可见到液面与瓶壁交界处粘贴有一圈菌苔,培养液清而不浑,株状菌丝团悬浮其中,大型菌丝团则沉在瓶底。

放线菌主要通过形成各种孢子来繁殖后代,也能通过菌丝断裂繁殖。

2.2.4 蓝细菌

蓝细菌为藻类的蓝藻门(cyanophyta)之一,也称为蓝藻或蓝绿藻(blue-green algae),其结构与细菌相似,以前曾被划分为真核生物,现被列入原核微生物。

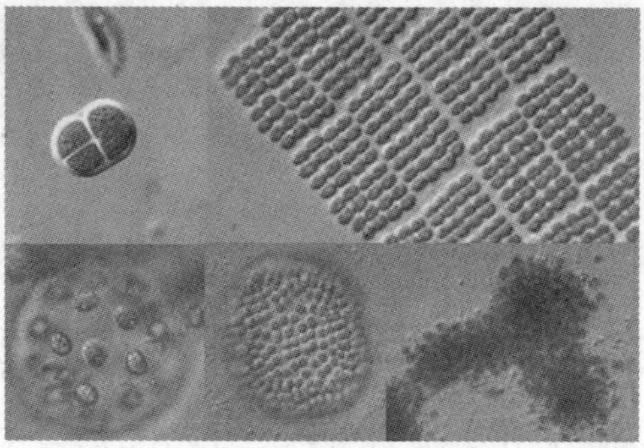

图 2 – 17 几种蓝藻

蓝细菌为单细胞,可形成丝状或非丝状的群体,非丝状群体为板状、中空球状、立方形等各种形状。蓝细菌细胞只有原始核,没有核膜和核仁,只有染色质、叶绿素,没有叶绿体、细胞核等细胞器。原生质内含大量叶绿素 α、胡萝卜素、藻胆素。同化产物以蓝细胞淀粉为主,并含藻毒素。细胞壁常由外界果胶质、内层纤维系两层组成。单细胞及非丝状群体常具有个体或群体胶被。丝状群体细胞壁外常具有胶鞘,有时具有层理和颜色。一些种属的少数营养细胞可分化形成异形胞。

有些蓝藻是单细胞的,其繁殖方式是通过二分裂、多重分裂或从无柄的个体释放一系列顶生细胞(外生细胞)进行繁殖。有些蓝藻是由分支的丝状体组成,它通过反复的中间细胞的分裂而生长,其繁殖是通过丝状体无规则的断裂,或通过末端释放能运动的细胞断链(运动的细胞群)来进行的。有些丝状体能产生专化的静止细胞或异形胞囊,在丝状体中的静止细胞(休眠体)比营养细胞大,静止细胞萌发释放运动的细胞群,异形胞囊有折射性的末端颗粒和厚的外壁(有别于营养细胞),它是固氮的部位。

蓝细菌分布较广,普遍生长在淡水、海水、潮湿土壤、树皮及岩石中,耐高温和干燥,在沙漠的岩石缝隙中也能找到。它在污水处理和水体自净中起着积极的作用,在氮、磷丰富的水体中生长旺盛,多喜生于含氮量较高,有机质较丰富的碱性水体中,一般喜较高的温度,在夏秋季节可大量繁殖,形成水华(图 2 – 18)。

图 2 – 18 蓝藻水华

2.2.5 其他原核微生物

支原体、立克次氏体、衣原体是与人类关系较为紧密的几种原核微生物,它们的性质介于细菌与病毒之间,都是致病菌或病原体(图 2 – 19)。

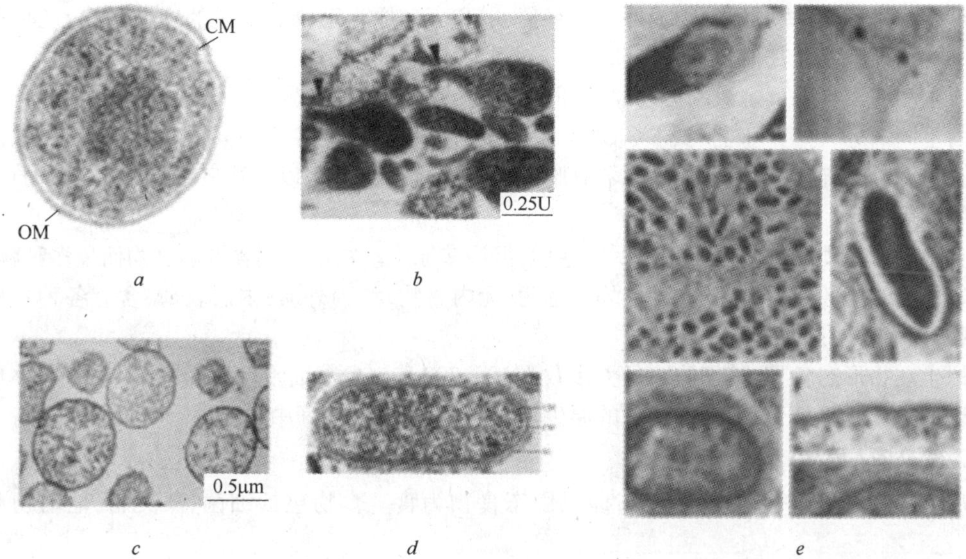

图 2－19　支原体、立克次氏体、衣原体微观图

a—衣原体细胞超薄切片电镜图；*b*—组织中的支原体；*c*—支原体细胞超薄切片电镜图；
d—组织中的立克次氏体；*e*—立克次氏体细胞超薄切片电镜图

支原体(mycoplasma)，是介于独立营养和细胞内寄生生活之间的最小原核微生物。没有细胞壁，革兰氏阴性菌，是许多动物和人的致病菌。

立克次氏体(rickettsia)，是一种专性寄生于真核细胞的革兰氏阴性原核微生物。有细胞壁，不能独立生存，是人类斑疹伤寒、恙虫热和 Q 热等严重传染病的病原体。

衣原体(chlamydia)，是介于立克次氏体和病毒之间，具有滤过性的在真核细胞内专性能量寄生的一类原核微生物。有细胞壁，革兰氏阴性。衣原体是鹦鹉热病、沙眼和性病淋巴肉芽肿等的病原体，不需要媒介即可直接传染鸟类、哺乳动物和人类。

2.3　真核微生物

环境工程微生物学特别关注真核微生物(具有完整的细胞核)，如真菌、藻类和原生动物(以及微型后生动物)。真核微生物是以在细胞内含有独立的细胞核为特征的。

2.3.1　原生动物

原生动物(Protozoa)属于原生生物界，是动物中最原始、最低等、结构最简单的单细胞动物，属于真核生物，广泛分布在海水、淡水和潮湿的土壤中，多为单细胞，细胞结构较复杂。除常规的结构外，也具有特殊功能的结构。原生动物个体大小差异较大，有的肉眼可见，有的则需要在显微镜下方可看见。其营养类型有吞噬方式，也有光合方式。在多数好氧和一些厌氧废水生物处理系统中，原生动物是这些复合生态系统中的常见成员。

2.3.1.1　细胞形态和结构

原生动物没有细胞壁，细胞的最外层是细胞质膜，细胞质膜的化学组成和功能与其他真核生物的膜相同。有的原生动物具有不止一层膜，在连续的外层膜下还有一层不连续的膜，如眼虫。这层不连续的膜称为表膜，它具有一定的硬度，且可任意伸曲，其功能包括吸收营养、保护支持个体、维持动力等。有些原生动物最外层还有鞭、甲和壳。原生动物有少量的内质网膜，还具有线立体、质体、细胞核和其他膜细胞器。

原生动物不具备可辨认的运动器官，但在它们的细胞内有形态上的分化，形成了能执行各种功能的不同部分，称为“胞器”或“类器官”。胞器的形状和功能各不相同，如用以运动的胞器有各种鞭毛、伪足、纤毛，用以营养的胞器有胞口、胞咽和食物泡，用以排泄废物调节渗透压的胞器有伸缩泡等。

典型的原生动物的原生质是透明无色的，但许多原生动物由于摄食许多食物而呈多种颜色。大多数原生动物的原生质体，其外层均匀透明，无内含物，称为外质；内层较薄，含有各种各样的内含物，因而较不透明，称为内质。

原生动物形态各异，其细胞直径大多数为 10 ~ 300 μm，少数细胞直径可达 3 ~ 4 mm。体形大多为球形、卵球形。已发现并描述过的原生动物已超过 3 万种，其中常见的有 300 ~ 500 种。

2.3.1.2 原生动物的营养

原生动物主要进行动物性营养，即以固态食物为食。食物包括细菌、藻类、其他动物和碎屑等。

肉足纲种类没有专门的胞口。当伪足接触到食物时，即用身体把它包围起来，分泌消化酶加以消化和摄食。除了动物性营养外，鞭毛纲种类(亦属藻类)一般具有色素体，可以进行植物性营养。此外，还有许多种类进行腐生性营养，此种营养又可分为吸收溶解有机质植物式腐生营养和摄食消化颗粒状腐烂有机质(腐屑)动物式或腐生营养。事实上大多数原生动物是混合营养型的。

2.3.1.3 原生动物的繁殖

原生动物的繁殖可分为无性繁殖和有性繁殖两类(一般进行无性繁殖)。无性繁殖是最简单的细胞分裂，即细胞质和细胞核一分为二，即常常通过有丝分裂进行，类似于原核生物的二分裂。严格地说，有性繁殖不是专门的繁殖方式，而是细胞核的更新现象。有性繁殖是由两个相当于雌雄的配子细胞以融合或结合的方式完成细胞核的互换和更新。配子的结合有同配和异配，其中大多数为异配。另一种有性繁殖是结合生殖，是两个虫体暂时性融合，以交换细胞核。

2.3.1.4 原生动物的类群

根据运动方式的不同，原生动物可分为如下 4 个主要种群。

A 鞭毛虫纲

鞭毛虫纲(Mastigophora 或 Flagellates)主要特征是靠鞭毛运动，多为单细胞，有一根或多根鞭毛(图 2－20)。眼虫、杆囊虫等有一根鞭毛，以裂殖为主。其中，动鞭毛虫(Dinoflagellates)可以营自养生活(光合)，是湖泊中重要的初级生产者，同时也能通过捕食营异养生活。在自然水体中，鞭毛虫喜在多污带和中污带生活，而且常常生存在生物处理系统中，靠生物处理系统中产生的大量细菌生存，因此动鞭毛虫可作为水质环境和污水处理的生物指示物。

B 肉足纲

肉足纲(Sarcodina)是类变形虫生物，通常借助伪足运动和摄食器官、营动物性营养的原生动物。所谓伪足，就是细胞质向运动方向上的暂时凸起。细胞通过这种缓慢的运动方式在水面上移动。

肉足纲机体表面仅有细胞质囊形成的一层藻膜，没有胞口、胞咽等结构，它们形体小，无色透明，易变形。由于体内细胞质不定向流动而呈不同形态，肉足虫大多数为自由生活，也有寄生，以无性繁殖为主，还有多分裂和出芽繁殖。常见的肉足纲有壳虫目(图 2－21)、孔虫目(图 2－22)、变形虫目(图 2－23)、太阳虫(图 2－24)等，多存在污水中，可作为水质和污水处理的指示生物。

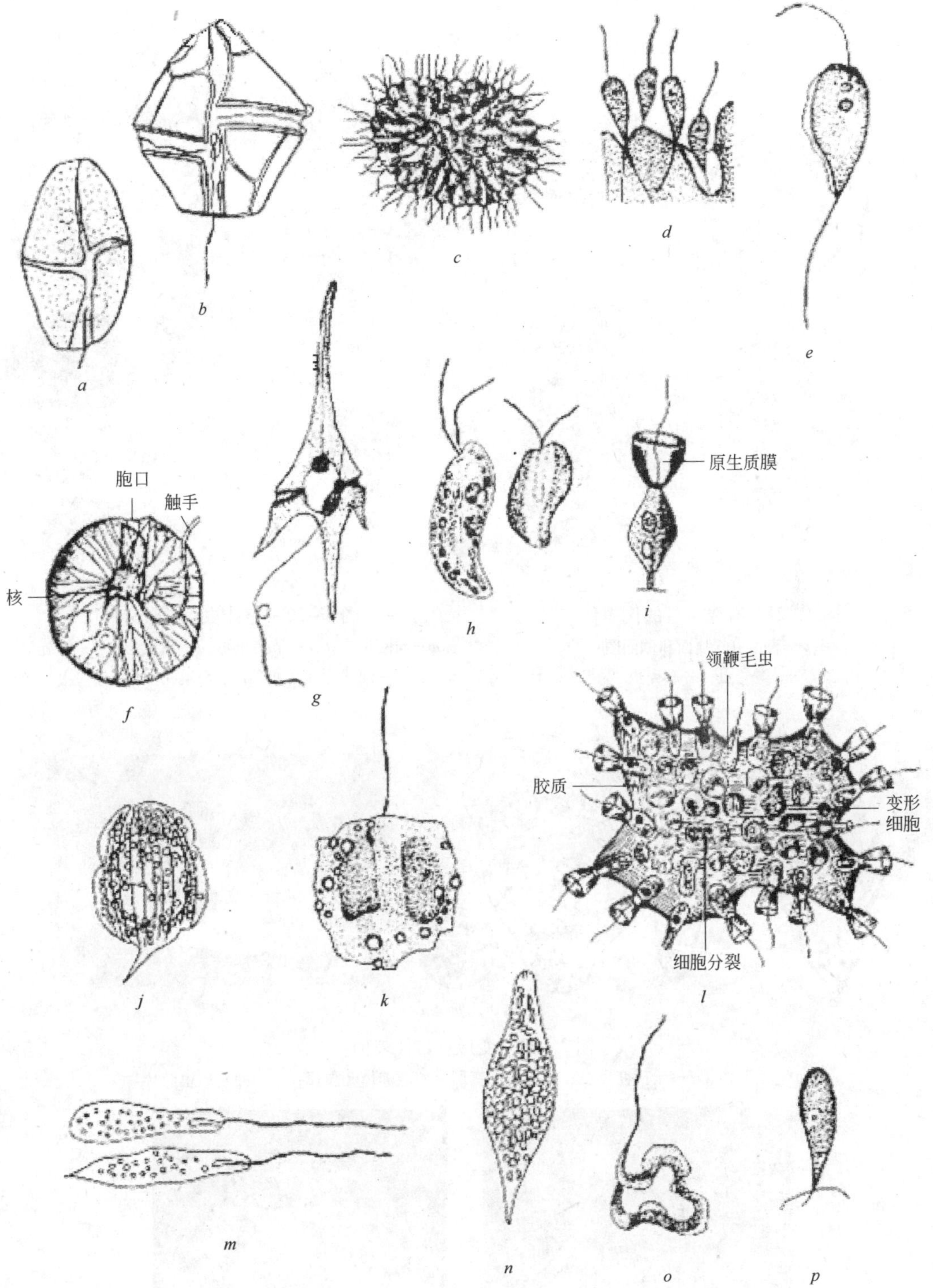

图 2-20 几种鞭毛纲的原生动物

a—裸甲腰鞭虫；*b*—沟腰鞭虫；*c*—合尾滴虫；*d*—鳃隐鞭虫寄生鳃上的情况；*e*—鳃隐鞭虫；*f*—夜光虫；*g*—角鞭虫；*h*—隐滴虫；*i*—领鞭虫；*j*—扁眼虫；*k*—金变形鞭毛虫；*l*—原绵虫；*m*—变形眼虫；*n*—眼虫；*o*—青锥体虫；*p*—漂流口丝虫寄生组织情况

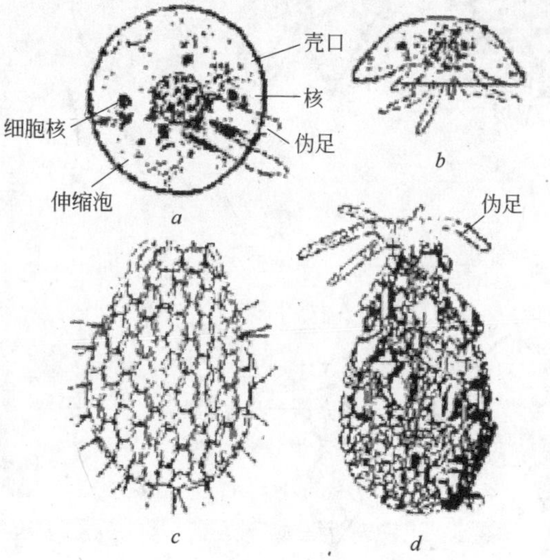

图2-21 有壳虫目的代表种

a,*b*—表壳虫的顶面和侧面图；

c—鳞壳虫；*d*—砂壳虫

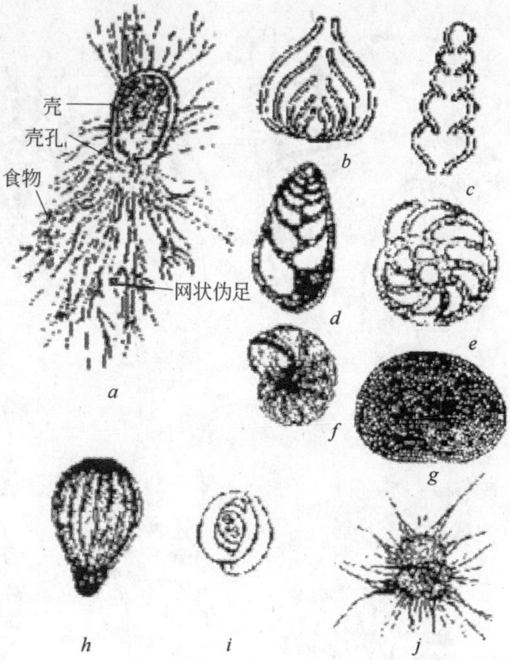

图2-22 有孔虫目的代表种

a—异网足虫；*b*,*c*—节房虫形；*d*—织虫形；*e*,*f*—螺旋形

g—圆线形；*h*—瓶颈形；*i*—粟孔虫；*j*—球房虫

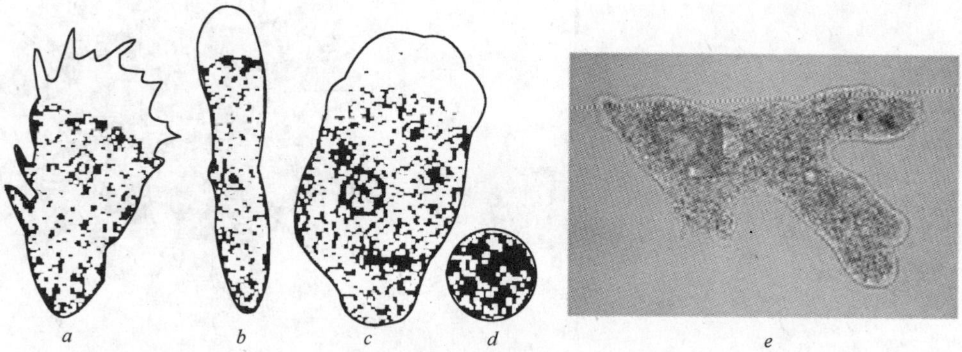

图2-23 变形虫目代表种

a—棘变形虫；*b*—哈氏变形虫；*c*,*d*—痢疾变形虫的滋养体和包囊；*e*—一种变形虫照片

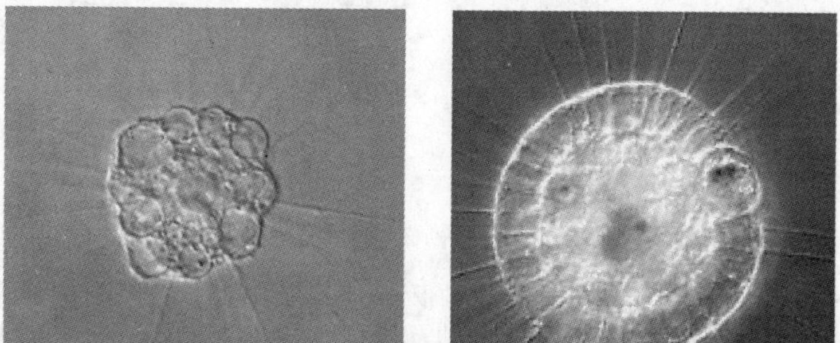

图2-24 两种太阳虫照片

C 纤毛虫纲

纤毛虫纲(Ciliophora)是构造最为复杂的一类原生动物(图2-25),几乎所有的纤毛虫都是自由生长的,即非寄生的。纤毛虫以具有很多纤毛为特征,以纤毛作为运动和摄食的细胞器(通过纤毛的协调摆动,推动生物体运动或制造水流,将食物送到其口区)。在其生活史中至少有一个时期有许多纤毛,有时还有体纤毛和口纤毛之分。纤毛虫的营养为全动物性营养,生殖方式为分裂生殖和结合生殖。

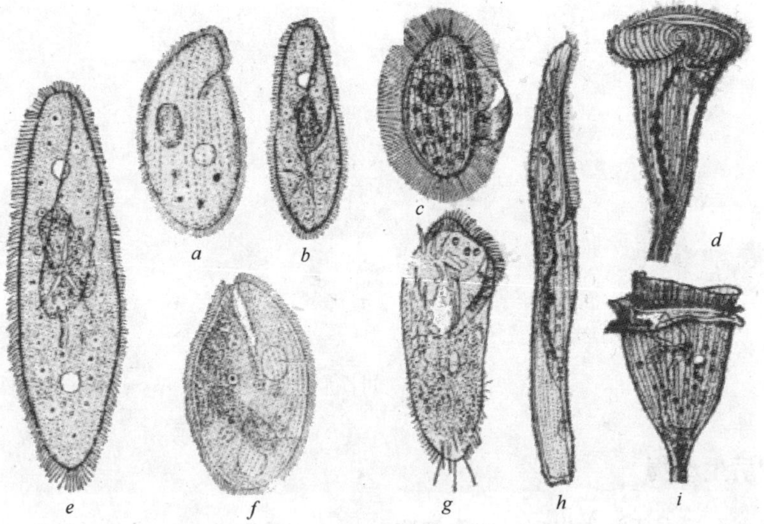

图2-25 几种纤毛虫纲的原生动物

a—肾形虫;*b*—双小核草履虫;*c*—口帆虫;*d*—喇叭虫;*e*—多小核草履虫;
f—结肠肠袋虫;*g*—棘尾虫;*h*—旋口虫;*i*—钟虫

废水生物处理系统中有两种完全不同的纤毛虫,即游泳型纤毛虫和固着型纤毛虫。

(1)游泳型纤毛虫。游泳型纤毛虫属于全毛目(Holotricha),可以穿过水流搜寻有机颗粒物质,有喇叭虫属(*Stebtor*)、四膜虫属(*Tetrahymena*)、斜管虫属(*Chilodonella*)、豆形虫属(*Colpidium*)、肾形虫属(*Colpida*)、草履虫属(*Parameciumcandatum*)、漫游虫属(*Lionotus*)、裂口虫属(*Amphileptus*)、膜袋虫属(*Cyclidium*)、楯纤虫属(*Aspididca*)、棘尾虫属(*Stylonychia*)等。

(2)固着型纤毛虫。固着型纤毛虫又称具柄纤毛虫,能通过纤毛运动制造水流来摄取食物,属于缘毛虫目(Periteicha),多数有肌原纤维,细胞核有大核(营养核)和小核(生殖核)。其虫体前端口缘有纤毛带(由两圈能波动的纤毛组成),虫体呈典型的钟罩形,故又称钟虫类,多数有柄,固着生活。群体生活的种类有独缩虫属(*Carchesium*)、聚缩虫属(*Zoothamnium*)、累枝虫属(*Epistylis*)、盖纤虫属(*Opercularia*)等。如果在耗氧废水生物处理系统中存在大量钟虫的话,通常可以认为是系统运行稳定、良好的标志,而且说明系统没有受到有毒物质的影响。

D 孢子虫纲

孢子虫纲(Sporozoa)动物全为营寄生生活,细胞一般呈圆形或长圆形,细胞质也可分为外质与内质,具有一个细胞核,细胞器不发达,没有伸缩泡、运动细胞器等,或仅在生活史的某个很短时期内出现鞭毛或伪足。孢子虫一般都不能运动,也没有取食及消化的细胞器,它是通过体表的微孔(micropore)或细胞膜表面的吞噬作用吸收寄主的营养,呼吸及排泄作用通过细胞膜而进行扩散或渗透。它们都有顶复合器结构,因而又有顶复合器亚门之称。

孢子虫生活史复杂,有无性世代和有性世代的交替现象。多数要更换寄主,无性世代在脊椎动物或人体内度过,进行裂殖体生殖。有性世代在无脊椎动物体内度过,进行配子生殖和孢子生殖。

孢子虫在废水生物处理系统中并不重要,但它们对公众健康非常重要。就公众健康而言,需要特别关注的是其典型代表——间日疟原虫(*plasmodium vivax*)(图2-26)。疟原虫寄生人体能引起人患疟疾,患者出现周期性的发冷、发热。可引起贫血、脾肿等症状,严重者发生昏迷,直至死亡,是全球性的严重疾病,也是我国五大寄生虫病之一。

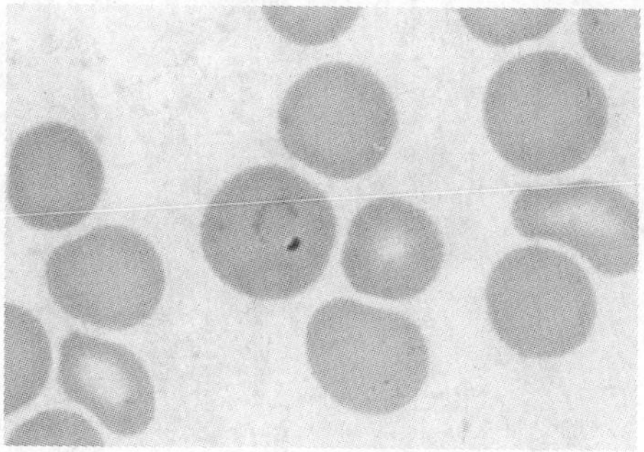

图2-26 间日疟原虫

2.3.2 微型后生动物

在生物处理系统中还常常出现一些多细胞动物——后生动物。这些动物属无脊椎动物,包括轮虫、甲壳类动物和昆虫及其幼虫等。微型动物是多细胞的,严格需氧,可以摄食小颗粒有机物,如细菌、藻类以及其他具有相似尺寸的活的或死的有机颗粒物质。微型动物介于显微与大型之间,有些个体很小,可以使水体浑浊,而有些普通显微镜就能观察到它们的存在和运动。

2.3.2.1 轮虫

轮虫(Rotifers)是多细胞动物中比较简单的一种,是软体动物,有头、躯干以及逐渐变细的足(图2-27)。它的身体前端(头部)一般有一个头冠,其上有纤毛环,通过它的旋转而游动,并产生水流将细菌和有机颗粒等吸入口部。纤毛环还是轮虫的行动工具,轮虫就是因其纤毛环摆动时形状如旋转的轮盘而得名。轮虫的足部一般分叉形成两个趾,使轮虫在摄食时能将自己固着在大块碎片上。用显微镜观察,一般可以看到在轮虫头部咀嚼器官或具有牙齿的颌。

在废水生物处理过程中,轮虫可作为指示生物。当活性污泥中出现轮虫时,往往表明处理效果较好,但数量太多,会大量撕扯生物絮体,则有可能破坏污泥的结构,使污泥松散而上浮。活性污泥中常见的轮虫有转轮虫(rotaria rotatoria)、红眼转轮虫(philodina erythrophthalma)等。

轮虫在水源水中大量繁殖时,有可能阻塞水厂的砂滤池。

2.3.2.2 甲壳类动物

水处理中遇到的多为微型甲壳类动物。这类生物的特点是具有坚硬的甲壳,通常有一对触角,通过鳃呼吸。微型甲壳纲动物一般有一个较大的头,一个短躯干,而且与较大的甲壳纲动物相比,躯干附着器上的节数较少。常见的甲壳类动物有水虿(daphnia)和剑水蚤(cyclops),如图2-28所示。它们以细菌和藻类为饵料。它们若大量繁殖,可能会影响水厂滤池的正常运行。氧化塘出水中往往含有较多藻类,可以利用甲壳类动物除藻。

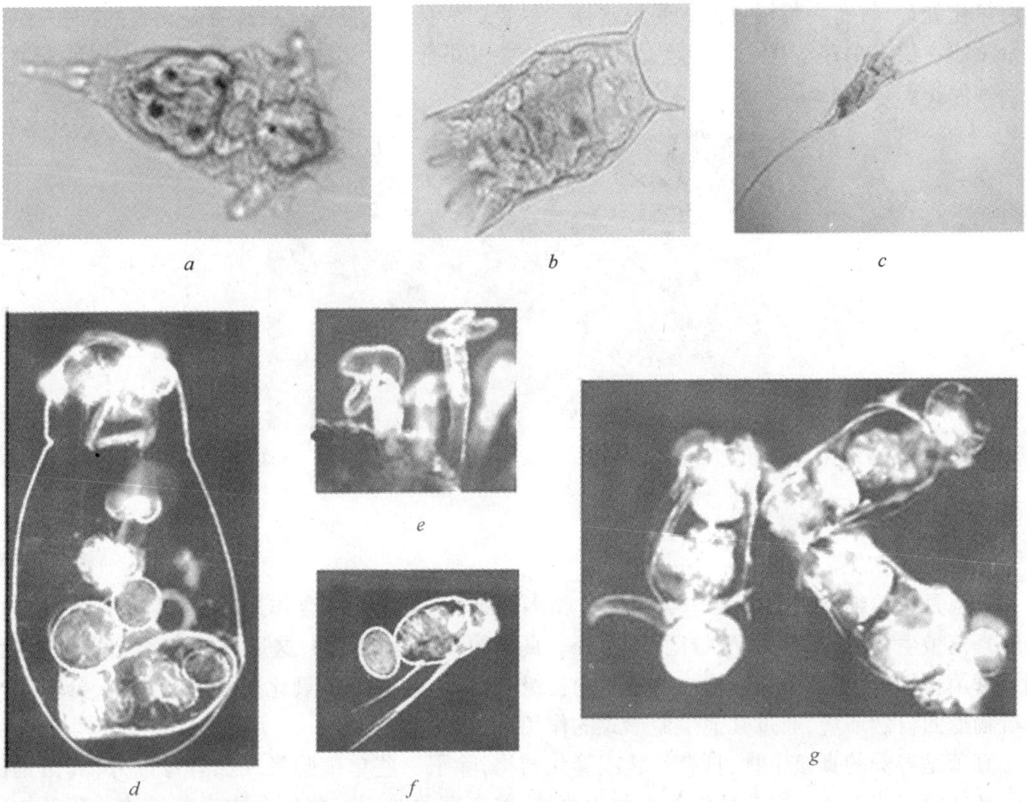

图2－27 几种轮虫

a—疣毛轮虫；*b*—龟甲轮虫；*c*—盖氏轮虫；*d*—晶囊轮虫；*e*—巨冠轮虫；*f*—三肢轮虫；*g*—臂尾轮虫

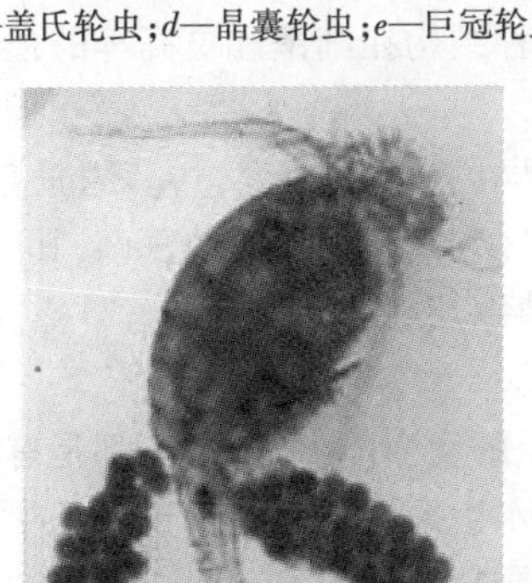

图2－28 剑水蚤

2.3.2.3 其他小动物

水中有机淤泥和生物黏膜上常生活着一些小动物，如线虫（nematode）和昆虫（包括其幼虫）等。在废水生物处理的活性污泥和生物膜中都可发现线虫。

线虫又称蛔虫，在个体数量以及种类数量上可能都是最丰富的。线虫的虫体为长线形，长0.25～2 mm，断面为圆形（图2－29），在逐渐变细的一端有口，另一端有肛门。线虫大量存在于土壤、天然水体以及较高等的动物体内。有些线虫是寄生性的，在废水处理中遇到的是独立生活的，可同化其他微生物不易降解的固体有机物。线虫在耗氧生物处理系统中十分丰富，而且如果不用氯化处理,将有大量线虫排入受纳水体。尽管那些独立生存的线虫本身是无害的,但人们已开始关注在供水中存在线虫的问题,原因在于线虫又可能摄食病原体,从而使病原体在消毒过程中受到保护。

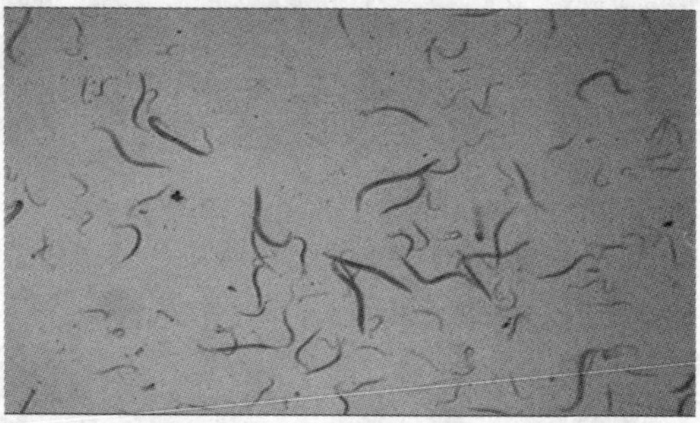

图2-29 光学显微镜下的线虫

2.3.3 真菌

真菌是指单细胞(包括无隔多核细胞)和多细胞,不能进行光合作用,靠寄生或腐生方式生活的真核微生物,包括霉菌、酵母菌、蕈菌等。真菌的细胞是真核的,这是与异养菌之间的主要区别。真菌与细菌、古细菌一起构成自然界的初级分解者,它们负责氧化死亡的有机物,分解产生无机物返回自然环境,通过其他生命形式的作用进入下一个循环。

真菌是异养的真核生物,具有丝状或管状结构,除了一些单细胞形式如酵母以外,真菌是由大量丝状物组成的。一根单独的丝被称为菌丝,单个真菌的所有菌丝合称为菌丝体。菌丝体一般宽5~10 μm,可能有分枝,由坚硬的含壳多糖的细胞壁包裹,内含大量真核生物的细胞器。真菌的细胞壁通常由几丁质组成,这种结构在细菌和更高等的植物中均未发现,但在昆虫的坚硬外壳中存在。

真菌菌落的生长特征是菌丝体在基质上或穿过基质,放射性伸展,形成圆形或球形真菌菌落。因此,仅靠形态学特征就能够区别5万种不同的真菌,其中包括一些常见种群,如霉菌、酵母菌、白色霉菌、锈菌、黑粉菌、马勃菌以及蘑菇。有的菌丝体露在真菌生长的营养基或土壤的表面上,有的隐藏在表面以下。

真菌不具有细菌所具备的广泛的代谢能力,基本上都是有机、无机营养型。多数真菌适宜生存在陆地环境中,只有一部分喜欢水生系统。真菌对于土壤中积聚的树叶、死亡的植被以及其他木质纤维素有机残骸的分解具有重要意义。

由于真菌在土壤中的重要作用,它们在干有机物质分解中的作用十分显著。干有机物质的分解作用发生在废水处理系统排放物以及有机污泥的稳定化过程中。真菌还能分解细菌不能分解的多种有机物。某些真菌体内含有过氧化酶,能够分解一些天然有机芳香族聚合物——木质素。

真菌可划分为3个重要种群。特别值得关注的真正的真菌属于真菌门(Eumycota),包括子囊菌纲(Ascomycetes)、担子菌纲(Basidiomycetes)、半知菌纲(Deuteromycetes)、卵菌纲(Oomycetes)以及接合菌纲(Zygomycetes)。第二个门是黏菌门(Myxomycota),或称黏菌类,具有类变形虫的运动阶段以及类真菌的孢子繁殖阶段。第三个门是地衣门(Lichenes),是真菌与藻类的共生体。

2.3.3.1 霉菌

在环境工程微生物学中数量最多、最重要的真菌可能是霉菌(*mold*)。霉菌是一类丝状真菌，凡生长在营养基质上形成绒毛状、蜘蛛网状或棉絮状菌丝体的真菌，统称为霉菌。霉菌以孢子的形式繁殖，可进行有性繁殖和无性繁殖，多数不能运动，但有些生殖细胞可运动。孢子及其形成方式千变万化，这些区别通常可用于对霉菌的分类。

A 霉菌的形态与结构

霉菌菌体均由分枝或不分枝的菌丝构成。菌丝在显微镜下呈管状，直径约 3 ~ 10 μm，比一般的细菌和放线菌菌丝大几到几十倍。根据菌丝是否存在隔膜，可将霉菌菌丝分为无隔菌丝和有隔菌丝两类（图 2 - 30）。无隔菌丝为长管状单细胞，细胞质内含有多个核，为毛霉、根霉等低等真菌所具有。有隔菌丝由隔膜分隔成成串多细胞，每个细胞和细胞核含有一个或多个细胞核。有些菌丝，以外观看像多细胞，但隔膜上有小孔，使细胞质和细胞核可以自由流通，且每个细胞的功能也都相同，青霉、曲霉等绝大多数霉菌均属此类。

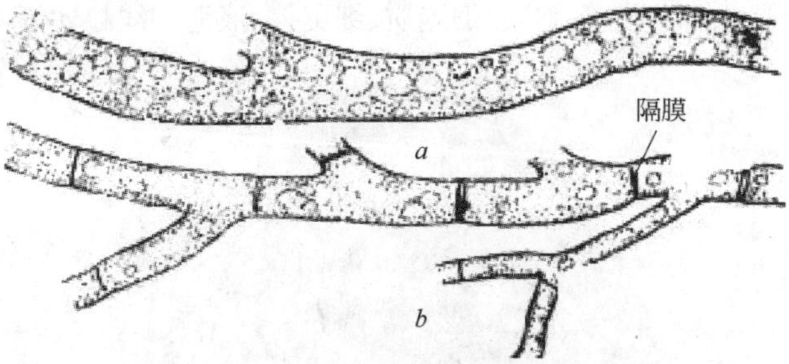

图 2 - 30 霉菌菌丝
a—无隔菌丝；*b*—有隔菌丝

霉菌细胞具有典型的真菌细胞结构，含细胞壁、细胞膜、细胞质和细胞核，细胞膜紧贴细胞壁，菌丝很难发生质壁分离，菌丝细胞内含有双层膜包围的典型细胞核。在细胞最老的部位，细胞质及细胞壁可发生自溶而被降解。

B 霉菌菌丝体及其分化

在固体培养基上，霉菌的菌丝依其生理功能的不同可分为两种：一种是伸入培养基内负责吸收和输送营养的菌丝，称为基内菌丝或营养菌丝；另一种是与培养基表面相连接的伸向空中生长的菌丝，称为气生菌丝。

这两类菌丝因基于自身生理功能和对不同环境的高度适应，在长期的进化中已能形成某种特化的构造。营养菌丝的特化构造主要有假根、匍匐菌丝、附着枝等；气生菌丝则主要特化成多种形态的子实体，子实体是指在其里面或上面可产无性或有性孢子，有一定形状和构造的各种菌丝体组织，如孢子囊，分生孢子囊，子囊果等。

C 霉菌菌落形态

霉菌菌落由分支状菌丝组成，与放线菌相似，但因菌丝粗而长，故菌落比放线菌大而疏松（图 2 - 31），有的霉菌长成的菌落有一定局限性，直径一般为 1 ~ 2 cm，而有的霉菌（如根霉、毛霉、链孢霉等）生长很快，菌丝在培养基表面蔓延扩展至充满整个培养皿。

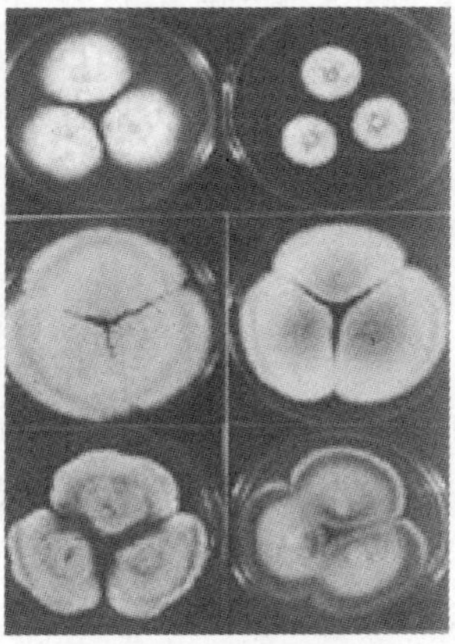

图 2 - 31 霉菌菌落

菌落一般呈圆形或近圆形，但外观差别很大，可归纳为棉絮状、绒毛状、蛛网状，越接近菌落中心，颜色一般也越深，有些霉菌因产生色素，致使菌落背面也带有颜色。

2.3.3.2　酵母菌

酵母菌(yeast)一般泛指能发酵糖类并以芽殖或裂殖的方式进行无性繁殖的一类单细胞真菌。它是人类实践中应用较早的一类微生物,与人类的生产生活关系密切。人们利用酵母烤制面包、酿酒、制作面食、发酵甘油等。由于酵母细胞含有丰富的蛋白质、维生素以及各种酶等,所以它又是医药、化工和食品发酵工业的重要原料。

A　酵母菌的形态与大小

酵母菌的细胞形态一般为球形、椭圆形、卵形或香肠形等,是无鞭毛不运动的单细胞真菌。酵母菌细胞的大小一般为(3～10)μm×(5～20)μm,最长的可以达到100 μm,其体积比细菌大20多倍。

B　酵母菌的细胞结构

酵母菌的细胞主要由细胞壁、细胞膜、细胞质、细胞核、液泡和线粒体等构成(图2－32)。

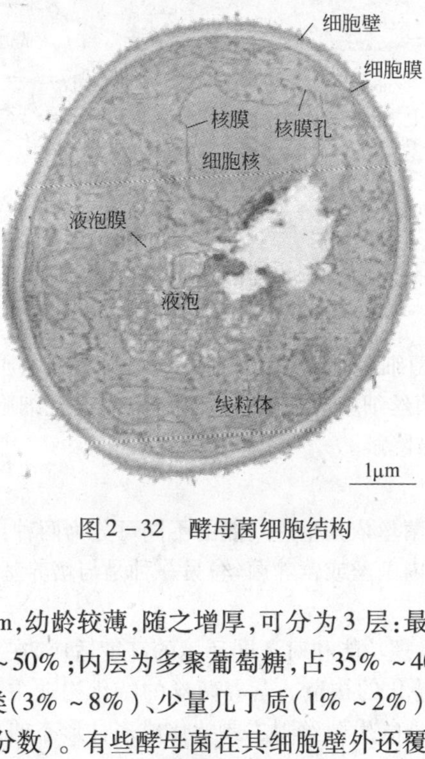

图2－32　酵母菌细胞结构

a　细胞壁

酵母菌细胞壁厚约25 nm,幼龄较薄,随之增厚,可分为3层:最外层为甘露聚糖和磷酸甘露聚糖,占细胞壁干重的40%～50%;内层为多聚葡萄糖,占35%～40%;中间为蛋白质,占5%～10%,其他化学成分还有脂类(3%～8%)、少量几丁质(1%～2%)和灰分。酵母菌细胞壁约占细胞干重的25%(均为质量分数)。有些酵母菌在其细胞壁外还覆盖有类似细菌荚膜的多糖物质,如隐球酵母属。

b　细胞膜

酵母菌细胞膜与细菌细胞膜的结构基本相同,都为磷脂双分子层,所不同的是,双层磷脂分子中除了镶嵌着球状蛋白质以外,还含有固醇类物质,这在原核生物中是罕见的。酵母菌细胞膜的功能不如原核生物的细胞膜那样具有多样性,其主要功能是调节渗透压、吸收营养、分泌代谢产物以及作为某些大分子物质(如细胞壁成分、部分酶等)合成或作用场所。

c　细胞质

酵母菌细胞质中含有丰富的酶等蛋白质、各种内含物以及中间代谢产物等,是细胞代谢活动的重要场所。幼龄细胞的细胞质较稠密、均匀,老细胞的细胞质常常出现大的液泡和各种贮藏物质,主要有异染粒、肝糖体和脂肪粒。与原核生物细胞相比,酵母菌细胞质中还增加了一些细胞器，如线粒体、微体、内质网等，但不含叶绿体。

d 细胞核

酵母菌细胞核具有完整的核膜、核仁和染色体，核仁由双层多孔核膜包裹，膜孔直径为 80 ~ 100 nm，用以增大膜的透性和膜内外的物质交换。

C 酵母菌的繁殖和菌落形态

酵母菌的繁殖方式可分为无性繁殖和有性繁殖。无性繁殖主要有芽殖（图 2 - 33）、裂殖、产生无性孢子（节孢子、掷孢子、厚垣孢子）等方式，有性繁殖则以形成子囊和子囊孢子进行，酵母菌的无性繁殖主要以芽殖为主。

在适宜的固体培养基上，大多数酵母菌所形成的菌落与许多细菌菌落相似，但是，由于酵母菌细胞比细菌稍大，细胞内有许多细胞器和内含物，细胞不具鞭毛，所形成的菌落一般比细菌菌落大而厚、较稠而不透明。

酵母菌菌落形态（图 2 - 34）一般呈圆形或近圆形，边缘圆整，颜色均一，多呈乳白色或浅黄色，少数呈红色（如红酵母）。菌落表面一般较湿润、光滑。菌落隆起呈半圆形或圆形，菌落质地均匀，较黏稠，呈固态油脂状，容易挑起。多数假丝酵母的菌落则较平坦，表面皱缩粗糙，边缘不整齐或呈缺刻状。

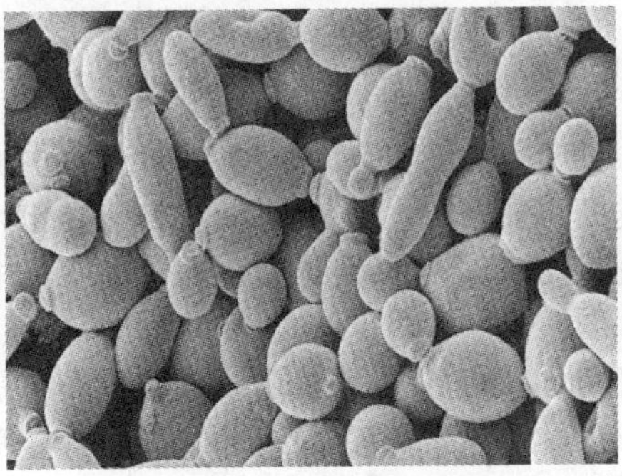

图 2 - 33 酵母菌的芽殖

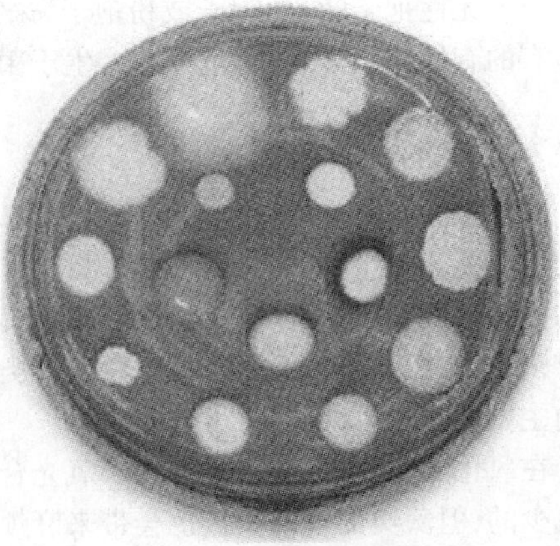

图 2 - 34 多种酵母菌的菌落形态

2.3.3.3 蕈菌

蕈菌（*mushroom*）又称为伞菌，是一类能形成形状、大小、颜色各异的大型肉质子实体的高等真菌，包括大多数担子菌和极少数的子囊菌（图 2 - 35）。它们广泛分布于自然界，种类繁多，多生长在树林里或草地上，可供食用和药用的就有 2000 多种，如香菇、木耳、银耳、林芝、草菇、平菇等，但需注意的是有些蕈菌有毒。

图 2 - 35 几种蕈菌

A 蕈菌的形态和结构发育

蕈菌的子实体一般由帽状的菌盖(包括表皮、菌肉和菌褶)、杆状的菌柄和基部的菌丝体构成,菌盖能产生孢子,是繁殖器官。蕈菌的菌丝体发达,在其发育过程中,菌丝依次分为以下三种类型:

(1) 一级菌丝。由单核的担孢子萌发而形成的初生菌丝。细胞核经过多次分裂,使初生菌丝初期为短暂的多核期,但很快便生出横隔,形成由许多单核细胞构成的一级菌丝。

(2) 二级菌丝。两种不同性别的一级菌丝结合后,两个相邻的单核细胞结合,只进行质配,不发生核配,形成了由双核细胞构成的二级菌丝,并以独特的"锁状联合"(clamp connection)方式不断使双核细胞分裂,形成新的双核细胞,从而使菌丝不断延伸。二级菌丝可以独立营养,并占据发育过程的大部分时间。

(3) 三级菌丝。当二级菌丝发育到一定阶段,条件适宜时,经组织化和特殊化形成菌丝束或菌丝球,即为三级菌丝。特化后的三级菌丝可以形成各种子实体,子实体成熟后再产生担子和担孢子(basidiospore)。

B 蕈菌的繁殖

蕈菌既可进行无性繁殖,也可进行有性繁殖。无性繁殖可以以菌丝体的裂殖或芽殖进行,也可以产生无性孢子(分生孢子或粉孢子)来繁殖。有性繁殖是通过产生担孢子来进行的,也是蕈菌独有的有性繁殖方式,担孢子是着生于菌褶担子上的一种外生孢子。

2.3.4 藻类

藻类指的是除苔藓植物和维管束植物以外,含有光合色素,可进行光合作用,并伴随释放氧气的一大类真核生物。藻类在水质以及水污染控制方面具有重要意义。藻类是微型的、自由浮动的生命形式,或称为浮游植物,是天然水体中有机物的主要初级生产者,能够将光能转化为细胞有机质,有机质再作为原生动物以及鱼类的食物。作为产氧光养型生物,藻类是天然水体中氧气的主要来源。

在氧化塘中,可以利用藻类的产氧光合作用处理废水。尽管藻类作为食物链的最底部是必不可少的,但藻类的过度生长也会带来麻烦。在生长过程中,藻类消耗水中的无机矿物质,使水体发生化学变化。藻类还排泄有机物,刺激细菌及有关种群的生长。有些藻类产生毒素,对鱼类及其食用者都造成安全隐患。

2.3.4.1 藻类的形态

藻类种类丰富,含有叶绿素,是能够进行光合作用的真核生物。其形态多种多样,可分为单细胞体、群体和多细胞体。单细胞体种类大多营浮生活,多为小型微观藻类。藻体常为球形、椭球形、圆柱形、纺锤形、纤维形、新月形等。群体的形状常呈球状、片状、丝状、树枝状或不规则团块状。藻体的形态以及群体中的细胞数目、排列方式、细胞间的相互关系在分类上都占有重要的地位。

大多数真正的藻类是显微级的,但有许多藻类却很大,如巨型海藻。作为一个种群,藻类广泛存在于海洋、湖泊、河流、咸水湖以及温泉中,也存在于树木、岩石、潮湿土壤以及其他动植物中。

藻类含有不同类型的叶绿素,每种都能有效地吸收特定范围的光谱。所有藻类均含有叶绿素 a,有些藻类还含有其他叶绿素,这是区别不同种群的基础。

2.3.4.2 藻类的细胞结构

藻类的细胞结构与植物的细胞结构相似,都具有活性的细胞质膜和一系列高度分化的细胞器和内含物,但各个门类又有所不同,是进行藻类分类鉴定的主要依据。

藻类大多具有明显的细胞壁,其主要成分为纤维素果胶质,有时结合有二氧化硅和碳酸钙。细胞壁的构造形态因种类不同而不完全一致,有的和真菌细胞壁类似为纤维状,有的可能由高尔基体分泌的特殊的板片组成。有一类藻类没有坚韧的细胞壁,它是由原生质膜下面的一层可弯曲的蛋白质表膜保护细胞。

藻类细胞有细胞核、线粒体、核糖体、高尔基体和叶绿体。内部细胞结构由微管和内质网的网状结构支撑。藻类细胞通常有 1 条或 2 条鞭毛,鞭毛的着生部位旁有眼点,使得细胞通过两侧鞭毛的划动或鞭毛螺旋桨式的转动,游向亮处。

2.3.4.3 藻类各门概述

根据藻类的光合色素的种类、个体形态、细胞结构、生殖方式和生活史等,藻类可分为 10 个门(包括蓝细菌):蓝藻门、隐藻门、甲藻门、金藻门、黄藻门、硅藻门、裸藻门、绿藻门、红藻门和轮藻门。

A 蓝藻门

蓝藻门(cyanophyta)的藻类称为蓝藻。蓝藻也称蓝细菌,它是一种古老的生物。它在光合作用下吸收二氧化碳、无机盐和水合成有机物供自身营养,并放出氧气,呈现蓝、绿、红等颜色,并随着光照条件的改变而改变(详见 2.2.4 节)。蓝细菌的叶绿素遍布整个细胞。

B 隐藻门

隐藻门(cryptophyta)的藻类称为隐藻。隐藻为单核单细胞,通过分裂方式繁殖。伸缩泡位于细胞前端,多数种类具有鞭毛,有 1 ~ 2 个大型叶状体。含叶绿素 a、叶绿素 c 和藻胆素。色素体多为黄绿色或黄褐色,也有的为蓝绿色、绿色或红色,有的种类无色素体,贮藏物质为淀粉、油滴。

C 甲藻门

甲藻门(pyrrophyta)的藻类称为甲藻,甲藻多为单细胞,极少为丝状。细胞呈球形或针状,背腹扁平或左右侧扁。细胞裸露或具有细胞壁,壁薄或厚而硬,如纵裂甲藻类,细胞壁由左右两片组成,无纵沟或横沟;细胞核大,有核仁和核内体。细胞质中有大液泡,有的有眼点。色素体有一个或多个,含叶绿素 a、c,β-胡萝卜素、硅甲黄素、甲藻黄素、新甲藻黄素及环甲藻黄素,藻体呈棕黄色或黄绿色,偶尔红色;贮存物为淀粉、淀粉状物质和脂肪。多数有两条不等长、排列不对称的鞭毛为运动胞器,无鞭毛的做变形虫运动或不运动。

绝大多数甲藻为植物型营养,少数为腐生或寄生。其繁殖方式为裂殖,也有产生游动孢子的或不动孢子的。它在淡水、半咸水、海水中都能生长,多数甲藻对光照强度和水温范围要求严格,在适宜的光照和水温条件下,甲藻在短期内大量繁殖,造成海洋"赤潮"。生活在淡水中的甲藻喜在偏酸性水中生活,水中含腐殖质时,常有甲藻存在。甲藻是重要的浮游藻类之一,它死后沉在海底形成生油地层中的主要化石。

甲藻门中的腰鞭毛虫具有坚硬的纤维状细胞壁,好像头盔或盾牌。腰鞭毛虫的两根鞭毛在凹槽中碰撞,使它在水中运动时能够旋转。腰鞭毛虫是主要的海洋光合物种,是从显微甲壳类到鲸类等各种生物的食物。

D 金藻门

金藻门(chrysophyta)的藻类称为金藻。金藻藻体为单细胞,群体或丝状体。多数能运动的单细胞种类具有 2 条鞭毛,少数为 1 条或 3 条,鞭毛等长或不等长。细胞裸露或在表质上具有硅质化鳞片、小刺或囊壳。具有细胞壁的种类不能运动。它具有 1 ~ 2 个片状色素体,含有叶绿素 c、胡萝卜素和叶黄素,呈褐色或黄褐色。繁殖方式为细胞分裂,群体分裂,也有的产生动孢子、静孢子。

金藻类多生活在透明度较大、温度较低、有机质含量较低的水中,在冬季、早春、晚秋生长旺盛。

E 黄藻门

黄藻门(tribophyta)的藻类称为黄藻。黄藻藻体为单细胞,群体呈多细胞的死状体。个体细胞由相等或不相等的H形节片套合组成。前端有2条不等长的鞭毛。细胞含色素体1至多个,盘状或片状,少数为带状或杯状。色素体中含有叶绿素a、叶绿素e、β-胡萝卜素和1种叶黄素。同化产物为脂肪。细胞壁主要由果胶质组成,有时含硅,有些种类中含有纤维质,多数种类的细胞壁由两瓣套合而成。无性繁殖产生动孢子或不动孢子,少数种类形成厚壁绝子,死状体可断裂而繁殖。只有在少数种类中发现有性繁殖。

F 硅藻门

硅藻门(bacillariophyta)的藻类称为硅藻,硅藻的主要特征为细胞壁含硅质,由上、下两壳套合而成。壳面有辐射相对称或两侧对称的花纹。硅藻含有黄-褐色素,使细胞呈现特征褐色,在观察含有该种藻类的天然水体时,很难辨别水的浊度是由藻类造成的还是由含有的矿物质造成的。

营养细胞没有鞭毛,繁殖方式为细胞分裂。硅藻类在各种水体都能生长,同化产物为油滴。当硅藻分解时,硅质外壳残留下来,形成由大小均一的显微外壳构成的巨型沉积物,这种沉积物被作为硅藻土开采,并用作水处理厂过滤助剂或工业过滤助剂,得到了广泛的应用。硅藻是主要的海洋光合物种,是从显微甲壳类到鲸类等各种生物的食物。

G 裸藻门

裸藻门(euglenophyta)的藻类称为裸藻,大多呈绿色。裸藻大多数种类具有1根鞭毛,能运动,少数种类有2~3根鞭毛。色素体呈盘状、片状、星状,色素体内所含色素为叶绿素a、叶绿素b、β-胡萝卜素和一种叶黄酸。同化产物为裸藻淀粉。繁殖方式为细胞纵裂,环境不良时生成孢囊,在暖冬,常可见有机质丰富的水体中形成“水华”。部分代表属形态如图2-36所示。

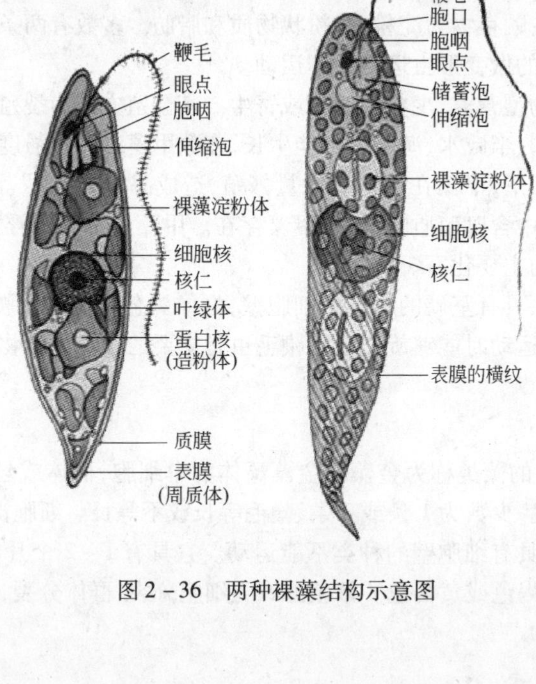

图2-36 两种裸藻结构示意图

H 绿藻门

绿藻门(chlorophyta)的藻类称为绿藻,通常在绿藻的每个细胞中都含有一个叶绿体。绿藻色素体呈杯状或其他形状,其中所含的色素有叶绿素 a、叶绿素 b、叶绿素 d、胡萝卜素、叶黄素。贮藏物质为淀粉。大多具有由内层纤维质、外层果胶组成的细胞壁。藻类形态多样,具有单细胞群体,丝状分枝或不分枝等多样体形,有 2 条顶生的等长鞭毛,少数多达 6 ~ 8 条不等。繁殖方式为细胞分裂,藻体断裂,无性生殖产生不动孢子、休眠孢子等,有性繁殖为结合孢子繁殖。

绿藻常见于许多淡水水体中,也属于废水处理稳定塘中最重要的藻类。许多绿藻是单细胞的,有些绿藻借助鞭毛运动。在稳定塘的营养条件下,通常占优势的重要属为小球藻、疝藻以及衣藻。

I 红藻门

红藻门(rhodophyta)的藻类称为红藻。红藻的色素为红藻藻红素和红藻藻蓝素,储存物为红藻淀粉和红藻糖。绝大多数红藻为海产,少数为淡水产。红藻的代表属有紫菜属、江蓠属、石花菜属和麒麟属。后三属的红藻均可提取琼脂,供食用、医药及制生化试剂。

J 轮藻门

轮藻门(charophyta)的藻类称为轮藻,为卵配生殖,在淡水和半咸水中生长。轮藻的细胞结构、光合色素和储存物与绿藻大致相同,不同的是有大型顶细胞,具有一定的分裂步骤,有节和节间,节上有轮生的分支。轮藻门的轮藻属可熏烟驱蚊,有轮藻生长的水中没有孑孓的生长。轮藻受精卵化石可作地层鉴定和陆地勘探的依据。

2.4 病　　毒

病毒为非细胞生物,无细胞结构,只含有 DNA 或 RNA 和蛋白质壳体。一般不将病毒当做活体看待,因为病毒自身不具有生命特征,不能依靠自身进行繁殖或新陈代谢,必须寄生于其他生物才能表现出生命特征。但是,病毒对于活体的影响是不可忽视的,它可导致疾病甚至死亡。通常情况下,病毒是亚微观的遗传因子,由被蛋白质包围的 DNA 或 RNA 组成,有时还含有其他组分。当病毒 DNA 或 RNA 被注入一个合适的宿主细胞后,它能够改变宿主细胞的代谢机制,转而进行病毒细胞的复制。当病毒的数量足够多时,宿主细胞死亡并破裂,新的病毒颗粒被释放出来,继续感染新的宿主细胞。

病毒个体微小,大小在纳米级,一般只能在电镜下才能看见,而大的病毒刚好在光学显微镜的分辨率范围内,因此观察病毒需要电子显微镜或者其他更高分辨率的仪器。

1892 年,俄国学者伊万诺夫斯基(Ivanovski)首次发现烟草花叶病毒的感染因子能够通过细菌滤器,病叶汁液的滤过液能感染健康烟草发病。1898 年,荷兰生物学家贝依林克(M. W. Beijerinck)进一步用酒精将烟草花叶病的致病因子从悬浮液中沉淀下来,并发现沉淀的致病因子依然具有感染能力,但用培养细菌的方法却培养不出来。贝依林克将这种致病因子命名为“病毒”(virus)。1935 年,美国生物学家 W. M. Stanley 从烟草化叶病病叶中提取出病毒结晶,并证实该结晶具有致病力。1971 年,Diener 发现一种只含相对分子质量小的 RNA,而不含蛋白质的类病毒(viroid)。

一般认为,病毒是一种比较原始的生物。感染原核微生物的病毒称为噬菌体。除了宿主细胞不同外,噬菌体与其他病毒并没有明显的不同。

在废水生物处理系统中,噬菌体十分普遍,有时人们怀疑由于噬菌体杀死了系统需要的细菌而导致废水处理过程恶化，不过这点还没有得到有效的证明。在混合培养系统中，噬菌体可能是导致一个细菌种群替代另一个细菌种群占据优势的因素。

2.4.1 病毒的特点和分类

一般来说，完整的病毒粒子(virus)，简称为毒粒，仅由蛋白质外壳包裹一个或多个 DNA 或 RNA 分子组成，它分为两个阶段存在：胞外阶段和胞内阶段。毒粒即其胞外形式，可以抵抗几乎所有酶的侵袭，但不能独立于活细胞增殖。在其胞内阶段，病毒主要以正在复制的核酸的形式存在，诱导宿主细胞合成病毒组分，最后完整的病毒颗粒或毒粒被释放出来，具有在活细胞内专性寄生的特点。它的繁殖需要进入细胞并依赖宿主的代谢系统合成自身所需的蛋白质，复制病毒核酸，从而完成独立的装配，实现自身的繁殖。具体来说，病毒具有以下特点：

(1) 个体微小，一般在电子显微镜下才能看见。

(2) 没有细胞结构，仅为蛋白质外壳包裹着核酸(DNA 或 RNA)。

(3) 每一种病毒只含有一种核酸，DNA 或 RNA。

(4) 既没有产酶系统，也没有蛋白质和核酸合成酶系统，只能利用宿主细胞内的代谢系统来合成自身的核酸和蛋白质组分，因此只能在活细胞内专性寄生。

(5) 独特的繁殖方式，病毒不存在个体生长和二等分裂等细胞繁殖方式，仅通过核酸复制和蛋白质合成，然后以装配的方式进行增殖。

(6) 在离心条件下能以无生命大分子的状态存在，并保持其侵染性。

(7) 对大多数抗生素不敏感，但对干扰素敏感。

最初病毒的分类是基于它们的致病性。对大多数的病毒，只要具有共同的特性就可以将它们归为一个类群，这个特性就是器官趋性(如肝炎疾病)。然而病毒还有更重要的特征(如病毒的结构和组成)，这些重要特征引起了病毒学家的广泛关注，使他们认识到最初的传统的分类方法远远达不到人们的需求，人们需要一种新的分类方法来代替旧的方法。在 1966 年小墨西哥召开的国际微生物学会议上，成立了国际病毒分类委员会(ICTV)，1996 年 ICTV 提出了 38 条新的病毒命名规则，新规则以目(order)、科(family)、属(genus)、种(species)为分类等级。

2.4.2 病毒的大小、形态与结构

病毒比细菌小得多，一般在光学显微镜下看不到，其直径为 15 ~ 300 nm，大多数病毒直径为 100 nm 左右。它的形态很多，归结起来有杆状或丝状、多面体或球形、蝌蚪状三种主要类型(图2 – 37)。

病毒的基本组成单位是核酸和壳体，有些病毒还有包膜、刺突等结构(图 2 – 38)。

2.4.2.1 核酸

一种病毒只含有一种类型的核酸(DNA 或 RNA)。核酸可以是线状的，也可以是环状的。大多数病毒粒子中只含有一个核酸分子，少数 RNA 病毒含有两个或两个以上的核酸分子，分别具有不同的遗传功能，它们一起构成病毒的基因组。病毒核酸(基因组)储存着病毒的遗传信息，控制着其遗传变异、增殖和对宿主的感染性等。

2.4.2.2 壳体

壳体是包裹在病毒核酸之外的蛋白质外壳，由许多壳粒(capsomere)组成。壳粒是指在电子显微镜下可以辨认的组成壳体的亚单位，由一个或多个多肽分子组成。病毒蛋白质的作用主要是构成病毒壳粒外壳，保护病毒核酸，决定病毒感染的特异性，与易感染细胞表面存在的受体有特异亲和力，还具有抗原性，能刺激机体产生相应抗体。

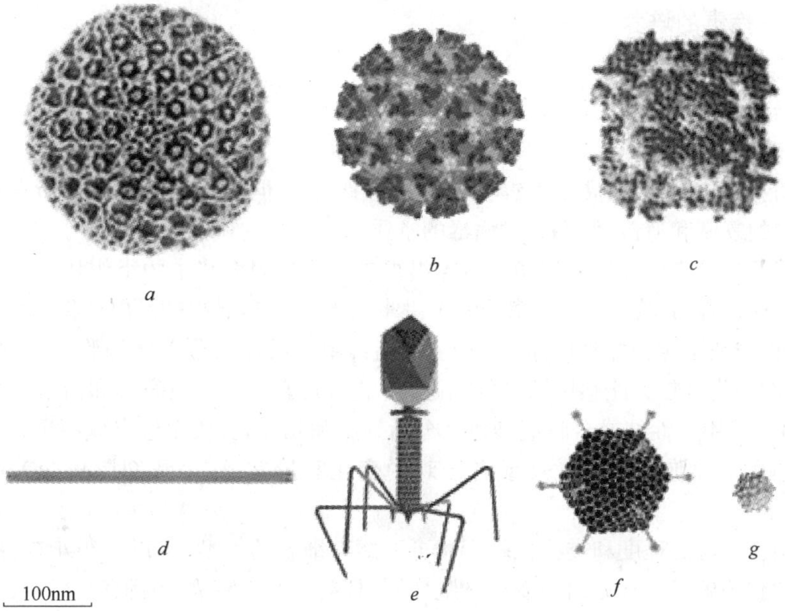

图 2－37 不同病毒颗粒的形态

a,*b*,*c*—球状(分别为疱疹病毒,昆虫多角体病毒和流感病毒);*d*—杆状(烟草花叶病毒);
e—蝌蚪状(T4 噬菌体);*f*,*g*—多面体(分别为腺病毒和脊髓灰质炎病毒)

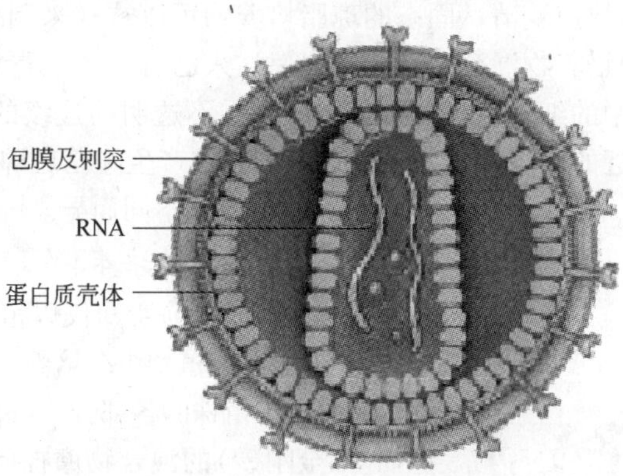

图 2－38 艾滋病病毒结构

2.4.2.3 包膜

包膜(envelope)也称封套或囊膜,指包被在病毒核酸壳体外的一层包膜,主要由磷脂、糖脂、中性脂肪、脂肪酸、脂肪醛、胆固醇等组成。囊膜表面往往具有突起物,称为刺突(spike)。有囊膜的病毒有利于其吸附寄主细胞,破坏宿主细胞表面受体,使病毒易于侵入细胞。

2.4.3 病毒的培养与增殖

病毒作为专性细胞内寄生物,不能在人工培养基上进行培养,它必须进入活细胞进行复制来完成自我的“增殖”过程。

2.4.3.1 病毒的培养

A 动物病毒的培养

动物病毒是专性寄生在人体与动物细胞内的一类病毒。培养动物病毒的方法主要有动物实验法、鸡胚培养法、组织培养法，特别是组织培养技术的建立，使得人们通过分离获得许多过去对动物不敏感的新病毒，大大拓展了病毒学的研究范围，这不但使临床病毒学有所发展，而且还可用于研究病毒的复制和遗传，使人们对病毒的本质有进一步的认识。

组织培养原来是指体外培养的切碎悬浮组织或埋于凝固血浆中的组织块，后来泛指体外的细胞培养。大体过程为：将病毒接种物覆盖于生长在特制培养皿中的一层动物细胞上，并静置一段时间，使病毒与细胞接触并吸附于细胞上。然后，用一层琼脂覆盖在细胞上以限制毒粒的扩散，使新产生的子代毒粒只能感染邻近的细胞，结果形成了局部细胞病损和溶解的区域，称为噬菌斑(plaque)。可用中性红或台盼蓝染色区分活细胞和死细胞，从而检出噬菌斑，尤其是动物病毒还可以引起宿主细胞和组织微观或者宏观的变化和异常，称为致细胞病变效应(cytopathic effects，CPE)。

致细胞病变效应的程度和类型依赖于病毒和感染细胞的类型，可以从很难检测到的微小的变化到整个细胞的破坏。常见的病变有细胞变圆、坏死、溶解、脱落、细胞融合形成多核巨细胞、细胞内出现包涵体等。通过光学显微镜可以观察到这些病变。

B 细菌病毒(噬菌体)的培养

细菌病毒又称为噬菌体(bacteriophages，简写为 phages)，可在液体培养基中或琼脂培养基上活跃生长的新生的细菌细胞中培养。在液体培养基中，因很多的宿主细胞遭到病毒破坏而裂解，从而使浑浊的细菌培养物快速变清。固态的琼脂培养物可以这样来制备：将噬菌体样本与冷却的液态琼脂及相应的细菌培养物混合。混合物快速注入已有一层消毒琼脂作底层的培养皿中，待琼脂硬化后，上层琼脂中的细菌生长，反之，形成一层不透明的连续的菌苔。无论毒粒由哪里释放出来，它只能感染邻近的细胞并增殖。最后细菌裂解产生噬菌斑即菌苔上的透明区，其外观常因培养的噬菌体不同而异。

C 植物病毒的培养

植物病毒是目前所知仅以植物为宿主的病毒，它可用不同的方法培养，植物组织培养、分离细胞培养或原生质培养均可采用。植株的各部分均可供病毒生长。用病毒与摩擦剂(如金刚砂)的混合物摩擦叶片可对叶片进行机械接种。通过摩擦，细胞壁被破坏，病毒与质膜直接接触并感染裸露的宿主细胞。昆虫可代替摩擦剂，通过吮吸或咬碎植物叶片而传播病毒。被感染部位的细胞快速死亡会形成局部坏死斑(necrotic lesion)。即便没有出现坏死斑，被感染的植物仍会表现出一定的病征，比如色素形成和叶子形状发生变化等。某些植物病毒只能通过嫁接传播。

2.4.3.2 病毒的增殖

病毒增殖的“生长周期”包括病毒特异性的吸附、侵入及脱壳、核酸转录、蛋白质合成、病毒粒子的成熟和装配以及随后通过出芽或裂解的方式从细胞中释放出来(图 2－39)。

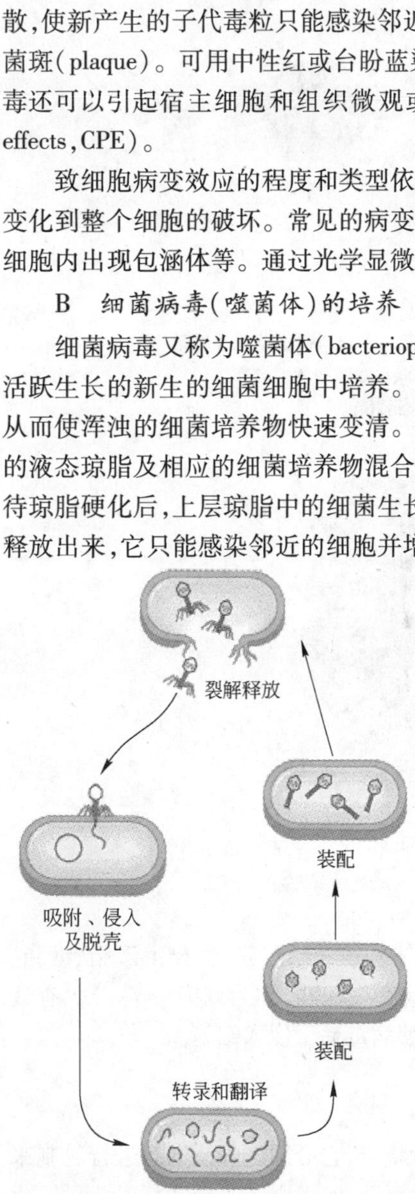

图 2－39 噬菌体的增殖

A　吸附、侵入和脱壳

吸附是病毒粒子通过扩散和分子运动附着在寄主细胞表面的一种现象,这种附着是通过病毒与细胞膜上的受体发生特异性的作用来完成的。所谓受体,是指病毒颗粒的吸附只发生在这一特定寄主细胞的特定部位,噬菌体的受体大多为细胞壁的脂蛋白或脂多糖部位,少数为鞭毛或伞毛上。当受体部位发生突变或经化学处理结构改变时,病毒就不能吸附,寄主细胞也就获得了对该病毒侵染的抗性。

当病毒粒子附着在寄主细胞表面后,侵入和脱壳开始。不同的病毒粒子侵入寄主细胞内的方式不同,大部分噬菌体通过注射的方式将核酸注入细胞内,而外壳则留于细胞外。植物病毒没有直接侵入细胞壁的能力,在自然界中大多通过伤口侵入或昆虫刺吸传染,并通过导管和筛管等组织传布至整个植株。动物病毒以类似吞噬作用的胞饮方式,由寄主细胞将整个病毒颗粒吞入细胞内,或者通过病毒囊膜与细胞质膜的融合方式进入细胞。

B　转录和翻译

病毒粒子侵入寄主细胞后,引起寄主细胞的代谢发生变化,细胞的生物合成不再由细胞本身支配,而受病毒核酸携带的遗传信息所控制,病毒利用细胞和自己编码的酶以及“辅助”蛋白,使核酸在一种调控方式下被转录,并利用寄主细胞的合成机制和机构,复制出病毒核酸,翻译蛋白质,翻译的蛋白质要经过翻译后修饰(如剪切、糖基化、磷酸化)才能称为成熟的蛋白质。

C　装配和释放

随着蛋白质和核酸在感染细胞内的合成,它们被引导至各个位置,进行病毒粒子的装配,成为成熟的病毒颗粒。大多数 DNA 病毒的装配在细胞核中进行,大多数 RNA 病毒的装配则在细胞质中进行,在有胞膜的病毒中,其胞膜则是在衣壳出芽时穿过核膜或质膜的过程中获得的。装配完成的病毒颗粒通过出芽或裂解的方式离开细胞,这个过程就是病毒的释放。

小　结

微生物个体微小,用肉眼很难观察到,需借助显微镜来进行观察。微生物的形态和结构保障了微生物细胞内各种反应的有序进行。根据其是否具有细胞形态将微生物分为细胞型和非细胞型两类。细胞是构成生命的基础,是独立于其他细胞和环境的实体,是一个复杂的化学系统。凡具有细胞结构的微生物称为细胞型微生物。

1. 原核微生物的细胞核发育不完全,核质裸露,与细胞质没有明显的界线。原核微生物包括细菌门和蓝绿细菌门中的所有微生物。细菌门包括细菌(包括真菌)、放线菌、蓝细菌、立克次氏体(包括衣原体)和支原体等。

(1) 细菌常见的形状主要有球状、杆状、螺旋状三种。细菌的结构包括基本结构和特殊结构。根据细菌细胞壁的化学组成和结构的不同,可将细菌分为革兰氏阳性菌和革兰氏阴性菌两大类。

(2) 古细菌与细菌的区别在于:细菌的细胞壁中总是含有肽聚糖而古细菌的细胞壁却不含有这种物质。古细菌是一个独特的类群,大部分为严格厌氧菌,一般生活在高温、高盐、强酸、强碱等极端环境中。

(3) 放线菌是介于细菌与丝状真菌之间而又近于细菌的一类细胞呈分支丝状的单细胞原核微生物,多为腐性,少数为寄生。

(4) 蓝细菌为藻类的蓝藻门之一,为单细胞可形成丝状或非丝状的群体。蓝细菌分布较广,普遍生长在淡水、海水、潮湿土壤、树皮及岩石中,耐高温和干燥。它在污水处理和水体自净中起着积极的作用。

(5) 支原体、立克次氏体、衣原体是与人类关系较为紧密的几种原核微生物,它们的性质介于细菌与病毒之间,都是致病病菌或病原体。

2. 真核微生物的主要特征是细胞内含有独立的细胞核,主要有原生动物、微型后生动物、真菌和藻类。

(1) 原生动物没有细胞壁,细胞的最外层是细胞质膜。原生动物主要进行动物性营养,可进行无性繁殖和有性繁殖。根据运动方式的不同,原生动物可分为4个主要种群:鞭毛虫纲、肉足纲、纤毛虫纲和孢子虫纲。

(2) 微型后生动物是生物处理系统中常见的一些多细胞后生动物,主要有轮虫、甲壳类动物和其他的小动物。

(3) 真菌是指单细胞或多细胞的、不能进行光合作用,靠寄生或腐生方式生活的真核微生物,包括霉菌、酵母菌、蕈菌。

(4) 藻类指的是除苔藓植物和维管束植物以外,含有光合色素,可进行光合作用,并伴随释放氧气的一大类真核生物。藻类有单细胞体、群体和多细胞体,细胞结构与植物的细胞结构相似,都具有活性的细胞质膜和一系列高度分化的细胞器和内含物。藻类可分为10个门。

3. 病毒的个体微小,一般只能在电镜下才能看见,无细胞结构只含有DNA或RNA和蛋白质的壳体。病毒作为专性细胞内寄生物,必须进入活细胞进行复制来完成自我的"增殖"过程。

思考题

2-1 请详细描述微生物分类情况,并说明细胞与无生命实体的主要区别是什么?

2-2 显微镜观察样品制备(压滴法)的具体步骤是什么?

2-3 什么是原核微生物和真核微生物,它们分别可分为哪几类,其特征有什么?

2-4 细菌有哪些形态,其一般结构和特殊结构各有什么?

2-5 革兰氏染色法的操作过程是什么?

2-6 试比较G^+细菌细胞壁和G^-细菌细胞壁的异同。

2-7 细胞膜有什么生理功能,细胞质有哪些内含物?

2-8 古细菌和真细菌的区别是什么,请介绍一下什么是产甲烷菌,其常应用于哪些方面?

2-9 什么是放线菌,它的菌落特征是什么,其菌丝分为哪几种形态,各形态菌丝有哪些作用?

2-10 蓝藻是细菌吗,它的结构和分裂方式是什么,水华是怎样形成的?

2-11 什么是原生动物?试描述它们的形态结构以及繁殖方式。

2-12 原生动物可分为哪四个主要类群,各类群各有什么特征?

2-13 环境污染治理中是如何使用微型后生动物作为指示生物的?

2-14 真菌可分为哪三个重要种群?

2-15 试描述霉菌、酵母菌和蕈菌的形态和结构。

2-16 什么是藻类,其形态和结构包括什么,可分类为哪10个门?

2-17 病毒的存在形式及特点是什么,试描述病毒的培养和增殖过程。

3　微生物的培养和分离

本章要点

（1）微生物的营养物质的类型和水平；

（2）微生物的营养类型及其与环境污染治理的关系；

（3）如何配制各种类型的培养基；

（4）如何培养与分离微生物菌种；

（5）微生物生长繁殖的测定方法、生长规律及影响因素。

3.1　微生物的营养物质和营养类型

同其他任何生物一样，微生物需要从外界获得营养，这些营养物质以及获取营养物质的方式即营养类型都直接影响着微生物细胞的成分、组成结构、各种生命生理活动乃至其生存方式。因此，要研究微生物的生理活动及功能，首先应以其生命活动所需营养及营养类型的研究为切入点。

3.1.1　营养物质的类型和水平

微生物的营养物质应满足机体生长、繁殖和完成各种生理活动的需要，而这些营养物质主要以有机和无机化合物的形式被微生物所利用，也有小部分以分子态的气体形式被微生物所利用。它们的作用可概括为形成结构（参与细胞组成）、提供能量（机体进行各种生理活动所需的能量）和调节作用（构成酶的活性成分和物质运输系统）。具体可划分为碳源、氮源、能源、无机盐、生长因子和水六大类。

3.1.1.1　碳源质

碳源（source of carbon）是指在微生物生长过程中可为微生物提供所需碳元素的物质。绝大部分碳源物质可在细胞内生化反应过程中为机体提供维持生命活动所需的能源，因此碳源物质通常是能源物质。同时，碳源物质在微生物细胞内经过一系列复杂的化学变化后会成为微生物自身的细胞物质和代谢产物，因此碳可占一般细菌细胞干重的一半。当然，还有些微生物生长所需能源并非来自碳源而是直接来自 CO_2。

将微生物作为一个整体来看，其可利用的碳源是极广的，从大范围来分可分为有机碳源和无机碳源。为数众多的微生物（异养微生物）都必须利用有机碳源；少数能利用无机碳源的则是自养微生物。如表 3－1 所列为微生物可利用的广谱碳源，在元素水平上将其归为 7 种类型，但其中的第 5 类“C”是假设的，因为至少目前为止还没有发现单纯的碳元素可作为微生物碳源。仅从另外 6 种碳源来看，就可说明微生物能利用的碳源类型已大大超过了动物界或植物界所能利用的碳化合物。因此有人认为，即使再高明的有机化学家，只要将他新研制的合成产品放入自然界，就恐怕早已有了能够破坏或利用这种产品的微生物在那里等待了。

表3-1 微生物的碳源谱

类　型	元素组成	化合物类型	培养基原料
有机碳	C、H、O、N、X	复杂蛋白质、核酸等	牛肉膏、蛋白胨、花生饼粉等
	C、H、O、N	多数氨基酸、简单蛋白质等	一般氨基酸、明胶等
	C、H、O、N	糖、有机酸、醇、脂类等	葡萄糖、蔗糖、各种淀粉、糖蜜等
	C、H	烃类	天然气、石油及其各种不同馏分、石蜡油等
无机碳	C	—	—
	C、O	CO_2	CO_2
	C、O、X	$NaHCO_3$、$CaCO_3$ 等	$NaHCO_3$、$CaCO_3$、白垩等

微生物的碳源虽然很广，但对于异养微生物来说，最适碳源只是“C·H·O”型。其中糖类是最广泛利用的碳源，其次是醇类、有机酸类和脂类等。同时对于异养微生物来说，它的碳源又可补充作能源，因而这时，可认为碳源是一种双功能的营养物。总之，从微生物对碳源物质利用程度的角度来讲，一方面微生物利用碳源物质是具有选择性的，如糖类是一般微生物较容易利用的良好碳源和能源物质。另一方面不同种类的微生物利用碳源物质的能力也是有差别的，有些微生物可广泛利用各种类型的碳源物质，而有些微生物可利用的碳源物质则比较少。如假单胞菌属（*Pseudomonas*）中的某些菌种可以利用多达 90 种以上的碳源物质，而一些甲基营养型（methylotrophs）微生物只能利用甲醇或甲烷等一碳化合物作为碳源物质。对不同碳源物质，微生物对其可吸收利用的不同程度具体如表 3-2 所示。

表3-2 微生物对碳源物质的吸收利用

种　类	碳源物质	可吸收利用程度
糖	葡萄糖、果糖、麦芽糖、蔗糖、淀粉、半乳糖、乳糖、甘露糖、纤维二糖、纤维素、半纤维素、甲壳素、木质素	单糖优于双糖，已糖优于戊糖，淀粉优于纤维素，纯多糖优于杂多糖
有机酸	糖酸、乳酸、柠檬酸、延胡索酸、低级脂肪酸、高级脂肪酸、氨基酸等	与糖类比效果较差，有机酸较难进入细胞，进入细胞后导致 pH 值下降。当环境中缺乏碳源物质时，氨基酸可被微生物作为碳源利用
醇	乙醇	在低浓度条件下被某些酵母菌和醋酸菌利用
脂	脂肪、磷脂	主要利用脂肪，在特定条件下将磷脂分解为甘油和脂肪酸而加以利用
烃	天然气、石油、石油馏分、石蜡油等	利用烃的微生物细胞表面有一种由糖脂组成的特殊吸收系统，可将难溶的烃充分乳化后吸收利用
CO_2	CO_2	为自养微生物所利用
碳酸盐	$NaHCO_3$、$CaCO_3$、白垩等	为自养微生物所利用
其　他	芳香族化合物、氰化物、蛋白质、肽、核酸等	利用这些物质的微生物在环境保护方面有重要作用。当环境中缺乏碳源物质时，可被微生物作用为碳源而降解利用

3.1.1.2 氮源质

氮源（source of nitrogen）即能提供微生物生长繁殖所需氮元素的营养源物质。这类物质主要用来合成细胞中的含氮物质，一般不能作为能源，只有少数自养微生物能利用铵盐、硝酸盐同时作为氮源与能源。在碳源物质缺乏的情况下，某些厌氧微生物在厌氧条件下可以利用某些氨基酸作为能源物质。与碳源相似，微生物作为一个总体来说，能利用的氮源种类即氮源谱也是十分广泛的，大大广于动物或植物。微生物的氮源谱如表3－3所示。

表3－3 微生物的氮源谱

类型	元素组成	化合物	培养基原料
有机氮	N、C、H、O、X	复杂蛋白质、核酸等	牛肉膏、酸母膏、饼粕粉、蚕蛹粉等
	N、C、H、O	尿素、一般氨基酸、简单蛋白质等	一般氨基酸、明胶等
无机氮	N、H	NH_3、铵盐等	$(NH_4)_2SO_4$ 等
	N、O	硝酸盐等	KNO_3 等
	N	N_2	空气

从利用的角度来讲，微生物对氮源的利用也是具有选择性的，一般来说，能够被微生物利用的氮源物质主要包括蛋白质及其不同程度的降解产物（胨、肽、氨基酸等）、铵盐、硝酸盐、分子氮、嘌呤等。其可吸收利用的不同程度如表3－4所示。

表3－4 微生物对氮源物质的吸收利用

种类	氮源物质	可吸收利用程度
蛋白质	蛋白质及其不同程度降解产物（胨、肽、氨基酸等）	大分子蛋白质难进入细胞，一些真菌和少数细菌能分泌胞外蛋白酶，将大分子蛋白质降解利用，而多数细菌只能利用相对分子质量较小的蛋白质及其降解产物
氨及铵盐	NH_3、$(NH_4)_2SO_4$ 等	容易被微生物吸收利用
硝酸盐	KNO_3	容易被微生物吸收利用
分子氮	N_2	固氮微生物可利用，但当环境中有化合态氮源时，固氮微生物就失去固氮能力
其他	嘌呤、嘧啶、脲、胺、酰胺、氰化物	大肠杆菌不能以嘧啶作为唯一氮源，在氮限量的葡萄糖培养基上生长时，可通过诱导作用先合成分解嘧啶的酶，然后再分解并利用嘧啶可不同程度地被微生物作为氮源加以利用

其中为数众多的异养微生物对氮源利用能力的顺序是“N·C·H·O”或“N·C·H·O·X”>“N·H”>“N·O”>“N”类。总的来讲，微生物吸收利用铵盐和硝酸盐的能力较强，NH_4^+被细胞吸收后可直接被利用，因而$(NH_4)_2SO_4$等铵盐一般被称为速效氮源，而NO_3^-被吸收后还需进一步还原成NH_4^+后才能再被微生物利用。许多腐生型细菌、肠道菌、动植物致病菌等均可利用铵盐或硝酸盐作为氮源。在废水微生物治理工艺中，一般大肠杆菌、产气肠杆菌（*Enterobacter aerogenes*）、枯草芽孢杆菌（*Bacillus subtilis*）、铜绿假单胞菌（*Pseudomonas aeruginosa*）等均可利用硫酸铵和硝酸铵作为氮源；放线菌可以利用硝酸钾作为氮源；霉菌可以利用硝酸钠作为氮源。以$(NH_4)_2SO_4$等铵盐为氮源培养微生物时，由于NH_4^+被吸收，会导致培养基pH值下降，因而将其称为生理酸性盐；以硝酸盐（如KNO_3）为氮源培养微生物时，由于被吸收，会导致培养基pH值升高，因而将其称为生理碱性盐。为避免培养基pH值变化对微生物生长造成不利影响，有些时候需要在培养基中加入缓冲物质。

微生物的氮源谱有许多特点。从微生物所能利用的氮源种类来讲，事实上存在着一个明显的界限，即一部分微生物不需要氨基酸作为氮源，它们能把非氨基酸类的简单氮源（如尿素，铵盐等）自行合成所需要的一切氨基酸，这一类生物可称其为“氨基酸自养型生物”；反之，另一部分微生物则需要从外界吸收现成的氨基酸作为氮源物质，则可将其归属为“氨基酸异养型生物”。所有的动物和大量的异养微生物均是氨基酸异养型生物，而所有的绿色植物和很多的微生物都是氨基酸自养型生物。对微生物的氮源做如此分类是具有重要实际意义的。因为一方面人类和直接、间接为人类服务的动物都需要从外界摄取现成的氨基酸和蛋白质，而这些营养成分往往又是它们食物或饲料中较为缺少的。为了充实人类及动物的氨基酸营养，除了继续向绿色植物索取外，今后可更多地利用氨基酸自养型微生物，让它们将人或动物原本无法利用的廉价的尿素、铵盐、硝酸盐或大气中的氮转化成菌体蛋白或含氮的代谢产物，以丰富人类的食物资源。另一方面，对于利用微生物生理功能进行工作的工业系统，则可依据该分类决定系统中所加氮源营养的种类及数量，更充分地发挥微生物的生物效能。

3.1.1.3 能源

微生物能源(energy source)是指能为微生物的生命活动提供能量来源的营养物质或辐射能。由于为数众多的异养微生物的能源就是其碳源，因此，微生物的能源谱就显得相对简单：

- 微生物能源
  - 化学物质
    - 有机物：化能异养微生物的能源(同碳源)
    - 无机物：化能自养微生物的能源(不同于碳源)
  - 辐射能：光能自养和光能异养微生物的能源

能转化能源的微生物即化能微生物可分为自养型和异养型。其中化能异养型微生物所利用的能源即碳源；化能自养型微生物如硝化细菌、亚硝酸细菌、硫化细菌、硫细菌、氢细菌和铁细菌等，它们所利用的能源则都是还原态的无机物，如 NH_4^+、NO_2^-、S、H_2S、H_2、Fe^{2+} 等。正由于这类独特的化能自养营养类型在微生物中的存在，说明了生物界的能源并非像过去普遍认为的只是直接或间接利用太阳能这一种方式而已。

另外，值得一提的是，一种营养物质常有一种以上的营养要素的功能，即除单功能营养物外，还有一些双功能甚至是三功能的营养物。如辐射能是单功能的；还原态无机养分常是双功能甚至是三功能的，如 NH_4^+ 既是硝化细菌的能源又是它的氮源；有机物也常有双功能或三功能作用。

3.1.1.4 无机盐

无机盐也是微生物生长不可缺少的营养物质，可为微生物提供除碳源、氮源以外的各种重要元素。凡是微生物生长所需浓度在 $10^{-3} \sim 10^{-4}$ mol/L 范围内元素，可称为大量元素，如 P、S、K、Mg、Ca、Na 和 Fe 等；凡微生物生长所需浓度在 $10^{-6} \sim 10^{-8}$ mol/L 范围内元素，则称为微量元素，如 Cu、Zn、Mn、Mo 和 Co 等。另外，Fe 实际上是介于大量元素与微量元素之间的一种两可元素。当然，由于不同微生物对营养物质的需求不尽相同，因此这种区分带有人为和相对的因素，对于不同的微生物往往会有较大差别。

无论怎样，无机盐对于微生物的生理功能都十分重要。它们在微生物机体中的主要生理功能有：

(1) 构成细胞的组成成分。

(2) 作为酶活性中心的组成部分。

(3) 维持生物大分子和细胞结构的稳定性、维持酶的活性。

(4) 调节细胞渗透压、氢离子浓度和氧化还原电位。

(5) 作为某些自养菌的能源。

如果微生物在生长过程中缺乏任何一种无机盐都可能导致细胞生理活性的降低甚至停止生长。无机盐的种类及其所实现的具体生理功能如表 3-5 所示。

表3-5 无机盐种类及其生理功能

元素	常用化合物形式	生理功能
P	KH_2PO_4、K_2HPO_4	核酸、核蛋白、磷脂、辅酶及ATP等高能分子的成分，可作为缓冲系统调节培养基pH值的成分
S	$MgSO_4$	含硫氨基酸、维生素的成分，谷胱甘肽可调节胞内氧化还原电位
K	KH_2PO_4、K_2HPO_4	某些酶的辅因子，维持细胞渗透压和电位差以及某些嗜盐细菌核糖体的稳定因子
Na	NaCl	细胞运输系统组分，维持细胞渗透压，可维持某些酶的稳定性，是某些细菌和蓝细菌所需成分
Ca	$Ca(NO_3)_2$、$CaCl_2$	某些胞外酶的稳定剂、蛋白酶等的辅因子；细菌形成芽孢和某些真菌形成孢子所需
Mg	$MgSO_4$	固氮酶等的辅因子；叶绿素等的成分
Fe	$FeSO_4$	细胞色素的成分；合成叶绿素、白喉毒素和氯高铁血红素所需
Mn	$MnSO_4$	超氧化物歧化酶、氨肽酶和L-阿拉伯糖异构酶等的辅因子
Cu	$CuSO_4$	氧化酶、酪氨酸酶的辅因子
Co	$CoSO_4$	维生素B_{12}复合物的成分；肽酶的辅因子
Zn	$ZnSO_4$	碱性磷酸酶以及多种脱氢酶、肽酶和脱羧酶的辅因子
Mo	$(NH_4)_6Mo_7O_{24}$	固氮酶和同化型及异化型硝酸盐还原酶的成分

在配制细菌培养基时，对于大量元素来说，可以加入有关化学试剂，其中首选的是K_2HPO_4及$MgSO_4$，因为它们可提供四种需要量最大的元素。而微量元素通常会混杂在天然有机营养物、无机化学试剂、自来水、蒸馏水、普通玻璃器皿中，所以若没有特殊原因，在配制培养基时没有必要另外加入微量元素。但如果要做精细培养则需按要求一一加入所需的微量元素。但值得一提的是，许多微量元素是重金属，如果它们过量，就会对微生物体产生毒害作用，而且单独一种微量元素过量产生的毒害作用更大，因此在配制培养基时，有必要将其中微量元素的量控制在正常范围之内，并注意保持各种微量元素之间的恰当比例。

3.1.1.5 生长因子

自养型微生物可以不依赖外源有机物，只利用无机物就能合成全部细胞物质；大部分异养微生物除需要有机碳源外，在无机氮源或其他矿物质的环境中也能生长。而一些异养型微生物却在一般的碳源、氮源和无机盐培养基中仍不能生长或生长较差，当在其培养基中加入某些组织或细胞的提取液时就可生长良好。这一现象说明了，这些组织或细胞提取液中含有某些这类微生物生长所必需的营养因子，这些营养因子就是生长因子(growth factor)，即通常所指的那些微生物生长所必需但需要量很小，微生物自身不能用简单的碳源或氮源自行合成或合成量不足以满足机体生长需要的有机化合物。广义的生长因子除了维生素外，还包括碱基、卟啉及其衍生物、胺类、甾醇、C_4~C_6的直链或支链脂肪酸，以及需要量较大的氨基酸等；而狭义的生长因子一般仅指维生素。

生长因子虽然是一种重要的营养要素，但它与碳源、氮源和能源不同，并非任何一种微生物都必须从外界吸收。有的微生物需要多种生长因子，有的仅需一种，甚至有的不需要。而且一种微生物所需的生长因子也会随着培养条件的变化而变化，如温度、通气条件、pH值等条件都会影响微生物对生长因子的需求。各种微生物与生长因子的关系具体可分为以下几类：

(1) 生长因子自养型微生物(auxoautotrophs) 多数真菌、放线菌和大多数细菌，如大肠杆菌等都是不需要外界提供生长因子的生长因子自养型微生物。

(2) 生长因子异养型微生物(auxoheterotrophs) 它们需要多种生长因子,如乳酸细菌、各种动物致病菌、原生动物和支原体等。一般的乳酸菌都需要多种维生素;许多微生物及其营养缺陷型(突变株)都需要不同的嘌呤、嘧啶碱基。因此生长因子异养型微生物可做维生素等生长因子生物测定时的试验菌。

(3) 生长因子过量合成微生物。有些微生物在其代谢活动中,会分泌出大量的维生素等生长因子,因此,它们可以作为维生素产品的生产菌。最突出的例子是生产维生素 B_2 的 *Eremothecium ashbya*(阿舒假囊酵母)和 *Ashbya gossypii*(棉阿舒囊霉);生产维生素 B_{12} 的一些链霉菌和产甲烷菌等。

根据生长因子的化学结构和它们在微生物机体中的不同生理功能,可将生长因子分为维生素(vitamin)、氨基酸、碱基(嘌呤及嘧啶)、脂肪酸等类脂四大类。

(1) 维生素。维生素是一些微生物生长和代谢所需的、微量的小分子有机物。它们的特点是:

1) 机体不能合成,必须经常从食物中获得。

2) 生物对其需求量较低。

3) 维生素不是结构或能量物质,但它是必不可少的代谢调节物质,大多数是酶的辅助因子。

4) 不同生物所需的维生素种类各不相同,有的微生物也可以自行合成维生素。最早发现的生长因子在化学本质上均是维生素。虽然一些微生物可以合成维生素,但许多微生物仍然需要外界提供维生素才能生长,因此必须在培养基中补充加入维生素。

维生素在微生物机体中参与新陈代谢主要是作为酶的辅基或辅酶,目前已有常见维生素的生理功能如表 3-6 所示。

表 3-6 维生素的生理功能

维生素	转移的对象	代谢功能
硫胺素(B_1)	乙醛基	焦磷酸硫胺素是脱羧酶、转醛酶、转酮酶的辅基,与 a-酮酸的氧化脱羧和酮基转移有关
核黄素(B_2)	氢,电子	黄素核苷酸 FMN 和 FAD 的前体,它们构成黄素蛋白的辅基,转移氢
烟酸(B_5)	氢,电子	NAD 和 NADP 的前体,是脱氢酶的辅酶,参与递氢过程以及氧化还原反应
吡哆醇(B_6)	氨基	磷酸吡哆醛是氨基酸消旋酶、转氨酶与脱羧酶的辅基,参与氨基酸的消旋、脱羧和转氨
泛酸	酰基	辅酶 A 的前体,乙酰载体的辅基,转移酰基,参与糖和脂肪酸的合成
叶酸	甲基	即辅 F(四氢叶酸),参与碳基的转移,与合成嘌呤、嘧啶、核苷酸、丝氨酸和甲硫氨酸有关
生物素(H)	羧基	各种羧化酶的辅基,在 CO_2 固定、氨基酸和脂肪酸合成及糖代谢中起作用
维生素(B_{12})	羧基,甲基	钴酰胺辅酶,参与碳基传递,与甲硫氨酸和胸苷酸的合成和异构化有关

(2) 氨基酸。L-氨基酸是组成蛋白质的主要成分,此外,细菌的细胞壁合成还需要 D-氨基酸。所以若微生物缺乏合成某种氨基酸的能力,就需要补充这种氨基酸。但各种氨基酸的补充也并非越多越好,补充的种类和数量既要合理也要平衡,有时如果培养基中的一种氨基酸含量过高,也会抑制微生物对其他氨基酸的摄取,这即为所谓的“氨基酸不平衡”现象。

(3) 碱基。碱基包括嘌呤和嘧啶,主要功能是组成核酸和一些辅酶。生物体的碱基有两种

来源:通过食物摄取和经“从无到有”的途径合成。而核苷酸合成的途径有两条:

1) 从碱基直接形成相应的单磷酸核苷酸:

$$G + PRPP \longrightarrow GMP + PPi$$

2) 间接途径:

G + 核糖 - 1 - P⟶鸟嘌呤 - 核糖(鸟苷)

鸟苷 + ATP⟶GMP + ADP

如果微生物细胞中存在第二条途径,核苷和游离碱基都可用作生长因子;如果微生物细胞中只有第一条途径,那么,微生物就只能利用游离的碱基。另外,核苷酸一般不能用做生长因子,因为核苷酸中磷酸基团的存在会导致它在水溶液中电离,而难以透过细胞膜进入细胞。当然,有些微生物既不能合成碱基,也不能利用外源碱基,所以需要提供核苷或核苷酸,而且需要量很大。

(4) 脂肪酸等类脂。某些微生物不能合成脂肪酸等类脂,所以必须从外界摄取长链脂肪酸,用于构建细胞膜。另外,有些微生物还需要如固醇、胆碱和肌醇等类脂,用于组成细胞膜。

一般从自然界中直接分离的原始菌株即该微生物的野生型(wild type)只需简单的碳源和氮源就能生长,不需添加生长因子;而当野生菌株经过人工诱变处理后,就常常会丧失合成某种营养物质的能力,这时要对这些诱变后的菌株进行培养就必须添加某种氨基酸、嘌呤、嘧啶或维生素等生长因子。一般情况下,在配制培养基时,如果配制的是天然培养基,则可加入富含生长因子的原料——酵母膏(yeast extract)、玉米浆(cornsteep liquor)、肝浸汁(liver infusion)、麦芽汁(malt extract)或其他新鲜的动植物组织浸液;如果配制的是组合培养基,则可加入复合维生素溶液。

3.1.1.6 水

水是微生物所有生命活动所必不可少的物质。地球上迄今为止的所有生命系统,本质上都是以水为基础的系统,其原因就是水具有一系列生命活动所必需的优良理化特性。除了少数微生物如蓝细菌能利用水中的氢作为还原 CO_2 的还原剂外,其他微生物都不能利用水作为营养物质。即使如此,由于水在微生物的生命活动过程包括营养过程中的重要性,它仍应属于营养要素之一。

水在微生物细胞中的生理功能主要有:

(1) 直接参与一些生化反应,是参与细胞内的一系列化学反应的重要元素,如蓝细菌利用水作为 CO_2 的还原剂。

(2) 作为微生物机体内一系列生理生化反应的介质,起到运输介质和溶剂的作用,使营养物质的吸收和代谢产物的分泌得以实现。

(3) 维持蛋白质、核酸等生物大分子稳定的天然构象。

(4) 由于水是热的良导体,具有较高的热容,因此能有效地吸收微生物代谢过程中产生的热并及时地将热迅速散发出体外,从而有效地控制细胞内温度的变化。

(5) 保持充足的水分是细胞维持自身正常形态的重要因素。

(6) 微生物可通过水合作用与脱水作用来控制由多亚基组成的结构,如酶、微管、鞭毛及病毒颗粒的组装与解离。

水在细胞中有两种形式:结合水和游离水。结合水与溶质或其他分子结合在一起,很难加以利用;游离水(即非结合水)则可以被微生物直接利用。可见对细胞更有意义的水是游离水,它的存在及含量决定着细胞中水的生理功能的实现。由于生理特性不同,不同生物及不同细胞结构中游离水的含量有较大的差别。其中游离水的含量即细胞环境中水的有效性常以水活度值

(water activity) a_w 来表示。水活度定义为在相同温度、压力下,体系中溶液的水的蒸汽压与纯水的蒸汽压之比:

$$即\ a_w = p/p_0$$

式中,p 为溶液蒸汽压力;p_0 为纯水蒸汽压力。纯水的 a_w 为1.00,当含有溶质后 $a_w < 1.00$,溶液中溶质越多,a_w 就越小。微生物一般可在 $a_w = 0.60 \sim 0.99$ 的条件下生长。a_w 过低时,微生物生长的迟缓期将延长,比生长速率和总生长量减少。但不同的微生物其最适的 a_w 不同, 如表3-7所示。一般而言,细菌生长最适的 a_w 较酵母菌和霉菌高,而嗜盐微生物生长最适的 a_w 则较低。

表3-7 几类微生物生长的最适水活度

微生物	a_w
一般细菌	0.91
酵母菌	0.88
霉菌	0.80
嗜盐细菌	0.76
嗜盐真菌	0.65
嗜高渗酵母	0.60

3.1.2 营养类型及其与污染治理的关系

从3.1.1节的讨论中我们已经可以看出,微生物的营养要素种类较多,加之微生物种类繁多,所以其营养类型(nutritional type)也就比较复杂。微生物营养类型的划分标准常常是复合的,常见分类标准主要有7种, 如表3-8所示。

表3-8 微生物营养类型分类

分类标准	营养类型
以能源分	光能营养型(phototroph)
	化能营养型(chemotroph)
以氢供体分	无机营养型(lithotroph)
	有机营养型(organotroph)
以碳源分	自养型(autotroph)
	异养型(heterotroph)
以合成氨基酸能力分	氨基酸自养型(amino acid autotroph)
	氨基酸异养型(amino acid heterotroph)
以生长因子分	原养型(prototroph)或野生型(wild type)
	营养缺陷型(auxotroph)
以取食方式分	渗透营养型(osmotroph)
	吞噬营养型(phagocytosis)
以取得死或活有机物分	腐生(saprophytism)
	寄生(parasitism)

另外,值得一提的是,由于氢供体与基本碳源的性质一般是一致的,所以不管按什么原则分

类，最后按能源和供氢体来分类与按能源和碳源来分的结论是一致的。这也是为什么在不同的资料上经常将“光能无机营养型”和“光能自养型”混用，把“光能有机营养型”和“光能异养型”混用，将“化能无机营养型”与“化能自养型”混用，以及将“化能有机营养型”与“化能异养型”混用的原因。

目前常用的分类方法是以能源、碳源的不同，将绝大部分微生物分成如下四大类型：

能源
- 光——光能营养型
  - CO_2（自养型）——光能自养型
  - CO_2，CO_3^{2-}（自养型）——化能自养型
- 化合物——化能营养型
  - 有机碳化物（异养型）——光能异养型
  - 有机碳化物（异养型）——化能异养型

3.1.2.1　光能自养型

光能自养型（photolithoautotroph，PLA）或光能无机自养型微生物以 CO_2 作为唯一或主要的碳源，以光为生活所需能源，以无机物（如硫化氢、硫代硫酸钠或其他无机硫化物）作为供氢体，使 CO_2 还原成细胞的有机物。藻类、着色细菌、蓝细菌等都是以这种营养方式生存的。如光合细菌包括绿硫细菌和红硫细菌，它们都是利用细菌叶绿素进行光合作用，从 H_2S、$Na_2S_2O_3$ 等无机硫化物得到 H 来还原 CO_2，同时析出 S 或 H_2SO_4。实例：

$$H_2O + CO_2 \xrightarrow[\text{叶绿素}]{\text{光}} (CH_2O) + O_2\uparrow$$　蓝细菌

$$2H_2S + CO_2 \xrightarrow[\text{菌绿素}]{\text{光}} (CH_2O) + H_2O + 2S$$　绿硫细菌和紫硫细菌

3.1.2.2　光能异养型

光能异养型（photoorganoheterotroph，POH）微生物同样利用光作为能源，但利用有机物作为供氢体，不能以 CO_2 作为唯一或主要的碳源，一般可同时以 CO_2 和简单的有机物为碳源，所以该营养类型的细菌对于高浓度有机废水的厌氧处理有重要作用。另外，光能异养菌生长时，一般常需要外源的生长因子。如红螺细菌：

$$CO_2 + 2CHOH(CH_3)_2 \xrightarrow[\text{细菌叶绿}]{\text{光}} CH_2O + 2CH_3COCH_3 + H_2O$$

3.1.2.3　化能自养型

化能自养型（chemolithoautotroph，CLA）微生物是以 CO_2 或碳酸盐为碳源，以无机物氧化所产生的化学能为能源，可以在完全无机的条件下生长发育。此类细菌以氢气、硫化氢、Fe^{2+} 或亚硝酸盐为电子供体，使 CO_2 还原。因此，它们分别被称为氢细菌、硫细菌、铁细菌和硝化细菌，它们广泛地分布于大自然的土壤与水体中，在自然界的物质循环转化和水体净化过程中起着重要的作用。具体如氢细菌、硫杆菌、亚硝化单胞菌属、硝化杆菌属、甲烷杆菌属、醋酸杆菌属等。

3.1.2.4　化能异养型

化能异养型（chemoorganoheterotroph，COH）微生物是以有机化合物为碳源，以有机物氧化产生的化学能为能源的一类微生物。对此类微生物，有机物既是碳源又是能源。微型动物和大多数微生物（几乎全部真菌、大多数细菌和放线菌）都归属于此营养类型。工业上所应用的大多数微生物也都属于化能异养型。一般还常把化能异养型微生物再次细分为寄生（parasitism）和腐生（saprophytism）两种类型，以及存在于两类中间的兼性腐生型和兼性寄生

型。如假单胞菌属、芽孢杆菌属、乳酸菌属、真菌及原生动物等。

其中,光能自养型和光能异养型微生物均可利用光能生长,因而在地球早期生态环境的演化过程中起着重要的作用;化能自养型微生物则广泛分布于土壤与水环境中,参与地球的物质循环。事实上,无论何种微生物对于自然界的生态平衡都具有不可替代的作用。当然,无论以何种标准划分微生物,各营养类型之间的界限都并非是绝对的,在各类型之间还常存在一些过渡类型,即微生物可能兼有两种营养类型,此时我们常加以“专性”(Obligatory)或“兼性”(Facultatively)来描述营养类型的可变性。另外,在一定的条件下许多微生物还具有极强的适应性,可相互转化以适应环境的改变。这也是微生物具有强大分解转化能力的基础。

3.2 微生物的培养基

培养基是微生物学尤其是工业微生物学研究的重要内容,因为无论是以微生物为材料的研究,还是利用微生物生产生物制品,都必须进行培养基的配制,它是微生物学研究和微生物发酵生产的基础。

3.2.1 培养基的定义及配制原则

培养基(medium 或 culturemedium)是一种人工配制的、适合微生物生长繁殖或产生代谢产物用的营养基质。广义上讲,凡是支持微生物生长和繁殖的介质或材料均可作为微生物的培养基,即微生物的食物来源。因此,培养基出现以来,其配方如同人们的菜谱一样层出不穷,18 世纪就已达 2500 种,至今至少有数万种之多。

在实际研究工作中,不但要求我们去选用一种现成的培养基,而且还常需要我们亲自去设计一种更合适的培养基,这就要求我们除熟悉微生物营养知识和规律外,还要有一套科学的设计培养基所应遵循的基本原则和方法。针对不同的微生物,不同的营养要求设计出不同的培养基。在此归纳总结出配制培养基所要遵循的五大原则。

3.2.1.1 目的明确

在设计新培养基前,首先要明确配制该培养基的目的。例如,要培养什么菌种,获何种产物,用于实验室做科学研究还是用于大规模的发酵生产,做生产中的“种子”,还是用于发酵等。

一般来讲,用于实验室研究的培养基不必过多地计较其成本。但必须明确,该培养基是做一般培养用,还是做精细的生理、代谢或遗传等研究用。如属前者,可尽量按天然培养基的要求来设计;若是后者,则主要应考虑设计一种组合培养基。拟培养的微生物对象也十分重要。不同大类的微生物,对培养基中碳源与氮源间的比例、pH 值的高低、渗透压的大小、生长因子的有无以及特殊成分的添加等都要做相应的考虑。

如果某培养基将用于大规模的发酵生产上,则用做“种子”的培养基,一般其营养成分宜丰富些,尤其氮源的含量应较高,即 C/N 比(质量比)低;相反,如果用做大量生产代谢产物的发酵培养基,则从总体来说,它的氮源含量宜比“种子”培养基稍低,即 C/N 比(质量比)高。除了对不同类型的微生物应考虑其特定条件外,在设计发酵培养基时,还应特别考虑到生产的代谢产物是主流代谢产物,或是次生代谢产物。如属主流代谢产物(一般指通过主要代谢途径产生的那些结构较简单、产量较高、价值较低的降解产物),那么生产不含氮的有机酸或醇类时,培养基中所含的碳源比例自然要比生产含氮的氨基酸类产物时高。反之,生产氨基酸类含氮量高的代谢产物时,氮源的比例就应高些。如属生产次生代谢产物(一般是指通过复杂合成途径产生的那些结构复杂、产量低、价值高的合成产物),例如抗生素、维生素或赤霉素等,则还要考虑是否在其中加入特殊元素(如维生素 B_{12} 中的 Co)或特定前体物质(如生产苄青霉素时加入的苯乙酸)。

3.2.1.2 营养协调

通过菌体成分的分析,可知道在各种微生物的细胞中,其不同成分或元素间是有较稳定比例的(表 3-9)。另外,在异养微生物中,碳源还兼做能源,而能源的需要量是很大的。这两点就是确定培养基中各种营养要素的数量和比例的重要依据。此外,如果设计的培养基是用于生产大量代谢产物的,那么,它所需耗费的营养物的量也要在设计培养基时予以充分考虑。

表 3-9 微生物细胞中各种有机物和元素含量(干重)

成分(质量分数)/%	细菌	酵母	真菌
碳	48(46~52)	48(46~52)	48(45~55)
氮	12.5(10~14)	7.5(6~8.5)	6(4~7)
蛋白质	55(50~60)	40(35~45)	32(25~40)
糖类	9(6~15)	38(30~45)	49(40~55)
脂类	7(5~10)	8(5~10)	8(5~10)
核酸	23*(15~25)	8(5~10)	5(2~8)
灰分	6(4~10)	6(4~10)	6(4~10)
磷	1.0~2.5		
硫、镁	0.3~1.0		
钾、钙	0.1~0.5		
钠、铁	0.01~0.1		
锌、铜、锰	0.001~0.01		

注:* 表示只有用快速生长的细胞进行分析才可取得这一高值。()中数值表示范围;()外数字为平均值。

粗略地讲,营养物的质量浓度太低时,不能满足微生物的生长需要,而质量浓度太高,又会抑制微生物的生长。如糖和盐都是良好的营养物质,但质量浓度过高时则会有抑菌作用。在考察培养基组分比例时,人们常以碳氮质量比作为一个重要指标,即培养基中元素 C 与 N 的质量比值。为了方便计算,人们常以培养基中还原糖质量分数与粗蛋白质量分数的比值来表示。一般培养中的 $w(C):w(N)$ 值为 100:(0.5~2)。当然也有特殊情况,如谷氨酸发酵培养基为 100:(11~21),放线菌蛋白酶培养基为 100:(10~20)。

大多数化能异养菌的培养基中,各营养要素间在量上的比例大体符合以下 10 倍序列的递减规律:

要素: H_2O > C+能源 > N 源 > P、S > K、Mg > 生长因子

质量分数: $(\approx 10^{-1})(\approx 10^{-2})(\approx 10^{-3})(\approx 10^{-4})(\approx 10^{-5})(\approx 10^{-6})$

从中可以看出:

(1) 水分含量最高,这也是因为微生物多为水生性的。

（2）碳源的含量其次，因为碳元素在任何细胞有机物中都是含量最高的，同时它为能源物质，其消耗量也是很大的。

（3）N、P、S、K、Mg 含量依次递减，这也是与菌体成分分析相符的。

（4）生长因子量最少。

在上述各元素中，碳源与氮源之间的相对比例有十分重要的意义。严格地讲，C/N（质量比）不能单纯地理解为在微生物培养基中所含某碳源的质量与某氮源的质量之比，而是指碳源中碳原子的摩尔数与氮源中氮原子的摩尔数之比。因为事实上，不同碳源或氮源，其中的碳含量或氮含量差别很大，如以下所列：

NH_3（w(N)为82%）>$CO(NH_2)_2$（w(N)为46%）>NH_4NO_3（w(N)为35%）>$(NH_4)_2CO_3$（w(N)为29.2%）>$(NH_4)_2SO_4$（w(N)为21%）

即在等量的氮源物质中，氨的氮含量最高，尿素次之，硝酸铵和碳酸铵更次之，硫酸铵最低。

几种常用培养基的组成成分及各营养组分的作用如表3-10所示。

表3-10 几种常用培养基的组成成分及各营养组分的作用

成分（质量分数）/%	氧化硫硫杆菌培养基	大肠杆菌培养基	牛肉膏蛋白胨培养基	高氏Ⅰ号合成培养基	查氏合成培养基	LB培养基	主要作用
牛肉膏			5				碳源（能源）、氮源、无机盐、生长因子
蛋白胨			10			10	氮源、碳源（能源）、生长因子
酵母浸膏						5	生长因子、氮源、碳源（能源）
葡萄糖		5					碳源（能源）
蔗糖					30		碳源（能源）
可溶性淀粉				20			碳源（能源）
CO_2（空气）							碳源
$(NH_4)_2SO_4$	0.4						氮源、无机盐
$NH_4H_2PO_4$		1					氮源、无机盐
KNO_3				1			氮源、无机盐
$NaNO_3$					3		氮源、无机盐
$MgSO_4 \cdot 7H_2O$	0.5	0.2		0.5	0.5		无机盐
$FeSO_4$	0.01			0.01	0.01		无机盐
KH_2PO_4	4						无机盐
K_2HPO_4		1		0.5	1		无机盐
NaCl		5	5	0.5		10	无机盐
KCl					0.5		无机盐
$CaCl_2$	0.25						无机盐
S	10						能源
H_2O	1000	1000	1000	1000	1000	1000	溶剂
pH值	7.0	7.0~7.2	7.0~7.2	7.2~7.4	自然	7.0	
灭菌条件	121℃，20 min	121℃，30 min	121℃，20 min	121℃，20 min	121℃，20 min	121℃，20 min	

3.2.1.3 物理化学条件适宜

A pH 值

各大类微生物一般都有它们合适的生长 pH 值范围。细菌的最适 pH 值为 7.0～8.0，放线菌为 7.5～8.5，酵母菌为 3.8～6.0，而霉菌则为 4.0～5.8。对于具体的微生物种来说，它们都有特定的最适 pH 值范围，有时可大大突破上述一般界限。

由于在微生物生长繁殖过程中会产生引起培养基 pH 值改变的代谢产物，尤其是不少的微生物有很强的产酸能力，如不适当地加以调节，就会抑制甚至杀死其自身，因而在设计它们的培养基时，就要考虑到培养基的 pH 值调节能力。这种通过培养基内在成分发挥的调节作用，就是 pH 的内源调节。

内源调节主要有以下两种方法：

第一种是采用磷酸缓冲液的方式。调节 K_2HPO_4 和 KH_2PO_4 两者摩尔分数比就可获得从 pH 值为 6.0～7.6 的一系列稳定的 pH 值，当两者为等摩尔分数比时，溶液的 pH 值可稳定在 6.8。其反应原理如下：

$$K_2HPO_4 + HCl \longrightarrow KH_2PO_4 + KCl$$

$$KH_2PO_4 + KOH \longrightarrow K_2HPO_4 + H_2O$$

第二种是采用加入 $CaCO_3$ 做“备用碱”的方式。$CaCO_3$ 在水溶液中溶解度极低，加入至液体或固体培养基中时，不会使培养液的 pH 值升高。但当微生物生长过程中不断产酸时，它就逐渐被溶解，并发生以下反应：

$$CO_3^{2-} \underset{-H^+}{\overset{+H^+}{\rightleftharpoons}} HCO_3^- \underset{-H^+}{\overset{+H^+}{\rightleftharpoons}} H_2CO_3 \rightleftharpoons CO_2 + H_2O$$

因为 $CaCO_3$ 是不溶性且是沉淀性的，故在配成的培养基中分布很不均匀，如因实验需要，也可用 $NaHCO_3$ 来调节：

$$\begin{array}{ll} \text{（气相中）} & CO_2 \\ & \quad\Updownarrow \\ \text{（液相中）} & CO_2 \rightleftharpoons CO_2 + H_2O \rightleftharpoons H_2CO_3 \rightleftharpoons H^+ + HCO_3^- \end{array}$$

与内源调节相对应的是外源调节，这是一种按实际需要不断流加酸液或碱液到培养液中的调节方法。

B 氧化还原势

氧化还原势（redoxpotential）Eh 又称氧化还原电位，是度量某氧化还原系统中的还原剂释放电子或氧化剂接受电子趋势的一种指标，单位是伏（V）或毫伏（mV）。

就像微生物与 pH 值的关系那样，各种微生物对其培养基的氧化还原势也有不同的要求。一般地说，适宜于好氧微生物生长的 Eh 值为 +0.3～+0.4 V，它们在 Eh 值为 0.1 V 以上的环境中均能生长；兼性厌氧微生物在 +0.1 V 以上时进行好氧呼吸，在 +0.1 V 以下时则进行发酵；厌氧微生物只能在 +0.1 V 以下才能生长。

微生物的培养基常常是一个具有多对氧化还原偶的复杂电化学系统，这时所能测出的 Eh 值仅代表了它们的综合结果。在各对氧化还原偶中，对微生物生长繁殖影响最大的是分子氧与分子氢的浓度，它们对严格厌氧菌的影响尤为重大。要培养它们，除了在配制培养基、灭菌、接种和培养等一切操作过程中必须采用严格厌氧技术以去除氧气外，还要在培养基中加入一定量的还原剂，例如可用质量分数分别为 0.01%～0.20% 的巯基乙酸、0.1% 的抗坏血酸、0.025% 的硫化钠、不多于 0.05% 的半胱氨酸、0.1%～1.0% 的葡萄糖、铁屑、谷胱甘肽、氯化高铁血红素、二硫苏糖醇或庖肉（瘦牛肉小块）等来降低它的氧化还原势值。据测定，加了铁屑的培养基，其 Eh

值可降到 -0.40 V 的水平。

不论是好氧微生物还是厌氧微生物,随着它们的生长和代谢活动的进行,培养基的最初氧化还原势常会逐步下降。其原因主要是因为溶解氧和氧化型氢受体的消耗和 H_2S、H_2 等还原性代谢产物的形成和累积。如图 3-1 所示,在金霉素链霉菌 K1001 的培养过程中,培养液氧化还原势值的变化及其与产生金霉素的关系。

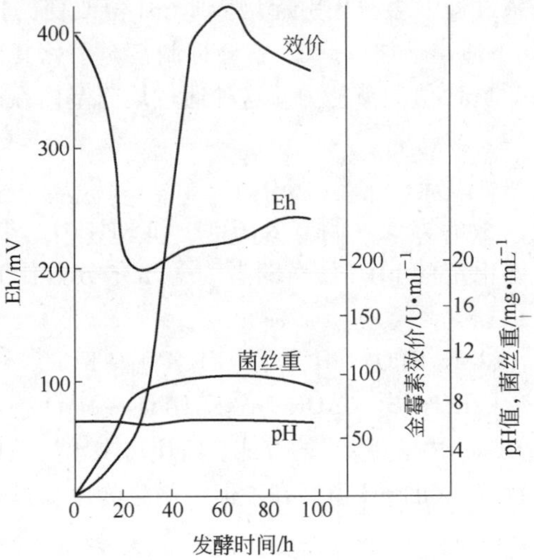

图 3-1 S. Aureofaciens 的金霉素发酵与氧化还原势的关系

C *渗透压和水活度*

渗透压(osmoticpressure)是可用压力来量度的一个物化指标,它表示两种质量浓度不同的溶液间被一个半透性薄膜隔开时,稀溶液中的水分子会透过此膜到浓溶液中去,直到浓溶液产生的机械压力足以使两边的水分子进出达到平衡为止,这时由浓溶液中的溶质所产生的机械压力,即为渗透压。

等渗溶液适宜微生物的生长,高渗溶液会使细胞发生质壁分离,而低渗溶液则会使细胞吸水膨胀。对细胞壁脆弱或丧失的各种缺壁细胞(如原生质体、球状体,支原体)来说,在低渗溶液中还会破裂。

微生物在其长期的进化过程中,发展出一套高度适应渗透压的特性,尤其会通过体内大分子贮藏物的合成或分解的方式来适应。据测定,革兰氏阳性细菌的内渗透压约可达到 2 MPa,而革兰氏阴性细菌也可达到 0.5 ~ 1.0 MPa。

比渗透压更有生理意义的一个物化指标是 a_w 即水活度(wateractivity)。它表示在天然环境中,微生物可实际利用的自由水或游离水的含量。各种微生物生长繁殖的范围详见 3.1.1.6 节。

3.2.1.4 经济节约

经济节约主要指在设计生产实践中所使用的大量培养基时应遵循的原则。这方面的潜力是极大的。综合各方面的实际经验,经济节约的原则大体可分为以下 8 个方面。

A *以粗代精*

一般地说,"粗"与"精"的概念是人为划分的。对人来说是一种"精"的营养料(如精白糖),对微生物往往却是一种不完全的养料,而对一般人只认为是"粗"的营养料(如红糖),对微生物反而是一种较完全的养料。从这一点出发,就可以在设计培养基时充分利用各种粗原料。

B 以“野”代“家”

以“野”代“家”主要指以野生植物原料代替栽培植物原料。如木薯、橡子、薯芋、土茯苓、金刚刺和苦楝子等都是富含淀粉质的野生植物，可以部分取代粮食用于发酵工业中的碳源；许多含纤维素、半纤维素和木质素等的植物秸秆，可以作为栽培食用菌的良好养料。

C 以废代好

以工、农业生产中易污染环境的废弃物作为微生物培养基的原料，是大有可为的，例如，造纸厂的亚硫酸废液（含有戊糖和短小纤维）、各种发酵废液（酒精及丙酮丁醇发酵废醪、味精发酵废液）、各种酿造工业废弃物（啤酒糟、酒糟、酱渣）以及其他工业废弃物（花生麸、淀粉渣、胚芽饼、豆腐渣、屠宰水、黄浆水、蚕茧脱胶废水、粉丝厂废水）等。

D 以简代繁

生产上在改进培养基成分时，一般都以“加法”居多，即设法使其营养越来越丰富、含量越来越高。这对微生物的生长不一定都有利。有时可试用“减法”，即用稀薄的培养基或成分较少的培养基来代替原有培养基成分，以求达到更好的效果。

E 以烃代粮

以烃代粮即以石油或天然气代替糖质原料来培养微生物。能利用石油作为碳源和能源的微生物在自然界中普遍存在，据知至少有 8 属细菌、6 属放线菌、6 属酵母和 6 属霉菌能利用石油。不同的微生物几乎能利用石油中所含的所有成分，除了合成菌体成分——石油蛋白外，还能将其氧化成醇、醛、酸等化工产品。在当前石油资源逐渐趋向紧缺的情况下，如能拿出一部分石油做发酵原料，让微生物将它转化成一些产值较高的高级醇、脂肪酸和环烷酸等化工产品和若干合成产物，还是十分值得的。

F 以纤代糖

纤维素是一种由 14000 个左右的葡萄糖单位构成的 β-D-葡萄糖长链，是自然界中最丰富的有机物。可是，人类和动物都无法直接消化这一取之不尽、用之不竭的可再生资源。在自然界中，存在着大量分解纤维素的微生物，它们能分泌各种纤维素酶，对纤维素进行降解，使纤维素能取代简单糖类来作为微生物生长所需的碳源。据估计，我国每年有稻草、麦秆、稻壳、棉子壳和玉米芯 5 项含纤维素丰富的资源 4 亿 t 以上，如能充分加以利用，这将是一个巨大的生物资源库。

G 以氮代朊

以氮代朊即以大气氮、铵盐、硝酸盐或尿素等一类非蛋白质或非氨基酸原料用做发酵培养基中的氮源，让微生物转化成菌体蛋白质或含氮的发酵产物供人们利用。

H 以国产代替进口

以国产代替进口即以国产原料代替进口原料，这实际上是“以粗代精”原则的一种特殊形式。典型的例子是 20 世纪 50 年代初在我国建立抗生素工业的早期，因为国内缺乏乳糖及玉米浆这两种青霉素发酵的主要原料而影响到生产的发展。我国学者经过研究，终于找到了以国内资源极其丰富的棉子饼粉或花生饼粉代替玉米浆，以玉米粉代替进口乳糖的新的培养基配方，后来又进一步以流加葡萄糖代替乳糖的新工艺，使青霉素产量超过当时国外乳糖发酵的水平，从而建立了具有中国特色的青霉素发酵工业。

3.2.2 培养基的种类

培养基的名目繁多，种类各异，为便于掌握系统化的知识，这里对其进行以下分类并举例介绍。

3.2.2.1 按培养基成分分类

培养基中所含的营养要素虽都一样，但具体成分却迥然不同。如果按人们对其中成分的了解程度来分类有天然培养基、组合培养基和半组合培养基三类。

A 天然培养基

天然培养基（complexmedium；undefinedmedium）是指一些利用动、植物或微生物体或其提取物制成的培养基，人们无法确切知道其中的成分。例如培养各种细菌所用的肉汤蛋白胨培养基，培养酵母菌的麦芽汁培养基等。天然培养基的优点是取材方便、营养丰富、种类多样、配制方便；缺点是成分不稳定也不甚清楚，因而在做精细的科学实验时，会引起数据不稳定。因此，天然培养基只适合配制实验室用的各种基本培养基及大生产中的种子培养基或发酵培养基之用。

现将几种用于配制天然培养基的常用原材料的特性列于表3－11。

表3－11 配制天然培养基常用的几种原材料的特性

原材料	制造特点	营养价值
牛肉膏（beefextract）	瘦牛肉加热抽提并浓缩而成的膏状物	富含水溶性动物组织的营养物，如糖类、有机含氮物、水溶性维生素和无机盐等
蛋白胨（peptone）	由酪素或明胶等蛋白质经酸或酶（胰蛋白酶、胃蛋白酶、木瓜蛋白酶等）水解而成。因蛋白质来源和水解方式不同可以获得不同特性的产品	是营养丰富的基本有机氮源，其中可能还含有若干维生素和糖类。如胰酶水解的酪蛋白约含总氮12.9%，氨基氮6.6%
酵母膏（yeastextract）	由酵母细胞水提取物浓缩而成的膏状物，还可以制成粉末型商品	富含B族维生素，也含有丰富的有机氮和碳化物
琼脂（agar）	从某些海藻（有十几种红藻）中加热提取出来的复杂糖类	是配置固体培养基时最常用的凝固剂，无营养价值
甘蔗糖蜜（cane-sugarmolasses）	制糖厂除去糖结晶后的下脚废液，棕黑色	约含各营养物质的质量分数为蔗糖32%、其他糖30%、含氮物3%、有机物7%、灰分15%、水分13%
甜菜糖蜜（beet-sugarmolasses）		约含各营养物质的质量分数为蔗糖50%、其他有机物20%、灰分9.5%、水分20%

B 组合培养基

组合培养基（definedmedium）又称合成培养基或综合培养基（syntheticmedium），是一类用多种高纯化学试剂配制成的、各成分（包括微量元素）的量都确切知道的培养基。例如培养细菌的葡萄糖铵盐培养基，培养放线菌的淀粉硝酸盐培养基（即高氏Ⅰ号培养基），培养真菌的蔗糖硝酸盐培养基（即查氏培养基）等。组合培养基的优点是成分精确、重演性高；缺点是价格较贵、配制较烦。因此，一般仅用于做营养、代谢、生理、生化、遗传、育种、菌种鉴定和生物测定等定量要求较高的研究工作上。习惯常以该培养基中所含的碳源和氮源名称来作该培养基的名称，也有以设计人的姓名来命名的。

C 半组合培养基

既含有天然成分又含有纯化学试剂的培养基即称半组合培养基（semi-definedmedium）。例如，培养真菌用的马铃薯蔗糖培养基等。严格地讲，凡含有未经特殊处理的琼脂的任何组合培养基，实质上都只能看作是一种半组合培养基。

3.2.2.2 按培养基外观的物理状态分类

如按培养基外观的物理状态来分,培养基可分成固体培养基、半固体培养基和液体培养基。

A 固体培养基

外观呈固体状态的培养基,称为固体培养基(solidmedium)。根据固体的性质又可把它分为4种类型:

(1)凝固培养基(solidifiedmedium),如在液体培养基中加入质量分数为1%~2%琼脂或5%~12%明胶做凝固剂,就可以制成遇热可融化、冷却后则凝固的固体培养基,此即凝固培养基。它在各种微生物学实验工作中有极其广泛的用途。琼脂具有一系列优良性能(表3-12),因此从20世纪80年代初开始用于配制微生物培养基后,立即就取代了原有的明胶凝固剂。

表3-12 琼脂与明胶若干特性的比较

培养基	化学成分	营养价值	分解性	融化温度/℃	凝固温度/℃	常用质量分数/%	透明度	黏着力	耐加压灭菌
琼脂	聚半乳糖的硫酸酯	无	罕见	约96	约40	1.5~2	高	强	强
明胶	蛋白质	作氮源	极易	约25	约20	5~12	高	强	弱

(2)非可逆性凝固培养基,指由血清凝固成的固体培养基或由无机硅胶配成的当凝固后就不能再融化的固体培养基,其中的硅胶平板是专门用于化能自养微生物分离、纯化的固体培养基。

(3)天然固体培养基,由天然固体状基质直接制成的培养基,例如培养各种真菌用的由麸皮、米糠、木屑、纤维、稻草粉等配制成的固体培养基;由马铃薯片、胡萝卜条、大米、麦粒、面包、动物或植物组织制备的固体培养基等。

(4)滤膜(membranefilter),是一种坚韧且带有无数微孔的醋酸纤维薄膜,如果把它制成圆片状覆盖在营养琼脂或浸有培养液的纤维素衬垫上,就形成了具有固体培养基性质的培养条件。滤膜主要用于对含菌量很少的水中微生物的过滤、浓缩,然后揭下滤膜,把它放在含适当营养液的衬垫上进行培养,待长出菌落后,可计算出单位水样中的含菌量。

固体培养基在科学研究和生产实践上具有广阔的用途,例如,它可用于菌种的分离、鉴定,菌落计数,检验杂菌,选种、育种,菌种保藏,抗生素等生物活性物质的生物测定,获取大量真菌孢子,以及用于微生物产品的"土法生产"(一般指用固体培养法进行生产)等。

B 半固体培养基

在凝固性固体培养基中,如凝固剂含量低于正常量,培养基呈现出在容器倒放时不致流下、但在剧烈振荡后则能破散的状态,这种固体培养基即称半固体培养基(semi-solidmedium),它一般加有质量分数0.5%左右的琼脂做凝固剂。

半固体培养基在微生物学实验中有许多独特的用途,如细菌的动力观察(在半固体直立柱中央进行细菌的穿刺接种,观察细菌的运动能力),噬菌体效价测定(双层平板法),微生物趋化性的研究,各种厌氧菌的培养以及菌种保藏等。

C 液体培养基

液体培养基(liquidmedium)是指呈液体状态的培养基,它在微生物学实验和生产中应用极其广泛。在实验室中主要做各种生理、代谢研究和获得大量菌体之用;在生产实践上,绝大多数发酵培养基都采用液体培养基。

3.2.2.3 按培养基的功能分类

A 选择性培养基

选择性培养基(selective medium)是根据某种微生物的特殊营养要求或其对某化学、物理因素的抗性或敏感性而设计的培养基,其功能是使混合菌样中的劣势菌变成优势菌,从而提高该菌的筛选效率。

选择性培养基配制有两种方法:第一种方法是"投其所好",即利用目标菌种对某一营养物质的专一"嗜好",专门在培养基中加入该营养物质,以达到加富培养的目的。第二种方法是"投其所抗",即利用培养基中非目标菌种对某种物质的抗性,专门加入该物质,以抑制非目标菌种的生长,使目标菌种趁机大势繁殖以占数量上的优势,也可达到富集培养的目的。例如,在分离放线菌时,在培养基中加入体积分数为10%的酚数滴,可以抑制细菌和霉菌生长;分离酵母菌时,在培养基中加入50 μg/mL 的青霉素或氯霉素可抑制革兰氏阳性细菌或阴性细菌的生长;分离细菌时在培养基中加入制霉菌素或安息香酸钠等抑制丝状真菌的繁殖。

常用的选择性培养基有:

(1) 酵母富集培养基 葡萄糖,5%;尿素,0.1%;$(NH_4)_2SO_4$,0.1%;KH_2PO_4,0.25%;NaH_2PO_4,0.05%;$MgSO_4 \cdot 7H_2O$,0.1%;$FeSO_4 \cdot 7H_2O$,0.01%;酵母膏,0.05%;孟加拉红,$1/(3\times10^{-4})$;pH = 4.5。

(2) Ashby 无氮培养基(富集自生固氮菌用) 甘露醇,1%;KH_2PO_4,0.02%;$MgSO_4 \cdot 7H_2O$,0.02%;NaCl,0.02%;$CaSO_4 \cdot 2H_2O$,0.01%;$CaCO_3$,0.5%。

(3) Martin 培养基(富集土壤真菌用) 葡萄糖,1%;蛋白胨,0.5%;KH_2PO_4,0.1%;$MgSO_4 \cdot 7H_2O$,0.05%;琼脂,2%;孟加拉红,$1/(3\times10^{-4})$;链霉素,30 μg/mL;金霉素,2 μg/mL。

(4) 含糖酵母膏培养基(在厌氧条件下富集乳酸菌用) 葡萄糖,2%;酵母膏,1%。

B 鉴别性培养基

鉴别性培养基即在培养基中加入能与某一菌落的无色代谢产物发生显色反应的指示剂,从而用肉眼就能使该菌落与外形相似的其他菌落区分开来。主要用于鉴别不同类型微生物的快速分类鉴定,以及分离和筛选产生某种代谢产物的微生物菌种。最常见的鉴别性培养基是伊红美蓝乳糖培养基,即 EMB(eosin methylene blue)培养基。它在饮用水、牛乳的大肠杆菌等细菌学检验以及遗传学研究上有着重要的用途。改良后的伊红美蓝乳糖培养基成分为10 g 蛋白胨、5 g 乳糖、5 g 蔗糖、2 g K_2HPO_4、0.4 g 伊红 Y、0.065 g 美蓝和1000 mL 蒸馏水。最终的 pH 值为7.2。试样中多种肠道菌会在 EMB 上产生相互区分的特征菌落,尤其是大肠杆菌,会被染上深紫色。

有些培养基具有选择和鉴别双重作用。例如食品检验中常用的麦康凯培养基(Macconkey medium),含有胆盐、乳糖和中性红。胆盐具有抑制肠道菌以外的细菌的作用(选择性),乳糖和中性红(指示剂)能帮助区别乳糖发酵肠道菌(如大肠杆菌)和不能发酵乳糖的肠道致病菌(如沙门氏菌和志贺氏菌)。在麦康凯培养基上,乳糖发酵肠道菌菌落为红色,不能发酵乳糖的肠道致病菌菌落为无色(鉴别性)。

常用鉴别培养基如表3-13所示。

表3-13 常用鉴别培养基

培养基名称	加入化学物质	微生物代谢产物	培养基特征变化	主要用途
酪素培养基	酪素	胞外蛋白酶	蛋白水解圈	鉴别产蛋白酶菌株
明胶培养基	明胶	胞外蛋白酶	明胶液化	鉴别产蛋白酶菌株

续表 3 - 13

培养基名称	加入化学物质	微生物代谢产物	培养基特征变化	主要用途
油脂培养基	食用油、吐温、中性红指示剂	胞外脂肪酶	由淡红色变成深红色	鉴别产脂肪酶菌株
淀粉培养基	可溶性淀粉	胞外淀粉酶	淀粉水解圈	鉴别产淀粉酶菌株
H_2S 试验培养基	醋酸铅	H_2S	产生黑色沉淀	鉴别产 H_2S 菌株
糖发酵培养基	溴甲酚紫	乳酸、醋酸、丙酸等	由紫色变成黄色	鉴别肠道细菌
远藤氏培养基	碱性复红、亚硫酸钠	酸、乙醛	带金属光泽深红色菌落	鉴别水中大肠菌群
伊红美蓝培养基	伊红、美蓝	酸	带金属光泽深紫色菌落	鉴别水中大肠菌群

C 其他培养基

培养基按用途分还有很多种，如分析培养基(assay medium)常用于分析某些化学物质的浓度；还原性培养基(reduced medium)专门用来培养厌氧型微生物。当然，无论何种分类都不是绝对的，往往在实际中都存在中间过渡类型，以及两种或多种功能结合在一起的培养基。

3.2.3 培养基的配制方法

依据配制原则进行培养基配制时，还可视具体情况采用不同的配制方法。具体操作时有生态模拟法、查阅文献法、精心设计法、试验比较法 4 种方法。

(1) 生态模拟法。在自然条件下，凡有某微生物大量生长繁殖的环境，则可认为该处一定具备该微生物生长繁殖所必需的营养和其他条件。因此，就可以模拟该天然基质或直接取用该天然基质(经过灭菌)来培养相应的微生物。在实践中，的确可以利用生态模拟的办法来配制各类“初级的”天然培养基。例如，可用肉汤、鱼汁来培养多种细菌，用水果汁来培养各种酵母菌，用润湿的麸皮、米糠来培养多种霉菌，用米饭或面包来培养根霉，用肥土来培养放线菌，以及用玉米芯来培养脉孢菌(*Neurospora* spp.)等。

(2) 查阅文献法。一个科学工作者绝不能事事都依靠直接经验。多查阅、分析和利用一切文献资料上的对自己直接或间接有关的信息，对设计有自己特色的培养基配方有着重要的参考价值。

(3) 精心设计法。在设计、试验新配方时，常常要进行各项因素的比较或反复试验，因此，工作量是很大的。为了提高工作效率，应努力借助优选法或正交试验设计法等行之有效的数学工具。

(4) 试验比较法。要设计一种优化的培养基，在上述 3 个方法的基础上，最终还得通过实际试验和比较来加以确定。试验的规模一般都遵循由定性到定量、由小而大地逐步扩大的原则。例如，可先在培养皿上做生长谱试验(auxanographic method)，然后进行摇瓶培养试验，再进行台式发酵罐试验，最后才扩大到试验型发酵罐和生产型发酵罐的规模。

3.2.4 微生物培养基的选择和常用的微生物培养基

就微生物主要类型而言，有细菌、放线菌、酵母菌、霉菌、原生动物、藻类及病毒之分，培养它们所需的培养基各不相同。在实验室里常用有：用牛肉膏蛋白胨培养基(简称普通肉汤培养基)培养细菌；用高氏 I 号合成培养基培养放线菌；用麦芽汁培养基培养酵母菌；用查氏合成培养基培养霉菌。其中，牛肉膏蛋白胨是最常用的基础培养基，能满足某些野生菌株的最低营养要求,添加不同营养物质后就可成为完全培养基,以满足不同微生物的生长要求。麦芽汁培养基是将麦芽粉与4倍水混匀后,在58~65℃条件下保温3~4 h至完全糖化,调整糖液浓度为10°(巴林糖度计),煮沸后用纱布过滤,调pH值为6.0配制而成。麦芽粉组成复杂,能为酵母菌提供足够的营养物质。原生动物也可用培养基培养,如有些变形虫可在较简单的蛋白胨肉汤中生长。

常用培养基及具体成分如表3-14所示。

表3-14 几种常用的培养基

<table>
<tr><th rowspan="2">培养基名称</th><th colspan="4">每100 mL培养基中成分/g</th><th rowspan="2">培养基pH值</th><th rowspan="2">适用范围</th></tr>
<tr><th>碳　源</th><th>氮　源</th><th>无机盐</th><th>生长因素</th></tr>
<tr><td>肉汁培养基</td><td>牛肉膏,0.3</td><td>蛋白胨,1.0</td><td>NaCl,0.5</td><td>汁中已有</td><td>7.0~7.2</td><td>细　菌</td></tr>
<tr><td>高氏Ⅰ号培养基</td><td>可溶性淀粉
2.0</td><td>KNO_3, 0.1</td><td>NaCl ,0.05
K_2HPO_4, 0.05
$MgSO_4$, 0.05
$FeSO_4$, 0.001</td><td>—</td><td>7.0~7.2</td><td>放线菌</td></tr>
<tr><td>马铃薯培养基</td><td>蔗糖或葡萄糖
2.0</td><td>鲜马铃薯
20.0</td><td>—</td><td>汁中已有</td><td>自　然</td><td rowspan="2">酵　母</td></tr>
<tr><td>麦芽汁培养基</td><td colspan="4">汁中已有</td><td>自　然</td></tr>
<tr><td>豆芽汁培养基</td><td colspan="4">汁中已有</td><td>自　然</td><td rowspan="2">霉　菌</td></tr>
<tr><td>查氏培养基</td><td>蔗糖,3.0</td><td>$NaNO_3$,0.2</td><td>KCl, 0.05
K_2HPO_4,0.1
$MgSO_4$,0.05
$FeSO_4$,0.001</td><td>—</td><td>6.0</td></tr>
<tr><td>马丁氏培养基</td><td>葡萄糖,1.0</td><td>蛋白胨,0.5</td><td>K_2HPO_4,0.1
$MgSO_4$, 0.5</td><td>胨中已有</td><td>自　然</td><td>真菌(使用时每100 mL加1%链霉素0.3 mL)</td></tr>
</table>

3.3 微生物的培养方法

3.3.1 微生物菌种的来源

微生物菌种主要来源于自然界和菌种保藏机构。自然界中微生物资源极其丰富,土壤、水、空气、动植物机体腐败残骸都是微生物的主要栖居和生长繁殖场所。微生物种类之多,至今仍是一个难以估测的未知数,从微生物的营养类型和代谢产物及其能在各种极端环境条件(高热、高压、低温、强碱、强酸及高渗透压等条件)下生存的角度分析,微生物种类应大大超过所有动植物之和。

自然界中的微生物是混杂生长的,要想直接快速获得所需菌种可以向菌种保藏机构索取有关菌种。目前国际上很多国家都设立了菌种保藏机构。例如:中国微生物菌种保藏管理委员会(CCCCM),美国标准菌种保藏中心(ATCC),美国的北部地区研究实验室(NRRL),英国的国家典型菌种保藏所(NCTC),日本的大阪发酵研究所(IFO),东京大学应用微生物研究所(IAM),荷兰的真菌中心收藏所(CBS),法国的里昂巴斯德研究所(IPL),以及德国的科赫研究所(RKI)。

3.3.2 微生物菌种的采样及灭菌

3.3.2.1 微生物的采样

采样是根据微生物的生态特点从自然界取样分离所需菌种的过程。从何处采样,这要根据筛选的目的、微生物的分布概况及菌种的主要特征与外界环境关系等,进行综合地、具体地分析来确定。例如,到堆积枯枝、落叶和朽木的地方分离产纤维素酶的菌种,从果皮上、果树下的土壤中分离酒精酵母,从豆科植物根子周围的土壤中分离根瘤菌,从油田附近土壤中得到石油酵母,从污泥中得到甲烷产生菌,从海洋中可分离得到耐盐和低温生产菌等。

A 从土壤中采样

土壤是微生物生长的大本营,尤其细菌和放线菌在土壤中存在得更多。就是水中和空气中的微生物多数也是从土壤中散发出去的。如果预先不了解某生产菌的具体来源,一般可以从土壤中分离。由于1 g表土中含微生物约有百万至几十亿个,而且微生物种类也随土质有所不同,因此,采样时应该注意以下几个方面。

a 土壤有机质和通风状况

土壤有机质和通气状况影响微生物在土壤中的分布。一般田园土、耕作土、近郊土壤中有机质丰富,土壤呈团粒结构状态,通气保水性能好,营养充足,微生物生长旺盛,数量多,尤其适合于细菌和放线菌生长。山坡上的森林土,枯枝落叶多,植被厚,有机质丰富,加上遮阴潮湿,适合于霉菌、酵母菌生长繁殖。沙土、无植被的山坡土、新耕植的生土、瘠薄土等土壤中,微生物数量少。

采土的深度不同,其通风、养分、水分、光照等情况就不同。表层土由于阳光直接照射,水分很少,受外界因素影响较大,不利于微生物生长,所以微生物种类和数量均少,一般离表层5~15 cm深处的土含微生物最多。

b 土壤酸碱度和植被状况

土壤的酸碱度会影响微生物的种类。一般来说,偏碱(pH值为7.0~7.5)的土壤适合于细菌和放线菌生长;偏酸(pH值为7.0以下)的土壤适合于酵母菌和霉菌生长。土壤植被状况也影响微生物的分布。一般果树下的土壤中酵母菌较多,番茄地或腐烂番茄堆积处有较多的维生素C产生菌,豆科植物的植被下根瘤菌数量较多。

c 地理条件

南方土壤比北方土壤中微生物多,特别是热带、亚热带地区的土壤。原因是南方温度高、温暖季节长,雨水多,相对湿度高,植物种类多,植被覆盖面大,土壤有机质丰富,土质肥沃,造成微生物得天独厚的优越生长条件。

d 季节与气候

由于春秋两季温度、湿度对微生物生长繁殖最合适,土壤中微生物数量最多,所以春秋两季采样是合适的。在采样时,还应注意水分的问题。土壤中水分过多往往造成缺氧状态,不利于好氧微生物(如酵母和霉菌)的生长,放线菌也在水分较少的情况下繁殖得好。由此可知,一般应避免雨季采土,而以温度适中,雨量不多的秋初为好。

e 采样方法

采样多在选好适当地点后,用无菌小铲铲出表土,取离地面5~15 cm处的土几十克,装入预先消毒过的牛皮纸袋或塑料袋中,扎好,标记,记录采样时间、地点、环境情况等,以备考察。一般土壤中芽孢杆菌、放线菌和霉菌的孢子忍耐不良环境能力较强,因此不太容易死亡。但是由于采样后的环境条件与天然条件有着不同程度的差异,微生物总要不断死亡而减少,种类也会起变化,所以应尽快分离。

B　根据微生物生理特点采样

不同微生物对碳、氮的需求不一样，因此分布也有差异，如森林土及肉类加工厂、饭店排水沟的污泥中，有许多的蛋白酶产生菌；面粉加工厂、糕点、酒厂、淀粉加工厂等场所，容易分离到产生淀粉酶、糖化酶的菌株；油田附近的土壤中容易筛选到利用碳氢化合物作为碳源的菌株；甜果、蜜饯或甘蔗渣堆积处，有不少酵母菌或耐高渗透压的酵母菌。

再筛选具有特殊性质的微生物时，也需要根据不同微生物独特的生理特性到相应的地点进行采样。如筛选高温酶产生菌时，通常到温度较高的地方，如南方、温泉、火山爆发以及北方的堆肥中采样；分离低温酶产生菌可以到温度较低的地方，如南极、北极地区，冰窖，深海中采样；分离耐压菌通常到海洋底部采样。

C　在极端环境下采样

微生物一般在中温、中性 pH 值条件下生长，但在大多数微生物不能生长的高温、低温、酸性、碱性、高盐、高辐射强的环境下，也有少数微生物存在，这类微生物被称为极端微生物。极端微生物生活所处的特殊环境，导致它们具有不同于一般微生物的生理生化特性。

嗜冷菌的最适生长温度为 15℃，主要分布在常冷的环境中，这类微生物在低温发酵时可产生许多风味食品，且可以节约能源及减少中温菌的污染。嗜热微生物是高温酶的来源。嗜碱菌的最适 pH 值通常为 9～10，这类菌可以产生碱性蛋白酶和碱性纤维素酶等。

3.3.2.2　灭菌

灭菌是指用物理或化学的方法，杀死物体表面和孔隙内的一切微生物或生物体，即把所有生命的物质全部杀死。

常用的灭菌方法可分为物理的和化学的两类，即：物理方法如干热（烘烧和灼烧）、湿热（常压或高压蒸煮）、射线处理（紫外线、超声波、微波）、过滤、清洗和大量无菌水冲洗等措施；化学方法是使用升汞、甲醛、过氧化氢、高锰酸钾、来苏尔、漂白粉、次氯酸钠、抗菌素、酒精化学药品处理。这些方法和药剂要根据工作中的不同材料、不同目的适当选用。

A　培养基用湿热灭菌

培养基在制备后的 24 h 内完成灭菌工序。高压灭菌的原理是：在密闭的蒸锅内，其中的蒸汽不能外溢，压力不断上升，使水的沸点不断提高，从而锅内温度也随之增加。在 0.1 MPa 的压力下，锅内温度达 121℃。在此蒸汽温度下，可以很快杀死各种细菌及其高度耐热的芽孢。

注意完全排除锅内空气，使锅内全部是水蒸气，灭菌才能彻底。高压灭菌放气有几种不同的做法，但目的都是要排净空气，使锅内均匀升温，保证灭菌彻底。常用方法是：关闭放气阀，通电后，待压力上升到 0.05 MPa 时，打开放气阀，放出空气，待压力表指针归零后，再关闭放气阀。关阀后再通电，压力表上升达到 0.1 MPa 时，开始计时，维持压力 0.1～0.15 MPa，20 min。

按容器大小不同，保压时间有所不同，如表 3－15 所示。表 3－15 所列数字是彻底灭菌很保险的数字，如果容器体积较大，放置的数量很少，也可以减少时间。

表 3－15　培养基高压蒸汽灭菌所需的最少时间

容器的体积/mL	在 121℃ 灭菌所需最少时间/min
20～50	15
75～150	20
250～500	25
1000	30

到达保压时间后，即可切断电源，当压力到 0.5 MPa 时，可缓慢放出蒸汽，但应注意不要使压力降低太快，以致引起激烈的减压沸腾，使容器中的液体四溢。当压力降到零后，才能开盖，取出培养基，摆在平台上，以待冷凝。不可久不放气，引起培养基成分变化，以致培养基无法摆斜面。一旦放置过久，由于锅炉内有负压，盖子打不开，只要将放气阀打开，大气压入，内外压力平衡，盖子便容易打开了。

对高压灭菌后不变质的物品，如无菌水、栽培介质、接种工具，可以延长灭菌时间或提高压力。而培养基要严格遵守保压时间，既要保压彻底，又要防止培养基中的成分变质或效力降低，不能随意延长时间。

对于一些布制品，如实验衣、口罩等也可用高压灭菌。洗净晾干后用耐高压塑料袋装好，高压灭菌 20 ~ 30 min。

B　用于无菌操作的器械采用灼烧灭菌

在无菌操作时，把镊子、剪刀、接种针等浸入 95% 的酒精中，使用前取出在酒精灯火焰上灼烧灭菌。冷却后，立即使用。操作中可采用 250 mL 或 500 mL 的广口瓶，放入 95% 的酒精，以便插入工具。

C　玻璃器皿及耐热用具采用干热灭菌

干热灭菌是利用烘箱加热到 160 ~ 180℃ 的温度来杀死微生物。由于在干热条件下，细菌的营养细胞的抗热性大为提高，接近芽孢的抗热水平，通常采用 170℃ 持续 90 min 来灭菌。干热灭菌的物品要预先洗净并干燥，工具等要妥善包扎，以免灭菌后取用时重新污染。包扎可用耐高温的塑料。灭菌时应渐进升温，达到预定温度后记录时间。烘箱内放置物品的数量不宜过多，以免妨碍热对流和穿透，到指定时间断电后，待充分冷凉，才能打开烘箱，以免因骤冷而使器皿破裂。

D　空间采用紫外线灭菌

接种室、超净台上或接种箱用紫外灯灭菌。紫外线灭菌是利用辐射因子灭菌，细菌吸收紫外线后，蛋白质和核酸发生结构变化，引起细菌的染色体变异，造成死亡。紫外线的波长为 200 ~ 300 nm，其中 260 nm 的杀菌能力最强，但是由于紫外线的穿透能力很弱，所以只适于空气和物体表面的灭菌，而且要求距照射物以不超过 1.2 m 为宜。

3.3.3　微生物培养方法分类

概括地说，微生物的培养方法可分为两大类，如图 3 - 2 所示。

- 微生物培养法
  - 实验室
    - 固体培养
      - 好氧
      - 厌氧
    - 液体培养
      - 好氧
      - 厌氧
  - 生产实践
    - 固体培养
      - 好氧
      - 厌氧
    - 液体培养
      - 好氧
      - 厌氧

图 3 - 2　微生物培养方法

3.3.4　实验室液体培养方法

3.3.4.1　好氧菌的培养

由于大多数微生物都是好氧菌，且微生物只能利用溶于水中的氧，所以，如何保证在培养液中有较高的溶解氧浓度就显得特别重要。

在常压、20℃达到平衡时，氧在水中的溶解度仅为6.2 mL/L(0.28 mmol/L)。这些氧只能保证氧化8.3 mg(即0.046 mmol/L)葡萄糖，仅相当培养基中常用葡萄糖浓度的1‰。除葡萄糖外，培养基中的无机或有机养料一般都可保证微生物使用几小时至几天，因此，对好氧菌来说，生长的限制因子几乎总是氧的供应。只有将培养液装成浅层时，氧才不至于成为限制因子。在进行液体培养时，一般可通过增加液体与氧的接触面积或提高氧分压来提高溶氧速率，具体措施有：

(1) 浅层液体培养。

(2) 利用往复式或旋转式摇床(shaker)对三角瓶培养物作振荡培养。

(3) 在深层液体培养器的底部通入加压空气，并用气体分布器使其以小气泡形式均匀喷出。

(4) 对培养液进行机械搅拌，并在培养器的壁上设置阻挡装置。

在实验室进行好氧菌培养的具体方法有以下几类：

(1) 试管液体培养法。此法的通气效果一般较差，仅适用于培养兼性好氧菌，以及进行微生物的各种生理生化试验。

(2) 浅层液体培养。在三角烧瓶中装入浅层培养液，其通气量与装液量、棉塞通气程度密切相关。通气量对微生物的生长速度和生长量有很大关系，该方也仅适用于兼性好氧菌。

(3) 摇瓶培养。将装有液体培养基的三角瓶(摇瓶)盖上8~12层纱布或用疏松的棉塞塞住以阻止空气中的杂菌或杂质进入瓶内，而空气可以透过纱布或棉塞供微生物呼吸之用。为使菌体获得充足的氧，一般装液量为三角瓶的10%以下，如250 mL三角瓶装10~20 mL培养液。有时，为了增加通气量，可在瓶内加入玻璃珠等以起搅拌作用。最后就可将摇瓶放在摇床上以一定速度保温振荡培养，一般摇床有旋转式和往复式两类。目前，该方法被广泛应用于实验室微生物的生理生化试验，有时也被用于工业中培“种子”。

(4) 台式发酵罐。其体积一般为几升至几十升，并有多种自动控制和记录装置，是目前种类较多的商品反应器之一。

3.3.4.2 厌氧菌的培养

在实验室中，用液体培养基培养厌氧菌时，一般采用加有有机还原剂(如巯基乙酸、半胱氨酸、维生素C或庖肉等)或无机还原剂(铁丝等)的深层液体培养基，并在其上封以凡士林－石蜡层，以保证它们的氧化还原电位(*Eh*)达到－150～－420 mV。如果能将其放入前述的厌氧罐或厌氧手套箱中培养，则效果将会更好。

3.3.5 实验室固体培养方法

3.3.5.1 好氧菌的培养

好氧菌主要有试管斜面、培养皿平板及较大型的克氏扁平、茄子瓶等的平板培养方法。

3.3.5.2 厌氧菌的培养

培养厌氧菌除了需要特殊的培养装置以外，首先还要配制特殊的培养基。在这种培养基里，除了要满足6种营养要素外，还要加入还原剂和氧化还原势的指示剂。在用固体培养基培养厌氧菌的方法中，主要有：

(1) 高层琼脂柱。用加有还原剂的固体或半固体培养基装入试管中，以培养相应的厌氧菌。在这种培养基中，越是深层，其氧化还原势越低，因而越有利于厌氧菌的生长。

(2) Hungate滚管技术。1950年，美国著名微生物学家R. E. Hungate因分离瘤胃微生物和产甲烷菌等严格厌氧菌的需要，设计了一种具有划时代意义的严格厌氧技术——Hungate滚管技术(Hungateroll-tubetech-nique)。其主要原理是利用除氧铜柱来制备高纯氮，并用高纯氮驱除小环境中的空气，使培养基的配制、分装、灭菌和贮存，以及菌种的接种、培养、观察、分离、移种和保藏等过程始终处于高度无氧条件下，从而保证了这类严格厌氧菌的存活。用这种方法制备成的培养基称为预还原无氧灭菌培养基(PRAS培养基 pre-reduced anaerobically sterilized medium)。在进行产甲烷菌等严格厌氧菌的分离时，可用Hungate的"无氧操作"把菌液稀释，并接种到融化后的PRAS琼脂培养基中，然后将此试管(图3-3)用丁基橡胶塞严密塞住后平放，置冰浴中均匀滚动，使含菌培养基布满在试管的内表面上，犹如好氧菌在培养皿平板表面一样，最后长出许多单菌落。滚管技术的优点是：

1) 试管口与空气接触面积小。

2) 经滚动后，试管的内表面上有大面积的固体培养基可供长出单菌落。

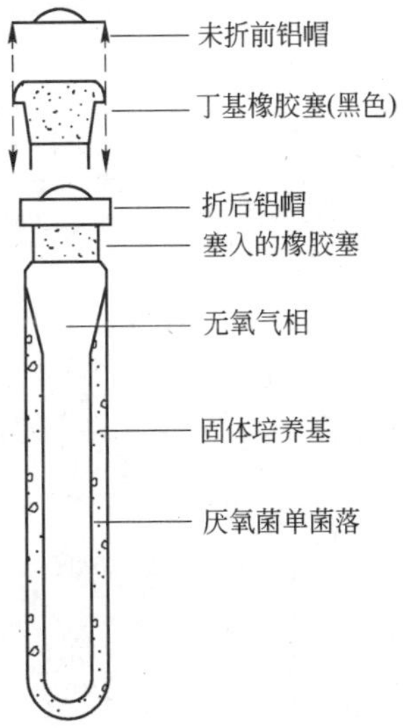

图3-3 用于Hungate滚管技术中的厌氧试管(剖面)

(3) 厌氧培养皿。用于厌氧培养的培养皿有几种设计。有的是利用皿盖去创造一个狭窄空间，加上还原性培养基的使用而达到无氧培养的目的(例如Brewer皿，见图3-4*a*)；有的则利用皿底有两个相互隔开的空间，其中之一放焦性没食子酸，另一则放NaOH溶液，待在皿盖平板上接入待培养的厌氧菌后，立即密闭之。经摇动，使焦性没食子酸与NaOH溶液接触，发生吸氧反应，从而造成无氧环境(例如Bray皿或Spray皿，分别见图3-4*b*、*c*)。

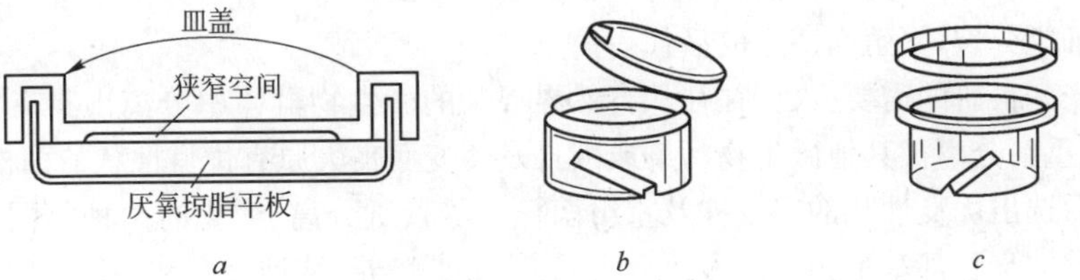

图3-4 几种厌氧培养皿

a—Brewer皿；*b*—Bray皿；*c*—Spray皿

(4) 厌氧罐(anaerobicjar)技术。这是一种常规的不很严格的厌氧技术，可用于培养多数厌氧菌。在罐内一般可放10个常用的培养皿(直径9 cm)或任何液体培养的试管。厌氧罐的类型很多，但一般都有一个用聚碳酸酯制成的透明罐体，上有一可用螺旋夹紧密夹牢的罐盖，盖内的中央有一不锈钢丝织成的网袋，内放钯催化剂；罐内还放一含美蓝的氧化还原指示剂(图3-5)。使用时，先装入待培养的对象，然后密闭罐盖，接着可采用抽真空→灌氮→抽真空→灌氮→抽真空→灌混合气(N_2: CO_2: H_2 = 80: 10: 10, V/V)。这样，罐内少量剩余氧在钯催化剂作用下，可被灌入的混合气中的H_2还原成水，从而造成很高的无氧状态。这时指示剂美蓝被还原成无色。

(5) 厌氧手套箱(anaerobicglovebox)。这是20世纪50年代末问世的用于研究严格厌氧菌的重要装置。箱内既可通过塑料手套进行种种操作，又可进行恒温培养。箱体结构严密，箱内一般充以体积分数分别为85% N_2、5% CO_2和10% H_2，同时以钯催化剂催化除氧，使箱内始终维持严格无氧状态。物件可通过有密闭装置的交换室进出箱体。

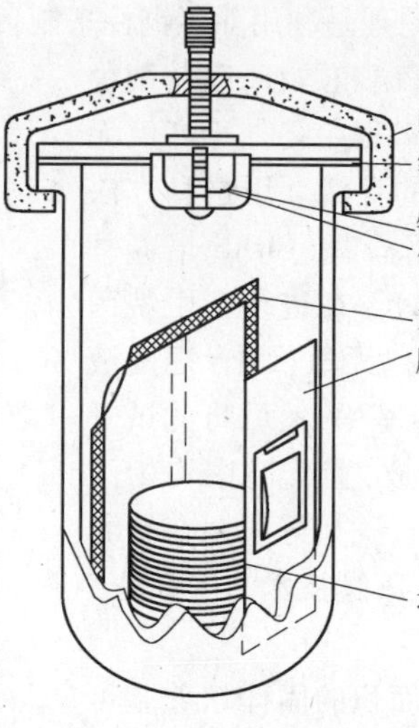

图 3－5 厌氧罐的一般构造

上述的厌氧手套箱技术、Hungate 滚管技术和厌氧罐技术已成为现代研究厌氧菌最有效的三项基本技术。

3.4 微生物的分离方法

微生物的纯种分离技术是微生物学中重要的基本技术之一。从混杂微生物群体中获得单一菌株纯培养的方法称为分离。纯种（纯培养）是指一株菌种或一个培养物中所有的细胞或孢子都是由一个细胞分裂、繁殖而产生的后代。

为了生产和科研的需要，人们往往从自然界混杂的微生物群体中分离出具有特殊功能的纯种微生物；或重新分离被其他微生物污染或因自发突变而丧失原有优良性状的菌株；或通过诱变及遗传改造后选出优良性状的突变株及重组菌株。尽管所分离、纯化的菌种不同，但分离、筛选及纯化新菌种的步骤都基本相似。大致分为采样、富集培养、纯种分离和性能测定 4 个步骤。采样主要依据所筛选的微生物生态及分布概况，综合分析决定采样地点。富集培养，根据所筛选菌种的生理特征，加入某些特定物质，使所需的微生物增殖，造成数量上的优势，限制不需要的微生物生长繁殖。对无特殊性能要求的菌株，可省略此步。纯种分离可用 10 倍稀释平板分离法、涂布法、划线分离法、单细胞分离法等。性能测定可分初筛和复筛两步。

即使采用最现代的分离技术，人类生产和生活中已开发利用的微生物尚未超过其存在量的 1%。寻找和发现有重要应用潜力、具有新功能的微生物菌种资源，尚有待于不断提出新思路、新的筛选与分离方法的突破。

3.4.1 固体培养基上的分离

固体培养基上的分离主要有平板表面划线法、平板表面涂布法和琼脂培养基浇注法。

3.4.1.1 平板表面划线法

将已熔化的培养基倒入无菌平皿，冷却凝固后，用接种环沾取少许待分离的材料，在培养基表面进行平行划线、扇形划线或其他形式的连续划线（图 3－6），微生物将随着划线次数的增加而分散，经保温培养形成菌落，划线开始的部分细菌分散度小，形成的菌落往往连在一起；由于连续划线,微生物逐渐减少,划到最后,常可形成单个孤立的菌落,这种单个菌落可能由一个细胞繁殖而来,故可获得纯培养。

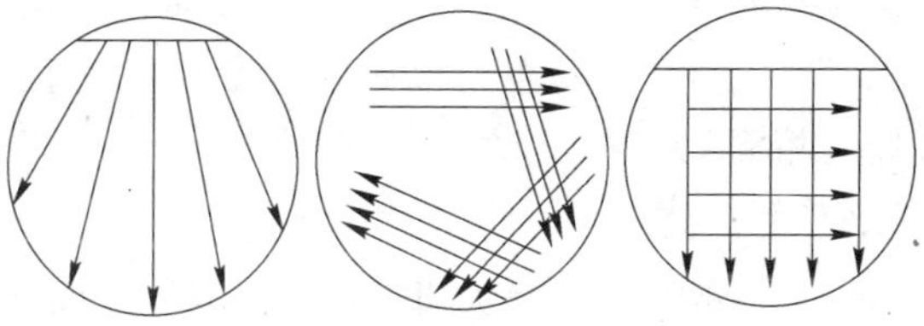

图 3-6 平皿划线分离法

a—扇形划线;*b*—连续划线;*c*—方格划线

3.4.1.2 稀释倒平皿法和涂布平板法

稀释倒平皿法和涂布平板法是两种常用的菌种的分离纯化方法,它们不仅可用于分离纯化,还可用于计数等。稀释倒平皿法先将待分离的材料做一系列的稀释(如体积比为 1∶10、1∶100、1∶1000、1∶10000…),然后分别取不同稀释度的溶液少许,与已熔化并冷却至 45℃的琼脂培养基相混合摇匀后,倒入灭过菌的培养皿中,待琼脂凝固后,保温培养一定时间即可出现菌落(图 3-7)。如果稀释得当,平皿上可出现分散的单个菌落,这个菌落可能就是由一个细菌或微生物繁殖而成的,随后挑取该单个菌落,或重复以上操作数次,便可得到纯培养。

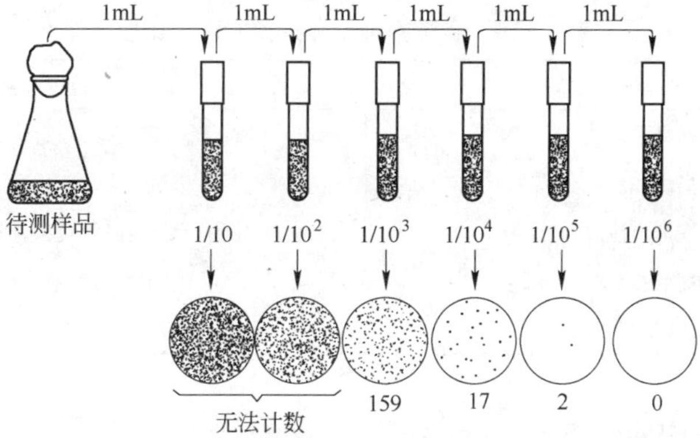

图 3-7 稀释倒平皿分离法示意图

涂布平板法是指取少量梯度稀释菌悬液,置于已凝固的无菌平板培养基表面,然后用无菌的涂布玻璃棒把菌悬液均匀地涂布在整个平板表面,经培养后,在平板培养基表面会形成多个独立分布的单菌落,然后挑取典型的代表移接至斜面,经培养后保存。

3.4.1.3 单细胞挑取法

这种方法是从待分离的材料中挑取一个细胞来培养,从而获得纯培养。具体方法是将显微镜挑取器装置在显微镜上,把一滴细菌悬液置于载玻片上,用安装在显微镜挑取器上的极细的毛细吸管,在显微镜下对准某一个细胞后挑取,再接种于培养基上培养。此法需要非常熟练的操作人员,多限于高度专业化的科学研究中采用。

3.4.1.4 组织分离法

组织分离法主要用来分离高等真菌和某些植物病原菌。首先取一小块植株或器官组织,用体积分数为0.1%的升汞($HgCl_2$)溶液进行表面消毒3~5 min,然后用无菌水洗涤数次,移置到培养皿中培养基表面,适温培养。3~5天后,病变组织内潜伏的微生物可向组织块周围扩散生长,经菌落特征和细胞特征观察确认后,即可由菌落边缘挑取部分菌种转入斜面管;对于能产生弹射孢子的高等真菌来讲,可将消过毒的菌盖剪成黄豆大的小块,悬挂在装有PDA培养基的三角瓶内,从而能较快地获得纯培养。

3.4.1.5 利用选择培养基分离法

不同微生物需要不同的营养物质,有些微生物生长适于酸性环境,有些则适于碱性环境,各种微生物对不同的化学试剂如消毒剂(酚)、染料(结晶紫)、抗生素及其他物质等具有不同的抵抗能力。利用这些特性,便可配制成适合于某种微生物生长,而限制其他微生物生长的各种选择性培养基,以达到纯种分离的目的。

另外,也可以将待分离的样品进行适当处理,以消除不希望分离到的微生物。例如,想分离得到芽孢细菌,可在倒平皿前将样品用高温处理一段时间,以破坏所有的或大部分的非芽孢细菌,这样分离得到的菌落大多是芽孢细菌。

有些病原菌可先将其接种至敏感动物,感染后,宿主的某些组织可能含有该种微生物,这样较易得到纯培养。

对一些生理类型比较特殊的微生物,为了提高分离的几率,往往在涂布分离前先进行富集培养,其目的是提供一个特别设计的培养环境,以帮助所需的特殊生理类型的微生物的生长,同时抑制其他类型微生物生长。上述方法的应用范围列于表3-16。

表3-16 微生物纯培养分离方法的比较

方　法	应用范围及特点
固体稀释平皿法	既可定性,又可定量,用途广泛
平皿划线分离法和涂布分离法	方法简便,多用于分离细菌
组织分离法	用于分离高等真菌及植物病原菌
单细胞挑取法	局限于高等专业化的科学研究
利用选择培养基法	适用于分离某些生理类型较特殊的微生物

3.4.2 液体培养基中的分离

液体培养基中的分离主要是液体稀释法,首先将待分离的材料接种于培养液中,经培养测定或估计单位容积中的含菌数目,然后进行稀释,使稀释后的一定容积(如两滴或三滴)液体中大约只含一个微生物个体;其次则将已稀释好的菌液接种1滴(0.05 mL)至含液体培养基的试管中,摇匀,静置培养24~48 h后,观察如果管底只出现1个菌落,它可能就是由一个细胞繁殖而成。这种方法适用于细胞较大的微生物。

3.5 微生物生长繁殖的测定

微生物细胞在合适的环境条件下,会不断地吸收营养物质,并按其自身的代谢方式不断进行新陈代谢。如果同化(合成)作用的速度超过了异化(分解)作用的速度,则其原生质的总量就不断增加,体积加大,表现为个体细胞的生长。因此,微生物的生长就是指微生物通过新陈代谢把营养物质转变成细胞物质,增加个体质量的过程。如果这是一种平衡生长,即各种细胞组分是按恰当比例增长时，则达到了一定程度后细胞就会分裂，细胞个体数目增加，对单细胞微生物来说，这就是繁殖。因此，繁殖是指细胞生长到一定程度后进行分裂，产生同亲代相似的子代细胞的过程。但在多细胞微生物中（如某些霉菌），细胞数目的增加如不伴随着个体数目的增加，只能叫生长，而不能叫繁殖。例如菌丝细胞的延伸或分裂产生同类细胞均属生长，只有通过形成无性孢子或有性孢子使得个体数目增加的过程才叫做繁殖。这一点与单细胞微生物有所不同。

除了特定的目的外，在微生物的研究和应用中，因其个体细胞微小，研究个体细胞的生长意义不大，只有群体的生长才有实际意义。因此在微生物学中提到的“生长”，均指群体生长（既包含个体生长又包含个体繁殖的过程），这一点与研究大型生物是不同的。

微生物的生长繁殖是其在内外各种环境因素相互作用下生理、代谢等状态的综合反映。因此，有关生长繁殖的数据就可作为研究生理、生化和遗传等问题的重要指标。

微生物的生长表现在微生物个体的生长与群体生长两个水平上。对于单细胞微生物，个体的生长表现为细胞基本成分的协调合成和细胞体积的增加；而多细胞微生物的个体生长，则反映在个体的细胞数目和每个细胞内物质含量的增加。用显微镜观察可看到大多数微生物单细胞的质量增加和时间呈直线关系，体积的变化也大致呈线性关系。不过，大多数微生物在普通培养基中的生长是不同步的，在任何某一时刻培养物中都有各个不同生理阶段的细胞。

在实际工作中，由于绝大多数微生物个体微小，个体质量和体积的变化不易观察，所以常常以微生物的群体作为研究对象，以微生物的数量或微生物群体细胞质量的增加作为生长的指标。也就是说，微生物的生长过程包含了微生物的繁殖过程。

3.5.1 微生物生长繁殖的测试方法

微生物生长状况可以通过测定单位时间里微生物数量或生物量的变化来评价。通过微生物生长的测定，可以客观评价培养条件、营养物质等对微生物生长的影响及不同的抗菌物质对微生物产生抑制（或杀死）作用的效果，也可客观反映微生物生长的规律。因此微生物生长的测定在理论和时间上有重要的意义。

微生物的生长一般可用原生质增加、细胞数目的技术和代谢活动性能等作为测量指标。最常用的方法是统计群体细胞的数目。

3.5.1.1 计数法

通常用来测定样品中所含细菌、酵母菌等单细胞微生物的数量或放线菌、霉菌等丝状微生物的孢子数。

A 直接计数法

该方法是用特定的细菌计数板或血细胞计数板进行计数。在光学显微镜下计算一定容积的样品中微生物的数量，测得的是样品中的总菌数。计数板是一块特制的载玻片，上面有一个特定的面积为 1 mm^2、高为 0.1 mm 的计数室（中央大格），1 mm^2 的面积被平均刻划分成400 个小格，其总体积为 0.1 mm^3。

在计数室上盖上加厚的载玻片，将稀释的样品滴在盖玻片的边缘上，使其自然渗入计数室中，沉降一段时间后，然后在显微镜下数出具代表性的小格中的菌数，再求出每一小格所含平均菌数，按下面的公式求出每毫升样品中所含的菌数（mL^{-1}）：

$$每毫升原液所含菌数 = 每小格平均菌数 \times 400 \times 10000 \times 稀释倍数$$

直接计数法可以迅速估计微生物的细胞数，但其局限性也很明显，主要表现在以下几个方面：

(1) 不能区分死活细胞。

(2) 一些小的细胞在显微镜下很难看到,有可能被漏掉。

(3) 难以精确计算。

(4) 如果不染色,有时需用相差显微镜才能看清。

B 间接计数法

间接计数法又称活菌计数法,其原理是每个活细胞在适宜的培养基和良好的生长条件下,在固体培养基上会长成一个菌落。

(1) 倾注法 将待测样品经一系列10倍稀释,然后选3个稀释度的菌悬液,分别取0.2 mL注入无菌平皿,再倒入适量的已熔化并冷却至45℃左右的培养基,混匀,冷却,培养,待长出菌落后计数,并按下面公式计算出原菌液的活菌数(mL^{-1}):

每毫升原菌液的活菌数 = 同一稀释度3次重复的菌落平均数 × 稀释倍数 × 5

(2) 涂布法 它是先在培养皿中倒入培养基,凝固后,加入0.1 mL的稀释菌液,用无菌涂布器均匀涂布在平板表面,然后培养、计数,按下面的公式计算(mL^{-1}):

每毫升原菌液的活菌数 = 同一稀释度3次重复的菌落平均数 × 稀释倍数 × 10

由于倾注法和涂布法均使用平皿,并且需要通过培养后计菌落数,因此又称为平板菌落计数法。

活菌计数法具有高度的灵敏性,即使含菌量很少的样品也可计数,因此,在实际工作中被广泛应用,如今可测食品、乳制品、土壤、水环境中的微生物数量,以及在医学上检测致病菌的数量。但活菌计数法也有一些缺陷,可能造成计数结果不很准确:操作不熟练造成污染;倾注法时,培养基温度过高会损伤细胞,使其不能在平板上形成菌落;微生物细胞的生长受营养条件及培养条件的影响很大,并非所有活的微生物细胞都可在实验条件下或培养期间生长并形成菌落,因而可能造成计数结果偏低;如果形成了一些微小菌落,在计数过程中可能被漏掉;因无法看出产生菌落的细胞,不能绝对肯定一个菌落仅来源于一个细胞,以致造成实验误差。

C 膜过滤法

膜过滤法适用于湖水、海水或饮用水等含菌数很低样品的计数。将一定体积的样品通过膜过滤器,然后将滤膜干燥,染色,并经处理使膜透明,再在显微镜下计算膜上的细菌数,此时测得的是总菌数。或将待测样品通过微孔滤膜过滤浓集,再与膜一起放到培养基或浸透了培养液的支持物表面上培养,然后根据菌落数推知样品含菌数。此法测得的是活菌数。

D 比浊法

它是估算细胞总菌数的一种较快且非常有用的方法。其原理是菌体不透光,光束通过菌悬液时则会被散射或吸收,使得透光量降低,在一定浓度范围内,菌悬液中的细胞浓度与浊度成正比,与透光度成反比,即与光密度成正比。因此,可以借助于分光光度计,在一定波长下,测定菌悬液的光密度,以光密度(OD)表示菌量。

在一定的菌体浓度范围内,比浊法是相当准确的,而且测量快速、操作方便;另外还具有不会损伤或在较大程度上影响样品的优点。但使用时必须注意:样品颜色不宜太深,样品中不要混杂其他物质,菌悬液浓度必须在10^7个/mL以上才能显示可信的混浊度;在过高浓度的细胞悬液中,光线被一个细胞散射出去后,又被另一个细胞重新散射回来,造成细胞数目与浊度之间失去线性关系。

3.5.1.2 质量法

质量法可用于单细胞、多细胞及丝状微生物的生长测定。

A 湿重法及干重法

将一定体积的样品通过离心或过滤使菌体分离出来，洗涤后离心，直接称重，即为湿重；如果是丝状微生物，过滤后用滤纸吸去菌丝之间的水，再称重可求出湿重。

在离心法中，将待测培养液放入离心管中，用清水离心洗涤几次后，105℃干燥至恒重，然后称干重。另一种测干重的方法为过滤法，丝状真菌用滤纸过滤，细菌用醋酸纤维膜等滤膜过滤，过滤后洗涤，105℃干燥至恒重后称重。一般细菌干重约为湿重的20%～25%。

此法适用于菌体浓度较高且不含其他不溶性杂质的样品。

B 蛋白质及DNA含量测定法

蛋白质是细胞的重要成分，含量比较稳定，其中氮是蛋白质的重要组成元素。从一定体积的样品中分离出细胞，洗涤后按凯氏定氮法测出总氮量。蛋白质质量分数为16%，细菌中蛋白质质量分数占细菌固形物的50%～80%，一般以65%为代表。因此总氮的质量分数与蛋白质总量及细胞总量之间的关系可按下列公式计算：

$$蛋白质总量=氮的质量分数\div 16\%=氮的质量分数\times 6.25$$

$$细胞总量=蛋白质总量\div 65\%=蛋白质总量\times 1.54$$

DNA是微生物的重要遗传物质，每个细菌的DNA含量相对恒定，平均为8.4×10^{-5} ng。因此可从一定体积的细菌悬液中所含的细菌中提取DNA，求得DNA的含量，根据DNA含量计算出细菌悬液所含的细菌总数。

3.5.1.3 生理指标法

与生长量相平行的生理指标很多，它们都可用做微生物生长的测定。常用的指标如呼吸强度、耗氧量、酶活性、生物热等，样品中微生物数量越多或生长越旺盛，这些指标越明显，因此可以借助特定的仪器如瓦勃呼吸仪、微量量热计等来测定相应的指标。这类测定方法主要用于科研工作中分析微生物生理活性。

3.5.2 微生物的生长规律

微生物的生长表现在微生物的个体生长与群体生长两个水平上。作为单细胞来讲，单个微生物个体的生长表现为细胞基本成分的协调合成和细胞体积的增加，细胞生长到一定时期，就分裂成为两个子细胞。而多细胞微生物的个体生长则反映在个体的细胞数目和每个细胞内物质含量两个方面的增加。然而在工作中，由于绝大多数微生物个体微小，个体质量和体积的变化不易观察，所以常以微生物的群体作为研究对象，以微生物细胞的数量或微生物群体细胞物质含量的增加作为生长的指标。因而要了解微生物的生长规律，就要了解微生物的个体生长和群体生长两个方面。

3.5.2.1 微生物的个体生长

微生物细胞本身如同一台可以自我复制的合成机器，其细胞生长过程涉及约2000种不同的化学合成反应。细胞物质的合成主要通过聚合反应来进行，包括DNA、RNA和蛋白质等大分子物质的合成，大分子物质合成结束后，在细胞生长的最后时期，组装生物大分子、形成完整的细胞结构。

A 细菌细胞的生长

(1) 染色体DNA的复制和分离。细菌染色体为环状双链DNA分子，在细菌个体细胞生长的过程中，染色体由一个复制起点开始双向进行半保留复制，其复制起点附着在细胞质膜的间体上，随着膜的生长和细胞的分裂，两个子细胞的染色体不断地分离开来，最后到达两个子细胞中。

值得注意的是，在细胞分裂之前不仅完成了染色体的复制，而且两个子细胞的 DNA 分子也开始复制，即在两个子细胞中也具有了已经按母细胞的方式开始复制的基因组（图 3－8）。

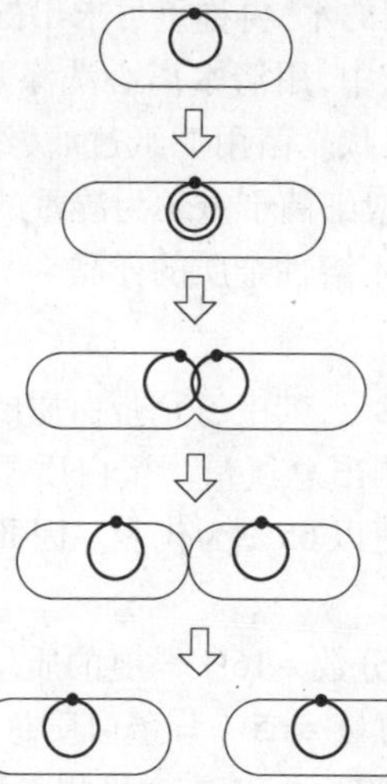

图 3－8　杆菌二分裂模式图
（图中 DNA 均为双链）

（2）细胞壁的扩增。细菌细胞在生长过程中，只有通过细胞壁扩增，才能使细胞体积增大。荧光抗体技术可用于研究细胞壁的扩增方式。该技术要先制备出对某些微生物细胞表面成分的抗血清，然后将这种抗血清用适当的荧光燃料如荧光素加以标记，制成荧光抗体。将荧光抗体加入培养基中培养微生物，然后再移植到含有未标记抗体的培养基中进行培养，每隔一定时间取样，在荧光显微镜下观察细胞壁的变化，会发现在有标记的抗体中所形成的细胞壁有明亮的荧光，而在未标记的抗体中所形成的细胞壁处没有荧光。利用这种技术曾观察了一些细胞的细胞壁的形成过程，结果发现：杆菌在生长过程中，新合成的肽聚糖在细胞壁中是与老细胞壁呈间隔分布的。由此证明新合成的肽聚糖不是在一个位点，而是在多个位点插入到老细胞壁中的。而球菌在生长过程中，新合成的肽聚糖是固定在赤道板附近插入，导致老细胞壁能明显地分开，原来的老细胞壁则被推向细胞壁两端。

（3）细菌的分裂。当细菌的各种细胞结构复制完成之后就进入分裂时期，此时在细菌长轴的中间位置，通过细胞质膜内陷并伴随着新的肽聚糖插入，导致横隔壁向心生长，最后在中心汇合，完成一次分裂，通过情况下，将一个细胞分裂成两个大小相等的子细胞。

B　酵母细胞的生长繁殖

酵母细胞的生长繁殖主要通过出芽方式来实现，出芽过程伴随着纺锤体斑的复制、微管的产生及芽体的分离等现象。

酵母菌细胞核的核膜上有纺锤体斑，这是产生微管的盘状结构。在细胞周期第一间隔期（G1）末期，纺锤体斑通过复制由一个变为两个，与此同时，DNA 开始复制，芽体也开始出现。在 DNA 合成期（S）纺锤体斑产生约 15 根微管，其中一个纺锤体斑沿核膜移动 180°，从而使两个纺锤体斑通过直线形的微管连在一起。在细胞周期第二间隔期（G2）芽体增大，细胞核移到母细胞与芽体交界处，微管延长。进入细胞分裂期（M）后细胞核进行有丝分裂，其中一个核进入芽体，芽体子细胞与母细胞之间的壁开始合成，随后子细胞与母细胞分离，或暂时不分离（如假丝酵母属）继续出芽。

C　霉菌菌丝的延伸过程

霉菌菌丝细胞的构造与酵母菌类似，但其生长却是通过菌丝顶端细胞的不断延伸而实现的。Grove 等 1970 年提出“菌丝尖端生长的泡囊假设”，认为顶端生长需要高尔基体、内质网等细胞器参与。在菌丝的亚顶端区富含内质网和核糖体等细胞器。因此，细胞膜物质、脂肪和蛋白质主要在亚顶端区产生。新的细胞膜物质在内质网中合成后，通过小泡囊转移到高尔基体的近侧潴泡中，而在转移过程中膜由内质网型向细胞膜型转化，高尔基体是这种转化的场所。当潴泡由高尔基体的近侧向远侧转移时，便成熟而分泌泡囊。分泌的泡囊从亚顶端区移向顶端，并在顶端聚集。当泡囊与细胞膜融合时，释放出细胞壁分解酶与合成酶，分解酶使壁组分间的键断裂，合成酶催化合成新壁成分，并将其转移到壁区形成新壁。

随着顶端不断向前延伸，细胞壁和细胞质的形态、成分都逐渐变化、加厚并趋向成熟(图 3-9)。

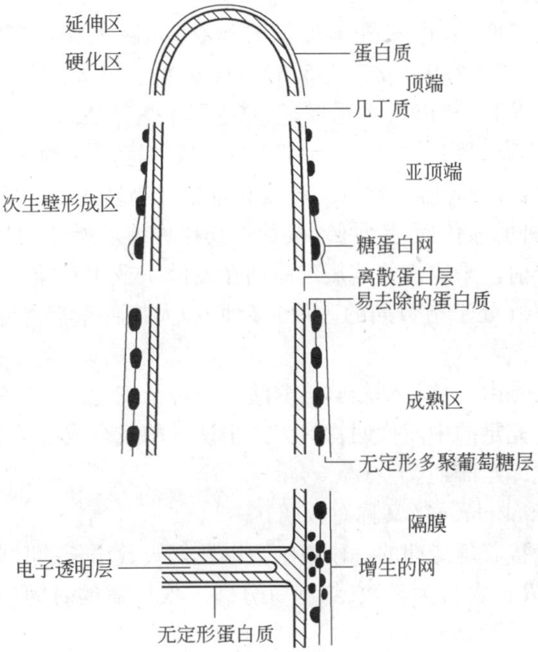

图 3-9　粗糙脉孢菌菌丝尖端的成熟过程及细胞壁成分的变化

3.5.2.2　微生物的群体生长

A　单细胞微生物的典型生长曲线

将少量纯种非丝状单细胞微生物接种到恒容积的新鲜液体培养基中，在适宜的温度、通气等条件下培养，定时取样测定单位体积里的细胞数，以单位体积里细胞数的对数做纵坐标，以培养时间为横坐标，画出的曲线就是非丝状的单细胞微生物的典型生长曲线。它定量描述了非丝状单细胞微生物在新的适宜环境中，生长繁殖直至衰老死亡全过程的动态变化。

根据微生物的生长速率常数 R(即每小时的分裂次数)的不同，一般可把典型生长曲线分为延滞期、指数期、稳定期和衰亡期 4 个时期(图 3-10)。

a　延滞期(lag phase)

延滞期又称停滞期、调整期或适应期。指少量单细胞微生物接种到新鲜培养液中，在开始培养的一段时间内，因代谢系统适应新环境的需要，细胞数目没有增加的一段时间。该期的特点为：

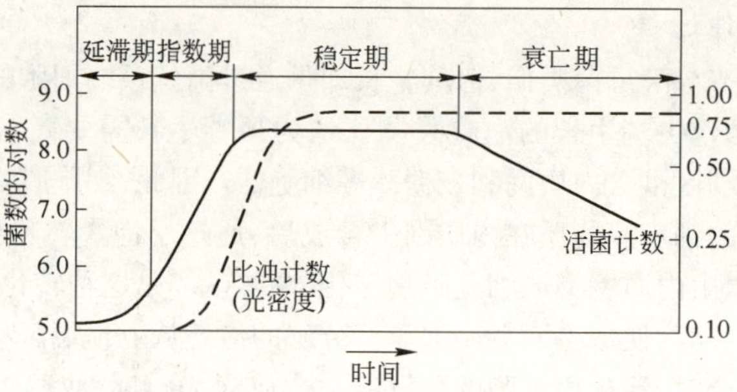

图 3-10 细菌生长曲线

(1) 生长速率常数为零。

(2) 细胞形态变大或增长,许多杆菌可长成丝状,如巨大芽孢杆菌在接种时,细胞仅长 3.4 μm,而培养至 3 h 时,其长为 9.1 μm,至 5.5 h 时,竟可达 19.8 μm。

(3) 细胞内的 RNA 尤其是 rRNA 含量增高,原生质呈嗜碱性。

(4) 合成代谢十分活跃,核糖体、酶类和 ATP 的合成加速,易产生各种诱导酶。

(5) 对外界不良条件如 NaCl 溶液浓度、温度和抗生素等理化因素反应敏感。

延滞期的长短与菌种的遗传性、接种龄、接种量及移种前后所处的环境条件等因素有关,短的几分钟,长的可达几小时。采取措施缩短延滞期在发酵工业上有重要意义,增加培养基营养、采用最适种龄的健壮菌种(处于指数期的菌种)接种、加大接种量都可缩短延滞期和发酵周期,提高设备利用率。

出现延滞期的原因,是由于接种到新鲜培养液中的种子细胞,一时还缺乏分解或催化有关底物的酶或辅酶,或是缺乏充足的中间代谢物。为产生诱导酶或合成有关的中间代谢物,就需要有一段用于适应的时间,此即延滞期。

b 指数期(exponential phase)(又称对数期)

指在生长曲线中,紧接着延滞期的一段细胞数以几何级数增长的时期。指数期的特点是:

(1) 生长速率常数 R 最大且为常数,细胞每分裂一次所需的时间(称为代时、世代时间、增代时间、倍增时间,用 G 表示)最短且稳定。

(2) 细胞进行平衡生长,菌体各部分的成分十分均匀。

(3) 酶系活跃,代谢旺盛。

在指数期中,有 3 个重要参数,其相互关系及计算方法为:

设对数期 t_1 时刻的菌数为 x_1,经过 n 次分裂后,t_2 时刻的菌数为 x_2。

1) 繁殖代数(n)

$$x_2 = x_1 \times 2^n$$

以对数表示:

$$\lg x_2 = \lg x_1 + n\lg 2$$

因此

$$n = (\lg x_2 - \lg x_1)/\lg 2 = 3.322(\lg x_2 - \lg x_1)$$

2) 生长速率常数(R)按前述生长速率常数的定义可知:

$$R = n/(t_2 - t_1) = [3.322(\lg x_2 - \lg x_1)]/(t_2 - t_1)$$

3) 代时(G)按前述平均代时的定义可知:

$$G = 1/R = (t_2 - t_1)/[3.322(\lg x_2 - \lg x_1)]$$

处于指数期的微生物,其个体形态、化学组成和生理特性等均较一致,细胞各成分平衡增长,代谢旺盛,代时稳定,生长速率恒定,故是用作代谢、生理等研究的良好材料,是增殖噬菌体的最适宿主,也是发酵工业中用作种子的最佳材料。

c 稳定期(stationary phase)

稳定期又称恒定期或最高生长期。其特点是生长速率常数 R 等于零,即处于新繁殖的细胞数与衰亡的细胞数相等,或正生长与负生长相等的动态平衡之中。此期活菌数达到最高峰,且保持相对稳定。

进入稳定期时,细胞内开始积累糖原、异染颗粒和脂肪等内含物;芽孢杆菌一般在这时开始形成芽孢;有的微生物在这时开始以初生代谢物做前体,通过复杂的次生代谢途径合成抗生素等对人类有用的各种次生代谢物。

稳定期到来的原因是:

(1) 营养物尤其是生长限制因子的耗尽。

(2) 营养物的比例失调,例如 C/N 比不合适等。

(3) 酸、醇、毒素或 H_2O_2 等有害代谢产物的累积。

(4) pH 值、氧化还原势等物理化学条件越来越不适宜。

稳定期的生长规律对生产实践有着重要的指导意义,例如,对以生产菌体或与菌体生长相平行的代谢产物(SCP、乳酸等)为目的的某些发酵生产来说,稳定期是产物的最佳收获期;对维生素、碱基、氨基酸等物质进行生物测定来说,稳定期是最佳测定时期;此外,通过对稳定期到来原因的研究,还促进了连续培养原理的提出和工艺、技术的创建。

d 衰亡期(death phase)

在衰亡期中,微生物个体的死亡速度超过新生速度,整个群体呈现负生长状态(R 为负值)。这时,细胞形态发生多形化,例如会发生膨大或不规则的退化形态;有的微生物因蛋白水解酶活力的增强而发生自溶;有的微生物在这期会进一步合成或释放对人类有益的抗生素等次生代谢物;而在芽孢杆菌中,往往在此期释放芽孢等。

产生衰亡期的原因主要是外界环境对继续生长越来越不利,从而引起细胞内的分解代谢明显超过合成代谢,继而导致大量菌体死亡。

认识和掌握典型生长曲线,不仅对指导发酵生产具有重要意义,而且对科学研究也是十分重要的。例如,为了得到研究材料,往往预计某一细胞群体生长到一定数量水平需要多长时间,这就必须计算生长速率和代时。另外,正确认识正常生长曲线的完整意义也很重要,了解了在哪个生长时期细胞年幼而代谢活跃,哪个生长时期细胞老化并濒于死亡,就能根据需要进行取样或收获。

B 丝状真菌的生长曲线

在液体振荡培养或深层通气培养中,不同时间取样,以菌丝干重(mg)为衡量生长状况的纵坐标,以时间为横坐标,可得到丝状真菌的生长曲线(图 3-11)。该生长曲线主要由以下 3 个时期组成。

a 生长停滞期

生长停滞期即培养初始菌丝干重没有明显增加的时期。造成生长停滞的原因有两个方面:其一是孢子萌发前的真正的停滞;其二是生长已经开始但却因菌丝生长量少而无法测量。

b 迅速生长期

迅速生长期内菌丝干重迅速增加,其干重的立方根与时间呈直线关系。因为真菌不是单细胞,其繁殖不以几何级数增加,故没有指数生长期。真菌的生长常表现为菌丝尖端的伸长和菌丝的分支,因此会受到邻近细胞竞争营养物质的影响。在迅速生长期中,碳、氮、磷等元素被迅速利用,呼吸强度达到顶峰,可能出现有机酸等代谢产物。

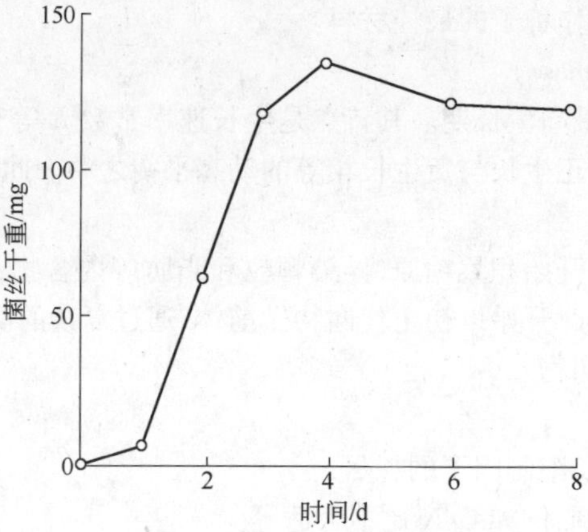

图 3-11 丝状真菌的生长曲线

c 衰退期

真菌生长进入衰退期的标志,是菌丝体干重下降。一般在短期内失重很快,以后则不再变化,但有些真菌则发生菌丝体自溶,其自身所产生的酶类催化几丁质、蛋白质、核酸等分解而释放出氨、游离氨基酸、有机磷化合物和有机硫化合物等。处于衰退期的菌丝体的细胞,除顶端较幼龄细胞的细胞质稍稠密均匀外,其余大多数细胞都出现大的空泡。

C 同步生长

在分批培养中,细菌细胞能以一定的速率生长。但并非所有细胞同时进行分裂,即培养中的细胞不处于同一生长阶段,它们的生理状态和代谢活动也不完全一样。如果以群体测定结果的平均值,来代表单个细胞的生长或生理特性,不太符合客观实际,然而利用单个细胞进行研究又很困难。目前能使用的方法,一是用电镜观察细胞的超薄切片;二是使用同步培养技术,即设法使某一群体中的所有个体细胞尽可能都处于同样的细胞生长和分裂周期中,通过分析此群体在各阶段的生物化学特性变化,间接了解单个细胞的相应变化规律。通过同步培养方法的处理,非同步群体细胞处于同一生长阶段,并能同时进行分裂的生长状态,成为同步生长。

获得微生物同步生长的方法主要有两类。

(1) 机械筛选法。利用处于同一生长阶段细胞的体积、大小的相同性,或根据它们同某种材料结合能力不同的原理设计出来的方法。

1) 离心法:处于不同生长阶段的细胞,其个体大小不同,将不同步的细胞培养物悬浮在不该被细菌利用的糖或多聚葡萄糖的溶液中,通过密度梯度离心将不同细胞分布成不同的细胞带,每一细胞带的细胞大致是处于同一生长时期的细胞,分别将它们取出进行培养,就可以获得同步细胞。

2) 过滤法:将不同步的细胞通过孔径大小不同的微孔滤器,从而将大小不同的细胞分开,分别将滤液中的细胞取出进行培养,可获得同步细胞。

3) 硝酸纤维素滤膜法(即 helmstetter-cummings 膜洗脱法):根据细菌能紧紧结合到与其电荷相反的硝酸纤维素滤膜上的特点,将细胞悬液通过衬有硝酸纤维素滤膜的过滤器,于是一大群细胞被牢牢吸附。然后将滤膜反转过来,再将新鲜培养液流过滤器,洗去未结合的细胞,然后将滤器放入适宜条件下培养一段时间,吸附的细胞开始分裂,其后再将新鲜培养液流过滤器,分裂后的两个子细胞,一个仍吸附在滤膜上,另一个不与滤膜直接接触,则被培养液洗脱。收集刚滴下的子细胞培养液即可获得同步生长细胞(图 3-12)。

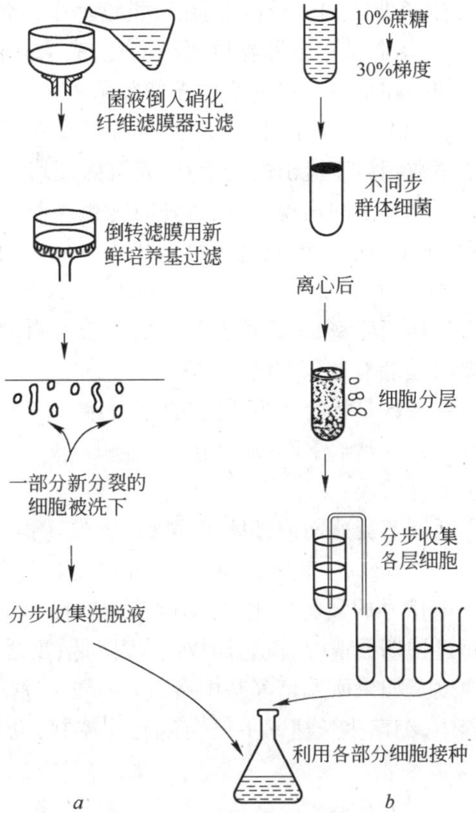

图 3－12　同步培养方法

a—硝酸纤维素滤膜法；*b*—密度梯度离心法

（2）环境条件控制法。根据细菌生长与分裂对环境因子要求不同的原理设计的同步培养方法。

1）温度：将微生物的培养温度控制在亚适温度条件下一段时间，它们将缓慢地进行代谢，但不进行分裂，即让细胞的生长在分裂前不久的阶段稍微受到抑制，然后将培养温度提高或降低到最适生长温度，大多数细胞就会进行同步分裂。

2）培养基成分：培养基中的碳、氮源或生长因子量不足，可导致细菌缓慢生长乃至停止生长。因此将不同步的细胞在营养不足的条件下培养一段时间，然后转移到营养丰富的培养基里培养，能获得同步细胞。另外也可以将不同步的细胞转接到含有一定浓度的、能抑制蛋白质合成的化学物质如氯霉素等的培养基里，培养一段时间后，再转接到完全培养基里培养也能获得同步细胞。

3）其他：对于光合细菌可以将不同步的细胞经光照培养后再转到黑暗中培养，这样通过光照和黑暗交替培养的方式可获得同步细胞。对于不同步的芽孢杆菌，培养至绝大部分芽孢形成，然后加热处理，杀死营养细胞，最后转接到新鲜培养基里，经培养芽孢在同一时间内萌芽，可获得同步细胞。

由于同步群体的个体差异，同步生长不可能无限地维持，一般经 2 ~ 3 个分裂周期就会很快丧失其同步性，逐渐转变为随机生长。

3.5.2.3　连续培养

将微生物置于一定容积的培养基中，经过培养生长，最后一次收获，此称分批培养（batch

culture)。通过对细菌纯培养生长曲线的分析可知,在分批培养中,培养料一次加入,不予补充和更换。随着微生物的活跃生长,培养基中营养物质逐渐消耗,有害代谢产物不断积累,故细菌的对数期不可能长时间维持。如果在培养器中不断补充新鲜营养物质,并及时不断地以同样速度排出培养物(包括菌体及代谢产物),从理论上讲,对数生长期就可无限延长。只要培养液的流动量能使分裂繁殖增加的新菌数相当于流出的老菌数,就可保证培养器中总菌量基本不变,此种方法就叫连续培养法。连续培养方法的出现,不仅可随时为微生物的研究工作提供一定生理状态的实验材料,而且可提高发酵工业的生产效益和自动化水平。此法已成为当前发酵工业的发展方向。

最简单的连续发酵装置包括培养室、无菌培养基容器以及可自动调节流速(培养基流入,培养物流出)的控制系统,必要时还装有通气、搅拌设备。

连续培养装置的一个主要参数是稀释率(D),它的定义为:

$$D = F/V = \text{流动速率}/\text{容积}$$

控制连续培养的方法主要有两类:

(1) 恒浊连续培养。不断调节流速而使细菌培养液浊度保持恒定的连续培养方法叫恒浊连续培养(图3-13*a*)。在恒浊连续培养中装有浊度计,借光电池检测培养室中的浊度(即菌液浓度),并根据光电效应产生的电信号的强弱变化,自动调节新鲜培养基流入和培养物流出培养室的流速。当培养室中浊度超过预期数值时,流速加快,浊度降低;反之,流速减慢,浊度增加,以此来维持培养物的某一恒定浊度。如果所用培养基中有过量的必需营养物,就可使菌体维持最高的生长速率。恒浊连续培养中,细菌生长速率不仅受流速的控制,也与菌种种类、培养基成分以及培养条件有关。

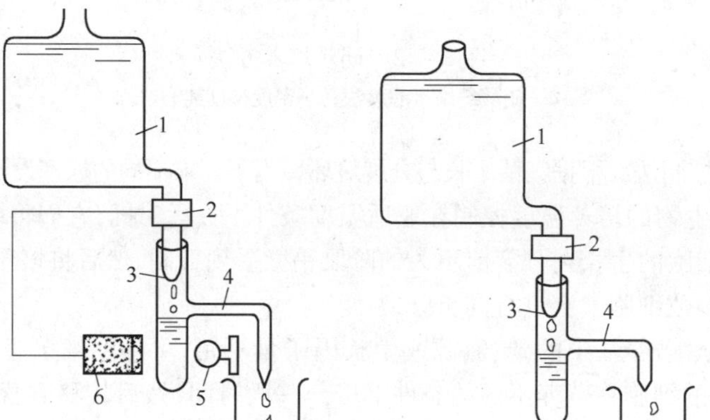

图3-13 连续培养装置示意图

a—恒浊培养系统;*b*—恒化培养系统

1—盛无菌培养基的容器;2—控制流速阀;3—培养室;4—排出管;5—光源;6—光电池;7—流出物

恒浊连续培养可以不断提供具有一定生理状态的细胞,得到以最高生长速率进行生长的培养物。在微生物工作中,为了获得大量菌体以及与菌体相平行的代谢产物时,使用此法具有较好的经济效益。

(2) 恒化连续培养。控制恒定的流速,使由于细菌生长而耗去的营养及时得到补充,培养室中营养物浓度基本恒定,从而保持细菌的恒定生长速率,故称恒化连续培养,又叫恒组成连续培养(图3－13*b*)。已知营养物浓度对生长有影响,但营养物浓度高时并不影响微生物的生长速率,只有在营养物浓度低时才影响生长速率,而且在一定的范围内,生长速率与营养物的浓度成正相关,营养物浓度愈高,则生长速率也高。

恒化连续培养的培养基成分中,必须将某种必需营养物质控制在较低的浓度,以作为限制因子,而其他营养物均为过量,这样,细菌的生长速率将取决于限制性因子的浓度。随着细菌的生长,限制因子的浓度降低,致使细菌生长速率受到限制,但同时通过自动控制系统来保持限制因子的恒定流速,不断予以补充,就能使细菌保持恒定的生长速率。用不同浓度的限制性营养物进行恒化连续培养,可以得到不同生长速率的培养物。

能作为恒化连续培养限制因子的物质很多。这些物质必须是机体生长所必需的,在一定浓度范围内能决定该机体生长速率的。常用的限制性营养物质有作为氮源的氨、氨基酸,作为碳源的葡萄糖、麦芽糖、乳酸,以及生长因子、无机盐等。

恒化连续培养法多用于微生物学研究工作中。从遗传学角度来讲,它允许做长时间的细菌培养而能从中分离出不同的变种;从生理学方面看,能帮助我们观察细菌在不同生活条件下的变化,尤其是DNA、RNA及蛋白质合成的变化;同时它也是研究自然条件下微生物生态体系比较理想的实验模型。因为生长在自然界的微生物一般都处于低营养浓度条件下,生长也较慢。而恒化连续培养正好可通过调节控制系统来维持培养基成分的低营养浓度,使之与自然条件相类似。

连续培养法用于工业发酵时称为连续发酵(continuous fermentation)。连续培养法在我国已用于丙酮－丁醇的发酵生产中,缩短了发酵周期,效果良好;在国外应用更为广泛。连续发酵的最大优点是取消了分批发酵中各批之间的时间间隔,从而缩短了发酵周期,提高了设备利用率。另外,连续发酵便于自动控制,降低动力消耗及体力劳动强度,产品也较均一。但连续发酵中杂菌污染和菌种退化问题仍较突出。代谢产物与机体生长不呈平行关系的发酵类型的连续培养技术,也有待研究解决。

3.5.3 微生物生长繁殖的环境因素及控制

3.5.3.1 微生物生长繁殖的环境因素

生长是微生物与外界环境因素相互作用的结果。环境条件的改变,在一定限度内,可引起微生物形态、生理、生长、繁殖等特征的改变,或抵抗、适应环境条件方面的某些改变,当环境条件的变化超过一定界限,则导致微生物的死亡。研究环境条件与微生物之间的相互关系,有助于了解微生物在自然界的分布与作用,并可能采取有效措施,促进有益微生物的生长繁殖,限制甚至完全破坏有害微生物的生命活动。

影响微生物生长的环境因素有很多,主要包括温度、pH值、渗透压、氧、表面张力、辐射、液体静压强、生能等。

A 温度

温度是影响微生物生长的一个重要因子。温度太低,可使原生质膜处于凝固状态,不能正常地进行营养物质的运输或形成质子梯度,因而生长不能进行。当温度升高时,细胞内的化学和酶反应以较快的速率进行,生长速率加快。

然而,当超过某一温度时,蛋白质、核酸和细胞其他成分就会发生不可逆的变性作用。因此,当温度在一给定的范围内增加时,生长和代谢功能就会随之增加,但超过某一最大值后,失活反应开始发生,细胞功能急速下降到零。所以每种微生物都有3种基本温度(图3－14):最低生长温度,低于这种温度以下不再生长;最适生长温度,在此温度时生长速度最快;最高生长温度,在此温度以上不可能生长。微生物的最适生长温度通常靠近最高生长温度。根据微生物的生长温度范围，可区分为嗜冷微生物、嗜温微生物、嗜热微生物和嗜高热微生物（图 3－15）。

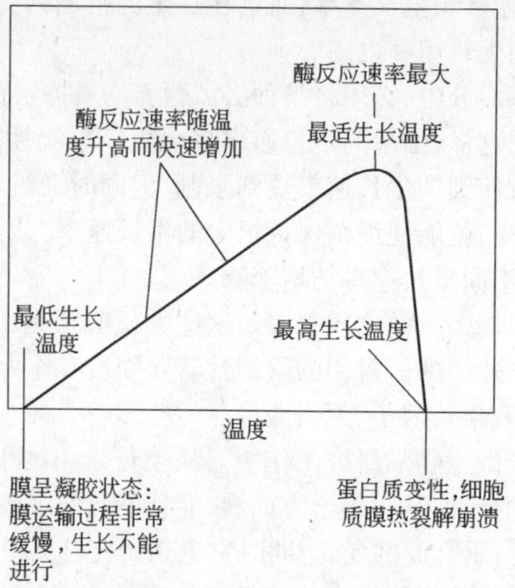

图 3－14　温度对微生物生长和细胞成分的影响

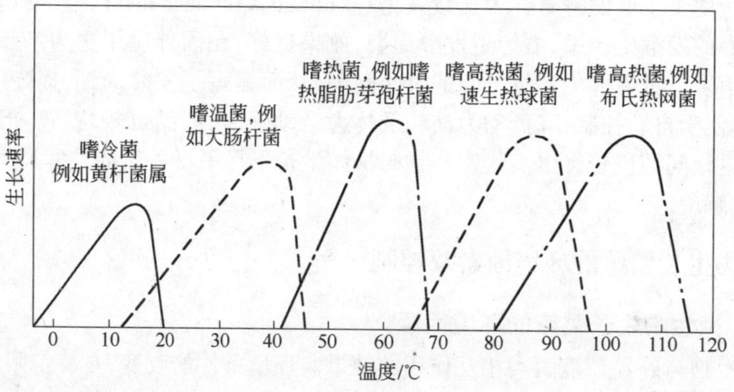

图 3－15　温度与嗜冷菌、嗜温菌、嗜热菌及两类嗜高热菌生长速率的相关性

（1）嗜冷微生物（psychrophile）。最适生长温度为 15℃或更低，最高生长温度为 20℃以下，最低生长温度为 0℃或更低的微生物称作嗜冷微生物。嗜冷微生物只能生长在常年低温的环境中，如北极地区或海洋深处。当温度上升到室温时，这类微生物就会被杀死。研究嗜冷微生物的技术要求比较高，目前对它们的了解还不是很多。那些能够在 0℃生长，但最适生长温度为 20～40℃的微生物，并不是嗜冷微生物，而是耐冷微生物。尽管耐冷微生物在 0℃时能够生长，但生长很慢。0℃时在培养基中需要几周才能观察到肉眼可见的生长。耐冷微生物大多数生长在冷水或土壤中，它们是引起冰箱食物腐败的主要微生物类群。

嗜冷微生物之所以能在低温下生长，主要是因为：

1）嗜冷微生物的酶在低温下才能有效地起催化作用，在温度为 30～40℃的情况下会很快失活，这些酶的二级结构含有较多的 α-螺旋及较少的 β-折叠，较多的 α-螺旋能使酶蛋白在寒冷环境中有较强的弹性。

2）与嗜温及嗜热微生物相比，嗜冷微生物的酶还有较强的极性和含有较少的亲水性氨基酸，这也有助于在低温下保持蛋白质的弹性及酶的活性。

3）嗜冷微生物细胞膜的酯类中不饱和脂肪酸的含量较高，因此，在低温下膜也能保持半流动状态，仍能进行活跃的物质传递，保证微生物生长的需要。

（2）嗜温微生物（mesophiles）。最适温度为25～37℃的微生物称为嗜温微生物。自然界中绝大多数微生物均属于这一类。它们的最低生长温度为10℃左右，低于10℃便不能生长。

嗜温微生物又可分为寄生和腐生两类。寄生嗜温微生物的最适生长温度相对较高，腐生嗜温微生物的相对较低。大肠杆菌是典型的寄生嗜温微生物，发酵工业中常用的黑曲霉、啤酒酵母、枯草杆菌均为腐生嗜温微生物。

（3）嗜热微生物（thermophiles）。最适生长温度为50～60℃，多存在于堆肥或发酵堆料中，以及一些热电厂、家用或工业用热水器等环境中。嗜热脂肪芽孢杆菌（*Bacillus stearothermophilus*）通常被认为是嗜热微生物，在65～75℃时生长速率最大，但在30℃时生长速率最小，并能引起食品腐败。

（4）嗜高热微生物。最适生长温度在80℃以上，有的为100℃以上。嗜高热微生物都是古细菌，它们通常生长在热泉、火山喷气口或海底火山喷气口附近环境中。

微生物在高温环境下为何能够生存呢？首先，它们的酶和其他蛋白质在高温时比嗜温微生物更稳定，最适于在高温条件下发挥作用。它们的氨基酸序列也不同，分子中一个或多个部位被某些氨基酸所替代，使它们能以特殊的方式折叠，以抵抗温度变性的影响。其次，嗜热微生物的蛋白质合成机构（核糖体和其他成分）及细胞质膜富含饱和脂肪酸，因而膜在高温下仍很稳定并正常发挥功能。而嗜高热微生物，实际上所有已知的种类都是古细菌，它们的膜脂中都不含有脂肪酸，而是由五碳化合物植烷的重复单位通过醚键结合到甘油磷酸上所组成的长度不等的碳氢化合物所组成。

不同生物生长的温度上限不同。真核生物生长的温度上限在60℃左右，其中动、植物的温度上限更低。这可能与由生物膜组成的真核生物细胞器，如细胞核、线粒体和叶绿体的特性有关。线粒体的膜似乎对温度特别敏感，当细胞被加热到仅仅超过最适生长温度几度，线粒体就差不多消失了。真核生物中膜的流动性是相当大的，以利于大分子物质通过，例如，mRNA和rRNA是在细胞核中产生的，要穿过核膜才能运输到细胞质中，但高温时核膜则不能稳定地起作用。能进行光合作用的原核生物的生长温度上限为70～73℃，也可能和光合作用膜系统的热稳定性有关。

微生物的耐热性在实践中有很重要的应用。筛选嗜热微生物进行发酵有很多优点；高温发酵周期短，效率高；同时有利于非气体物质在发酵液中的扩散和溶解，防止杂菌污染发生；高温还可降低冷却发酵产生热量所需的成本。由嗜热微生物生产的酶制剂，酶反应温度和耐热性都比嗜温微生物高。例如，由水生栖热菌（*Thermus aquaticus*）产生的Taq DNA聚合酶，在使DNA解链的92℃高温时不变性失活，因而被广泛用于扩增特异性DNA序列的PCR（聚合酶链反应）方法中。在PCR实验中，DNA双链被反复加热至94℃解聚作为模板，然后降温退火，再升温到72℃左右，在Taq DNA聚合酶作用下合成并延长互补的DNA链，而不需要外加补充新鲜的Taq DNA聚合酶。

B pH值

pH值影响微生物的生长，因为介质pH值影响生活环境中营养物质的可给态和有毒物质的毒性；影响菌体细胞膜的带电荷性质、膜的稳定性及膜对物质的吸收能力；使菌体表面蛋白变性或水解。每种微生物都有一个可生长的pH值范围，以及最适生长pH值。大多数自然环境pH值为5～9，适合于多数微生物的生长。只有少数微生物能够在pH值小于2或pH值大于10的环境中生长。

(1) 嗜酸性微生物。能够在 pH 值为 5.4 以下生长的微生物称之为嗜酸性微生物。真菌比细菌更耐酸,很多真菌最适 pH 值为 5 或更低,有些种类在 pH 值为 2.0 这样低 pH 值的条件下生长很好,尽管其内部的 pH 值接近中性。也有些细菌是专性嗜酸的,在中性 pH 值根本不生长,如硫杆菌属(*Thiobacillus*),以及硫化叶菌属(*Sulfolobus*)和热原体属(*Thermoplasma*)等一些古细菌。中性 pH 值对专性嗜酸微生物有毒害作用,其作用机制可能在于高浓度的氢离子是膜稳定性所必需的,当 pH 值升高到中性时,这类微生物的原生质膜发生裂解,细胞破碎。

(2) 嗜中性微生物。生长的 pH 值为 5.4 ~ 8.5,引起人类疾病的大多数微生物是嗜中性微生物。

(3) 嗜碱性微生物。生长的 pH 值为 7.0 ~ 11.5,它们通常存在于碱湖、含高碳酸盐的土壤等碱性环境中。大多数嗜碱原核微生物是好氧性的非海洋细菌,很多是杆菌。有些极端嗜碱菌也是嗜盐菌,其中的大多数是古细菌。

嗜酸或嗜碱微生物能够耐盐和耐碱,主要是由于细胞本身具有维持胞内 pH 值接近中性的能力。嗜酸微生物在酸性环境中,细胞可以阻止 H^+ 进入胞内,不断将胞内 H^+ 排出胞外。而嗜碱或耐碱微生物,则可以阻止 Na^+ 进入胞内并将其排出胞外,以维持胞内接近中性 pH 值。有些微生物具有不易渗透的细胞壁,可以防止细胞膜暴露于极端 pH 值中受到损伤。

很多人认为极端 pH 值对细胞的毒性作用并不是直接由于 H^+ 或 OH^- 浓度引起的,而是由于在这样 pH 值的条件下造成的非解离状态的弱酸或弱碱水平的增加造成的,因为非解离状态的弱酸或弱碱更容易穿过细胞膜进入胞内,因而比解离形式的弱酸或弱碱生理活性更强,毒性更大。如水杨酸在中性或碱性环境中可以电离,在酸性时则电离被抑制,但酸性环境中的杀菌力是中性时的 100 倍。乳酸杆菌和一些产生有机酸的微生物,当培养基质在发酵过程中积累乳酸和丙酮酸等有机酸时,也就抑制了自身的生长,说明不是 H^+ 而是酸本身抑制了生长。

C 氧

微生物对氧的需要和耐受能力在不同类群中变化很大,根据它们和氧的关系可分为几种类群。

(1) 好氧微生物。包括所有需要氧才能生长的微生物。有两类,一类是专性好氧微生物,它们的生长需要有氧,快速分裂的细胞比缓慢分裂的细胞需要的氧更多,通常生长在培养基表面附近;另一类是微好氧微生物,它们在有少量自由氧存在条件下生长最好,因而生长在培养基表面之下的某一区域,该区域氧浓度正好符合它们的需要。

(2) 兼性好氧微生物。在有氧存在下通常进行好氧代谢,但氧缺乏时可以转变为厌氧代谢,有氧条件下的生长比无氧条件下的生长更旺盛,因而可以看到菌体在整个培养基中都有分布。兼性好氧微生物有两套酶系统,一套能利用氧为电子受体,另一套在氧缺乏时能利用其他物质作为电子受体,因而在无氧或有氧条件下都可以生长。

(3) 厌氧微生物。那些缺乏呼吸系统而不能利用氧作为末端电子受体的微生物称之为厌氧微生物。可分为两类:耐氧厌氧微生物和严格厌氧微生物。前者是指那些尽管不需要氧,但可耐受氧,并在氧存在条件下仍能生长的类群;而后者则是指那些对氧敏感,在有氧时即被杀死的类群,所以专性厌氧生物只能生长在氧气几乎不能到达的培养基底部附近。严格厌氧微生物并不是被气态的氧所杀,而是由于不能解除某些氧代谢产物的毒性而死亡。

在氧还原成水的过程中,可形成某些有毒的中间产物,例如,过氧化氢(H_2O_2)、超氧阴离子(O_2^-)和自由基($OH\cdot$)等。好氧微生物具有降解这些产物的酶,如过氧化氢酶、过氧化物酶、超氧化物歧化酶(SOD)等,而严格厌氧微生物则缺乏全部或部分这些酶。超氧阴离子(O_2^-)由某些氧化酶催化产生,超氧化物歧化酶可将 O_2^- 转化为 O_2 和 H_2O_2。H_2O_2 可被过氧化氢酶转化为水和氧。专性好氧微生物和大多数兼性好氧微生物都含有超氧化物歧化酶和过氧化氢酶，某些兼性好氧微生物和耐氧厌氧微生物只含有超氧化物歧化酶而缺乏过氧化氢酶。大多数专性厌氧微生物同时缺乏这两种酶，因而死于 O_2^- 和 H_2O_2 的毒害作用。

D　营养物质的组成和浓度

培养基中营养物质的组成不同往往对微生物生长有很大的影响。同一种微生物，在不同的氮源、碳源组成的培养基中，在相同的培养时间内其生物量的增加可以相差很大，甚至有的不能生长。例如，在仅含有睾丸酮作为唯一碳源的基础培养基中，只有可利用睾丸酮的睾丸酮假单胞菌在上面生长，而其他不能利用该种碳源的微生物则不能生长。因此，在微生物发酵培养研究工作中，探讨选择合适的培养基组成（即合适的氮源、碳源）往往是必不可少的环节。培养基中营养物质的浓度对微生物生长也有很大的影响。这首先表现在对生长速率的影响。在微生物培养中，某种基本营养物质被耗尽也可使微生物的生长停止，即使此时培养基中没有任何毒性物质存在，而且其他营养物质仍很丰富。当添加少量这种营养物质时则微生物的生长可以重新开始。在微生物培养中，首先被消耗完毕的营养物被称作限制性底物（S）。限制性底物能表示出分批培养中微生物生长的最大限度。虽然在微生物培养中了解哪些底物是限制性底物是有意义的。为此，对一个给定的微生物和已知组成的培养基，我们应当进行计算或进行试验。限制性底物浓度[S]对微生物生长的影响可以用如下关系式表示：

$$\mu=\frac{\mu_{max}[S]}{K_s+[S]}$$

式中，μ 为微生物生长速率；μ_{max} 为微生物生长的最大速率；K_s 为 μ 达到 μ_{max} 一半时底物的浓度。此式与酶促反应的米氏方程类似。在分批培养中，当限制性底物浓度[S]较高时，生长呈对数进行，而当[S]降到非常低的时候生长才开始下降。实际上当[S]较低时，微生物生长速率才显著地受[S]影响，当[S]增加到一定程度后，[S]的影响就逐渐降低。当 μ 达到最大值 μ_{max} 时，虽然[S]浓度仍然有限，但[S]的影响却已经消失。K_s 值通常相当小，因此在相对低的底物浓度下即可得到 m 的最大值。例如 E. coli 在以葡萄糖为唯一碳源和能源的合成培养基中，葡萄糖成为其限制性底物的质量浓度为 5×10^{-6} mol/L 以下（相当于 0.9 mg/L），而磷酸盐在质量浓度1 mg/L 以下才成为限制性底物。对于生长因子，这一浓度值甚至还要低得多。

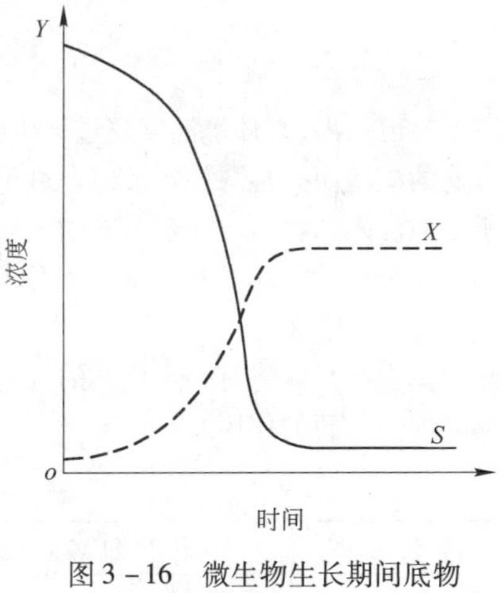

图 3-16　微生物生长期间底物浓度和细胞生物量的变化

X—生物量浓度；S—限制性底物；Y—细胞产率系数

培养基中营养物质的浓度对微生物生长的影响，也反映在微生物的细胞生物量上。在分批培养中，当底物利用速率达到零时，微生物的生长也恰好到达稳定期。此时，底物转化为细胞的产率已达最大（图 3-16）。这可以用细胞产率系数（Y）表示为。

$$Y=\frac{X_t-X_0}{[S_0]-[S_t]}$$

式中，X_t 为生物量浓度以代替细胞数目 N，这是考虑到细胞产率通常以细胞质量来表示；而[S_0]则可以采用 g、mol/L、BOD、COD 或其他单位，可根据底物特性和不同的应用目的加以选择。Heijen 和 Roels 采用碳还原当量作指标测定了许多细菌和底物的细胞产率系数 Y，其典型数值为 0.4～0.6，但也有高达 0.8 或低于 0.1 的。很明显，Y 的大小取决于微生物类群、底物种类和培养条件。然而，对于一个给定的培养物，Y 在整个底物利用周期中是恒定的。

3.5.3.2　微生物生长的控制

在微生物研究或生产实践中，我们常常需要控制所不期望的微生物的生长。任何杀死或抑制微生物生长的方法都可以达到控制微生物生长的目的，它们包括加热、低温、干燥、辐射、过滤等物理方法和消毒剂、防腐剂、化学治疗剂等化学方法两大类。

由于需要和目的不同，对微生物生长控制的要求和采用的方法也就有很大的不同，因而产生的效果也不同。能够杀死或消除材料或物体上全部微生物的方法称为灭菌；能够杀死、消除或降低材料或物体上的病原微生物，使之不致引起疾病的方法称为消毒；能够防止或抑制微生物生长，但不能杀死微生物群体的方法称为防腐。能够利用具有高度选择毒力的化学物质抑制宿主体内病原微生物或病变细胞的治疗措施称为化疗。

现将上述4个概念的特点和比较列在表3－17中。

表3－17　灭菌、消毒、防腐、化疗的比较

比较项目	灭　菌	消　毒	防　腐	化　疗
处理因素	强烈理化因素	温和理化因素	理化因素	化学治疗剂
处理对象	任何物体内外	生物体表，酒、乳等	有机质物体内外	宿主体内
微生物类型	一切微生物	有关病原菌	一切微生物	有关病原菌
对微生物作用	彻底杀灭	杀死或抑制	抑制或杀死	抑制或杀死
实　例	加压蒸汽灭菌，辐射灭菌，化学杀菌剂	70%酒精消毒，巴氏消毒法	冷藏，干燥，糖渍，盐腌，缺氧，化学防腐剂	抗生素，抗代谢药物

A　物理方法的控制

许多物理方法可以抑制或杀灭微生物，在控制微生物生长方面有着广泛的应用，如表3－18所示。

a　高温

前已指出，当环境温度超过微生物生长的最高生长温度后，就会导致微生物细胞成分发生不可逆的失活而死亡。加热灭菌是最重要和应用最广泛的一种方法，热量可以快速穿透化学试剂所不易渗入的物质。加热引起的微生物死亡是以指数速率进行的，如果微生物在开始加热处理的第一分钟后群体中有20%的细胞死亡，第二分钟后仍然存活的群体中同样是以20%的个体死亡，随着加热时间延长，每一分钟后都将继续有剩余群体中的20%细胞死亡。也就是说一定时间中微生物群体将有一定比例的细胞数目死亡。加热温度、起始微生物总数、微生物的抗热性等影响加热灭菌的作用。

表3－18　某些物理杀菌方法的应用

杀菌方法	作用机理	应　用
干　热	蛋白质变性	烘箱加热灭菌玻璃器皿和金属物品，火焰灼烧微生物
湿　热	蛋白质变性	高压蒸汽灭菌培养基等不能干热灭菌、不被湿热破坏的物品
巴斯德消毒法	蛋白质变性	灭菌牛奶、乳制品和啤酒中的病原菌
冷　藏	降低酶反应速率	可保藏新鲜食品数日，不能杀死大多数微生物
冷　冻	极大地降低酶反应速率	可保藏新鲜食品数月，不能杀死大多数微生物，可用于菌种保藏
干　燥	抑制酶活性	某些水果和蔬菜的保藏，结合烟熏可用于香肠和鱼等食品的保藏
冷冻干燥	脱水作用抑制酶活性	用于食品保藏及菌种保藏（可达数年）

续表 3 - 18

杀菌方法	作用机理	应用
紫外光	蛋白质和核酸变性	用于降低手术室、动物房和培养室空气中的微生物数量
离子辐射	蛋白质和核酸变性	用于塑料制品和药物的灭菌及食品保藏
强可见光	光敏感物质的氧化	与染料合用可杀灭细菌和病毒,可帮助衣物消毒
过　滤	机械性地移去微生物	用于易被热破坏的培养基、药物和维生素等物质的灭菌

微生物群体在一定时间内死亡细胞的百分数与起始微生物总数无关,而与加热的温度有关,温度越高,一定时间内细胞死亡数目的比例也就越高,灭菌所需的时间就越短。同样温度条件下,被灭菌微生物的起始微生物总数影响灭菌所需的时间,微生物总数越少,灭菌所需的时间就越短。不同的微生物对温度的敏感性不一样,微生物的抗热性越强,灭菌所需的温度要求就越高,灭菌所需时间就越长。

(1) 干热灭菌　干热灭菌是通过烧灼或烘烤等方法,使蛋白质变性杀死微生物。

1) 烘箱热空气法　通常将灭菌物体置于鼓风干燥箱内,171℃加热1 h,或160℃加热2 h以上,或120℃加热12 h以上,利用热空气进行灭菌。灭菌时间可根据被灭菌物体体积作适当调整,以达到灭菌目的。该法适用于金属和玻璃器皿的灭菌,也是唯一可应用于油料和粉料物质的灭菌方法。

2) 火焰焚烧法　实验室常使用酒精灯火焰焚烧接种环、接种针和试管口等经焚烧不会损坏的物品。医院等焚烧污染物物品及实验动物尸体等也是一种火焰焚烧法。

(2) 湿热灭菌　湿热灭菌是利用热蒸汽灭菌。在相同温度下,湿热的效力比干热灭菌好(见表3 - 19)。

表 3 - 19　干热与湿热空气对不同细菌的致死时间比较

细菌种类	加热方式			细菌种类	加热方式		
	干热 90℃	90℃相对湿度/%			干热 90℃	90℃相对湿度/%	
		20	80			20	80
白喉棒杆菌	24 h	2 h	2 min	伤寒杆菌	3 h	2 h	2 min
痢疾杆菌	3 h	2 h	2 min	葡萄球菌	8 h	3 h	2 min

相同温度下湿热的效力比干热灭菌好的原因主要有:

1) 热蒸汽对细胞成分的破坏作用更强。水分子的存在有助于破坏维持蛋白质三维结构的氢键和其他相互作用弱键,更易使蛋白质变性(表3 - 20显示蛋白质含水量与其凝固温度成反比),还可以使细胞膜脂溶解。高压蒸汽还可以破坏核酸结构,杀灭那些蛋白质外套变性后仍具有侵染性的病毒,即加热激活的病毒。

表 3 - 20　蛋白质含水量与其凝固温度的关系

蛋白质含水量(质量分数)/%	蛋白质凝固温度/℃	灭菌时间/min	蛋白质含水量(质量分数)/%	蛋白质凝固温度/℃	灭菌时间/min
50	56	30	6	145	30
25	74 ~ 80	30	0	160 ~ 170	30
18	80 ~ 90	30			

2）热蒸汽比热空气穿透力强，能更加有效地杀灭微生物（表3－21）。

表3－21　干热和湿热空气穿透力的比较

加热方式	温度/℃	加热时间/h	透过布的层数及其相应温度/℃		
			20层	40层	100层
干　热	130～140	4	86	72	70以下
湿　热	105	4	101	101	101

3）蒸汽存在潜热，当气体转变为液体时可放出大量热量，故可迅速提高灭菌物体的温度。

湿热灭菌可采取水煮沸法和高压蒸汽锅法。

水煮沸法是将物品置水中，加热水到沸点100℃，维持15 min以上，可杀死物品上存在的细菌和真菌的营养细胞，使某些病毒失活，但不能杀死全部细菌芽孢和真菌孢子。如延长煮沸时间或向水中加入2%碳酸钠则可使灭菌效力增加。该法适用于注射器、解剖用具及家庭餐具的消毒。也可采用沸水产生的蒸汽对物品进行灭菌。如农村栽培食用菌，需对大量培养基进行灭菌，通常采用大的蒸锅（蒸笼）或水泥砌的流通蒸汽灭菌灶，利用100℃沸水产生的蒸汽使物体加热6～8 h，以杀死耐热性很强的孢子。还有一种间歇灭菌法，应用于不耐高温的物品灭菌，采用100℃沸水蒸汽加热20～30 min，以杀死微生物营养体，待冷却后在室温或37℃培养一天，再同法灭菌，如此反复2～3次，也可达到灭菌目的。

高压蒸汽锅法主要利用提高压力使水的沸点升高，以提高水蒸气的温度，来更加有效地杀灭微生物。为达此目的，通常使用高压蒸汽灭菌锅（图3－17），在0.1013 MPa压力下，水蒸气温度达121℃，物品经处理15～30 min后，可杀死抗热性很强的细菌芽孢，破坏病毒核酸结构。需指出的是，该法是通过增加温度，而不是增加压力来杀死微生物的。使用高压蒸汽锅时，要注意完全排除锅内的冷空气，使之充满饱和蒸汽，否则会因蒸汽中混有空气而比相应纯蒸汽的温度降低，影响灭菌效果（图3－18）。该法主要用于各种耐热耐湿物品的灭菌，如一般培养基、生理盐水等各种溶液、工作服及实验器材等。

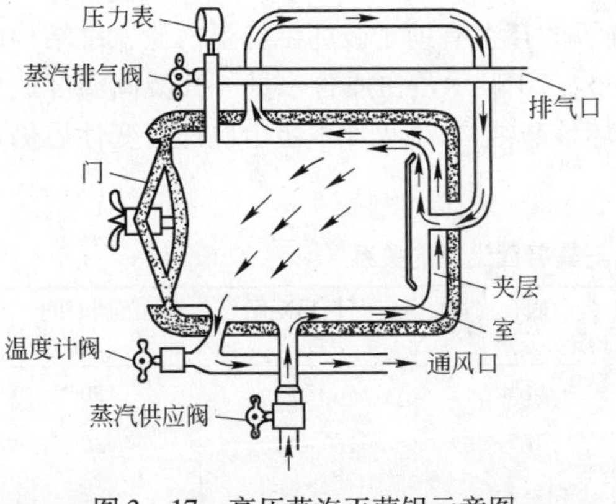

图3－17　高压蒸汽灭菌锅示意图

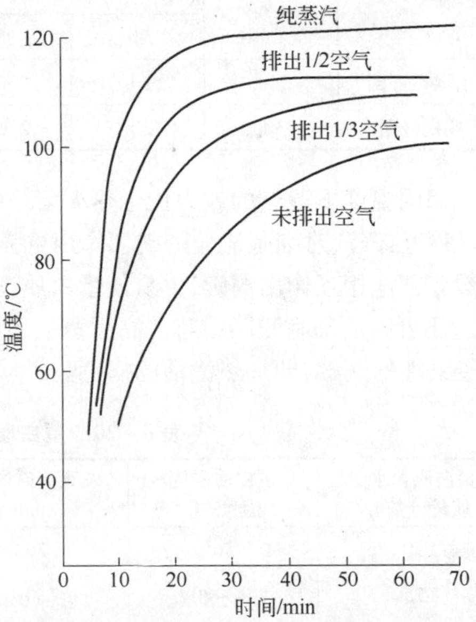

图3－18　高压蒸汽灭菌锅中排气和温度的相关性

(3) 巴斯德消毒法　巴斯德消毒法就是采用温和加热处理，以降低牛奶和其他对热特别敏感的食品中微生物群体数量的方法，而不致损坏食品的营养和风味，以其发明者巴斯德命名。巴斯德消毒法虽然也是一种湿热处理方法，但没有沸水和高压蒸汽条件剧烈，因而只能消毒不能灭菌。该法可以使食品中的微生物数量下降 97% ~99%，并能够杀死其中存在的病原微生物。巴斯德消毒法处理牛奶可采用 71.6℃快速处理至少 15 s 或 62.9℃处理 30 min 两种方法。

b　低温

低温是通过降低酶反应速度使微生物生长受到抑制，但不能杀死微生物。

(1) 冷藏法　可以将新鲜食物放置在 5℃（通常冰箱冷藏室的温度）保存，防止腐败。然而贮藏只能维持几天，因为低温条件下有些耐冷微生物仍然能够缓慢生长，最终造成食品腐败。利用低温条件下微生物缓慢生长的特点，可以将微生物斜面菌种放置冷藏箱中保存数周至数月而不衰竭死亡。

(2) 冷冻法　家庭或食品工业中采用 -10℃左右的冷冻温度，使食品冷冻成固态加以保存，在此条件下，微生物基本上不再生长，因而可以比冷藏法更长时间地保存食品。冷冻法也可用作菌种保藏，但所用温度更低，如 -80℃低温冰箱，或 -78℃干冰，或 -196℃液氮中冷冻保存。

c　辐射

有 3 种类型的辐射作用，即紫外光、电离辐射、某种条件下的强可见光等（图 3-19），可用作控制微生物的生长和保存食品。

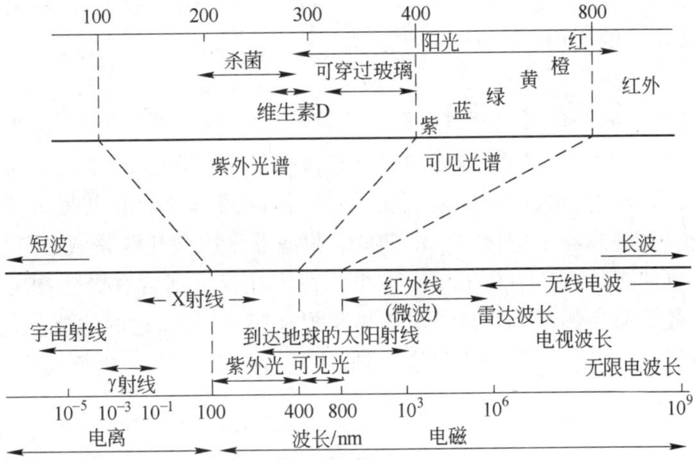

图 3-19　电离和电磁能谱

(1) 紫外光　紫外光由 100~400 nm 波长的光组成，但 200~300 nm 波长的紫外光杀菌作用最好。紫外光杀菌作用是因为它可以被蛋白质（波长约 250 nm）和核酸（波长约 260 nm）吸收，造成这些分子的变性失活。例如，核酸中酶胸腺嘧啶吸收紫外光后，可以形成二聚体，导致 DNA 合成和转录过程中遗传密码阅读错误，引起致死突变。紫外光穿透能力很差，不能穿过玻璃、衣物、纸张或大多数其他物体，但能够在空气中传播，因而可以用作物体表面或室内空气的灭菌。紫外光灭活病毒特别有效，但对其他微生物细胞的灭活作用则因 DNA 修复机制的存在而受影响。

另外，紫外光的杀菌效果也与菌种的生理状态有关。干细胞比活细胞抗紫外光辐射能力强，孢子比营养细胞抗性强，带色细胞的色素若可吸收紫外光也可起到保护作用。

(2) 电离辐射　控制微生物生长所用的电离辐射主要是 X 射线和 γ 射线。电离辐射波长短，穿透力强，能量高，效应无专一性，作用于一切细胞成分，主要用于其他方法不能解决的塑料制品、医疗设备、药品和食品的灭菌。γ 射线是某些放射性同位素，如 ^{65}Co 发射出的高能辐射，具较强穿透能力,能致死所有微生物。已有专门用于不耐热的大体积物品消毒的γ射线装置。

(3) 强可见光　人们很久以前就知道太阳光具有杀菌作用,其主要的杀菌作用是由于紫外光造成的。但含有 400 ~ 700 nm 波长的强可见光也具有直接的杀菌效应,它们能够氧化细菌细胞内的光敏感分子,如核黄素和卟啉环(构成氧化酶的成分)。因此,实验室应注意避免将细菌培养物暴露于强光下。此外,曙红和四甲基蓝能够吸收强可见光使蛋白质和核酸氧化,因此常将两者结合用作灭活病毒和细菌。

d　干燥和调节渗透压

微生物的生长繁殖离不开水分。干燥或调节溶液渗透压都是通过降低微生物可利用水的数量或活度而影响微生物的生长。

(1) 干燥　干燥是使物品或培养物脱水的方法。干燥并不一定杀死微生物,但因使细胞脱水造成代谢停止而抑制微生物生长,有时也可引起某些微生物细胞的死亡。像干果、稻谷、奶粉等食品通常采用干燥方法保存,防止腐败。不同微生物种类对干燥的敏感性不同,革兰氏阴性细菌,如淋病球菌对干燥特别敏感,几小时便死去;结核分支杆菌又特别耐干燥,在此环境中,100℃、20 min 仍能生存;链球菌用于干燥法保存几年而不丧失致病性。休眠孢子抗干燥能力很强,在干燥条件下可长期不死。这些特点已用于菌种保藏。

(2) 调节渗透压　增加渗透压是另一种通过限制微生物可利用水而控制其生长的方法。在高渗透压环境中,水从细胞中流出,使细胞脱水。像盐腌制咸肉或咸鱼、糖浸果脯或蜜饯等均是这一方法在食品保存中的应用。

e　过滤

控制液体中微生物的群体可以通过将微生物从液体中移走而不是用杀死的方法来实现。通常所采用的做法就是过滤除菌,即将液体通过某种多孔的材料,使微生物与液体分离。早年曾采用硅藻土等材料装入玻璃柱中,当液体流过柱子时菌体因其所带的静电荷而被吸附在多孔的材料上,但现今已基本为膜滤器所替代(图 3 - 20)。膜滤器采用微孔滤膜做材料,通常由硝酸纤维素制成,可根据需要使之具有 25 ~ 0.25 μm 大小的特定孔径。当含有微生物的液体通过微孔滤膜时,大于滤膜孔径的微生物不能穿过滤膜而被阻拦在膜上,与通过的滤液分离开来。微孔滤膜具有孔径小、价格低、可高压灭菌、不易阻塞、滤速快及可处理大容量的液体等优点。

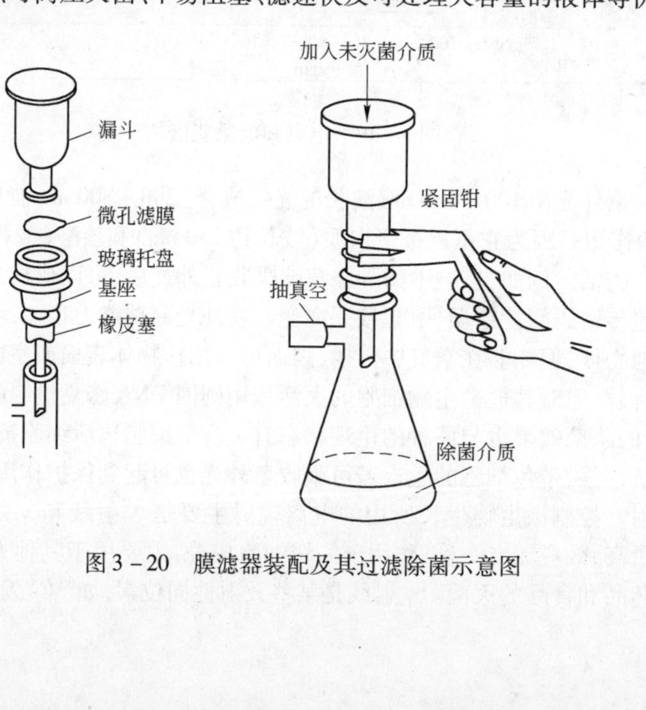

图 3 - 20　膜滤器装配及其过滤除菌示意图

过滤除菌可用于对热敏感液体的灭菌，如含有酶或维生素的溶液、血清等。有些物质即使加热温度很低也会失活，也有些物质辐射处理也会造成损伤，此时过滤除菌就成了唯一的可供选择的灭菌方法。过滤除菌还可用于啤酒生产代替巴斯德消毒。

但也有使用小于0.22 μm孔径滤膜时易引起滤孔阻塞的缺点，而当使用0.22 μm孔径滤膜时，虽然可以基本滤除溶液中存在的细菌，但病毒或支原体等则可通过。

f 超声波

超声波（频率在20000 Hz以上）具有强烈的生物学作用。它致死微生物主要是通过以下原理实现的：探头的高频振动引起周围水溶液的高频振动，当探头和水溶液的高频振动不同步时能在溶液内产生空穴（真空区），只要菌体接近或进入空穴，由于细胞内外压力差，导致细胞破裂，内含物外溢。此外，超声波振动，机械能转变为热能，使溶液温度升高，细胞热变性，抑制或杀死微生物。科研中常用此法破碎细胞，研究其组成、结构等。超声波几乎对所有微生物都有破坏作用，效果因作用时间、频率及微生物种类、数量、形状而异。一般的，高频率比低频率杀菌效果好，球菌较杆菌抗性强，细菌芽孢具有更强的抗性。

B 化学方法的控制

许多化学药剂可抑制或杀灭微生物，因而被用作微生物生长的控制。化学药剂分为消毒剂、防腐剂和化学治疗剂3类。

a 消毒剂和防腐剂

消毒剂是指那些可抑制或杀灭微生物，但对人体也可能产生有害作用的化学试剂，主要用于抑制或杀灭物体表面、器械、排泄物和周围环境中的微生物。防腐剂则是指那些可以抑制微生物生长，但对人体或动物体的毒性较低的化学试剂，可用于机体表面，如皮肤、黏膜、伤口等处防止感染，也有的用于食品、饮料、药品的防腐作用。但现时消毒剂和防腐剂之间的界线已不很严格，如高体积分数的石炭酸（3% ~5%）用于器皿表面消毒，而低体积分数的石炭酸（0.5%）则用于生物制品的防腐剂，所以本节将消毒剂和防腐剂放在一起加以讨论。理想的化学消毒剂和防腐剂应当是作用快、效力高但对组织损伤小，穿透性强而腐蚀小，配制方便且稳定，价格低廉易生产，并且无怪味。但真正完全符合上述要求的化学药剂很少，我们要根据具体需要尽可能选择那些具有较多优良性状的化学药剂。某些化学杀菌剂如表3-22所示。

表3-22 某些化学杀菌剂的应用

杀 菌 剂	作用机理	应 用
肥皂和去垢剂	降低表面张力，使微生物易受其他试剂影响	洗手，洗衣物，厨具和乳品用具的消毒
表面活性剂	高浓度时溶解脂类，破坏细胞膜，使蛋白质变性、酶失活；低浓度时作为浸润剂发挥作用	阳离子表面活性剂用于厨具消毒，阴离子表面活性剂用于洗涤衣物和清洁家庭物品
酸	降低pH值，使蛋白质变性	食品保藏
碱	升高pH值，使蛋白质变性	作为肥皂的成分
重金属	使蛋白质变性	硝酸银可防治淋病，汞化合物可消毒皮肤和物体表面，铜可抑制藻类生长，硒可抑制真菌生长
卤 素	在有机质缺乏时可氧化细胞成分	氯可用于水和厨具的消毒，碘化物常用于皮肤消毒

续表 3-22

杀菌剂	作用机理	应用
醇类	与水混合使蛋白质变性	异丙醇用于皮肤消毒,乙二醇和丙二醇可用作熏蒸剂
酚类	破坏细胞膜、使蛋白质变性、酶失活,不受有机质的影响	苯酚用于表面消毒和废弃培养物的灭活,戊基苯酚可杀灭微生物营养体,皮肤和物体表面的病毒;葡萄糖酸、双氢基胍作为外科清洗消毒剂特别有效
氧化剂	破坏二硫键	过氧化氢可用于清洗创伤,高锰酸钾可用于器皿消毒
烷化剂	破坏蛋白质和核酸结构	甲醛可使病毒失活而不影响其抗原特性;戊二醛可用于器皿的消毒;β 丙内脂可以杀灭肝炎病毒;氧化乙烷可用于不耐高温物体的灭菌
染料	可以干扰复制或阻止细胞壁的合成	可用于清洗创伤,结晶素可用于处理原生动物和真菌引起的感染

(1) 醇类 醇类是脂溶剂,可使膜损伤,同时能使蛋白质变性,低级醇还是脱水剂,因而具有杀菌能力;但醇类对细菌芽孢无效,主要用于皮肤及器械消毒。醇类杀菌作用的能力是丁醇 > 丙醇 > 乙醇 > 甲醇,丁醇以上的醇不溶于水,甲醇毒性很大,通常使用乙醇。无水乙醇与菌体接触后使细胞迅速脱水,表面蛋白凝固,在菌体表面形成保护膜,阻止乙醇分子进一步渗入,影响杀菌能力。实验表明 70%(体积分数)的乙醇杀菌效果最好,实际工作中常使用体积分数为 75% 的乙醇。

(2) 醛类 醛类的作用主要使蛋白质烷基化,改变酶或蛋白质的活性,使菌的生长受到抑制或死亡。一般用的醛类是甲醛,体积分数为 40% 的水溶液称福尔马林,因有刺激性和腐蚀性,不宜在人体使用,常以体积分数为 2% 的水溶液浸泡器械或体积分数为 10% 的水溶液熏蒸房间。

(3) 酚类 低浓度的酚可破坏细胞膜组分,高浓度酚凝固菌体蛋白。酚还能破坏结合在膜上的氧化酶与脱氢酶,引起细胞的迅速死亡。常用的苯酚又称石炭酸,体积分数 0.5% 的溶液可用于皮肤消毒,体积分数 2% ~5% 的溶液可用于痰、粪便与器皿的消毒,体积分数 5% 的溶液可用于空气喷雾消毒。甲酚是酚的衍生物,杀菌效果比苯酚强几倍,但在水中的溶解度较低,可在皂液或碱性溶液中形成乳浊液。市售的消毒剂来苏尔就是甲酚与肥皂的混合液,常用体积分数为 3% ~5% 的溶液来消毒皮肤、桌面及用具。

(4) 表面活性剂类 主要是破坏菌体细胞膜的结构,造成胞内物质泄漏,蛋白变性,菌体死亡。肥皂为脂肪酸的钠盐,是一种阴离子表面活性剂,对肺炎球菌或链球菌有效,但对葡萄球菌、结核分支杆菌无效,体积分数为 0.25 % 的肥皂溶液对链球菌的作用比体积分数为 0.7% 来苏尔或体积分数为 0.1% 的升汞还要强,但一般认为肥皂的作用主要是机械性地移去微生物,微生物附着于肥皂泡沫中而被水冲洗掉。常用的新洁尔灭是人工合成的季胺盐阳离子表面活性剂,临床上用于皮肤和黏膜消毒。

(5) 染料 一些碱性染料的阳离子可与菌体的羧基或磷酸基作用,形成弱电离的化合物,妨碍菌体的正常代谢,因而具有抑菌作用。例如,结晶紫可干扰细菌胞壁肽聚糖的合成,阻断 UDP-N-乙酰胞壁酸转变为 UDP-N-乙酰胞壁酸五肽,临床上常配成质量分数为 2% ~4% 的水溶液即紫药水,用于皮肤和伤口的消毒。

(6) 氧化剂类 氧化剂可作用于蛋白质的巯基,使蛋白质和酶失活,强氧化剂还可破坏蛋白质的氨基和酚羟基。常用的氧化剂有卤素、过氧化氢、高锰酸钾。95%(体积分数)乙醇 -2%(质量分数)碘 -2%(质量分数)碘化钠、83%(体积分数)乙醇 -7%(质量分数)碘 -5%(质量分数)碘化钾、5%(质量分数)碘－10%(质量分数)碘化钾等的混合物均称为碘酒,用于皮肤消毒比任何其他药品强。氯对金属有腐蚀作用,不适合手术器皿的消毒,一般用于水的消毒。氯溶解于水中即形成盐酸和次氯酸,次氯酸在酸性环境中可解离放出新生态氧,具有强烈的氧化作用而杀菌。漂白粉是将氯气通过熟石灰而生成的,主要含氯化钙和次氯酸钙,次氯酸钙很不稳定,在水中分解成次氯酸,最终也产生新生态氧。0.5 %～1 %(质量分数)的漂白粉溶液,能在1～5 min内杀死大部分的细菌。在预防非典型肺炎中应用的消毒剂,如过氧乙酸和84消毒液等属此类。

(7) 重金属类　有些微量重金属是微生物生命所必需的,但浓度高时有害;有些重金属浓度高或低都有害,因而大多数重金属及其衍生物都是有效的杀菌剂,主要作用机制是使蛋白质变性。常用的有汞及其衍生物。二氯化汞又称升汞,1∶500～1∶2000(质量比)对大多数细菌有杀灭作用,但能腐蚀金属,对动物有剧毒,常用于食用菌或植物组织分离时的外表消毒和使用器皿的消毒。汞溴红又称红汞,2%(质量分数)水溶液即是医院常用的红药水,可抑菌又无刺激作用,常用于皮肤、黏膜及小创伤的消毒,但注意不可与碘酒共用。另外,硫酸铜也是一种广泛使用的杀菌剂,农业上为了杀灭真菌、螨以及防治植物病害,常用硫酸铜与石灰以适当比例配制成波尔多液,用于苹果、梨树等的喷施。

(8) 酸碱类　酸碱类的物质也可抑制或杀灭微生物,因极端酸碱条件可使蛋白质变性,如生石灰常以质量比为1∶4或1∶8配成糊状,消毒排泄物及地面。有机酸解离度比无机酸小,但有些有机酸的杀菌力反而大,其作用机制是有机酸根或有机酸分子可抑制酶或代谢活动,而并非是酸度的作用。苯甲酸、山梨酸和丙酸是广泛使用于食品、饮料等中的防腐剂,但通常在偏酸性的条件下有抑菌作用。

b　化学治疗剂

化学治疗剂是指那些能够特异性地作用于某些微生物并具有选择性毒性的化学药剂,它们与非特异性的化学药剂相比对人体几乎没有什么毒性或毒性很小,可用作治疗微生物引起的疾病。化学治疗剂既适于涂抹机体表面,也适于通过口服或注射吸收到体内。化学治疗剂根据来源分为两类,一类是人工合成的,主要是一些生长因子类似物,被称为合成药;另一类是微生物产生的,被称为抗生素。

(1) 生长因子类似物　生长因子类似物是指那些在结构上与微生物的生长因子相似但又有区别,它们不能够在菌体细胞内产生与生长因子同样的作用,但却能够阻止微生物对生长因子的利用,因而可以抑制微生物的生长。

第一个被发现的生长因子类似物就是磺胺类药物,也是人类第一个成功地用于特异性抑制某种微生物的生长以治疗疾病的化学治疗剂。最简单的磺胺类药物就是磺胺,它是对氨基苯甲酸的类似物。很多细菌不能利用外界提供的叶酸,需要利用对氨基苯甲酸合成生长所需的叶酸。对氨基苯甲酸可由细菌自身合成,也可从生长介质中获得。而磺胺的存在则可与对氨基苯甲酸竞争性地与二氢叶酸合成酶结合,阻止叶酸的合成,因而可抑制细菌的生长(图3－21)。人类因为没有二氢叶酸合成酶等,不能利用外界提供的对氨基苯甲酸合成叶酸,只能从饮食中获得叶酸,因而对磺胺类药物不敏感。同理,凡无四氢叶酸合成酶,需要从外界获得四氢叶酸作为生长因子的细菌,也不受磺胺类药物的影响。

采用某些化合物作为基本生长因子的竞争性抑制剂的思想,对化学治疗剂的研究具有深远的影响。

今天,人们已经知道了很多维生素、氨基酸、嘌呤和嘧啶等化合物的类似物,当DNA复制时,它们可竞争性地插入DNA链中,但却不能使DNA正常地复制和转录。嘌呤和嘧啶碱基类似物对动物和微生物一样都有毒性，但可用于治疗病毒感染，因为病毒对碱基类似物的利用比细胞要快，因而受到的损伤更严重。

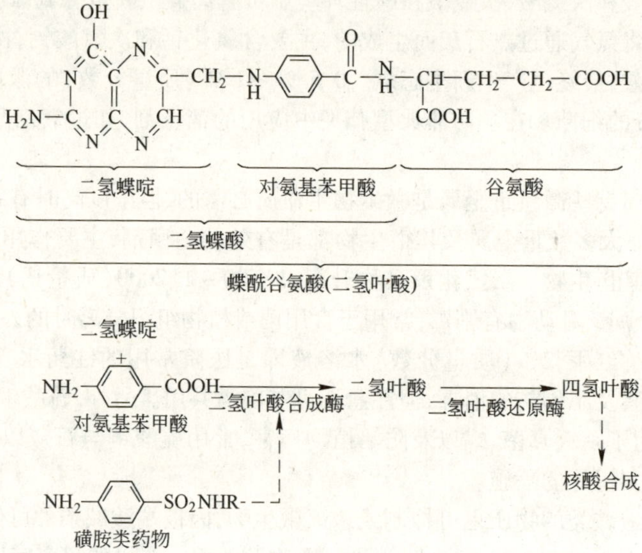

图3-21 磺胺类药物的作用机制

(2) 抗生素 抗生素是生物在其生命活动过程中产生的一种次生代谢物或其人工衍生物，它们在很低浓度时就能抑制或影响某些生物的生命活动，因而可用作优良的化学治疗剂。

抗生素抑制或杀死微生物的能力可以从抗生素的抗菌谱和效价两方面来评价。

由于不同微生物对不同抗生素的敏感性不一样，抗生素的作用对象就有一定的范围，这种作用范围就称为抗生素的抗菌谱。通常将对多种微生物有作用的抗生素称为广谱抗生素，如四环素、土霉素既对 G^+ 菌又对 G^- 细菌有作用；而只对少数几种微生物有作用的抗生素则称为狭谱抗生素，如青霉素只对 G^+ 菌有效。

抗生素的效价单位就是指微量抗生素有效成分多少的一种计量单位。有的是以抗生素的相当生物活性单位的质量作为单位，如 1 μg = 1 单位(u)，链霉素盐酸盐就是以此来表示的；有的则是以纯抗生素的活性单位相当的、实际质量为 1 单位而加以折算的，如青霉素单位最初是以能在 50 mL 肉汤培养基内完全抑制金黄色葡萄球菌生长的最小的青霉素量作为一个单位，后来青霉素纯化后确定这一量相当于青霉素钠盐 0.5988 μg，因而定 0.5988 μg 青霉素钠盐为 1 个青霉素单位。

抗生素的种类很多，其作用机制大致分为抑制细胞壁的合成、破坏细胞膜的功能、抑制蛋白质的合成和抑制核酸的合成 4 类。

随着各种化学治疗剂的广泛应用，葡萄球菌、大肠杆菌、痢疾志贺氏菌、结核分枝杆菌等致病菌表现出越来越强的抗药性，给医疗带来困难。抗性菌株的抗药性主要表现在以下方面：

1) 细菌产生钝化或分解药物的酶。

2) 改变细胞膜的透性。

3) 改变对药物敏感的位点。

4) 菌株发生变异。

为避免细菌出现耐药性，使用抗生素必须注意：

1）首次使用的药物剂量要足。

2）避免长期单一使用同种抗生素。

3）不同抗生素混合使用。

4）改造现有抗生素。

5）筛选新的高效抗生素。

c　微生物的抗药性

微生物的抗药性就是微生物能够抵抗化学药物作用而正常生长的能力。当化学治疗剂刚使用不久，人们就发现了某些病原微生物的抗药性菌株的出现。有时，针对某种病原菌特别有效的化学治疗剂，很快就变得无效或几乎没有什么用处，这给临床传染病的治疗带来了极大的困难。微生物对化学治疗剂的抗性机制有6种：

(1) 缺乏某类药物作用的结构，如支原体无细胞壁对青霉素不敏感。

(2) 化学治疗剂不能穿过细胞膜进入胞内，如委内瑞拉链霉菌（*Streptomyces Venezuelae*），可通过改变细胞膜透性而阻止四环素进入细胞。

(3) 化学治疗剂被变为无活性的形式，如某些金黄色葡萄球菌耐药菌株产生β内酰胺酶，使青霉素分子中的β内酰胺环开裂而失去抑菌作用。

(4) 药物的作用部位被修饰改变，如大肠杆菌耐药菌株的30S核糖体亚基发生改变，不再与链霉素结合，从而使链霉素失活。

(5) 被药物阻断的代谢途径发生遗传改变，如有的抗磺酸药物的菌株，改变了二氢叶酸合成酶的性质，合成了一种对磺酸药物不敏感的酶，该菌种即使在有磺胺存在的条件下，仍能大量合成叶酸正常生长。

(6) 将进入到胞内的药物泵出胞外，如抗性菌株可产生某种代谢途径将药物变成衍生物，该药物衍生物外渗速度比该药物渗入速度大。

微生物的抗性是由染色体或质粒DNA所编码的。由染色体所编码的药物抗性是通过自发突变的积累和自然选择作用产生的，常常需要一个很长时间才在一个微生物群体中变得非常明显。换句话说，随着时间推移，人们需要使用越来越高剂量的化学治疗剂来控制特殊的病原微生物。例如，20世纪50年代，治疗淋病的疗程仅需要几十万个单位的青霉素，而今日因淋病奈瑟氏球菌（*Neisseria gonorrhoeae*）对青霉素抗性的增加则需要使用几亿个单位。由非染色体所编码的药物抗性是由于细菌整合了带有药物抗性基因的质粒所引起的，这类质粒被称为R质粒。R质粒可带有一个或多个药物抗性基因，是一种接合质粒，可由药物抗性供给菌转移到敏感性的受体菌细胞内。

小　结

1. 微生物的营养可分为碳源、氮源、能源、无机盐、生长因子和水六大类。以能源、碳源的不同，将绝大部分微生物分成光能自养型、光能异养型、化能自养型和化能异养型四大类。

2. 培养基是一种人工配置的、适合微生物生长繁殖或产生代谢产物用的营养基质。配制培养基要遵循四大原则：目的明确、营养协调、物理化学条件适宜、经济节约。

培养基按成分可分为天然培养基、组合培养基、半组合培养基；按物理状态可分为固体培养基、半固体培养基、液体培养基；按培养基的功能可分为选择性培养基、鉴别性培养基、其他培养基。

培养基的配制主要有四种方法：生态模拟法、查阅文献法、精心设计法和试验比较法。

3. 微生物菌种主要来源于自然界和菌种保藏机构。微生物的采样主要有从土壤中采样、根据微生物生理特点采样、在极端环境下采样。常用的灭菌方法主要有物理和化学两类。微生物的培养方法可概括为八个大类。

4. 微生物的纯种分离技术是微生物学中重要的基本技术之一。固体培养基上的分离主要有平板表面划线法、稀释倒平皿法和涂布平板法、单细胞挑取法、组织分离法、利用选择培养基分离法;液体培养基中的分离主要是液体稀释法。

5. 微生物生长一般以原生质的增加、细胞数目的增加和代谢活动的性能等作为测量指标。主要的测试方法有:计数法、质量法和生理指标法。

微生物的生长表现在微生物的个体生长和群体生长两个水平上。一般单细胞微生物典型生长曲线分为延滞期、指数期、稳定期和衰亡期。

6. 微生物生长繁殖的环境因素主要有温度、pH 值、渗透压、氧、表面张力、辐射、液体静压力、生能等。对微生物生长控制的方法主要有加热、低温、干燥、辐射、过滤等物理方法和使用消毒剂、防腐剂、化学治疗剂等化学方法两大类。

思考题

3-1 微生物的营养物质都有哪几类,其中哪种含量最多?

3-2 蓝细菌、原生动物、红螺菌、甲烷菌、硝化细菌分别属于哪种营养类型?

3-3 什么叫培养基,配制培养基时首选的无机盐是什么,培养基的配制原则是什么?

3-4 选择性培养基和鉴别性培养基有何异同?

3-5 培养基使用过程中如何保持其 pH 值不变?

3-6 培养基的物理状态是如何控制的?

3-7 实际应用时,如何获得特定微生物的最佳培养基?

3-8 实际研究时如何获得微生物菌种,如何采集菌种?

3-9 实验室条件下固体培养和液体培养好氧菌有哪些方法,固体培养的目的是什么?

3-10 常用的固体培养基上微生物的分离方法有哪些?

3-11 常用的液体培养基上微生物的分离方法有哪些?

3-12 常用的测定微生物细胞量和细胞数的方法有哪几种?

3-13 什么是微生物的生长、繁殖,试比较细菌、酵母菌、丝状真菌个体生长的异同。

3-14 什么是生长曲线,指出细菌生长曲线各时期的形态和生理特点及其实践应用。

3-15 何谓同步生长,用哪些方法可以获得同步生长的微生物?

3-16 测定微生物群体生长的方法有哪些,试比较这些方法的优缺点。

3-17 影响微生物生长的因素有哪些?

3-18 根据最适生长温度,可将微生物分成哪几种类型,它们各有何特点?

3-19 根据对分子氧的要求,微生物可分成哪几种类型,它们各有何特点,举例说明。

3-20 pH 值对微生物生长有何影响?

3-21 影响高温灭菌效果的主要因素有哪些,在实践中如何处理?

4 微生物对污染物的降解转化

本章要点

(1) 微生物酶的定义、分类、组成、固定化及影响酶活力的因素;

(2) 营养物质进入微生物细胞的方式和原理;

(3) 含碳、氮、硫、磷各自化合物以及难降解物质的微生物降解转化机理;

(4) 微生物降解动力学过程及其影响因素;

(5) 微生物的合成代谢过程和机制。

4.1 微生物的酶

关于酶的系统研究开始于19世纪中叶,1897年Buchner利用不含细胞的酵母液成功地实现发酵,说明具有发酵作用的物质存在于细胞内,而并不依赖活细胞,对于发酵本质的研究揭开了人类研究"酶"的序幕。1926年Sumner首次提取出脲酶并进行结晶,从而提出酶的本质是蛋白质,具有蛋白质的一切属性。近30年来,随着蛋白质分离技术的进步,关于酶的分子结构、作用机理等方面的研究均取得了空前的发展。

4.1.1 酶的概念和催化特点

4.1.1.1 酶的概念

酶(enzyme)是在活细胞内合成的具有高度专一性和催化效率的蛋白质,具有催化生物化学反应的功能,并传递电子、原子和化学基团,因此又称为生物催化剂(biological catalyst)。

酶催化进行的反应称为酶促反应(enzymatic reaction),发生化学反应的物质称为底物(substrate),反应生成的物质称为产物(product)。

4.1.1.2 酶的催化特点

作为生物催化剂,酶具有两方面的特性,既有一般催化剂的催化性质,又有一般催化剂所没有的特征。

同一般催化剂一样,酶只能催化热力学允许的化学反应,缩短达到化学平衡的时间,而并不改变化学反应的平衡点;反应前后酶本身不发生质和量的变化,因此在细胞中虽然酶的相对含量很低,却能在较短时间内催化大量的底物发生反应;和一般催化剂的作用机理一样,酶是通过降低反应的活化能(activation energy)而加速化学反应的速度,但不改变反应过程中自由能的变化(ΔG),也不改变平衡常数(equilibrium constant)。

同一般催化剂相比,酶又表现出特有的性质:

(1) 催化作用的高效性　一般而言,酶的催化效率比简单的无机催化剂高$10^7 \sim 10^{13}$倍。例如过氧化氢酶(catalase,含Fe^{2+})和无机铁离子都可催化过氧化氢发生分解反应:$2H_2O_2 \rightarrow 2H_2O + O_2$,1 mol过氧化氢酶1 min内可催化$5 \times 10^6$ mol的H_2O_2分解;而同样条件下,1 mol化学催化

剂 Fe^{2+} 只能催化 6×10^{-4} mol 的 H_2O_2 分解，两者相比，过氧化氢酶的催化效率大约是 Fe^{2+} 的 10^{10} 倍。

(2) 催化作用的高度专一性　一种酶只能作用于一类化合物或一定的化学键，促进一定的化学变化，生成一定的产物，该现象称为酶的特异性或专一性(specificity)，这也是与一般催化剂的不同之处。

不同的酶其专一性程度也有所不同，有的专一性强，有的则较弱，可分为绝对专一性、相对专一性和立体异构专一性。绝对专一性指一种酶只能作用于一种底物产生一定的反应，即这些酶的专一性是绝对的，除特定的底物外，不能作用于任何其他物质，例如脲酶(urease)只能催化尿素水解成 NH_3 和 CO_2，而不能催化甲基尿素水解；相对专一性指酶可作用于一类具有相同化学键或基团的物质，例如磷酸酶对一般的磷酸酯都有作用，无论是甘油的磷酸酯，还是一元醇或酚的磷酸酯均可被其水解；立体异构专一性指酶对底物的立体构型的特异要求，例如 L-乳酸脱氢酶只能作用于 L-乳酸，而不能作用于 D-乳酸，反丁烯二酸酶只能作用于反丁烯二酸，而不能作用于顺丁烯二酸。

(3) 酶催化的反应条件温和并对环境条件极为敏感　酶促反应一般要求在常温、常压、中性酸碱度等温和条件下进行；酶对外界环境的变化比较敏感，在高温、强酸、强碱、有机溶剂、重金属盐、紫外线、剧烈振荡等任何容易使蛋白质变性的理化因素都可能使酶失去催化活性。

(4) 酶活性的可调控性　与一般催化剂相比，酶催化作用的另一个特征是其催化活性可自动调控。微生物体内进行的化学反应，虽然种类繁多，但协调有序。生物体为了适应环境的变化，保持其正常的生命活动，在漫长的进化过程中，形成了自动调控酶活性的系统。酶的调控方式很多，包括抑制剂调节、反馈调节、共价修饰调节、酶原激活及激素控制等，这些调控保证酶在体内新陈代谢中发挥恰如其分的催化作用，从而控制生化反应协调有序的进行。

4.1.2 酶的分类和命名

4.1.2.1 酶的分类

A 按酶促反应的类型分类

根据国际酶学委员会(I. E. C)的规定，按酶促反应的性质，将酶分成六大类。

(1) 氧化还原酶类(oxidoreductases)　指催化底物进行氧化还原反应的酶，按供氢体的性质，又可分为氧化酶和脱氢酶，例如乳酸脱氢酶、琥珀酸脱氢酶、细胞色素氧化酶、过氧化氢酶等。

(2) 转移酶类(transferases)　指催化底物的基团转移或交换到另一有机物上的酶，易被转移或交换的基团包括甲基、氨基、醛基、酮基、磷酸基等，这类酶有转甲基酶、己糖激酶、磷酸化酶等。

(3) 水解酶类(hydrolases)　指催化大分子有机底物水解成小分子的酶，例如淀粉酶、蛋白酶、脂肪酶、磷酸酶等。

(4) 裂合酶类(lyases)　指催化一个底物分解为两个化合物或两个化合物合成为一个化合物的酶类，例如柠檬酸合成酶、醛缩酶等。

(5) 异构酶类(isomerases)　指催化同分异构分子之间相互转化，基团重新排列的酶，例如葡萄糖异构酶催化葡萄糖转化为果糖。

(6) 合成酶类(ligases) 又称为连接酶类,指催化两分子底物合成为一分子化合物,同时还必须耦联有 ATP 的磷酸键断裂的酶类,例如谷氨酰胺合成酶、氨基酸-tRNA 连接酶等。

B 按酶在细胞的部位分类

按酶在细胞的不同部位,酶分为胞内酶、胞外酶和表面酶。酶是生物体活细胞产生的,但在许多情况下,细胞内生成的酶可以分泌到细胞外发挥作用。通常把细胞内产生并在细胞内部起作用的酶称为胞内酶,而把由细胞内产生后分泌到细胞外起作用的酶称为胞外酶。胞外酶主要是水解酶,例如淀粉酶、脂肪酶(lipase)、蛋白酶(proteinase),水解酶以外的其他酶类都属于胞内酶。表面酶是结合在细胞质膜上的酶,例如黏细菌分解纤维素的纤维素酶。

C 按酶蛋白结构的特点分类

(1) 单体酶(monomeric enzymes) 指只有一条多肽链的酶,不能解离为更小的单位,相对分子质量为 13000 ~ 35000,这类酶大多是水解酶。

(2) 寡聚酶(oligomeric enzymes) 指由几个或多个相同或不同的亚基组成的酶,其相对分子质量从 35000 到几百万,例如磷酸化酶 a(Phosphorylase a)、乳酸脱氢酶等。

(3) 多酶复合体系(multienzyme system) 指由几个酶彼此嵌合形成的复合体。多酶复合体有利于细胞中一系列反应的连续进行,可提高酶的催化效率,同时便于机体对酶的调控。多酶复合体的相对分子质量均在几百万以上,例如丙酮酸脱氢酶(pyruvate dehydrogenase system)、脂肪酸合成酶复合体(fatty acid synthetase complex)等。

D 按酶生成与底物是否存在的关系分类

根据酶的生成与底物存在与否的关系,酶可分为组成酶(constitutive enzymes)和诱导酶(inducible enzymes)。组成酶又称为结构酶,是细胞固有的酶类,在相应的基团控制下进行合成,并不因底物或其结构类似物是否存在而受影响;诱导酶则是细胞为适应外来底物或其结构类似物而临时合成的一类酶,仅在诱导剂存在的条件下才能生成,能够促进诱导酶产生的物质称为诱导物,多数情况下,底物就是有效的诱导物。

4.1.2.2 酶的命名

酶的命名包括习惯命名法和系统命名法两种。

习惯命名法一般采用底物与反应类型进行命名,例如乳酸脱氢酶、细胞色素氧化酶等;对于水解酶类,只需底物名称即可,例如蔗糖酶、蛋白酶等;有时还在底物名称前增加酶的来源,例如唾液淀粉酶。习惯命名法使用起来比较简单,但缺乏系统性,容易出现混乱。

为了使一种酶只有一个名称,国际酶学委员会采用系统命名法对酶进行命名。我们知道,根据酶促反应的性质可将酶分成六大类,每一大类中又可分为若干亚类和亚亚类。系统命名法包括酶的系统命名和 4 个数字的酶分类编号,每种酶都有一个 4 位数字的编号,其中第 1 位数字代表大类;第 2、3 位数字代表亚类和亚亚类,由前 3 位数字就可确定反应的性质;第 4 位数字则是酶在亚亚类中的顺序。

例如反应:ATP + D-葡萄糖→ADP + D-葡萄糖-6-磷酸,催化该反应的酶的正式系统命名是 ATP:葡萄糖磷酸转移酶,表示该酶催化从 ATP 中转移一个磷酸到葡萄糖分子上的反应,其分类编号是:E. C. 2. 7. 1. 1,E. C 代表国际酶学委员会,第 1 个数字代表酶的分类名称(转移酶类),第 2 个数字代表亚类(磷酸转移酶类),第 3 个数字代表亚亚类(以羟基作为受体的磷酸转移酶类),第 4 个数字代表该酶在亚亚类中的排号(D-葡萄糖作为磷酸基的受体)。表 4 - 1 列出了各种编号的意义以及若干常见酶的 4 位分类编号。

表 4-1 酶的分类与命名

编号	系统名称	习惯名称	催化反应
1	氧化还原酶类		
1.1	作用于供体的CH—OH基		
1.1.1	以NAD或NADP为受体		
1.1.1.1	醇:NAD氧化还原酶	醇脱氢酶	醇 + NAD^+ →醛或酮 + NADH
1.1.3	以 O_2 为受体		
1.1.3.4	β-D 葡萄糖:氧氧化还原酶	葡萄糖氧化酶	β-D 葡萄糖 + O_2→D 葡萄酸-δ-内酯 + H_2O_2
1.2	作用于供体的醛基或酮基		
1.2.1	以NAD或NADP为受体		
1.2.3	以 O_2 为受体		
1.2.3.2	黄嘌呤:氧氧化还原酶	黄嘌呤氧化酶	黄嘌呤 + H_2O + O_2→尿酸 + H_2O_2
1.3	作用于供体的CH—CH基		
1.3.1	以NAD或NADP为受体		
1.3.1.1	4,5-二氢尿嘧啶:NAD氧化还原酶	二氢尿嘧啶脱氢酶	4,5-二氢尿嘧啶 + NAD^+→尿嘧啶 + NADH
1.3.2	以细胞色素为受体		
1.4	作用于供体的CH—NH_2 基		
1.4.3	以 O_2 为受体		
1.4.3.2	L-氨基酸:氧氧化还原酶(脱氨基)	L-氨基酸氧化酶	L-氨基酸 + H_2O + O_2→2-氧(代)酸 + NH_3 + H_2O_2
2	转移酶类		
2.1	转移C-1基团		
2.1.1	甲基转移酶类		
2.1.1.2	S-腺苷甲硫氨酸:胍乙酸-N-甲基转移酶	胍乙酸转甲基酶	S-腺苷甲硫氨酸 + 胍乙酸→S-腺苷高半胱氨酸 + 肌酸
2.1.2	羟甲基转移酶类和羟甲酰基转移酶类		
2.1.2.1	L-丝氨酸:四氢叶酸-5,10-羟甲基转移酶	丝氨酸转羟甲基酶	L-丝氨酸 + 四氢叶酸→甘氨酸 + 5,10-甲基四氢叶酸
2.1.3	羟基转移酶类和氨甲酰基转移酶类		
2.2	转移醛基或酮基		
2.3	酰基转移酶类		
2.4	糖基转移酶类		
2.6	转移含氮基团		
2.6.1	氨基转移酶类		
2.6.1.1	L-天冬氨酸:α-酮戊二酸氨基转移酶	天冬氨酸转氨基酶	L-天冬氨酸 + α-酮戊二酸→草酰乙酸 + L-谷氨酸
2.7	转移含磷基团		

续表 4-1

编　号	系统名称	习惯名称	催化反应
2.8	转移含硫基团		
3	水解酶类		
3.1	水解酯键		
3.1.1	羧酸酯水解酶类		
3.1.1.7	乙酰胆碱乙酰水解酶	乙酰胆碱酯酶	乙酰胆碱 + H_2O→胆碱 + 乙酸
3.1.3	磷酸单酯水解酶类		
3.1.3.9	D-葡萄糖-6-磷酸水解酶	葡萄糖-6-磷酸酶	D-葡萄糖-6-磷酸 + H_2O→D-葡萄糖 + H_3PO_4
3.1.4	磷酸二酯水解酶类		
3.1.4.1	正磷酸二酯磷酸水解酶	磷酸二酯酶	磷酸二酯 + H_2O→磷酸单酯 + 醇
4	裂合酶类		
4.1	C-C 裂合酶类		
4.1.1	羟基裂合酶		
4.1.1.1	2-氧(代)酸羟基裂合酶	丙酮酸脱羟酶	2-氧(代)酸→醛 + CO_2
4.1.2	醛裂合酶		
4.1.2.7	酮-1-磷酸醛裂合酶	醛缩酶	酮-1-磷酸→磷酸羟基丙酮 + 醛
4.2	C-O 裂合酶类		
4.2.1	水解作用的裂合酶类		
4.3	C-N 裂合酶类		
4.3.1	氨裂合酶类		
4.3.1.3	L-组氨酸氨裂合酶	组氨酸解氨酶	L-组氨酸→尿刊酸 + NH_3
5	异构酶类		
5.1	消旋酶类和差向异构酶类		
5.1.3	作用于碳水化合物		
5.1.3.1	D-核酮糖-5-磷酸-3-差向异构酶	磷酸核酮糖差向异构酶	D-核酮糖-5-磷酸→D-木酮糖-5-磷酸
5.2	顺-反式异构酶类		
5.3	分子内氧化还原酶类		
5.3.1	醛糖和酮糖互变		
5.4	分子内转移酶类		
6	连接酶类		
6.1	形成 C—O 键		
6.1.1	氨基酸-RNA 连接酶类		
6.1.1.1	L-酪氨酸:tRNA 连接梅(AMP)	酪氨酰-tRNA 合成酶	ATP + L-酪氨酸 + tRNA→AMP + 焦氨酸 + L-酪氨酰-tRNA
6.2	形成 C—S 键		
6.3	形成 C—N 键		

续表4－1

编号	系统名称	习惯名称	催化反应
6.3.1	羟酸-氨连接酶类		
6.3.2	羟酸-氨基酸连接酶类		
6.4	形成C—C键		
6.4.1	羟化酶类		
6.4.1.2	乙酰-CoA：CO_2 连接酶（ADP）	乙酰-CoA羟化酶	ATP + 乙酰-CoA + CO_2 + H_2O→ADP + 正磷酸 + 丙二酰-CoA

4.1.3 酶的组成和结构

4.1.3.1 酶的组成

根据组成成分，酶可分为单纯酶和结合酶两类。

（1）单纯酶（simple enzyme） 又称为单成分酶或简单蛋白酶，仅由具有催化活性的蛋白质构成，其基本组成单位仅为氨基酸，其活性仅仅取决于它的蛋白质结构，例如脲酶、蛋白酶、淀粉酶、脂肪酶、酯酶、核糖核酸酶等一般水解酶。

（2）结合酶（conjugated enzyme） 结合酶除了含有蛋白质主体外，还含有对热稳定的非蛋白质小分子物质，其中的蛋白质主体称为酶蛋白（apoenzyme），非蛋白质小分子物质称为辅因子（cofacters）。转氨酶（transaminases）、乳酸脱氢酶（lactate dehydrogenase，LDH）、碳酸酐酶（carbonic anhydrase）以及氧化还原酶类（oxidoreductases）等均属于结合酶。酶蛋白和辅因子单独存在时，均无催化活力，只有两者结合才能显示催化活性。两者结合成的复合物称为全酶（holoenzyme），即全酶（结合蛋白质）= 酶蛋白（蛋白质部分）+ 辅因子（非蛋白质部分）。

全酶的辅因子有的是小分子有机化合物，有的是金属离子，例如 K^+、Na^+、Mg^{2+}、Cu^{2+}（或 Cu^+）、Zn^{2+}、Fe^{2+}（或 Fe^{3+}）等。全酶的催化反应中，酶蛋白主要起识别底物的作用，酶促反应的特异性、高效性及酶对一些理化因素的不稳定性均决定于酶蛋白部分；小分子有机化合物起传递电子、原子或化学基团的作用，并决定底物的反应类型；金属离子除了传递电子外，还起激活剂的作用。单独的酶蛋白没有酶活性，单独的辅因子即使能表现催化作用，但催化效率和专一性都很低；只有酶蛋白与辅因子结合，才能表现出酶的高度专一性和强大的催化效率。辅因子或者是酶活性中心部位的组成部分，或者是连接底物和酶分子的桥梁，或者在稳定酶蛋白分子构象方面起到重要作用。

通常根据小分子有机化合物和酶蛋白结合的紧密程度不同分成辅酶和辅基两大类，表4－2列出了几种常见的辅酶和辅基。通常将与酶蛋白结合比较松、容易脱离酶蛋白，可用透析或超滤方法从酶蛋白上除去的小分子有机物称为辅酶（coenzyme）；而将与酶蛋白结合比较紧、用透析或超滤方法不易除去的小分子有机物称为辅基（prosthetic group）。辅酶和辅基的差别仅仅在于它们与酶蛋白结合的牢固程度不同，两者之间并无严格界限，只有相对意义。

表4－2 几种重要的辅酶或辅基及其主要作用

辅酶或辅基	主要作用
铁卟啉	依靠铁离子的变价传递电子，催化氧化还原反应
辅酶A（CoA）	酰基转换作用
烟酰胺腺嘌呤二核苷酸（NAD，辅酶Ⅰ），烟酰胺腺嘌呤二核苷酸磷酸（NADP，辅酶Ⅱ）	两者是多种脱氢酶的辅酶，起氢原子转移作用

续表 4-2

辅酶或辅基	主要作用
黄素单核苷酸(FMN)、黄素腺嘌呤二核苷酸(FAD)	电子传递体系的组成部分,起传递氢的作用
辅酶 Q(CoQ),又称为泛醌	电子传递体系的组成部分,起传递氢和电子的作用
硫辛酸(L)、硫胺素焦磷酸酯(TPP)两者结合成为 LTPP	参与丙酮酸和 α-酮戊二酸氧化脱羧,起传递酰基和氢的作用
磷酸吡哆醛、磷酸吡哆胺	参与氨基酸代谢
生物素(维生素 H)	羧化作用,催化 CO_2 固定和转移及脂肪合成
四氢叶酸(辅酶 F,THFA)	传递甲酰基及羧甲基
辅酶 M	产甲烷菌特有的辅酶,是活性甲基的载体
F_{420}(辅酶 420,Co420)	产甲烷菌的辅酶,是活性甲基的载体
F_{430}(辅酶 430)	参与甲烷形成的末端反应
甲烷蝶呤(MPT)	参与 C_1 还原反应
甲烷呋喃(MFR)	产甲烷菌特有的辅酶,在甲烷和乙酸形成过程中起甲基载体的作用

酶的种类很多,但辅酶(基)的种类却较少,通常一种酶蛋白只能与一种辅酶结合,组成一个酶,但一种辅酶往往能与若干种酶蛋白结合构成若干种酶。例如乳酸脱氢酶的酶蛋白,只能与 NAD^+ 结合,组成乳酸脱氢酶,可使底物乳酸发生脱氢反应;但可以与 NAD^+ 结合的酶蛋白却有很多,例如乳酸脱氢酶、苹果酸脱氢酶和磷酸甘油脱氢酶,可分别催化乳酸、苹果酸和磷酸甘油发生脱氢反应。

4.1.3.2　酶的结构

A　酶蛋白的结构

生物体中的酶蛋白由丙氨酸、精氨酸、天门冬酰胺、天门冬氨酸、半胱氨酸、谷氨酰胺、谷氨酸、甘氨酸、组氨酸、异亮氨酸、亮氨酸、赖氨酸、蛋氨酸、苯丙氨酸、脯氨酸、丝氨酸、苏氨酸、色氨酸、酪氨酸、缬氨酸 20 种氨基酸组成,氨基酸按一定的排列顺序,通过肽键(—NH—CO—)连接成多肽链,多肽链之间或一条多肽链,卷曲后,相邻的基团之间通过氢键、盐键、酯键、疏水键、范德华引力及金属键等相连接,形成酶蛋白的空间结构。

酶蛋白的结构分为一级、二级、三级和四级结构,如图 4-1 所示。一级结构指多肽链中氨基酸的排列次序;二级结构指由多肽链形成的、重复出现的、稳定的空间结构,例如双螺旋结构、β-折叠、β-转角,由氢键维持;三级结构是在二级结构的基础上,多肽链进一步弯曲盘绕形成更为复杂的构型。四级结构由几个或几十个亚基组成。亚基是由一条或几条多肽链在三级结构基础上形成的小单位。只有少数酶具有四级结构。

B　酶的活性中心

酶是生物大分子,与底物比起来,酶分子体积要大得多。反应过程中酶与底物结合时,只限于酶分子的少数基团或特定的部位。酶蛋白分子中直接与底物结合,并催化底物发生化学反应的小部分氨基酸微区,称为酶的活性中心(active center)或活性部位(active site)。酶的活性中心部位大约有 1～4 个,由酶蛋白上少数几个氨基酸侧链的化学基团组成,构成酶活性中心的化学基团因酶而异。构成酶活性中心的微区可能处于同一条肽链的不同部位,甚至可能处于不同肽链上(例如寡聚糖),经肽链盘绕折叠使其在空间结构上彼此靠近,形成具有一定空间结构的位于酶分子表面的、呈裂缝状的小区域。

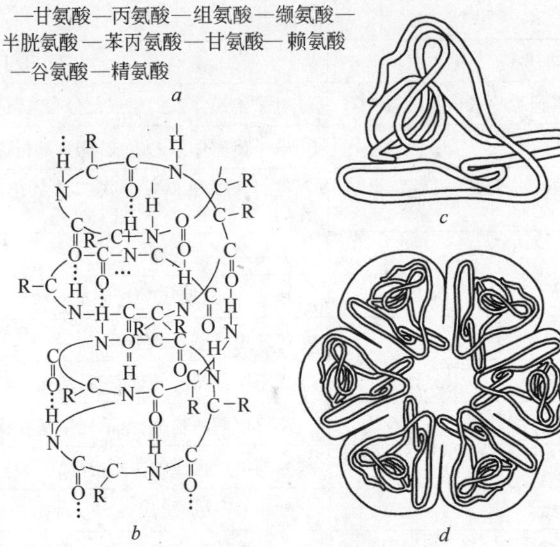

图 4－1 酶蛋白的结构图

a—一级结构；*b*—二级结构；*c*—三级结构；*d*—四级结构

构成酶活性中心的必需基团(essential group)分为两种：一种是酶与底物结合的基团，称为结合基团(binding group)，决定酶的专一性；一种是促进底物敏感键发生化学变化的基团，称为催化基团(catalytic group)，决定酶的催化能力，如图 4－2 所示。活性中心中有的必需基团可同时具有这两方面的功能，单纯蛋白酶的活性中心通常由酶分子中几个氨基酸残基侧链上的极性基团组成，构成酶的活性中心的氨基酸有天冬氨酸、谷氨酸、丝氨酸、组氨酸、半胱氨酸、赖氨酸等，它们的侧链上分别含有羟基、羧基、咪唑基、巯基、氨基等极性基团，这些基团是必需基团。对于需要辅因子的结合蛋白酶而言，辅酶(或辅基)分子或其分子某一部分结构往往也是活性中心的组成部分，还有些必需基团虽然不参加酶的活性中心的组成，但却是维持酶活性中心应有的空间构象、保持酶的活性中心所必需的，这些基团是酶的活性中心以外的必需基团，例如丝氨酸的羟基、半胱氨酸的巯基、组氨酸的咪唑基等。

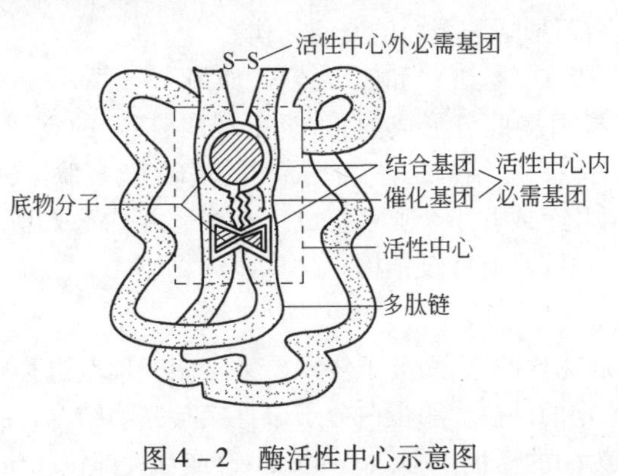

图 4－2 酶活性中心示意图

酶的活性中心往往位于酶分子表面或凹陷处，是酶催化作用的关键部位，如图 4－3 所示。不同的酶有不同的活性中心，故对底物有高度的特异性，例如乳酸脱氢酶具有立体异构特异性，能催化乳酸脱氢生成丙酮酸。L(＋)乳酸通过其不对称碳原子上的—CH_3、—COOH 和—CH 基分别与乳酸脱氢酶活性中心的 A、B 和 C 三个功能基团结合，故可受酶催化而转变为丙酮酸；而

D(－)乳酸由于—COOH 和—CH 基的空间位置与 L(＋)乳酸恰好相反，与酶的三个结合基团不能完全配合，故不能与酶结合而受其催化，如图 4－4 所示。可见，酶的特异性不但决定于酶活性中心的功能基团的性质，而且还决定于底物和活性中心的空间构象，只有那些有一定的化学结构，能与酶的结合基团结合，且空间构型又完全适应的化合物，才能作为酶的底物。

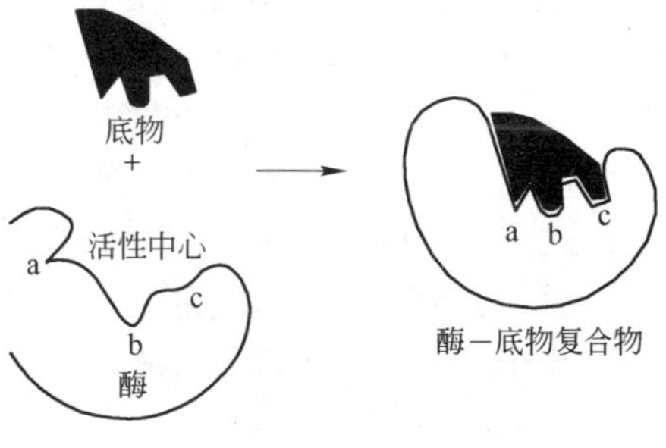

图 4－3　酶活性中心与底物作用示意图

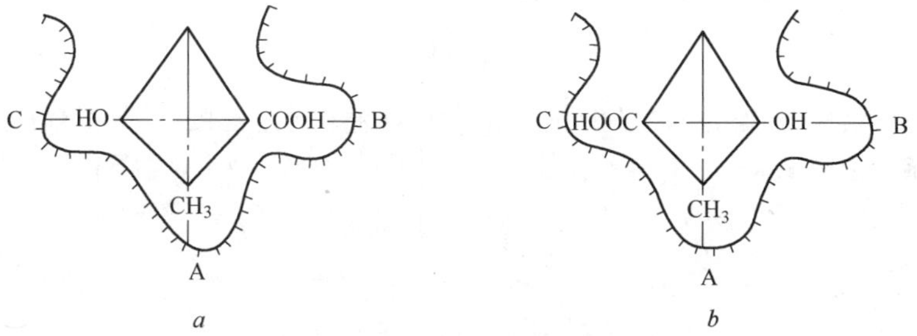

图 4－4　乳酸脱氢酶的立体异构特异性

a—L(＋)乳酸；*b*—D(－)乳酸

A，B，C 分别为乳酸脱氢酶活性中心的三个功能基团

4.1.4　酶活力及其影响因素

4.1.4.1　酶促反应动力学及酶活力

酶促反应动力学(kinetics of enzyme-catalyzed reactions)研究酶促反应的速度及其影响因素。分离提纯酶时，经常要根据酶促反应的速度判断酶含量，计算得率，因此动力学知识是必不可少的；其次，通过动力学研究可以了解酶的作用机制，例如酶－底物系统反应生成的中间产物，酶蛋白中与催化作用直接有关的基团性质等，都可以通过动力学研究来了解；再次，掌握动力学规律以及各种因素对酶促反应速度的影响，就能在酶的应用中，充分发挥其效用，达到多快好省的目的。

酶活力(enzyme activity)指酶催化化学反应的能力，一般用一定条件下酶催化某一生化反应的反应速度来表示。1 个酶活力单位指 1 min 内、温度为 25℃、其他为最适条件下，转化 1 μmol 底物所需的酶量。

针对底物与反应初速度之间关系的研究表明，当底物浓度较高时，反应速度与底物浓度进一步增加无关，这说明酶促反应并非简单过程。Michaelis 和 Menten 提出了中间产物学说：酶和底物作用时，其反应分两步进行，首先酶和底物结合生成一个中间产物(酶－底物络合物)，然后中间产物分解成产物和原来的酶。反应速度取决于中间产物的量，底物浓度很低时，底物的量不足以结合所有的酶，还有游离的酶存在，因此底物浓度增加时，中间产物的量也增加，反应速度也随之按比例增加。当底物浓度增加到一定程度之后，几乎所有的酶都已结合成中间产物，酶已饱和，因此进一步增加底物浓度不能再提高反应速度。

化学反应式为：

$$E + S \underset{K_{-1}}{\overset{K_1}{\rightleftharpoons}} ES \underset{K_{-2}}{\overset{K_2}{\rightleftharpoons}} E + P \tag{4-1}$$

式中，E 代表酶；S 代表底物；ES 代表中间产物；P 代表最终产物；K_1、K_{-1}、K_2、K_{-2}分别为各反应的速度常数。[E]代表酶的总物质的量浓度；[S]代表底物的总物质的量浓度；[ES]代表中间产物的物质的量浓度；则游离酶的浓度$[E_f]=[E]-[ES]$，游离底物的物质的量浓度$[S_f]=[S]-[ES]$。当底物过量存在时，底物的改变量与底物总量相比要小得多，可忽略不计，即游离底物的物质的量浓度$[S_f]$可用[S]代替；ES 可由酶 E 与底物 S 结合产生，也可由酶 E 与产物 P 结合产生（式 4-1），但由于考虑底物反应的初速度，此时不存在足够的产物 P 使逆反应以显著的速度进行生成中间产物 ES，于是 ES 的形成速度与游离酶和底物的物质的量浓度成正比：

$$\frac{d[ES]}{dt} = K_1[E_f]\cdot[S] \tag{4-2}$$

ES 的分解也有两个途径，都不能忽略，其分解速度为

$$-\frac{d[ES]}{dt} = K_{-1}[ES] + K_2[ES] \tag{4-3}$$

假定反应体系处于稳态，则中间产物 ES 的形成速度和分解速度相等，则有：

$$K_1[E_f]\cdot[S] = K_{-1}[ES] + K_2[ES] = (K_{-1}+K_2)[ES],$$

即

$$\frac{[E_f]\cdot[S]}{[ES]} = \frac{K_{-1}+K_2}{K_1} \tag{4-4}$$

令 $K_m = \frac{K_{-1}+K_2}{K_1}$，$K_m$ 称为米氏常数，将$[E_f]=[E]-[ES]$代入式(4-4)，得

$$[ES] = \frac{[E]\cdot[S]}{K_m+[S]} \tag{4-5}$$

又酶促反应速度 $v=K_2[ES]$，代入式(4-5)，得：

$$v = \frac{K_2[E]\cdot[S]}{K_m+[S]} \tag{4-6}$$

当所有酶分子都与底物结合形成中间产物时，即[ES]=[E]时，反应速度最大，则 $v_{max}=K_2[E]$，代入式(4-6)，得：

$$v = \frac{v_{max}\cdot[S]}{K_m+[S]} \tag{4-7}$$

式(4-7)即为 Michaelis-Menten 方程，即米门公式。

当酶促反应速度为最大反应速度的一半时，由米门公式可得 $K_m=[S]$，可知 K_m 值是酶促反应速度为最大速度一半时的底物物质的量浓度，这就是米氏常数 K_m 的物理意义。K_m 值是酶的特征性常数，可用来表示酶和底物亲和力的大小，K_m 值越大，酶和底物亲和力越小；K_m 值越小，酶和底物亲和力越大。K_m 值仅与酶的性质、酶所催化的底物和酶促反应条件（例如温度、pH 值、有无抑制剂等）有关，而与底物浓度和酶的浓度无关。酶的种类不同，K_m 值则不同；同一种酶与不同底物作用时，K_m 值亦不同。各种酶的 K_m 值范围很广，大多数酶的 K_m 值为 $10^{-3} \sim 10^{-5}$mol/L。

求解 K_m 和 v_{max}最常用的方法是 Lineveaver-Burk 双倒数作图法。为了能方便的对实验数据进行作图，可将式(4-7)两边取倒数，转化为 Lineveaver-Burk 方程：

$$\frac{1}{v} = \frac{K_m}{v_{max}}\cdot\frac{1}{[S]} + \frac{1}{v_{max}} \tag{4-8}$$

根据实验测得的底物物质的量浓度[S]和反应速度 v，取倒数作图得一直线，如图 4-5 所示，可知直线斜率为 K_m/v_{max}，纵轴截距为 $1/v_{max}$，横轴截距为 $-1/K_m$。该法的优点是能较容易得到 K_m 和 v_{max}，其缺点是取底物浓度的倒数作图，假如一系列实验是以底物浓度等量增加安排，则所得数据点集中于曲线的左侧，作图不易准确，因此利用该法时应适当选择底物浓度，以求数据点适当分布。

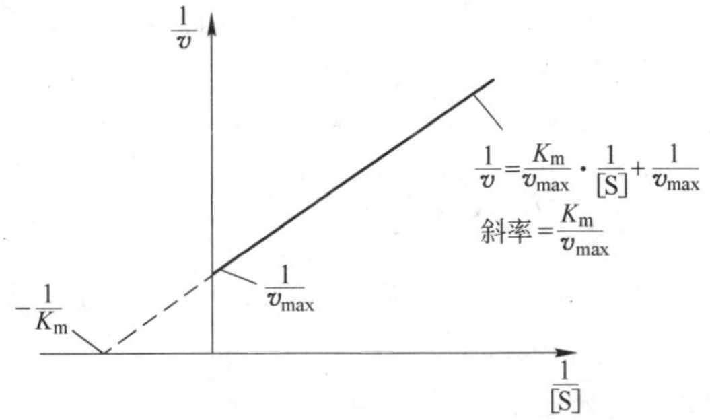

图 4-5 Lineveaver-Burk 图解

需要注意，酶促反应动力学中所指明的速度是反应的初速度，因此时反应速度与酶的浓度呈正比关系，从而避免了反应产物及其他因素的影响；此外，米门公式只适用于较为简单的酶作用过程，对于比较复杂的酶促反应过程，例如多酶体系、多底物、多产物、多中间产物等情况，必须借助于复杂的计算过程。

4.1.4.2 影响酶活力的因素

由米门公式可知，酶促反应速度受酶浓度和底物浓度的影响，除此以外，还受 pH 值、温度、抑制剂和激活剂等的影响。

A 酶浓度对反应速度的影响

在一定的温度和 pH 值条件下，当底物浓度大大超过酶浓度时，即当底物浓度保持过量时为一级反应，反应速度与酶浓度成正比，两者作图时呈直线图形，如图 4-6 所示。在实际工作中可能会遇到偏离直线的情况，此时需根据具体图形分析得出产生偏差的原因。

B 底物浓度对反应速度的影响

如果酶浓度保持不变，底物浓度对反应速度影响的作用呈现矩形双曲线，如图 4-7 所示。当底物浓度很低时，$[S]\ll K_m$，反应速度与底物浓度呈正比，表现为一级反应；随着底物浓度增加，反应速度不再呈正比加快，反应速度的增幅不断下降；当底物浓度很高时，$[S]\gg K_m$，酶全部以[ES]存在，反应速度达最大值，继续加大底物浓度，反应速度不再增加，表现为 0 级反应，即与底物浓度无关。

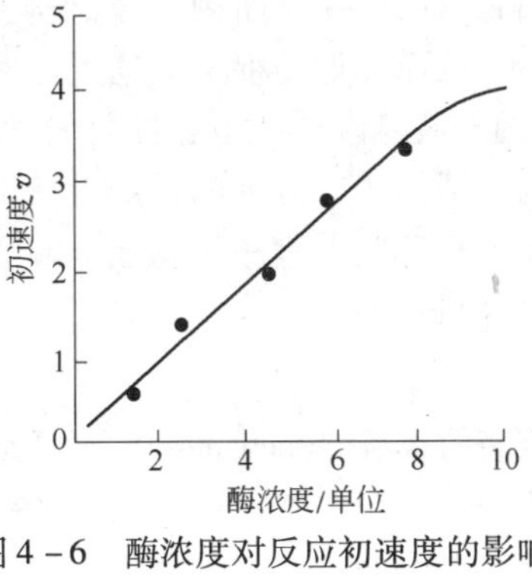

图 4-6 酶浓度对反应初速度的影响

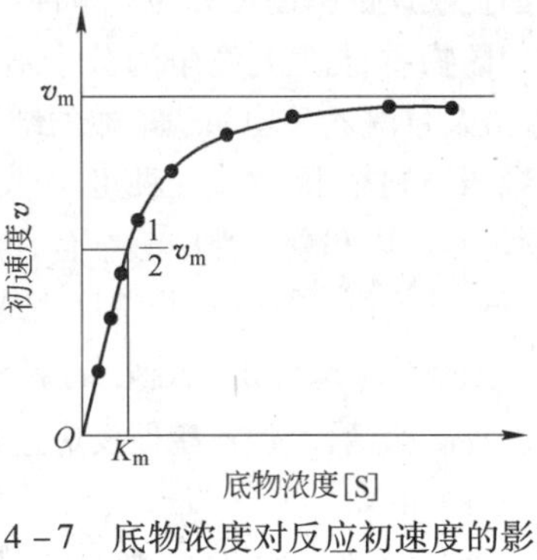

图 4-7 底物浓度对反应初速度的影响

C pH 值对反应速度的影响

溶液的 pH 值能极大地影响酶促反应的速度。每种酶只能在一定 pH 值范围内才表现活性，以酶活力或反应速度对 pH 值作图，一般可得到一条钟形曲线，如图 4-8 所示。酶活力最大处或酶促反应速度达最大值时的 pH 值称为酶的最适 pH 值，高于或低于最适 pH 值时都会使酶的活性降低。酶的最适 pH 值不是酶的特征性常数，受到酶的纯度、底物的种类和浓度、缓冲液的种类和浓度以及抑制剂等因素的影响，因此只有在一定条件下才具有实际意义。pH 值对酶活性的影响主要表现在两个方面，一是改变底物和酶的带电状态，从而影响酶与底物的结合；二是过高或过低的 pH 值都会影响酶的稳定性，甚至使酶遭受不可逆的破坏。

D 温度对反应速度的影响

酶促反应在一定温度范围内反应速度随温度的升高而加快，但当温度升高到一定限度时，酶促反应速度不仅不再加快反而随着温度的升高而下降。在一定条件下，每一种酶在某一温度是活力最大，此温度就称为该酶的最适温度，如图 4-9 所示。

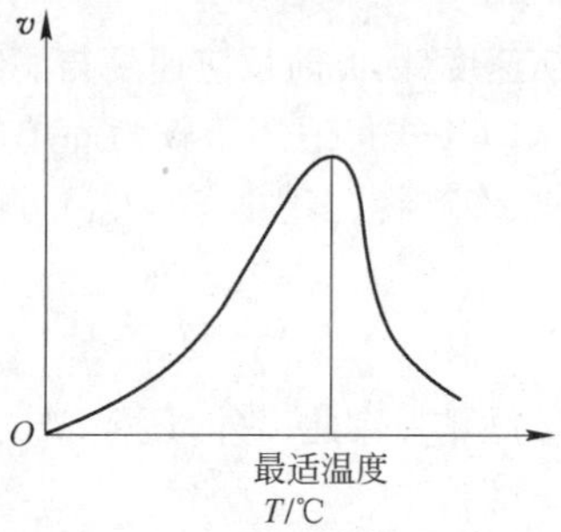

图 4-8 pH 值对酶促反应速度的影响

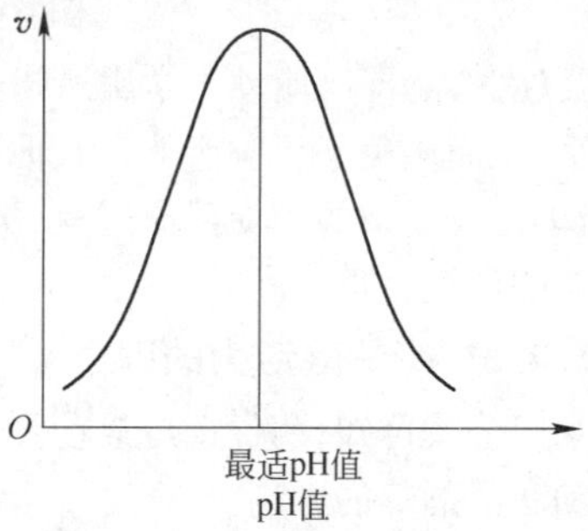

图 4-9 温度对酶促反应速度的影响

酶的热变性具有这样的特点：在一定温度下酶因热失活甚缓，但一旦超过某一温度仅仅几度则迅速失活，好像存在一个失活点，我们将在 1h 内丧失一半酶活力的温度称为“临界失活温度”。就绝大多数酶而言，当温度升高到 60℃ 以上时，便开始变性；当温度升高到 80℃ 以上时，多数酶变性且不可逆。酶的活性随温度的下降而降低，但低温一般不破坏酶，当温度回升后，酶又恢复活性，有些酶经过低温处理后，活性反而有所提高。

E 抑制剂对反应速度的影响

能减弱、抑制甚至破坏酶活性，降低酶促反应速度的物质称为酶的抑制剂（inhibitor），例如重金属离子（Ag^{+}、Hg^{2+}、Cu^{2+} 等）、一氧化碳、氢氰酸、生物碱、乙二胺四乙酸、表面活性剂等。

对酶促反应的抑制可分为竞争性抑制和非竞争性抑制。竞争性抑制指在化学结构上与底物结构类似的物质，与底物竞争酶分子活性中心的结合基团，从而降低酶促反应速度。例如丙二酸、苹果酸及草酰乙酸均和琥珀酸的结构相似，它们是琥珀酸脱氢酶的竞争性抑制剂，加大底物浓度可减弱抑制作用，这是一种可逆性的抑制。抑制剂与酶活性中心以外的位点进行不可逆结合，底物仍然可以和酶活性中心结合，但酶不显示活性，该作用称为非竞争性抑制。非竞争性抑制是不可逆性抑制。增加底物浓度不能解除对于酶活性的抑制。

F 激活剂对酶促反应速度的影响

凡能提高酶活性、加速酶促反应进行的物质都称为该酶的激活剂（activator）。激活剂可以是无机离子，例如 Na^{+}、K^{+}、Mg^{2+}、Zn^{2+}、Cu^{2+}、Fe^{2+}、Co^{2+}、Ni^{2+}、Cl^{-}、I^{-}、S^{2-}、SO_4^{2-} 等，也可以是有机化合物，例如维生素 C、半胱氨酸、巯基乙酸、还原型谷胱甘肽等。许多酶只有当某一种适当的激活剂存在时,才表现出催化活性或强化其催化活性,该作用称为酶的激活作用。需要注意的是,有的物质可以是一种酶的抑制剂,又可以作为另一种酶的激活剂。

4.1.5 酶的固定化

如前所述,酶具有专一性强、催化效率高,并能在常温常压等条件下进行反应等优点,这些优点大大促进了人们对酶技术的研究和开发。随着生物化学的发展,酶制剂工业兴起,出现了将酶与生物体分离的工艺,使得酶的应用目的更明确、操作更方便。自20世纪以来,酶制剂已广泛应用于食品、化工、纺织、制革、医药、石化等工业领域,发挥了巨大的作用。但是,由于酶是生物体根据自身需要产生的,在实际应用中受到很大限制,其原因在于:有些酶的提取纯化过程繁琐,因此价格十分昂贵;酶制剂都是在水溶液状态下应用的,反应系统属于均相系统,欲在反应之后从反应混合物中回收有活性的酶以便重复利用,在技术上有一定的困难,这样每反应一次就要消耗一次酶制剂,酶的利用很不经济;酶的稳定性一般较差,不能在有机溶剂、强酸、强碱或者高温下使用,有些酶即使在较为合适的条件下使用也会很快失去活性。于是,能在反应后回收,即能与溶液分开的酶就成为人们关注的焦点。

固相酶是将水溶性的酶利用物理或化学方法处理,使之变成不溶于水但仍具有酶活性的物质。将酶从液相变成固相的过程,称为酶的固定化。在催化反应中,酶以固相状态作用于底物。在固定化过程中,载体的选择、酶与载体结合的方法是保证酶的高度专一性及温和条件下高效催化特点的关键。

酶经固定化后,载体能有效保护酶的空间构象,使之对热、pH值、蛋白质变性剂、抑制剂等的抗性大大提高,因此酶的稳定性提高。由于酶处于非水溶状态,能很容易与产物分离,因此产物容易精制,得率提高。而酶本身可反复使用,甚至在某些装置中参与连续反应。但固相酶也存在一些缺点,首先是成本高,其次是酶经固定化后,活力都有不同程度的降低,表观 K_m 值发生改变,最适 pH 值偏移,专一性也会发生改变。

4.2 营养物质进入微生物细胞的过程

微生物没有专门的摄食器官,一般只能通过细胞表面进行物质交换,因此绝大多数微生物属于渗透营养型。这样,营养物质能否被微生物利用的一个决定性因素就是这些营养物质能否进入微生物细胞。只有营养物质进入细胞后才能被微生物细胞内的新陈代谢系统分解利用,进而使微生物进行正常的生长、繁殖。因此,营养物质通过细胞膜进入细胞的问题,是一个较复杂又很重要的生理学问题。

影响营养物质进入细胞的因素主要有三个:

(1) 营养物质本身的性质　相对分子质量、溶解性、电负性、极性等都影响营养物质进入细胞的难易程度。细胞膜由脂质双分子层构成,物质的通透性与其脂溶性程度直接有关。一般地讲,物质的脂溶性(或非极性)越高,越容易透过细胞膜;此外,物质的通透性还与其分子大小有关。

(2) 微生物所处的环境　温度会影响营养物质的溶解度、细胞膜的流动性及运输系统的活性,从而影响微生物的吸收能力。pH值和离子强度会影响营养物质的电离程度,从而影响营养物质进入细胞的能力。例如,环境pH值高于细胞内pH值时,弱碱性的甲胺进入大肠杆菌后以带正电荷的形式存在,这种状态的甲胺不容易分泌从而导致细胞内甲胺浓度升高;环境pH值低于细胞内pH值时,甲胺以带正电荷的形式存在于环境中难以进入细胞,导致细胞内甲胺浓度降低。当环境中存在诱导物质运输系统形成的物质时，有利于微生物吸收营养物质；而环境中存在的代谢过程抑制剂、解偶联剂以及能与原生质膜上的蛋白质或脂类物质等成分发生作用的物质（如巯基试剂、重金属离子等），都可以在不同程度上影响物质的运输速率。另外，环境中被运输物质的结构类似物也会影响微生物细胞吸收被运输物质的速率，例如，L－刀豆氨酸、L－赖氨酸或D－精氨酸都能降低酿酒酵母吸收L－精氨酸的能力。

(3) 微生物细胞的透过屏障(permeability barrier) 所有微生物具有一种保护机体完整性且能限制物质进出细胞的透过屏障。渗透屏障主要由细胞壁、原生质膜、荚膜及黏液层等组成。荚膜和黏液层的结构较为疏松，对细胞吸收营养物质影响较小；细胞壁和细胞膜是物质进出微生物细胞的必经之地，但细胞壁对于物质进出微生物细胞的作用也不大，它只对大颗粒的物体起阻挡作用，许多大分子物质可以自由进出细胞壁。革兰氏阳性菌由于细胞壁结构较为紧密，对营养物质的吸收产生一定的影响，相对分子质量大于10000的葡聚糖难以通过这类细菌的细胞壁，真菌和酵母菌细胞壁只能允许相对分子质量较小的物质通过。由于具有高度选择通透性，原生质膜对于营养物质进入微生物细胞及排出代谢废物方面发挥着极其重要的作用，它对跨膜运输(transport across)的物质具有选择性。

除原生动物外，其他各大类有细胞的微生物都是通过细胞膜的渗透和选择吸收作用从外界吸取营养物的。根据物质运输过程的特点，一般认为细胞膜通过单纯扩散、促进扩散、主动运输和基团移位四种方式运送营养物质。其中，前两者不需要能量，是被动的；后两者需要消耗能量，是主动的，并在营养运输中占主导地位。

4.2.1 简单扩散

简单扩散(simple diffusion)又称被动扩散，这是物质进出细胞的最简单的一种方式，属于一种物理扩散作用。被输送物质依靠细胞内外的浓度梯度为动力，溶质分子从浓度高的区域向浓度低的区域扩散，这种扩散过程不消耗能量。该过程有明显的生物学特征，但也遵循基本的物理化学原理。一旦细胞膜两侧的物质浓度梯度消失（即细胞膜两侧的物质浓度相等），单纯扩散就停止。进入细胞的营养物质被不断消耗，胞内始终保持较低浓度，因此细胞外物质不断进入细胞。被扩散的分子不发生化学反应，其构象也没有变化，无特异性或选择性，只是进入的速度较慢，缺乏逆浓度梯度的“浓缩”能力，并非物质运输的主要方式。

原生质膜是一种半透膜，主要由磷脂双分子层和蛋白质组成，而且膜上分布有含水小孔，膜内外表面为极性表面，中间为疏水层，因而物质跨膜扩散的能力和速率与该物质的性质有关。营养物质是通过原生质膜上的含水小孔，由高浓度的胞外(内)环境向低浓度的胞内(外)进行扩散(diffusion)的。一方面，原生质膜上的含水小孔的大小和形式对参与扩散的营养物质分子有一定的选择性；另一方面，营养物质通过细胞膜的难易程度与它们的极性有关。因为细胞膜的中层是疏水性的，因此营养物质需通过三步才能完成运输，即从水相到疏水性的脂质层→通过脂质层→离开脂质层进入水相。因此温度高时，原生质膜的流动性增加，有利于物质通过扩散进出细胞，而pH值与离子强度通过影响物质的电离程度而影响物质的扩散速率。简单扩散的速度与该物质在细胞内外的浓度差成正比，方向为从浓到稀。当细胞内外该物质的浓度达到平衡时，扩散就停止。

扩散速率可用Fick定律描述：

$$J = D \cdot dC/dX \tag{4-9}$$

式中，J为被运输物质的扩散速度；D为扩散系数；dC/dX为该物质的物质的量浓度梯度。

可见，极性分子要完成这一过程是较难的。所以，事实上极性大的分子并不通过这条路线进行运输。因此,单纯扩散并不是微生物细胞吸收营养物质的主要方式。通过单纯扩散方式运送的物质种类并不多,水是唯一可以通过单纯扩散自由通过原生质膜的分子,脂肪酸、乙醇、甘油、苯、O_2 和 CO_2 等一些气体分子及某些氨基酸在一定程度上也可通过单纯扩散进出细胞。相对分子质量小,脂溶性强、极性弱的物质易通过单纯扩散进入细胞。

4.2.2 促进扩散

仅仅依靠单纯扩散还远远不能满足细胞运输营养的需要,研究发现一些极性分子的被动扩散显现出饱和效应和结构类似物的竞争关系,这说明这些极性分子的被动运输是在其他载体的帮助下进行的,这就是促进扩散。

与单纯扩散一样,也是以物质的浓度梯度为动力,而不需要代谢能量。不同的是促进扩散(facilitated diffusion)在运送溶质过程中,必须借助存在于细胞膜上的底物特异载体蛋白。载体蛋白(carrier protein)起着渡船的作用,借助自身构象的变化,在不耗能的条件下将物质从膜外运至膜内。载体蛋白有两种不同的构象:处于膜外侧时,载体蛋白以一种向膜外露出溶质结合位点的构象存在,细胞外的物质与载体的亲和力高,易于结合;载体蛋白与溶质结合后移位到膜内侧时,改变成一种向膜内露出溶质结合位点的构象,此种构象的载体蛋白与溶质的亲和力降低,又将物质释放出来。载体蛋白自身在这个过程中不发生化学变化,只影响扩散过程中物质的运输速率,不改变该物质在膜内外形成的动态平衡。当被运输物质膜内外浓度差越大时,扩散速率越快;但当被运输物质浓度过高而使载体蛋白饱和时,运输速率就不再增加,这些性质都类似于酶的作用,因此载体蛋白也被称为透过酶(permease)。透过酶大多是诱导酶,只有在环境中存在机体生长所需的营养物质时,相应的透过酶才合成。

载体蛋白有很多类似于酶的特点,其中最重要的是具有特异性。某些载体蛋白只能转运一种分子,如葡萄糖载体蛋白只能转运葡萄糖,也有许多载体蛋白可转运一类分子,如转运芳香族氨基酸的载体蛋白不转运其他氨基酸。其次是载体蛋白运输前后本身不发生改变,再次是被运输物质的类似物对载体蛋白的促进扩散有抑制作用等。

通过促进扩散进入细胞的营养物质主要有氨基酸、单糖、维生素及无机盐等。一般微生物通过专一的载体蛋白运输相应的物质,但也有的微生物对同一物质的运输要由一种以上的载体蛋白来完成。例如鼠伤寒沙门氏菌(*Salmonella typhimurium*)利用四种不同载体蛋白运输组氨酸,酿酒酵母(*Saccharomyces cerevisiae*)有三种不同的载体蛋白完成葡萄糖的运输。此外,某些载体蛋白质可同时完成几种物质的运输,例如大肠杆菌可通过一种载体蛋白完成亮氨酸、异亮氨酸和缬氨酸的运输,但这种载体蛋白对上述三种氨基酸的运输能力有差别。

促进扩散通常在微生物处于高营养物质浓度的情况下发生,由于膜的参与,促进扩散比单纯扩散快,运输速率与膜内外物质的浓度成正比。具有特异性或选择性的扩散,见于许多真核微生物,如葡萄糖就是通过这种方式进入酵母菌细胞的;在原核微生物中比较少见。

除以蛋白质载体介质参与促进扩散外,一些抗菌素还可以通过提高膜的离子通透性来促进离子进行跨膜运输。短杆菌肽 A 是由 15 个 L 型和 D 型氨基酸交替连接而成的短肽,两个短杆菌肽 A 分子可在膜上形成含水通道,离子可以穿过此通道进行跨膜运输。缬氨霉素是一种环状分子,K^+ 可结合在环状分子中心,而环状分子外围的碳氢链使得该复合物能穿过膜的疏水性中心,从而促进 K^+ 的跨膜运输,在这个过程中,缬氨霉素实际上起到了载体的作用。

4.2.3　主动运输

对于大多数微生物而言，环境中的盐类及其他营养物质（溶质）的浓度常常低于细胞内浓度，即微生物如果要摄取这些物质，就必须逆浓度梯度将其“抽”入细胞内。显然，这一过程就需要能量，需要透过酶。这样一种将营养物质逆自身浓度梯度由稀处向浓处移动，并在细胞内富集的过程就被称为主动运输（active transport）。

主动运输是微生物吸收营养物质的一种主要运输方式，广泛存在于微生物中。被吸收物质不受物质浓度梯度的制约而进入细胞。载体蛋白除了具有特异性外，还能像泵一样主动抽送特异溶质逆浓度梯度进入细胞，对许多生存于低浓度营养环境中的贫养菌（*oligophyte*，或称寡养菌）的生存极为重要。被运输物质在细胞膜的外侧与载体蛋白的亲和力强，能形成载体复合物。当其进入膜的内侧时，在能量参与下，载体发生构象变化，与结合物的亲和力降低，营养物质便被释放出来，这样被运输物质就可以从低浓度向高浓度输送。

与被动运输（passive transport，简单扩散与促进扩散）相比，主动运输的一个重要特点是在物质运输过程中需要消耗能量，而且可以进行逆浓度运输。在此过程中，运输物质所需能量的来源因微生物的不同而不同，好氧微生物与兼性厌氧微生物直接利用呼吸能，厌氧微生物利用化学能（ATP），光合微生物利用光能，嗜盐细菌通过紫膜（purple membrane）利用光能。主动运输与促进扩散相似之处在于物质运输过程中同样需要载体蛋白，载体蛋白通过构象变化而改变与被运输物质之间的亲和力大小，使两者之间发生可逆性结合与分离，从而完成相应物质的跨膜运输；区别在于主动运输过程中的载体蛋白构象变化需要消耗能量，而且它还能改变反应的平衡点，这是一般酶做不到的。主动运输的具体方式有多种，主要可分为初级主动运输、次级主动运输、Na^+，K^+ - ATP 酶系统和 ATP 耦联主动运输等。

4.2.3.1　初级主动运输

初级主动运输（primary active transport）是指由电子传递系统、ATP 酶或细菌嗜紫红质引起的质子运输方式，从物质运输的角度考虑，它是一种质子的主动运输方式。初级主动运输过程中，消耗呼吸能、化学能和光能，引起胞内质子（或其他离子）外排，导致原生质膜内外建立质子浓度差（或电势差），使膜处于充能状态，如图 4 - 10 所示，形成能化膜（energized membrane）。不同微生物的初级主动运输方式不同，好氧型微生物和兼性厌氧微生物在有氧条件下生长时，物质在胞内氧化释放的电子在位于原生质膜上的电子传递链上传递的过程中伴随质子外排；厌氧型微生物利用发酵过程中产生的 ATP，在位于原生质膜上的 ATP 酶的作用下，ATP 水解生成 ADP 和磷酸，同时伴随质子向胞外分泌；光合微生物吸收光能后，光能激发产生的电子在电子传递过程中也伴随质子外排；嗜盐细菌紫膜上的细菌嗜紫红质吸收光能后，引起蛋白质分子中某些化学基团 *pK* 值（*pK* 值是某种解离基团有一半解离时的 pH 值）发生变化，导致质子迅速转移，在膜内外建立质子浓度差。

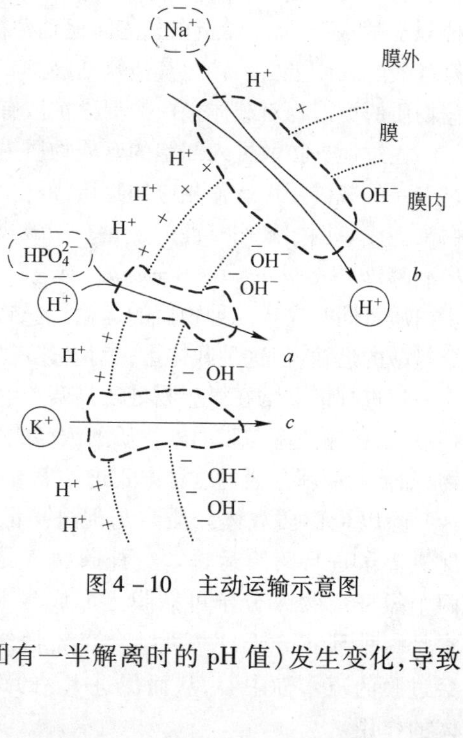

图 4 - 10　主动运输示意图

4.2.3.2 次级主动运输

通过初级主动运输(secondary active transport)建立的能化膜在质子浓度差(或电势差)消失的过程中,往往耦联其他物质的运输,包括同向运输(symport)、逆向运输(antiport)、单向运输(uniport)三种方式,分别对应同向转运载体、逆向转运载体和单向转运载体三种主动运输的渗透酶。同向运输是指某种营养物质与质子通过同一载体按同一方向运输,如图4-10*a*所示。除质子外,其他带电荷离子(如钠离子)建立起来的电势差也可引起同向运输。在大肠杆菌中,通过这种方式运输的物质主要有丙氨酸、丝氨酸、甘氨酸、谷氨酸、半乳糖、岩藻糖、蜜二糖、阿拉伯糖、乳糖、葡萄糖醛酸及某些阴离子(如 HPO_4^{2-}、HSO_4^-)等。逆向运输是指某种物质(如 Na^+)与质子通过同一载体按相反方向进行运输,如图4-10*b*所示。单向运输是指质子浓度差在消失过程中,可促使某些营养物质通过载体进出细胞,如图4-10*c*所示。运输结果通常导致胞内阳离子(如 K^+)积累或阴离子浓度降低。

4.2.3.3 Na^+,K^+-ATP 酶(Na^+,K^+-ATPase)系统

丹麦学者斯克(J. C. Skou)于1957年发现了一种存在于原生质膜上的重要的离子通道蛋白——Na^+,K^+-ATP 酶,时隔40年后,他与其他两位学者分享1997年诺贝尔化学奖。Na^+,K^+-ATP 酶的功能是利用ATP的能量将 Na^+ 由细胞内"泵"出胞外,并将 K^+"泵"入胞内。该酶由大小两个亚基组成,大亚基可被磷酸化,其作用机制如图4-11所示。

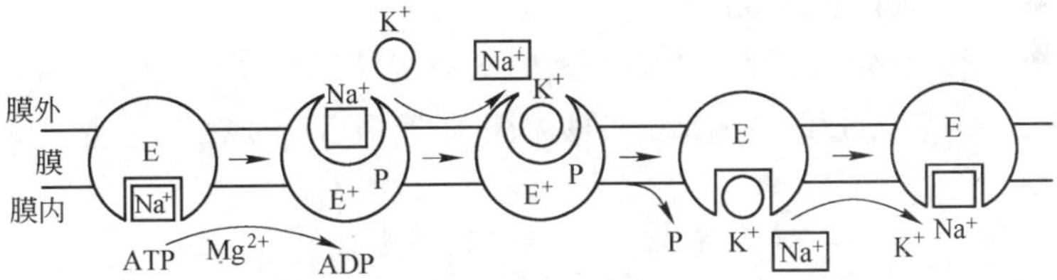

图4-11 Na^+,K^+-ATP 酶系统示意图

E为非磷酸化酶,与 Na^+ 的结合位点朝向膜内,与 Na^+ 有较高的亲和力,而与 K^+ 的亲和力低。当E与 Na^+ 结合后,在 Mg^{2+} 存在的情况下,ATP水解使E磷酸化,促使E构象发生变化而转变成E′,并导致与 Na^+ 的结合位点朝向膜外,E′与 Na^+ 的亲和力降低,而与 K^+ 的亲和力高。此时胞外的 K^+ 将 Na^+ 置换下来,E′与 K^+ 结合后,K^+ 的结合位点朝向膜内,E′去磷酸化。该酶构象再次发生变化,转变成E,Na^+ 将 K^+ 置换下来。

Na^+,K^+-ATP 酶作用的结果使得细胞内 Na^+ 浓度低而 K^+ 浓度高,这种状况并不因环境中 Na^+、K^+ 浓度高低而变化,例如大肠杆菌 K_{12} 在培养基中 K^+ 浓度(0.1 μmol/L)非常低,仍然可以从环境中吸收 K^+,导致胞内 K^+ 浓度达到100 mmol/L。细胞内维持高浓度 K^+ 是保证许多酶的活性和蛋白质的合成所必需的,由于 Na^+,K^+-ATP 酶将 Na^+ 由细胞内"泵"出胞外,并将 K^+"泵"入胞内,因此常将该酶称为 Na^+,K^+-泵。

4.2.3.4 其他主动运输方式

除上述主动运输方式外,在微生物中还存在一些其他的主动运输方式。其中有一种使ATP水解不建立膜内外质子浓度差,而是直接耦联物质的运输,如L-谷氨酰胺、L-鸟氨酰胺、L-鸟氨酸和D-核酸可以通过这种方式运输。在大肠杆菌中,消耗能量可以导致柠檬酸通过酶的构象变化而使之活化,从而促进柠檬酸进入细胞。金黄色葡萄球菌中,在脱氢酶作用下,乳酸氧化耦联着载体蛋白分子构象变化,促进物质进入细胞。

4.2.4 基团移位

基团移位(group translocation)是一类既需要特异性载体蛋白,又需要耗能的一种物质运输方式,其能量来源是磷酸烯醇式丙酮酸(PEP),其特点是依靠一个复杂的运输酶系统来完成物质的运输,同时底物在运送前后还会发生分子结构的变化,因此不同于一般的主动运输。基团移位主要用于糖(葡萄糖、甘露糖、果糖及糖的衍生物 N-乙酰葡萄糖胺)的运输,脂肪酸、核苷、碱基等也可通过这种方式运输。

基团移位的运送机制在大肠杆菌中研究得较为清楚,主要依靠磷酸转移酶系统(phosphotransferase system, PTS)即磷酸烯醇式丙酮酸－己糖磷酸转移酶系统进行。该系统由24种蛋白质组成,运送某一种具体糖至少有4种蛋白质参与。以大肠杆菌摄入葡萄糖为例,每输入一个葡萄糖分子就要消耗一个ATP的能量,具体运送分两个步骤进行。

4.2.4.1 热稳载体蛋白的激活

热稳载体蛋白(heat-stable carrier protein, HPr)是一种相对分子质量低的可溶性蛋白,起着高能磷酸载体的作用;酶Ⅰ是存在于细胞质中的一种可溶性蛋白酶,HPr和酶Ⅰ都是非特异性的。在酶Ⅰ的催化下,HPr被PEP磷酸化生成P-HPr并转移到膜的内表面,其反应式为

$$\text{PEP} + \text{HPr} \rightleftharpoons \text{Pyr}(\text{丙酮酸}) + \text{P}-\text{HPr}$$

4.2.4.2 糖经磷酸化运入细胞膜内

膜外环境中的糖分子先与细胞膜外表面上的底物特异膜蛋白——酶Ⅱ_c结合,接着糖分子被由P-HPr→酶Ⅱ_a→酶Ⅱ_b逐级传递来的磷酸基团激活,最后通过酶Ⅱ_c再把这一磷酸糖释放到细胞质中。其反应式为

$$\text{P}-\text{HPr} + \text{葡萄糖} \rightleftharpoons 6-\text{磷酸葡萄糖} + \text{HPr}$$

酶Ⅱ共有3种,其中Ⅱ_a为细胞质蛋白,无底物特异性;而Ⅱ_b和Ⅱ_c均为膜蛋白,对底物具有特异性,可通过诱导产生,因此种类很多。6-磷酸葡萄糖不能透过膜从细胞中出来,便在细胞内积累起来;另外,进入细胞的6-磷酸葡萄糖与原来的葡萄糖不同,因此细胞内的葡萄糖浓度一直非常低,结果是环境中的葡萄糖源源不断地进入细胞。

大肠杆菌和鼠伤寒沙门氏菌中,嘌呤和嘧啶也是通过基团移位进入细胞的,但嘌呤和嘧啶的基团移位靠5-磷酸核糖－焦磷酸的磷酸核糖转移酶系统完成,嘌呤和嘧啶以单核苷酸的形式积累在细胞内。其反应式为

$$\text{嘌呤或嘧啶(细胞外)} \xrightarrow[\text{磷酸核糖转移酶系统}]{5-\text{磷酸核糖}-\text{焦磷酸}} \text{嘌呤(或嘧啶)单核苷酸(细胞内)} + \text{PPi}$$

上述四种物质运输方式的比较如表4－3所示。

表4－3 四种物质运输方式的比较

比较项目	单纯扩散	促进扩散	主动运输	基团移位
特异载体蛋白	无	有	有	有
运输速度	慢	快	快	快
溶质运输方向	由浓至稀	由浓至稀	由稀至浓	由稀至浓
平衡时内外浓度	内外相等	内外相等	内部浓度高得多	内部浓度高得多
运输分子	无特异性	特异性	特异性	特异性
能量消耗	不需要	不需要	需要	需要

续表 4-3

比较项目	单纯扩散	促进扩散	主动运输	基团移位
运输前后溶质分子	不变	不变	不变	改变
载体饱和效应	无	有	有	有
与溶质类似物	无竞争性	有竞争性	有竞争性	有竞争性
运输抑制剂	无	有	有	有
运输对象举例	水、O_2、CO_2、甘油、乙醇、少数氨基酸、盐类、代谢抑制剂	SO_4^{2-}、PO_4^{3-}、糖（真核生物）	氨基酸、乳糖等糖类，Na^+、K^+等无机离子	葡萄糖、果糖、甘露糖、嘌呤、核苷、脂肪酸等

营养物质进入细胞的四种方式如图 4-12 所示。

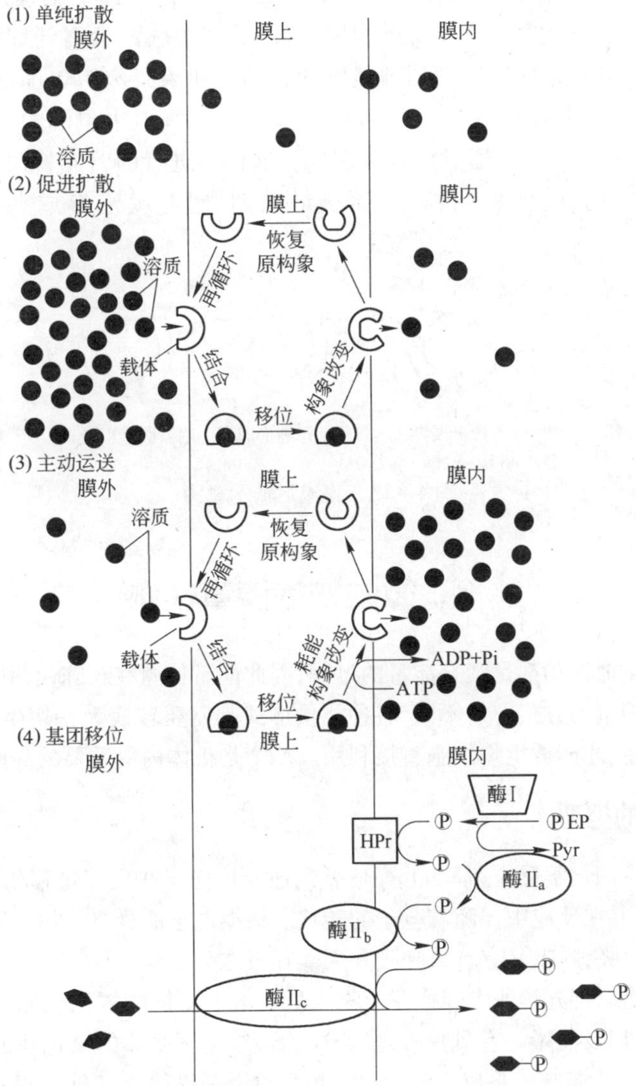

图 4-12 营养物质进入细胞的四种方式

需要指出的是,不同微生物运输物质的方式不同,即使对同一种物质,不同微生物的摄取方式也不一样。例如,半乳糖在大肠杆菌中靠促进扩散运输,而在金黄色葡萄球菌中则通过基团移位运输。这个方面,葡萄糖最突出,不同微生物摄取葡萄糖的方式如表4-4所示。

表4-4 不同微生物摄取葡萄糖的方式

磷酸转移酶系统(基团移位)	主动运输	促进扩散
大肠杆菌 枯草杆菌 巴氏芽孢杆菌 金黄色葡萄球菌	铜绿假单胞菌 维涅兰德国氮菌 藤黄微球菌 耻垢分支杆菌	酵母菌

除了上述四种主要运输方式外,膜泡运输(memberane vesicle transport)也是营养物质进入细胞的一种有效途径,主要存在于原生动物特别是变形虫(amoeba)中。变形虫通过趋向性运动靠近营养物质,并将该物质吸附到膜表面,然后在该物质附近的细胞膜开始内陷,逐步将营养物质包围,最后形成一个含有营养物质的膜泡,之后这个膜泡会离开细胞膜而游离于细胞质中,这样就达到了将营养物质运输到细胞内的目的。如果膜泡中包围的营养物质为固体,则将这种营养运输方式称为胞吞作用(phagocytosis);如果膜泡中包围的营养物质是液体,则称之为胞饮作用(pinocytosis)。通过胞吞作用或胞饮作用进行的营养物质的膜泡运输一般分为五个时期,即吸附期、膜伸展期、膜泡迅速形成期、附着膜泡形成期和膜泡释放期,如图4-13所示。

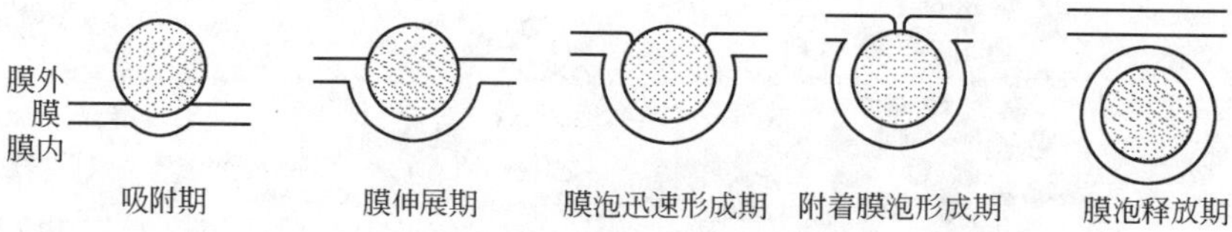

图4-13 膜泡运输示意图

4.3 微生物的能量代谢

生物体的一切生命活动都是消耗能量的过程,因此能量代谢在新陈代谢中发挥着重要作用。不同的微生物产生能量的方式有所不同,各种能量形式都需要转换为一切生命活动都能使用的通用能源——ATP后,才能被生物细胞直接利用。ATP是机体内最重要的高能化合物。

4.3.1 生物氧化的类型

微生物体内发生的化学反应,基本上都是氧化还原反应。在反应过程中,一些物质被氧化,另一些物质被还原,并在反应中伴随着电子的转移。根据电子的最终受体不同,可将微生物的产能方式分为发酵和呼吸,呼吸又有有氧呼吸和无氧呼吸之分。

发酵是以有机物氧化分解的中间代谢产物为最终电子受体的氧化还原过程,其最终产物为有机酸、醇、CO_2、H_2以及能量。有氧呼吸是以O_2为最终电子受体的氧化还原过程,最终产物为CO_2、H_2O以及能量。无氧呼吸是以含氧无机盐为最终电子受体的氧化还原过程,其最终产物为N_2、H_2S、CH_4、CO_2、H_2O以及能量。

4.3.1.1 发酵

发酵(fermentation)是某些厌氧微生物在生长过程中获得能量的一种方式。下面以葡萄糖为例介绍发酵的一般过程。

A 糖酵解途径

微生物在厌氧条件下,将葡萄糖通过酶催化的一系列氧化还原反应分解为丙酮酸,并产生供给机体生命活动的能量的过程,称为糖酵解途径(EMP)。

如图 4 - 14 所示,糖酵解途径可分为两个阶段。第Ⅰ阶段主要是一系列不涉及氧化还原反应的预备性反应,包括葡萄糖的活化,并将六碳糖分解为三碳糖,生成 3 - 磷酸甘油醛。它是糖代谢的重要中间产物,第一阶段共消耗 2 molATP。第Ⅱ阶段通过氧化还原反应生成 2 mol 丙酮酸,同时产生 4 molATP 和 2 mol NADH + H^+。氧化 1 mol 葡萄糖共产生 4 molATP,并需要消耗2 molATP,因此净产生 2 molATP。第Ⅲ阶段在葡萄糖的乙醇发酵中,1 mol 葡萄糖分子释放的能量为 238.3 kJ,其中 26% 的能量保存在 ATP 的高能键中,其他的能量则以热量形式散失。

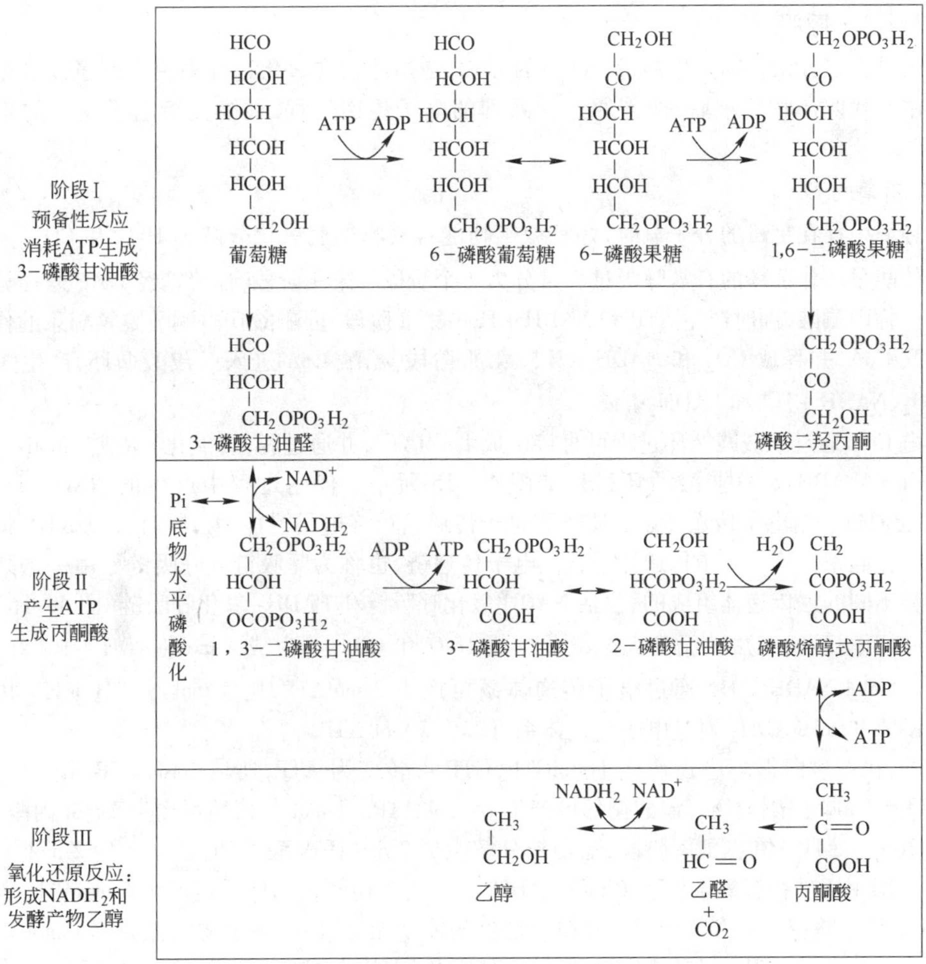

图 4 - 14 糖酵解过程

B　主要发酵类型

微生物发酵的形式多种多样，丙酮酸是微生物进行葡萄糖酵解的中间产物，它在各种微生物的发酵作用下，又会产生不同的末端发酵产物。微生物的发酵类型就是根据末端发酵产物的差别来命名的，表4－5列出了碳水化合物发酵的主要类型。

表4－5　碳水化合物发酵的主要类型

分　类	主要发酵产物	典型微生物
丙酸发酵	丙酸、乙酸和 CO_2	丙酸杆菌属(*Propionibacterium*)
丁酸发酵	丁酸、乙酸、H_2 和 CO_2	梭状芽孢杆菌属(*Clostridium*)
丙酮丁醇发酵	丁醇、丙酸	梭状芽孢杆菌属(*Clostridium*)
(同型)乳酸发酵	乳酸	乳酸杆菌属(*Lactobacillus*)，链球菌属(*Streptococcus*)
(异型)乳酸发酵	乳酸、乙醇、乙酸和 CO_2	明串球菌属(*Leuconostoc*)
混合酸发酵	乳酸、乙酸、琥珀酸、乙醇、甲醇、H_2 和 CO_2	埃希菌属(*Escherichia*)，假单胞菌属(*Psudomonas*)
乙醇发酵	乙醇、CO_2	酵母属(*Saccharomyces*)

4.3.1.2　呼吸

呼吸是大多数微生物产生能量(ATP)的方式，是指底物在氧化过程中脱下的氢或电子并不直接与中间代谢产物相耦联，而是通过一系列的电子传递过程，最终交给电子受体的生物学过程。

A　有氧呼吸

当环境中存在足量的分子氧时，好氧微生物能将底物彻底氧化分解为 H_2O 和 CO_2，同时产生大量的能量。葡萄糖的有氧呼吸过程可分为3个阶段。第Ⅰ阶段，葡萄糖经EMP途径分解形成中间产物丙酮酸，同时产生ATP和 $NADH+H^+$；第Ⅱ阶段，丙酮酸在丙酮酸脱氢酶系的作用下生成乙酰CoA，并释放 CO_2 和 $NADH+H^+$；第Ⅲ阶段，乙酰CoA进入三羧酸循环，产生大量的ATP、CO_2、$NADH+H^+$ 和 $FADH_2$。

乙酰CoA通过三羧酸循环过程可直接生成1 molATP，并通过脱氢(氧化)生成3 mol$NADH+H^+$ 和1 mol $FADH_2$。三羧酸循环过程如图4－15所示。代谢过程中产生的 $NADH+H^+$ 和 $FADH_2$ 能通过一个电子传递体系将质子和电子传递给最终电子受体 O_2，同时合成ATP，将释放的能量贮存起来。这一电子传递体系就是电子传递链，也称为呼吸链。呼吸链是由一系列氧化还原电势不同的氢传递体组成的，包括NADH氧化呼吸链和 $FADH_2$ 氧化呼吸链(图4－16)。

1 mol丙酮酸经三羧酸循环完全氧化生成 H_2O 和 CO_2，可生成4 mol $NADH+H^+$ 和1 mol $FADH_2$。1 mol $NADH+H^+$ 通过电子传递体系可产生3 molATP，则4 mol $NADH+H^+$ 共产生12 mol ATP；1 mol $FADH_2$ 通过电子传递体系可产生2 mol ATP。

另外，在三羧酸循环中还产生1 molGTP，GTP可转变为ATP，所以1 molGTP相当于1 mol ATP。因此1 mol丙酮酸经三羧酸循环可产生15 mol ATP。1 mol葡萄糖可产生2 mol丙酮酸，则共生成30 mol ATP。在糖酵解阶段，葡萄糖分解生成2 mol丙酮酸，同时还净产生2 mol ATP和2 mol $NADH+H^+$。在有氧条件下，2 mol $NADH+H^+$ 通过电子传递体系可产生6 molATP，故共产生8 mol ATP。将糖酵解和三羧酸循环阶段产生的能量相加可知，微生物氧化分解1 mol葡萄糖总共可产生38 mol ATP。好氧微生物利用能量的效率大约为42%，比厌氧微生物要高。

B　无氧呼吸

进行无氧呼吸的微生物以 NO_3^-、SO_4^{2-}、CO_3^{2-} 为最终电子受体，一般生活在河流、湖泊和池塘的底部淤泥等缺氧的环境中。

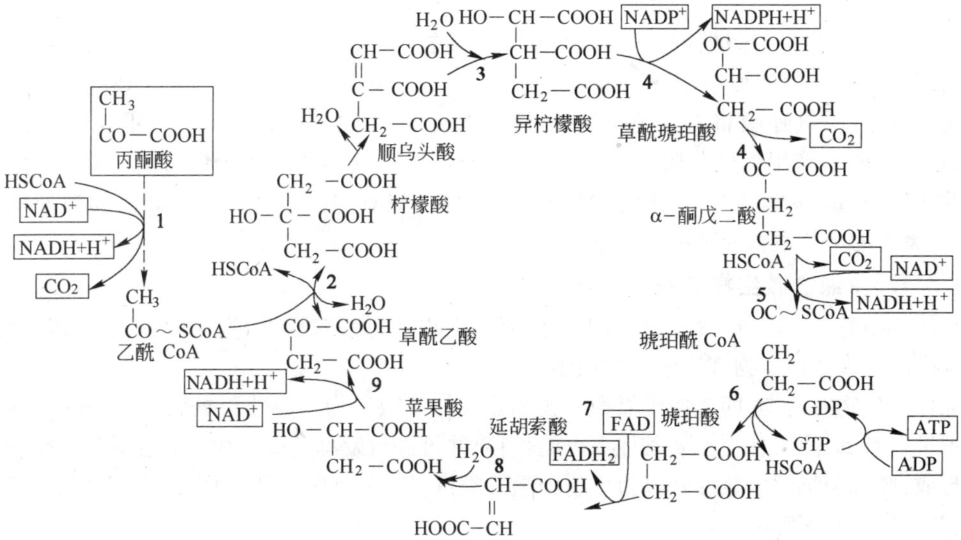

图 4－15　三羧酸循环

1—丙酮酸脱氢酶复合体;2—柠檬酸合成酶;3—顺乌头酸酶;4—异柠檬酸脱氢酶;
5—α-酮戊二酸脱氢酶复合体;6—琥珀酰 CoA 合成酶;7—琥珀酸脱氢酶;
8—延胡索酸酶;9—*L*-苹果酸脱氢酶

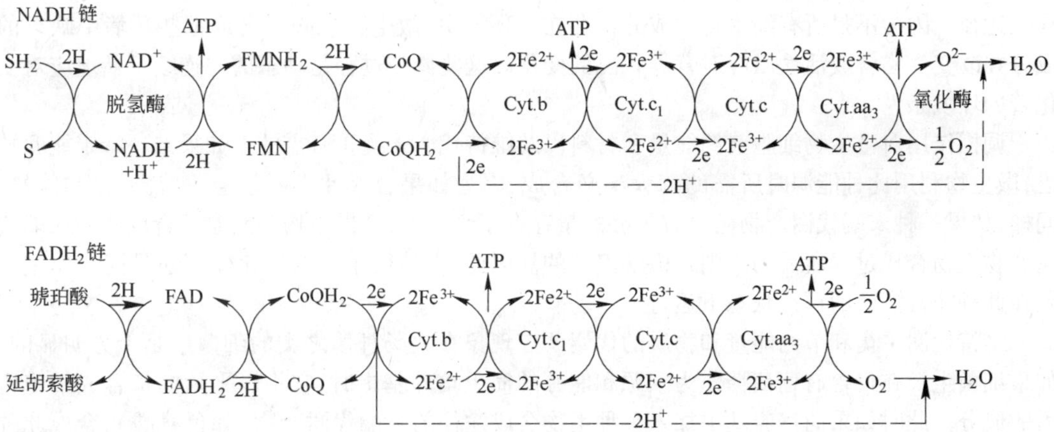

图 4－16　电子传递体系

(1) 硝酸盐呼吸　在缺氧条件下,有些细菌能以有机物作为供氢体,以硝酸盐作为最终电子受体,这类细菌称为硝酸盐还原菌。通过硝酸盐呼吸将 NO_3^- 还原为 N_2 以及 NO 和 N_2O 的过程称为反硝化作用。能进行反硝化作用的细菌有反硝化假单胞菌 (*Pseudomonas denitrificans*)、铜绿假单胞菌(*Pseudomonas aeruginosa*)、地衣芽孢杆菌(*Bacilluslicheniformis*)等。污水生物处理工程中,降低污水中含氮量的生物脱氮法就是在反硝化作用的原理上建立起来的。

(2) 硫酸盐呼吸　硫酸盐呼吸也称为异化型硫酸盐还原或反硫化作用。能进行硫酸盐还原作用的细菌称为硫酸盐还原菌,它能以有机物作为氧化的基质,氧化放出的电子可使 SO_2 逐步还原为 H_2S。硫酸盐还原菌有脱硫弧菌属(*Desulphovibrio*)和脱硫肠状菌属(*Desulphotomaculum*)

等。大多数硫酸盐还原菌不能利用葡萄糖作为能源,而利用乳酸和丙酮酸等其他细菌的发酵产物。

(3) 碳酸盐呼吸　碳酸盐呼吸也称为异化型碳酸盐还原或产甲烷作用。能进行碳酸盐还原作用的细菌属于产甲烷细菌(*Methanogens*),它能在氢等物质的氧化过程中,以 CO_2 作为最终的电子受体,通过厌氧呼吸将 CO_2 还原为甲烷。常见的这类产甲烷细菌有产甲烷八叠球菌属(*Methanosarcina*)、产甲烷杆菌属(*Methanobacterium*)、产甲烷短杆菌属(*Methanobrevibacter*)、产甲烷球菌属(*Methanococcus*)等。产甲烷细菌主要存在于缺氧的沼泽地、河流、湖泊和池塘的淤泥中,它在废水的厌氧生物处理中发挥重要作用。

4.3.1.3　兼性微生物的呼吸与发酵

自然界中除了一部分专性厌氧或专性好氧微生物外,大多数细菌为兼性微生物。污水物处理系统中的大多数微生物都属于兼性微生物。

兼性微生物有两类,即兼性厌氧微生物和兼性好氧微生物。兼性厌氧微生物是一类在有氧条件下进行有氧呼吸,且在无氧条件下也能生存,并可进行发酵的微生物。兼性厌氧微生物主要有酵母属、肠杆菌科等。兼性好氧微生物则是一类进行无氧呼吸的微生物,但在有氧条件下也能生存,并可进行有氧呼吸。

4.3.2　生物氧化的作用

微生物细胞中的代谢调控机构的任务是异常复杂和困难的。代谢途径必须得到有效的控制和协调才能使所有细胞成分以相当精确的量存在于细胞中。而且微生物必须能够有效地应对环境的变化,其应对策略是即使利用环境中存在的营养物质,当不同的营养物质出现时,启动新的异化途径。因为不是所有细胞化学成分都存在于环境中,微生物也必须合成那些环境中缺乏的成分并改变生物合成活性以应对营养状况的变化。这些调控过程是动态的并连续不断地应对变化着的环境条件。

调控作用对微生物细胞节约能量和材料以及维持代谢平衡是必需的。如果某一特定能源缺乏,微生物利用此种能源时所需的酶就不必合成,因为如果合成此类酶就会浪费碳、氮和能量。同样,如果一种末端代谢产物已经有足够的量存在于细胞中,而微生物仍然参与合成此种末端代谢产物生物合成过程所需的酶则是极端浪费的。因此,无论微生物的异化作用还是同化作用都是在此种非常高效的调控状态下运行。

维持代谢平衡和节约能量和物质的代谢调控现象在大肠杆菌之类的细菌中是十分明显的。如果细菌生长在仅含有葡萄糖作为碳源和能源的简单培养基中时,它将以平衡的量合成细胞所需的成分。此时如果向培养基中加入一种生物合成途径的末端代谢产物(如色氨酸),合成此种末端产物的合成途径会立即受到抑制;参与此途径酶的生物合成也会变慢或停止。如果将大肠杆菌转入到仅含有乳糖的培养基中,它将合成参与乳糖异化作用的所有酶。与此相反,如果大肠杆菌生长在既含有葡萄糖又含有乳糖的培养基中时,由于葡萄糖能够促进微生物迅速成长,大肠杆菌将首先利用葡萄糖,当培养基中的葡萄糖用完时,大肠杆菌才利用乳糖。

微生物可以通过以下 3 种主要调控方式控制碳源的代谢途径。

(1) 使代谢物和酶位于细胞中的不同部位来控制代谢途径的活性,这种方式被称做代谢通道控制作用(metabolic channeling)。

(2) 微生物通过直接激活或抑制代谢途径中关键酶的活性来迅速改变代谢途径的活性。

(3) 微生物还通过控制细胞中酶分子的数量控制代谢活动。起催化作用的酶分子越多,代谢途径就越活跃。此种代谢调控通常在转录水平上进行,mRNA 合成的控制较直接控制酶的活性要慢得多，但是它却可以节约很多原材料，因为酶在不需要时微生物不合成。

4.4 微生物对污染物的降解转化

在自然界中，生物所需要的各种化学元素，通过生物的生命活动，一方面被合成为有机物组成生物体，另一方面这些有机物质又被分解成无机物而返回自然界。这样，组成生命物质的所有元素，不断地从非生命物质状态转化为有生命物质状态，然后再从有生命物质状态转化成非生命物质状态，如此循环不尽，组成地球上的物质循环，即生物地球化学循环。

在生物地球化学循环中，生物所需要的能量和营养物质主要来自光能自养生物——地面上的绿色植物和水生藻类。但它们的合成代谢需要 CO_2，而大气内的 CO_2 含量（体积分数）仅有 0.03%，远不能满足光合生物的需要，如果大气中的 CO_2 没有源源不断地补充，将在几十年内被用尽，于是物质循环将会中断，进而使地球上的生物无法生存。而微生物的矿化作用，能将有机碳化物转变成 CO_2，这是自然界 CO_2 的主要来源，从而保证了光能自养生物的合成代谢能不断地进行。可见，微生物在自然界物质循环中具有非常重要的作用。

当今的地球环境，除了人烟稀少、无工业的地区保留纯净的天然性状外，一般都或多或少受到来自人类活动产生的废物或毒物的污染，这些污染物可以通过各种途径进入自然界的物质循环。所以，环境的物质循环包括了天然物质和污染物质的循环。

微生物在有机物矿化作用中的重要作用，与其生理和生态特性有关。例如，微生物分布的普遍性，可以使各种自然环境中的死亡有机体都被分解氧化；微生物惊人的繁殖速度和代谢强度，可以使死亡的有机体得到及时分解；微生物代谢类型的多样性保证了各种天然有机物都能被分解矿化；微生物易变异的特性为人工合成有机物的降解提供了可能。

总之，不断进行着的物质循环，是生物圈得以维系的重要条件，是生物界不断向前发展的基础。而在物质循环的过程中，微生物的作用是至关重要的。

4.4.1 含碳化合物的降解转化

4.4.1.1 自然界中的碳素循环

碳素是生物体最重要的一种组成元素，是细胞结构的骨架物质。如植物组织及微生物细胞所含碳素约占干质量的 40% ~50%，而它的主要来源是大气中的 CO_2，但大气中 CO_2 的含量处于一种永远供应不足的状态，只有通过生物所推动的碳素循环，特别是微生物进行的分解作用，使不同形态的碳素相互转化，大气中的 CO_2 才不会被耗竭，生命才能维持。

含碳物质主要包括 CO_2、碳水化合物（糖、淀粉、纤维素等）、脂肪、蛋白质等。如图 4 – 17 所示，绿色植物和微生物通过光合作用固定自然界中的 CO_2，合成有机碳化物，进而转化为各种有机物质；植物和微生物进行呼吸作用获得能量，同时释放出 CO_2。动物以植物和微生物为食物，并在呼吸作用中释放出 CO_2。当动、植物和微生物尸体等有机碳化物被微生物分解时，产生大量 CO_2，于是整个碳素循环完成。

在水体中（图 4 – 18），由好氧区生活的藻类和绿色植物通过光合作用产生的有机物，如纤维素、淀粉、几丁质、果胶质、糖类等，被多种多样的细菌和真菌通过呼吸作用而分解。并释放出 CO_2。沉入厌氧区的有机物和由异养光合细菌所合成的有机物，通过厌氧微生物的发酵作用而产生有机酸类、CH_4、H_2 和 CO_2。产甲烷菌在厌氧区可以将 CO_2 转化为 CH_4，甲烷氧化菌在好氧区将 CH_4 氧化成 CO_2。总之，碳素循环是以 CO_2 为中心的，是以 CO_2 的固定和 CO_2 的再生为主的物质循环。

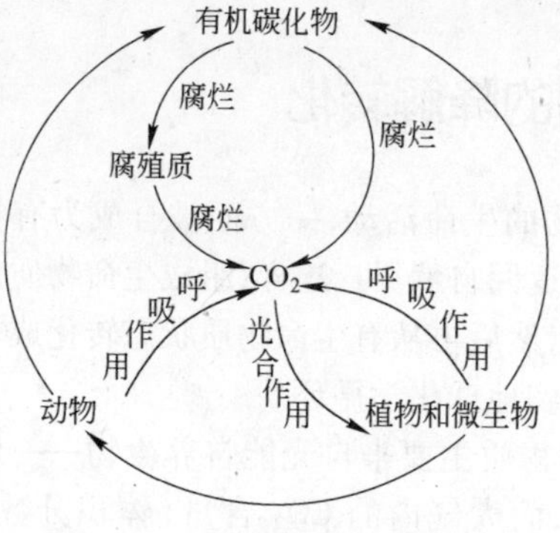

图 4-17 自然界中的碳素循环

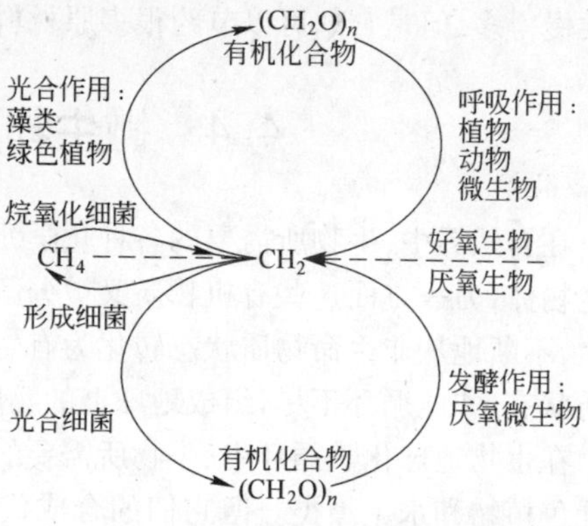

图 4-18 水生环境中的碳素循环

4.4.1.2 微生物在碳素循环中的作用

从图 4-17 和图 4-18 所示的碳素循环中可以了解到，微生物既参与固定 CO_2 的光合作用，又参与再生 CO_2 的分解作用。

A 光合作用

参与光合作用的微生物主要是藻类、蓝细菌和光合细菌，它们通过光合作用，将大气中和水体中的 CO_2 合成为有机碳化物。特别是在大多数水生环境中，主要的光合生物是微生物，在有氧区域以蓝细菌和藻类占优势，而在无氧区域则以光合细菌占优势。

B 分解作用

自然界有机碳化物的分解，主要是微生物的作用。有机碳化物在陆地和水域的有氧条件中，通过好氧微生物分解，被彻底氧化为 CO_2；在无氧条件中，通过厌氧微生物发酵，被不完全氧化成有机酸、CH_4、H_2 和 CO_2。能分解有机碳化物的微生物很多，包括细菌、真菌和放线菌。

分解有机碳化物的典型好氧性细菌主要有枯草芽孢杆菌（*Bacillus subtilis*）、假单胞菌属细菌（*Pseudomonas* spp.）、噬纤维菌属细菌（*Cytophaga* spp.）、黏球生孢噬纤维菌（*Sporocytophaga myxoxoccoides*）、椭圆生孢噬纤维菌（*S. ellipsospora*）、纤维多囊菌（*Polyangium cellulosum*）和高温单胞菌属细菌（*Thermomonospora spp.*）等。

厌氧细菌主要是梭菌属（*Clostridium*）中的一些种类，常见的有热纤梭菌（*C. thermocellum*）、淀粉梭菌（*C. amylobacter*）、蚀果胶梭菌（*C. pectinovorum*）翻多黏梭菌（*C. polymyxa*）等。

真菌主要有曲霉属（*Aspergillus*）、青霉属（*Penicillium*）、毛霉属（*Mucor*）、根霉属（*Rhizopus*）、木霉属（*Trichoderma*）、毛壳属（*Chaetomium*）等中的一些种类，还有某些嗜热真菌等。

放线菌主要有链霉菌属（*Neurospora*）、小单孢菌属（*Micromonospora*）、诺卡菌属（*Nocardia*）、高温放线菌属（*Thermoactinomyces*）、游动放线菌属（*Actinoplanes*）、小双孢菌属（*Microbispora*）和链孢囊菌属（*Streptosporangium*）中的一些种类。

C 对烃类物质的分解

烃类是石油和石油产物中最主要而大量的成分，也是一种重要的环境污染物。这些碳氢化合物在有氧条件下，能被参与碳素循环的各种微生物分解。已知约有 28 属细菌、30 属霉菌、12 属酵母菌和某些放线菌可利用并降解它们。例如，甲烷假单胞菌（*P. methanica*）、分枝杆菌（*Mycobacterium*）、头孢霉和青霉等能氧化甲烷、乙烷和丙烷；荧光假单胞菌（*P. fluorescens*）、铜绿假单胞菌（*P. aeruginosa*）和苯杆菌可以分解酚和苯；萘也可以在铜绿色假单胞菌、诺卡菌、球形小球菌、无色杆菌及分枝杆菌等微生物的作用下得到分解。

4.4.2 含氮化合物的降解转化

4.4.2.1 自然界中的氮素循环

氮素是核酸及蛋白质的主要成分，是构成生物体的必需元素。虽然自然界中氮素的蕴藏量十分丰富，在大气中的体积分数达到79%左右，但所有植物、动物和大多数微生物都不能直接利用分子态的氮。初级生产者植物体需要的氨盐、硝酸盐等无机氮化物，在自然界为数不多，常限制了生物体的发展，只有将分子态氮进行转化和循环，才能满足植物体对氮素营养的需要。

氮素循环包括多种转化作用(图4-19)。自然界的分子态氮，被某些自由生活的微生物固定形成氨，并转化为有机氮化物；或被微生物与植物联合作用转变成可供植物直接利用的氮化物形式。存在于植物和微生物体内的氮化物为动物食用，并在动物体内被转变为动物蛋白质。动植物和微生物尸体及其排泄物中的有机氮化物被各种微生物分解，以氨的形式释放出来，或直接为植物利用，或被氧化成为硝酸盐供植物吸收，或被进一步还原为气态氮返回自然界。可见，在自然界的氮素循环中，存在着相互联系的4个主要作用过程，即固氮作用、氨化作用、硝化作用和反硝化作用。

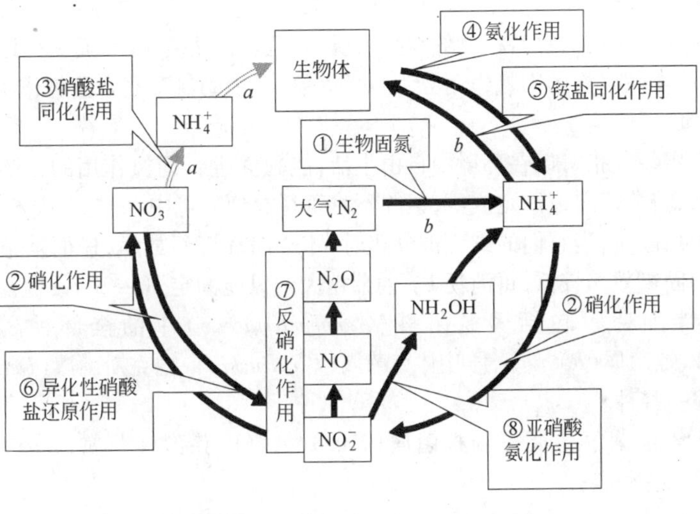

图4-19 氮素在自然界的循环

(箭头 *a* 表示微生物与植物的共同作用；箭头 *b* 表示生物固氮循环中的重要环节)

在水环境中，好氧条件下通过固氮作用被固定的氮，通过氨化作用形成氨，一部分被其他生物同化利用，另一部分则在硝化细菌作用下被氧化为NO_3^-和NO_2^-，这一部分无机氮又为藻类的生长提供了氮源。因为污染较为严重的水体常处于缺氧甚至厌氧状态，而硝化作用只能在好氧的条件下发生，所以，在污染水体中，氨的大量积累则成为一种常见现象。在没有受到污染的水体中，很少发现有大量的氨积累。因此，在污染水体的自净恢复过程中，硝化作用显得特别重要。水在环境中的氮素循环如图4-20所示。

4.4.2.2 微生物在氮素循环中的作用

微生物参与自然界氮素循环的所有过程，并在每个过程中起着主要的作用。

A 固氮作用

分子态氮被还原成氨和其他氮化物的过程称为固氮作用。自然界氮的固定，有两种方式：一是非生物固氮，即通过闪电、高温放电等固氮，这样形成的氮化物很少；二是生物固氮，即通过微生物的转化作用固氮,大气中以分子状态存在的氮,主要靠微生物的转化作用而固定成氮化物。

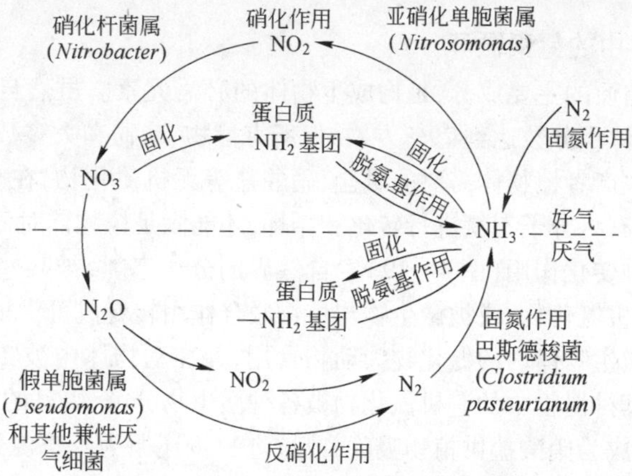

图 4-20 水生环境中的氮素循环

现已发现具有固氮作用的微生物将近 50 个属,主要包括细菌、放线菌和蓝细菌。与固氮微生物共生而具有固氮作用的豆科植物约 600 个属、非豆科植物约 13 个属。根据与高等植物及其他生物的关系,可将微生物的固氮作用分为自生固氮、共生固氮和联合固氮作用三大类。

a 自生固氮

自生固氮微生物是指可以在环境中自由生活,能独立进行固氮作用的一类微生物。它们在固氮酶的参与下,将分子态氮固定成氨,但并不将氨释放到环境中,而是合成氨基酸,组成自身蛋白质。只有在死亡以后,当它们的细胞被分解时,才会向环境释放氨,进而被植物吸收利用。自生固氮微生物的固氮效率较低,每消耗 1 g 葡萄糖大约只能固定 10 ~ 20 mg 氮。

(1) 好氧性细菌 包括固氮菌科(*Azotobacteriaceae*)中的全部种属和分枝杆菌属(*Mycobacterium*)、螺菌属(*Rothia*)、拜叶林克菌属(*Beijerinckia*)、德克斯菌属(*Derxia*)、氮单胞菌属(*Azomonas*)中的一些种。

(2) 兼性厌氧细菌 主要是肠杆菌属(*Enterobacter*)、芽孢杆菌属(*Bacillus*)、克雷伯菌属(*Klebsiella*)中的一些种类。

(3) 厌氧性细菌 主要是梭菌属(*Clostridium*)中的一些种类。

(4) 光合细菌 包括红螺菌属(*Rhodospirillum*)、红假单胞菌属(*Rhodopseudomonas*)、着色菌属(*Chromatium*)和绿菌属(*Chlorobium*)中的一些种类。

(5) 蓝细菌 主要有念珠藻属(*Nostoc*)、鱼腥藻属(*Anabaena*)、颤藻属(*Oscillatoria*)、筒孢藻属(*Cylindrospermurn*)、伪枝藻属(*Scytonema*)、真枝藻属(*Stigonema*)、单歧藻属(*Tolypothrix*)等中的一些种类。

b 共生固氮

与自生固氮微生物不同,共生固氮微生物只有在与其他生物紧密地生活在一起的情况下,才能固氮或才能有效地固氮。它们通过固氮作用合成的氨,除了满足自身需求外,同时向共生体中的其他生物提供可利用的氮源。共生体系的固氮效率比自生固氮体系高得多,每消耗 1 g 葡萄糖大约能固定 280 mg 氮。

(1) 根瘤菌 根瘤菌属中的很多种都具有共生固氮的营养特征,如豌豆根瘤菌(*Rhi zobium leguminosarum*)、三叶草根瘤菌(*Rh. trifolii*)、菜豆根瘤菌(*Rh. phaseoli*)、苜蓿根瘤菌(*Rh. melitoti*)、大豆根瘤菌(*Rh. japonicumj*)、羽扇豆根瘤菌(*Rh. lupini*)、紫云英根瘤菌(*Rh. astragali*)

和豇豆根瘤菌(*Rh. vigna*)等。

根瘤菌与豆科植物共生,形成根瘤共生体。根瘤的形成是一个复杂过程。豆科植物的根系在土壤中生长发育,刺激相应的根瘤菌在根际大量繁殖;在根瘤菌的影响下,根毛发生卷曲,细胞壁内陷,根瘤菌随之侵入根毛;进入根毛的根瘤菌,大量增殖形成一条侵入线,它沿根毛向内扩展;当侵入线达到皮层时,促使皮层细胞分裂,进而分化、发育成根瘤,并在根的表面形成突起。在根瘤内生活的根瘤菌,成为类菌体形态,不再分裂。类菌体内含有固氮酶,能把分子态氮固定为氨,然后通过根瘤细胞中的酶系统催化,转变成谷氨酸,再运送到植物的其他部分。

(2) 蓝细菌　蓝细菌中的许多种类能与植物共生形成各种共生体。例如,满江红鱼腥藻(*A. azollae*)与水生蕨类植物满江红(红萍)共生形成红萍共生体、念珠藻,或鱼腥藻与裸子植物苏铁共生形成苏铁共生体,念珠藻与根乃拉草植物共生形成根乃拉草共生体等。有些蓝细菌还可与真菌共生,形成地衣共生体。

研究证明,在水体中蓝细菌可以和细菌结合进行共生固氮作用,其固氮效率高于单独存在的蓝细菌。蓝细菌以其黏液黏着并包围细菌,细菌利用蓝细菌形成的氧和氨生长,而细菌的这一生命活动有利于蓝细菌的固氮作用。

(3) 弗兰克菌　弗兰克菌属(*Frankia*)与非豆科植物共生形成根瘤共生体。能形成根瘤的非豆科植物主要是木本植物,如杨梅属、桤木属和沙棘属等。

c　联合固氮作用

联合固氮作用是固氮微生物与植物之间存在的一种简单共生现象。它既不同于典型的共生固氮作用,也不同于自生固氮作用。这些固氮微生物仅存在于相应植物的根际,并不侵入根毛形成根瘤,但有较强的专一性,固氮效率比在自生条件下高。如雀稗固氮菌(*Azoto-batterpaspali*)与点状雀稗联合,生活在根的黏质鞘套内,固氮量可达 15 ~ 93 kg/(ha · a)。另外,水稻、甘蔗以及许多热带牧草的根际,由于与固氮微生物的联合,都有很强的固氮活性。

在水域环境中,共生固氮系统并不普遍,大量的氮主要靠自由生活的微生物固定,在有氧区主要是蓝细菌的作用,在无氧区主要是梭菌的作用。

B　氨化作用

有机氮化物在微生物作用下分解产生氨的过程称为氨化作用。很多细菌、真菌和放线菌都能分解蛋白质及其含氮衍生物,其中分解能力强并释放出 NH_3 的微生物称为氨化微生物。氨化微生物主要有蜡状芽孢杆菌(*Bacillus cereus*)、巨大芽孢杆菌(*B. megaterium*)、枯草芽孢杆菌、神灵色杆菌(*Chromobacterium prodigiosum*)、腐败梭菌(*Clostridium putrificum*)、普通变形菌(*Proteus vulgaris*)、荧光假单胞菌等细菌,以及曲霉属、毛霉属、青霉属、根霉属等真菌和嗜热放线菌等。

C　硝化作用

氨在微生物作用下氧化成硝酸盐的过程称为硝化作用。硝化作用的整个过程由两类细菌分两个阶段完成。第一阶段是氨被氧化为亚硝酸盐,靠亚硝化细菌完成;第二阶段是亚硝酸盐被氧化为硝酸盐,靠硝化细菌完成。亚硝酸细菌主要是亚硝化单胞菌属(*Nitrosomonas*)、亚化叶菌属(*Nitrosolobus*)、亚硝化球菌属(*Nitrosococcus*)和亚硝化螺菌属(*Nitrosospira*)中的一些种类;硝酸盐细菌主要有硝化杆菌属(*Nitrobacter*)、硝化螺菌属(*Nitrospina*)和硝化球菌属(*Nitrococcus*)中的一些种类。

参与硝化作用的两类细菌都是革兰阴性无芽孢杆菌,高度好氧,专性化能自养。虽然硝化细菌的纯培养物是化能自养菌,但在生态环境中必须在有机物存在的条件下才能生长活动。这两类细菌对 pH 值表现出不同的适应性:当存在 NH_4^+、$pH > 9.5$ 时,硝化细菌被抑制,亚硝化细菌却十分活跃,而在 $pH < 6.0$ 时,亚硝化细菌则受到抑制。

当有机肥、有机垃圾、污水等进入土壤时，土壤中的含氮有机物将会大幅度增加，这将导致硝化作用的加剧进行。虽然硝酸盐可以作为氮源被植物吸收同化，但由于它易溶于水。很容易受雨水冲刷而从土壤中渗出。所以，硝化作用对农业生产并非是有利的，有时反而会造成氮肥的流失和水体的富营养化。

硝化作用对氧的需要量很高，这一点对污水的净化十分重要。如果污水中的BOD较高，且含有较多的含氮物质时，其处理过程需要消耗大量的氧。这类污水在处理的开始阶段耗氧量较低，以后逐渐增加，到达饱和点后如有铵盐存在，需氧量还会继续增高。据计算，富含铵盐的污水对氧的需要量是1 mol$(NH_4)_2SO_4$需要4 molO_2，即28 g氮需要128 g氧来完成硝化作用。在硝化过程中，有大量的氧被固定到硝酸盐内，因此在处理有机废水时，若充氧能力不足，废水耗氧量又很大时，可以考虑采用投加硝酸盐，使一部分活性污泥微生物利用硝酸盐中的结合态氧，以弥补供氧的不足，从而达到净化污水的目的。据计算，100 g KNO_3 相当于40 gO_2。

D 反硝化作用

硝酸盐在微生物作用下还原，释放出分子态氮和一氧化二氮的过程称为反硝化作用，或称为脱氮作用。微生物的反硝化作用一般在厌氧环境中进行，而且需要有机物作为能源。参与反硝化作用的微生物称为反硝化细菌。反硝化细菌主要是异养菌，但也有自养菌。

自养的反硝化细菌能利用硝酸盐中的氧，把硫氧化为硫酸，以取得能量来同化CO_2，如脱氮硫杆菌(*Thiobacillus denitrificans*)。

异养反硝化细菌是利用硝酸盐中的氧来氧化有机底物。这类细菌有专性好氧的，也有兼性厌氧的。前者如铜绿假单胞菌(*Pseudomonas aeruglnosa*)和脱氮微球菌(*Micrococcus Denitrificans*)等，后者如地衣芽孢杆菌(*Bacillus licheniformts*)和蜡状芽孢杆菌(*B. cereus*)等。

在目前发现的反硝化细菌中，以脱氮假单胞菌(*Pseudomonas denitrificans*)和脱氮硫杆菌的作用能力最强。其他还有芽孢杆菌属(*Bacillus*)、色杆菌属(*Chromoba cterium*)、副球菌属(*Paracoccus*)、棒杆菌属(*Corynebacterium*)、生丝微菌属(*Hyphomicrobium*)、沙雷菌属(*Serratia*)中的一些种类。

在天然水体中，由于水表层存在溶解氧，所以在该水层只会发生硝化作用。在水底部，水和沉积物之间的界面由于缺氧而发生反硝化作用。反硝化作用在2~60℃内都可以发生，最适温度为25℃。环境的pH值低于6时，氮气产生受到抑制，只产生N_2O；当pH值小于5时，反硝化作用就会停止发生。

4.4.3 含硫化合物的降解转化

硫是生物的重要营养元素，是一些必需氨基酸和某些维生素、辅酶等的成分，其需要量大约是氮素的1/10。在自然界，硫素以S、S^{2-}(如硫化物和含巯基有机物)、S^{6+}(硫酸盐)的形式存在，其中硫酸盐约占总硫量的10%~25%，有机态硫约占50%~75%。植物一般只能以无机盐类作为养料，因此硫素各种形态的循环转化，对生物圈的维持非常重要。

4.4.3.1 自然界中的硫素循环

自然界中的S和H_2S，经微生物氧化形成SO_4^{2-}；SO_4^{2-}被植物和微生物同化还原成有机硫化物并组成其本身，动物食用植物和微生物，将其转变成动物有机硫化物；当动、植物和微生物尸体中的有机硫化物，主要是含硫蛋白质，被微生物分解时，以H_2S和S的形态返回自然界。另外，SO_4^{2-}在缺氧环境中也可被微生物还原成H_2S。如图4-21所示，硫素循环可概括地划分为分解作用、同化作用、无机硫的氧化作用和无机硫化物的还原作用。

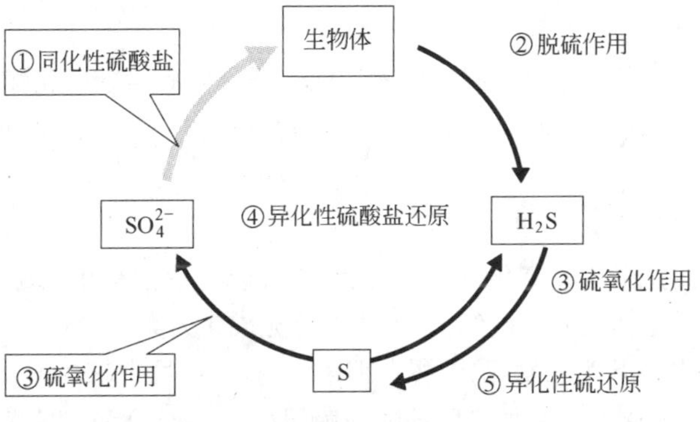

图 4-21 自然界中的硫素循环

图 4-22 所示为水生环境中的硫素循环。硫酸盐的来源或是化学作用产生,或来自废水,或是硫细菌氧化 S 或 H_2S 产生;硫酸盐被植物、藻类吸收后转化为含硫有机化合物;含硫有机化合物在厌氧条件下进行腐解,产生 H_2S;H_2S 被无色硫细菌等氧化为 S,并进一步氧化为 SO_4^{2-};SO_4^{2-} 在厌氧条件下,被硫酸盐还原菌(例如脱硫弧菌)还原为 H_2S;H_2S 又能被光合细菌用作供氢体,氧化为 S 或 H_2S。

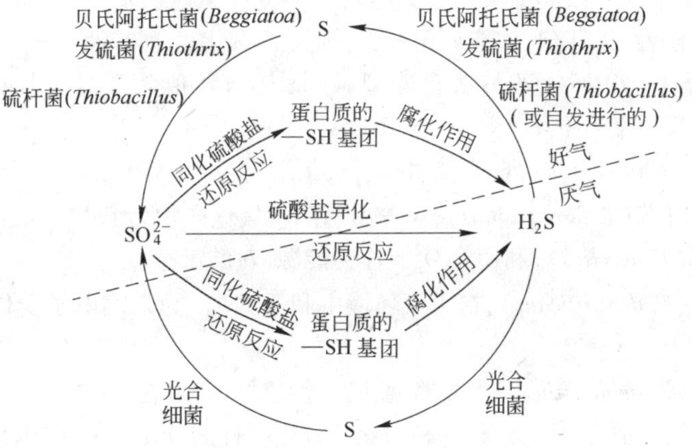

图 4-22 水生环境中的硫素循环

4.4.3.2 微生物在硫素循环中的作用

微生物参与硫素循环的各个过程,并在其中发挥着非常重要的作用。

A 分解作用

动物、植物和微生物尸体中的有机硫化物,被微生物降解成无机物的过程称为分解作用或有机硫化物的矿化。在有氧情况下,分解的最终产物是 SO_4^{2-},可供植物和微生物利用;在缺氧情况下,特别是在蛋白质物质腐解时,累积 H_2S 和有气味的硫醇等。一般能分解有机氮化物的氨化微生物,都能分解含硫蛋白质并从中获得能量,完全不具有专一性,矿化后产生的无机态硫有 H_2S、S、$S_2O_3^{2-}$、SO_4^{2-} 等多种形式。

环境中存在的含硫有机物主要是生物体蛋白质组成成分中的含硫氨基酸,如胱氨酸、半胱氨酸、蛋氨酸和谷氨酸等。此外,在生物排泄物中也含有不少有机态硫,如人排泄物中硫质量分数达 1% 左右,其中主要成分是含硫氨基酸,这些氨基酸的分解会释放 H_2S。

B 同化作用

微生物利用 SO_4^{2-} 和 H_2S 组成本身细胞物质的过程称为硫素的同化作用。植物和大多数的微生物能利用 SO_4^{2-} 作为唯一硫源，把它转化为含巯基(—SH)的蛋白质等有机物，仅少数微生物能同化 H_2S。

C 还原态无机硫的氧化作用

无机硫的氧化作用是微生物氧化硫化氢、元素硫或硫化亚铁等生成硫酸盐的过程。自然界能氧化无机硫化物的微生物主要是硫细菌，大体上可分成 3 大类。

(1) 硫磺细菌氧化 H_2S 为元素硫，贮积在细菌体内，当环境中缺少 H_2S 时，细胞内贮积的硫磺颗粒能继续被氧化成 SO_4^{2-}。主要有贝日阿托菌属(*Beggiatoa*)和发硫菌属(*Thiothrix*)两个属的微生物，它们均是丝状细菌，生存在含硫的水中，对 H_2S 的浓度要求很严格，能将 H_2S 氧化为单质硫。硫磺细菌还有辫硫菌属(*Thioploca*)、亮发菌属(*Leucothrix*)、球衣菌属(*Sphaerotilus*)、透明颤菌属(*Vitreoscilla*)和硫螺菌属(*Thiospira*)中的一些种类。

在深水湖泊表面和有 H_2S 产生的污水池塘中，都有丝状硫细菌大量出现，它们把 H_2S 氧化为 S 并沉积于体内，而且形成菌膜，在矿泉水中尤为多见。丝状硫细菌在生活污水和含硫工业废水的生物处理系统中常见，与活性污泥丝状膨胀有密切关系。

(2) 无色氧化硫细菌　该类细菌在分类上归属于硫杆菌属(*Thiobacillus*)，为专性或兼性化能自养型细菌，革兰阴性，无芽孢，均能氧化 H_2S。主要种及其生理特性：

1) 氧化硫硫杆菌(*T. thiooxidans*)，自养型、好氧，在 pH 值为 2 时生长良好，能使 S 氧化为 SO_4^{2-}。

2) 排硫硫杆菌(*T. thioparus*)，自养型、好氧，氧化产物为 Fe^{3+} 和 SO_4^{2-}。

3) 氧化亚铁硫杆菌(*T. ferrooxidans*)，自养型、好氧，氧化产物为 Fe^{3+}。

4) 新型硫杆菌(*T. novellus*)，利用 $S_2O_3^{2-}$ 作为能源，对酸敏感。

5) 脱氮硫杆菌(*T. denitrificans*)，在厌氧环境中利用 NO_3^- 为末端电子受体，以硫作为能源，产生 SO_2 和 N_2。

6) 喜酸硫杆菌(*T. acidophilus*)，为异养型、嗜酸性硫杆菌，能在 Fe^{2+} 浓度高的酸性环境中生活，但不氧化 Fe^{2+}，而是氧化 S^{2-} 为 S，能利用亚铁氧化硫杆菌分泌的有机物，因而能去除有机物对亚铁氧化硫杆菌的危害。

(3) 有色氧化硫细菌这类细菌体内含有特殊的菌绿素和其他类胡萝卜素，从光中获得能量，并进行光合作用同化 CO_2，有自养型和异养型两类。光能自养型氧化硫细菌以硫化物和硫代硫酸盐作为电子供体，以 CO_2 作为碳源。这类细菌主要是着色菌属(*Chromatium*)和绿菌属(*Chlorobium*)中的一些种类，它们大都为厌氧菌。光能异养氧化硫细菌以简单的有机酸类和醇类为电子供体和碳源，以光能为能源。这类细菌包括红螺菌属(*Rhodospirillure*)、红假单胞菌属(*Rhodopseudomonas*)、红微球菌属(*Rhodomicrobium*)和绿丝菌科(*Chloroflexaceae*)的细菌，它们都能进行光照厌氧或黑暗好氧呼吸作用。

不同种类的光合细菌，其吸收光的波长是不同的。如蓝细菌需要波长较短的光，而紫细菌需要长波光。由于水对光波有吸收作用，光线进入水体后，到达不同深度水层的光线波长是不同的。因此，在不同深度的水层中生活着不同种类的光合细菌，甚至在深水层也有利用光能生长的光合细菌生活。

D 无机硫化物的还原作用

无机硫化物的还原作用是在厌氧条件下，微生物将硫酸盐、亚硫酸盐、硫代硫酸盐和次亚硫酸盐还原成硫化氢的过程。在此反应中,微生物利用 SO_2 等硫化物中的氧作为最终氢受体,氧化有机物获得能量,这就是通常所说的反硫化作用(desulphurication)。

反硫化作用具高度特异性,主要由脱硫弧菌属(*Desulfovibrio*)来完成。该属细菌为严格的厌氧菌,革兰阴性,无芽孢。该菌能在许多不同的有机基质上异养生长,利用硫酸盐、硫代硫酸盐或元素硫作为电子受体。脱硫弧菌属的不同种,以乳酸盐、丙酮酸盐或苹果酸盐为基质,还原 SO_4^{2-} 的反应并不完全相同。有的种在缺乏 SO_4^{2-} 时,即使有有机质存在,也不能生长;而脱硫脱硫弧菌(*D. desulfuricans*)在缺乏 SO_4^{2-} 时,也能在含丙酮酸的基质中生长;普通脱硫弧菌(*D. vulgaris*)即使有 SO_4^{2-} 存在,仍不能在有苹果酸的培养基上生长。

除脱硫弧菌外,脱硫肠状菌属(*Desul fotomaculum*)的细菌也能进行反硫化作用。脱硫弧菌适宜于生长在污泥和沼泽地中,以及排灌不良的土壤中,利用硫进行呼吸。如遇到环境中存在溶解氧和 pH 值下降到较低时,就会停止活动。

H_2S 是与氰化氢具有同样水平的毒性物质,水中 H_2S 的浓度达到 0.1 mg/L 时,即会显著影响鱼苗的生长和鱼卵的存活。H_2S 对高等植物根的毒害作用也很大,如浓度达到 2 ~ 3 mg/L,即对柑橘类根产生影响。由于淡水中的 SO_4^{2-} 浓度低,由硫酸盐还原而形成的 H_2S 很少,淡水水体中的 H_2S 主要是通过含巯基的有机化合物在厌气环境中分解而产生的。但在海水中,由硫酸盐还原而形成 H_2S 是海水中 H_2S 的主要来源,这是因为海水含有高浓度的 SO_4^{2-}。

在混凝土排水管和铸铁排水管中,如果有硫酸盐存在,管的底部则常因缺氧而产生 H_2S。H_2S 与铁在水中非生物氧化产生的 Fe^{2+} 起反应,形成难溶的 FeS 和 $Fe(OH)_2$,这是造成铁管锈蚀的主要原因,这个过程称为铁的无氧锈蚀(anaerobic corrosion of iron)。另外,H_2S 上升到污水表层或逸出空气层时,还会在有氧条件下,被硫化细菌或硫磺细菌氧化为 SO_4^{2-},SO_4^{2-} 再与管顶部的凝结水结合,加速了混凝土管和铸铁管的腐蚀进程(图 4 - 23)。为了减少硫酸盐还原作用造成的管道腐蚀,除要求管道有适当的坡度,使污水流动畅通外,还要加强管道的维护工作。

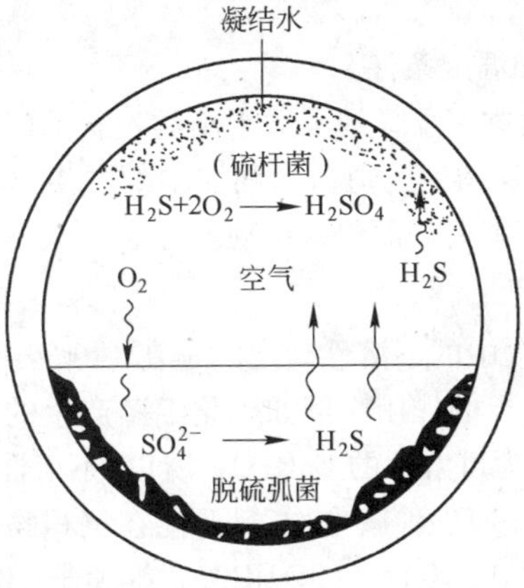

图 4 - 23 硫酸盐还原菌活动造成的管道腐蚀

4.4.4 含磷化合物的降解转化

4.4.4.1 自然界中的磷素循环

磷在土壤和水体中主要以有机磷化物、不溶性磷酸盐和可溶性磷酸盐 3 种状态存在。磷是一切生物的重要营养元素,它不仅是生物细胞的组成成分,而且在遗传物质的组成和能量的贮存中都需要磷,然而,只有可溶性磷酸盐才能被植物吸收。不溶性磷酸盐可以在微生物作用下溶解,形成可溶性的磷酸盐,这一过程称为磷的有效化,通过代谢作用可以产生酸的微生物都具有这个功能,如微生物在土壤中活动时,产生的有机酸和由呼吸作用中释放的 CO_2 所生成的碳酸,以及硝化细菌和硫化细菌产生的硝酸和硫酸等,均能加强磷酸钙的溶解性,提高土壤中可给性(可直接为植物吸收)磷素的含量。有机磷化合物经微生物的分解,也能形成可溶性的磷酸盐。当溶解性磷酸盐被植物吸收后变为植物体内的有机磷化物,动物食用后即变成动物体内的含磷有机物。动、植物尸体在微生物作用下分解转化形成磷酸后,很快与环境中的金属离子化合,大多数转化成不溶性的钙盐、镁盐和铁盐等。可见,磷在自然界中主要通过矿化有机磷、同化无机磷和磷的有效化三个途径进行循环,如图 4-24 所示。

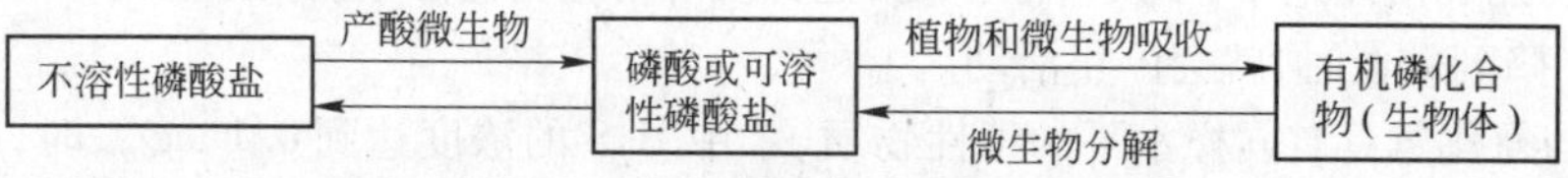

图 4-24　自然界磷素循环的主要过程

4.4.4.2　微生物在磷素循环中的作用

A　有机磷的矿化作用

有机磷的矿化是伴随有机物降解过程同时发生的,并不具有专一性,一切能降解有机物的异养细菌都能进行这一作用,包括细菌、放线菌、真菌。在农业生产上常选用一些矿化能力强的菌种,如解磷巨大芽孢杆菌(*Bacillus megaterium* var. *phosphaticum*)等,促进有机物中磷素的释放,以提高土壤中可以被作物利用的磷的含量。矿化有机磷的速度受多种因素的影响:

(1) 微生物利用碳素基质的能力,也就是微生物降解有机物的强度。

(2) 含碳有机物的可降解程度。

(3) 是否有合适的氮源供应。

(4) 是否有适宜的 pH 值和温度条件。

如在富营养化湖泊中,当秋季水温降到不适于藻类生长的温度范围时,藻类的生长停止,并逐渐死亡。这时如水域中 pH 值和温度适宜,则湖泊中的微生物区系就能利用死亡的藻体作为有机碳源进行降解,同时释放出无机氮素和磷化物。

B　不溶性磷酸盐的有效化

溶液中的可溶性磷和沉积物中的不溶性磷之间是在不断转化的。生活于沉积物中的自养细菌,在磷的有效化过程中起着重要的作用。例如硝化细菌产生的硝酸和硫化细菌产生的硫酸就能使不溶性的 $Ca_3(PO_4)_2$ 转变为可溶性的 $CaHPO_4$,所以,不溶性磷酸盐的有效化可以通过沉积物表面的产酸过程得到促进。任何一种微生物,只要能在沉积物与水的界面上利用一种基质并产酸,它就能促进磷的溶解,即形成 H_2PO^{4-} 和 HPO_4^{2-} 等离子,例如无色杆菌(*Achromobacter*)和胶质芽孢杆菌(*B. mucilaginosus*)等。

除了上述自养产酸细菌能使不溶性磷化物向可溶性磷酸盐转化外,土壤中微生物和植物根系分泌的 CO_2 和有机酸类也可使不溶性的 $Ca_3(PO_4)_2$ 溶解。

C　磷的同化作用

无机磷化物通过生物细胞转变为有机磷,并成为细胞的组成成分。在水生环境中,藻类对磷的同化起着主要的作用,而在土壤中则由细菌固定着大量的磷。磷的同化作用同样受到多种因素的限制,仍以池塘或湖泊为例,秋季随着水温的下降,水体中的藻类逐渐死亡,遗体为微生物分

解并放出无机磷,这些无机磷的同化往往受下列因素的制约:

(1) 必须待来年气温转暖,达到合适水温,并有充足的阳光时,才能被藻类、光合微生物和其他细菌重新同化为有机体的组成成分。

(2) 如为异养生物所同化,必须有适量的有机碳源,如果 C:P(质量比) < 100:1,异养细菌同化磷的作用就会停止进行。

(3) 无论是自养生物还是异养生物,都需要有效的氮源供给。当 N:P(质量比) ≥ 10:1 时,磷的同化作用可以正常进行;而当 N:P(质量比) < 10:1 时,磷的同化也会停止。

由于磷酸很容易与其他盐类生成不溶性的磷酸盐,在许多天然生境中都缺乏可以为生物直接利用的有效磷成分。在这些地区,如适当投放有效态磷,可以促进植物和细菌的生长,所以在农田耕作中,必须施入足够的磷肥,以满足土壤微生物和农作物生长的需要,如供应量不足就会发生微生物区系与作物之间竞争磷肥的现象。

磷是水体富营养化的限制性因子,可溶性磷酸盐的过量排入,可以引起水体藻类的过度繁殖,造成水体污染,使水质严重恶化。除了含磷污水的直接排放外,农田退水以及废水处理厂二级处理水的排放等,都是造成磷污染水体的重要原因。所以,对污水的除磷处理已成为废水处理的常规要求。

4.4.5 难降解物质的降解转化

4.4.5.1 对合成有机物的降解作用

A 微生物对化学农药的降解

目前世界上农药总产量每年已达到200万t以上,农药的品种约有520余种。但是,农药的过量和不适宜的使用,造成了环境的污染,给人类带来了严重的危害。有很多农药在土壤中是十分稳定的,像有机氯农药DDT、氯丹、七氯艾氏剂、狄氏剂等都很难被微生物降解。有的农药可在土壤中保持数年,甚至几十年不被分解。由于这些具有毒性的农药在土壤里大量的积累,会导致环境的严重污染,进而给人畜带来极大的危害,所以,开展微生物降解农药的研究,在全世界已成为一门热门课题。

a 降解有机农药的微生物

农药的毒性很强,又很稳定,很难被微生物降解,但现在的许多研究证明,绝大部分农药在环境微生物群落的作用下,能够得到或快或慢的降解。由于农药性质和分子结构的特殊性,其生物降解过程比较复杂,往往需要不同种属微生物的共代谢作用来完成。环境中有机农药的生物降解虽然也有植物、土壤微型动物和藻类等生物的作用,但最主要的降解者是细菌和真菌。参与农药降解的微生物种类很多,表4-6中列出了对各种有机农药具有较强降解能力的一些微生物种属,其中大部分种属均能参与多种农药的转化与分解。

表4-6 参与不同农药降解的微生物

微生物	农药
假单胞菌属(*Pseudomonas*)	丙烯醇,芽草枯,2,4-D,氯苯胺灵,DDT,敌敌畏,灭草隆,异狄氏剂,地乐酚,二嗪农,二硝基酚,西玛津,五氯酚钡
芽孢杆菌属(*Bacillus*)	MMDFD,DDT,芽草枯,利谷隆,毒莠定,灭草隆,三氯乙酸
棒状杆菌属(*Corynebacterium*)	芽草枯,2,4-D,DDT,地乐酚,二硝基酚,百草枯
黄杆菌属(*Flavobacterium*)	芽草枯,2,4-D,氯苯胺灵,毒莠定,三氯乙酸,马来酰肼
节杆菌属(*Arthrobacter*)	芽草枯,2,4-D,二嗪隆,草藻灭,毒莠定,西玛津

续表 4－6

微生物	农药
土壤杆菌属(*Agrobacterium*)	芽草枯,氯苯胺,DDT,毒莠定,三氯己酸
无色杆菌属(*Achromobacter*)	芽草枯,2,4-D,DDT,2,4,5-T
产气杆菌属(*Aerobacter*)	DDT,异狄氏剂
产碱杆菌属(*Alcaligenes*)	芽草枯,抑芽丹,三氯乙酸
拟杆菌属(*Bacteroides*)	氟乐灵
链霉菌属(*Streptomyces*)	芽草枯,二嗪隆,五氯硝基苯,西玛津,DDT
诺卡菌属(*Nocardia*)	芽草枯,2,4-D,毒莠定,三氯乙酸,丙烯醇,五氯硝基苯,DDT
曲霉属(*Aspergillus*)	利谷隆,毒莠定,扑草净,西草净,西玛津,敌百虫,2,4-D,利谷隆
镰刀霉属(*Fusarium*)	DDT,西玛津,敌百虫,五氯硝基苯,莠去津,艾氏剂
头孢霉属(*Cephalosporium*)	扑草净,西草净,莠去津
芽枝霉属(*Cladosporium*)	扑草净,西草净,莠去津
毛霉属(*Mucor*)	DDT,五氯硝基苯
链孢霉属(*Neurospora*)	地茂散
交链孢霉属(*Alternavia*)	芽草枯
酵母菌(*microzyme*)	克菌丹,毒莠定

b 微生物对有机农药的作用类型

微生物及其对污染物的代谢途径具有多样性,而农药的种类也很多,且分子结构复杂,这就使微生物对农药的作用类型呈现出多样化的趋势。微生物对有机农药的作用类型可以归纳为以下 6 种。

(1) 去毒作用。农药分子被微生物作用后变有毒为无毒。

(2) 降解作用。将复杂的农药化合物转变为简单化合物,或者彻底分解为 CO_2 和 H_2O 及 NH_3、Cl^- 等。如果完全被分解成无机化合物,即称为农药的矿化。

(3) 活化作用。将无毒或毒性较差的农药转化为有毒或毒性更强的化合物。如除草剂 2,4-D、杀虫剂甲拌磷,是经土壤中微生物作用后的代谢产物,对杂草及昆虫有毒害作用。

(4) 失去活化性。一些无毒的有机化合物,在某些微生物作用下可以被活化成有毒的农药,而另一些微生物能将这些化合物转化为其他的无毒化合物,使其失去活化性而不再呈现农药的毒性。

(5) 结合作用。又称复合作用或加成作用,是指微生物的细胞代谢产物与农药结合,形成更为复杂的物质,如将氨基酸、有机酸、甲基或者其他基团加在作用的底物上。

(6) 改变毒性谱。某些农药对一类有机体有毒,当被微生物代谢后,虽然消除了对原作用生命体的毒性作用,但其转化产物却能抑制另一类有机体的生命活动,也就是说,农药的毒性谱发生了改变。如 5-氯苯甲醇可以转化为 4-氯苯甲酸,但这两种化合物的毒性作用只能在完全不同种类的生命体上得到体现。

c 典型有机农药的微生物降解

(1) 2,4 二氯苯氧乙酸。简写为 2,4-D,是一种高效低残留的除草剂,在土壤中降解比较快,半衰期为几天到几周。

目前已知能降解 2,4-D 的微生物有:假单胞菌属一种(*Pseudotrumas* sp.),枝动菌属一种

(*Mycoplana* sp.),无色杆菌属一种(*Achromobacter* sp.),奇异黄杆菌(*Flavobacterium pereg rinum*),棒杆菌属一种(*Corynebacterium* sp.),球形节杆菌(*Arthrobacter globiformis*),节杆菌属一种(*Arthrobacter* sp.),聚生孢噬纤维菌(*Sporocytophaga congregata*)等细菌;诺卡菌属一种(*Nocardia* sp.)、绿色产色链霉菌(*Streptomyces viridochromogenes*)等放线菌;还有真菌黑曲霉(*Aspergillus nige*)等。以上各种微生物对苯氧乙酸的代谢速率和程度各有不同,除黑曲霉仅能把羟基引入芳香环外,其余都能完全地或近乎完全地降解苯氧乙酸,使其失去芳香环的结构,并使分子上的氯以无机氯的形式释放出来。

有研究表明,用好氧活性污泥法来分解去除2,4-D时,处理系统中必须保证有足够的生物量才能取得明显的效果。如果基质浓度为500 ~ 1000 mg/L,所需污泥质量浓度(MLSS)为2 ~4 g/L。

(2) 4,4-二氯二苯三氯乙烷。即DDT,化学性质稳定,结构复杂,非常难以被微生物降解,是一种危害严重的环境污染物。它在土壤中的半衰期平均为3年以上,在使用10年后,仍然有5% ~10%残留在土壤中。

目前知道有很多种细菌能转化DDT。据统计,以下10属共23种细菌能在厌氧条件下对DDT发生不同程度的脱氯作用:假单胞菌属(*Pseudomonas*)6个种,欧文菌属(*Erwinia*)4个种,黄单胞菌属(*Xanthomonas*)4个种,芽孢杆菌属(*Bacillus*)3个种,无色杆菌属(*Achromobacter*)1种,以及产气气杆菌(*Aerobacter aerogenes*)、根癌土壤杆菌(*Agrobacterium tumefaciens*)、巴氏芽孢梭菌(*Clostridium pasteurianum*)、密执安棒状杆菌(*Corynebacterium michiganense*)和佐氏库特菌(*Kurthia zopfii*)。其中,假单胞菌属、欧文菌属和黄单胞菌属的14个菌种的脱氯作用最为活跃。在好氧条件下,产气杆菌(*Aerobacteraerogenes*)也能缓慢地将DDT脱氯,生成二氯二苯二氯乙烯(DDE)。

研究人员发现,当氢单胞杆菌(*Hydrogenomonas*)和镰刀霉属中的尖孢镰刀菌(*Fusarium axysporum*)共同培养时,可将基质中的DDT降解为CO_2和氯化物,而分别单独培养时,两者都不能将DDT彻底降解。这说明DDT的降解矿化,需要不同微生物种群间的联合作用。

(3) 六六六。即1,2,3,4,5,6六氯环己烷,简写为BHC,是一种有机氯杀虫剂,对人、畜急性毒性较低,但如果经常接触或食用有六六六残留的食物,可以通过富集作用对人体健康造成危害。

按照氯原子与环己烷的空间结构,BHC有α-BHC、β-BHC、γ-BHC和δ-BHC 4种异构体。其中,γ-BHC对微生物的降解较为敏感,降解速度较快。在水稻田中,BHC的4种异构体的降解速率表现出明显差异,其降解速率大小排序为γ-BHC > α-BHC > β-BHC > δ-BHC。代谢BHC类化合物的微生物为厌氧微生物,包括兼性厌氧微生物和专性厌氧微生物。环境中的氧气,可以明显地抑制微生物对BHC的降解。

在土壤中,梭菌(*Clostridium*)能代谢γ-BHC和α-BHC,对BHC的降解起着主要作用。在商品六六六中,α-BHC是最主要成分之一,丁酸梭菌、巴氏梭菌和弗氏柠檬酸菌都能使α-BHC完全脱氯,形成无氯代谢产物。在恶臭假单胞菌(*Pseudomonas putida*)的培养基中加入还原型的$FADH_2$,可以刺激γ-BHC完全降解矿化。小球藻(*Chlorella vulgais*)和莱茵衣藻(*Chlamydomonas reinhardi*)可使γ-BHC发生脱氯反应。许多真菌可以将BHC代谢生成四氯代苯和苯酚。BHC类化合物的完全降解需要多种微生物的参与,如脱氯、环裂解、氧化、脱羧等多种反应过程,可以在不同的环境下受不同微生物的作用而完成。

(4) 有机磷农药。有机磷农药是醇类与磷酸结合的酯类化合物,或者是磷酸与其他有机酸结合而形成的酸酐类化合物,具有高效的杀虫效力。有机磷农药在环境中具有很强的稳定性,属剧毒高残留农药。环境中的细菌、真菌和藻类等微生物都可参与有机磷农药的生物降解过程。

研究发现,枯草杆菌(*Bacillus subtilis*)是降解对硫磷最有效的微生物,在它的作用下,对硫磷和甲基对硫磷会很快失去对昆虫等的毒性。参与对硫磷降解的其他微生物还包括假单胞菌(*Pseudomonas*)、产碱杆菌(*Alcaligenes*)、大肠杆菌(*Escherichia coli*)、沙雷菌(*Serratia*),无色杆菌(*Achromobacter*)、根瘤菌(*Rhizobium*)、黄杆菌(*Flavobacterium*)、瓦克青霉(*Penicillum WarSTIlanll*)、蛋白核小球藻(*Chlorella pyrenoidosa*)和组囊藻(*Anacystis nidulans*)等。微生物降解对硫磷的反应主要包括还原、水解和氧化反应。首先对硫磷分子中的—NO_2 被还原成—NH_2,从而生成对氨基对硫磷,然后此物水解生成对氨基苯酚和二乙基磷酸。对硫磷也可以直接水解生成对硝基苯酚和二乙基磷酸,对硝基苯酚进一步分解释放出亚硝酸和氢醌。对硫磷也可以通过氧化作用生成对氧磷,然后经过水解生成对硝基苯酚和二乙基磷酸。

马拉硫磷是另一种常见有机磷农药,在环境中的生物降解过程包括水解和去甲基两种途径。例如,假单胞菌(*Pseudomonas*)可以使马拉硫磷水解生成马拉硫磷单羧酸,然后形成马拉硫磷二羧酸;而绿色木霉(*Trichoderma viride*)可使马拉硫磷发生去甲基作用,生成去甲基马拉硫磷。参与马拉硫磷降解的微生物,现已查明的有假单胞菌(*Pseudomonas*)、根瘤菌(*Rhizobium*)、节杆菌(*Arthrobacter* sp.)、绿色木霉(*Trichoderma viride*)、青霉I(*Penicillum*)、丝核菌(*Rhizoctonia*)、曲霉(*Aspergillus*)、黄单胞菌(*Xanthomonas*)、丛毛单胞菌(*Comamonas*)和黄杆菌(*Flavobacterium*)等。

在土壤和水体中,有机磷农药的降解受到生物因素和非生物因素的影响。生物因素包括微生物种类、群体大小和生长速率等,非生物因素包括温度、酸碱度、盐度和土壤含水量等。

B 微生物对合成洗涤剂的降解

合成洗涤剂不仅在日常家庭生活中,而且在许多工业生产如纤维、纺织、造纸、食品、皮革、金属洗涤等行业中大量使用,全世界每年的合成洗涤剂产量可达千万吨。合成洗涤剂的基本成分是表面活性剂,根据在水中的电离性状可分为阴离子型、阳离子型、非离子型与电解质型4类。中国现在主要的产品是阴离子型的烷基苯磺酸钠型洗涤剂。

合成洗涤剂在环境中的降解速度除取决于微生物及其作用条件外,还与表面活性剂的化学结构有关。早期应用的表面活性剂为丙烯四聚物型烷基苯磺酸盐(ABS),其分子结构如图4－25所示,由于它的烃链上带有多个甲基,而且具有一个十分稳定的4级碳原子(即直接和4个碳原子相连的碳原子),对化学反应和生物反应都有很强的抵抗力,所以很难被微生物降解,在环境中残留时间长。后来,人们改变了洗涤剂的结构,合成了不带支链或仅带一个支链的、不含4级碳原子的烷基苯磺酸盐(LAS),由于支链烷基被直链烷基取代(图4－25),其生物降解性大大提高。在条件适宜的情况下,LAS的生物降解率一周内可降解90%以上,而ABS在经驯化的菌种作用下的降解也不超过40%。LAS在微生物作用下,可以通过烷基氧化、苯环裂解、脱磺酸作用以及微生物的共代谢作用得到降解。

从土壤、污水和生物污泥中分离到能以表面活性剂为唯一碳源和能源的微生物,主要是假单胞菌(*Pseudomonas*)、邻单胞菌(*Plesiomonas*)、黄单胞菌(*Xanthomonas*)、产碱杆菌(*Alcaligenes*)、微球菌(*Micrococcus*)、诺卡菌(*Nocardia*)等。固氮菌属中,除拜氏固氮菌外,都能在表面活性剂的分解中发挥积极作用。在含有去垢剂的污水中培养固氮菌具有积极意义,因为固氮作用增加了水中的有机氮,而有机氮化物可促进其他微生物的生长,从而可以提高去垢剂的降解速率。微生物对去垢剂的降解能力依赖于降解质粒的存在,与LAS降解有关的酶,如脱磺基酶和芳香族环裂解酶的编码基因均位于质粒上。

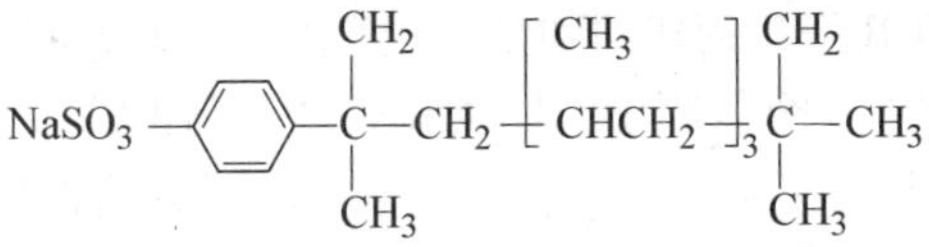

(ABS)

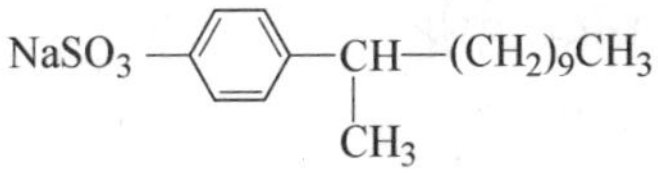

(LAS)

图 4-25 ABS 和 LAS 的分子结构

C 微生物对塑料的降解

塑料作为一种人工合成的高分子聚合物,已在人们的生产和生活中得到广泛应用,尤其是作为包装、盛器的塑料和农用塑料薄膜,在使用后或老化后即被废弃,大量进入环境,造成了所谓的"白色污染"。

由于塑料具有生物惰性,很难被微生物降解,可以在环境中长期残留。但目前发现有些微生物可分解塑料,但分解速度十分缓慢。微生物主要作用于塑料制品中所含有的增塑剂,聚氯乙烯塑料可含高达50%的增塑剂,当增塑剂为癸二酸酯时,在土壤中放置 14 天后,约有 40%的增塑剂被微生物降解。由于增塑剂的代谢变化可使塑料的物理性质发生改变,但对于塑料聚合物本身的降解是相当困难的。据资料介绍,塑料聚合物质先经受不同程度的光降解作用后,生物降解就容易得多。经光解后的塑料成为粉末状,如果相对分子质量降到 5000 以下,便易于为微生物利用。经光解的聚乙烯、聚丙烯、聚苯乙烯的分解产物中有苯甲酸、CO_2 和 H_2O。光解后的聚丙烯塑料及聚乙烯塑料,在其他土壤微生物类群的作用下,约一年后即可完全矿化。

D 多氯联苯的微生物降解

多氯联苯(PCB)是人工合成的有机氯化物,作为稳定剂其用途很广,如润滑油、绝缘油、增塑剂、热载体、油漆、油墨等中都含有 PCB。PCB 对皮肤、肝脏、神经、骨骼等都有不良影响,且是一种致癌因子。1968 年日本的"米糠油事件"就是由于人群食用了污染 PCB 的米糠油而引起的。PCB 极其稳定,耐酸碱、耐腐蚀,具有化学稳定性、绝缘性、不燃性、耐热性和高的电解常数等特点,在环境中很难分解。

已有大量研究证明,微生物能够降解 PCB。1978 年,一位在美国工作的日本科学家从威斯康星一湖泊采集的污泥样本中分离到两种能"吃"多氯联苯的细菌,它们是产碱杆菌(*Alcaligenes* sp.)和不动杆菌(*Acinetobacter* sp.)。这两种细菌都能分泌一种特殊的酶,把 PCB 转化为联苯或对氯联苯,然后吸收这些分解产物,排出苯甲酸或取代苯甲酸,再由环境中其他微生物进一步降解。美国有 3 位科学家采集并分析了赫德森河河底的淤泥,也发现在富含 PCB 的河床淤泥中有专门分解和消耗剧毒 PCB 的厌氧细菌,并从海洋生境中获得了既能降解 PCB 同类化合物,又能代谢 PCB 本身的微生物。

PCB 作为一种自然选择因子,能诱使微生物群落的结构和功能发生变化。研究人员对假单胞菌(*Pseudomonas* sp.)、沙雷菌(*Serratia* sp.)、芽孢杆菌(*Bacillus* sp.)等的野生型菌株进行诱变处理,获得了能把 PCB 矿化为二氧化碳和水的突变菌株,并从降解 PCB 的细菌中分离到了编码降解酶的质粒。

能以联苯为底物的微生物通常能够代谢各种 PCB 类似物。好氧细菌降解 PCB 的一般途径是以联苯双加氧酶攻击联苯环上未取代的 2,3 位而开始的,二羟代谢物通过间位开环被转化,产生氯代苯甲酸。也有报道 PCB 降解的代谢物是通过 3,4 – 二加氧酶攻击 3,4 位而产生的。PCB 的好氧降解一般限于有 5 个或 6 个氯原子的同类化合物。新的研究结果表明,厌氧菌易对氯含量高的 PCB 起脱氯作用。因此,氯含量高的化合物需先经厌氧菌作用后,再由好氧菌接着分解。脱氯菌释放氢,而氢又被氢细菌消耗,使脱氯菌得以继续脱氯。共代谢作用、降解性质粒以及微生物之间的互生关系,使多氯联苯降解、矿化。

E 微生物对氰(腈)类化合物的降解

氰(腈)化合物在生物体内可抑制细胞色素氧化酶,阻碍血液对氧的运输,使生物体缺氧窒息死亡,是一类剧毒性环境污染物。当质量浓度为 0.05 mg/L 时,水中的鱼就会中毒死亡;人只要吸入一滴(约 50 mg)的氢氰酸蒸气就会立即死亡;口服 0.1 ~ 0.3 g 的 KCN 或 NaCN 也会立即致命。氰(腈)类化合物主要存在于石油化工、人造纤维、电镀、煤气、制革和农药厂排放的废水中。

能降解氰(腈)类的微生物都是好氧性的,目前还没有发现能降解氰(腈)化合物的厌氧性微生物。有机腈化物较无机氰化物易于生物降解。无机氰化物的降解途径如下:

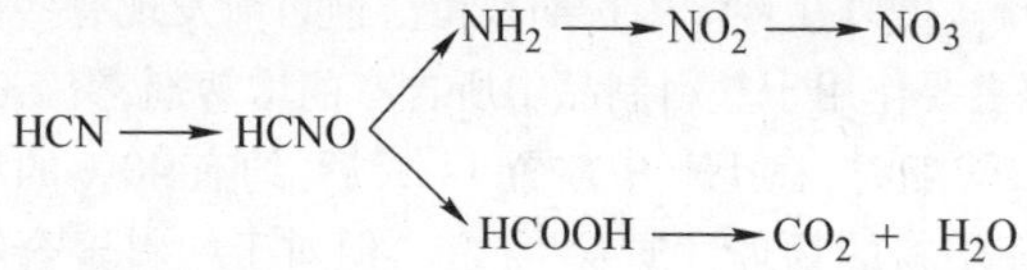

有机腈的分解机制如下:

$$R—C\equiv N \rightleftharpoons R—CH(OH)=NH \longrightarrow R—CO—NH_2 \longrightarrow NH_3 + R—COOH \longrightarrow CO_2 + H_2O$$

研究证明许多微生物可以转化分解氰(腈)化合物,如假单胞杆菌属(*Pseudomonas*)、诺卡菌属(*Nocardia*)、茄病镰刀霉(*Fusariurn solani*)、绿色木霉(*Trichoderma viride*)、裂腈无色杆菌(*Achromobacter nitriloclastes*)和黏乳产碱杆菌(*Alcaligenes viscolactis*)等,对氰均有不同程度的分解能力。因此,虽然氰(腈)化合物是剧毒物质,但采用经过驯化的活性污泥处理含氰(腈)废水,仍可获得显著效果。

4.4.5.2 对无机污染物的转化

A 汞污染与转化

a 自然界中的汞与汞污染

汞是自然环境里的一种天然成分,广泛分布于自然界中,一般含量极低。地表水中汞的质量浓度不到 0.1 μg/L,海水中为 0.1 ~ 1.2 μg/L,大气中为 0.001 ~ 50 μg/m^3,土壤中平均为 0.1 μg/g。汞在自然界主要以元素汞(Hg)和硫化汞(HgS)形式存在,汞在自然界的本底值并不高。

工农业生产是造成环境汞污染的主要原因。由于汞在工业上的广泛应用,人类对自然界汞的开采量逐年增多。如生产电池、路灯、继电器等都需要使用汞;生产氯乙烯塑料和乙醛也都要用氯化汞作催化剂;很多化学农药中亦含有汞。在这些工业产品的生产和使用过程中,含汞污染物质被不断地排入环境,成为主要的汞污染源。以氯碱工业为例,一座日产 100 t 氯的氯碱厂,每年排出并进入环境的汞可以达到 4 ~ 8 t,使环境遭受到严重污染。20 世纪 50 年代初期,日本和瑞典曾因汞污染而发生了严重的公害事件。日本水俣湾的渔民,食用了含有高度富集甲基汞的鱼和贝类而造成汞中毒症,表现出不可治愈的致命性神经性紊乱,人们称这种病为水俣病。水俣病病因是甲基汞中毒引起的。甲基汞来源于一家氮肥公司,这家公司把含有大量无机汞的废水排入水俣湾,无机汞在海底沉积,经细菌作用,转化为甲基汞。甲基汞比无机汞的毒性更强,又易溶解于脂肪,能比无机汞更为迅速地渗入生物体的细胞内,与蛋白质中的硫基结合抑制了生物体内的酶活性。甲基汞经水生生物的富集作用和食物链的放大作用,在鱼体内的质量浓度要比在海水中的质量浓度高出上万倍。人食用了这些鱼之后,汞又在人体内富集,最终导致了水俣病的发生。

汞的无机化合物对动植物有很强的毒性,如氯化汞、硫化汞和一些含汞的农药等。配位的有机汞对动植物毒性更强。有机汞一般具有很强的抗微生物降解作用,因此可以在环境长期存留,其生物学转化速度是十分缓慢的。

b 汞的生物转化

在自然环境中,微生物对汞的转化主要是指汞的甲基化和甲基汞的还原,但也有一些细菌,如柠檬酸细菌(*Citrobacter*)、枯草芽孢杆菌(*Bacillus subtilis*)、巨大芽孢杆菌(*Baillus megaterium*)等,在有氧条件下可以氧化单质汞。这里就汞的甲基化和甲基汞的还原这两种微生物转化作用做重点阐述。

(1) 汞的甲基化 在自然环境中,有些微生物可把元素汞和离子汞转化为甲基汞和二甲基汞。

$Hg \rightarrow Hg^{2+} \rightarrow CH_3Hg^+$ 或 $Hg \rightarrow Hg^{2+} \rightarrow CH_3HgCH_3$

在酸性条件下,一些含有甲基维生素 B12 的微生物,在细胞内的甲基转移酶作用下,促使甲基转移而形成甲基汞。甲基汞有剧毒,其毒性比单质汞高出许多倍。

产甲烷细菌具有将元素汞和离子汞转化为甲基汞的能力。由于甲基汞对生物毒性很强,而产甲烷细菌又常存在于含无机汞较多的水体底部淤泥中,因此,产甲烷细菌的活动使受汞污染水域的汞害大大加剧。此外,匙形梭状芽孢杆菌(*Clostridium cochlearium*)、荧光假单胞杆菌(*Pseudornonas fluorecens*)、草分枝杆菌(*Mycobacterium phiei*)、大肠杆菌(*E. coli*)、产气肠杆菌(*E. aerogenes*)和巨大芽孢杆菌(*Bacillus megatherium*)等都能把单质汞转化成甲基汞。若在培养基里存在半胱氨酸和维生素 B,可使无机汞转化为甲基汞的能力提高。此外,在某些真菌菌丝体中如黑曲霉(*Aspergillus niger*)、啤酒酵母(*Saccharolngces cerevisiae*)、粗糙链孢霉(*Neurospora crassa*)中也发现有甲基汞的存在。

(2) 甲基汞的还原作用。在被污染的河泥中存在一些抗汞细菌,能把甲基汞和离子汞还原成单质汞,亦可把甲基汞、乙基汞转化为单质汞和甲烷。

日本已分离出一种抗汞细菌,属于假单胞菌属(*Pseudomonas* K62)。这种细菌能把甲基汞吸收到细胞内,在体内转化为元素汞。大肠杆菌亦可将离子汞转化为元素汞。

日本正在研究利用该假单胞菌和大肠杆菌将离子汞转化为元素汞的能力,用来处理含汞污水。菌体可吸收含汞废水中的甲基汞、乙基汞、硫酸汞、硝酸汞等水溶性的汞化合物,并将它们还原为元素汞,然后将菌体收集起来。体内的元素汞一部分蒸发,可用活性炭吸收;另一部分可沉积在反应器底部再加以回收。此方法汞的回收率可达 80% 以上。图 4-26 所示是汞在自然环境中的微生物转化模式。

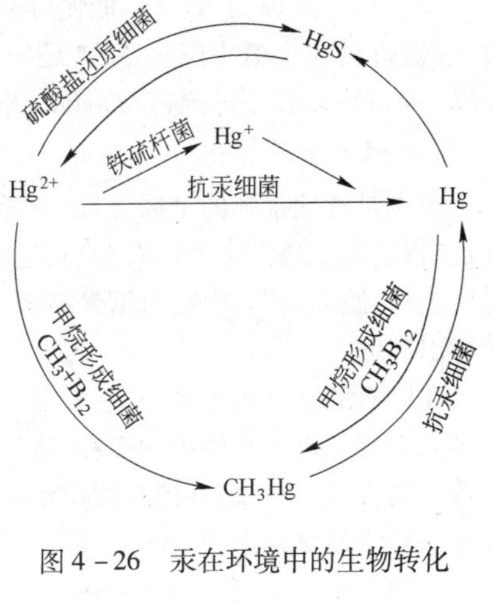

图 4-26 汞在环境中的生物转化

B　砷的生物转化

砷是一种毒性很强的金属元素，能使人与动物的中枢神经系统中毒，使细胞代谢酶系失去作用，还发现有致癌作用。无机的亚砷酸离子比五价砷酸盐离子毒性更强。砷广泛用于合金、农药、染料制造、木材保存及医药制品中，人类在应用砷的过程中，不可避免地造成大量含砷污染物进入环境。砷污染对水体、大气和土壤影响很大。例如，由于水体污染，台湾西部海岸的部分地区出现的黑足病，就是饮用含砷过高的井水引发的。大气中砷的含量过高，可导致人出现贫血、皮肤角质化等病变。

微生物可通过甲基化作用和氧化还原作用参与砷的转化过程。

a　砷的甲基化作用

砷也和汞一样，能发生甲基化作用。参与砷的甲基化的微生物较多，其中以真菌为主，如帚霉(*Gliocladium*)、曲霉(*Aspergillus*)、毛霉(*Mucor*)、镰孢霉(*Fusarium*)、青霉(*Penicillium*)等，有人已分离到3种真菌，即土生假丝酵母(*Candida humicola*、粉红黏帚霉(*Gliocladium rossunz*)和一种青霉(*Penicillium*)，能使单甲基砷酸盐和二甲基亚砷酸盐形成三甲基砷。经研究证明，产甲烷杆菌属(*Methanobacterium*)和脱硫弧菌(*Desulfovibrio*)也能把砷酸盐转化为甲基砷。微生物生成甲基砷的可能途径如下：

$$\text{砷酸盐} \xrightarrow{RCH_3} \text{甲基砷酸} \longrightarrow \text{二甲基次砷酸} \begin{cases} \nearrow \text{二甲基砷} \\ \searrow \text{三甲基砷} \end{cases}$$

目前发现有很多生物和微生物能将工农业排放的含砷污水和污泥中的砷转化为三甲基砷，并在许多生物体内发现了甲基砷化合物，而且生物合成率很高，对人和环境有较大危害。

b　As^{3+}及As^{5+}之间的转化

(1) As^{3+}氧化成As^{5+}　当往土壤中施入含Ad^{3+}的药剂后，As^{3+}会逐渐消失而有As^{5+}产生，这一氧化作用需要消耗一定的氧。

$$4NaAsO_2 + 3O_2 + 2H_2O \rightarrow 4NaHAsO_4$$

能引起这一转化作用的微生物为一些异养微生物，其中有假单胞菌属(*Pseudomonadaceae*)、黄杆菌属(*Flavobacterium*)、节杆菌属(*Arthrobacter*)、无色杆菌属(*Achromobacter*)及产碱杆菌属(*Alcaligenes*)等。

(2) As^{5+}还原为As^{3+}　能使砷酸盐还原为毒性更强的亚砷酸盐的微生物较多，如甲烷细菌、脱硫弧菌在土壤中能将As^{5+}还原为As^{3+}。此外，微球菌(*Micrococcus*)、毕赤酵母菌(*Pichia guillermondii*)以及小球藻(*Chlorella*)等也具有这种转化能力。

C　镉的生物转化

镉也是毒性很强的金属，慢性中毒表现为头痛、乏力、鼻黏膜萎缩、肺呼吸机能下降、肾功能衰退、胃痛等。急性中毒则有恶心、呕吐、头痛腹痛等症状。镉能在体内妨碍钙进入骨骼，可造成骨质疏松，脆而易断，引起所谓骨痛病。日本在20世纪50年代发生在富山县的骨痛病就是由镉中毒引起的。

在矿石的熔炼过程中，常有大量的镉排出。镉也是汽油添加剂的重要成分，随着汽油消耗而被排入大气。进入水体中的镉，能通过食物链而被富集放大，也能以元素形式直接被浮游生物和高等生物吸收。所以，各国对饮用水中镉的浓度均有严格限定，一般容许质量浓度为10 μg/L，空气中的容许质量浓度为100 $\mu g/m^3$。

一些微生物对镉有吸收和转化作用。例如，蜡状芽孢杆菌、大肠埃希菌和黑曲霉等，在含有

Cd^{2+}的培养基上生长时，体内能浓缩大量的镉；假单胞杆菌的变异株，不仅能使镉甲基化，而且在有维生素 B_{12}的参与下，能将无机二价镉化物转化生成少量的挥发性镉化物。

D 铅的生物转化

铅在地球上分布很广，用途也非常广泛，主要用做电缆、蓄电池、铸字合金和防放射线材料，也是油漆、农药、医药的原料，铅化物可造成环境污染。例如，汽油中添加四甲基铅具有省油和使发动机运转稳定的效果。但每消耗 1 L 汽油就能排放出 400 mg 以上的铅。铅被人体吸收后，蓄积于骨骼、肝脏和肾等器官组织中，会引起乏力、食欲下降、腹泻、手脚麻痹以及脑功能受损等症状，严重时也可致死。

微生物可使铅甲基化，产生四甲基铅（$(CH_3)_4Pb$），四甲基铅具有挥发性。纯培养的假单胞菌属、产碱杆菌属、黄杆菌属及气单胞菌属中的某些种，能将乙酸三甲基铅转化生成四甲基铅，但不能转化无机铅。

4.4.6 微生物降解动力学

4.4.6.1 微生物的生长

微生物的生长是指微生物在适宜的环境条件下不断吸收营养物质，合成自身的细胞组分，细胞原生质不断增加，细胞的质量和体积不断增大的过程。在液体培养基中典型的细菌生长包括停滞期、对数生长期、稳定期和衰亡期四个阶段，它们构成了细菌的生长曲线。微生物的生长是受到许多物理（温度、水分、pH 值、氧气和氧化还原电位）和化学（各种化学杀菌剂和抑菌剂）因素的影响，实际生产中可以利用此特点采用不同手段增殖有益微生物或控制有害微生物来满足生产生活的需要。遗传的物质基础是核酸，核酸包括 DNA 和 RNA，它们是遗传信息的载体。遗传物质可以发生突变。微生物的突变分自然突变和人工诱变，生产实践中常使用各种化学诱变剂（碱基类似物等）和物理诱变剂（紫外线、电离辐射）来定向培育优良微生物品种。遗传物质是可以发生转移的，这种转移既可是天然的，也可是人工的。前者如原核生物通过转化、转导和接合三种方式进行的遗传物质转移和重组。

在高等动植物中生长和繁殖是两个完全不同而且易于区分的概念，但对于微生物而言，它是“以数取胜”的，只有群体的生长才有实际意义，因此有必要对微生物的生长进行讨论。

微生物的生长可分为个体生长和群体生长。由于微生物个体很小，其个体生长无实际意义，所以，一般通过液体培养来研究其群体生长。

4.4.6.2 微生物的培养

培养方法有分批培养和连续培养两种。

A 分批培养

将一定量微生物接种到固定量的培养基中进行培养称为分批培养或间歇培养（batch culture）。它是一个封闭体系，微生物在分批培养中的生长速度随时间而发生有规律性的变化。

a 单细胞微生物的生长曲线

把少量的单细胞微生物接种到容器中分批培养，在适宜的条件下微生物群体就会生长起来，以单位体积中的细胞数的对数为纵坐标，以培养时间为横坐标，就可得到生长曲线（growth curve）。一条典型的生长曲线可以分为延迟期、对数期、稳定期和衰亡期四个生长时期。

此外，不同的微生物，甚至同一种微生物对不同物质的利用能力是不同的。有的物质可直接被利用（例如葡萄糖、NH_4^+ 等）；有的需要经过一定的适应期后微生物才能获得利用能力（例如乳糖、NO_3^- 等）。前者通常称为速效碳源（或氮源），后者称为迟效碳源（或氮源）。当培养基中同时含有这两类碳源(或氮源)时,微生物在生长过程中会产生二次生长现象。

b 生长的数学模型

对数生长期中微生物细胞数量呈指数增长,细胞各成分按比例增加。因此对数生长期中微生物的生长可用数学模型表示:

$$\frac{dN}{dt}=\mu N \quad \frac{dX}{dt}=\mu X \tag{4-10}$$

式中,N 为每毫升培养液中细胞的数目;X 为每毫升培养液中的生物量;μ 为比生长率(specific growth rate),即每单位数量的细胞在单位时间内的增长量;t 为培养时间,h。

对式(4-10)积分得

$$\ln N_t-\ln N_0=\mu(t_1-t_0) \tag{4-11}$$

将式(4-11)转换成以10为底的对数

$$\lg N_t-\lg N_0=\frac{\mu(t_1-t_0)}{2.303} \tag{4-12}$$

$$\mu=\frac{\lg N_t-\lg N_0}{t-t_0}\times 2.303 \tag{4-13}$$

N_t 与 N_0 分别代表时间 t 和 t_0 时的细胞数量。因此只要知道 t_1-t_0 如所用的时间和 N_0 与 N_t 的量,就可以由式(4-13)求出该条件下的 μ。

在细菌个体生长里,每个细胞分裂繁殖一代所需的时间为世代时间(generation time),在群体生长中细胞数量增加一倍所需的时间称为倍增时间(doubling time)。世代时间通常以 G 表示。根据式(4-11),可以求世代时间与比生长速率之间的关系:

因为 $$G=t-t_0 \quad N_t=2N_0$$

所以 $$G=\frac{\ln N_t-\ln N_0}{\mu}=\frac{\ln\frac{N_t}{N_0}}{\mu}=\frac{\ln 2}{\mu}=\frac{0.693}{\mu} \tag{4-14}$$

一般是先求出细菌繁殖的世代数(n),然后再求 G,即

$$n=\frac{\lg N_t-\lg N_0}{\lg 2}=\frac{\lg N_t-\lg N_0}{0.301} \tag{4-15}$$

$$G=\frac{t_1-t_0}{n}=\frac{t_1-t_0}{3.322(\lg N_t-\lg N_0)} \tag{4-16}$$

B 连续培养

连续培养(continuous culture)是指通过一定的方式使微生物能以恒定的比生长率生长并能维持生长的一种培养方法。连续培养克服了在分批培养中由于营养物质的消耗和代谢产物的积累而导致微生物生长停止的缺点。

连续培养的控制方式主要有两类:恒化培养和恒浊培养。

(1) 恒化培养(chemostatic culture)。保持培养液的流速不变,使培养罐内的营养物质浓度基本恒定,并使微生物始终在低于其最高生长速度的条件下进行繁殖。在恒化培养中,必须将某种必需的营养物质限制在较低的浓度,使其成为限制性底物,作为比生长速率的调控因子。常用的生长限制因子有作为碳源的葡萄糖,作为氮源的氨或氨基酸以及生长因子和有机盐等。此种培养通常用于微生物学的研究,筛选不同的品种等。

(2) 恒浊培养(turbidostatic culture)。根据体系中微生物的生长密度,不断调整培养液的流速,以取得菌体密度和生长速度恒定的微生物细胞的培养方式。此种培养方式一般用于菌体以

及与菌体生长平行的代谢产物生产的发酵工业，从而获得更好的经济效益。恒化器中稀释率与基质质量浓度、细胞质量浓度之间的关系如图 4－27 所示。

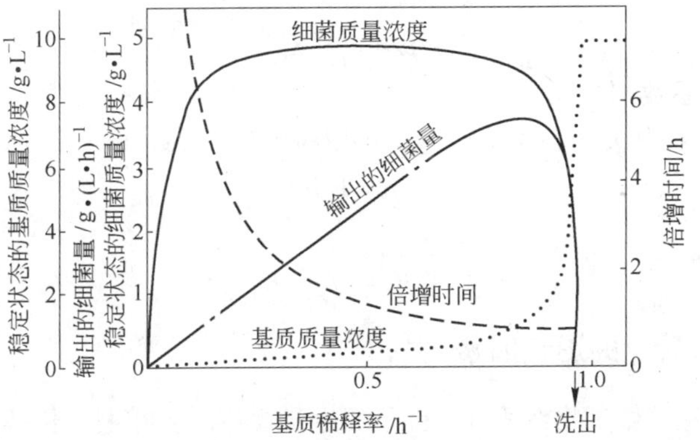

图 4－27 恒化器中稀释率与基质质量浓度、细胞质量浓度之间的关系

在培养系统中微生物的增长速率（dX/dt）与微生物细胞吸收/去除基质速率成正比，即在稳态下（$dX/dt=0$），比生长速率 μ 可以表示为

$$\mu = D = \frac{Q}{V} = \frac{\mu_{max}S}{K_s + S} \tag{4-17}$$

式中，μ_{max}为最大比生长速率，h；S 为基质质量浓度，mg/L；K_s 为饱和常数（saturation constant），即最大比生长速率（μ_{max}）一半时的基质质量浓度，其含义与米氏常数相似，mg/L。

K 和 K_m 相似，它表示微生物与基质的亲和性。μ_{max} 和 K_S 受温度、碳源类型和其他因素的影响。

这个方程由 Monod 提出，故称 Monod 方程，该式也可以用 Lineweaver-Burke 线性方程求解。

比基质吸收速率 $q = \frac{dS}{dt} \cdot \frac{1}{X}$，可由 Monod 方程导出

$$q = q_{max}\frac{S}{K_S + S} \tag{4-18}$$

在稳态下（$dX/dt=0$）微生物浓度 X 可以表示为

$$X = Y(S_i - S_e) \tag{4-19}$$

式中，Y 为生长产率（growth yield）系数，量纲一；S_i 为入流基质质量浓度，mg/L；S_e 为出流基质质量浓度，mg/L。

在培养系统中微生物的增长速率（dX/dt）与微生物细胞吸收/去除基质速率成正比，即

$$dX/dt = YdS/dt \tag{4-20}$$

式中，Y 为生长产率系数，是生成的细胞/用去的基质之比；dX/dt 为细胞增长率，以微生物质量浓度表示，mg/（L·d）；dS/dt 为基质去除率，mg/（L·d）；

根据式（4－20），有以下关系：

$$\mu = Yq \tag{4-21}$$

式中，μ 为比生长速率，d^{-1}；q 为基质吸收速度，d^{-1}。

产率实际上是每单位去除基质数量形成的生物量（biomass）的数量。它反映了基质向细胞的转化效率。微生物的种类、培养基、基质浓度、末端电子受体、pH 值以及培养温度都会影响生长产率。一般细菌的产率系数为 0.4～0.6。

在单一基质中生长纯微生物培养物，可以认为生长产率 Y 是常数。然而在环境中，特别是在

废水中，有多种微生物很少处于对数生长期，大多处于静止期或衰亡期，所以用于细胞维持的这部分能量不能忽略。这样，生长产率必须用衰亡期中细胞衰减(cell decay)的数量校正。经校正获得真实生长产率系数低于测定的产率，所以式(4－21)变为

$$\mu = Y_q - K_d \tag{4-22}$$

式中，K_d 为内源衰减系数，d^{-1}。

在连续培养反应器中，μ 的倒数为细胞体停留时间(cell retention time)θ_c，即有

$$\mu = 1/\theta_c \tag{4-23}$$

所以，

$$1/\theta_c = Y_q - K_d \tag{4-24}$$

4.4.7 微生物降解转化的影响因素

4.4.6 节我们讨论了微生物在适宜条件下的生长规律。实际上生长是微生物与环境各种物理、化学因子共同作用的结果。了解诸种环境因子对微生物生长的影响可以使我们掌握微生物的活动规律，达到利用有益微生物或消灭有害微生物的目的。影响微生物生长的环境因子很多，本节介绍影响较大的几个因子。

4.4.7.1 温度

温度是微生物生长的重要的环境因素之一。从微生物总体看，生长的温度范围很广，但具体到某一种微生物而言，则只能在一定的温度范围内生长，并具有最低、最适和最高 3 个温度值。

A 温度对微生物的作用

最适合微生物生长的温度称为最适生长温度(optimum growth temperature)。最低生长温度(minimum growth temperature)是指微生物生长的温度下限，在此温度下生长非常缓慢。当环境温度低于微生物生长下限时，呈休眠状态，此时微生物的生命活动虽然停止，但其活力仍然存在，利用这个特点，常采用冷藏法保存菌种(－20～－70℃)。最高生长温度(maximum growth temperature)是指微生物生长的温度上限，在此温度下微生物仍能生长，但是超过这个温度微生物停止生长或死亡。高温使微生物细胞内蛋白质凝固，酶变性失活，代谢停止而死亡。通常把在 10 min 内杀死某种微生物的高温界限称为致死温度(death point)。不同微生物的致死温度不同，如大多数细菌、病毒、酵母菌和丝状真菌营养体的致死温度为 50～65℃，放线菌和真菌的孢子致死温度为 75～80℃，细菌芽孢抗热能力极强，能耐 100℃以上高温数分钟。

值得注意的是，最适生长温度并不一定是微生物代谢的最适温度，例如青霉素产生菌产黄青霉(Penicillium chrysogenum)虽然在 30℃时生长最快，而青霉素产生的最适温度是 20～25℃。因此，在青霉素生产过程中采用变温培养的方法来获得高产。

B 微生物生长的温度类型

根据微生物生长的温度范围和最适温度，通常分为高温菌(thermophiles)、中温菌(mesophiles)和低温菌(psychrophiles)三种类型，如表 4－7 所示。

表 4－7 微生物的生长温度类型

微生物类型		生长温度范围/℃			生长环境
		最低	最适	最高	
低温型	专性嗜冷	－12	5～15	15～20	两极地区
	兼性嗜冷	－5～0	10～20	25～30	海水及食品冷藏箱

续表 4-7

微生物类型		生长温度范围/℃			生长环境
		最 低	最 适	最 高	
中温型		10~20	25~40	40~50	哺乳动物生活的环境
高温型	嗜热	30	45~60	70~80	堆肥和沼气发酵池等
	超嗜热	55以上	70~105	110~113	温泉、火山口

4.4.7.2 氧气和氧化还原电位

自然界微生物生活在氧含量不同的环境中,不同微生物对氧的需求或耐性是不一样的。

A 氧气与微生物生长

根据氧气对微生物生长的影响,可将微生物分为好氧菌(aerobes)和厌氧菌(anaerobes)两大类,进一步可以分为专性好氧菌(obligate aerobes)、兼性好氧菌(facultacive aerobes)、好氧菌(mieroaerophilie aerobes)、耐氧厌氧菌(aerotolerant anaerobes)和专性厌氧菌(obligate maerobes)五大类,如表4-8所示。

表4-8 氧气与微生物的关系

类 群	与氧气的关系	代谢类型	举 例	典型生长环境
		好氧微生物		
专性好氧	必须有氧才能生活	有氧呼吸	铜绿假单胞菌 藤黄微球菌	皮肤尘埃
兼性好氧	非必须,有氧时生长更好	有氧呼吸	大肠杆菌 酿酒酵母	肠道凋落物
微好氧	仅需低于大气中含氧量的条件	无氧呼吸和发酵	迂回螺菌 弯曲杆菌	湖水肠道
		厌氧微生物		
耐氧	不需氧,有氧时生活不好	发酵	酿脓链球菌 乳酸乳杆菌	上呼吸道 青贮饲料
专性厌氧	氧有毒害或致死作用	发酵或无氧呼吸	甲酸甲烷杆菌	污泥消化器 湖底沉积物

大多数细菌、真菌、藻类和原生动物都是好氧性微生物或兼性厌氧微生物,已知的专性厌氧生活的微生物在自然界很少,如产甲烷细菌和硫酸盐还原细菌,还有厌氧原生动物和厌氧真菌,它们一般在特殊环境下生活。氧气是强氧化剂和需氧性微生物呼吸链的最终电子受体。在有氧条件下,微生物可通过好氧呼吸产生更多能量,满足机体的生长需要。但在氧接受4个电子被还原成水的过程中,会产生有毒副产物,如超氧阴离子(O^{2-})、过氧化氢(H_2O_2)和羟基自由基(·OH):

$$O_2 + e^- \longrightarrow O^{2-}$$

$$O^{2-} + e^- + 2H^+ \longrightarrow H_2O_2$$

$$H_2O_2 + e^- + H^+ \longrightarrow H_2O + OH$$

$$OH + e^- + H^+ \longrightarrow H_2O$$

总反应 $$O_2 + 4e^- + 4H^+ \longrightarrow 2H_2O$$

羟基自由基毒性在这三种中最强,但是一种过渡态;超氧化物氧化能力很强,能使细胞内任何一种有机物氧化,包括生物大分子;过氧化物的氧化能力虽不如前者,但是足以使细胞受到损伤。

氧之所以对专性厌氧微生物以外的其他微生物不产生致死作用，是因为它们具有超氧化物歧化酶(superoxide dismutase，SOD)，该酶可催化 O^{2-} 分解成 H_2O_2，随后 H_2O_2 在过氧化氢酶(catalase)和过氧化物酶(peroxidase)作用下生成水。

$$O^{2-} + O^{2-} + 2H^{+} \longrightarrow H_2O_2 + O_2 \qquad (SOD)$$

$$H_2O_2 + H_2O_2 \longrightarrow 2H_2O + O_2 \qquad (过氧化氢酶)$$

$$H_2O_2 + NADH + H^{+} \longrightarrow 2H_2O + NAD^{+} \qquad (过氧化氢酶)$$

总反应 $$4O^{2-} + 4H^{+} \longrightarrow 2H_2O + 3O_2$$

目前知道耐氧性和专性厌氧性微生物中不存在 H_2O_2 酶，因此厌氧微生物一旦接触氧气就停止生长甚至很快死亡。兼性需氧微生物如酵母菌和一些肠道细菌在有氧和无氧环境中都能生存。它们具有两套呼吸酶系，一套是以氧作为最终电子受体的好氧呼吸酶系，另一套是不需要氧的以中间产物为氢受体进行发酵作用的酶系。

B 氧化还原电位(*E*h)与微生物生长

*E*h 能综合反映环境的氧化还原状况，对微生物生长有明显影响。*E*h 主要与氧分压有关，环境中氧气越多，*E*h 越高。*E*h 也受 pH 值影响，pH 值低时，*E*h 高，反之则 *E*h 低。微生物代谢活动消耗氧，产生的还原性物质如硫化氢、巯基化合物等可降低环境的 *E*h 值；改变通气状况、降低培养基 pH 和向培养基中添加氧化性物质如高铁化合物可提高其 *E*h 值。各种微生物要求不同的 *E*h 值，*E*h 值在 0.3 V 以上适宜好氧微生物生长，0.1 V 以下适宜厌氧微生物生长，兼性厌氧微生物在 0.1 V 以上进行好氧呼吸，在 0.1 V 以下进行发酵作用。

4.4.7.3 有效水分

水分对微生物的影响不仅取决于环境中水分的含量，更取决于水的有效性(availability)。溶质浓度和固体表面对水的亲和力都影响微生物对水分的可利用性。

A 水活度与微生物生长

环境中水的有效性一般以水活度(water activity) a_w 为指标。见 3.1.1.6 节。每一种微生物都有其最适 a_w 值(表 4-9)。总体而言，细菌对水活度要求较高，地衣和一些丝状真菌能在 a_w 值低于 0.60 条件下生长，细菌的芽孢以及放线菌和真菌的孢子可在干旱条件下长期存活，当水分适宜时，便可萌发生长。

表 4-9 一些微生物生活环境的水活度

水活度 a_w	环境(或材料)	代表微生物种类
1.00	纯水	柄杆菌、螺菌
0.995	人体血液	链球菌、埃希氏菌
0.980	海水	假单胞菌、弧菌
0.950	面包	大多数革兰氏阳性杆菌
0.900	枫(树)糖浆、火腿	革兰氏阴性球菌
0.850	咸腊肠	鲁氏酵母
0.800	水果蛋糕、果酱	拜耳酵母、青霉
0.750	盐湖、咸鱼	盐杆菌、盐球菌
0.700	谷物、蜜饯、干果	嗜干燥真菌

B 高溶质浓度与微生物生长

水活度不仅与环境中水分的含量有关，还与溶解在水中溶质的质量浓度有关。在实际工作中，常常利用此原理保存蔬菜、水果和肉类等，防止腐败，例如常用10%～15%食盐或50%～70%的糖来腌制食品。不过有些微生物能耐受高溶质环境，而且适宜在这种条件下生活，这类菌称为嗜盐菌(halophiles)，生长要求NaCl质量分数为1%～6%的称为微嗜盐菌，6%～16%的称为中度嗜盐菌，15%～30%的称为极度嗜盐菌。能在极干燥环境下生活的成为嗜干燥菌(xerophiles)如表4-9所示。这些微生物耐低水活度的机制是提高细胞内溶质浓度，其方式是从外界泵入离子，或是在细胞内合成某些物质。这种用来调节细胞内水分而不会对细胞的正常代谢途径有抑制作用的物质称为兼容溶质(compatible solutes)，如许多革兰氏阴性细菌中的谷氨酸盐、嗜盐细菌中的钾离子都有这种作用。

4.4.7.4 pH值

pH值对微生物的生命活动有很大影响。大多数自然环境的pH值为5～9，大多数微生物生长的最适pH值也在这个范围。自然界中从pH值为1至pH值为10都有微生物生存。要求低pH值或高pH值的微生物分别称为嗜酸菌(*acidophiles*)和嗜碱菌(*alkaliphiles*)。有些细菌可在pH值为1下生活，而在中性环境下则不能生长，如细菌中的硫杆菌(*Thiobacillus*)和古菌中的硫化叶菌(*Sulfolobus*)、热原体(*Thermoplasma*)，这些菌称为专性嗜酸菌(*obligate acidophiles*)。嗜碱菌一般生活在碱湖和高碳酸钠的土壤中，嗜碱菌有重要的工业用途，主要是用来生产一些碱性蛋白酶等或作为家庭去污剂的添加剂。

一般而言，细菌、藻类和原生动物的最适宜生长pH值为6.5～7.5，许多种类在pH值为4.0～10.0也能生长。放线菌最适宜生长在微碱性即pH值为7.5～8.0的环境。真菌比细菌耐酸，许多种类适于pH值为4.0～6.0的酸性环境。

必须注意的是，尽管微生物生活需要适宜的pH值，但只代表微生物生活的外部条件，细胞的内部环境必须保持接近中性，以保持酶的活力。

4.4.7.5 辐射

辐射是能量通过空间传播的一种物理现象。辐射分电磁辐射和电离辐射两种形式，与微生物有关的电磁辐射主要有可见光和紫外线；与微生物有关的电离辐射主要有X、α、β、γ射线。

A 可见光

可见光为波长400～800 nm的电磁辐射，它是光合微生物的能量来源。一般来讲，可见光对大多数化能微生物没有影响，但是，强烈的可见光照射可引起微生物死亡。

B 紫外线

紫外线的波长为100～400 nm，其中260～280 nm的杀菌效果最明显。因为260 nm是核酸的最大吸收峰，蛋白质的最大吸收峰在280 nm附近。紫外线的杀菌机制主要是引起DNA分子中相邻的胸腺嘧啶(T)产生二聚体，使得DNA复制错误或无法复制，从而引起微生物发生突变甚至死亡。紫外线除了诱发胸腺嘧啶(T)产生二聚体外，还会使空气中分子氧变成O_3，O_3不稳定，释放的原子氧有杀菌作用。

C 电离辐射

X、α、β和γ射线均能引起被作用物质的电离，称为电离辐射。这些射线的波长短，能量大。对微生物的作用是通过照射使环境中水分子和被照射物中水分子发生电离，产生自由基，这些自由基能与细胞中敏感大分子作用使其失活，从而使细胞受到伤害或死亡。γ射线有非常强的穿透能力和杀菌效果，由放射性同位素 Co60 产生的γ射线已广泛应用于不耐热食品、药品和塑料制品的灭菌。

D 微波

微波是指频率为 300～30000 MHz 的电磁波。微波的杀菌作用主要是微波的热效应造成细胞内分子加速运动使细胞内部受到伤害，从而导致微生物死亡。

4.4.7.6 化学杀菌剂和抑菌剂

微生物生长也可以被化学物质所控制。能杀死或抑制微生物生长的化学物质称为抗微生物剂(antimicrobial agent)，主要分为消毒剂(disinfectant)和防腐剂(antisepsis)，它们可以是化学合成也可以是生物天然合成的产物。常用化学杀菌剂和抑菌剂如表 4－10 所示。

表 4－10 常用防腐剂、消毒剂及其应用

类 型	使用名称	使用范围	作用机制
醇 类	70%～75%乙醇	皮肤、器皿表面	蛋白质变性，溶解脂类
酚 类	3%～5%石炭酸	地面、家具、器皿表面消毒	蛋白质变性，损伤细胞膜
醛 类	10%甲醛(福尔马林) 2%戊二醛	物品表面消毒，熏蒸消毒房间 不耐高温的物品消毒	破坏蛋白质氢键或氨基
重金属	0.05%～0.1% $HgCl_2$(升汞)	种子和非金属器皿表面消毒	与蛋白质巯基结合使其失活
盐 类	2%红汞 0.1%～0.5% $CuSO_4$ 1%硝酸银	皮肤黏膜、小创伤消毒 杀藻类和植物病原真菌 皮肤、新生儿滴眼	与蛋白质巯基结合使其失活与蛋白质巯基结合使其失活变性、沉淀蛋白质
表面活性剂 (季铵盐类)	0.05%～0.1%新洁尔灭 0.05%～0.1%杜灭芬	皮肤、黏膜及手术器 皮肤、金属器皿、棉织品、塑料、橡胶类物品等	使蛋白变性，破坏细胞膜
氧化剂	0.1%高锰酸钾 3%过氧化氢 臭氧(O_3)	皮肤、蔬菜、水果及实验室 皮肤、口腔黏膜消毒 饮水消毒	氧化蛋白质活性基团
卤素及其化合物	氯气(余氯 0.2～0.5 mg/L) 漂白粉 25%碘酒	饮水及游泳池消毒地面 (10%～20%)，空气(0.5%～1%) 皮肤、医用器械用具	氧化剂，破坏蛋白质 破坏蛋白质，细胞膜 与蛋白质酪氨酸结合
染 料	2%～4%结晶紫(龙胆紫)	皮肤、浅表创伤消毒	使蛋白质失活

4.5 微生物的合成代谢

微生物和高等生物一样，在进行分解代谢的同时，也能利用分解代谢或无机物生物氧化、光合磷酸化作用产生的能量，将利用其分解代谢过程中产生的或来源于其环境的原料(如氨基酸、核苷酸等营养物质)合成细胞结构物质(如脂类、蛋白质、核酸等)和胞内贮能物质。而且，微生物细胞内大分子有机物的生物合成是细胞中最重要的耗能过程。

4.5.1 CO_2 的固定

在自然界中植物借助于叶绿素经光合作用而将空气中的 CO_2 与水转化为有机物质。人工光合成固定法就是将大气中的 CO_2 在可见光的照射下，经过光增感剂的激活离子和电子传送体使 CO_2 还原为有机物质。

CO_2 人工光合成固定法的反应历程可认为有两种途径：

（1）电子从增感剂的激活离子 $*Sn^+$ 传送给电子传达体 M，使其变为带电荷的负离子 M^-。与此同时，光增感剂的激活离子被氧化为 $S(n+1)^+$。继而，它从电子供体 D 上获取电子返回原来状态，即照射过程发生如下反应：

$$M \longrightarrow M^+$$

$$D \longrightarrow D^+$$

$$Sn^+ \longrightarrow S(n+1)^+$$

M^- 在触媒作用下使 CO_2 还原为有机物质。

（2）可见光照射，生成活性 Sn^+，它首先从电子供与体上夺取电子，继而再向 M 过渡电子 $M \rightarrow M^-$。后面与途径（1）相同，M^- 使 CO_2 还原为有机物质。

CO_2 是自养微生物的唯一碳源，异养微生物也能利用 CO_2 作为辅助的碳源。将空气中的 CO_2 同化成细胞物质的过程，称为 CO_2 的固定作用。微生物有两种同化 CO_2 的方式，一类是自养式，另一类为异养式。在自养式中，CO_2 加在一个特殊的受体上，经过循环反应，使之合成糖并重新生成该受体。在异养式中，CO_2 被固定在某种有机酸上。因此异养微生物即使能同化 CO_2，最终却必须靠吸收有机碳化合物生存。

自养微生物同化 CO_2 所需要的能量来自光能或无机物氧化所得的化学能，固定 CO_2 的途径主要有以下三条：

（1）卡尔文循环（Calvin cycle） 这个途径存在于所有化能自养微生物和大部分光合细菌中。经卡尔文循环同化 CO_2 的途径可划分为三个阶段（图 4－31）：CO_2 的固定；被固定的 CO_2 的还原；CO_2 受体的再生。卡尔文循环每循环一次，可将六分子 CO_2 同化成一分子葡萄糖，其总反应式为

$$6\,CO_2 + 18ATP + 12NAD(P)H \longrightarrow C_6H_{12}O_6 + 18ADP + 12NAD(P) + 18Pi$$

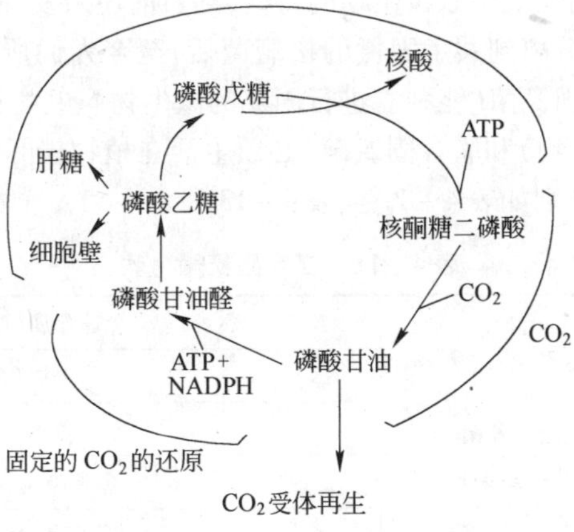

图 4－28 卡尔文循环的三个阶段

(2) 还原性三羧酸循环固定 CO_2 这个途径是在光合细菌、绿硫细菌中发现的。还原羧酸环的第一步反应是将乙酰 CoA 还原羧化为丙酮酸,后者在丙酮酸羧化酶的催化下生成磷酸烯醇式丙酮酸,随即被羧化为草酰乙酸,草酰乙酸经一系列反应转化为琥珀酰 - CoA,再被还原羧化为 α - 酮戊二酸。A - 酮戊二酸转化为柠檬酸后,裂解成乙酸和草酰乙酸。乙酸经乙酰 - CoA 合成酶催化生成乙酰 - CoA,从而完成循环反应,每循环一次,可固定四分子 CO_2,合成一分子草酰乙酸,消耗三分子 ATP、两分子 NAD(P) H 和一分子 FADH ~ 。

(3) 还原的单羧酸环 这个体系与还原羧酸环不同,不需要 ATP,只要有 Fd(red)就可运转,Fd(red)由 H_2 或 $NADH_2$ 提供电子生成。光合细菌也有可能利用这个体系把 CO_2 转换成乙酸。

4.5.2 生物固氮

固氮作用是将分子氮固定为化合态氮的过程。从固氮生物在分类上高度分散来推断,固氮作用应是原始生物的基本代谢之一,如图 4 - 29 所示。

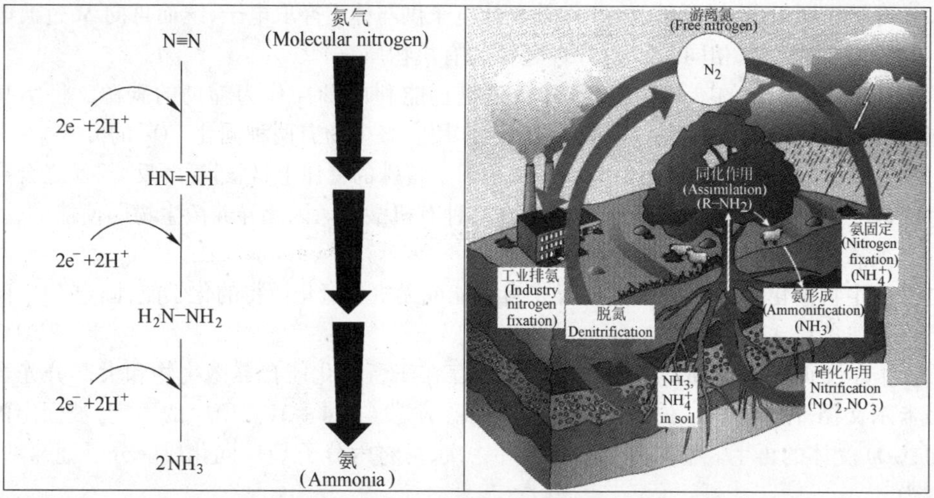

图 4 - 29 生物固氮示意图

在生物中具有固氮作用是某些原核生物的特性,到目前还未发现具有固氮作用的真核生物。自 1886 年 M. W. Beijennck 分离到共生固氮的根瘤菌后,至今人们所研究过的固氮生物约有 50 多属和 100 多种,分为自生固氮菌(能独立进行固氮的微生物)、共生固氮菌(必须与其他生物共生在一起时才能固氮的微生物)和联合固氮菌(必须生活在植物根际、叶面或动物肠道等处才能进行固氮的微生物)三类,分别如表 4 - 11 至表 4 - 13 所示。

表 4 - 11 自生固氮微生物

好氧菌	光能自养菌(蓝细菌类)	念珠藻属(*Nostoc*)
		织线藻属(*Plectonema*)
		单歧藻属(*Tolypothrix*)
		鱼腥藻属(*Anabaena*)
		席藻属(*Phormidlum*)
		眉藻属(*Calothrlx*)等

续表 4-11

好氧菌	化能自养菌	固氮菌属(*Azotobacter*)
		贝氏固氮菌类(*Beijerinckia*)
		德氏固氨菌属(*Azomonas*)
		黄色分歧杆菌(*Mycobacterium fiavum*)
		带脂固氮螺菌(*Azospirilum*)
		自养棒杆菌(*Corymebacterium autotrophlcum*)
		铁氧化硫杆菌(*Thiobacillas ferroaxidang*)
		甲烷氧化细菌(*Methane oxidizirg bacteia*)
兼性厌氧菌	化能异养菌	克氏梭菌属(*Klebsella*)
		无色杆菌属(*Achromobacter*)
		肠道杆菌属(*Enterobacter*)
		多黏芽孢杆菌(*Bacillus polymyza*)
		浸软芽孢杆菌(*Bacillus macerans*)
	光能异养菌	红螺菌属(*Rhodospirzllum*)
		红假单孢菌属(*Rhodopseudomonas*)
厌氧菌	化能异养菌	巴斯德梭菌(*Clostridium pasteurianum*)
		丁酸梭菌(*Clostridium bytryricwn*)
		脱硫弧菌属(*Desul fovibrio*)
		脱硫杆菌属(*Desul fotomaculum*)
	光能自养菌	红硫细菌属(*Chrornatium*)
		绿硫细菌属(*Chlorobium*)
		绿假单胞菌属(*Chloropseudomonas*)

表 4-12 共生固氮体系

共生体系	固氮微生物	共生体系	固氮微生物
地衣	念珠藻、鱼腥藻、单歧藻等	肯乃拉草—念珠藻	念球藻
红萍鱼腥藻	鱼腥藻	豆类植物根瘤	根瘤菌属(*Rhizobium*)
苏铁珊瑚根	念珠藻、鱼腥藻	非豆类木本植物根瘤	弗氏放线菌(*Frankia*)

表 4-13 联合固氮体系

联合体系	固氮微生物
雀稗-固氮菌	雀稗固氮菌(*Azotobacter paspali*)
马唐草、玉米带脂固氮螺菌	带脂固氮螺菌
甘蔗贝氏固氮菌	贝氏固氮菌

微生物固氮反应必须具备四个基本条件:

(1) 固氮酶。固氮酶是固氮作用最主要的催化系统,由两种金属蛋白质,即钼铁蛋白和铁蛋白构成的复合酶,二者联合催化固氮反应。

(2) 电子载体。固氮过程的电子载体是铁氧还原蛋白和黄素氧化还原蛋白。它们和脱氢酶

NAD 或 NADP 具有相似的作用,传递电子。

(3) 电子供体。电子供体的性质与来源随微生物生理类型而异。已知有新陈代谢中间产物或最终产物、$NADH_2$ 或 $NADPH_2$ 和作为光合作用固氮菌光化反应产生的激活电子三类。

(4) 能量。能量来自各种生化反应产生的 ATP。微生物固氮总反应可用图 4-30 表示。

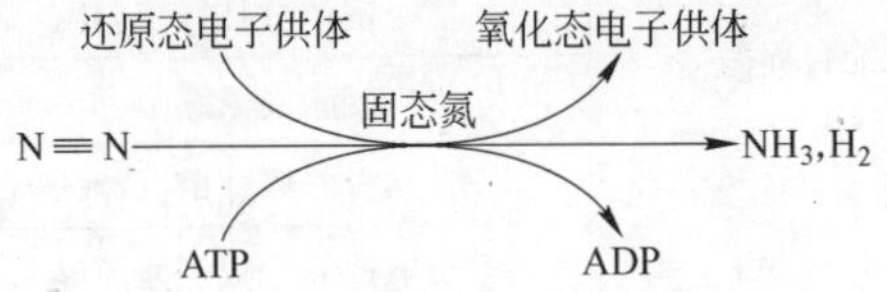

图 4-30 微生物固氮总反应示意图

除以上基本条件以外,微生物固氮还受很多环境因素的影响。凡是影响微生物生命活动的环境因素都将成为微生物固氮的影响因素,其中环境中的氧和氨是最重要的影响因素。

(1) 氧对固氮作用的影响。微生物固氮作用可以因为固氮酶和固氮还原酶受氧抑制而受到阻遏。氧的这种抑制作用是它可以使固氮酶受到不可逆的失活。厌氧固氮菌和固氮酶都需要无氧环境,氧不仅阻遏固氮作用,而且影响固氮菌的正常生命活动;兼性厌氧固氮菌在有氧和无氧环境中都能正常生活,但是在有氧环境中就会失去固氮能力,所以这类微生物显然没有防氧的保护机制。

好氧固氮菌的生活和固氮都是在有氧环境中进行的。正常生长代谢为固氮作用产生必要的能量(ATP)和电子供体。所以要使固氮酶不失活就必须有防氧的保护机制。常见的方法有:

1) 形成特殊的细胞结构,如圆褐固氮菌、黏质德氏固氮菌等,产生具有防氧作用的多糖黏质厚荚膜,蓝细菌分化出具有特厚细胞壁的异形胞。

2) 有的固氮菌在环境中存在大量氧时能大幅度提高自身的呼吸速率,消耗过多的氧以保证固氮酶处于一个缺氧环境。

3) 有的固氮菌的固氮酶可与还原性蛋白质结合成复杂的复合体,增强对氧的稳定性而受到保护。

4) 根瘤菌在根瘤中产生由豆血红蛋白包围着的类菌体,使固氮作用受到保护。

(2) 氨的影响。氨可以抑制固氮菌的固氮作用,但对离体固氮酶无抑制作用,说明氨的抑制效应不在固氮酶本身,而是抑制了固氮酶的产生。为此有人做了如下试验:将固氮菌培养在含氨培养基上,经过一段时间后转移到无化合态氮的培养基上,其细胞生长表现出一段停滞期,表明氨的作用是抑制固氮酶的合成,其他化合态氮的抑制作用可能也是通过将其转化成 NH_3 实现抑制固氮作用的,因为 NH_4^+ 对固氮微生物固氮不具有抑制作用。

4.5.3 有机酸的合成

三羧酸循环是产能反应和生物合成的重要代谢环节,其中的有机酸可被微生物利用,作为电子的供体和碳源。四碳、五碳、六碳酸均可在有氧环境下被微生物利用,通过氧化磷酸化产生能量。但三羧酸循环只有在受体分子草酰乙酸在每次循环后都能得到再生的情况下才能进行。若将三羧酸循环中的有机酸分子移去用于生物合成将会影响三羧酸循环的进行。微生物可利用回补途径(replenishment pathway)来解决这一矛盾。所谓回补途径就是指能补充兼用代谢途径(如三羧酸循环)中因合成代谢而消耗的中间代谢产物的反应。不同的微生物以及在不同条件下具有不同的回补途径。主要有乙醛酸循环途径和甘油酸途径。

(1) 乙醛酸循环。当乙酸被作为底物时,草酰乙酸将会通过乙醛酸循环途径再生。这条途径由三羧酸循环中的反应和另外的两种酶组成：异柠檬酸裂解酶（催化异柠檬酸裂解成琥珀酸和乙醛酸）和苹果酸合成酶（将乙醛酸和乙酰辅酶 A 转化为苹果酸）。乙醛酸循环的生物合成途径如图 4－31 所示。异柠檬酸被裂解成琥珀酸和乙醛酸，使琥珀酸可以进入生物合成途径，因为乙醛酸可以和乙酰辅酶 A 结合生成苹果酸。苹果酸又可以被转化为草酰乙酸以维持三羧酸循环的进行。琥珀酸可以直接用于卟啉的合成，或者氧化为草酰乙酸后作为四碳氨基酸的碳骨架，或者用于合成葡萄糖（经由草酰乙酸和磷酸烯醇式丙酮酸）。乙醛酸循环比较普遍地存在于好氧微生物中。细菌中的醋酸杆菌、固氮菌、大肠杆菌，以及真菌中的酵母菌、黑曲霉和青霉菌等，都已证明有乙醛酸循环，它们可以利用乙醛酸作为唯一碳源和能源生长。

（2）甘油酸途径。当微生物以甘氨酸、乙醇酸和草酸作为底物时，则通过甘油酸途径补充三羧酸循环中的中间产物。二碳化合物，如甘氨酸、乙醇酸等，都要先转化为乙醛酸，然后两分子的乙醛酸缩合成羟基丙酸半醛，随后在还原酶的作用下生成甘油酸。甘油酸经氧化后进入 EMP 途径，生成磷酸烯醇式丙酮酸和丙酮酸。它们可接受 CO_2，生成四碳二羧酸，进入三羧酸循环。由乙醛酸生成甘油酸的途径，称为甘油酸途径（图 4－32）。许多微生物都有这条途径，可以利用乙醇酸、草酸和甘氨酸等二碳化合物作为唯一碳源生长。

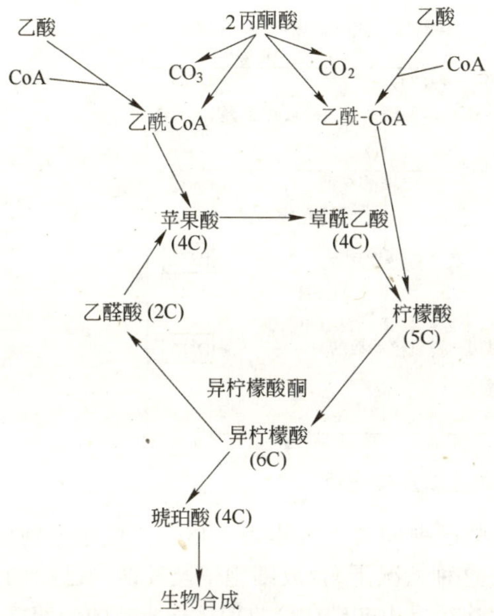

图 4－31　乙醛酸循环图

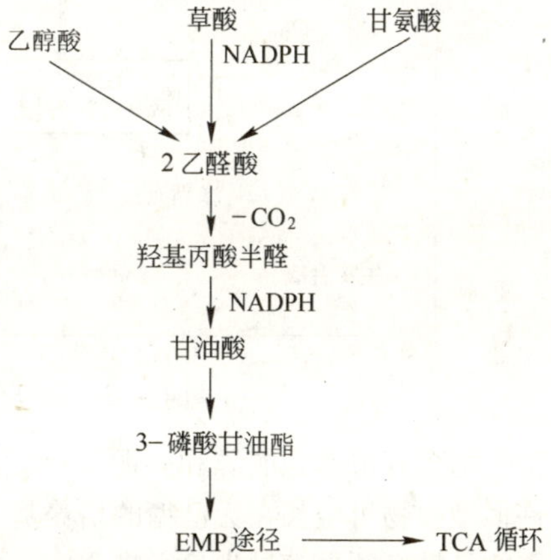

图 4－32　甘油酸途径

4.5.4　糖类的合成

微生物在生长过程中，除了有分解糖类的能量代谢外，不断地从简单化合物合成糖类，以构成细胞生长所需要的单糖、多糖等。单糖在微生物中很少以游离形式存在，一般以多糖或多聚体的形式，或是以少量的糖磷酸酯和糖核苷酸形式存在。单糖和多糖的合成对自养和异养微生物的生命活动十分重要。

4.5.4.1　单糖的合成

无论自养微生物还是异养微生物，其合成单糖的途径一般都是通过 EMP 途径逆行合成葡萄糖-6-磷酸，然后再转化为其他的糖。因此单糖合成的中心环节是葡萄糖的合成。但自养微生物和异养微生物合成葡萄糖的前体来源不同。自养微生物通过卡尔文循环可产生甘油醛-3-磷酸,通过还原的羧酸环可得到草酰乙酸或乙酰辅酶A。异养微生物可利用乙酸为碳源,经乙醛酸循环产生草酰乙酸;当利用乙醇酸、草酸、甘氨酸为碳源时通过甘油酸途径生成甘油醛-3-磷酸;以乳酸为碳源时,可直接氧化成丙酮酸;将生糖氨基酸脱去氨基后也可作为合成葡萄糖的前体。

生物合成反应中所需的己糖可从外界环境获得或用非糖前体物来合成。主要的合成途径如图4-33所示。己糖生物合成中的两个关键中间物是葡萄糖-6-磷酸和UDP-葡萄糖。葡萄糖-6-磷酸作为能量来源是葡萄糖氧化和糖酵解过程的重要中间产物,或者转化为CO_2,或者转化为发酵产物;葡萄糖-6-磷酸也可逆向进入多糖合成途径,在这种情况下,它转化为UDP-葡萄糖(UDPG)。UDPG含有尿嘧啶核苷,故称为核苷糖。UDPG是葡萄糖的活化形式,它既可作为其他核苷糖合成时的起始物质,也可作为细胞多糖的葡萄糖前体。如果说在葡萄糖分解代谢中葡萄糖-6-磷酸是一个关键中间代谢物的话,UDPG则是葡萄糖合成代谢中的关键中间代谢物。

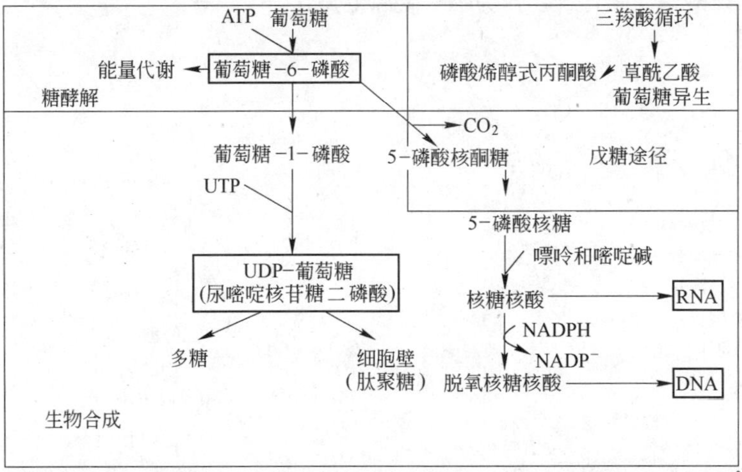

图4-33　己糖代谢中的主要反应途径

当微生物含有可作为能源和碳源的己糖时,这些己糖同时也可作为生物合成代谢的前体。但也有许多微生物可生长在无己糖的培养基上。在这种情况下,合成细胞壁及其他含己糖的多聚物所需的己糖必须由糖异生途径来合成。糖异生途径是由非碳化合物前体合成新的葡萄糖分子的过程。糖异生作用的起始物质是磷酸烯醇式丙酮酸(PEP),它是糖酵解过程中的一种重要的中间代谢物。PEP可在不同于糖酵解途径中的酶作用下,逆向合成葡萄糖-6-磷酸。糖异生过程中所需的PEP主要由草酰乙酸脱羧而得,而草酰乙酸是三羧酸循环中的一个重要的中间产物。

在大多数情况下,戊糖是己糖脱去一个碳原子得到的,这个反应可由多种途径实现。其中最普遍的是经葡萄糖-6-磷酸的氧化脱羧途径,产生CO_2和一个五碳中间物核酮糖-5-磷酸。核酮糖-5-磷酸可转化为另外两种戊糖,其中一种即是核糖-5-磷酸,可直接用于RNA的合成。核糖-5-磷酸可经酶还原反应生成脱氧核糖用于DNA合成。

4.5.4.2　多糖的合成

微生物细胞内所含的多糖是一种多聚物,包括同多糖和杂多糖。同多糖是由相同单糖分子聚合而成的糖类,如糖原、纤维素等。杂多糖是由不同单糖分子聚合而成的糖类,如肽聚糖、脂多糖和透明脂酸等。多糖的合成不仅仅是分解反应的逆转，而是以一种核苷糖为起始物，接着糖单位逐个地添加在多糖链的末端。促进合成的能量是由核苷糖中高能糖-磷酸键水解中得到。多糖的合成是靠转移酶类的特异性来决定亚单位在多聚链上的次序，并且在合成的起始阶段需要一个引子作为添加单位的受体，另外还需要糖核苷酸作为糖基载体，将单糖分子转移到受体分子上，使多糖链逐步加长。

4.5.5 核苷酸的生物合成

核酸分为核糖核酸（RNA）和脱氧核糖核酸（DNA），它们都由四种核苷酸组成。DNA 的四种核苷酸为腺嘌呤、鸟嘌呤、胞嘧啶和胸腺嘧啶脱氧核糖核苷酸；在 RNA 中为相应的核糖核苷酸，但其中的胸腺嘧啶被尿嘧啶代替，所以在核酸中共有 5 种碱基、8 种核苷酸。每种核酸都是由 4 种核苷酸按一定的规律排列，互相连接形成长链，两种长链按 A-T（或 A-U）、G-C 配对，并以共价键或氢键连接形成一个超螺旋双链，因此，核酸的合成就是核苷酸合成和双链核酸合成。

4.5.6 氨基酸、多肽、蛋白质的合成

蛋白质是细胞的重要组成物质，其中一些是酶的主体。蛋白质的构成单元是氨基酸，所以氨基酸虽不是细胞的组成物质和重要的贮存物质，但氨基酸的生物合成对微生物来说仍是十分重要的。因此，微生物蛋白质合成分为氨基酸生物合成和蛋白质生物合成两步。

4.5.6.1 氨基酸的合成

氨基酸主要从蛋白质的水解、有机合成和发酵法等途径获得。氨基酸的合成主要有以下几种方法：

（1）α-卤代酸的氨解

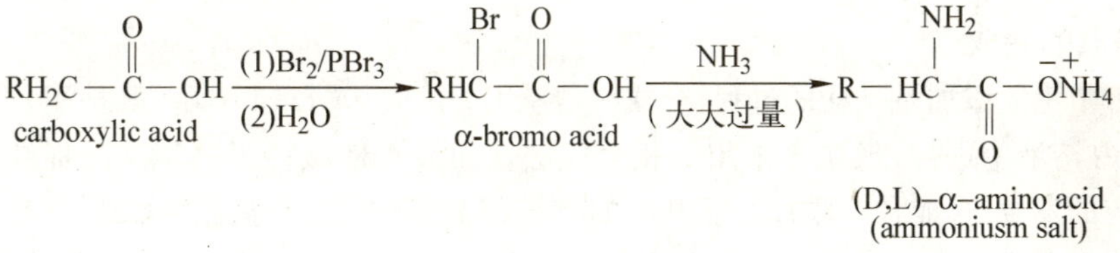

采用大大过量的氨；由于邻位羧基的影响，降低了 α-氨基的亲核性能，因此，反应可以得到很好地控制。

（2）由醛或酮制备——斯垂克合成

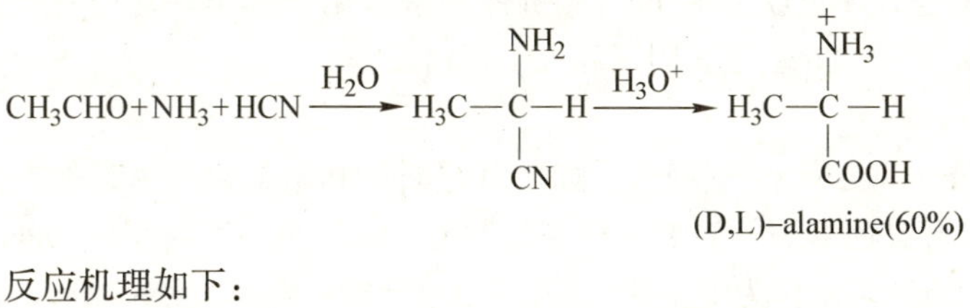

反应机理如下：

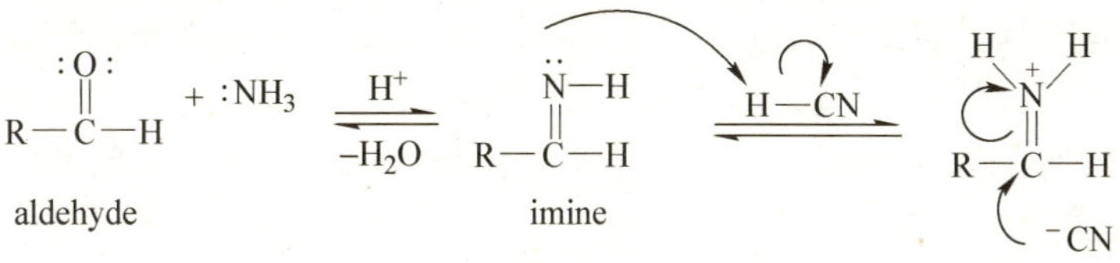

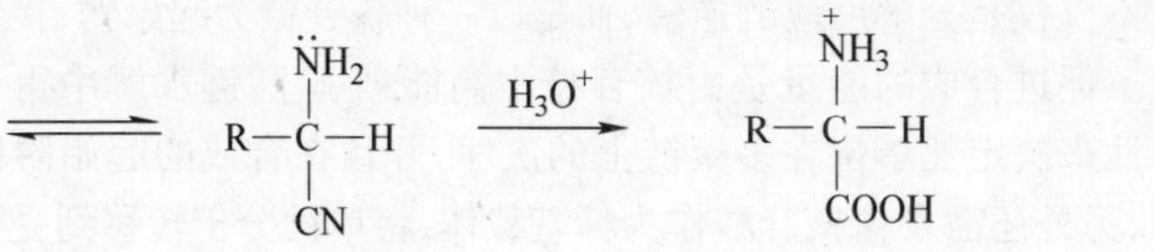

α–amino nitrile　　(D,L)–α–amino acid(acidic form)

(3) 由丙二酸酯合成

用这种方法可以得到其他合成方法难以得到的 α-氨基酸，如甲硫氨酸(蛋氨酸)。

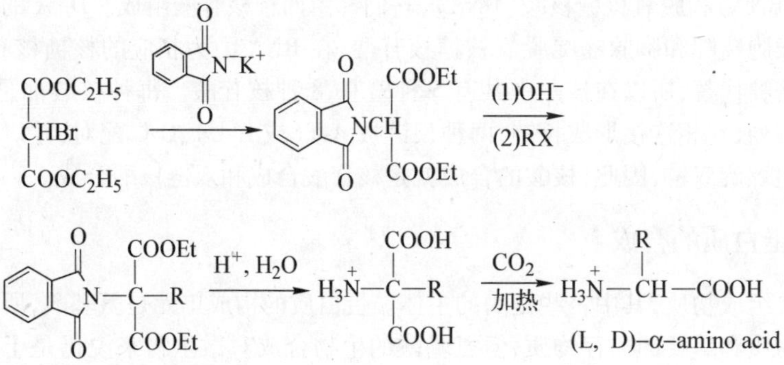

(4) DL-氨基酸的拆分

化学合成得到的氨基酸是外消旋体，拆分后才能得到 D-和 L-氨基酸。

L-amino acid
D-amino acid } + 纯手性碱(或酸) ——→ L-氨基酸盐
D-氨基酸盐] 非对映异构体

化学法 ——→ 分离(重结晶，色谱法等)

4.5.6.2　多肽的合成

多肽合成是一个重复添加氨基酸的过程，合成一般从 C 端(羧基端)向 N 端(氨基端)合成。过去，多肽合成是在溶液中进行，现在多采用固相合成法从而大大地减轻了每步产品提纯的难度。为防止副反应的发生，合成柱与添加的氨基酸的侧链都被保护，羧基端是游离的，且在反应之前必须活化。化学合成方法有两种，即 Fmoc 法和 Boc 法。由于 Fmoc 比 Boc 有很多优势，现在大多采用 Fmoc 法合成。

(1) Boc 固相法(经典 Merrifield 固相法)

Boc 固相法的氨基保护基采用 TFA 可脱除的 Boc，侧链保护基采用苄醇类。常用树脂为氯甲基化或羟已合成的许多生物大分子，如酶、生长因子和人工蛋白质等。

(2) Fmoc 固相法

在 Boc 固相法中反复使用酸处理会带来一些问题，如使肽键断裂和酸催化产生其他副反应等。Boc 固相法尤其不适于合成含有色氨酸等对酸不稳定的肽类。1978 年，Chang、Meienlofer 和 Atherton 等采用 Carpino 报道的 Fmoc 基团作为氨基保护基，成功地合成了多肽。目前，Fmoc 固相法已经得到广泛的应用，并越来越受到人们的重视。与 Boc 法相比，Fmoc 不同之处在于氨基保护基采用碱性可脱除的 Fmoc 基，侧链保护基采用 TFA 可脱除的叔丁基。树脂采用 91% TFA 可切断的对烷氧苄醇型树脂和 1% TFA 可切断的二烷氧苄醇型树脂，因此，脱保护避免了强酸处理，用 TFA 或 TMSBr 即可完成。

1) 固相载体

在固相合成中最常用的载体一类是通过 m—乙烯苯交联的聚苯乙烯树脂。从膨胀性和稳定性角度考虑，交联度为1%较为合适。另一类常用的载体为聚丙烯酰胺凝胶，它在结构和极性上与肽链相似，因此被认为可能更有利于多肽合成。在多肽自动合成仪中，固相树脂要能够承受连续流动液体造成的一定压力，珠状的凝胶不能达到这个要求。若将珠状凝胶与低密度、高渗透性的无机载体 Kieselguhr 相连则可以解决这个问题。聚丙烯酰胺-Kieselguhr 凝胶已成功地应用于连续流动 Fmoc 固相合成上。

2）树脂接臂

考虑到与树脂相连的肽的 C 端氨基酸具有不同类型，常常需要在树脂上连接不同支臂以供交联。

3）第一个氨基酸的连接

第一个氨基酸与树脂支臂通常通过生成酯键来连接，对 N，N—二甲基氨基吡啶（DMAP）可以有效地催化这一过程，但加入的 DMAP 的量对消旋化有很大影响。此外，还可能使 Fmoc 基团脱落，产生二肽。这些问题可以通过降低温度、缩短连接时间或加入 HOBt 的方法来解决。采用 Fmoc-氨基酸-OTDO 酯或用活化酯法也能得到满意的连接效果。

4）固相上的接肽反应

主要有活化酯法、混合酸酐法、原位法、酰氯法和缩合剂法等。

4.5.6.3 蛋白质的合成

mRNA 含有一系列密码子（Codons），这些密码子同氨酰-tRNA 的反密码子（AntiCodon）相互作用，使相应的氨基酸掺入到肽链中。核糖体提供一个控制 mRNA 与氨酰-tRNA 相互作用的环境，它像一个沿着模板前进的移动工厂，快速地重复合成肽键的循环。氨酰-tRNA 以惊人的速度进出核糖体，卸载下氨基酸；延伸因子（Elongation factor）反复地与核糖体结合、解离。在这些辅助因子（Accessory factors）的共同参与下核糖体才能够完成蛋白质合成的全过程。

核糖体中每一个亚基在蛋白质合成中都行使专一的功能。信使 RNA 同小亚基结合，结合位点在前 30 个碱基上。现在普遍认为 mRNA 位于或接近于两个亚基的结合部位。在蛋白质合成的每次循环反应中都有两个 tRNA 被活化；所以肽链的延伸只涉及核糖体覆盖的十个碱基中的两个反应。核糖体与 mRNA 和 tRNA 大小的比较如图 4－34 所示。从图 4－34 可以看出反应中的两个 tRNA 相对核糖体来说很大；它们在核糖体的插入位点横跨两个亚基之间。行使完功能的 tRNA 在被重新利用前可能会结合在核糖体上。

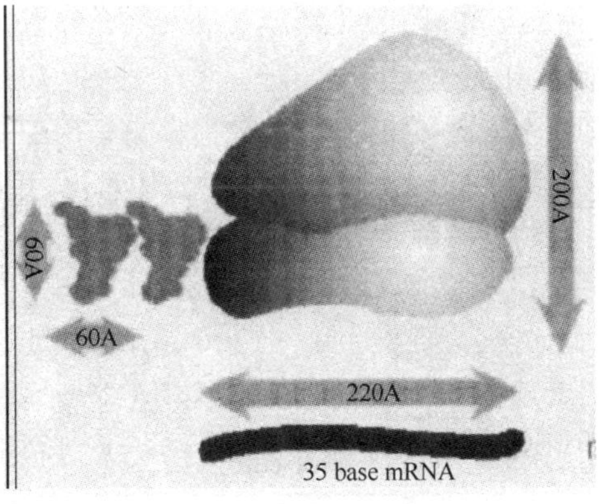

图 4－34 核糖体与 mRNA 和 tRNA 大小的比较

每个 tRNA 在核糖体上的结合位点都不同。图 4-35 列出了两个位点的不同特点：

(1) 掺入的氨酰-tRNA 结合在 A 位点(或受体位点)上。在氨酰-tRNA 进入之前，位点上已经暴露出与将要掺入的氨基酸对应的密码子。

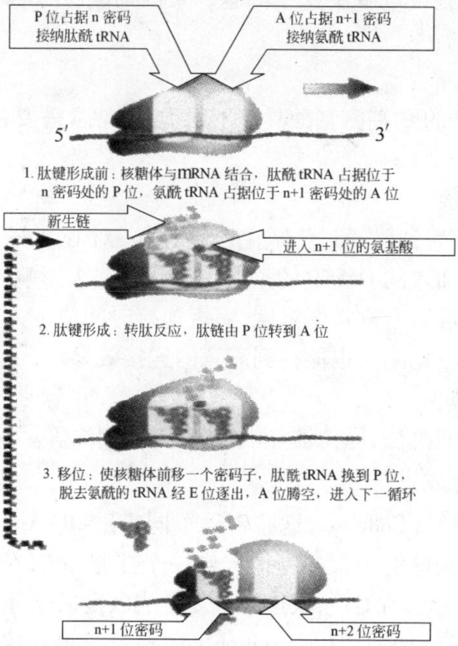

图 4－35 核糖体结合携带氨基酸的 tRNA 的两个不同位点

(2) 与最新掺入到新生肽链中的氨基酸对应的密码子位于 P 位点(或供体位点)上。这个位点被携带新生肽链的肽酰-tRNA 占据。

tRNA 携带氨基酸的一端结合到大亚基上，另一端携带的与 mRNA 相互作用的反密码子同小亚基结合。所以 P 位点和 A 位点都穿过两个亚基。

对核糖体来说，要合成肽键就必须处于图中所示的第一步的状态，这时肽酰-tRNA 位于 P 位点而氨酰-tRNA 位于 A 位点。肽链由肽酰-tRNA 携带，然后形成肽键，如图中第二步所示，载下氨基酸的 tRNA 位于 P 位点而新的肽酰-tRNA 位于 A 位点。这个新的肽酰-tRNA 比第一步中 P 位点的肽酰-tRNA 多一个新的氨基酸残基。

然后核糖体 mRNA 移动一个三联体单位，这一步被称为转位(Translocation)，我们将在以下的内容中更加详细讨论。这个移动使空载 tRNA 从 P 位点中移出，并且使肽酰-tRNA 移入 P 位点(如第三步所示)。这时下一个将要被翻译的密码子位于 A 位点，可以同新的氨酰-tRNA 结合开始下一轮循环。

空载的 tRNA 在脱离核糖体之前，要经过另一个 tRNA 结合位点，即 E 位点。从 P 位点脱离的 tRNA 瞬间占据这一位点，又被释放到胞浆中。所以 tRNA 都是从 A 位点进入，经由 P 位点，从 E 位点脱离核糖体。图 4－36 比较了 mRNA 和 tRNA 的运动，这种运动被看做是密码子与反密码子相互作用的结果。

如图 4－37 所示，蛋白质合成分为三步：

(1) 起始(Initiation)包括蛋白质起始的两个氨基酸之间形成肽键之前的反应。这需要核糖体与 mRNA 结合，形成起始复合物，其中含有第一个氨酰-tRNA。这在蛋白质合成中是相对较慢的，通常是翻译的限速步骤。

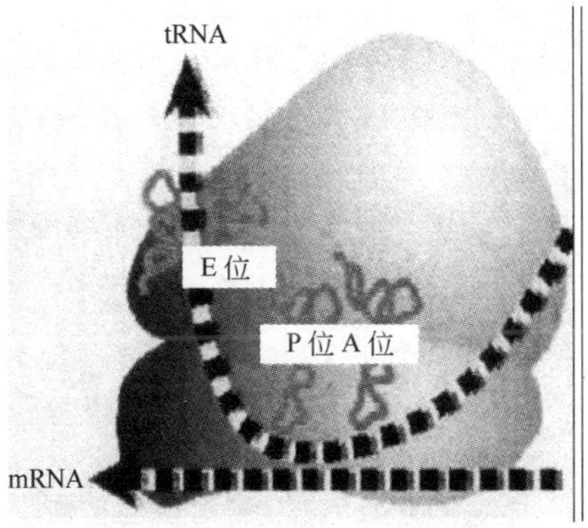

图4－36　mRNA和tRNA以相同的方向穿过核糖体

（2）延伸（Elongation）包括从第一个肽键形成到最后一个氨基酸掺入过程中所有的反应。氨基酸的掺入非常迅速，是蛋白质合成中最快的步骤。

（3）终止（Termination）包括释放完整的多肽链及核糖体与mRNA分离。

每一步都需要不同的辅助因子参与，能量由GTP水解提供。

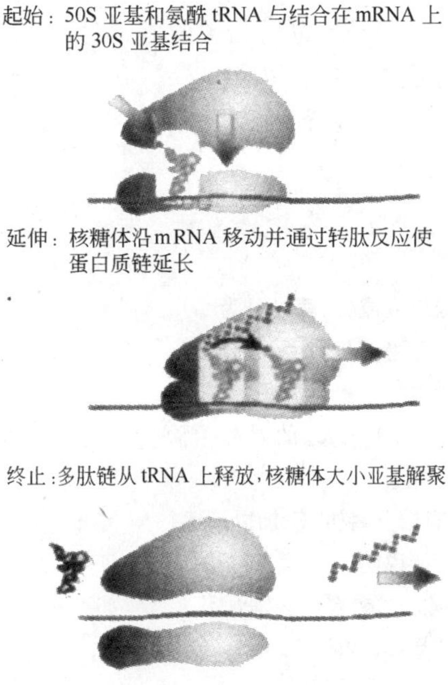

图4－37　蛋白质合成分为起始、延伸、终止三步进行

小　结

1. 酶是在活细胞内合成的具有高度专一性和催化效率的蛋白质。酶的特有性质为：催化作用的高效性；催化作用的高度专一性；催化的反应条件温和并对环境条件极为敏感；酶活性的可调控性。根据组成成分，酶可分为单纯酶和结合酶两类。酶的主要结构为酶蛋白

和酶的活性中心。酶活力指酶催化化学反应的能力,影响酶活力的因素主要有酶浓度、底物浓度、pH 值、温度、抑制剂、激活剂等。

2. 绝大多数微生物属于渗透营养型,营养物质只能通过细胞表面进行物质交换,其主要影响因素有三个:营养物质本身的性质;微生物所处的环境;微生物细胞的透过屏障。物质进出细胞的方式主要有简单扩散、促进扩散、主动运输、基团移位、膜泡运输。

3. 微生物各种形式的能量都需要转换为 ATP 后,才能被细胞直接利用。根据电子的最终受体不同,微生物的产能方式分为发酵和呼吸,呼吸又有有氧呼吸和无氧呼吸之分。

4. 微生物在自然界物质循环中具有非常重要的作用。影响微生物生长的环境因子很多,主要有:温度、氧气和氧化还原电位、有效水分、pH 值、辐射等。

5. 微生物在进行分解代谢的同时也在合成细胞结构物质和胞内贮能物质。

(1) 自养微生物同化 CO_2 所需要的能量来自光能或无机物氧化所得的化学能,固定 CO_2 的途径主要有:卡尔文循环、还原性三羧酸循环固定 CO_2、还原的单羧酸环。

(2) 固氮作用是将分子氮固定为化合态氮的过程。微生物固氮反应必须具备四个基本条件:固氮酶、电子载体、电子供体、能量。

(3) 微生物可利用三羧酸循环中的有机酸作为电子的供体和碳源,微生物利用回补途径使受体分子草酰乙酸在每次循环后能得到再生,回补途径主要有乙醛酸循环途径和甘油酸途径。

(4) 微生物在生长过程中,除了有分解糖类的能量代谢外,不断地从简单化合物合成糖类,以构成细胞生长所需要的单糖、多糖等。

(5) 核酸的合成就是核苷酸合成和双链核酸的合成。微生物蛋白质合成分为氨基酸生物合成和蛋白质生物合成两步。

思考题

4-1 酶的催化特点有哪些,根据组成成分,酶可分为哪几类?

4-2 试述在全酶的催化反应中,酶蛋白与辅因子的功能。

4-3 如何表示酶活力,影响酶活力的因素有哪些?

4-4 试述米氏常数 K_m 的物理意义,影响 K_m 的因素有哪些?如何求解 K_m 及最大反应速度 V_{max}?

4-5 为什么要进行酶的固定化?

4-6 营养物质进入微生物细胞有哪几种方式,加以简述。

4-7 简述基团位移的机理,并举例说明。

4-8 ATP 和 ADP 分别是何种能量,二者有何区别?

4-9 糖酵解分为几个过程,分别是什么?

4-10 生物氧化的作用有哪些?

4-11 自然界中碳素循环的过程是怎样完成的?

4-12 自然界中的氮素循环的过程包括哪些转化作用?

4-13 微生物在硫素循环过程中起到哪些作用?

4-14 微生物在磷素循环过程中起到哪些作用?

4-15 汞的微生物转化机理是什么?

4-16 单细胞微生物的生长曲线是什么样的?其生长包括哪几个阶段?

4－17　影响微生物降解转化的因子都有哪些?

4－18　卡尔文循环的三个阶段是哪些?

4－19　生物固氮必须具备的条件有哪些?

4－20　核酸分为哪两种,都由什么组成?

4－21　三羧酸循环包括哪几个具体途径?

5 微生物的遗传和变异

本章要点

(1) 遗传变异的物质基础;
(2) 基因突变的特点和机制;
(3) 菌种如何选育及如何诱变育种;
(4) 基因重组和基因工程的原理及操作步骤;
(5) 菌种保藏的原因和方法。

遗传和变异是生物体最基本的属性之一,什么叫遗传,什么叫变异呢?我们在生活中看到,水稻种下去长成的还是水稻,青霉菌产生孢子繁殖的后代还是青霉菌,这种亲代的物种特性在子代中重现的过程就称为遗传。微生物遗传:在一定的环境条件下,微生物的形态、结构、代谢、繁殖、毒力和对药物的敏感等性状相对稳定,并能代代相传,子代与亲代之间表现出相似性,这种现象称为微生物遗传。遗传可以使微生物的性状保持相对稳定,而且能够代代相传,使它的种属得以保存。而变异是指:子代与亲代之间出现了不同程度的变化与差异,这种现象称为变异。变异对于微生物来说,它能使微生物产生新的变种,变种的新特性靠遗传得以巩固,并使物种得以发展和进化。所以说生物的遗传和变异是密切相关的,是缺一不可的。生物要不断进化,我们要保持生物的优良性状,就要研究生物的遗传和变异。微生物因为它们的结构简单,繁殖速度又快,而且大多数微生物是无性繁殖,我们把微生物作为研究材料,简便而廉价,所以微生物成了研究当代遗传学基本理论问题的主要对象。对微生物遗传和变异规律的深入研究,不仅促进了现代生物学的发展,而且还为微生物育种工作提供了丰富的理论基础。

5.1 基因对遗传性状的控制

5.1.1 遗传和变异的物质基础DNA

遗传变异的物质基础曾是生物学中激烈争论的重大问题。孟德尔(G. J. Mendel)认为遗传变异的物质基础是遗传因子(1865 年),苏顿(W. S. Sutton)认为是染色体(1903 年),约翰森(Johannsen)认为是基因(1909 年)。1944 年 Avery 等人以微生物为研究对象进行的三个经典实验有力地证实了核酸是遗传物质,基因是其信息单位,染色体是其存在形式。

5.1.1.1 转化实验

转化指 A 品系的生物吸收了来自 B 品系生物的遗传物质从而获得 B 品系的遗传性状的现象。转化现象是格里菲斯(Griffith)于 1928 年研究肺炎链球菌感染小白鼠的实验中发现,后经艾弗里(Avery)等于 1944 年证实的。肺炎链球菌有不同的菌株和血清型。有夹膜的称 S 型,具有致病性;没有夹膜的称 R 型,无致病性。格里菲斯将肺炎链球菌 SⅢ型加热杀死后注入小白鼠体内,小白鼠健康。将加热杀死后的 SⅢ型与不致病的 RⅡ型混合后注入小白鼠体内,则小白鼠感病死亡,并从死亡的小白鼠体内分离到活的SⅢ肺炎链球菌。这说明RⅡ型获得了SⅢ型的遗传性状。艾弗里等做了更细的研究，他把从SⅢ型分离得到的多糖、蛋白质及DNA分别与RⅡ型混合后注入小白鼠，结果发现只有DNA能使RⅡ型转化为SⅢ型，而多糖和蛋白质都不具备转化能力。表明RⅡ型吸收了SⅢ型的DNA即可获得SⅢ型的性状，第一次证明了遗传信息的载体是DNA。

5.1.1.2 噬菌体感染实验

1952年，侯喜（A. D. Hershey）和蔡斯（M. Chase）为了证实噬菌体的遗传物质是DNA，用放射性同位素标记大肠杆菌T2噬菌体进行实验（图5－1）。T2噬菌体由蛋白质和核酸组成，在噬菌体中碳元素只存在于蛋白质中，而磷元素只存在于核酸中。在含^{32}P和^{35}S的培养基上培养大肠杆菌，再用该大肠杆菌培养其噬菌体T2，则噬菌体T2的DNA被^{32}P标记，蛋白质被^{35}S标记。用被标记的噬菌体T2感染正常大肠杆菌，短时间保温后搅动、离心。已知这一短时间可以恰好完成感染过程。结果发现^{35}S位于上清液，而^{32}P则存在于底部，底部是大肠杆菌菌体。说明只有DNA进入了菌体，而蛋白质外壳没有进入，又一次证实遗传物质是DNA，而不是蛋白质。

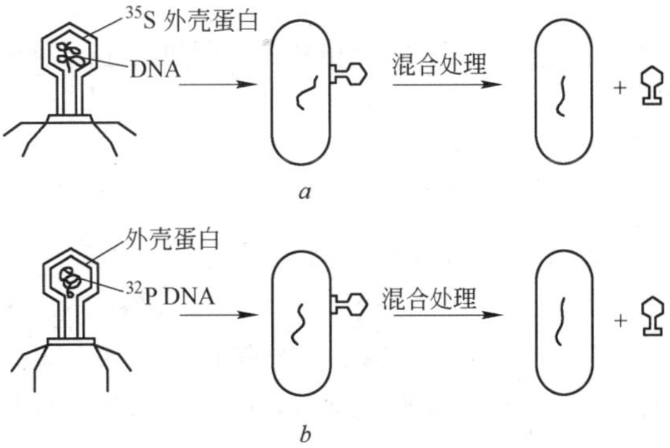

图5－1 噬菌体感染实验

a—用含有^{35}S标记蛋白质外壳的T2噬菌体感染大肠杆菌；

b—用含有^{32}P DNA的T2噬菌体感染大肠杆菌

5.1.1.3 植物病毒重建实验

1956年Fraenkel-Conrat等用含RNA的烟草花叶病毒进行了病毒（TMV）重建实验（图5－2），证实了RNA是遗传物质。

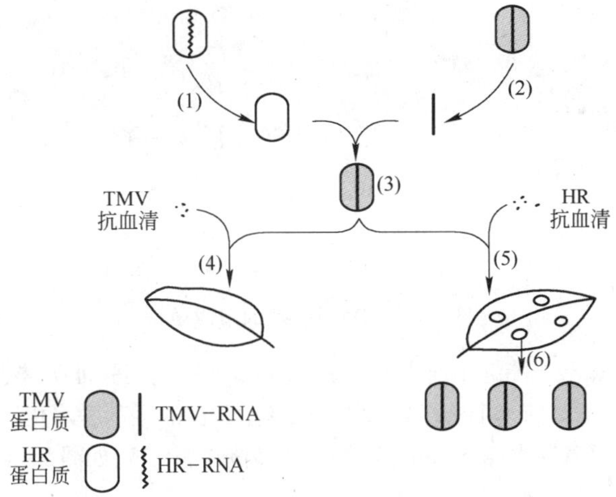

图5－2 TMV重建实验

（1）用表面活性剂处理标准TMV，得到它的蛋白质。

（2）从TMV的变种HR通过弱碱处理得到它的RNA。

（3）通过重建获得杂种病毒。

（4）证实杂种病毒的蛋白质外壳是来自TMV标准株。

（5）杂种病毒感染烟草产生HR所特有的病斑，说明杂种病毒的感染特性是由HR的RNA

所决定,而不是二者的融合特征。

(6) 从病斑中一再分离得到的子病毒的蛋白质外壳是 HR 蛋白质,而不是标准株的蛋白质外壳。

该实验结果说明杂种病毒的感染特征和蛋白质的特性是由它的 RNA 所决定,而不是由蛋白质所决定,遗传物质是 RNA。

通过这 3 个具有历史意义的经典实验,得到了一个确信无疑的共同结论:只有核酸才是负载遗传信息的真正物质基础。

5.1.2 DNA 的结构与复制

5.1.2.1 DNA 的化学组成

DNA 是一种大分子化合物,由 4 种核苷酸组成。每一种核苷酸又由碱基、脱氧核糖和磷酸 3 部分构成。4 种核苷酸的差异仅在于碱基不同。在 DNA 中,4 种碱基是腺嘌呤(adenine,A)、鸟嘌呤(guanine,G)、胞嘧啶(cytosine,C)和胸腺嘧啶(thymine,T)。脱氧核糖 1 位上的碳原子与嘌呤 9 位上的氮原子相连,5 位上的碳原子与磷酸相连,就构成了 4 种不同的核苷酸,如图 5－3 所示。

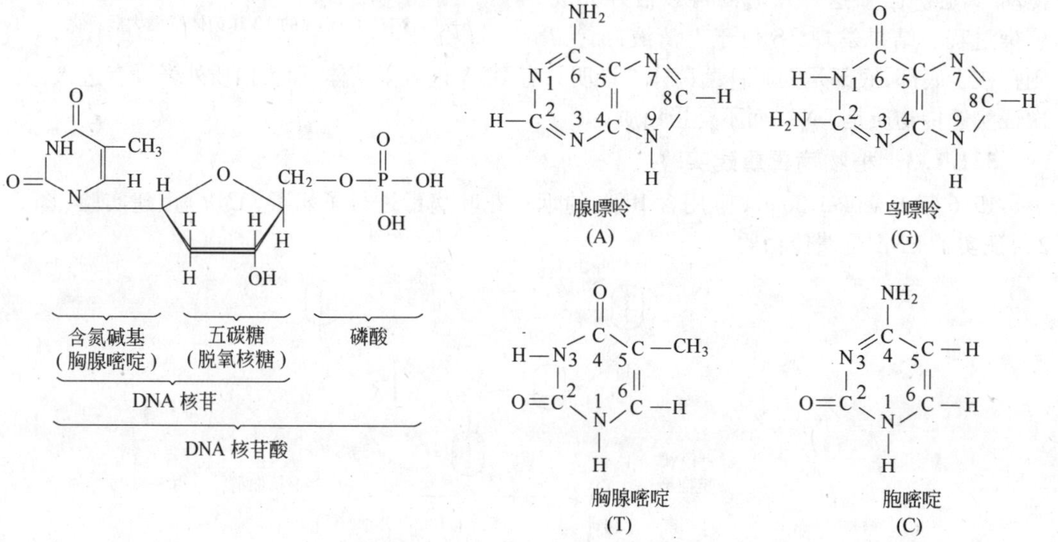

图 5－3　DNA 的基本组成单位

多个单核苷酸通过磷酸二酯键相连成大分子的 DNA 长链。实验证明,核苷酸之间是通过 3′－5′连接的,磷酸二酯键一方面与前一个核苷酸的脱氧戊糖上 3′位的羟基脱水相连,同时又与后一个核苷酸的脱氧戊糖上 5′位上羟基脱水相连,如此连接,即成多核苷酸长链,如图 5－4 所示。

多核苷酸链可用下面简式表示:

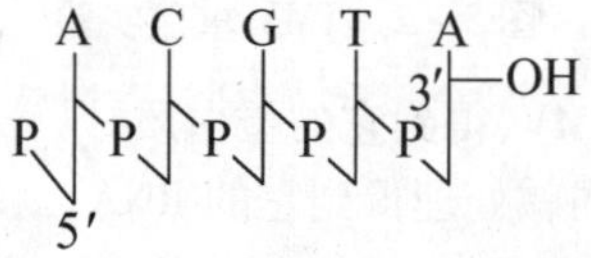

也可用(5′)$P^{A}P^{C}P^{G}P^{T}P^{A}$(3′或 $P^{A—C—G—T—A}$表示。有时核苷酸链中的 P 可省略,或在核苷之间加小点,用 $P^{ACGTA}OH$ 或 $P^{A \cdot C \cdot G \cdot T \cdot A}OH$ 表示。

5.1.2.2 DNA 的双螺旋结构模型

1953 年美国遗传学家沃森(James Dewey Watson)和英国物理学家克里克(Francis Harry Compton Crick)根据英国晶体衍射专家维尔金斯(Maurice Hugh Frederick Wilkins)对脱氧核糖核酸的 X 射线衍射资料,以及碱基含量分析、键长键角资料、酸碱滴定数据等,提出了像麻花、油条一样扭在一起的 DNA 双螺旋结构模型(DNA double helix model)。这是生物学上的重大发现,是继达尔文(Charles Robert Darwin)的进化论之后的生物学上又一个新的里程碑。它对 DNA 的空间结构、自我复制、遗传信息的传递和变异发生的本质都给予较好的解释,从而奠定了分子遗传学的理论基础,推动了生物科学研究向前发展。

按照这一模型,DNA 分子是一个右旋的双螺旋结构(图 5-5),由两条多核苷酸链以相反的方向(即一条由 3'→5',另一条由 5'→3')平行地围绕着同一个轴,右旋盘曲成一双链螺旋。螺旋每盘旋一圈有 10 对核苷酸,高度为 3.4 nm。这两条多核苷酸链的骨架是由糖和磷酸组成的,糖和磷酸基在链的外侧,而碱基在链的内侧,如图 5-6 所示。两条链通过它们碱基间的氢键连接在一起,从而维持双螺旋的空间结构。

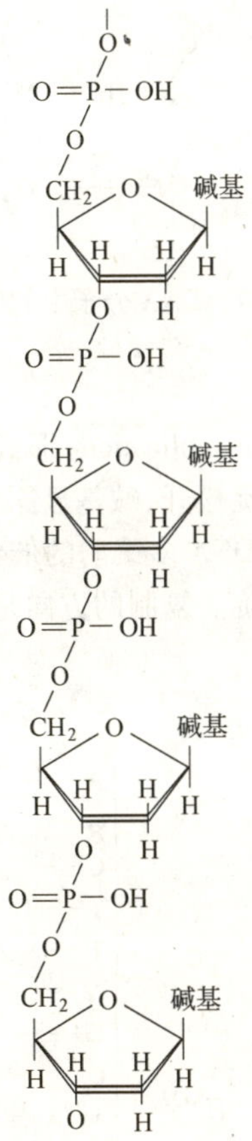

图 5-4 DNA 的一级结构

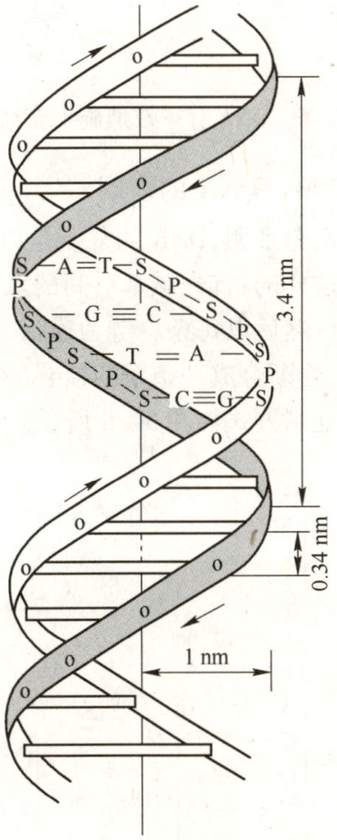

图 5-5 DNA 分子双螺旋结构示意图

形成氢键是有规律的,A 与 T 配对,形成 2 个氢键,G 与 C 配对,形成 3 个氢键。AT 配对和 GC 配对,称为碱基对。碱基对是互补的(图 5-7),因而由一条链上的碱基排列顺序就可知道另一条链上碱基的排列顺序。碱基配对的规律十分重要,它是遗传信息传递的关键。碱基对排列顺序就是遗传信息的携带者。每种生物的碱基对排列顺序是固定不变的,从而保证了遗传的稳定性。如果碱基对排列顺序发生了变化，就意味着发生了变异。

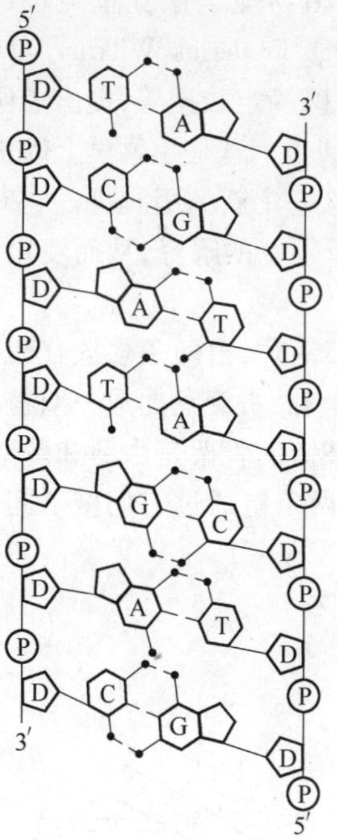

图 5－6　DNA 分子双螺旋平面结构图

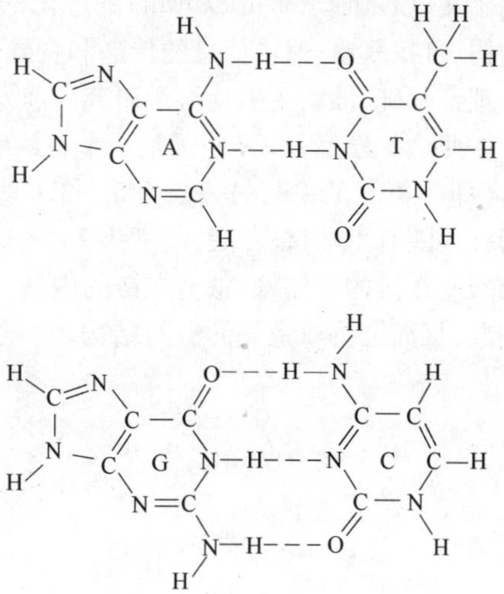

图 5－7　DNA 分子中的碱基对

5.1.2.3　DNA 的复制

通过实验证明，DNA 的复制是以半保留复制(semiconservative replication)形式进行的。其复制过程是这样的：首先碱基对间的氢键断裂，两条核苷酸链的螺旋松开，碱基显露出来，就像拉链一样拉开。然后以每条单链为模板，按照碱基对互补的要求，在 DNA 多聚酶的催化作用下，通过碱基配对，逐渐合成一条新的核苷酸链，再和旧链形成新的双螺旋。复制的方向是从 5′向 3′方向进行的。复制方式如图 5－8 所示。

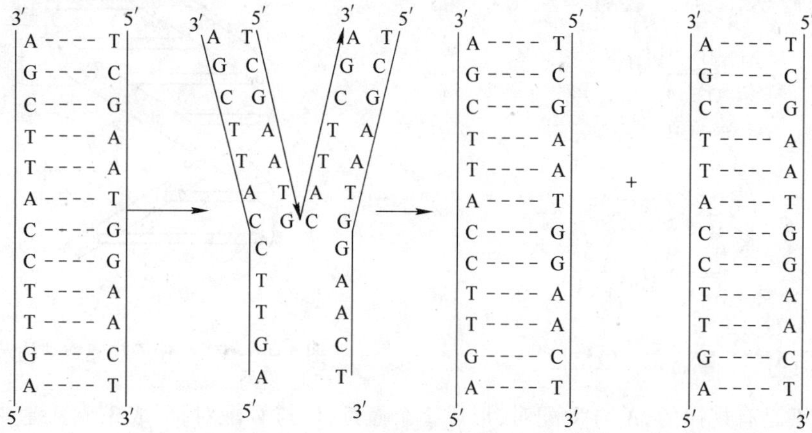

图 5－8　DNA 的半保留复制

5.2 基因突变

突变泛指细胞内(或病毒颗粒内)的遗传物质的分子结构或数量突然发生的可遗传的变化。突变往往导致产生新的等位基因及新的表现型。狭义的突变专指基因突变,也称点突变,而广义的突变则包括基因突变和染色体畸变。突变的概率一般很低,约为 $10^{-6} \sim 10^{-9}$。从自然界分离到的菌株一般称野生型菌株,简称野生型。野生型经突变后产生的带有新性状的菌株称突变型菌株,简称突变株、突变型或突变体。

突变是工业微生物产生变种的根源,是育种的基础,但也是菌种发生退化的主要原因。所以自然界形形色色的菌种是生物长期进化,即通过变异和自然选择的结果。除可能遗传的变异外,还有一种变化是不遗传的,因为微生物只限当代表现,而不遗传给下一代,即不遗传,这种变化不能称为变异。例如,将纤维素酶产生菌培养在以纤维素为碳源的培养基上能大量产生纤维素酶,而将其培养到以葡萄糖为碳源的培养基上就不分泌或少分泌纤维素酶,若再将其转接回以纤维素为碳源的培养基上,则又产生纤维素酶了。这只是生理特性的暂时改变而不是变异,因为并不是产纤维素酶的本质起了变化。如果通过诱变,从纤维素酶产生菌诱变得到一个突变体,其在两种培养基中都能产生大量纤维素酶或都不会产生纤维素酶,那么这种本质的变化才叫变异。在育种工作和生产实践中,必须采用分析和综合实验的方法来鉴别这两类变化,不要被表面现象所迷惑,造成工作上的损失。

5.2.1 微生物突变体的主要类型

基因突变的类型极为多样。人们可从不同的角度对基因突变进行分类,并给以不同的名称。根据突变体表型不同,可把突变分成以下几种类型:

(1) 营养缺陷型。某一野生型菌株因发生基因突变而丧失合成一种或几种生长因子、碱基或氨基酸的能力,因而无法在基本培养基(MM)上正常生长繁殖的变异类型,称为营养缺陷型。它们可在加有相应营养物质的基本培养基平板上选出。营养缺陷型突变株在遗传学、分子生物学、遗传工程和育种等工作中十分有用。

(2) 抗性突变型。抗性突变型是指野生型菌株因发生基因突变,而产生的对某化学药物或致死物理因子的抗性变异类型,它们可在加有相应药物或用相应物理因子处理的培养基平板上选出。抗性突变型普遍存在,例如对一些抗生素具抗药性的菌株等。抗性突变型菌株在遗传学、分子生物学、遗传育种和遗传工程等研究中极其重要。

(3) 条件致死突变型。某菌株或病毒经基因突变后,在某种条件下可正常地生长、繁殖并呈现其固有的表型,而在另一种条件下却无法生长、繁殖,这种突变类型称为条件致死突变型。广泛应用的一类是温度敏感突变型。这些突变型在一定温度条件下并不致死,所以可以在这一温度中保存下来。它们在另一温度下是致死的,通过它们的致死作用,可以用来研究基因的作用等问题。

(4) 形态突变型。形态突变型是指由突变引起的个体或菌落形态的变异,一般属非选择性突变。例如,细菌的鞭毛或荚膜的有无,霉菌或放线菌的孢子有无或颜色变化,菌落表面的光滑、粗糙以及噬菌斑的大小、清晰度等的突变。

(5) 抗原突变型。抗原突变型是指由于基因突变引起的细胞抗原结构发生的变异类型,包括细胞壁缺陷变异(L型细菌等)、荚膜或鞭毛成分变异等,一般也属非选择性突变。

(6) 其他突变型。如毒力、糖发酵能力、代谢产物的种类和产量以及对某种药物的依赖性等的突变型。

以上分类的目的是为研究的方便,其实它们彼此间是密切联系或相互交叉的,并无明显的界限,如营养缺陷型也是条件致死型。

5.2.2　基因突变的分子基础

5.2.2.1　碱基置换及其对遗传信息的影响

碱基置换是指DNA中核苷酸的一个碱基被另一个碱基所取代。其中一个嘌呤被另一个嘧啶或是一个嘧啶被另一个嘌呤所取代(G→C或C→G),称为颠换(transversion);如果一个嘌呤被另一个嘌呤或是一个嘧啶被另一个嘧啶所取代,称为转换(transition)。

单个碱基置换的结果是改变了一个密码子,可以引起蛋白质一级结构中某个氨基酸的替代,或造成多肽链的终止而产生不完全的肽链,如果起始密码子突变则就完全不能合成蛋白质。根据它们对氨基酸序列的影响不同,可分为下列几种情况:

(1) 同义突变。由于遗传密码具有简单性,所以有些碱基替换并不造成氨基酸的变化。例如,编码天冬氨酸的密码子GAU变成GAC,翻译出来的仍是天冬氨酸,氨基酸序列没有发生变化,因此没有突变效应。

(2) 错义突变。指碱基替换后引起氨基酸序列的改变。有些错义突变严重影响到蛋白质的活性,甚至使活性完全丧失,从而影响了基因的表型。例如,一般在大豆的种子内有5种同源性很高但又各不相同的11S贮藏球蛋白,即Gy1～Gy5,其中有一个大豆品种的Gy5基因的起始密码子ATG改变为非起始密码子AGG,则这个基因就不能表达相应的蛋白产物。同样,在微生物中也有类似的情况。有些错义突变不影响或基本上不影响蛋白质活性,不表现明显的性状变化。

(3) 无义突变。编码区的单碱基突变导致终止密码子的形成,使mRNA的翻译提前终止,形成不完整的肽链,因而其产物一般是没有活性的。

5.2.2.2　移码突变及其产生

由于在DNA分子的编码区插入或缺失非3的整数倍(1个、2个或4个)核苷酸而导致的阅读框架的位移。因为遗传信息是按3个碱基为一组依次排列而成的,蛋白质的翻译是从起始密码子开始,按密码子顺序依次向下读码。当在起始密码子后面加入1个、2个或4个碱基后,则后面的所有密码子的阅读框都发生改变,结果翻译出来的蛋白质的氨基酸序列与野生型完全不同。当然,如果插入或缺失的碱基正好是3个或其整数倍,那么在翻译出的多肽上可能是多一个、几个或少一个、几个氨基酸,而不完全打乱整个氨基酸序列。

在自发突变中,移码突变占很大比例。已知能诱发移码突变的诱变剂是吖啶类染料。

5.2.2.3　缺失和重复

大片段的缺失或重复(超过几个碱基对)是基因突变的主要原因之一。特别是在放线菌中的自发突变中,缺失或重复范围从几个基因到几十个基因。如在野生型大肠杆菌*lacI*基因中,有3个重复的CTGC碱基序列。但在突变型FS5、FS25中增加了一个CTGC序列,即含有4个CTGC

序列;而在 FS2、FS84 突变型中,则缺失了一个 CTGC 序列,即只有 2 个 CTGC 序列。

5.2.3 基因突变的特点

整个生物界,由于它们的遗传物质是相同的,所以显示在遗传变异特性上都遵循着共同的规律,这在基因突变的水平上尤为明显。基因突变一般有 7 个共同特点。

5.2.3.1 不对应性

不对应性即突变的性状与引起突变的原因间无直接的对应关系。例如,细菌在有青霉素的环境下,出现了抗青霉素的突变体;在紫外线的作用下,出现了抗紫外线的突变体;在较高的培养温度下,出现了耐高温的突变体等。从表面上看,会认为正是由于青霉素、紫外线或高温的"诱变",才产生了相对应的突变性状。事实恰恰相反,这类性状都可通过自发的或其他任何诱变因子诱发得到。这里的青霉素、紫外线或高温仅是起着淘汰原有非突变型(敏感型)个体的作用。

5.2.3.2 自发性

由于自然界环境因素的影响和微生物内在的生理生化特点,在没有人为诱发因素的情况下,各种遗传性状的改变可以自发地产生。

5.2.3.3 稀有性

生物的基因自发突变是随时发生的,但发生的几率是很低的,即突变率很低,也很稳定,一般为 $10^{-6}\sim10^{-9}$。这反映了物种和基因的相对稳定性。突变率是每一细胞在每一世代中发生某一基因突变的几率。对细菌来说,可用一定数目的细胞在一次分裂中形成突变体的数目表示。例如一个含有 10^8 个细胞的群体分裂为 2×10^8 个细胞时,平均形成一个突变体的突变率为 10^{-8}。不同生物和不同基因的突变率是不同的;一般高等动植物的突变率为 $10^{-5}\sim10^{-8}$,即在 $10^5\sim10^8$ 个配子中产生一个突变体;细菌和噬菌体的突变率约为 $10^{-4}\sim10^{-10}$。

5.2.3.4 独立性

基因突变的发生一般是独立的,即在某一群体中既可能发生抗青霉素的突变型,也可发生抗链霉素或其他某药物的突变型,而且还可发生不属抗药性的突变型。各个突变体的发生是随机的、独立的,互不干扰。例如,巨大芽孢杆菌抗异烟肼的突变率是 5×10^{-5},抗氨基柳酸的突变率是 1×10^{-6},而同时兼抗两者的突变率是 8×10^{-10},大约等于两者的乘积。因此,在临床中常同时使用两种抗生素治疗,如肺结核的治疗中同时使用异烟肼和链霉素。

需要说明的一个不符的现象是交叉抗性。所谓交叉抗性是细菌对两种抗生素等药物同时由敏感状态转变为抗性状态。这一现象一般从药理机制上能找到原因。例如,抗四环素的突变型往往也抗金霉素,由于两种抗生素具有相似的分子结构,因而也具有相似的药理作用。

5.2.3.5 可诱变性

通过各种物理、化学诱变剂的作用,可提高突变率,一般可提高 $10\sim10^5$ 倍。

5.2.3.6 可逆性

基因突变的过程是可逆的。通常存在于某种生物中的野生型基因 A 可突变为对应的基因 a,这个过程称为正向突变;反之,由基因 a 也可以突变成野生型基因 A,称为回复突变或回变。任何性状的突变型都具有可逆性,都可恢复为原来的野生型,只是回复突变率同样很低。

5.2.3.7 稳定性

突变的根源是遗传物质结构发生了稳定的变化,产生的变异性状是稳定的、可遗传的。

5.2.4 基因突变的机制

突变是 DNA 分子结构或数目的变化。据引起变化的原因可分为自发突变和诱发突变;据 DNA 变化的程度可分为基因突变和染色体畸变。其相互关系可概括如下:

自然、人工 —引起→ DNA损伤
- 修复成功——正常(野生型)
- 修复失败——突变
  - 损伤小 基因突变
  - 损伤大 染色体突变

基因突变
- 点突变 —— 碱基置换(转换和颠换)
- 移码突变 —— 插入或缺失核苷酸

染色体突变
- 数目
  - 整套(多倍体、单倍体 …)
  - 个别(单体、三体、缺体 …)
- 结构(倒立、易位、缺失、重复)

作为遗传物质的核酸分子是非常稳定的,故其突变具有稀有性。但由于某些原因,仍能发生变化而引起性状改变。自然条件下自发进行的突变称为自发突变;人为诱发引起的突变称为诱发突变。自发突变是由自然因素(物理的或化学的或生物的)或碱基本身的互变异构引起的。诱发突变仍然是这些因素,只不过是人为的。人为地引起诱发突变的理化因素称为诱变剂。自发突变率低,诱发突变率高,因此后者广泛用于菌种选育。

据核酸变化引起遗传信息的变化量大小,突变分为碱基置换、移码突变和染色体畸变。

5.2.4.1 碱基置换

碱基置换(base substitution)是 DNA 分子中碱基对置换引起的,是染色体的一种微小的损伤。碱基对的置换可分两类:一类是 DNA 链中嘌呤被另一个嘌呤,或嘧啶被另一个嘧啶所置换,叫做转换 (transition);另一类是 DNA 链中一个嘌呤被另一个嘧啶,或一个嘧啶被另一个嘌呤所置换,叫做颠换(transversion)。

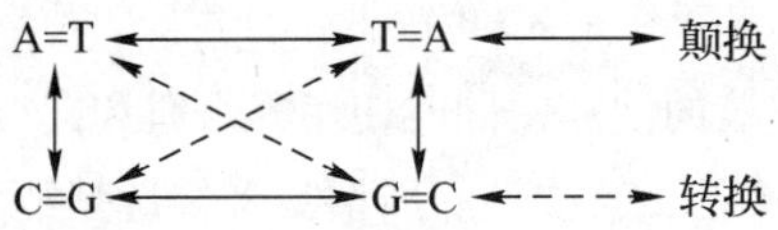

碱基对的转换可由互变异构和化学诱变引起。

A 互变异构

在 DNA 分子的 4 种碱基中,胸腺嘧啶(T)和鸟嘌呤(G)可以酮式或烯醇式出现,胞嘧啶(C)和腺嘌呤(A)可以氨基式或亚氨基式出现。在生物体中,一般以酮式和氨基式结构存在。但在极少数情况下,胸腺嘧啶分子中的 N3 位上的氢能转移到 C4 位氧上,使酮式转变为烯醇式,但瞬间即恢复为酮式,这种分子结构上的互变称为互变异构。如果就在变为烯醇式的瞬间,DNA 的复制刚好到达这一部位,这时的胸腺嘧啶就不再与腺嘌呤配对,而与鸟嘌呤配对。这样,当 DNA 再次复制时,通过 GC 的配对,就使 AT 对转换为 GC 对(图 5-9)。

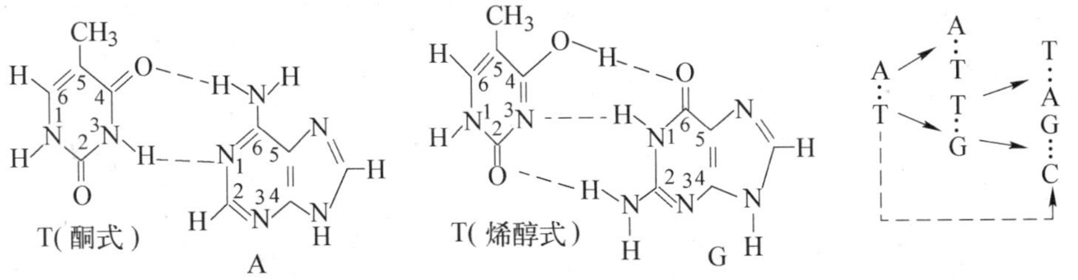

图 5－9 互变异构引起的碱基对置换

B 化学诱变剂引起的碱基对置换

能够引起 DNA 分子中碱基对置换的诱变剂很多，常见的有碱基结构类似物，如亚硝酸、羟胺、烷化剂等。它们可直接或间接地引起 DNA 分子的碱基对置换。

（1）碱基结构类似物。化学结构与常见碱基（A、G、T、C、U）结构相似的化合物称碱基结构类似物。如 5-溴尿嘧啶（5-BU）、5-脱氧尿嘧啶（5-dU）、2-氨基嘌呤（2-AP）等。它们能渗入 DNA 分子而不妨碍 DNA 的正常复制。但其发生的错误配对便可引起碱基对的置换，导致突变。例如 5-BU 的结构与 T 相似，当微生物在含有 5-BU 的培养基上生长并合成 DNA 时，能以 5-BU 代替 T 与 A 配对。5-BU 渗入 DNA 分子本身对细菌并无影响。但 5-BU 也有酮式和烯醇式的互变且出现烯醇式的机会多，当 5-BU 为烯醇式时，则不与 A 配对而与 G 配对。这样就增加了 AT 转换为 GC 的几率，如图 5－10 所示。

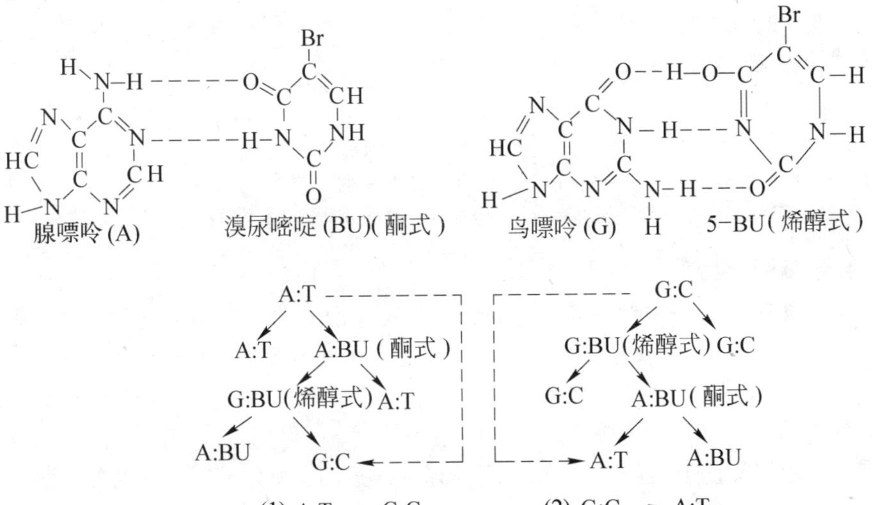

图 5－10 5-BU 引起的碱基对的置换

（2）亚硝酸。亚硝酸是对含有氨基的碱基对直接起作用而诱发碱基对置换的化学诱变剂。其作用是使 DNA 分子中某碱基的氨基氧化脱氨，结果使腺嘌呤（A）变为次黄嘌呤（H）、胞嘧啶（C）变为尿嘧啶（U）。由于 H 和 C 配对、U 与 A 配对，因此当 DNA 再次复制时，AT 就转换为 GC，GC 就转换为 AT，如图 5－11 所示。

（3）其他化学诱变剂。羟胺类化合物能专一性地与胞嘧啶反应，使其能与腺嘌呤配对，从而使 GC 转换为 AT。像硫芥、氮芥等烷化剂能与核苷酸分子中的磷酸基、嘌呤、嘧啶等起烷化作用，造成 DNA 损伤，引起碱基对置换。

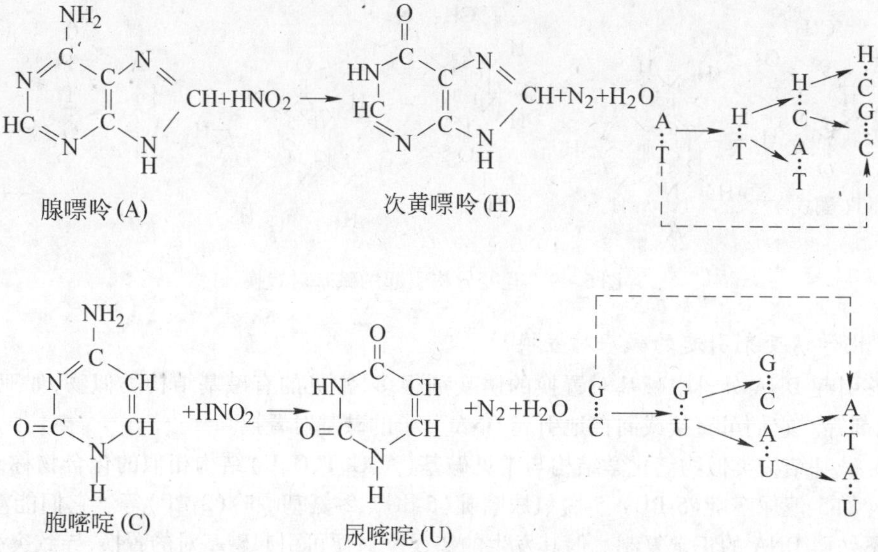

图 5-11 亚硝酸的诱变机制

碱基对置换引起的突变，根据是否在表型上表现出来，可分为同义突变、错义突变和无义突变。如果碱基对的置换不影响蛋白质中氨基酸组成，这类在同义密码子范围内的变化所引起的突变称同义突变；若引起蛋白质中氨基酸组成发生改变，产生的蛋白质无原来的活性，这类突变称为错义突变；若碱基对置换变成了终止密码子，使其不能合成完整多肽，结果形成一条无活性的多肽链，这类突变称无义突变。例如：

CGA(精氨酸) →	CGG	精氨酸	同义突变
	CAA	谷氨酰胺	错义突变
	GGA	甘氨酸	
	UGA	终止密码	无义突变

5.2.4.2 移码突变

移码突变指 DNA 分子中增添或缺失少数几个碱基对，而造成其后面全部遗传密码发生转录和翻译错误的基因突变。点突变一般只涉及一个密码子的改变，而移码突变涉及突变点以后所有密码子的改变，因此是一类影响较大的突变。与染色体畸变相比，移码突变仍属于 DNA 分子的微小损伤。

遗传信息是以 3 个核苷酸为一组的密码子形式表达的。所以一对或几对核苷酸的增减往往造成该部位以后的全部密码子意义改变。例如：原来的 mRNA 是 GAA、GAA、GAA、GAA…按照密码子所合成的肽链是一个谷氨酸的多肽。如果开头增加一个 G，那么 mRNA 就变成了 GGA、AGA、AGA、AGA…按照这些密码子合成的肽链就是一个以甘氨酸开头的精氨酸的多肽。移码突变的结果将引起该段肽链的改变，而肽链的改变将引起蛋白质性质的改变，最终引起性状的变异，严重时会导致个体的死亡。

5.2.4.3 染色体畸变

由于某些理化因素的作用造成 DNA 分子的大损伤所引起的突变称为染色体畸变，包括染色体的缺失、重复、插入、易位和倒位，也包括染色体数目的变化。

染色体结构上的变化可分为染色体内畸变和染色体间畸变两类。染色体内畸变只涉及一条染色体上的变化，如染色体结构上的缺失、重复、插入、易位和倒位。部分染色体的缺失或重复导致基因的减少或增加，易位或倒位导致基因排列顺序的改变。倒位是断裂下的染色体片段旋转1800°后重新插入原位置。易位是断裂下来的一段染色体顺向或逆向地插入到同一条染色体上的其他部位。染色体间畸变是非同源染色体间的易位。

引起染色体畸变的原因很多，可以自发地进行，也可以诱发进行。亚硝酸等诱发点突变的诱变剂，也可引起染色体畸变。物理诱变剂一般以引起染色体畸变为主。

(1) 紫外线。DNA 具有强烈的紫外吸收能力，尤其是核酸链上的碱基对。紫外线的大剂量为杀菌剂，小剂量为诱变剂。其主要生物学效应是其对 DNA 的作用，包括使 DNA 链断裂、DNA 链内或链间交联、嘧啶碱的水合作用及胸腺嘧啶二聚体的形成。结果可引起碱基置换、移码突变或染色体畸变。其中主要机制是胸腺嘧啶二聚体的形成，它可在同一条链上或两链间发生。同一链上形成的二聚体会破坏腺嘌呤的正常掺入和碱基的正常配对。链间形成的二聚体可使双链解开受阻而妨碍复制，从而导致突变的产生。

(2) X 射线、γ 射线和快中子。X 射线、γ 射线和快中子等属于电离辐射，穿透力强，碰到原子或分子便产生次级电子，次级电子可产生电离作用。它们的直接效应是碱基间、DNA 间、糖与磷酸间的化学键断裂；间接效应是电离作用引起水或有机分子产生自由基作用于 DNA 分子，导致缺失或其他损伤。

(3) 热。热可使胞嘧啶脱氨基变成尿嘧啶，从而引起碱基配对错误。热还可引起鸟嘌呤脱氧核糖键移动，从而在 DNA 复制时出现碱基对的错配。

(4) 生物诱变因子。转座因子也是实验室中常用的诱变因子，它们可在基因组的任何部位插入，引起该基因的失活导致突变。转座因子是细胞中能改变自身位置的一段 DNA 序列。有些 DNA 片断不但可以在染色体上移动，而且还可以从一个染色体跳到另一个染色体，从一个质粒跳到另一个质粒或染色体，甚至从一个细胞转移到另一个细胞。在其跳跃的过程中，常导致 DNA 链的断裂或重接，产生重组交换或使某些基因启动或关闭，导致突变发生。

5.3 菌种的选育

微生物的菌种对进行微生物工作来讲是非常重要的。没有种，无法进行微生物的科学研究；没有良种，不能进行发酵工业的生产。所以微生物的很多工作都是围绕着一个“种”字而进行的。菌种选育包括选种和育种两方面的内容。选种是根据微生物的特性，采用各种分离筛选方法，从自然界中或从生产实践中选出符合人们要求的菌种。

育种是根据微生物遗传变异的原理，在已有的菌种基础上，采用诱变或杂交的方法，迫使菌种发生变异，然后在变异的菌株中挑选出符合生产实际要求的菌种。用这种方法取得的菌株在某些性能上比原种有所提高。

5.3.1 从自然界中获得新菌种

5.3.1.1 从自然界中选种

从自然界中选种又称菌种筛选法，一般包括样品采集、增殖培养、分离纯化和性能测定等步骤。

A 样品采集

根据我们的目的到最合适的地方去采集样品。在这方面，掌握了解微生物的生态知识有利于菌种的筛选。如要筛选分解纤维素的菌种，则应采集富有腐烂纤维素的样品；要筛选能分解石油的微生物,则应到油田或炼油厂去采集样品,土壤是微生物的大本营,种类多,数量大,在这里几乎可以找到各种有用的微生物,因而是最常采集样品的地方。

从土壤中采集样品,又称采土。采土时应注意以下几点:

(1) 土壤肥瘦。一般说来,有机质较多的土壤含微生物的数量也多。过于肥沃的土壤细菌含量最多。要分离放线菌,以采园林土、农田土为好。而要分离真菌,由于它们对糖类需要较多,所以采集富有植物残体的土样较为合适。

(2) 采土深度。土壤深度不同,其通气、养料、水分情况各不相同。表层土壤干燥,微生物含量较少。而离地面 5 ~ 20 cm 处微生物含量最大。

(3) 采土季节。以春秋两季为宜。这时外界环境条件都较适合微生物生长繁殖,因此微生物数量最多。

(4) 采土方法。选择好采土点以后,用小铲子除去表面,取 5 ~ 20 cm 厚处的土壤几十克,放入事先灭过菌的纸袋内,同时记录采土时间、地点、植被等情况以备查考。采土的点可多些,采土后要尽快分离。

B 增殖培养

采集到的样品,可能含有我们所需要的微生物,但往往数量较少,而且杂菌混生,因而不宜直接分离纯化,需要增殖培养,以便增加我们所需要的微生物的个体。

增殖培养是往样品中加入适合某些微生物生长繁殖的物质,或创造有利于某些微生物生长繁殖的环境条件,这样就促进了某些微生物大量繁殖。如往土样中加入一些石油,能利用石油的微生物容易生长繁殖;把土样加入到含糖浓度高的培养基中,并把 pH 调到 4 以下,就可使酵母菌得到增殖。要筛选芽孢杆菌,利用芽孢耐热的特性,先将样品加水后于 80℃ 处理 10 min,非芽孢菌迅速死亡,使芽孢杆菌的浓度得到提高。

C 分离纯化

从目前生产上使用的菌种来看,大都是纯种。要研究某一微生物,也需要纯种。所以要进行分离纯化,以便从增殖培养以后的样品中真正把我们所需要的微生物挑选出来。

分离纯化有很多方法,择其主要者介绍如下:

(1) 平板划线分离法。这是最常用的分离纯化的方法。将熔化的琼脂培养基倒入无菌培养皿中,冷凝成平板。然后用接种环挑取少量菌种在平板表面做多次由点到线的稀释,最后可得到纯种的单菌落。

(2) 稀释涂布分离法。如是液体样品,经适当稀释后,可吸取 0.2 ~ 1 mL 菌液至平板上,用涂布棒均匀涂布,也可得到许多单菌落。

(3) 单孢直接挑取法。这种方法是从待分离材料中只挑取一个细胞或孢子来进行培养。将一台显微挑取器装置在显微镜上,把一滴样品加到载玻片上,用装在显微挑取器上的极细的毛细吸管对准一个单独的细胞或孢子,直接挑取,然后将其放在培养基上培养,可得到纯种。

(4) 菌丝尖端切割法。如是不产孢子而又生长迅速的霉菌,则可用无菌解剖刀将菌丝尖端割下,再移至培养基上培养,可得到纯种。

D 性能测定

纯种是否符合生产的需要,要进行生产性能测定后才能决定。性能测定分粗测和精测。粗测又称初筛,主要起定性的作用,一般在培养皿上进行。要测定某菌是否产生蛋白酶及其活力大小,可把供试菌分别点种在含有酪蛋白的培养基表面,经过培养后,看看有无透明圈出现及其大小。如有透明圈出现,则表明该菌能产生蛋白酶。透明圈大小通常表示蛋白酶的活力高低。

经初筛后的菌种还要进行精测,才能适合生产的需要。精测又称复筛,一般采用接近生产工艺条件的三角烧瓶液体进行振荡培养或用台式发酵罐进行发酵，然后测定发酵液，再进行分析比较，最后选出比较理想的菌种。

初筛工作量大，复筛手续繁琐，如能两者结合，则可提高筛选效率。在柠檬酸生产菌黑曲霉的选育工作中，有人采用微量滴管接种、纸片培养方法，根据指示剂变色圈直径的比值进行初筛；在蛋白酶生产菌酱油曲霉（*Aspergillus sojae*）的选育工作中，根据酪蛋白培养基上透明圈直径和菌落直径的比值进行初筛；在头孢霉素生产菌（*Cephalosporium* sp.）的选育工作中，按抑菌圈直径和菌落直径的比值进行初筛，其结果与摇瓶发酵产量一致，提高了筛选效率。

1971 年日本人在筛选春日霉素产生菌时，用琼脂块培养法代替大量的摇瓶培养，将初筛、复筛结合起来，加快了筛选速率。方法是将刚长出来的菌落连同琼脂培养基用木塞穿孔器一起取出，放入另一空培养皿中，然后再放到保持一定湿度的小室内进一步培养。在培养过程中，春日霉素在琼脂块上继续产生，培养一定时间再将琼脂块移到含有供试菌的生物鉴定板上进行培养，由抑菌圈大小可以定量测定琼脂块上积累的春日霉素的含量，然后将抑菌圈大的菌落分别接入斜面，进一步检测。整个流程如图 5 - 12 所示。

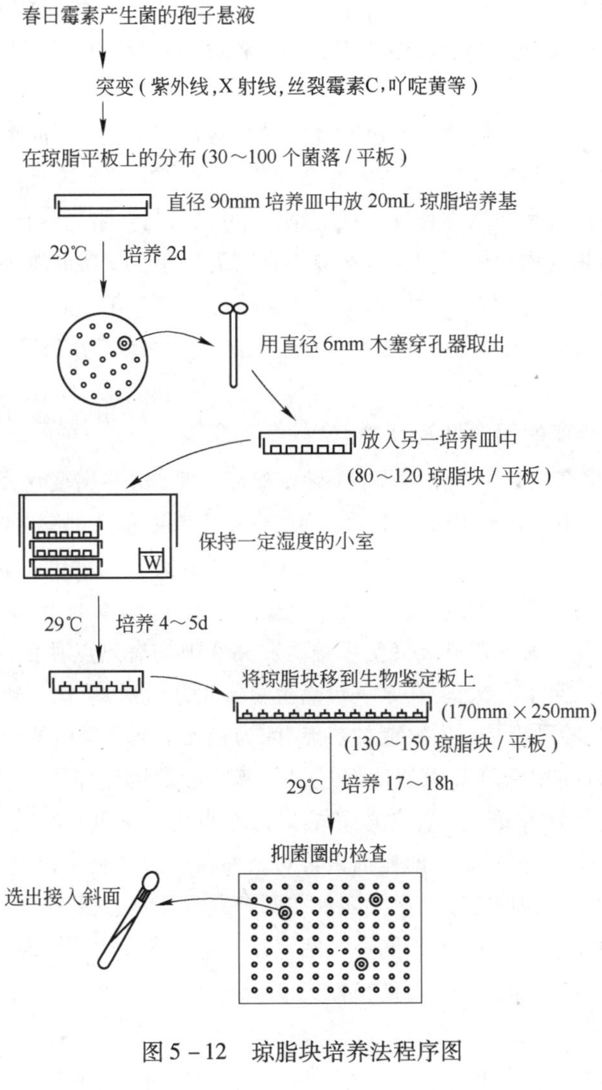

图 5 - 12 琼脂块培养法程序图

5.3.1.2 从生产中选种

在生产过程中,经常注意那些菌体形态或菌落性状以及某些生理性能上发生自然变异的微生物,将它们挑选出来,进行比较试验,有时可以选出更加理想的菌种。

5.3.2 自发突变与定向培育

生物可以以一定的频率(约 $10^{-9} \sim 10^{-6}$)发生自发突变(spontaneous mutation),这种自然发生的突变就称自发突变,它是生物进化的根源。自然地出现这种遗传物质的变异虽然是一种偶然事件,却是生物界的一种普遍现象。

5.3.2.1 自发突变的原因

引起微生物自发突变的因素很多,主要有以下几方面:

(1) DNA 复制。遗传物质 DNA 在复制过程中,由于某些内在或外在的原因,引起核苷酸对掺入的错误,使子代 DNA 分子核苷酸次序产生变化,从而引起突变,在特定环境中则表现出表型的改变。如在大肠杆菌和枯草杆菌中发现了由于 DNA 聚合酶Ⅲ基因结构的微小变化,而造成在高温下(43℃)该酶失活的突变株,而这些突变株在常温(30 ~ 37 ℃)下可使自发突变的频率大大增加。

(2) 微生物自身产生诱变物质。通过对环境诱变源的研究发现,通常存在于细胞内的天然物质中也有表现出诱变原活性的物质。例如,微生物细胞内的咖啡碱、硫氧化合物、二硫化二丙烯、重氮丝氨酸等,它们既是微生物自身的代谢物,又可以引起微生物的自发诱变。

(3) 环境对微生物的诱变作用。在自然界中存在着能引起突变的物质,当微生物偶然与之接触时便会发生自发突变。例如,自然界的短波辐射、加热等,有人估计 T4 噬菌体在37℃每天每一 GC 碱基对以 4×10^{-8}的频率发生变化。又如,通常使用的培养基以及通气等,也有微弱的诱变作用。

5.3.2.2 自发突变的偶然性及其热点

S. Luria 等人提出突变是一个偶然事件,突变概率很低,这些突变可发生在任一瞬间、任一碱基,这是难以预见的,因此任何时间、任何基因或任一个基因位置都有可能发生突变,这似乎说明突变是随机的,但有些事实证明突变并非是完全随机的,突变位置也并非是完全随机分布的。发现突变热点和突变频率有某种规律性。所谓突变热点(hot spots of mutation)是指同一基因内部突变率特别高的位点。无论在自发突变或是诱发突变中均有热点存在,即通常在多数位点上发生的突变概率是一次至十多次,但在某些位点上可发生几百次,可比一般高出几百倍。究其原因,发现甲基化的胞嘧啶可能是自发突变的热点,因为在无甲基化反应的大肠杆菌菌株中不存在这些热点。也发现邻近的碱基 GC 强烈地促进 2-氨基嘌呤的诱变作用。后来许多实验证实了,移码突变容易发生在具有重复碱基的位置,而且许多热点也具有重复的碱基序列。此外,发现诱发突变还与所用的诱变剂有关,某一诱变剂常常对一种特殊的碱基序列的"识别"比另一些序列更敏感。所谓突变频率的某种规律性主要表现在两个方面,即在大肠杆菌、志贺氏菌等许多细菌中发现均以一定频率发生抗性突变,而同一细菌也以一定频率发生不同突变,如大肠杆菌均以一定频率发生对紫外线、噬菌体 T1、T3 等的抗性突变。

5.3.2.3 定向育种

定向育种是指在某一特定条件下,长期培养某一微生物菌群,通过不断转接传代以积累其自发突变,并最终获得优良菌株的过程。由于自发突变的频率较低,变异程度较轻微,故用此法育种十分缓慢。例如,当今世界上应用最广的预防结核病制剂——卡介苗(BCG vaccine)的获得,便是定向育种的结果。这是法国科学家 A. Calmette 和 C. Guerin 经历了 13 年时间,把牛型结核分支杆菌(*Mycobacterium tuberculosis*)接在牛胆汁、甘油、马铃薯培养基上,连续转接了 230 代,才在 1923 年成功地获得了这种减毒的活菌苗——卡介苗。

5.4 诱变育种

诱变育种是人为地利用物理和化学等因素,使诱变的细胞内遗传物质染色体或 DNA 的片段发生缺失、易位、倒位、重复等畸变,或 DNA 的某一部位发生改变(又称为点突变),从而使微生物的遗传物质 DNA 和 RNA 的化学结构发生变化,引起微生物的遗传变异,然后设法从群体中选出少数优良性状的菌株,以供科学实验或生产实践中使用。

诱变育种的主要环节是:以合适的诱变剂处理大量分散的微生物细胞(常用它们的孢子悬液),在引起绝大多数细胞致死的同时,使存活个体中的变异频率大大提高,然后设计有效的筛选方法淘汰负变株,并把正变株中少数变异幅度最大的优良菌株巧妙地挑选出来。

诱变育种不仅可以提高菌种的生产能力(指提高产量的变异),而且还可以改进产品质量、扩大品种和简化生产工艺;从方法上来说,它具有速度快、收效显著和方法简便等优点,因此在科学实验和生产实践上都有广泛的应用。

目前国内外常用的诱变方法包括物理诱变方法和化学诱变方法。前者包括紫外线(UV)、X 射线、γ 射线、快中子、激光、超声波、微波等;后者主要是亚硝酸、烷化剂(EMS,DES,NTG 等)、羟胺、吖啶类染料、硫酸二乙酯、甲基磺酸乙酯、乙烯亚胺、重氮化合物、氮芥、亚硝基胍等。常用的诱变剂如表 5-1 所示。

表 5-1 常用诱变剂及类型

物理诱变剂	化学诱变剂			生物诱变剂
	碱基类似物	与碱基反应的物质	在 DNA 中插入或缺失碱基	
紫外线	2-氨基嘌呤	硫酸二乙酯(DES)	吖啶类物质	噬菌体
快中子	5-溴尿嘧啶	甲基磺酸乙酯(EMS)	吖啶氮芥衍生物	
X 射线	β-氮鸟嘌呤	亚硝基胍(NTG)		
γ 射线		亚硝基甲基脲(NMU)		
激　光		亚硝基乙基脲(NEU)		
微　波		亚硝酸(NA)		
		氮芥(NM)		
		4-硝基喹啉-1-氧化物(4NQO)		
		乙烯亚胺(EI)		
		羟胺		

微生物诱变育种的一般程序如图 5-13 所示。

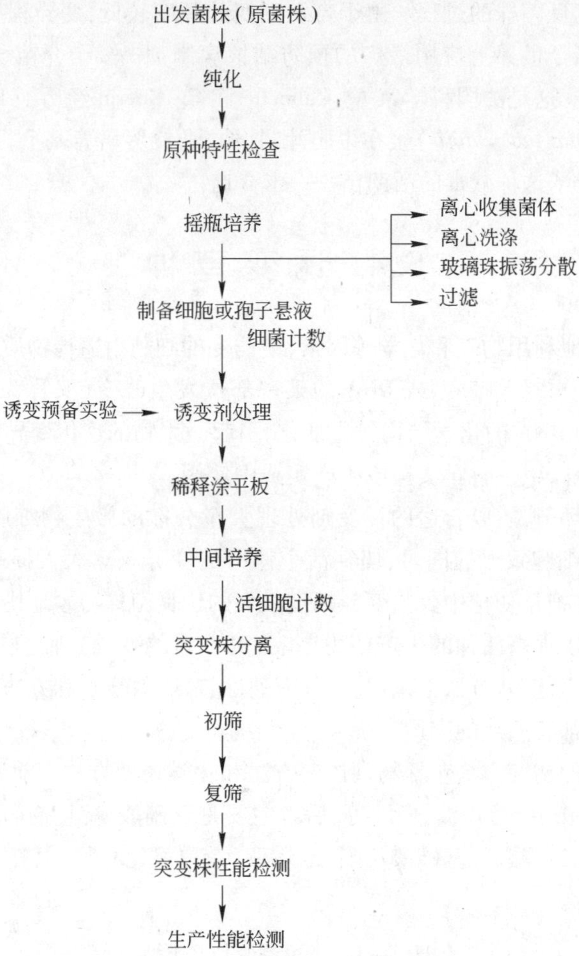

图 5－13　诱变育种示意图

5.4.1　物理诱变

5.4.1.1　紫外线（UV）诱变

DNA 和 RNA 的嘌呤和嘧啶有很强的紫外光吸收能力，最大的吸收峰在 260 nm。对于紫外线的作用已有多种解释，但研究得比较清楚的一个作用是使 DNA 分子形成嘧啶二聚体，阻碍碱基正常配对，并可能引起突变或死亡。另外嘧啶二聚体的形成，还会妨碍双链的解开，影响 DNA 的复制和转录。

利用紫外线诱变已选育出大量产量高、活性强的优良抗生素产生菌菌株。徐平等采用林可霉素对放线菌素 X2 产生菌——链霉菌 702 孢子进行致死标志的 UV 诱变，筛选到 42～3473 菌株，摇瓶发酵生物效价达 2 062 μg/mL，比初始菌株生物效价提高了 70%。江凌等以东方拟无枝酸菌（*Amycolatopsisorientalis*）AO-4 为出发菌株，经紫外线（15 W，253.7 nm，距离 30 cm）诱变处理，筛选链霉素抗性突变株（链霉素质量浓度为 1000 μg/mL），从中获得万古霉素高产变株 *Arnycoladopsisorientalis* AO-29，其发酵效价较出发菌株提高 170%。周梅先等以中生菌素产生菌 C5 为出发菌株，经紫外线诱变处理，获得突变株 UV-69，其摇瓶发酵效价比出发菌株提高

30.2%。传代试验表明,该突变株的高产性能遗传特性较稳定。在15t发酵罐上连续5批验证,平均发酵效价比原生产水平提高47.8%。

紫外线诱变育种的一般技术流程(以宁康霉素产生菌的紫外线诱变育种为例)为:

(1) 制备浓度为10^{-7}~10^{-8}CFU单细胞菌悬液。

(2) 暗室中吸取5 mL菌悬液于9 cm内有磁力搅拌子的无菌平皿中,将平皿置于磁力搅拌器上,于波长253.7 nm,功率8W的紫外灯下,距离20 cm,照射60 s。

(3) 开盖振荡照射不同时间,分别取样,放置于冰水中1~2 h,采用10倍稀释法稀释,稀释液涂布分离培养基平板,28℃恒温培养箱暗培养48 h。

紫外线诱变技术是诱变和筛选优良菌株的常规育种方法,由于其设备简单、诱变效率高、操作安全、简便等特点而被广泛应用。此外,紫外线诱变在核酸中往往造成比较单一的损伤,所以在DNA的损伤与修复研究中也有一定的意义。

5.4.1.2 激光诱变

激光诱变育种在国外从20世纪60年代开始,美、苏、澳、加等国研究较早,我国激光诱变育种始于70年代初期。激光辐射可以通过产生光、热、压力和电磁场效应的综合作用,直接或间接地影响生物有机体,引起细胞DNA或RNA、质粒、染色体畸变效应、酶的激活或钝化,以及细胞分裂和细胞代谢活动的改变。不同种类的激光辐射生物有机体,所表现出的细胞学和遗传学变化也不同。这给生物诱变育种提供了有利条件。

陈五岭等用He-Ne激光对四环素产生菌金霉素链霉菌原生质体诱变处理,四环素产量比亲本株平均提高9.32%,最高可提高20.6%。李永泉采用激光和微波两种物理因子,对去甲基金霉素生产菌金霉素链霉菌进行诱变处理,选育到一株产量较高的生产菌HL11,发酵效价从2831 U/mL提高到4683 U/mL,提高了65.4%。杨劲松采用波长632.8 nm,照射功率密度为0.1783 W/cm^2的激光以不同照射时间对青霉HN89菌株单孢子悬液进行处理,结果激光15 min照射后的变异株相对效价提高到147.2%。

激光诱变的一般操作方法(以去甲基金霉素生产菌激光诱变育种为例)是:纯铜医学蒸气激光器输出两种激光的波长分别为510.6 nm和578.2 nm,辐照时采用两者的混合光,光斑直径为2 cm,脉冲重复频率为7 kHz,功率7 W,以不同辐照时间对孢子进行诱变处理后稀释涂平板筛选。

激光是一种与自然光不同的辐射光,因其具有能量高度集中、颜色单一、方向性好、定向性强等特性而成为抗生素产生菌育种的常用方法。

5.4.1.3 离子束注入诱变

国外自20世纪60年代中、后期相继把离子注入技术应用于生物学领域的研究,我国在1986年由中国科学院等离子物理研究所余增亮等首先把离子注入这一高新技术应用于农作物品种改良,并获得成功。其基本原理是,通过对人们所希望的离子进行加速,从而对细胞进行刻蚀加工。注入细胞内部的离子可对部分基因进行修饰、加工、引导外源基因,尤其是大分子基因组转入受体细胞,实现在新遗传背景下的诱变育种及遗传转化。

施跃峰等以之江菌素产生菌玫瑰黄链霉菌杭州亚种93-15-32菌株为出发菌,研究离子注入微生物的诱变效应。通过9批诱变实验,筛选到1株高产菌株97-49,效价比出发菌株提高4倍多。蒋世春等以微波等离子N^+(20 W,2~4 min)溅射ansamitocin产生菌S. nocmdia,获得一株比出发菌株发酵效价提高18.2%的高产菌株。王群等采用氮离子注入青霉素产生菌,获得的新菌种18-104-31摇瓶初筛产量提高了20.6%,复筛提高了11.8%。

离子束诱变的一般操作方法(以利福霉素生产菌的离子注入诱变育种为例)为:取菌悬液

0.2 mL 放入无菌平皿中，涂成菌液薄层，在超净台中风干，制成风干皿，然后把风干皿置于离子注入机的小靶室中，N^+ 离子束辐照处理，N^+ 注入剂量分别为 3×10^{14}，5×10^{15}，7×10^{15} cm^{-2}，能量为 30 keV，离子束辐照处理后稀释涂平板。

离子注入集化学诱变、物理诱变为一体，具有正突变菌体的高效性、菌体细胞表面刻蚀性、菌体存活曲线呈“马鞍形”等特点，加之离子束介导转基因的可能性，使其在微生物育种中更具有目的性和针对性。随着研究程度的深入，研究范围的拓宽，相信离子注入法在抗生素产生菌育种中能发挥巨大的作用。

5.4.1.4 微波辐射诱变

微波是一种频率在 300 MHz 到 300 GHz 之间的电磁波，它具有波动性、高频性、热特性和非热特性。它与生物组织的相互作用主要表现为热效应和非热效应。微波能够透射到生物组织内部，使偶极分子和蛋白质的极性侧链以极高的频率振荡，增加分子的运动，导致热量的产生。微波还能够对氢键、疏水键和范德华力产生作用，使其重新分配，从而改变蛋白质的构象与活性。

陈力力等采用微波诱变方法对井冈霉素生产菌株（*Streptomyces hyrposcopicus* var. *jinggangensisyen*）进行诱变处理，获得 4 株平均效价比出发菌株分别高出 17.5%、15%、20% 和 21.7% 的突变株，经测定遗传性能稳定。郭峰等用微波对梅岭霉素产生菌进行诱变，获得梅岭霉素生产能力高于出发菌株 73% 的 W4-311 菌株，经多次传代，遗传性状保持稳定。童应凯等采用微波诱变方法对黄霉素产生菌进行诱变处理，利用菌株抗自身代谢物的特征，在添加高浓度的黄霉素的分离培养基上选育获得效价比原始菌株提高 62 倍的突变株 sg2-M-2。

微波诱变育种的一般操作方法为：制备分生孢子悬浮液，吸取制得的孢子悬液，注入底部平整的平皿中，每个平皿的悬液量为 10 mL，调微波炉功率为 700 W，脉冲频率为 2 450 MHz，按不同的处理时间（一般小于 1 min），对孢子悬液进行辐照处理，然后分别从每个平皿中取出 0.1 mL 的菌悬液，进行适当稀释，以适当稀释度的菌悬液涂平板。

微波育种具有清洁、高效、操作简单、方法易行、世代周期短等特点，克服了紫外诱变易光修复、化学诱变毒性大等缺点，具有广阔的应用前景，是一项值得深入研究的工作。

5.4.1.5 空间诱变

空间环境包括太空环境和高空环境。太空环境主要指大气层以上的宇宙空间。太空环境的显著特点是高真空、微重力和高能核粒子辐射。微生物通过返地式科学探测卫星和航天飞机，进行环地球飞行，在宇宙射线、微重力作用下诱发细胞变异。高空环境主要是指对流层以上大气层，如平流层、电离层等，海拔高度约为 30 ~ 80 km 厚的大气层。高空环境的主要特点是宇宙射线、等离子辐射和强烈的紫外线。高空诱变就是利用高空探测气球搭载微生物，经过大气的平流层或电离层的电离辐射而诱发细胞变异。

1994 年，中国科学院上海植物生物研究所从通过卫星搭载的头孢菌素工程菌（*E. coli* A56/pMR24）中筛选出酶活性比对照高 4.35 倍的菌株。莫能霉素菌种通过卫星搭载后，筛选获得 2 株特大抑制菌圈的株系，其效价为对照的 3 倍。方晓梅等将弗氏链霉菌（*streptomyces fradiae*）9940S-86 连续经“神舟”1、3、4 号飞船搭载进行太空诱变育种，复筛得到 48 株效价较出发菌株提高 20% 以上的菌株，其中总效价（摇瓶）最高达到 1.495×10^{-2} kg/L，较出发菌株提高 91.5%。

空间环境的主要特征是：长期微重力状态、空间辐射、超真空和超洁净等。空间诱变是空间条件处理微生物诱变育种的有效方法，微生物的诱变育种的直接应用可以提高产量，改善菌种的有利性状，创造新品种。实践证明，用空间技术育种的最大优势在于，其能在较短的时间里创造出目前其他诱变育种方法难以获得的罕见突变基因资源。

5.4.2 化学诱变

第二次世界大战期间,科学家发现了第一个化学诱变剂——芥子气,开辟了化学诱变的新途径。从此,利用化学手段进行人工诱变的工作,在世界范围内广泛开展起来。化学诱变始于20世纪初。1943年Ochlkers用脲脘处理月见草以后,化学药剂的诱变作用得到肯定。

化学诱变就是利用化学诱变剂处理分散均匀的微生物细胞群,以引起碱基置换、染色体断裂、基因重组或基因突变等生物学效应,使后代产生变异。然后采用简便、快速、简单的筛选方法,可筛选符合育种目标的菌株,以供生产实践或科学研究用。化学诱变剂是靠各自的活性基团,靠它们特有的化学特性直接与生物分子进行各种特定的化学反应,从而引起生物分子化学性质的变化。与物理诱变相比,很多化学诱变剂产生了高比例的点突变、低比例的染色体畸变,而物理诱变如以γ射线和X射线为代表的电离辐射,其穿透力较强,易被染色体组吸收,对染色体结构具有很大的破坏性。化学诱变育种具有以下特点:

(1) 诱变突变率较高,具有位点特异性。

(2) 染色体畸变的比例相对较少,很少有致死型发生,对处理材料损伤轻。

(3) 有迟效作用,即诱变引起的损伤和染色体断裂,有的并不立即断开。

(4) 存在残留药物的后效作用,在M1代引起的生物损伤大。

(5) 引起的突变范围广,后代选择需要足够大的群体。

(6) 价格便宜,操作简单,不需要特殊设备。

化学诱变剂的种类很多,根据它们对DNA的作用机制,可以分为三大类:第一类是烷化剂,它与一个或多个核酸碱基起化学变化,因而引起DNA复制时碱基配对的转换而发生变异。例如硫酸二乙酯、亚硝酸、甲基磺酸乙酯、N－甲基-N′-亚硝基胍、亚硝基甲基脲等。第二类是一些碱基类似物,它们通过代谢作用渗入到DNA分子中而引起变异,例如5-溴尿嘧啶、5-氨基尿嘌呤、2-氨基嘌呤、8-氮鸟嘌呤等。第三类是吖啶类,它造成DNA分子增加或减少一、二个碱基,从而引起碱基突变点以下全部遗传密码在转录和翻译时产生错误。选择化学诱变剂时还应注意:亚硝胺和烷化剂应用的范围较广,造成的遗传损伤较多,其中亚硝基胍和甲基磺酸乙酯被称为"超诱变剂",甲基磺酸乙酯是毒性最小的诱变剂之一。碱基类似物和羟胺虽然具有很高的特异性,但很少使用,因其回复突变率高,效果不大。

5.4.2.1 亚硝基胍诱变

亚硝基胍(NTG)的诱变机制是产生烷化作用,改变基因的分子结构,从而造成基因突变。依靠NTG诱发的突变主要是GC-AT转换,另外还有小范围切除、移码突变及GC对的缺失。NTG还能使多基因并发突变,在复制叉附近一个基因能诱发临近的基因陆续连锁突变。

周希贵等用NTG对多黏类芽孢杆菌(*Paertibacilas polymyxa*)AS1541进行诱变,采用其自身次生代谢产物黏杆菌素进行筛选,获得一株黏杆菌素发酵单位比出发菌株提高106%的菌株。李淑彬等对抗真菌抗生素*Terreicacid*-179M(简称179M)产生菌黄柄曲霉(*Aspergillm flanipes*)进行NTG诱变,获得抑菌圈直径由24.3 nm增加到27.2 nm的菌株179-2。于秀莲等采用NTG处理菌种,以含1 g/L甲硫氨酸的分离培养基作为定向筛选的分离平板,筛选得到的突变株M-20经摇瓶发酵初、复筛和传代实验表明是稳定的B组分高产变异株,其B组分质量分数达82%,较出发菌株提高14.6%,其中B1组分达52.4%,较出发菌株提高19.3%。

亚硝基胍诱变育种的程序(以Avermectin Bla组分高产菌株的诱变育种为例)为:用0.1 mol/L,pH6.0的磷酸缓冲液制备孢子悬液,使浓度约为10^8个/mL,分别用1、2、3和4 mg/mL质量浓度的NTG处理紫外诱变后的突变株单孢子悬液,于28℃震荡30 min后,用生理盐水离心洗涤孢子

3 次,经稀释后涂布于分离平板,28℃倒置培养 7～9d。

NTG 有超诱变之称,能使细胞发生一次或多次突变,诱变效果好,尤其适合于诱变营养缺陷型突变株。其中处理细菌、放线菌等微生物时,不经淘汰,就可以直接得到 10% 以上的营养缺陷型突变株,而一般诱变处理只能达到百分之几或千分之几。

5.4.2.2 硫酸二乙酯诱变

硫酸二乙酯(DES)诱变效应受酸碱条件的影响,pH 中性时效应最好。硫酸二乙酯也属于烷化剂,其诱变机制是烷化剂有一个或几个不稳定的烷基,能够与 DNA 分子的碱基发生化学反应,置换其中某些基团的氢原子,从而改变碱基的化学结构,使 DNA 分子复制时出现碱基配对的差错,最终导致基因突变。

许建平等利用 DES 处理枯草杆菌 B826,获得 6 个拮抗活性有所提高的菌株,其中突变菌 No. 35 能稳定地保持高效的拮抗活性和遗传。刘济宁等采用硫酸二乙酯(DES)和 $^{60}Co\gamma$ 射线对初发菌株 AASOI 细胞进行诱变,经棉铃虫活体筛选获得突变株 JAASOI D,该突变株发酵液杀虫活性达 77.78%。陈志谊等 EJ 用 DES 对水稻纹枯病拮抗细菌 B-916 进行选育,获得拮抗性能提高 210.0% 的诱变株 H-910 硫酸二乙酯(DES)诱变育种的操作方法(以纳他霉素生产菌株的选育为例)是:在摇瓶中加入 1 mL 孢子悬浮液,9 mL 磷酸缓冲液和 0.1 mL 磷酸二乙酣,使 DES 终质量分数为 1%,29℃恒温震荡处理,诱变时间分别设定 10、20、30、40、50、60 min,诱变结束后,取 1 mL 孢子悬液,用 25% 的硫代硫酸钠 0.5 mL 终止反应,稀释涂皿,29℃培养 5～10d。目前倾向认为较低的杀菌率下,正向突变率更高。一般采用杀菌率 70%～80% 的 DES 诱变是常用、有效的诱变方法之一。

5.4.2.3 其他化学诱变

除了上述的 NTG、DES 等烷化剂对抗生素产生菌具有较好的诱变效果外,脱氨剂类诱变剂(亚硝酸等)、碱基类似物诱变剂(5-BU、AP 等)、金属盐类诱变剂硫酸锰等也具有较好的诱变效果。

决定化学诱变剂剂量的因素主要有诱变剂的浓度、作用温度和作用时间。化学诱变剂的处理质量浓度常为几微克/毫升至几毫克/毫升,但是这个质量浓度取决于药剂、溶剂及微生物本身的特性,还受水解产物的浓度、一些金属离子以及某些情况下诱变剂的延迟作用的影响。一般对于一种化学诱变剂,处理浓度对不同微生物有一个大致范围,在进行预试验时,也通常是将处理浓度、处理温度确定后,测定不同时间的致死率来确定适宜的诱变剂量。这里需要说明的是化学诱变剂与物理诱变剂不同,在处理到确定时间后,要有合适的终止反应方法,一般采用稀释法、解毒剂或改变 pH 值等方法来终止反应。

要确定一个合适的剂量,通常要经过多次试验,就一般微生物而言,诱变频率往往随剂量的增高而增高,但达到一定剂量后,再提高剂量会使诱变频率下降。根据对紫外线、X 射线及乙烯亚胺等诱变剂诱变效应的研究,发现正突变较多地出现在较低的剂量中,而负突变则较多地出现在高剂量中。同时还发现经多次诱变而提高产量的菌株中,高剂量更容易出现负突变。因此,在诱变育种工作中,目前较倾向于采用较低剂量。

在操作过程中,不同的菌株对诱变剂的种类、剂量乃至处理的先后顺序要求是不尽相同的。贺玉平等采用原生质体紫外线诱变、等离子束辐射、$^{60}Co\gamma$ 辐射等方法诱变多杀菌素产生菌出发菌株 C121,获得产素水平比出发菌株提高 174% 的高产菌株 Co-329。卫军等采用 UV、NTC 复合诱变产环孢菌素 A 的茄病镰刀菌(*Fusarinmsolani*),在含制霉菌素的平板上筛选到产生环孢菌素 A 水平较高的突变菌株 FS-un26,并对突变菌株的发酵条件进行了优化研究,使环孢菌素产量比出发菌株提高了 20.6%。靳亮等以绿色产色链霉菌(*Streptomyces viridochromogenes*)

TN-27 为出发菌株,采用 UV 诱变,并以链霉素作为筛选因子,获得一株遗传稳定且卑霉素发酵效价比出发菌株提高 38.9% 的菌株。对该菌株再采用微波(microwave, MV)诱变,以其自身代谢物卑霉素作为筛选因子时得到一株产量提高 200% 的菌株。

在诱变育种时,有时可根据实际情况,采用多种诱变剂复合处理的办法。复合处理方法主要有三类:第一类是两种或多种诱变剂先后使用;第二类是同一种诱变剂的重复使用;第三类是两种或多种诱变剂的同时使用。如果能使用不同作用机制的诱变剂来做复合处理,可能会取得更好的诱变效果。诱变剂的复合处理常呈现一定的协同效应,这对诱变育种的工作是很有价值的。

5.5 基因重组

将两个不同性状个体内的基因通过一定途径转移到一起,经过遗传分子间的重新组合,形成新的遗传型个体的过程称为基因重组(gene recombination)或遗传重组(genetic recombination)。重组可使生物体在未发生突变的情况下,也能产生新遗传型的个体。

重组是在核酸分子水平上的一个概念,可以理解成是遗传物质在分子水平上的杂交,而一般所说的杂交(hybridization)则是细胞水平上的一个概念。杂交中必然包含着基因重组,而重组则不限于杂交这一形式。原核微生物中的转化、转导、接合和原生质体融合等以及真核微生物中的有性杂交、准性杂交(parasexual hybridization)都是基因重组在细胞水平上的反映,如表 5-2 所示。

表 5-2 微生物中各种基因重组形式的比较

供体和受体间的关系		重组范围			
		整套染色体		局部杂合	
		高频率	低频率	部分染色体	个别或少数基因
细胞融合或联结	性细胞	真菌的有性生殖	—	—	—
	体细胞	—	真菌的准性生殖	—	—
细胞间暂时沟通		—	—	细菌的接合	性导
细胞间不接触	吸收游离 DNA 片段	—	—	—	转化
	噬菌体携带 DNA	—	—	—	转导
由噬菌体提供遗传物质①	完整噬菌体	—	—	—	溶源转变
	噬菌体 DNA	—	—	—	转染

① 虽不属重组,但与转导和转化有某些相似处,可供比较。

5.5.1 原核微生物的基因重组

原核微生物的基因重组形式很多,机制较远时,其特点是:

(1) 片段性,仅一小段 DNA 序列参与重组。

(2) 单向性,即从供体菌向受体菌(或从供体基因组向受体基因组)做单方向转移。

(3) 转移机制独特而多样,基因重组的方式主要有转化、转导、接合和原生质体融合几种形式。

5.5.1.1 转化

某一基因型的受体菌(recipient cell 或 receptor)直接从周围介质中吸收另一基因型的供体菌

(donor cell)的 DNA 片段,通过交换,把它整合到自己的基因组中造成基因型和表型发生相应变化的现象称为转化(transformation)。受体菌经复制使自己变成一个转化子(transformant)。转化现象的发现,尤其是转化因子 DNA 本质的证实,是现代生物学发展史上的一个重要里程碑,由此促进了分子遗传学和分子生物学的诞生和发展。脱氧核糖酸酶可以抑制转化作用的进行。

转化现象在原核微生物中普遍存在,在 *Streptococcus pneumoniae*(肺炎链球菌,旧称"肺炎双球菌")、*Haemophilus*(嗜血杆菌属)、*Bacillus*(芽孢杆菌属)、*Neisseria*(奈瑟氏球菌属)、*Rhizobium*(根瘤菌属)、*Staphylococcus*(葡萄球菌属)、*Pseudomonas*(假单胞菌属)和 *Xanthomonas*(黄单胞菌属)中尤为多见。在若干放线菌和蓝细菌以及少数真核微生物如 *Saccharomyces cerevisiae*(酿酒酵母)、*Neurospora crassa*(粗糙脉孢菌)和 *Aspergillus niger*(黑曲霉)中,也有转化的报道。在细菌中,肠杆菌科的一些菌种很难进行转化,其主要原因,一方面由于外来 DNA 难以掺入到细胞中,另一方面还由于在受体细胞内常存在可降解线形 DNA 的核酸酶。如果用 $CaCl_2$ 处理 *E. coli* 的球状体(sphaeroplast),就可以使之发生低频率的转化。有些真菌在制成原生质体后也可实现转化。

两个菌种或菌株间能否发生转化,与它们在进化过程中的亲缘关系有着密切的联系。但即使在转化率极高的那些微生物中,其不同菌株间也不一定都可发生转化。研究表明,凡能进行转化的受体细胞必须是感受态(competence)细胞。所谓感受态就是指细胞能从周围环境吸收 DNA 分子,将其整合入自己的基因组,并保证不被体内 DNA 酶破坏的生理状态。它与受体细胞的遗传性、生理状态、菌龄和培养条件等因素有关。

例如,*Streptococcus pnemoniae* 的感受态出现在生长曲线中的指数期后期,而 *Bacillus* 的一些菌种则往往出现在指数期末及稳定期。在外界环境因子中,环腺苷酸(cAMP)及 Ca^{2+} 等的影响最为明显。有人发现,cAMP 可使嗜血杆菌细胞群体的感受态水平提高 10000 倍。处于感受态高峰时,群体中成感受态的细胞所占比例和维持时间也随菌种的不同而不同,如 *Bacillus subtilis*(枯草芽孢杆菌)不超过 10% ~15%,可维持数小时,而 *Streptococcus pnemoniae* 和 *Haemophilus influenzae*(流感嗜血杆菌)则达 100%,但仅能维持数分钟。实现转化所需的 DNA 浓度是极低的。例如,在群体中含有 15% 感受态细胞的情况下,每毫升细胞悬液只要有 0.1 μgDNA 即可有效地发生转化。

5.5.1.2　转导

通过完全缺陷或部分缺陷噬菌体的媒介,把供体细胞的 DNA 小片段携带到受体细胞中,通过交换与整合,使后者获得前者部分遗传性状的现象,称为转导(transduction)。获得新遗传性状的受体细胞,就称转导子(transductant)。

转导现象是由诺贝尔奖获得者 J. Lederberg 等(1952)首先在 *Salmonella typhimurium*(鼠伤寒沙门氏菌)中发现的,以后在许多原核微生物中都陆续发现,例如在 *E. coli*、*Bacillus*、*Proteus*(变形杆菌属)、*Pseudomonas*(假单胞菌属)、*Shigella*(志贺氏菌属)、*Staphylococcus*(葡萄球菌属)、*Vibrio*(弧菌属)和 *Rhizobium*(根瘤菌属)中等。转导现象在自然界中比较普遍,它在低等生物的进化过程中,很可能是一种产生新基因组合的重要方式。目前所知道的转导已有多种。

A　普遍转导

通过极少数完全缺陷噬菌体对供体菌基因组上任何 DNA 小片段的"误包",而实现其遗传性状传递至受体菌的转导现象,称为普遍转导(generalized transduction)。一般用温和噬菌体作为普通转导的媒介。普遍转导又可分为以下两种。

(1) 完全普遍转导。简称普遍转导或完全转导(complete transduction)。在 *S. typhimurium* 的完全普遍转导实验中,曾以其野生型菌株做供体菌,营养缺陷型突变株做受体菌,当 P22 噬菌体作为转导媒介在供体菌内增殖时,宿主的核染色体组发生断裂,待噬菌体成熟与进行包装之际,极少数(概率约为 10^{-6} ~ 10^{-8})噬菌体的衣壳将与噬菌体头部 DNA 芯子相仿的一小段供体菌 DNA 片段(在 P22 情况下,约为供体菌可包装核染色体组的 1%)误包入其中,因此,形成了一个完全不含 P22 噬菌体自身 DNA 的假噬菌体——完全缺陷噬菌体,即转导颗粒(transducing particle)。当供体菌裂解时,如把少量裂解物与大量的受体菌群体相混,使其感染复数(m. o. i.)小于 1,这种完全缺陷噬菌体就可将这一外源 DNA 片段导入受体细胞中。在这种情况下,由于一个受体细胞只感染了一个完全缺陷噬菌体,故受体细胞不会发生往常的溶源化,也不显示其对噬菌体的免疫性,更不会裂解和产生正常的噬菌体;还由于导入的外源 DNA 片段可与受体细胞核染色体组上的同源区段配对,再通过双交换而整合到受体菌染色体组上,所以使后者成为一个遗传性状稳定的重组体,称为普通转导子(如图 5-14 和图 5-15 所示)。于是就实现了完全普遍转导。

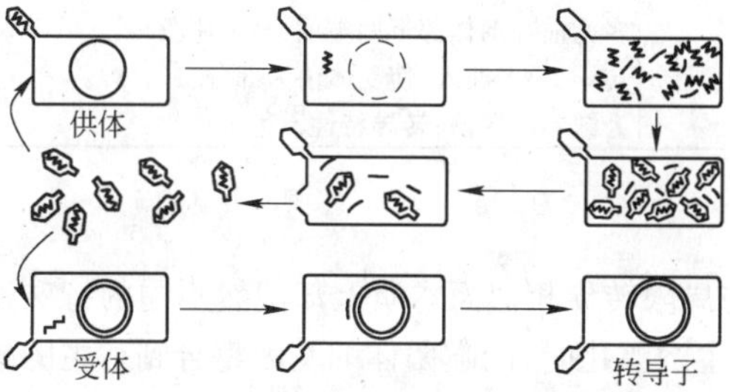

图 5-14 由 P22 噬菌体引起的完全普遍转导

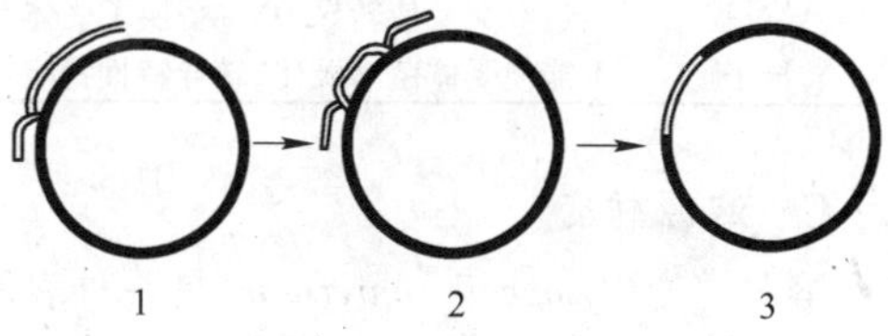

图 5-15 外源染色体片段(双链 DNA)通过双交换而形成一个稳定的转导子图示

除 *S. typhimurium* 的 P22 噬菌体外,在 *E. coli* 的 P1 噬菌体和 *Bacillus subtilis* 的 PBS1 和 SP10 等噬菌体都能进行完全普遍转导。

(2) 流产普遍转导。简称流产转导(abortive transduction)。经转导噬菌体媒介而获得了供体菌 DNA 片段的受体菌,如果该段外源 DNA 在其内既不进行交换、整合和复制,也不迅速消失,而仅进行稳定的转录、转译和性状表达,这种现象就称为流产转导。发生流产转导的细胞在其进行分裂后,只能将这段外源 DNA 分配给一个子细胞,而另一个子细胞仅获得供体基因经转录、转译而形成的少量产物——酶,因此在表型上仍可出现轻微的供体菌特征,每经过一次分裂,就受到一次“稀释”。所以,能在选择性培养基平板上形成微小菌落(即其中只有一个细胞是转导子)就成了流产转导子的特点。流产转导示意图如图 5-16 所示。

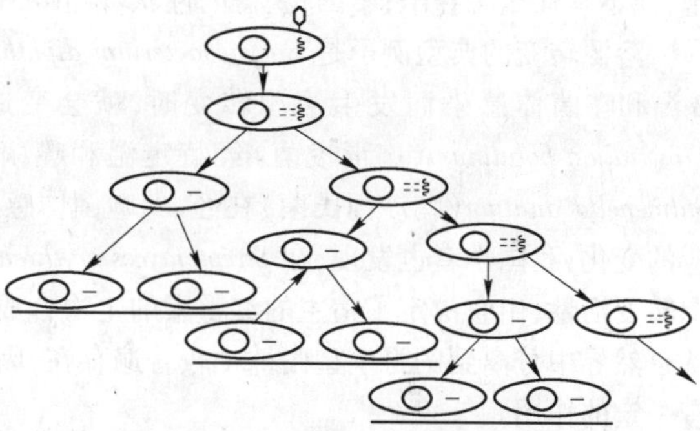

图 5-16 流产转导示意图

B 局限转导

局限转导(restricted transduction 或 specialized transduction)最初于 1954 年在 *E. coli* K12 中发现,系指通过部分缺陷的温和噬菌体把供体菌的少数特定基因携带到受体菌中,与后者的基因组整合、重组,并获得表达的转导现象。它有这样几个特点:

(1) 只局限于转导供体菌核染色体上的个别特定基因,一般为噬菌体整合位点两侧的基因。

(2) 该特定基因由部分缺陷的温和噬菌体携带。

(3) 缺陷噬菌体是由于其在形成过程中所发生的低频率(约为 10^{-5})“误切”(不正常切离,

abnormal excesion）或由于双重溶源菌的裂解而形成，在后一情况下可形成50%缺陷噬菌体。*E. coli* K12的λ噬菌体可进行局限转导。根据转导频率的高低可把局限转导分位为低频转导和高频转导两类。

普通转导和局限转导方式具有不同的特性，产生的转导子也不同，两者的比较如表5－3所示。

表5－3 普通转导和局限转导的特性及其转导子比较

比较项目	普通转导	局限转导
转导的发生	自然发生	人工诱导
噬菌体形成	错误的装配	前噬菌体反常切除
形成机制	包裹选择模型	杂种形成模型
内含DNA	只含宿主染色体DNA	同时有噬菌体DNA和宿主DNA
转导性状	供体的任何性状	多为前噬菌体邻近两端的DNA片段
转导过程	通过双交换使转导DNA替换了受体DNA同源区	转导DNA插入，使受体菌为部分二倍体
转导子	不能使受体菌溶源化，转导特性稳定	为缺陷溶源菌，转导特性不稳定

C 溶源转变

溶源转变（*lysogenic conversion*）是一种表面上与局限转导相似而本质上却截然不同的特殊遗传现象，即当正常温和噬菌体感染其宿主而使其发生溶源化时，因噬菌体的基因整合到宿主的核基因组上，而使后者获得了除免疫性外的新遗传性状的现象。当宿主丧失这一噬菌体时，通过溶源转变而获得的新性状也就同时消失。由此可见，溶源转变与局限转导有着本质上的不同。首先，这种温和噬菌体并不携带任何来自供体菌的外源基因，使宿主带来新性状的正是噬菌体本身的基因；其次，这种温和噬菌体是完整的，而不是缺陷的；第三，获得新性状的是溶源化的宿主细胞，而不是什么转导子；第四，获得的性状可随噬菌体的消失而同时消失。

溶源转变的典型例子是*Corynebacterium diphtheriae*（白喉棒杆菌）不产生白喉毒素的菌株，被β温和噬菌体感染而发生溶源转变时，就会变成产毒的致病菌株。还有其他的例子，例如*Clostridium botulinum*（肉毒梭菌）经特定温和噬菌体感染后，就会产生C型或D型肉毒毒素；*Salmenella anatum*（鸭沙门氏菌）在经ε^{15}噬菌体感染而溶源化时，细胞表面的多糖结构会发生相应的变化；我国学者也发现，在*Streptomyces erythreus*（红霉素链霉菌）中，其P4温和噬菌体也有溶源转变活性，由它决定了宿主的红霉素的生物合成和形成气生菌丝的能力。由于溶源化现象在从自然界中分离到的野生型菌株中较普遍存在，因此可以认为溶源转变在微生物自然进化中具有一定的作用。

5.5.1.3 接合

供体菌（“雄性”）通过其性菌毛与受体菌（“雌性”）直接接触，前者传递不同长度的单链DNA给后者，并在后者细胞中进行双链化或进一步与核染色体发生交换、整合，从而使后者获得供体菌的遗传性状的现象称为接合（conjugation）。通过接合而获得新性状的受体细胞，就是接合子（conjugant）。由于在细菌和放线菌等原核生物中出现基因重组的机会极为稀少（例如*E. coli* K12约为10^{-6}），而且由于较难找到重组子（recombinant）的形态指标，所以有关细菌接合的研究直至J. Lederberg和E. L. Tatum（1946）采用*E. coli*的两株营养缺陷型变株进行实验，建立变株在基本培养基上是否生长来检验重组子存在的方法后，才奠定了方法学上的坚实基础。这一技术也为以后开展一系列其他微生物遗传学和分子遗传学问题的研究创造了必要条件，这一方法的基本原理如图5－17所示。

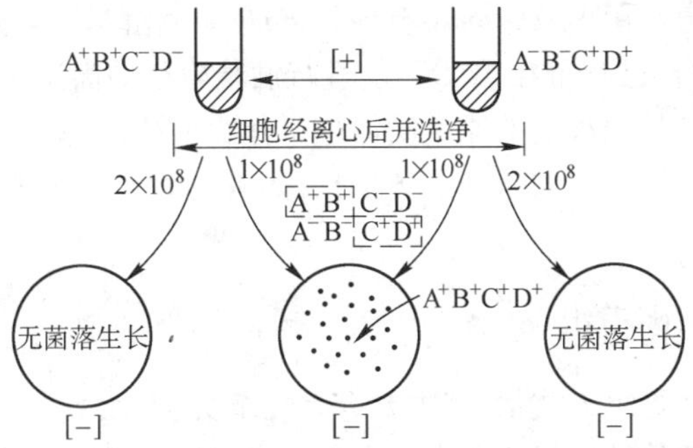

图 5－17　研究细菌接合的营养缺陷型方法原理

5.5.1.4　原生质体融合

通过人为的方法,使遗传性状不同的两个细胞的原生质体发生融合,并进而发生遗传重组以产生同时带有稳定的双亲遗传性状的重组子的过程,称为原生质体融合(protoplast fusion)。由该法获得的重组子称为融合子(fusant)。原核生物的原生质体融合研究是在20世纪70年代后期才发展起来的一种育种新技术,这是继转化、转导和接合之后发现的一种更有效的遗传物质转移手段。

能进行原生质体融合的生物种类极其广泛,不仅包括原核生物中的细菌和放线菌,而且还包括各种真核生物的细胞,例如属于真核微生物的酵母菌、霉菌和蕈菌以及高等动植物和人体的不同细胞,其中各种动物和人体的细胞由于本身不存在阻碍原生质体进行融合的细胞壁,因此较容易发生原生质体融合。原生质体融合的主要操作步骤是:先选择两个有特殊价值的并带有选择性遗传标记的细胞作为亲本菌株(parent strain)置于等渗溶液中,用适当的脱壁酶(如细菌或放线菌可用溶菌酶或青霉素处理,真菌可用蜗牛消化酶或其他相应的脱壁酶等处理)去除细胞壁,再将形成的原生质体(实际上往往是些脱壁不完全的球状体)进行离心聚集,并加入促融合剂PEG(聚乙二醇,polyethylene glycol)或通过电脉冲等促进融合,然后在等渗溶液中稀释,再涂在能使其再生细胞壁和进行分裂的基本培养基平板上。待形成菌落后,再通过影印接种法,将其接种到各种选择性培养基平板上,鉴定它们是否为稳定的融合子,最后再测定其他生物学性状或生产性能,如图5－18所示。

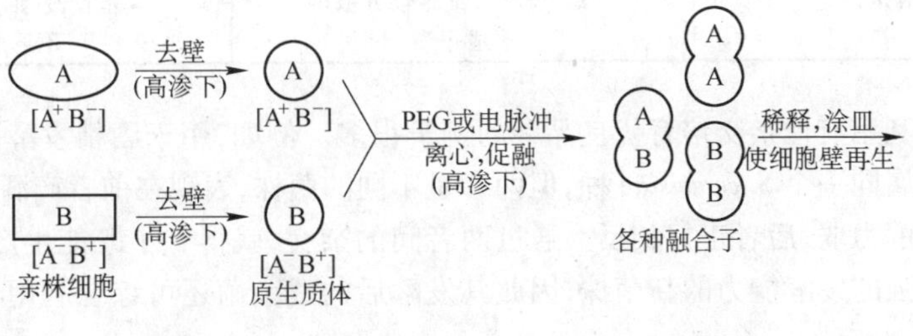

图 5－18　原生质体融合的操作示意图

当前,有关原生质体融合在育种工作中的研究甚多,成绩显著,在某些例子中,原生质体融合的重组频率已达到 10^{-1}(而诱变育种一般仅为 10^{-6});此外除不同菌株间或种间进行融合外,还能做到属间、科间甚至更远缘的微生物或高等生物细胞间的融合,以期达到生产性状更为优良的新物种。例如,国内有报道利用 *Saccharomyces cerevisiae*(酿酒酵母)与 *Kluyveromyces*(克鲁维酵母属)进行属间原生质体融合,已获得在45℃下能进行酒精生产的高温融合子,其产酒率达7.4%。近年来,还发现用加热和紫外线灭活的原生质体也可作为原生质体的一方甚至两方参与亲本融合,大大简化了制备遗传标记亲本的繁琐准备工作,颇有创意。有关原生质体融合的遗传机制,目前还在探索之中。

5.5.2 真核微生物的基因重组

在真核微生物中,基因重组方式很多,主要有有性杂交、准性杂交、原生质体融合和遗传转化等,其中原生质体融合和遗传转化与原核生物中介绍过的内容基本相同,这里仅介绍有性杂交和准性杂交。

5.5.2.1 有性杂交

杂交是在细胞水平上进行的一种遗传重组方式。有性杂交(sexual hybridization)一般指细胞间的接合和随之发生的染色体重组,并产生新遗传型后代的一种育种技术。凡能产生有性孢子的酵母菌、霉菌和覃菌,原则上都可应用与高等动、植物杂交育种相似的有性杂交方法进行育种。现以工业上和基因工程中应用甚广的真核微生物 *Saccharomyces cerevisiae* 为例加以说明。

S. cerevisiae 有其完整的生物史。从自然界中分离到的或在工业生产中应用的酵母,一般都是其双倍体细胞。将不同生产性状的甲、乙两个亲本菌株(双倍体)分别接种到含醋酸钠等产孢子培养基斜面上,使其产生子囊,经过减数分裂后,在每个子囊中会形成4个子囊孢子(单倍体)。用蒸馏水洗下子囊,经机械法(加硅藻土和石蜡油,在匀浆管中研磨)或酶法(用蜗牛消化酶等处理)破坏子囊,再经离心,然后将获得的子囊孢子涂布平板,就可以得到由单倍体细胞组成的菌落。把两个不同亲本、不同性别的单倍体细胞通过离心等方式使之密集接触,就有更多的机会出现种种双倍体的有性杂交后代。这种双倍体细胞与单倍体细胞有明显的差别,易于识别,如表5-4所示。有了各种双倍体的杂交子代后,就可进一步从中筛选出优良性状的杂种个体。

表5-4 *S. cerevisiae* 的双倍体和单倍体细胞的比较

比较项目	双倍体	单倍体
细胞	大,椭圆形	小,球形
菌落	大,形态均一	小,形态变化较大
液体培养	繁殖较快,细胞较分散	繁殖较慢,细胞常聚集成团
在产孢子培养基上	形成子囊	不形成子囊

生产实践上利用有性杂交培育优良品种的例子很多。例如,用于酒精发酵的酵母和用于面包发酵的酵母虽属同一个 *S. cerevisiae* 种,但两者是不同的菌株,表现在前者产酒精率高而对麦芽糖和葡萄糖的发酵力弱,后者正好相反。通过两者间的杂交,就得到了既能生产酒精,又对麦芽糖和葡萄糖有很强的发酵能力的新菌株,因此其发酵后的残余菌还可综合利用作为面包厂和家用发面酵母的优良菌种。

5.5.2.2 准性杂交

要了解准性杂交(parasexual hybridization),先要知道准性生殖(parasexual reproduction 或 parasexuality)。顾名思义,准性生殖是一种类似于有性生殖,但比它更为原始的一种两性生殖方式,它可使同种生物两个不同菌株的体细胞发生融合,且不以减数分裂的方式而导致低频率的基因重组并产生重组子。因此可以认为,准性生殖是在自然条件下真核微生物体细胞间的一种自发性的原生质体融合现象。准性生殖常见于某些真菌,尤其是还未发现有性生殖的半知菌类

(fungi imperfecti),例如*Aspergillus nidulans*(构巢曲霉)中最为常见,其主要过程如图5-19所示。

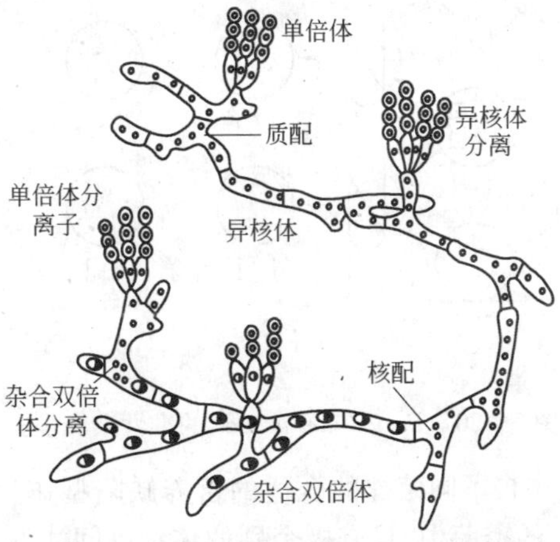

图5-19 半知菌的准性生殖示意图

(1) 菌丝联结(anastomosis)。它发生于一些形态上没有区别的,但在遗传型上却有差别的同一菌种的两个不同菌株的体细胞(单倍体)间。发生菌丝联结的频率极低。

(2) 形成异核体(heterocaryon)。两个遗传型有差异的体细胞经菌丝联结后,先发生质配(plasmogamy),使原有的两个单倍体核集中到同一个细胞中,于是就形成了双相的异核体。异核体能独立生活。

(3) 核融合(nuclear fusion)。或称核配(caryogamy)。在异核体中的双核在某种条件下,偶尔可以发生核融合,低频率产生双倍体杂合子核。如*A. nidulans*或*A. oryzae*(米曲霉)核融合的频率为$10^{-5}\sim10^{-7}$。某些理化因素如樟脑蒸气、紫外线或高温等的处理,可以提高核融合的频率。

(4) 体细胞交换(somatic crossing-over)和单倍体化。体细胞交换即体细胞中染色体间的交换,也称有丝分裂交换(mitotic crossing-over)。上述双倍体杂合子的遗传性状极不稳定,在其进行有丝分裂过程中,其中极少数核内的染色体会发生交换和单倍体化,从而形成了极个别的具有新性状的单倍体杂合子。如果对双倍体杂合子用紫外线、γ射线或氮芥等进行处理,就会促进染色体断裂、畸变或导致染色体在两个子细胞中分配不均,因而有可能产生各种不同性状组合的单倍体杂合子。

从表5-5中,可以看出准性生殖与有性生殖间的主要区别。

表5-5 准性生殖与有性生殖的比较

比较项目	准性生殖	有性生殖
参与接合的亲本细胞	形态相同的体细胞	形态或生理上有分化的性细胞
独立生活的异核体阶段	有	无
接合后双倍体的细胞形态	与单倍体基本相同	与单倍体明显不同
双倍体变为单倍体的途径	通过有丝分裂	通过减数分裂
接合发生的概率	偶尔发现,概率低	经常发现,概率高

准性生殖对一些没有有性过程但有重要生产价值的半知菌育种工作来说,提供了一个重要的手段。国内在灰黄霉菌生产菌——*Penicillium urticae*(荨麻青霉)的育种中,曾借用准性杂交的方法而取得了较好的成效,其主要步骤如图5-20所示。

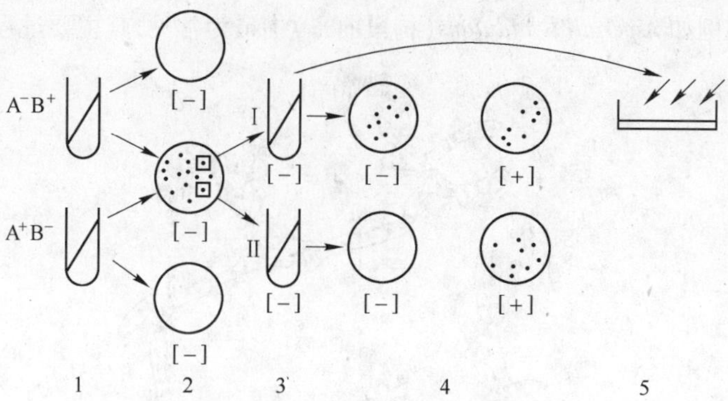

图 5-20 *Penicillium urticae* 的准性杂交步骤

(1) 选择亲本。即选择来自不同菌株的合适的营养缺陷型作为准性杂交的亲本。由于在 *P. urticae* 等不产生有性孢子的霉菌中，只有极个别的体细胞间才发生菌丝联结，而且联结后的细胞在形态上无显著的特征可找，因此，同研究细菌的接合一样，必须借助于营养缺陷型这类绝好的选择性标记作为准性杂交亲本的筛选指标，如图 5-20 中所示的[A^-B^+]与[A^+B^-]。

(2) 强制异合。即用人为的方法强制两个营养缺陷型的亲本菌株形成互补的异核体。将[A^-B^+]与[A^+B^-]两菌株所产生的分生孢子（约 $10^6 \sim 10^7$）相互混匀，用基本培养基[-]倾注培养皿平板，同时对单一亲本菌株的分生孢子也分别倒一[-]平板，作为对照。经培养后，要求前者只出现几十个菌落，而后者则不长菌落，即认为是正常的结果。这时，出现在前者上的便是由[A^-B^+]和[A^+B^-]两菌株的体细胞联结所形成的异核体或杂合二倍体菌落。

(3) 移单菌落。将培养皿平板上长出的这种单菌落移种到基本培养基[-]的斜面上。

(4) 验稳定性。就是设法检验获得的新菌株究竟是一种不稳定的异核体，还是稳定的杂合二倍体。先把斜面菌株的孢子洗下，用基本培养基[-]倾注夹层平板，经培养后，加上一层完全培养基[+]。如果在基本培养基[-]上不出现或仅出现少数菌落，而当加上完全培养基[+]后却出现了大量菌落，那么，它便是一个不稳定的异核体菌株（图 5-20 中的Ⅱ）；相反，如果在基本培养基[-]上出现多数菌落，而加上完全培养基[+]后，菌落数并无显著增多，那么，它就是一个稳定的杂合二倍体菌株（图 5-20 中的Ⅰ）。在实际工作中，发现多数菌株只属于不稳定的异核体。

(5) 促进变异。把上述稳定菌株所产生的分生孢子用紫外线、γ 射线或氮芥等理化因子进行处理，以促使其发生染色体交换、染色体在子细胞中分配不均、染色体缺失或畸变以及发生点突变等，从而使分离后的杂交子代（单倍体杂合子）进一步增加新性状变异的可能性。

在上述工作的基础上，再经过一系列生产性状的测定，就有可能筛选到比较理想的准性杂交菌株。

5.6 基因工程

基因工程（genetic engineering）或重组 DNA 技术（recombinant DNA technology）是指在基因水平上的遗传工程，它是用人为的方法将所需的某一供体生物的遗传物质 DNA 分子提取出来，在离体条件下切割后，把它与作为载体的 DNA 分子连接起来，然后导入某一受体细胞中，让外来的遗传物质在其中进行正常的复制和表达，从而获得新物种的一种育种技术。人类由此能够定向改造基因、编码特定蛋白，从而获得了主动改造生命的能力，基因工程通过改变受体生物的某些遗传性状，培育生物新类型或治疗遗传疾病的一种现代的、崭新的、分子水平的生物工程技术。

5.6.1 基因工程的发展历史

微生物育种的实践推动着微生物遗传变异基本理论的研究，而对遗传变异本质的日益深入研究又大大促进了遗传育种的发展。1927 年，发现 X 射线能诱发生物体突变，以后又发现紫外线等物理因子的诱变作用，于是很快被应用于早期的青霉素生产菌种 *Penicillium chrysogenum*（产黄青霉）的诱变育种中，并取得了显著成效；1946 年，当发现了化学诱变剂的诱变作用，并初步研究了它们的作用规律后，在生产实践中就掀起了利用化学诱变剂进行诱变育种的热潮；几乎在同一时期，由于对真核微生物的有性杂交、准性杂交和原核微生物种种基因重组现象的研究，在育种实践上出现了各种杂交育种新技术；步入 20 世纪 50 年代以来，由于对遗传物质的存在形式、转移方式以及结构功能等问题研究，促进了分子遗传学的飞速发展。

20 世纪 70 年代出现的基因工程给微生物育种带来了革命，它不同于传统的育种方法，所创造的新物种是自然演化中不可能发生的组合；这是一种在分子生物学理论指导下的、自觉的、能像工程一样事先设计和控制的育种技术，可以完成超远缘杂交，是最新最有前途的定向育种方法。DNA 的特异切割、DNA 的分子克隆和 DNA 的快速测序等三项关键技术的建立为基因工程奠定了基础。

早在 20 世纪 50 年代，Arber 的实验室就已发现大肠杆菌能够限制侵染的噬菌体，60 年代末进而证明大肠杆菌细胞内存在修饰 - 限制系统，即给宿主自身 DNA 打上甲基化标记并切割入侵的噬菌体 DNA；1970 年 Smith 等人从流感嗜血杆菌（*Hemophilus influenzae*）中分离出特异切割 DNA 的限制酶；次年，Nathans 等人用该酶切割猴病毒 SV40 DNA，最先绘制出 DNA 的限制图谱（restriction map）；1973 年，Smith 和 Nathans 提出修饰 - 限制酶的命名法。限制性核酸内切酶可用于在特定位点切割 DNA，限制酶的发现使分离基因成为可能。由于在发现和使用限制酶中的功绩，上述科学家获得了 1978 年的诺贝尔医学奖。

1972 年 Berg 等人将 SV40 DNA 与噬菌体 λ 的基因相融合，最早成功组建 DNA 的重组体。由于考虑到猴病毒 SV40 具有潜在的致癌作用，故该项工作没有进行下去；次年，Cohen 和 Boyer 等人将 pSC101 质粒作为载体与 R 质粒的四环素和卡那霉素的抗性基因相融合，并将重组体 DNA 转化大肠杆菌，首次实现了 DNA 的分子克隆。

1975 年 Sanger 实验室建立了酶法快速测定 DNA 序列的技术；1977 年 Gilbert 实验室又建立了化学测定 DNA 序列的技术。分子克隆和测序方法的建立，使重组 DNA 技术系统得以产生。基于他们在发展 DNA 重组与测序技术中的贡献，Berg、Gilbert 和 Sanger 获得了 1980 年的诺贝尔化学奖。

1977 年 Itakura 和 Boyer 利用人工合成的生长激素释放抑制素（somatostatin，SMT）基因构建表达载体，并在大肠杆菌细胞内表达成功，得到了第一个基因工程的产品；1982 年，在建立转基因植物和转基因动物的技术上均获得重大突破，借助根癌土壤杆菌 Ti 质粒可将外源基因导入双子叶植物细胞内并发生整合，从而使植株获得新的遗传性状；同年，通过基因工程方法把大鼠生长激素基因注射到小鼠受精卵的雄核中，然后移植到母鼠子宫内，由此培育出巨型小鼠。基因工程在短暂的实践中迅速成熟，日臻完善。

5.6.2 基因工程的主要过程

基因工程技术涉及如下步骤：目的基因（即外源基因或供体基因）的获取，通常包括 DNA 的纯化技术、酶促消化或机械切割、以游离目的 DNA 序列；载体系统的选择，对细菌细胞来说，合适的克隆载体有质粒和细菌噬菌体；目的基因与克隆载体的连接，形成重组体；将重组 DNA 分子转到合适的宿主中,如大肠杆菌,当利用质粒时,对一重组的病菌载体来说此过程又称为转化或转染;"工程菌"或"工程细胞株"的表达、监测及实验室和一系列生产性试验等,利用细胞培养技术,培养筛选转化的细胞,一个转化的宿主细胞能生长并产生遗传上相同的克隆细胞,每个细胞都携带着转化的目的基因。

基因工程的主要原理和操作步骤如图 5-21 所示。

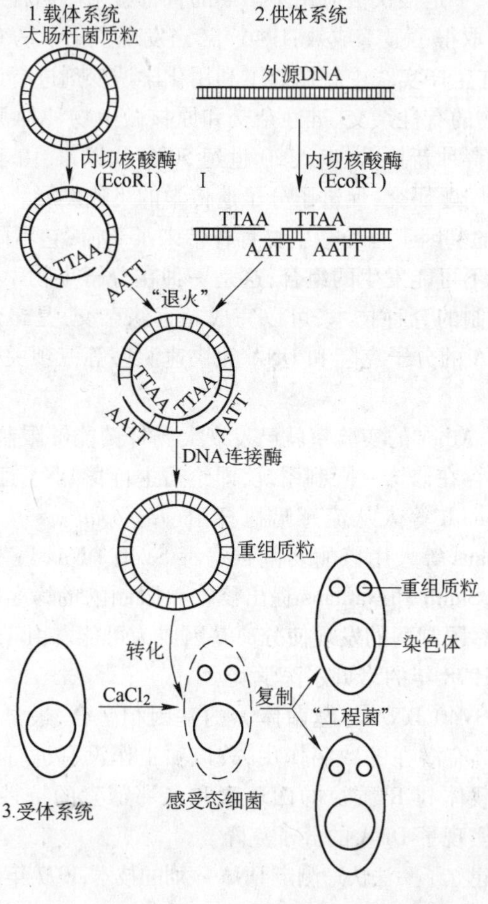

图 5-21 基因工程的主要原理与操作步骤示意图

(1) 目的基因的获取。进行基因工程操作时,首先必须取得具有生产意义的目的基因,一般有三条途径:

1) 从酶切的供体细胞(包括微生物、动植物)染色体碎片中获得。

2) 通过转录酶(reverse transcriptase)的作用,提取目标产物的 mRNA,然后将其反转录合成 cDNA(complementary DNA,即互补 DNA)而获得。

3) 从目标蛋白的氨基酸顺序推测出基因的碱基顺序,人工合成 DNA 片段。

(2) 优良载体的选择。有了目的基因后,还必须有符合要求的运送目的基因的载体(vector, vehicle),以便把它运载到受体细胞中进行增殖和表达。优良的载体必须具有如下几个条件:

1) 是一个具有自我复制能力的复制子(replicon)。

2) 能在受体细胞内大量繁殖,即有较高的复制率。

3) 载体上最好只有一个限制性内切核酸酶的切口,使目的基因能固定地整合到载体 DNA

的一定位置上。

4）载体上必须有一种选择性遗传标记，以便及时高效地把极少数“工程菌”或“工程细胞。”选择出来。

目前，具备上述条件可作为载体的，对原核受体细胞来说，主要有细菌质粒（松弛型）和 λ 噬菌体两类；对真核受体细胞来说，在动物方面主要有 SV40 病毒，在正常情况下，SV40 是在猴体内繁殖的小型 DNA 病毒，有一相对分子质量为 3×106Da 的环状双链 DNA，也能感染人和许多动物细胞，对植物细胞来说，主要是 Ti 质粒。

（3）目的基因与载体 DNA 的体外重组。将目的基因的两端和载体 DNA 的两端用特定的限制性核酸内切酶（restriction endonuclease）处理或人为地在 DNA 的 3′端接上 ployA 和 ployT，可使参与重组的两个 DNA 分子产生“头”和“卯眼”似的互补黏性末端（cohesive end），然后将两者放在 5～6℃下温和的“退火”（annealing）。由于酶一种限制性核酸内切酶所切断的双链 DNA 片段的黏性末端都有相同的核苷酸组分，因此当两者相混时，凡与黏性末端上碱基互补的片断就会因氢键的作用而彼此吸引，重新形成双链。此时，在外加连接酶（ligase）的作用下，目的基因和载体 DNA 进行共价结合（“缝补”），连接成一个完整的、具有复制能力的环状重组 DNA 载体——嵌合体（chimaera）。

（4）重组载体导入受体细胞。上述在体外反应生成的重组载体，只有将其引入受体细胞后，才能使其中的目的基因得到扩增和表达。以质粒为载体的重组载体 DNA 可以通过转化进入受体细胞，而用噬菌体或病毒为载体的重组载体 DNA 可以通过转导或转染进入受体细胞。受体细胞可以是微生物细胞，也可以是动物或植物细胞。在所有受体细胞中，目前使用最广泛的是微生物——*E. coli*。当然，另外两种微生物即 *Bacillus subtilis*（枯草芽孢杆菌）和 *Saccharomyces cerevisiae*（酿酒酵母）也正越来越多地用作基因工程中的受体。

（5）重组受体细胞的筛选和鉴定。

（6）“工程菌”或“工程细胞”的大规模培养。

5.6.3 基因工程的应用

基因工程正在或即将使人们的某些梦想和希望变成现实。基因工程广泛应用于工业、食品、农业、医疗、采矿、冶炼、材料、能源、环境保护和生物学基本理论的研究，带动了生物技术的高速发展。现就基因工程一些重要的应用简略叙述如下。

5.6.3.1 基因工程药物

基因工程药物包括一些在生物体内含量甚微但却具有重要生理功能的蛋白质，如激素、酶和抑制剂、细胞因子、抗原和抗体、反义核酸和疫苗等。此外，还可利用重组 DNA 技术改造蛋白质，设计和生产出自然界不存在的新型蛋白质药物。其中，重组胰岛素是作为商品于 1982 年最早投放市场的基因工程药物，重组疫苗是目前最普遍使用的基因工程药物。

迄今为止，基因工程药物的生产途径大致经历了 4 个阶段：

（1）细菌基因工程，即利用 *E. coli* 等细菌作为受体菌在不同类型的发酵罐中进行工业化生产。

（2）酵母菌等真核微生物细胞的基因工程，即利用酵母菌细胞作为受体菌，在发酵罐等生物反应器中大量表达外源基因以生产多肽类药物。

（3）哺乳动物细胞基因工程，即利用哺乳动物细胞作为受体菌，参考微生物发酵的方式在复杂的生物反应器中进行工业化生产。

（4）转基因动物（transgenic animal）或转基因植物（transgenic plant）基因工程，即利用活的

动、植物整体替代机械的发酵罐生产稀有、名贵的医用活性肽，代表了当前国际上基因工程的新潮流，例如牛、羊的"乳腺生物反应器"，"鸡卵生物反应器"，哺乳动物的"膀胱生物反应器"，"家蚕生物反应器"，"种子生物反应器"，"果实生物反应器"，"块茎生物反应器"（马铃薯等），"香蕉口服疫苗"等。

5.6.3.2 转基因植物和转基因动物

A 转基因植物

近年来，随着 DNA 重组技术的深入发展，科学家们已能够将重组 DNA 导入植物细胞，并成功培育了许多具有新的优良性状的转基因植物。主要包括转抗病虫害基因，例如转 *Bacillus thuringiensis*（苏云金杆菌）δ 毒素基因的抗虫棉花；抗逆境植物品种，包括抗旱、涝、寒、盐、碱等；高产、优质品种，例如高蛋白、高必需氨基酸、高必需脂肪酸和维生素的品种，如欧洲已育成富含 V_A 和铁的转基因水稻等；生产药物（如人的干扰素）、抗体、疫苗等或可降解塑料等优良品种，例如能生产 PHB（聚羧基丁酸）的油菜品种；适应商品化的既易于保鲜、贮存，又有良好外形、色泽和口感的水果新品种；转固氮、结瘤、分解纤维素或木质素酶的基因，或能提高光合作用效率等基因的新品种等。

今后，基因工程将不再只局限于微生物间进行，还能在动植物和微生物间进行任意的定向的和超远缘的分子杂交和高效表达，从而将大大加快育种工作的速度，提高育种工作的自觉性。利用基因工程进行育种工作的出现，为遗传育种工作者提出了一系列具有吸引力的研究课题，同时也为有关工作展示了一幅能逐步达到的光辉灿烂的美好前景。

B 转基因动物

随着现代生物技术的发展，科学家们已经能够应用基因工程技术培育转基因动物，从而开辟了动物育种新途径。所谓转基因动物是指用重组 DNA 技术和显微注射技术，将克隆 DNA 导入受精卵，使外源基因在实验室研究动物以及具有重要商业价值的饲养动物两者均能得到表达的动物。构建转基因动物的主要步骤是将克隆的外源基因注射到一个受精卵的细胞核中；然后将接种后的受精卵移植到雌性受体的子宫内；移植后的受精卵发育成为后代，其中部分后代的细胞中携带转入的外源基因并得到表达。

1982 年培育转基因小鼠获得成功，使科学家们受到极大鼓舞，随后对各种家禽、家畜、鱼类进行基因操作，培育出一系列改进性状的新品种。转基因的瘦肉型猪、高产奶的奶牛、快速生长的家畜和鱼类等已进入实用阶段。利用转基因动物生产药物、血清蛋白、疫苗等也获得成功。正在尝试培育带有人体基因的猪，使其器官能够移植人体而不被排斥。

5.6.3.3 改造传统工业发酵菌种

由传统工业发酵菌种生产的发酵产品数量大、应用广，对全球经济影响十分巨大，例如抗生素、氨基酸、有机酸、酶制剂、醇类和维生素（尤其是 VC）等。这类菌种基本上都经过长期的诱变或重组育种，大幅提高其生产性能难度很大，欲有所突破，利用基因工程是一个理想的解决方案。目前，在氨基酸、酶制剂等领域已有大量成功实例，例如我国已完成利用遗传工程菌生产 L-甲硫氨酸的中型试验。

5.6.3.4 基因治疗

基因治疗（gene therapy）是指向靶细胞中引入具有正常功能的基因，以纠正或补偿基因的缺陷，从而达到治疗的目的。目前基因治疗大致有三类：

（1）用正常的基因去弥补有缺陷的基因，用于治疗遗传性疾病。

（2）通过转移基因以刺激免疫力，用于治疗肿瘤和艾滋病。

(3) 所转移的基因用于配合细胞或药物治疗，以便增强特异性或增强疗效。

基因治疗为临床医学开辟了崭新的领域。一些目前尚无有效治疗手段的遗传病、肿瘤、心脑血管疾病、老年痴呆症、恶性传染病（如各种肝炎、艾滋病等）可望通过基因治疗来达到防治的目的。1990 年美国首次在临床上将腺苷脱氨酶（ADA）基因导入患者外周淋巴细胞，用以治疗因该基因缺陷而引发的重度免疫缺陷综合症（SCID），获得成功；其后在囊性纤维化（CF）、血友病、肿瘤、艾滋病等疾病的基因治疗中做了有益尝试。我国基因治疗也已取得可喜成果。1991 年首例 B 型血友病基因治疗获得理想结果；脑恶性胶质瘤的基因治疗已完成临床前实验。目前基因治疗还有一些关键技术有待改进，主要是如何选择有效的治疗基因，构建安全、特异和高效表达载体，将重组 DNA 导入人体并控制其高表达。

5.6.3.5 基因工程在微生物研究中的应用

基因工程技术作为微生物学研究的重要手段，有力促进了微生物学基础理论研究的发展。分子克隆和构建工程菌对了解微生物的结构与功能、微生物生理与代谢调节以及微生物生态等基本过程，提供了最好的方式。通过分子克隆、限制内切酶图谱以及 DNA 测序等技术，使遗传学家能够快速绘制并研究微生物的基因组。利用克隆基因进行定位诱变、基因分裂（gene disruption）或敲除突变（knockout mutations），并使这些突变基因导入到微生物染色体中，有助于研究突变微生物。

5.6.3.6 基因工程在环境保护中的应用

在环境保护方面，利用基因工程可培育能够同时分解多种有毒有害污染物质的遗传工程菌。例如，1975 年，有人将降解芳烃、萜烃和多环芳烃的质粒转移到能降解烃的 *Pseudomonas* sp.（一种假单胞菌）中，获得了能够同时降解四种烃类的“超级菌”，能分解原油中 2/3 的烃。这类新型遗传工程菌在污染防治、环境保护等方面具有很大的应用潜力。据报道，利用自然菌种降解海面浮油污染如需要一年以上的时间，而利用“超级菌”则只要几个小时的时间即可完成。

广泛使用生物农药替代毒性大、残留高、对环境污染严重的化学农药，代表了未来农药发展的方向。近年来，我国学者采用基因重组和克隆等手段，已研制了兼具苏云金杆菌和昆虫杆状病毒的新型基因工程病毒杀虫剂；2001 年还成功研制了具有蝎毒基因的棉铃虫病毒杀虫剂。这些生物农药具有高效、无公害等优点。

5.6.4 基因工程研究展望

基因工程的兴起导致生物科学发生了深刻的变化，主要表现在以下方面：

(1) 引发了生物科学中技术上的创新和迅猛发展。使传统生物技术，发展成为以基因重组技术为核心的现代生物技术，简称生物技术。生物技术用于工程实践从而形成了各类生物工程，主要包括基因工程、酶工程、细胞工程、发酵工程和生化工程等，其中以基因工程发展最快，应用最广。

(2) 技术上的重大突破，促使生物科学获得前所未有的高速发展。开辟了新的研究领域，进入了新的研究深度，例如发育分子生物学、神经分子生物学、分子细胞学、分子生理学、分子进化论等学科领域均获得了蓬勃发展。

(3) 为改造生物提供强有力的手段，使生物学进入创造性的新时期。使得在分子水平上重新设计、改造和创建新的生物形态和新的生物物种成为可能。

基因工程应用范围十分广泛，它将在人类实践中发挥更大的作用和贡献。但它也和其他新生事物一样，在它带给人类巨大利益的同时也面临着严峻的挑战。基因工程与传统生物技术的最根本的区别就在于前者是在基因水平上进行操作，改变已有的基因甚至创造新的物种，因此，基因工程是否具有潜在的危害性,特别是转移至人体的基因是否会激活原癌基因,基因工程是否会导致出现新型原生物等问题必然也成为人们关心和争议的焦点,也是当前的研究热点之一。但有一点可以肯定,人们既然能发明一种新技术,必然也将有能力掌握这门新技术,使它朝着有利于人类进步的方向发展。

5.7 菌种保藏与灭菌

5.7.1 菌种的退化和防治

在微生物的基础研究和应用研究中,选育一株理想菌株是一件艰苦的工作,而要保持菌种的遗传稳定性就更困难了。菌种退化是一种潜在的威胁,因此引起了微生物学研究人员的关注与重视。

5.7.1.1 菌种退化

生产菌株生产性状的劣化、遗传标记的丢失称为菌种退化(degenration)。菌种退化可以是形态上的,也可以是生理上的,如产孢子能力、发酵主产物比例下降等。

就产量性状而言,菌种的负变(minus mutation)就是退化;其他原有的典型性状变得不典型时,也是退化。

(1) 菌落和细胞形态的改变。例如苏云金芽孢杆菌(*Bacillus thuringiensis*)的芽孢和伴孢晶体变得小而少等。

(2) 生长速度缓慢,产孢子越来越少。例如细黄链霉菌(*Streptomyces microflavus*)"5406"在平板培养基上菌苔变薄、生长缓慢,不再产生典型而丰富的橘红色分生孢子层,有时甚至只长些浅黄绿色地基内菌丝。

(3) 代谢产物生产能力的下降。例如赤霉素生产菌种藤仓赤霉(*Cibberella fujikuroi*)产赤霉素能力的下降,枯草杆菌(*Beauveris bassiana*)"B. F. 7658"生产 α-淀粉酶能力的衰退等。

(4) 致病菌对宿主侵染力的下降。例如 *B. thuringiensis* 和白僵菌(*white muscardine fungi*)对其宿主的致病力减弱或消失等。

(5) 抗不良环境条件(抗噬菌体、抗低温、抗高温等)能力的减弱等。

菌种退化是发生在细胞群体中一个由量变到质变的逐渐演化过程。首先,在细胞群体中出现个别发生负变的菌株,这时如不及时发现并采取有效措施,而一味地移种、传代,则群体中这种负变个体的比例逐渐增大,最后占据了优势,整个群体发生严重的退化。因此,开始时,所谓"纯"的菌株,实际上其中已包含着一定程度的不纯因素;同样,到了后来,整个菌种虽已"退化",但也是不纯的,即其中还会有少数尚未退化的个体存在。

5.7.1.2 菌种退化的原因

A 基因突变

菌种退化的主要原因就是那些控制生产性状的基因发生负突变。在生物进化的过程中,遗传变异是绝对的,而它的稳定性是相对的;退化性变异是大量存在的,而进化性变异则是个别的。在自然条件下,个别适应性变异通过自然选择就可保存和发展,最后成为进化的方向。在人为条件下,人们通过人工选择,有意识地筛选出个别正突变体用于生产实践;相反,如不自觉、认真地去选择,大量自发突变菌株就会趁机泛滥,最后导致菌种退化。

B 分离现象

遗传育种获得的菌种若是多核(或是单核),但 DNA 双链之一发生突变,随着传代,其生产性状也将发生退化。这种退化不是由基因突变引起的，而是由于诱变获得的高产株本身不纯。高产突变只发生在一个核和一条DNA单链上，随着细胞分裂，核发生分离，突变基因和未突变基因发生分离，出现了突变的高产菌株和未突变的低产菌株。

退化是菌株自发突变的结果，培养环境营养不良、发酵时间过长而积累有害产物都会加快菌种退化。根据菌种退化原因分析，可以制定出一些防治退化的措施。

5.7.1.3 菌种退化的防治

A 从菌种选育时考虑

在育种过程中，应尽可能使用孢子或单核菌株，避免对多核细胞进行处理，采用较高剂量使单链突变的同时，另一条单链丧失了模板作用，可以减少出现分离回复现象；同时，在诱变处理后应进行充分的后培养及分离纯化，以保证获得菌株的“纯度”。

增加突变位点的筛选，也能预防回复子、减少菌种退化的可能性。如图5-22所示，黄嘌呤缺陷型腺苷酸生产菌的代谢中，次黄嘌呤核苷酸是腺苷酸和鸟苷酸的共同前体，位点(2)处酶基因发生突变，则使鸟苷酸途径阻塞，前体转向合成腺苷酸，但位点(2)基因回复突变则又可使鸟苷酸途径畅通，腺苷酸产量下降。但是，如果筛选(2)、(3)位点同时突变的突变株，则能保持菌株的稳定性，因为两个位点同时回复突变的可能性极低。

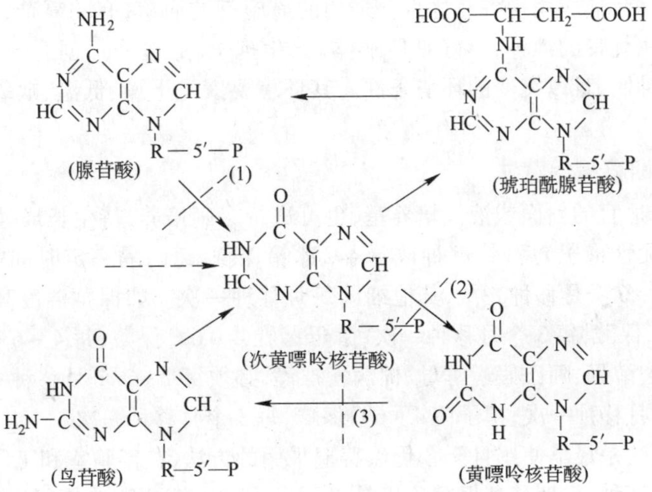

图5-22 腺苷酸生产菌代谢途径

B 从菌种保藏角度考虑

微生物都存在着自发突变，而突变都是在繁殖过程中发生或表现出来的，减少传代次数就能减少自发突变和菌种退化的可能性。所以，不论在实验室还是在生产实践上，必须严格控制菌种可传代次数。斜面保藏的时间较短，只能作为转接和短期保藏的种子用，应该在采用斜面保藏的同时，采用沙土管、冻干管和液氮管等能长期保藏的手段。

C 从菌种培养的角度考虑

各种生产菌对培养条件的要求和敏感性不同，培养条件要有利于生产菌株，不利于退化菌株的生长。如营养缺陷型生长菌种培养时应保证充分的营养成分，尤其是生长因子；对一些抗性菌株应在培养基中适当添加有关药物，抑制其他非抗性的野生菌生长。另外，应控制碳源、氮源、pH和温度，避免出现对生产菌不利的环境，限制退化菌株在数量上的增加，例如在赤霉素生产菌 *Gebberella fujikuroi* 的培养基中加入糖蜜、天冬酰胺、谷氨酰胺、5′-核苷酸或甘露醇等丰富的营养物后,有防止菌种退化的效果;在栖土曲霉 *Aspergillus terricola* 3.942 的培养中,有人采用改变培养温度的措施,即从 28 ~ 30℃提高到 33 ~ 34℃来防止它产生孢子能力的退化。由于微生物生长过程产生的有害代谢产物,也会引起菌种退化,因此应避免将陈旧的培养物作为种子。

D 从菌种管理的角度考虑

要防止菌种退化,最有效的方法是定期使菌种复壮(rejuvenation)。所谓的菌种复壮就是在菌种发生退化后,通过纯种分离和性能测定,从退化的群体中找出尚未退化的个体,以达到恢复该菌种原有性状的一种措施,但这是一种消极的措施。有人对 *Streptom microflavus*"5406"的分生孢子,采用 -10 ~ -30℃的低温处理5 ~7 天,使其死亡率达到80%。结果发现,在抗低温的存活个体中,留下了未退化的健壮个体,从而达到了复壮的目的。

广义的复壮应是一项积极的措施,是在菌种尚未退化之前,定期进行纯种分离和性能测定,以使菌种的生产性能保持稳定。广义的复壮过程有可能利用正向的自发突变,在生产中培育出更优良的菌株。

5.7.2 菌种保藏的原理和方法

人们在长期的实践中,对微生物种子的保藏建立了许多方法,各种方法所适用微生物的种类和效果都不一样,在具体应用中各有优点。采用的措施有的简单,有的复杂,但它们的原理基本上是相同的,即选用优良的纯种,最好是休眠体(分生孢子、芽孢等),创造一个使微生物代谢不活泼、生长繁殖受抑制、难以突变的环境条件。其环境要素是干燥、低温、缺氧、缺营养以及添加保护剂等。

5.7.2.1 定期移植保藏法

将菌种接种于适宜的斜面或液体培养基,也可进行穿刺培养,待生长成健壮的菌体(对数期细胞、有性孢子或无性孢子)后,将菌种放置4℃冰箱保藏,每间隔一定时间需重新移植培养一次。芽孢杆菌每3 ~6 个月移种一次,其他细菌每月移种一次。如保藏温度高,则间隔的时间要短。放线菌4 ~6℃保藏,每3 个月移种一次;酵母菌在4 ~6℃保藏,每4 ~6 个月移种一次。某些种类酵母,如芽裂酵母、阿氏假囊酵母、棉病囊霉等,必须每1 ~2 个月移种一次;丝状真菌在4 ~6℃保藏,每4 个月移种一次;担子菌4 ~6℃保藏,每3 个月移种一次。

定期移植保藏法是最早使用且至今仍然普遍采用的方法,在实验室和工厂中,即使同时采用几种方法保藏同一菌种,定期移植保藏法仍是必不可少的。该法简单易行,代价小,能随时观测保藏菌株是否死亡、变异退化或染菌。然而这种方法的缺点也是显而易见的:保藏过程中微生物仍然有活动。所以,保藏的时间较短,菌种容易退化。采用无菌的橡皮塞代替棉塞,可以避免水分蒸发且能隔氧,能适当延长保藏期。

5.7.2.2 液体石蜡保藏法

液体石蜡保藏法如图5 -23 所示。该方法是定期移植法的补充。在生长良好的斜面表面覆盖一层无菌的液体石蜡,液面高出培养基1 cm,将其置试管架上以直立状态低温保藏。液体石蜡可防止水分蒸发、隔绝氧气,所以能延长保藏时间。但缺点是必须直立放在冰箱中,占据较大空间。

5.7.2.3 沙管保藏法、土壤保藏法

土壤是自然界微生物的共同活动场所,土壤颗粒对微生物具有一定的保护作用。沙管保藏法如图5 -24 所示。取河沙过24 目筛,用10% ~20% 的盐酸浸泡除去有机质,洗涤、烘干、分装入安瓿管,加塞灭菌。需要保藏的菌株先用斜面培养基培养,再用无菌水制成细胞或孢子悬液,将10 滴悬液注入装有洗净、灭菌河沙的沙管内,使细胞或孢子吸附在沙上,放到干燥器中吸干

河沙中的水分，将干燥后的沙管用火焰熔封管口，可室温或低温保藏。土壤法以土壤代替河沙，不

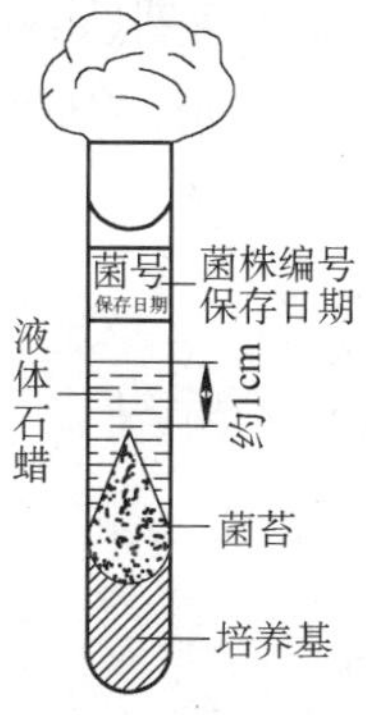

图 5－23　液体石蜡保藏法示意图

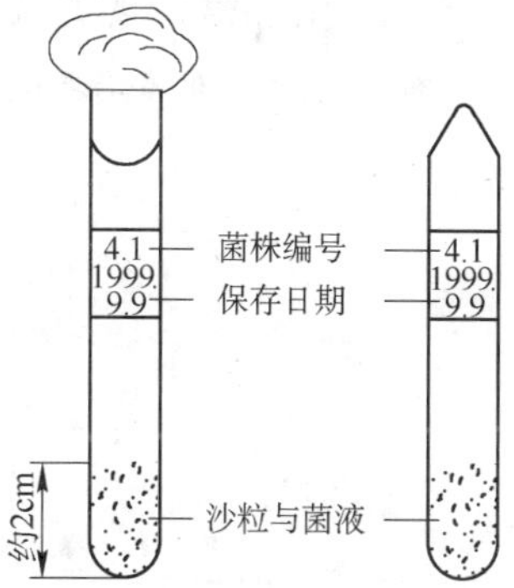

图 5－24　沙管保藏示意图

需酸洗，经风干、粉碎，过 24 目筛。分装灭菌后，同沙管保藏法操作相同。以上两种方法统称为沙土管法，其特点是干燥、低温、隔氧、无营养物，保藏的效果较好，制作也简单，比液体石蜡法保藏时间长。此法适用于芽孢杆菌、梭状芽孢杆菌、放线菌和一些丝状真菌的保藏，保藏时间可达数年，甚至数十年。

5.7.2.4　麸皮保藏法

麸皮保藏法（或称曲法保藏）常用于放线菌和霉菌的保藏。我国制曲已有悠久历史，曲既是酿造的酶制剂，又是保藏酿造用微生物的一种方式。将麸皮（也可用各种谷物代替）与水或其他培养基成分以一定比例拌匀，加水或培养液与麸皮的比例为 1∶0.8，或 1∶1，或 1∶1.05，原则上是按照不同菌种对水分的不同要求而定。将拌匀的麸皮分装在试管或安瓿管等容器里，装入的麸皮应保持疏松，不要压紧。高温灭菌后，将菌种的孢子液接入。适宜温度下培养，直至长出菌丝。再放在干燥器中干燥后，20℃以下温度保藏。也可将小管用火焰熔封。该法操作简单，菌种保藏时间长，不易退化，工厂中经常采用。

5.7.2.5　蒸馏水保藏法

这是最简单的保藏方法。每个试管中装 5 mL 灭菌的无菌水，用接种针从斜面或平板上挑取一环菌种细胞，接入蒸馏水中并使之悬浮，试管用无菌的橡皮塞塞紧，放置 10℃低温保藏。需用时，可从管内移出一环接到培养基上，而原来的管加塞后仍可继续保藏。该法为菌种创造了一个无营养的环境，所以也是一个保藏菌种的好方法。该法适宜保藏诡谲棒状杆菌（*Cornebacterium insideiosum*）、根瘤病土壤杆菌（*Agrobacterium tumefaciens*）、假单孢菌（*Pseudomonas* sp.）等，也有人将其用于酵母菌保藏。

5.7.2.6　冷冻干燥保藏法

冷冻干燥保藏法（Lyophilization，freeze-drying）是将菌液在冻结状态下升华其中水分，最后获得干燥的菌体样品。它同时具备干燥、低温和缺氧的菌种保藏条件，所以，可使微生物菌种得到较长时间的保存；冻干的菌种密封在较小的安瓿中，避免了保藏期间的污染，也便于大量保藏。它是目前被广泛推崇的菌种保藏方法。但该法操作相对繁琐，技术要求较高。

根据文献记载，不生孢子只产菌丝体的丝状真菌不宜用此法外，其他多数微生物，如病毒、细菌、放线菌、酵母菌、丝状真菌等都能冻干保藏。许多菌种用此法可以保藏 10 年以上。

冷冻干燥法的一般过程如图 5－25 所示。预先将安瓿管用 2% 盐酸浸泡，洗净、烘干后，加入菌种编号标签纸条，加棉塞，湿热灭菌后烘干。微生物斜面培养至稳定期（最好形成孢子），加入保护剂制成细胞悬液。液体培养的菌体最好用离心法除去培养基后加保护剂制成细胞悬液。

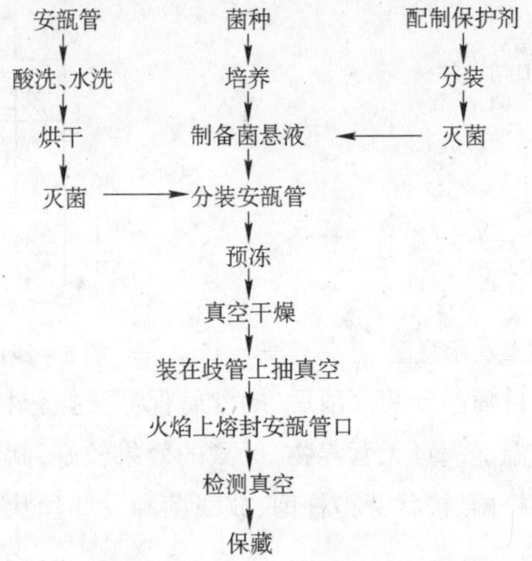

图 5－25 冷冻干燥保藏菌种的一般过程

在冷冻干燥脱水的过程中，保护剂起到稳定细胞膜的作用，既能推迟或逆转膜成分的变性，同时又可以使细胞免于冰晶损伤而死亡。保护剂还在菌种保藏和复苏过程中起到稳定细胞的作用。保护剂一般为脱脂牛奶或马血清等。脱脂牛奶可由新鲜牛奶制备，最好将新鲜牛奶冷藏过夜，除去表面脂肪皮膜；再用离心机以 3000 r/min 离心 20 min，离心 2～3 次，彻底除去脂肪，分装后以 116℃高压灭菌 15～20 min。也可用脱脂奶粉制备保护剂，用蒸馏水配制成质量分数为 10% 或 20% 后，分装灭菌。

悬液的细胞浓度以 10^8～10^{10} mL^{-1} 为宜。将 2～3 mL 保护剂加入斜面内，用接种针轻刮菌苔，注意不使悬液中带入培养基，也不能有过多的气泡，随即将悬液分装安瓿管。为避免保护剂或带入培养基中某些成分或产物的影响，在 1 h 内必须将分装安瓿管放到－25～－40℃的低温冰箱或冻干装置中预冻。预冻的目的是使水分在真空干燥时直接由冰晶升华为水蒸气。预冻一定要彻底，否则，干燥过程中一部分冰会融化而产生泡沫或氧化等副作用，或使干燥后不能形成易溶的多孔状菌块，而变成不易溶解的干膜状菌体。预冻的温度和时间都很重要，预冻温度一般在－30℃以下，在 0～－10℃内冻结，所形成的冰晶颗粒较大，易造成细胞损伤；－30℃下冻结，冰晶颗粒细小，对细胞损伤小。待结冰坚硬后（约需 0.5～1h），可开始真空干燥。要求真空度在 15 min 内达到 66.5 Pa，并逐渐达到 26.6～13.3 Pa。在 26.6 Pa 真空度后水分开始大量蒸华，此时也可以略加温，以加快样品中水分蒸华，但需注意不能超过 30℃。抽真空过程中样品应始终保持冷冻状态。当样品基本干燥后，样品温度上升，加速了样品残留水分蒸发。少量样品经 4 h 左右便可以干燥。当真空度达到 1.33 Pa 时继续抽几分钟后，一边抽气，一边即可用喷灯熔封安瓿管口。然后以高频电火花检查各安瓿管的真空情况，管内呈灰蓝色光表示已达到真空。检查时电火花应射向安瓿管的上半部，切勿直射样品。制成的安瓿管可在 4℃冰箱或室温下保藏。

冷冻真空干燥装置有各种形式，根据需要的工作量可选用单管式、歧管式、钟罩式、离心式、舱箱式等类型的真空干燥机。排列越是后面的类型,处理量越大,设备也越复杂。一般实验室可采用现成的真空干燥机,也可自制歧管式冻干装置,图5-26所示这种装置每次能冻干10~20支安瓿管,冻干管如图5-27所示。冻干的菌种经保藏后,需用时可在无菌环境下开启安瓿管恢复培养。先用锉刀在安瓿管上部横锉一道痕迹,用灼热的玻棒置痕迹处,安瓿管壁即出现裂纹;也可将安瓿管上部置酒精灯上烧热,用冷的无菌水或培养基滴在痕迹处使其迸裂而打开安瓿瓶。将无菌的培养液注入安瓿管中,溶解干燥的样品酥丸,摇匀。用无菌吸管取出悬液并移入适宜的培养基中培养。

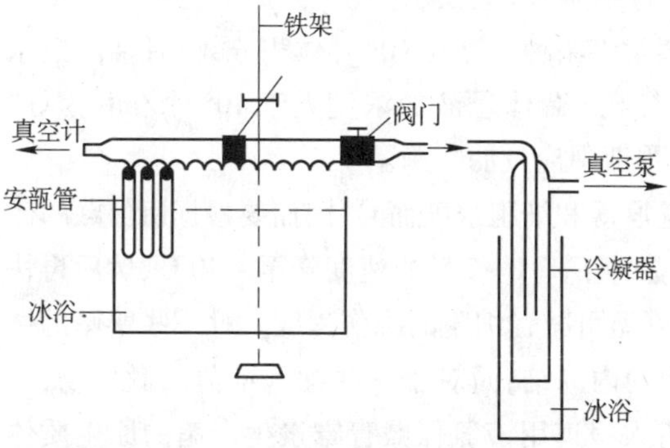

图5-26　一种简易冷冻干燥装置

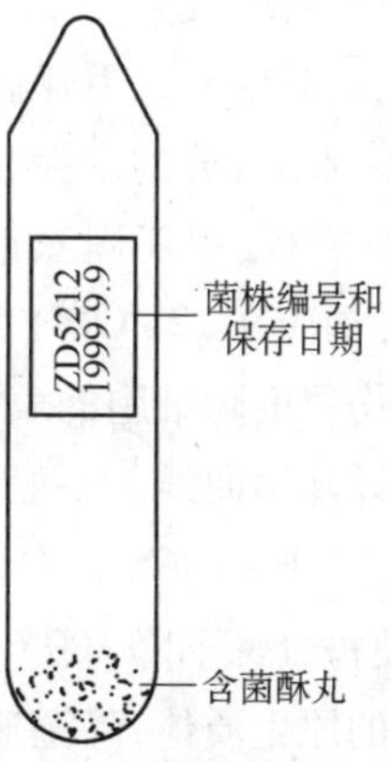

图5-27　冷冻干燥保藏管

研究表明,冻干法保藏菌种的存活率受多方面影响,不同的生物承受冻干处理过程的能力不同,所以,有些菌种不适合用冻干法保藏。冻干前的培养条件和菌龄也是影响因素,适宜条件下培养至稳定期的细胞和成熟的孢子具有较强的耐受冻干的能力。提倡用较浓的菌悬液,虽然其存活率低,但绝对量比较高。保护剂对存活的影响很大,保护效果与保护剂化学结构有密切关系,有效的保护剂应对细胞和水有很强的亲和力,脱脂牛奶作为保护剂对多种微生物均有满意的结果。冻结速度慢会损坏细胞,而冻结速度过快(几秒钟内完成冻结)也会在细胞内形成冰晶,损害细胞膜,影响存活。干燥样品中残留少量水分(0.9%~2.5%)对生物的生存有利;冻干管应避光保藏,尤其是避免直射光。适宜的恢复培养条件可以提高存活率。

5.7.2.7　液氮超低温保藏法

这是鉴于有些微生物不宜采用冷冻干燥法,而其他方法又不能长期保藏,根据液氮保护精子和血液等先例的启发而发展起来的菌种保藏法。液氮超低温保藏技术已被公认为当前最有效的菌种长期保藏技术之一,也是适用范围最广的微生物保藏法。几乎所有微生物及动物细胞等均可采用液氮超低温保藏,只有少数对低温损伤敏感的微生物例外。液氮保藏的另一大优势是可利用各种培养形式的微生物进行保藏,不论孢子或菌体、液体培养物或固体培养物均可使用该法。

液氮超低温保藏过程是将菌种悬浮液封存于圆底安瓿管或塑料的液氮保藏管(材料应能耐受较大温差骤然变化)内,放到-150~-196℃的液氮冰箱内保藏。操作过程中一大原则是"慢冻快融"。

细胞冷冻损伤主要是细胞内结冰和细胞脱水造成的物理伤害。当细胞冷冻时细胞内外均会形成冰晶，其冻结的情况因冷冻速度而异：冷冻速度缓慢时只有细胞外形成冰晶，细胞内不结冰，此现象称为细胞外冻结；当冷冻速度较快时，细胞内外均形成冰晶，称为细胞内冻结。细胞冷冻缓慢时，主要发生细胞脱水现象，细胞大量脱水后电解质浓度升高，以致渗透压发生变化而导致细胞质壁分离。轻度质壁分离损伤是可逆的，当脱水严重时，细胞内有的蛋白质、核酸等细胞成分的结合水也被排出，发生永久性损伤，导致死亡。细胞内结冰，特别是大冰晶，会造成细胞膜损伤而使细胞死亡。

对于抗冻性强的微生物，冻结几乎不会使细胞受损伤，而对于多数细胞来说，不论细胞外或是细胞内冻结均易受到损伤。为了减轻冷冻损伤程度，可采用保护剂。液氮保藏一般选用渗透性强的保护剂，如甘油和二甲亚砜，它们能迅速透过细胞膜，吸住水分子，保护细胞不致大量失水，延迟或逆转细胞成分的变性并使冰点下降。通常将菌种悬浮在10%（体积分数）甘油蒸馏水或10%（体积分数）二甲亚砜蒸馏水保护剂中。孢子或菌体悬液的浓度大于10^8个/mL为好。事先，保护剂甘油应在121℃蒸汽灭菌15 min。二甲亚砜应过滤除菌。

细胞的冻伤程度随细胞的表面积大小、细胞壁厚薄和细胞浓度而异，因而要根据所保藏的微生物种类来设计降温曲线。一般可由室温开始每分钟下降1～7℃的速度降至－40℃，然后再快速降温至－150℃或－196℃。分两个或三个阶段降温可减轻细胞的冻伤程度。对一些壁厚的微生物细胞，即使每分钟下降100℃也不会引起细胞的内冻结；而对于一些细胞壁薄的微生物，特别是无细胞壁的原生质体，降温速度影响很大。有人报道用液氮保藏青霉素生产菌的原生质体时，采用1℃/min降温速度慢速冷冻，原生质体存活率可达53.7%～78.5%，而快速冷冻则造成原生质体破裂死亡。

微生物细胞的浓度对冷冻损伤程度也有影响，如去甲古霉素生产菌用液氮保藏时，孢子浓度大于10^7个/mL的存活率比10^5个/mL孢子浓度时高15倍以上。

菌体的生长阶段对液氮保藏的效果也有影响，不同生理状态的微生物对冷冻损伤程度的抗性不同。一般来说，对数生长期菌体对冷冻损伤的抗性低于稳定期的菌体，对数生长末期菌体的存活率最低。

细胞解冻的速度对冷冻损伤的影响也很大。因为缓慢解冻会使细胞内再生冰晶或冰晶的形态发生变化而损伤细胞，所以，一般采取快速解冻。在恢复培养时，将保藏管从液氮中取出后，立即放到38～40℃的水浴中振荡至菌液完全融化，此步骤应在1 min内完成。

液氮冷冻保藏管应严格密封。若有液氮渗入管内，在从液氮容器中取出时，管中液氮的体积将膨胀680倍，具有很强的爆炸力，必须特别小心。因为液氮容易渗透逃逸，所以，需要经常补充液氮，这是该法操作费用较大的原因。

5.7.2.8 甘油保藏法

甘油保藏法与液氮超低温保藏法类似。菌种悬浮在10%（体积分数）甘油蒸馏水，置低温（－70～－80℃）保藏。该法较简便，保藏期较长，但需要有超低温冰箱。

实际工作中，常将待保藏的菌种培养至对数期的培养液直接加到已灭菌的甘油中，并使甘油的终浓度为10%～30%，再分装于小离心管中，置低温保藏。基因工程菌常采用该法保藏。

5.7.3 国内外菌种保藏机构

菌种保藏机构的任务是在广泛收集生产和科研菌种、菌株的基础上，把它们妥善保藏，使之达到不死、不衰、不乱和便于交换使用的目的。国际上很多国家都设立了菌种保藏机构。例如：中国微生物菌种保藏管理委员会(CCCMS)，美国标准菌种保藏中心(ATCC)和北部地区研究实验室(NRRL)，英国的国家标准菌种保藏所(NCTC)，日本的大阪发酵研究所(IFO)和东京大学应用微生物研究所(IAM)，荷兰的真菌中心收藏所(CBS)，法国的里昂巴斯德研究所(IPL)，以及德国的科赫研究所(RKI)和菌株保藏中心(DSM)等。

中国微生物菌种保藏管理委员会成立于1979年，它的任务是促进我国微生物菌种保藏的合作、协调与发展，以便更好利用微生物资源，为我国的经济建设、科学研究和教育事业服务。该委员会下设6个菌种保藏管理中心，其负责单位、代号和保藏菌种的性质如下：

(1) 普通微生物菌种保藏管理中心(CCGMC)

中科院微生物所，北京(AS)，真菌、细菌；

中科院武汉病毒研究所，武汉(AS-IV)，病毒。

(2) 农业微生物菌种保藏管理中心(ACCC)

中国农业科学院土壤肥料研究所，北京(ISF)。

(3) 工业微生物菌种保藏管理中心(CICC)

轻工业部食品发酵工业科学研究所，北京(IFFI)。

(4) 医学微生物菌种保藏管理中心(CMCC)

中国医学科学院皮肤病研究所，南京(ID)，真菌；

卫生部药品生物制品检定所，北京(NICPBP)，细菌；

中国医学科学院病毒研究所，北京(IV)，病毒。

(5) 抗生素菌种保藏管理中心(CACC)

中国医学科学院抗生素研究所，北京(IA)；

四川抗生素工业研究所，成都(SIA)；

华北制药厂抗生素研究所，石家庄(IANP)。

(6) 兽医微生物菌种保藏管理中心(CVCC)

农业部兽医药品检察所，北京(CIVBP)。

中国微生物菌种保藏管理委员会汇集了6个保藏管理中心及其所属专业实验室、菌种站保藏的部分微生物的名录，编写出版了《中国菌种目录》一书，其中包括病毒、噬菌体、细菌、放线菌、酵母菌和丝状真菌六部分。

小　结

1. 遗传和变异是生物体最基本的属性之一，脱氧核糖核酸(DNA)是遗传信息的物质基础。DNA是一种大分子化合物，由4种核苷酸组成，具有双螺旋结构。DNA的复制是以半保留复制进行的。

2. 突变泛指细胞内(或病毒颗粒内)的遗传物质的分子结构或数量突然发生的可遗传的变化。突变有狭义和广义之分。

(1) 基因突变的类型主要分为：营养缺陷型、抗性突变型、条件致死突变型、形态突变型、抗原突变型和其他突变型。

(2) 基因突变的分子基础为:碱基置换及其对遗传信息的影响;移码突变及其产生;缺失和重复。

(3) 基因突变一般有7个共同的特点:不对应性、自发性、稀有性、独立性、可诱变性、可逆性、稳定性。

(4) 突变具有稀有性,但由于某些原因仍能发生变化而引起性状改变,据核酸变化引起遗传信息的变化量大小,突变分为碱基置换、移码突变和染色体畸变。

3. 微生物的选种是根据微生物的特性,采用各种分离筛选方法从自然界中或从生产实践中选出符合人们要求的菌种。育种是根据微生物遗传变异的原理,在已有的菌种基础上,采用诱变或杂交的方法,迫使菌种发生变异,然后在变异的菌种中挑选出符合生产实际要求的菌种。

(1) 自然界中的选种一般包括样品采集、增殖培养、分离纯化和性能测定等步骤。

(2) 生物可以以一定的频率发生自发突变,它是生物进化的根源。引起微生物自发突变的因素主要有DNA复制、微生物自身产生诱变物化、环境对微生物的诱变作用。

自发突变可应用于定向育种。

4. 诱变育种是人为利用物理和化学等因素,使诱变的细胞内遗传物质染色体或DNA的片段发生缺失、易位、倒位、重复等畸变,或DNA的某一部位发生改变,从而使微生物的遗传物质DNA和RNA的化学结构发生变化,引起微生物的遗传变异,然后设法从群体中选出少数优良性状的菌株,以供科学实验或生产实践中使用。目前国内外常用的诱变方法主要包括物理诱变和化学诱变。

5. 基因重组是将两个不同性状个体内的基因通过一定途径转移到一起,经过遗传分子间的重新组合形成新的遗传型个体的过程。重组是在核酸分子水平上的一个概念。

(1) 原核微生物的基因重组的方式主要有转化、转导、接合和原生质体融合等形式。

(2) 真核微生物的基因重组方式主要有有性杂交、准性杂交、原生质体融合和遗传转化等。

6. 基因工程是用人为的方法将所需的某一供体生物的遗传物质DNA分子提取出来,在离体条件下切割后,把它作为载体的DNA分子连接起来,然后导入某一受体细胞中,让外来的遗传物质在其中进行正常的复制和表达,从而获得新物种的一种育种技术。

基因工程的主要操作过程为:目的基因的取得;优良载体的选择;目的基因与载体DNA的体外重组;重组载体导入受体细胞;重组受体细胞的筛选和鉴定;“工程菌”或“工程细胞”的大规模培养。

基因工程应用于基因工程药物;转基因植物和转基因动物;改造传统工业发酵菌种;基因治疗;基因工程应用于微生物的研究中;基因工程应用于环境保护中。

7. 常用的菌种保藏方法有:定期移植保藏法、液体石蜡保藏法、沙管保藏法、土壤保藏法、麸皮保藏法、蒸馏水保藏法、冷冻干燥保藏法、液氮超低温保藏法、甘油保藏法等。

思考题

5－1　什么是遗传、变异，它们之间的关系怎样？

5－2　证明核酸是遗传物质基础的经典实验有哪几个，举出其中之一加以说明。

5－3　试说明遗传物质在细胞中的存在形式。

5－4　基因突变有何特点？

5－5　何谓碱基置换、移码突变，两者有何异同？

5－6　什么叫诱变育种，其主要步骤有哪些，整个工作的关键是什么？

5－7　试述亚硝基胍及紫外线的诱变机理。

5－8　如何进行微生物的选种？

5－9　试述诱变育种的原理和方法。

5－10　原核微生物和真核微生物基因重组的主要方式各有哪些？

5－11　准性生殖和有性生殖有何异同？

5－12　简述基因工程的操作步骤。

5－13　基因工程有哪些应用领域，其对生物科学发展的意义是什么？

5－14　什么叫菌种退化，菌种退化的原因是什么，如何防治？

5－15　菌种保藏的方法有哪些，每种方法保藏的菌种类型和时间各是多少？

6 微生物在水处理中的应用

本章要点

(1) 微生物在污水处理中的方法分类和原理；

(2) 微生物在污水处理中的应用方法：活性污泥法、生物膜法、厌氧处理法等；

(3) 脱氮除磷的原理及应用；

(4) 实际工程中如何培养和驯化微生物菌种；

(5) 给水微生物处理的工艺方法和原理。

人类生产和生活每时每刻都在产生大量有害物质，这些有害物质的排放量超过环境的自净能力时，会造成对生态系统结构和功能的破坏，使人类的生存环境恶化，造成环境污染。

微生物繁多的种类、千变万化的酶系、极大的代谢能力和适应性，使其在利用各种污染物，消除有害物质甚至变废为利方面显示出独特的能力。水污染控制工程、大气污染控制工程和固体废物的处理和处置是环境工程的核心内容。其中生物处理法是水污染控制工程中的重要内容之一，生物处理法在固体废物的处理中也有应用。事实上，在了解污染物何以对环境造成危害时，微生物学及其生态学也是必须具备的知识。微生物学和环境工程的结合是如此紧密，以致我们在叙述时难以将微生物学内容和水污染控制工艺内容完全分开。许多工艺技术的开发直接建立在微生物学研究的进展和对微生物过程的模拟之上。限于篇幅，本章对微生物学的应用也只是择其要者加以简介，主要从微生物学的角度对工艺加以理解。

以微生物作用为主的生物处理方法是废水处理中最基本的方法之一，在传统的废水处理中被称为二级处理。废水生物处理的实质是以含污染物的废水为培养基，在适当条件下对混合的微生物种群进行连续培养，通过微生物作用使污染物转化为对环境无害的物质。因此，当废水的性质不适合微生物生长时，可以适当地加以调节，这种调节可以看做生物处理的预处理，它们通常是一级处理的重要任务之一。向废水中补充某些营养物质、调节其 pH、除去毒性物质或除去过高的悬浮物等措施，都可以看做对"培养基"的调节。微生物培养过程的其他条件在废水的生物处理中也是需要的，例如对好氧处理工艺，要保证废水中维持足够的溶解氧浓度，厌氧处理则要考虑低的氧化还原电位问题；为保证微生物的生长，适宜的温度总是重要的，而对于嗜热微生物和嗜温微生物起作用的处理工艺，温度范围是相当不同的。正因为废水的生物处理在其本质上与微生物培养相关，故微生物生长的影响因素在原则上对于一个废水处理工艺来讲，也是需要控制的工艺条件。由此可以看出，微生物学的基础知识对于废水生物处理是多么重要。

实际上，许多废水的生物处理工艺就是模拟和强化自然界微生物过程的结果，这种模拟由生物处理问世之初直到现在一直都在进行。可以说，微生物学知识体现在一切生物处理工艺和反应器的设计中，一一列举这些应用既繁琐又无必要，从微生物学观点出发，我们仅能对其主要原理与应用做一介绍。

在培养基中培养微生物，使底物转化的废水处理过程与发酵工业极其类似。但是，它与发酵工业又有如下的巨大差别：

(1) 发酵工业通过向培养基中投加底物(原料)有目的地生产某种产品,这种产品是微生物的代谢产物或微生物细胞物质本身。废水的生物处理则以废水中的污染物为底物,使其转化为无害的物质。

(2) 发酵工业大多情况下使用单一种属的微生物,在发酵过程中可能感染的其他微生物被称为杂菌,为防止杂菌的干扰,发酵中常要对培养基和设备消毒或灭菌。废水的生物处理则依靠在工艺条件下增殖的多种微生物群体的作用,其中微生物种群既依赖于菌种的来源(例如采用何种接种物),也依赖于废水成分和工艺条件所造成的选择作用。

(3) 发酵工业总是以赢利为目的,而废水生物处理则为消除污染、净化环境,其着眼点是社会环境效益。

在废水的生物处理中涉及相当多的机制,其中最主要的是微生物对有机物的生物降解作用,其次在生物处理中还有吸附、沉淀、气提和伴随某些简单或复杂的化学反应发生。

有机物的污染迄今为止仍是我国水体的主要污染源,有机物进入水体会消耗溶解氧,使生态平衡遭到破坏。有机物在水中的量或浓度在环境工程中以生化需氧量(biochemical oxygen demand,即 BOD)和化学需氧量(chemical oxygen demand,COD)表示。BOD 代表了污染物中易于被微生物分解的有机物的量,它们是造成水体溶解氧消耗的主要原因。COD 中则包含易于降解和不易降解的几乎全部有机物。

生物处理是去除 BOD 最有效和最常用的手段。有机物的生物降解即微生物通过生物氧化作用将有机物分解,微生物从有机物的分解中获取能量和合成新的细胞物质所需的材料,因此有机物降解转化为简单的对环境稳定的小分子物质和新的细胞物质,这些细胞物质以“剩余污泥”的形式从处理过的废水中分离出来,废水遂得以净化。

废水生物处理中一些其他机制也起到一定的作用。吸附是其中普遍存在的机制之一。微生物个体微小,因此它们比表面积大,易于吸附水中的污染物。吸附到细胞表面的有机污染物大部分逐渐被降解,这可以看做是有机物降解过程的一部分。但是也有些物质不能或短时间内不被微生物降解,它们只是被微生物吸附,然后随剩余污泥从水中分离。

废水生物处理中还会有沉淀作用发生。这里并不是指生物处理前的预处理,例如活性污泥法工艺中的初沉池中发生的沉淀,而是指在生物反应器中开始发生的沉淀。例如已知在厌氧处理造纸工业废水时,微生物难以降解的木质素有部分沉淀在污泥中。由于木质素在碱性情况下溶解而在酸性中沉淀,微生物对碳水化合物的降解产生有机酸使废水 pH 下降,从而在微生物酸化阶段会产生相当的沉淀。脂肪酸、单宁、蛋白质等物质也会产生类似的沉淀。这些物质沉淀后为污泥吸附,成为剩余污泥的一部分。一些沉淀作用可能伴随着化学反应过程,例如在厌氧处理含硫酸盐废水时,硫酸盐被还原为硫化氢,废水中同时存在的金属离子使之生成金属硫化物沉淀。

气提(airlift)作用指把挥发性污染物转移至气相的过程,也称之为吹脱。在活性污泥法、接触氧化法或其他需要曝气的好氧处理工艺中,大量空气通入废水中,与废水充分接触,其中的挥发性物质即可能被空气带走。在厌氧处理时,大量沼气(甲烷和二氧化碳的混合物)从废水中产生,可将挥发性的物质带走。这些过程是附带发生的,但也可以人为地加以强化。硫化氢、氰化氢、挥发酚、苯、甲醛以及其他许多挥发性物质都可能在生物处理过程中经气提作用部分地转移至气相中。

6.1 基本处理方法

6.1.1 好氧处理

有机物在好氧条件和厌氧条件下的分解过程和产物不同。在好氧条件下,好氧微生物通过好氧呼吸作用将有机物分解;厌氧条件下厌氧菌通过无氧呼吸或发酵作用分解有机物。兼性菌视工艺过程的不同,不同程度地存在于以上过程中。

6.1.1.1 废水好氧处理时 COD 的转化

工业和生活废水中大量的有机物,视来源不同,有碳水化合物、脂肪、蛋白质、有机酸、醇、醛、酮、酚、铵、腈……。好氧处理中,可生物降解的有机物最终可被完全氧化为简单的无机物、H_2O、CO_2、NO_3^-、SO_4^{2-}、PO_4^{3-} 等,即:

$$C \longrightarrow CO_2 + CO_3^{2-} \tag{6-1}$$

$$H \longrightarrow H_2O \tag{6-2}$$

$$N \longrightarrow NH_3 \longrightarrow NO_2^- \longrightarrow NO_3^- \tag{6-3}$$

$$S \longrightarrow SO_4^{2-} \tag{6-4}$$

$$P \longrightarrow PO_4^{3-} \tag{6-5}$$

在生物处理中,明确有机物的转换是重要的。首先,有机物的一部分可能是不能够生物降解的,或者在反应器短暂的停留时间里实际上不降解。因此有机污染物可表示为:有机物 = 可降解有机物 + 不可降解有机物。

在废水的生物处理中,可降解的有机物在转化为简单无机物的同时,其一部分又通过合成代谢转化为增殖了的细胞物质。此外,在任何废水的生物处理中,可降解的有机物总或多或少地部分残留在废水中,这部分有机物未被降解,也未被转化为细胞物质。

已转化为无机物的有机物部分,不再表现为 COD,它们已成为稳定的对环境无害的物质,这一部分已“消失”的有机物如果以 COD_{min} 表示(即无机化 COD,mineralized COD),则全部废水的 COD 关系可表示为:

COD_{tot}——总 COD,即 totalCOD。

COD_{bd}——可生物降解的 COD,即 biodegradable COD。

COD_{res}——难以降解的 COD,即 biolofical resistant COD。

COD_{cells}——转化为细胞物质的 COD。

COD_{ubd}——实际未降解的可降解 COD,即 unbiodegrable COD。

$$COD_{tot} = COD_{bd} + COD_{res} \tag{6-6}$$

$$COD_{bd} = COD_{min} + COD_{cells} + COD_{ubd} \tag{6-7}$$

在废水的好氧生物处理中,被除去的 COD(即 COD_{rem})是转变为无机物的 COD 和转变为细胞的 COD 之和,即:

$$COD_{rem} = COD_{min} + COD_{cells} \tag{6-8}$$

经好氧处理后,COD 的去除率为

$$COD\text{去除率} = \frac{COD_{rem}}{COD_{tot}} \times 100\% = \frac{COD_{tot} - (COD_{res} + COD_{ubd})}{COD_{tot}} \times 100\% \tag{6-9}$$

其中的 $COD_{res} + COD_{ubd}$ 就是经处理后废水中残留的 COD 总量。

废水在好氧处理后,经二沉池沉淀除去细胞物质,其流出液测定的 COD,实际上是 $COD_{res} + COD_{ubd}$。

为直观起见,好氧处理前后水中有机物转换如图 6-1 所示。

6.1.1.2 好氧处理的生物化学特点

在废水的好氧生物处理中,生物氧化过程主要是有氧呼吸。有氧呼吸以分子氧为电子受体,这是所有好氧生物处理工艺都必须消耗动力维持废水中溶解氧浓度的原因。例如采用鼓风机向水中输入空气的曝气法，或以机械法使空气中的氧进入水中的表面曝气法等。

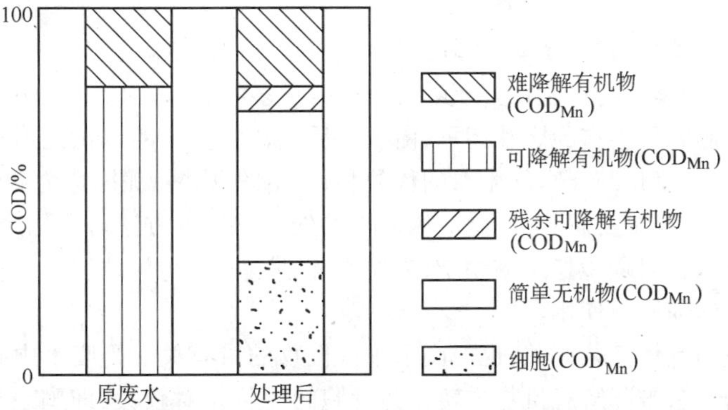

图6－1　好氧处理前后水中有机物转换示意图

从有氧呼吸的原理出发，我们可以从微生物学角度理解好氧生物处理法的一些特点。

A　需要消耗氧气

氧气的消耗量是工程技术人员关心的重要问题之一，因为它是好氧工艺动力消耗的主要部分。氧气消耗量的大小并不能简单地以除去的COD量来估算，因为如前所述，底物的一部分被彻底氧化为无机物，其另一部分在被氧化的同时，由获得的物质和能量合成细胞物质，这两部分所需要的氧量是不同的，它们从理论上可计算如下：

(1) 有机物的完全氧化：

$$C_xH_yO_z + (x + y/4 - z/2)O_2 \longrightarrow xCO_2 + y/2H_2O + 能量 \qquad (6-10)$$

(2) 细胞物质的合成（包括有机物氧化，并以NH_3作氮源）：

$$nC_xH_yO_z + nNH_3 + n(x + y/4z/2 - 5)O_2 \longrightarrow (C_5H_7NO_2)_n + n(x-5)CO_2 + n(y-4)/2H_2O + 能量 \qquad (6-11)$$

其中$(C_5H_7NO_2)_n$是根据细胞化学物质组成分析所得的细菌细胞物质成分的经验式得出的，一些含量较少的元素未计入。对于真菌、藻类和原生动物，其细胞物质成分也是相当稳定的，均可由实验得出。

除以上两部分氧的消耗外，细胞的内源呼吸也会消耗氧气。所谓内源呼吸，系指细胞以细胞内物质为底物的呼吸作用。当有机物充足时，细胞由外界获取能量和营养，内源呼吸不显著。当外界有机物极少时，细胞呈现“饥饿”状态，它们通过内源呼吸维持生命，直至死亡和裂解。这一过程中，内源呼吸成为呼吸的主要方式。这一过程可表示为式(6－12)。

(3) 细胞物质的氧化（自身分解）：

$$C_5H_7NO_2 + 5O_2 \longrightarrow 5CO_2 + 2H_2O + NH_3 + 能量 \qquad (6-12)$$

综合以上3个方面可以得到理论上的耗氧量，其中式(6－10)、式(6－11)两式表达的耗氧量均与除去有机物的量相关。在实际计算中，常运用以下公式求得有机物生物氧化所需的全部氧量：

$$q(O_2) = a'q(BOD) + b'm \qquad (6-13)$$

式中，$q(O_2)$为需要的氧量，kg/d；$q(BOD)$为去除的BOD量，kg/d；m为反应器内原有的微生物量，kg；a'为去除单位BOD所需的氧量，kg/kg；b'为内源呼吸的自身氧化率，kg/(kg·d)或d^{-1}。

其中a'、b'可通过实验求得，它随废水种类及具体工艺条件而变化。实际设计中，考虑到氧由气相到液相的吸收率受到水温、曝气方式、溶解氧的实际浓度等因素，以及水质水量波动的影响,在上述氧量计算的基础上要进行修正,以确定曝气设备的能力。详细内容可参照有关专业书籍。

B 好氧生物处理具有较高的污泥产率

与厌氧过程相比,微生物细胞由好氧呼吸中获得更多的能量,因此它们从一定量的有机物降解中合成更多的细胞物质。在稳定状态下,由生物反应器中排出的以污泥形式存在的细胞物质的量,等于新增殖的细胞量与死亡细胞量的代数和,排出的这些污泥即称为剩余污泥。好氧剩余污泥富含有机质,在环境中易腐化,因此应做适当的处置。处置方法可采用厌氧消化法,即利用厌氧微生物使其分解为对环境稳定的物质;或经增浓、脱水、干化后填埋或焚烧,经厌氧消化的、无有害物的污泥可作为肥料使用。

剩余污泥的量与具体工艺有关,也与废水中有机物的量有关。当废水中有机物的质量浓度较高时,细胞增殖较快,被降解有机物中转化为细胞的比例相对较大,即剩余污泥产率较高。当有机物的质量浓度较低时,细胞的增殖减缓而死亡率上升,死亡的微生物细胞裂解后释放出的细胞物质成为其他微生物的营养,此时剩余污泥产率较低。

总体上说,由于好氧处理需要不断补充氧,以及较高的剩余污泥量,其处理成本较厌氧处理高。但在有氧条件下,有机物分解效率相当高,有机物的去除率通常高于厌氧处理,因此出水质量更好。好氧过程微生物增殖率高虽然带来了更多的剩余污泥,但也使好氧工艺启动所必需的菌种的增殖更为迅速。

6.1.1.3 好氧活性污泥处理的生物类群

在活性污泥处理中微生物以絮凝物的形式存在,这是直径为0.05~0.5mm絮状化的微生物聚集体,它是由大量活细菌与其他微生物及吸附于其上的无生命物质构成。在曝气过程中,这些絮状的活性污泥悬浮于废水中,吸附废水中的有机污染物,曝气一旦停止,活性污泥即逐渐下沉至底部,废水得以澄清。

有机物的降解主要由细菌完成,其中重要的细菌有动胶菌属(*Zoogloea*)、假单胞菌属(*Pseudomonas*)、产碱杆菌属(*Alcaligenes*)、无色杆菌属(*Achromobacter*)、黄杆菌属(*Flavobacterzum*)、芽孢杆菌属(*Bacillus*)、杆菌属(*Bacterium*)、微球菌属(*Micrococcus*)等。

从形成絮状污泥的角度讲,细菌可分为易于形成絮状污泥的和游离于废水中、不形成絮凝体的两类细菌。上述细菌一般均易形成絮状,其中动胶菌能分泌黏着性的胶状物质,被认为在絮状污泥形成中起重要作用。一些真菌与原生动物也有此能力,这些胶状物质促进了菌胶团和絮状污泥的形成。

除细菌外,活性污泥中也有真菌存在,但其重要性不如细菌。活性污泥中的细菌和真菌是有机物的第一分解者,原生动物和后生动物处于食物链的较上方,即在废水不同程度的净化过程中会出现细菌→原生动物→后生动物这一食物链,随着有机物的降解,微生物的种类和数量发生变化。

原生动物吞噬游离的细菌,从而使废水澄清,并对活性污泥中的细菌施加选择作用,使那些能形成絮状的细菌优势生长。在活性污泥法中,原生动物及一些微小后生动物常用做指示生物。通常在高负荷率的处理设施中或运行的起始阶段和由于操作不当引起的超负荷状态下,微生物主要为大量细菌群落,此外仅有少数的鞭毛虫和变形虫。

供氧适当、负荷正常的情况下,除了有紧密的细菌群落外,还有许多形式的原生动物,特别是纤毛虫类,如铃兰钟虫(*Vorticella convallavia*)、有肋楯纤虫(*Aspidisca costata*)、狭缩盖虫(*Opercularia coarctata*),近绿游仆虫(*Euplotes affinis*)和尾核草履虫(*Paramecium caudatum*)等。

低负荷的状态下细菌絮凝体内常呈深黑色,存在原生动物,但其数量较少,除纤毛虫外,还可观察到轮虫和线虫。

活性污泥法处理废水时,往往会发生污泥膨胀现象。所谓污泥膨胀是指污泥沉降性能恶化,使二次沉淀池中水的澄清发生困难。表现为污泥体积巨大,故称为膨胀。污泥膨胀一直是活性污泥工艺的难题之一。通常认为其原因是活性污泥中丝状微生物的过度增殖。营养组成、温度、供氧等操作不当均可能导致丝状菌大量繁殖,因此都可成为污泥膨胀的原因。许多微生物能呈丝状生长,常见的引起污泥膨胀的菌有吼氏细菌属(*Beggiatoa*)、浮游球衣菌、软发菌(*Haliscomenobacterhvdrossis*)、诺卡氏菌属(*Nocardia*)、微丝菌属(*Microthrix*)、发硫菌属(*Thiothrix*)、屈挠杆菌属(*Flexibacter*)等多种细菌以及一些霉菌。丝状的细菌中以鞘细菌和放线菌居多。

6.1.2 厌氧处理

含有有机污染物的废水在无溶解氧(即厌氧)条件下的微生物处理称为厌氧生物处理或厌氧处理。厌氧处理过程中,有机物经大量微生物的共同作用,最终被转化为甲烷、二氧化碳、水及少量硫化氢和氨。

6.1.2.1 厌氧降解的阶段及过程

厌氧条件下微生物通过无氧呼吸和发酵作用使有机物降解。高分子质量有机物的厌氧降解可以分为以下4个阶段:

(1) 水解阶段。在此阶段高分子有机物被微生物释放的胞外酶分解为小分子,以便能透过细胞膜,为微生物进一步利用。例如,纤维素被水解为葡萄糖,蛋白质被分解为氨基酸等。

(2) 发酵(或酸化)阶段 在此阶段。上述小分子有机物被发酵细菌在细胞内转化为更为简单的化合物并分泌到细胞外。这一阶段的主要产物是挥发性脂肪酸(volatile fatty acids, VFA)、醇类、乳酸及二氧化碳、氢气、氨和硫化氢等。与此同时,细菌也利用部分物质合成较多的细胞物质,因此高分子有机物废水(称为未酸化废水)比已酸化废水产生较多的剩余污泥。

(3) 产乙酸阶段。发酵阶段产生的脂肪酸、醇类被进一步转化为乙酸以及二氧化碳、氢气,并合成新的细胞物质。

(4) 产甲烷阶段。在此阶段,乙酸、氢气、二氧化碳等转化为甲烷、二氧化碳和新的细胞物质。

在以上阶段里,含有以下过程:

(1) 水解阶段里有蛋白质水解、碳水化合物的水解和脂肪类水解。

(2) 发酵(或酸化)阶段包含氨基酸和糖类的厌氧氧化及较高级脂肪酸与醇类的厌氧氧化。

(3) 产乙酸阶段里有从中间产物里形成乙酸和氢气以及由氢气和二氧化碳形成乙酸。

(4) 产甲烷阶段包括由乙酸形成甲烷以及从氢气和二氧化碳形成甲烷。

除以上这些过程之外,废水含有硫酸盐时有硫酸盐还原过程。整个厌氧降解过程如图6-2所示。

水解可以定义为复杂的非溶解性的聚合物转化为简单的溶解性单体或二聚体的过程。水解过程通常较缓慢,因此被认为是含有高分子有机物或悬浮物的废液厌氧水解的限速阶段。多种因素可能影响到水解的速度与水解的程度,例如:

(1) 水解温度;

(2) 有机质在反应器内的停留时间;

(3) 有机质的化学组成,例如木质素、碳水化合物、脂肪和蛋白质所占的比例;

(4) 有机质颗粒的大小;

(5) pH值;

(6) 水解产物的浓度等。

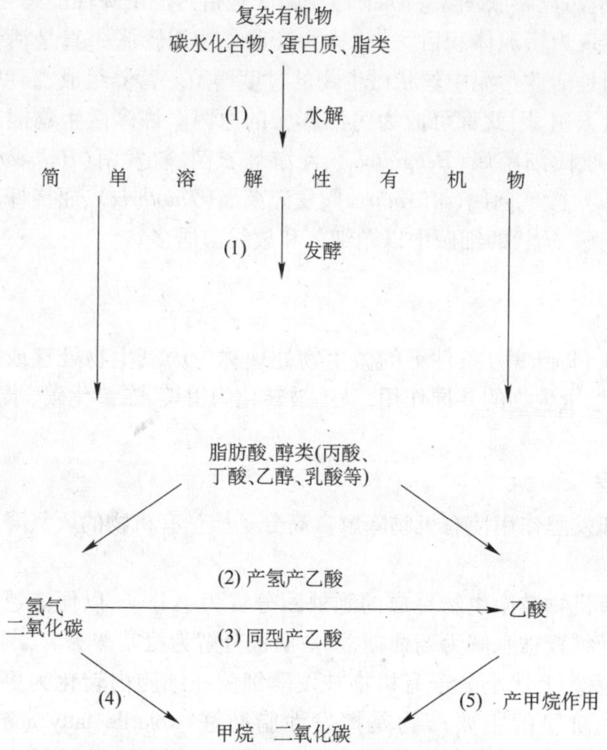

图6-2 有机物厌氧降解过程示意图

(1) 发酵性细菌;(2) 产氢产乙酸细菌;(3) 同型产乙酸菌;
(4) 利用 H_2 和 CO_2 的产甲烷菌;(5) 分解乙酸的产甲烷菌

胞外酶能否有效接触到底物对水解速率影响很大,因此大颗粒比小颗粒的水解要缓慢得多。碳水化合物及其衍生物相对容易水解,但纤维素水解速率较其他碳水化合物的水解要慢。木质素的水解十分缓慢,以致在有限的水处理时间里,木质素被认为是基本上不降解的。蛋白质的水解较碳水化合物困难些,脂肪在低温下水解缓慢。较高的温度、较长的停留时间、较低的水解产物浓度等都有利于水解。

发酵(或酸化)阶段最主要的底物是碳水化合物的水解产物,它们在各种各样酸化细菌的作用下水解为分子质量较小的酸和醇,例如乙酸、丙酸、丁酸、醇类等。这些有机酸的大量产生如果积累,会引起 pH 值的下降,这是厌氧处理应当注意的问题。氨基酸通过脱氨基作用使氨基酸转变为脂肪酸和 NH_3。NH_3 的产生可提高废水的 pH 值,因此蛋白质和氨基酸质量浓度高的废水水解后 pH 值会略为上升。NH_3 在厌氧过程中较为重要,因为它是微生物的营养,同时在较高浓度下又有抑制作用。脂肪酸的酸化根据 β-氧化途径进行,最终产生乙酸、丙酸和氢气。

产乙酸过程伴随着 H_2 的产生,而一些产乙酸反应只有在极低的氢分压下才可能发生。研究证明,乙酸产生伴随着不同细菌的密切协同。在细菌污泥或膜的微生态系统中,产乙酸菌与利用氢的细菌相伴生长,因此氢可以迅速消耗而使产乙酸过程顺利进行。实际上,乙酸的积累也限制在一定的程度之内,因为较高体积分数的乙酸对产甲烷菌有抑制作用。

产甲烷菌是最主要的利用氢的细菌,它们能利用 CO_2 或碳酸盐与氢产生甲烷,由此产生的甲烷占全部甲烷约30%。其余的甲烷由乙酸产生。产甲烷菌利用氢和乙酸,使乙酸的产生可以持续进行。产甲烷菌只能以乙酸、二氧化碳(包括碳酸)、甲醇、甲酸、甲胺为碳源。因此,产甲烷菌与产乙酸菌是高度互生的,在实践上,要将产乙酸和产甲烷过程分开在两个独立的反应器中进行是不可能的。

最重要的产甲烷过程有:

$$CH_3COO^- + H_2O \longrightarrow CH_4 + HCO_3^- \quad (6-14)$$

$$HCO_3^- + 4H_2 + H^+ \longrightarrow CH_4 + 3H_2O \quad (6-15)$$

$$4CH_3OH \longrightarrow 3CH_4 + CO_2 + 2H_2O \quad (6-16)$$

$$4HCOO^- + 2H^+ \longrightarrow CH_4 + CO_2 + 2HCO_3^- \quad (6-17)$$

6.1.2.2 厌氧生物处理中的微生物类群

与好氧处理不同的是,厌氧处理中的微生物几乎全部是细菌,因为真菌、藻类等不能在严格厌氧的环境中存活,原生动物在厌氧环境中也只有极少物种可存活。

水解、酸化过程由大量的、各种各样的发酵细菌完成,其中重要的类群有梭状芽孢杆菌属(*Clostridium*)和拟杆菌属(*Bacteriodes*)。梭状芽孢杆菌是厌氧的、产芽孢的细菌,因此它们能在恶劣的条件下存活。拟杆菌大量存在于有机质丰富的地方,它们分解碳水化合物、氨基酸和有机酸。其他重要的细菌还有丁酸弧菌属(*Butyrivibrio*)、真细菌属(*Eubacterium*)、双歧杆菌属(*Bifidbacterium*)等。上述细菌多为严格厌氧菌,但通常约有1%的兼性厌氧菌存在于厌氧环境中,这些兼性厌氧菌能够及时消耗掉任何进入废水的氧分子,使废水实际上不存在任何氧分子,因此起到保护产甲烷菌这样的严格厌氧菌免受氧的损害和抑制。

发酵细菌对pH值的适应范围很强,即使在pH值下降到4时酸化仍可进行。由于水解、酸化菌种类多且对环境适应能力强,因此厌氧处理中不是"重点保护"的对象,但是它们产生的酸容易改变废水的pH值,使对pH值敏感的产甲烷菌受到抑制,这是在工艺控制过程中应当注意的。

产乙酸过程伴随着H_2的产生,而只有在H_2被迅速消耗至非常低的浓度时,产乙酸过程才能持续进行,而氢的利用是通过与产乙酸菌密切"合作"的其他细菌,例如产甲烷菌、硫酸盐还原菌、脱氮菌等完成的。因此纯种的产乙酸菌的分离相当困难。已知许多酸化细菌能够由酸化产物产生乙酸,其中一些还能由CO_2和H_2中产生乙酸,如伍德乙酸杆菌(*Acetobacterium woodii*)、威林格乙酸杆菌(*Acetobacterium wieringae*)和乙酸梭菌(*Clostridium aceticum*)。

产甲烷细菌是厌氧处理中最重要的细菌,它之所以重要,是因为:

(1) 产甲烷菌担负着将有机质降解产生的乙酸最终转化为甲烷,从而使废水真正净化的任务。如果产甲烷菌生长状况不良,则乙酸的积累会使反应器pH值迅速下降,有机酸的比例增大,导致厌氧反应器内条件恶化。已知产甲烷菌在酸性条件下极难存活,一个"酸化"了的反应器,甚至可能因为污泥中甲烷菌的大量死亡,需要重新接种。

(2) 产甲烷菌是对环境条件要求苛刻的细菌,同时它们的细胞生长十分缓慢。产甲烷菌的生长pH值范围较窄,其最适pH值多为6.5~7.8。它们对毒性物质也最敏感。在低的pH值下,非离子化状态的乙酸显示出较大的毒性,氨态氮也会对产甲烷菌有抑制作用。此外,产甲烷菌只利用少数几种化合物作为碳源,在一般情况下,它们所产甲烷的约2/3来自乙酸,其余来自二氧化碳和氢气。虽然甲酸和甲醇也可以作为产甲烷菌的底物,但在通常情况下较少见。由乙酸或二氧化碳与氢气产生甲烷的过程产生的能量很少,因此,产甲烷菌的增殖相当缓慢。

已知的产甲烷菌已有50种以上,它们分属于甲烷杆菌属(*Methanobacterium*)、甲烷短杆菌属(*Methanobrevibacter*)、甲烷热菌属(*Methanothermus*)、甲烷球形菌属(*Methanosphara*)、甲烷球菌属(*Methanococcus*)、甲烷八叠球菌属(*Methanosarcina*)、甲烷毛发菌属(*Methanosaeta*)等属(参见6.4节)。

6.1.2.3 废水厌氧处理中COD的转化

在厌氧处理中,有机物的氧化在无分子氧参与的情况下完成,因此厌氧处理后产物的全部COD与处理前相同。但是,由于所产甲烷和细胞物质由水中分离,使水中污染物COD浓度下降,由此使废水得以净化。

厌氧过程无论发酵还是无氧呼吸,其产能水平都远低于好氧呼吸,故细胞增殖率较低。无论好氧还是厌氧处理,剩余污泥得率都随废水性质和工艺变化,但仍然可以定量地给出一个大致的数值。以好氧的活性污泥法为例,大约每去除1 gCOD,合成0.4~0.5 g细胞物质,即细胞得率为0.4~0.5[g/g(VSS/COD),VSS为挥发性悬浮物,用以表示细胞量]。厌氧处理中细胞得率变化幅度很大,污泥的产生主要在酸化阶段。完全没有酸化过的废水(例如新鲜糖液),其细胞得率可达0.2 g/g(VSS/COD)。但实际上难以遇到完全没有酸化的废水,大多数情况下。污泥产率比0.2 g/g(VSS/COD)要小得多。完全酸化的废水的细胞得率小于0.03 g/g(VSS/COD)。

由于厌氧废水处理中,细菌仅用很少量的物质从事细胞物质的合成,所以它们所需要的其他营养物要比好氧处理少得多。在许多工业废水的生物处理中,需添加N、P元素及其他微量元素,以保证微生物的营养平衡。N、P等元素的需要量可依据细胞得率和废水化学组成计算出。但粗略地讲,好氧处理一般按COD: N: P = 100: 5: 1(质量比)计算,而厌氧可按400 ~ 500: 5: 1计算。

厌氧剩余污泥是对环境相对稳定化了的污泥,不需要通过厌氧消化加以处理。同时它的沉降和脱水性能好,加之量少,故易于处置。不含有毒物的废水经厌氧处理后得到的污泥,是很好的农家肥。

污泥增长率低的另一结果是废水系统启动慢。为了使废水系统达到设计要求的日处理量,必须经接种、选择、驯化、增殖过程培养出足够量的厌养菌,但由于厌氧菌细胞增殖缓慢,这一过程相对较长。

厌氧处理虽然使有机物降解为小的分子,但它们并未彻底氧化。有机物的大部分转变为甲烷,可燃烧的甲烷中贮存的能量实际上由降解有机物中存在的化学能转变而来。厌氧处理产生的含$\frac{1}{3}CO_2$、2/3甲烷的生物气即沼气,它是可利用的能源。纯甲烷的燃烧值高于天然气。国内外不少应用实例,已证明甲烷可以用于工业锅炉、居民生活作燃料或用于发电。

厌氧处理的出水质量一般较好氧处理差些,这与出水中常含有残余有机酸及一些还原性物质有关。通常厌氧处理需要后处理以使废水达标排放。此外,厌氧处理通常被认为对有毒物较为敏感,其中厌氧过程本身产生的氮气和乙酸也会对甲烷菌产生抑制,毒素的毒害作用和过高的污染物负荷导致的酸积累,可能会使厌氧菌死亡,严重时整个系统需要重新启动,因此厌氧处理在操作上技术要求较高。

尽管如此,厌氧处理不必曝气、药品添加少及污泥处置容易等特点,使其运行成本低,同时可产生沼气作为能源,其污泥可作为肥料等优点是显著的,对于经济欠发达而又面临严重环境问题的国家和地区是一种更为有效的技术。

图6-3所示是厌氧处理作为核心技术的能源生产和环境保护体系的示意图。

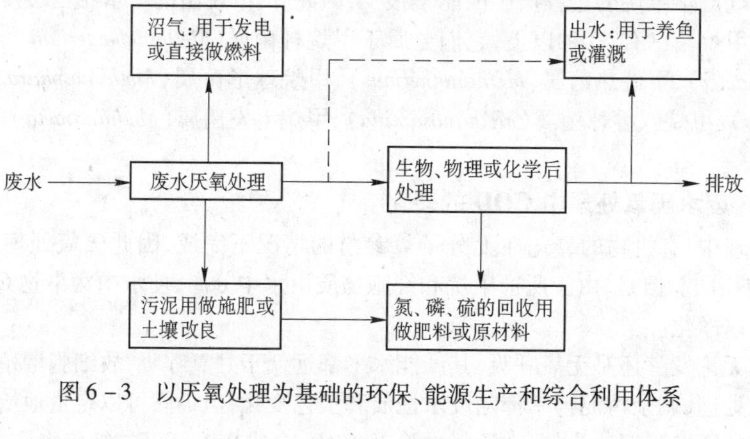

图6-3　以厌氧处理为基础的环保、能源生产和综合利用体系

6.1.3　兼氧

将厌氧过程控制在水解或酸化阶段,利用兼性水解产酸菌难降解的复杂有机物转化为简单

有机物，将有利于后段的好氧处理。在此过程中主要通过控制环境的 pH 值、通氧量、温度、时间等，抑制甲烷菌的生长；常用于处理印染废水、焦化废水、表面活性剂。

6.2 微生物在污水处理中的应用

6.2.1 活性污泥法

A 活性污泥法的概念与工艺流程

向生活污水注入空气进行曝气，并持续一段时间后，污水中即形成一种絮凝体。这种絮凝体主要是由大量繁殖的微生物群体构成的，它易于沉淀分离并使污水得到澄清，这就是“活性污泥”。活性污泥法是指利用活性污泥微生物处理有机废水的生物处理方法，是目前污水处理技术领域中应用最为广泛的技术之一。活性污泥法由英国人 Ardern 和 Lockett 于 1914 年创建，其实验装置和曝气池分别如图 6－4 和图 6－5 所示。

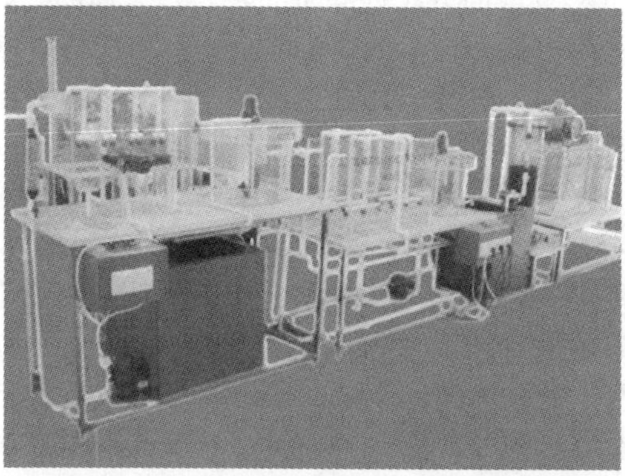

图 6－4 普通活性污泥法的处理实验装置

图 6－5 普通活性污泥曝气池

活性污泥处理系统主要由活性污泥反应器即曝气池、二沉池、污泥回流系统和曝气及空气扩散系统等组成。图 6－6 所示为活性污泥处理系统的基本流程。来自初次沉淀池或其他预处理装置的污水从曝气池的一端进入，从二次沉淀池连续回流的活性污泥，于此同步进入曝气池；从空压机站送来的压缩空气，通过铺设在曝气池底部的空气扩散装置，以细小气泡的形式进入污水中，其作用除向污水充氧外，还使曝气池内的污水、活性污泥处于剧烈搅动的状态，形成混合液。活性污泥与污水互相混合，与污染物充分接触，使活性污泥反应得以正常进行。活性污泥反应进行的结果，污水中有机污染物得到降解而被去除，活性污泥本身得以繁衍增长，污水则得以净化处理。经过活性污泥净化作用后的混合液，由曝气池的另一端流出并进入二次沉淀池，活性污泥通过沉淀与污水分离，澄清后的污水作为处理水排出系统。经过沉淀浓缩的污泥从沉淀池底部排出，其中一部分作为接种污泥回流曝气池，多余的一部分则作为剩余污泥排出系统。剩余污泥与在曝气池内增长的部分，在数量上应保持平衡，使曝气池

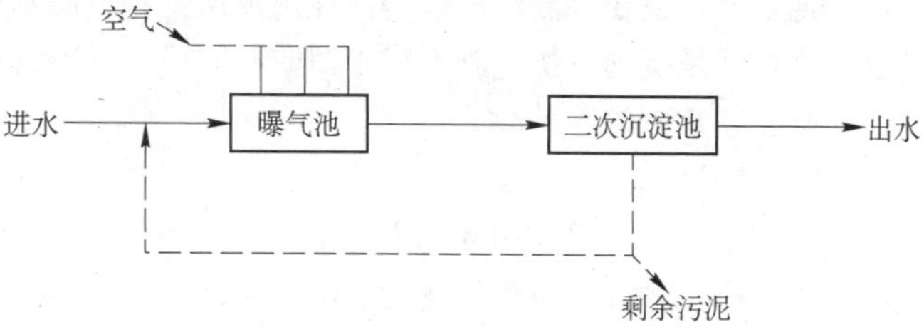

图 6－6 好氧活性污泥法基本流程

内的污泥浓度相对地保持在一个较为恒定的范围内。

曝气池的形式很多，基本形式有两种。一种是传统的推流式（plug flow），采用长方形曝气池，分成多个廊道。传统活性污泥法采用废水与活性污泥同时进入曝气池，向前方回旋推进，直至末端。曝气池中细菌经历了整个生长周期，处理效果良好而稳定，去除率可达90%～95%，特别适于处理程度和处理稳定度皆要求高的污水。但是池体积大占地较多，抗冲击力较差，为避免进水端缺氧进水浓度不能太高。另一种是完全混合式（complete mixing），通常采用圆形曝气池，废水和活性污泥充分混合，充氧充分，高浓度废水得到充分稀释，能忍受较大冲击负荷。但由于污水停留时间短，细菌始终处在指数生长期，处理效果一般比推流式差。

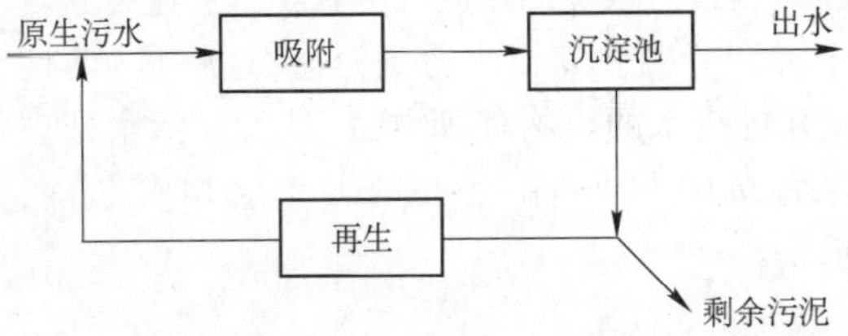

图6-7 生物再生吸附法工艺流程

还有一些其他的形式，可以认为是上述两种的变种。阶段曝气（stage/step aeration），污水多点进入曝气池以改变传统推流法池内负荷分布和供氧分布不均匀。效果与传统法相近，但效率较高。吸附再生法（adsorption regeneration process），又称接触稳定法（contact stabilization process），使污水同活性污泥在吸附池内吸附0.5～1 h，污泥在二次沉淀池沉淀分离后再到再生池（曝气池）对已吸附的基质进行氧化，3～6 h恢复活性（图6-7）。由于废水在吸附池中的接触时间较短，吸附池容积较小，并且再生池接纳的仅是较高质量浓度的活性污泥，再生池的容积也很小，故建筑费用较低。这种方法有一定的抗冲击负荷能力，但是效果低于传统方法，对可溶性有机物质量浓度较高的废水处理效果较差。延时曝气法（extended aeration process），负荷低，所需池容量大，污泥量少，而且污泥龄长，运行状况稳定效果好；但占地较多，提供空气较多，动力费用高。此外，还有用氧化沟（oxidationditch）、序批式反应器（sequencing batch reactor，SBR）和吸附生物降解法（adsorption biodegradation，AB）等多种方法处理。

B 活性污泥法的基本特征

活性污泥法处理系统，实质上是自然界水体自净的人工模拟，是对水体自净作用的强化。因此，活性污泥法不仅要为微生物生长繁殖提供适宜的环境条件，更要为它们设置能够高效发挥其吸附、吸收和氧化污染物能力的场所。活性污泥法尽管因处理的目的和对象不同，有许多运行方式和工艺，但它们的主要特征是相同的，具体表现在：

（1）利用生物絮凝体为生化反应的主体物。

（2）利用曝气设备向生化反应系统分散空气或氧气，为微生物提供氧源。

（3）对体系进行混合搅拌以增加接触和加速生化反应传质过程。

（4）采用沉淀方式去除生物体，降低出水中微生物的固体含量。

（5）通过回流使在沉淀池浓缩的活性污泥微生物返回到反应系统。

（6）为保证系统内生物细胞平均停留时间的稳定，经常排出一部分生物固体，即剩余污泥。

C 活性污泥的基本特征

a 活性污泥的形态与组成

活性污泥是活性污泥处理系统中的主体作用物质。在活性污泥上栖息着具有强大生命力的微生物群体。微生物群体新陈代谢功能的作用，使活性污泥具有将有机污染物转化为稳定的无机物质的活力，因此称之为“活性污泥”。

正常的活性污泥在外观上呈黄褐色的絮绒颗粒状，又称为“生物絮凝体”，其粒径一般为

0.02 ~ 0.2 mm。活性污泥具有较大的表面积,每毫升活性污泥的表面积一般为 20 ~ 100 cm^2。活性污泥含水率很高,一般都在 99% 以上,其相对密度则因含水率不同而异,一般为1.002 ~ 1.006。

除了大量的微生物以外,活性污泥中还夹杂着由污水带入的有机和无机固体物质。在有机固体物质中,包括某些惰性的难为细菌摄取、利用的所谓难降解物质。活性污泥中固体物质的质量分数为 1% 以下,其中有机与无机两部分组成的比例因原污水性质的不同而异,如城市污水的活性污泥,其中有机成分占 75% ~85% ,无机成分则占 15% ~25% 。

活性污泥由 4 部分物质所组成:

(1) 具有活性的微生物群体。

(2) 微生物自身氧化的残留物。

(3) 原污水挟入的不能为微生物降解的惰性有机物质。

(4) 原污水挟入的无机物质。

b 活性污泥中的微生物

栖息在活性污泥上的微生物以好氧细菌为主,同时也生活着真菌、放线菌、酵母菌以及原生动物和微型后生动物等,这些微生物群体在活性污泥上组成了一个相对稳定的微小生态系。

(1) 菌胶团细菌。能形成活性污泥絮状体(floc)的细菌称为菌胶团细菌。它们是构成活性污泥絮状体的主要成分,有很强的吸附、氧化有机物的能力。絮状体的形成可使细菌避免被微型动物所吞噬,而性能良好的絮体是活性污泥絮凝、吸附和沉降功能正常发挥的基础。能形成絮状体的细菌最早由 Butterfield(1935)从活性污泥中分离得到。这类细菌能形成胶状物,使细菌胶合在一起成为指状菌胶团,被定名为分枝状动胶杆菌(*Zoogloea ramigera*),为无芽孢杆菌,极生鞭毛、能运动、形成荚膜,可利用碳水化合物、明胶、酪素和蛋白胨,无硝化作用,不产生硫化氢,菌株在灭菌的污水中通气纯培养能形成良好的絮状体。

关于菌胶团的形成机理,目前较广泛地被大家接受的是交替基质学说和纤维素学说。交替基质学说认为,当细胞进入老龄阶段后,氮成为培养液中的限制因子,胞外聚合物分泌增加。这种聚合物主要为细菌多糖,能使细菌凝集在一起。用电镜可以观察到聚合的细菌细胞之间有胞外聚合物搭桥相连,这些桥使细胞紧密地聚合成凝絮状如图6-8所示。纤维素学说则认为絮状体的形成是由于细菌细胞分泌许多黏液,使细胞聚合成团,或者是由于许多细菌能分泌纤维素,使细胞形成絮凝体。

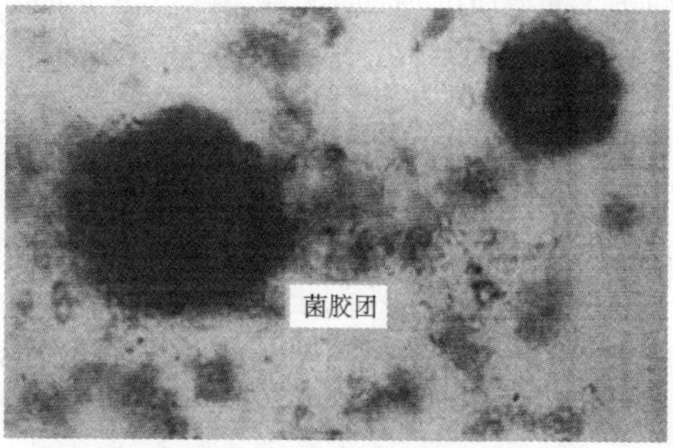

图 6-8 菌胶团电镜照片

可在活性污泥上占据优势的细菌种属有动胶杆菌属(*Zoogloea*)、假单胞菌属(*Pseudomrmas*)、产碱杆菌属(*Alcaliganes*)、黄杆菌属(*Flavobacterium*)及大肠埃希杆菌(*Escherichia coli*)等。在污水生物处理系统中,哪些种属的细菌在活性污泥中占优势,取决于原污水中有机物的性质。例如,含蛋白质多的污水有利于产碱杆菌的生长繁殖,而含糖类和烃类的污水则将使假单胞菌属得到增殖。

(2) 丝状细菌。丝状细菌也是活性污泥微生物的重要组成成分。丝状细菌在活性污泥中交叉穿织于菌胶团内,或附着生长于絮凝体表面,少数种类也可游离于污泥絮凝体之间。常见种类有球衣菌属(*Sphaerotilus*)、贝氏硫细菌(*Beggiatoa*)、发硫细菌属(*Thiothrix*)、透明颤菌科(*Vitreo-*

seillaceae)、亮发菌属(*Leucothrix*)和线丝菌属(*Lineola*)等。丝状细菌具有很强的氧化分解有机物的能力,在污水净化中起着一定的作用。但在某些情况下会出现过量繁殖,导致污泥絮体结构松散,沉降性能变差,引起活性污泥膨胀(*sludge bulking*),造成出水水质下降。

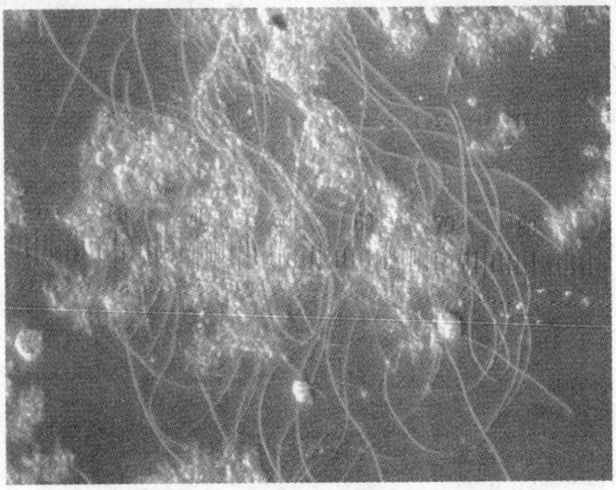

图6-9 活性污泥中菌胶团细菌和丝状细菌的复合体显微照片

实践证明,温度、氧、废水成分、基质浓度等多种因素均可能诱发污泥膨胀现象的发生。但一般认为活性污泥膨胀有两类:一是非丝状菌膨胀,这是由于重金属的影响而阻碍了絮凝体形成,或因温度过高和营养缺乏而发生解絮化作用;另一个就是丝状菌膨胀,是由丝状菌的大量繁殖引起沉降困难所致。废水浓度过高或过低,都有利于丝状菌在竞争中占据优势地位:当污水中营养物的质量浓度过高时,水中缺氧,抑制了菌胶团细菌的生长,而有利于能耐受低氧条件的球衣细菌的大量繁殖;而当污水中营养物的质量浓度过低时,会使絮状体中的菌胶团细菌得不到足够的营养,而丝状菌则形成长长的丝状体,从絮粒中伸出以增加表面积,更充分地吸收环境中的营养,如图6-9所示。

(3) 真菌。活性污泥中的真菌主要是腐生或寄生的丝状菌。例如,毛霉属(*Mucor*)、根霉属(*Rhizopus*)、曲霉属(*Aspergillus*)、青霉属(*Penicillium*)、镰刀霉(*Fusarium*)、漆斑菌属(*Myrothecium*)、黏帚霉属(*Gliocladium*)、瓶霉属(*Phialophora*)、芽枝霉属(*Cladoporium*)、短梗霉属(*Aureobasidium*)、木霉属(*Trichoderma*)、地霉属(*Geotrichum*)和头孢霉属(*Cephalosporium*)等。这些真菌具有分解碳水化合物、脂肪、蛋白质及其他含氮化合物的功能,但若大量异常的增殖会导致产生污泥膨胀现象。真菌在活性污泥中的大量出现往往与水质有关,某些含碳较高或pH值较低的工业废水处理系统中常可观察到较多的霉菌出现。

(4) 原生动物。原生动物对污水的净化也起着重要作用,而且可作为处理系统运转管理的一种指标。在活性污泥系统启动的初期,活性污泥尚未得到良好的培育,混合液中游离细菌居多,处理水水质欠佳,此时出现的原生动物最初为肉足虫类(如变形虫)占优势,继之出现的则是以游泳型的纤毛虫,如豆形虫、肾形虫、草履虫等为主。当活性污泥菌胶团培育成熟、结构良好、活性较强,成为处理系统微生物的主要存在形式时,处理水水质良好,此时出现的原生动物则将以带柄固着(着生)型的纤毛虫,如钟虫、等枝虫、独缩虫、聚缩虫和盖纤虫等为主。通过显微镜的镜检,能够观察到出现在活性污泥中的原生动物,并可辨别认定其种属,据此能够判断处理水质的优劣。因此,可以将原生动物作为活性污泥系统运行效果的指示性生物。此外,原生动物还不断地摄食水中的游离细菌,起到了进一步净化水质的作用。

(5) 微型后生动物。后生动物在活性污泥系统中并不经常出现,只有在处理水质良好时才有一些微型后生动物存在,主要有轮虫、线虫和寡毛类。它们多以细菌、原生动物以及活性污泥碎片为食。一般来说,轮虫的出现反映了有机质的质量浓度较低,水质较好;线虫可在城市污水处理厂的活性污泥中大量存在。活性污泥中的寡毛类以颤蚯蚓为代表,是活性污泥中体形最大、分化较高级的一种多细胞生物。

c 活性污泥的数量指标

活性污泥的数量一般用活性污泥浓度表示(即质量浓度),混合液悬浮固体浓度和混合液挥发性悬浮固体浓度是两项通用指标。

混合液悬浮固体(MLSS)浓度又称混合液污泥浓度,它表示的是在单位容积混合液内所含有的活性污泥固体物质的总质量,单位为mg/L,但也可以使用g/L、g/m^3 或 kg/m^3。用MLSS表示微生物量是不够准确的,因为它包括了活性污泥吸附的无机惰性物质,这部分物质没有生物活性。但由于测定方法比较简便,在工程上常用该项指标表示活性污泥微生物数量的相对值。

混合液挥发性悬浮固体(MLVSS)浓度是指混合液活性污泥中有机固体物质的浓度,单位与MLSS的相同。MLVSS能够比较准确地表示活性污泥活性部分的数量。但是需要注意,其中仍然包括微生物自身氧化的残留物和不能被微生物降解的惰性有机物质等,它表示的仍然是活性污泥数量的相对数值。

在一般情况下,MLVSS/MLSS值比较固定,对于生活污水,常为0.75左右。

d 活性污泥的沉降性能指标

良好的沉降与浓缩性能是发育正常的活性污泥所应具有的特征之一。发育良好的活性污泥,其沉降要经历絮凝沉淀、成层沉淀和压缩等过程,最后能够形成浓度很高的浓缩污泥层。正常的活性污泥在30 min内即可完成絮凝沉淀和成层沉淀过程,并进入压缩过程。压缩(浓缩)的进程比较缓慢,需时较长。一般用以活性污泥静置沉淀30 min为基础的两项指标来表示其沉降-浓缩性能,即污泥沉降比和污泥体积指数。

污泥沉降比(SV)又称30 min沉淀率;为混合液在量筒内静置30 min后所形成沉淀污泥的容积占原混合液容积的百分数,以%表示。污泥沉降比能够反映曝气池正常运行时的污泥量,可用于控制剩余污泥的排放量,还能够通过它及早发现污泥膨胀等异常现象的发生。污泥沉降比测定方法比较简单,且能说明问题,应用广泛,是评定活性污泥质量的重要指标之一。通常,曝气池混合液的沉降比正常范围为15%~30%。

污泥体积指数或称污泥指数(SVI)的物理意义是曝气池出口处的混合液经30 min静沉后,每克干污泥所形成的沉淀污泥所占的容积,以毫升(mL)计。其计算式为

$$SVI = SV(mL/L) \div MLSS(g/L)$$

式中,SVI值的单位为mL/g,但一般都只说数字,把单位简化。SVI值能够反映出活性污泥的凝聚、沉淀性能。通常,当SVI<100时,沉淀性能良好;当SVI=100~200时,沉淀性一般;而当SVI>200时,沉淀性较差,污泥易膨胀。一般常控制SVI在50~150为宜,但根据污水性质不同,这个指标也有差异。如污水中溶解性有机物含量高时,正常的SVI值可能较高;相反,污水中含无机悬浮物较多时,正常的SVI值可能较低。

D 影响活性污泥活性的因素

(1) BOD负荷率 BOD负荷率是影响活性污泥增长、有机底物降解的重要因素。提高BOD负荷率,将加快活性污泥增长速率和有机底物的降解速率,使曝气池容积缩小,在经济上是适宜的,但未必能达到受纳水体对水质的要求。BOD负荷率过低,则有机底物的降解速率降低,即系统处理能力降低,要使处理后的废水达到排放指标,需要加大曝气池的容积,这将提高建设费用,是不适宜的。

BOD负荷率还与活性污泥膨胀现象有直接关系。图6-10所示是城市污水活性污泥系统处理

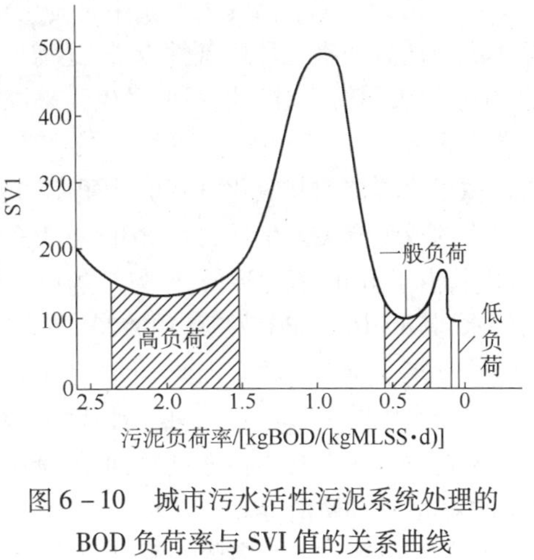

图6-10 城市污水活性污泥系统处理的BOD负荷率与SVI值的关系曲线

的BOD负荷率与SVI值的关系曲线。从图可见，在0.5 kgBOD/(kgMLSS·d)以下的低负荷率区和1.5 kgBOD/(kgMLSS·d)以上的高负荷率区，SVI值都在150以下，都不会出现污泥膨胀现象。而BOD负荷率介于0.5～1.5 kgBOD/(kgMLSS·d)之间的中间负荷率区，SVI值很高，属污泥膨胀区。在设计与运行上应当避免采用这个区段的负荷率值。

(2) 水温　活性污泥微生物的生理活动与周围的温度密切相关，微生物酶系统酶促反应的最佳温度是20～30℃。在这个温度范围内，微生物的生理活动旺盛，高于或低于这个温度范围，就会使活性污泥反应进程受到某些影响，而如高于35℃或低于10℃，对有机底物的代谢功能的影响就会更大一些，而如高于45℃或低于5℃，反应速率可能降至最低程度，甚至可能完全停止。所以，一般将活性污泥反应温度的最高和最低的极限值分别控制为35℃和10℃。

在一定的范围内提高水温，可以提高BOD的去除速度和能力，还可以降低废水的黏性，从而有利于活性污泥絮体的形成和沉淀。温度的变化也会给活性污泥系统带来不利影响。一方面，水温过高，微生物受到抑制；另一方面，水温的变化速率对污泥分离效果也有很大影响。实践表明，温度变化速度在0.3℃/h，即显示有影响；如达0.7℃/h并持续3～4 h，活性污泥结构变得松散，原生动物改变原有形态。在二次沉淀池里，如果进水与池内水温相差0.5℃时，沉淀池的工作将受到干扰，相差0.7℃时，污泥将会成块流失。

(3) 溶解氧　活性污泥微生物以好氧菌为主，因此，在泥水混合液中保持一定浓度的溶解氧至关重要。对混合液中的游离细菌来说，溶解氧保持0.3 mg/L的质量浓度即可满足要求。但是，活性污泥是微生物群体"聚居"的絮凝体，溶解氧必须扩散到活性污泥絮凝体的深处。多年的运行经验证实，为了保证活性污泥系统运行正常，在混合液中必须保持质量浓度在2 mg/L以上的溶解氧，而且以曝气池的出口处为准。溶解氧过高，大量耗能，在经济上是不适宜的；溶解氧过低时，可以诱发丝状菌的大量繁殖，进而引起污泥膨胀现象的发生。

(4) pH值　对活性污泥微生物最适宜的pH值是6.5～8.5。pH值低于6.5时，有利于真菌的生长繁殖；降低到4.5时，真菌将完全占优势，活性污泥絮凝体遭到破坏，产生污泥膨胀现象，原生动物完全消失，处理水质恶化。如果pH值超过9，菌胶团可能解体，活性污泥絮凝体将遭到破坏。在活性污泥培养、驯化过程中，应充分重视对系统进水pH值的调节，通过逐步降低或提高pH值的运行方式，使活性污泥逐渐适应原水水质。但在冲击负荷的场合，pH值急剧变化，则对活性污泥严重不利，净化效果将急剧恶化。对这种情况，完全混合式曝气池则有较大的适应性。

(5) 营养平衡　活性污泥微生物是废水生物处理的主要承担者，而微生物良好的代谢状态，除了需要适宜的物化环境条件以外，还需要均衡的营养做保障。其中，元素碳在量上是以污水中的BOD值表示的。对活性污泥微生物来说，污水中营养物质的平衡一般以BOD N∶P($m:m:m$)的关系来表示。

微生物群体因其氧化分解的物质不同，其增殖速度有所不同，生物体需要的营养元素量，也和污水的成分有关。生活污水BOD∶N∶P的质量比值为100∶5∶1，营养比较均衡适宜。经过物理处理后，由于BOD值的降低，N与P的质量浓度的相对值有所提高，这样进入活性污泥处理系统的污水，其BOD∶N∶P值变为100∶20∶25。这就是说经物理法处理后的生活污水，其营养物质的质量浓度多于所需要的。因此，生活污水宜与工业废水混合处理。

当废水中的氮、磷不能满足活性污泥微生物生长的需要时，应向反应器内投加适量的氮、磷等营养物质。如果需要补充氮源，可以投加硫酸铵、硝酸铵、尿素和氨水等；如果需要补充磷，则投加过磷酸钙和磷酸等。

(6) 有毒物质　大多数外源性化学物质都可能对微生物的生理功能产生影响甚至毒害作

用,而对微生物有害的有毒物质都会影响废水的生物处理。有毒物质对微生物的毒害作用,主要表现在使细菌细胞的正常结构遭到破坏以及使菌体内的酶变性并失去活性。污水生物处理中常见的有毒物质有:

1) 重金属离子,如铅、镉、铬、砷、铜、铁、锌等。

2) 有机物类,如酚、甲醛、甲醇、苯、氯苯等。

3) 无机物类,如硫化物、氰化钾、氯化钠、硫酸根、硝酸根等。

有毒物质对微生物产生毒害作用有一个量的概念,即达到一定浓度时显示出毒害作用,而在允许浓度以内,微生物可以承受。对某一种废水来说,需要根据所选择的处理工艺路线,通过实验来确定毒物的允许浓度。如果废水中所含有毒物质超过允许浓度,必须在生化处理前进行预处理以去除有毒物质。某些物质对微生物的毒性往往很难界定,这主要取决于其在污水中的浓度,在低浓度时对微生物的生长无抑制作用,甚至有促进作用,只有达到一定浓度阈值时,才会对微生物产生毒害作用。

有毒物质的毒害作用常与水温、pH 值、溶解氧等因素有关,也与微生物的数量、是否经过驯化过程及是否存在其他有毒物质等因素有关。一些有毒物质可以被微生物降解,因而使其毒性降低甚至完全消除;长期的驯化可以使微生物承受较高浓度的有毒物质。稀释是降低有毒物毒害作用的常用办法,有时在生物处理前通过预处理除去有毒物质或使其转变为无毒物质。总之,有毒物质对微生物生理功能产生毒害作用的原因、效果都比较复杂,取决于较多因素,应慎重对待。

6.2.2 生物膜法

A 生物膜及其结构

污水的生物膜处理法是与活性污泥法并列的一种污水好氧处理技术,其实质是使细菌和真菌一类的微生物和原生动物、后生动物一类的微型动物附着在滤料或某些载体上生长繁育,并在其上形成膜状生物污泥——生物膜。污水与生物膜接触时,其中的有机污染物作为营养物质,为生物膜上的微生物所摄取,污水得到净化,微生物自身也得到繁衍增殖。

污水与滤料或某种载体流动接触,经过一段时间后,后者的表面将会为一种膜状污泥,即生物膜所覆盖,生物膜逐渐成熟,其上由细菌及各种微生物组成的生态系及其对有机物的降解功能达到了平衡和稳定状态。从开始形成到成熟,生物膜要经历潜伏和生长两个阶段。对于一般的城市污水,在20℃左右的条件下生物膜形成大致需要30天左右的时间。图6-11所示是附着在生物滤池滤料上的生物膜的构造。

生物膜具有高度的亲水性,在污水不断流过其表面的过程中,在其外侧总是存在着一层附着水层。生物膜又是微生物高度密集的物质,在膜的表面和一定深度的内部生长繁殖着大量的各种类型的微生物和微型动物,并形成有机污染物→细菌→原生动物→后生动物的食物链。生物膜在其形成与成熟后,由于微生物不断增殖,生物膜的厚度不断增加,增厚到一定程度后,在氧不能透入的里侧深部即转变为厌氧状态,形成厌氧性生物膜层。这样,生物膜便由好氧层和厌氧层两个生物层面组成。有机物的降解主要是在好氧层内进行的,好氧层的厚度一般为2 mm左右。

B 生物膜对有机物质的降解及其生长

如图6-11所示,在生物膜内外、生物膜与水层之间进行着多种物质的传递过程。空气中的氧溶解于流动的水层中,从那里通过附着水层传递给生物膜,供微生物用于呼吸;污水中的有机污染物则由流动水层传递给附着水层,然后进入生物膜,并通过细菌的代谢活动而被降解,使污

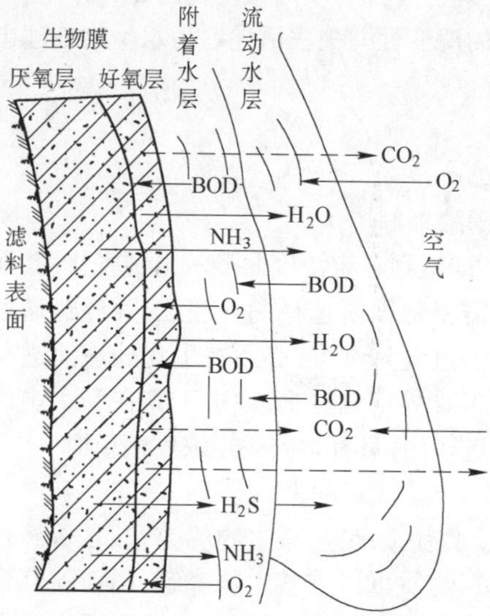

图 6-11 生物滤池滤料上生物膜的结构

水在其流动过程中逐步得到净化；微生物的代谢产物如 H_2O 等则通过附着水层进入流动水层，并随其排走，而 CO_2 及厌氧层分解产物如 H_2S、NH_3 以及 CH_4 等气态代谢产物则从水层逸出进入气流中。

厌氧层较薄时，它与好氧层保持着一定的平衡与稳定关系，好氧层能够维持正常的净化功能。但当厌氧层逐渐加厚并达到一定的程度后，其代谢产物也逐渐增多，这些产物向外侧逸出透过好氧层时，使好氧层生态系统的稳定状态遭到破坏，造成这两种膜层之间平衡关系的丧失；又因气态代谢产物的不断逸出，减弱了生物膜在滤料（载体、填料）上的固着力，处于这种状态的生物膜即为老化生物膜。老化生物膜净化功能较差而且易于脱落。生物膜脱落后生成新的生物膜，新生生物膜必须在经过一段时间后才能充分发挥其净化功能。在正常运行情况下，整个反应系统中的生物膜各个部分总是交替脱落的，系统内活性生物膜数量相对稳定，净化效果良好。过厚的生物膜并不能增大底物利用速度，却可能造成堵塞，影响正常通风。因此，当废水中营养物的质量浓度较大时，生物膜增长过快，水流的冲刷力也应加大，如依靠原废水不能保证其冲刷能力时，可以采用处理出水回流，以稀释进水和加大水力负荷，从而维持良好的生物膜活性和合适的膜厚度。

为了保持好氧生物膜的活性，除了提供污水营养物外，还应创造一个良好的好氧条件，即向生物膜供氧。在填充式生物膜法设备中常采用自然通风或强制自然通风供氧。氧透入生物膜的深度取决于它在膜中的扩散系数、固液界面处氧的浓度和膜内微生物的氧利用率。

对给定的污水流量和浓度，好氧层的厚度是一定的。增大废水浓度将减小好氧层的厚度，而增大废水流量则将增大好氧层的厚度。

C 生物膜中的微生物

生物膜中的微生物主要有细菌（包括好氧、厌氧及兼氧细菌）、真菌、放线菌、原生动物（主要是纤毛虫）和微型后生动物，其中藻类和微型后生动物比活性污泥法中多见。

在生物膜的好氧层专性好氧的芽孢杆菌属（*Bacillus*）的细菌占优势；在厌氧层有诸如脱硫化弧菌属（*Desulfovibrio*）一类的专性厌氧细菌存在于膜和滤料的界面上。滤膜上数量最多的细菌则是兼性细菌，主要有假单胞菌属（*Pseudomonas*）、产碱杆菌属（*Alcaligenes*）、黄杆菌属（*Flavobacterium*）、五色杆菌属（*Achromobacter*）、微球菌属（*Micrococcus*）、动胶杆菌属（*Zoogloea*）等。另外，还存在有大肠杆菌和产气杆菌等肠道杆菌。在生物膜上还经常能见到丝状微生物，如球衣细菌（*Sphaerotilus*）、贝氏硫细菌（*Beggiatoa*）和发硫细菌（*Thiothrix*）等，后两种往往存在于膜的厌氧层。在好氧层还可能生长有丝状真菌，它们只存在于有溶解氧的层次内。但在正常情况下，真菌受到细菌营养竞争的抑制，只有在 pH 值较低或在特殊的工业废水中，在生物膜上的生长才可能超过细菌而占据优势。在生物膜处理系统中不存在丝状细菌引起的污泥膨胀问题，因此，具有一定降解能力的丝状细菌如球衣细菌等的存在，对废水处理十分有利。

在普通生物滤池、生物转盘等生物膜中，出现频度高的原生动物为纤毛虫类和肉足类，尤以纤毛虫类为多。与活性污泥不同的是呈分枝状增殖的种类如独缩虫（*Carchesium*）、累枝虫（*Epistylis*）、盖虫（*Opercularia*）等常占优势，有时可见到由这些种的数百个细胞组成的群体。在一个生物滤池中,上层常有植鞭毛虫分布,那里有足够的有机物可供它们与细菌竞争。纤毛虫则在滤膜好氧层的各个部位均能找到,不过在滤膜的表层是游动纤毛虫占优势,较下层为有柄纤毛虫占优势。当然,不同类型构筑物的生物膜中,原生动物的优势情况是不相同的。即使在同一个滤池,当基质和环境条件发生变化时,也会影响优势种的改变。

在生物膜中出现的后生动物有轮虫类、线虫类、昆虫类、腹足类、寡毛类等。生物膜上出现的轮虫类的种类与活性污泥的大体相同,但数量更多。线虫类也比活性污泥中多,而且很少受到季节性变化的影响,数量相对稳定。生物膜上出现的颗体虫属(*Aeolosoma*)、仙女虫属(*Nais*)、吻盲虫属(*Pristina*)等寡毛类,在每毫克干生物膜中有时可达到1000个以上。

生物膜的生物相组成会受到多种因素的影响,如有机负荷、水力负荷、废水成分、pH值、温度、通风情况及其他影响因素的变化都会改变生物膜的生物组成。

D　生物膜法的主要特征

(1) 生物多样性高,能存活世代时间较长的微生物。生物膜处理法的各种工艺,都具有适于微生物生长栖息、繁衍的环境条件。生物膜上的微生物不会受到像活性污泥那样强烈的搅拌冲击,宜于生长增殖。生物膜固着在滤料或填料上,其生物固体平均停留时间(污泥龄)较长,因此在生物膜上能够生长世代时间较长、比增殖速度很小的微生物,如硝化细菌等。在生物膜上还可能大量出现丝状菌,且不会发生污泥膨胀。线虫类、轮虫类以及寡毛虫类的微型动物出现的频率也较高。在日光照射到的部位能够出现藻类,在生物滤池上,能够出现像苍蝇(滤池蝇)这样的昆虫类生物。生物种类的多样性及其关系的复杂性,使生物膜构成了较为稳定的生态系统结构,比活性污泥更能承受环境条件的变化。

(2) 食物链长。在生物膜上生长繁育的生物中,营动物性营养的种类所占比例较大,微型动物的存活率高。这就是说,在生物膜上能够栖息高次营养水平的生物,在捕食性纤毛虫、轮虫类、线虫类之上还栖息着寡毛类和昆虫。因此,在生物膜上形成的食物链要长于活性污泥上的食物链。食物链长,高营养级的生物多,能量被消耗的比例也大,所产生的污泥大部分可被生物本身所消化,因此,剩余污泥量很少。污泥产量低,是生物膜处理法各种工艺的共同特性,实验证明,生物膜发生的污泥量比活性污泥法少20%左右。

(3) 具有较强的脱氮能力。硝化细菌和亚硝化细菌的世代时间都比较长,增殖速度较小,在一般生物固体平均停留时间较短的活性污泥处理系统中,这类细菌比较容易被冲出而流失。而在生物膜处理法中,生物污泥的生物固体平均停留时间与污水的停留时间无关,硝化细菌和亚硝化细菌得以繁衍、增殖。因此,生物膜处理法的各项处理工艺都具有一定的硝化功能,而且,在生物膜内部一般呈厌氧状态,还发生着一定程度的反硝化作用,采取适当的运行方式,能具有反硝化脱氮的功能。所以,与活性污泥法相比,生物膜的氮去除率更高。

(4) 优势菌群随水处理程度呈现规律性分布。生物膜处理法多分段进行,在正常运行的条件下,每段都繁衍与进入本段污水水质相适应的微生物,并形成优势种属。微生物群落的种类组成随着废水的净化过程而相应地发生演替的处理法被认为是最合理的生物处理,这种现象非常有利于微生物新陈代谢功能的充分发挥和有机污染物的降解。据分析,有没有污泥和处理水的回流,是各段微生物相不同的重要原因之一。

(5) 操作运行稳定。生物膜处理法的各种工艺,对流入的原污水水质、水量的变化都具有较强的适应性,这种现象已为多数运行的实际设备所证实,即使有一段时间中断进水,对生物膜的净化功能也不会造成致命的影响,通水后能够较快地得到恢复。

(6) 污泥沉降性能好,宜于固液分离。由生物膜上脱落下来的生物污泥,所含动物成分较多,相对密度较大,而且污泥颗粒个体较大,沉降性能良好,宜于固液分离。但是,如果生物膜内部形成的厌氧层过厚,在其脱落后,将有大量的非活性的细小悬浮物分散于水中,使处理水的澄清度降低。

(7) 能够处理低质量浓度有机废水。活性污泥处理系统不适宜处理低质量浓度的污水,如原污水的 BOD_5 值长期低于 50 mg/L,将影响活性污泥絮凝体的形成和增长,净化功能降低,处理水水质低下。但是,生物膜处理法对低质量浓度污水也能够取得较好的处理效果,运行正常可使 BOD_5 为 20 ~ 30 mg/L 的原污水,经过处理达到 BOD_5 值为 5 ~ 10 mg/L 的出水水质。

(8) 易维护,能耗低。与活性污泥处理系统相比,生物膜处理法中的各种工艺都是比较易于维护管理的,无须污泥回流,而且像生物滤池、生物转盘等工艺,还都是节省能源的,动力费用较低,去除单位质量 BOD 的耗电量较少。

活性污泥法是利用悬浮在水中的微生物处理污水,而生物膜是利用固着在介质表面的微生物处理污水,但它们同为好氧处理方法,各有优缺点。从生物膜法的基本形式生物滤池来看,它的优点是耗能少,维持费用低,运转管理方便,抗毒物冲击能力强,产生污泥量少。但它的缺点是规模不能太大,如果污水处理厂的处理能力超过 5 万 m^3 污水的规模,占地太多,不适于城市和土地紧缺地区使用。活性污泥法和生物滤池法的比较如表 6 - 1 所示。

表 6 - 1 活性污泥法和生物滤池法比较

项 目	活性污泥法	生物滤池法
基建项目	较低	低
占地面积	少,适于土地紧缺地价昂贵的地区	多,约为活性污泥法的 10 倍
运行费用	高	低
运行技术要求	高,需要连续监视运行情况	低,不需要连续监视运行情况
天气影响	潮湿天气工作好,干燥天气稍差,受低温影响小	夏季工作好,冬季易于积水结冰
废水性质	对毒物冲击、负荷变化和废水种类敏感,有污泥膨胀问题	抗冲击负荷和有毒物质,适用于多种污水,无污泥膨胀问题
出水水质	除膨胀外悬浮固体低	悬浮固体较高
二次污泥	体积大,含水量高,难以脱水,稳定性低	体积小,含水少,高度稳定
能量需求	高,需要曝气混合,污泥回流	低,自然通风,重力过流
静水头	低	高
公 害	气味小,无蚊蝇,会有噪声	气味中等,有蚊蝇,无噪声
耐久性	不耐久,维护要求低	不耐久,维护要求高
合成洗涤剂	可能有泡沫,特别在有扩散器时	泡沫少

E 生物膜法的类型

(1) 生物滤池。一般建成长方形或圆形池子(钢筋混凝土或砖石结构),池内装有滤料(石子、炉渣或塑料滤料等),滤料层上有布水装置,下有排水系统。生物滤池分普通生物滤池(conventional biological filter)和高负荷生物滤池(high rate biological filter)。

(2) 塔式生物滤池(biological tower)。塔高 7 ~ 24 m,采用塑料滤料(聚氯乙烯和聚丙烯),内部通风良好,水流紊动剧烈,水力冲刷较强。

普通生物滤池、高负荷生物滤池和塔式生物滤池的工作特点如表 6 - 2。

(3) 生物转盘(biological disc)。1960 年德国斯图加特工业大学设计的一种方法,在废水池中安装转盘，像水车一样旋转，转盘浸入水中吸附有机物获得营养，转盘离开水后获得氧气。

(4) 生物接触氧化(biological contact oxidation)。在池中装填一定数量的填料，使之淹没在水中，附着在填料上的微生物要依靠机械充氧获得氧气，氧化分解有机物。生物接触氧化又称淹没式生物滤池，是介于活性污泥法和生物滤池法之间的处理工艺。一般停留时间为0.5～1.5 h，BOD负荷1～6 BOD kg/(m^3·d)，去除(BOD_5)效率80%～90%。

表6－2 普通生物滤池、高负荷生物滤池和塔式生物滤池的比较

项　目	普通生物滤池	高负荷生物滤池	塔式生物滤池
水力负荷/m^3·(m^3·d)$^{-1}$	1～5	10～30	90～150
有机负荷/BODkg·(m^3·d)$^{-1}$	0.1～0.2	0.8～1.2	2～4
有机物去除率/%	85～95	75～90	70～80
高度/m	1.8～3.0	0.9～2.4	7～24

(5) 生物流化床(biological fluidized bed)。为提高生物膜法的处理效率，以砂、焦炭或活性炭等细小惰性材料作为生物膜载体，废水(先经充氧或床内充氧)自下向上流过滤床使载体层呈流动状态，加大了生物膜表面积与废水和氧的接触。MLSS为8～40g/L，有机负荷BOD 16 kg/(m^3·d)；停留时间15～45 min，BOD和氮去除率大于90%。

6.2.3 厌氧处理法

废水好氧生物处理是耗能型的废水处理技术，这种技术已使世界各国尤其是第三世界国家日益感到为解决环境问题所需付出的大量能耗的沉重负担，正在不断研究和探索高效率、低能耗的新型废水处理技术。厌氧生物法是一种既节能又产能的废水生物处理工艺。因能源短缺和生产发展的要求，废水厌氧生物处理技术在近几十年有了迅速发展，新开发的现代废水厌氧生物处理反应器(见图6－12)不仅是高效能的，并可在常温下进行，不仅可处理高浓度有机废水，而且可以处理中低浓度有机废水，在世界范围内得到了广泛应用。

同好氧处理法相比，厌氧处理法具有许多明显的优点：

(1) 有机负荷高，去除率高　可以直接处理高质量浓度的有机废水(BOD＞10000 mg/L)，不需要大量水稀释。能明显地降低污水中有机污染物的质量浓度，BOD去除率可达90%以上，COD去除率约为70%～90%。

(2) 能降解许多在好氧条件下难以降解的合成化学品　如蒽醌类染料、偶氮染料、含氯农药等。

(3) 能源动力消耗少，且产能　厌氧处理的动力消耗只及活性污泥法的1/10，产生的甲烷气可以作为能源利用。据计算，每降解1 t BOD，活性污泥法耗石油245 L，而厌氧消化仅耗石油25 L，并且回收1000 m^3的沼气，相当回收石油500 L，两者相差720 L。

(4) 剩余污泥量少　一般仅为好氧处理污泥的1/10～1/6，只有5%的有机碳转化为生物量，并且易于脱水，因此污泥处理量小、处理费用低。

(5) 设备投资少，运行费用低　不需价格较贵的曝气设备等，并可节省动力运行费用支出，温度较高废水用高温厌氧处理可减少降温费用。

(6) 厌氧污泥可长期贮存，为季节性或间歇式运行提供方便。

但是厌氧处理也有很明显的缺点，主要有以下几个方面：

（1）污泥增加缓慢，对毒物敏感，启动时间长 一般第一次启动要花8～12周的时间。

（2）出水水质一般达不到排放标准 由于进水污染物的质量浓度高，即使去除率很高，也难达到排放标准，故还需进一步处理，通常通过厌氧和好氧（A/O）串联运行解决。

（3）操作控制较为复杂 特别是初次启动操作，需对操作人员进行一定的技术培训。

（4）沼气易燃 要有安全措施防止爆炸事故。

在运行中的EU厌氧反应器(1000L)

工业规模的EGSB反应器($75m^3$)

工业规模的EGSB反应器($100m^3$)

UASB产沼气工程($400m^3$)

图6－12 几种厌氧消化反应器

6.2.3.1 有机物厌氧消化的微生物学过程

传统的厌氧生物处理亦称厌氧消化或产甲烷发酵，人们对其机理的认识是逐渐深入的。

对于有机物厌氧消化生物学过程的解释，最早出现的是两阶段学说。该学说把有机物厌氧消化过程分为酸性发酵和碱性发酵两个阶段。在第一阶段，复杂的有机物，如糖类、脂类和蛋白质等，在产酸菌（厌氧和兼性厌氧菌）的作用下被分解成为低分子的中间产物，主要是一些低分子有机酸和醇类，如乙酸、丙酸、丁酸、乙醇等，并有H_2、CO_2、NH_4^+和H_2S等产生。因为该阶段中有大量的脂肪酸产生，使发酵液的pH值降低，所以，此阶段被称为酸性发酵阶段或产酸阶段。在第二阶段，专性厌氧菌产甲烷菌将第一阶段产生的中间产物继续分解成CH_4、CO_2和H_2O等。在这一阶段，第一阶段产生的有机酸不断被转化分解，生成最终产物CH_4和CO_2等，同时反应系统中有NH_3的存在，使发酵液的pH值不断升高。所以，此阶段被称为碱性发酵阶段或产甲烷阶段。

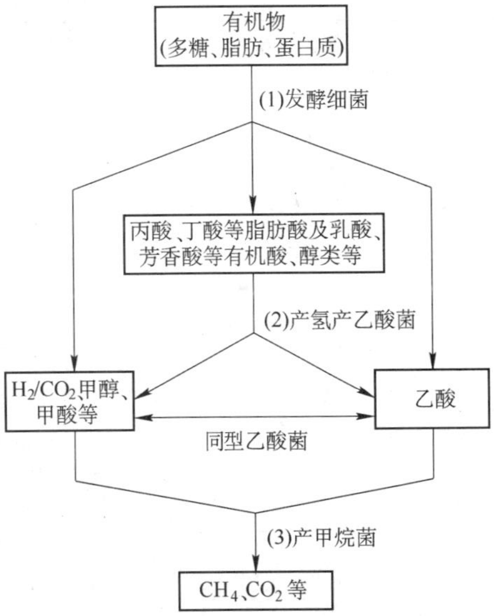

图 6-13 厌氧消化三阶段理论

几十年来，厌氧消化过程的两阶段理论一直占统治地位，在国内外有关厌氧消化的专著和教科书中一直被广泛引用。随着厌氧微生物学研究的不断进展，人们对厌氧消化的生物学过程和生化过程认识不断深化，厌氧消化理论得到不断发展。1979 年，M. P. Bryant 根据对产甲烷菌和产氢产乙酸菌的研究结果认识到，产甲烷菌不能利用除乙酸、H_2/CO_2 和甲醇等以外的有机酸和醇类，长链脂肪酸和醇类必须经过产氢产乙酸菌转化为乙酸、H_2 和 CO_2 等后才能被产甲烷菌利用，并由此提出了三阶段理论。三阶段理论如图 6-13 所示。第一阶段为水解发酵阶段。在该阶段，复杂的有机物在厌氧菌胞外酶的作用下，首先分解成简单的有机物，如纤维素经水解转化成较简单的糖类、蛋白质转化成较简单的氨基酸、脂类转化成脂肪酸和甘油等。继而这些简单的有机物在产酸菌的作用下经过厌氧发酵和氧化转化成乙酸、丙酸、丁酸等脂肪酸和醇类等。参与这个阶段的水解发酵菌主要是厌氧菌和兼性厌氧菌。第二阶段为产氢产乙酸阶段。在该阶段，产氢产乙酸菌把除乙酸、甲酸、甲醇以外的第一阶段产生的中间产物，如丙酸、丁酸等脂肪酸和醇类等转化成乙酸和氢，并有 CO_2 产生。第三阶段为产甲烷阶段。在该阶段中，产甲烷菌把第一阶段和第二阶段产生的乙酸、H_2 和 CO_2 等转化为甲烷。

几乎在 Bryant 提出三阶段理论的同时，J. C. Zeikus(1979)在第一届国际厌氧消化会议上提出了四种群说理论，该理论认为复杂有机物的厌氧消化过程主要有 4 类功能不同的微生物参与，它们是水解发酵菌、产氢产乙酸菌、同型产乙酸菌(又称耗氢产乙酸菌)以及产甲烷菌。在厌氧消化过程中，复杂有机物首先在水解发酵菌群的作用下转化为有机酸和醇类，产氢产乙酸菌群把有机酸和醇类转化为乙酸、H_2/CO_2 和一碳有机化合物(甲醇、甲酸等)，同型产乙酸菌群能利用 H_2 和 CO_2 等并将其转化为乙酸，产甲烷菌群可把乙酸、H_2/CO_2 和一碳有机化合物转化为 CH_4 和 CO_2。另外，在有硫酸盐存在的条件下，硫酸盐还原菌也将参与厌氧消化过程。

厌氧消化理论从两阶段学说发展到三阶段学说和四种群说的过程，是人们对有机物厌氧消化不断深化认识的过程。这也从侧面反映出，有机物厌氧消化过程是一个由许多不同微生物菌群协同作用的结果，是一个极为复杂的生物化学过程。

6.2.3.2 参与厌氧消化过程的微生物及其生理特征

厌氧生物处理过程是一个连续的微生物学过程，参与厌氧消化的微生物类群总体上可分为两大类，即包括发酵细菌、产氢产乙酸菌、同型产乙酸菌在内的非产甲烷菌和产甲烷菌。这些微生物因其生理功能的差别，在厌氧生物处理过程中所发挥的作用也各不相同。

A 非产甲烷细菌

非产甲烷细菌(non methanogens)常称为产酸菌(acidogens)，它们能将有机底物通过发酵作用产生挥发性有机酸(VFA)和醇类，常使处理构筑物中混合液的 pH 值处于较低的水平。表 6-3 列举了厌氧生物处理系统中常见的一些典型非产甲烷细菌。

表 6-3　典型非产甲烷细菌

类　型	细菌种属
发酵细菌	梭杆菌属（*Fusobacterium*）
	拟杆菌属（*Bacteroides*）
	丙酸杆菌属（*Propionibacterium*）
	气杆菌属（*Aerobacter*）
产氢产乙酸菌	脱硫弧菌（*Desulfovibio desulfuricans*）
	普通脱硫弧菌（*D. vulgaris*）
	沃尔夫互营单胞菌（*Syntrophononas wolfei*）
	梭菌属（*Clostridium sp.*）
	沃林互营杆菌（*Syntrophobacter wolinii*）
	产生消化链球菌（*Peptostreptococcus productus*）
同型产乙酸菌	伍迪乙酸梭菌（*Acetobacterium mwoodii*）
	威林格乙酸梭菌（*A. wieringae*）
	乙酸梭菌（*C. aceticum*）
	威林格乙酸杆菌（*C. formicocaceticum*）
	甲酸乙酸化梭菌（*C. magnum*）

（1）发酵细菌群　发酵细菌（*fermentative bacteria*, *FB*）种类很多，主要包括梭杆菌属（*Fusobacterium*）、拟杆菌属（*Bacteroides*）、丙酸杆菌属（*Propionibacterium*）、气杆菌属（*Aerobacter*）等，主要参与复杂有机物的水解，并通过丁酸发酵、丙酸发酵、混合酸发酵、乳酸发酵和乙醇发酵等将水解产物转化为乙酸、丙酸、丁酸、戊酸、乳酸等挥发性有机酸及乙醇、CO_2、H_2 等。以葡萄糖为底物的反应分别如下：

$$C_6H_{12}O_6 + 2H_2O + 2NAD^+ \longrightarrow 2CH_3COO^- + 2H_2 + 2CO_2(aq) + 2NADH + 4H^+$$

$$\Delta G'_0 = -232.2\ kJ/mol$$

$$C_6H_{12}O_6 + 2NADH + 2H^+ \longrightarrow 2CH_3CH_2COO^- + 2H_2O + 2NAD^+ + 2H^+$$

$$\Delta G'_0 = -278.7\ kJ/mol$$

$$C_6H_{12}O_6 \longrightarrow CH_3CH_2CH_2COO^- + 2H_2 + 2CO_2(aq) + H^+$$

$$\Delta G'_0 = -249.8\ kJ/mol$$

$$C_6H_{12}O_6 + 2NADH + 2H^+ \longrightarrow 2CH_3CH_2OH + 2H_2 + 2CO_2(aq) + 2NAD^+$$

从以上反应可以看出，除丙酸发酵不受氢分压 $P(H_2)$ 影响外，其他反应均受 $P(H_2)$ 影响。

（2）产氢产乙酸菌　产氢产乙酸细菌（H_2-producing acetogens, HPA）可将发酵细菌产生的挥发性有机酸和醇转化为乙酸、H_2/CO_2。这类细菌大多为发酵性细菌，亦有专性产氢产乙酸菌（obligate H_2-producing acetogens, OHPA），其反应如下：

$$CH_3CH_2COO^- + 2H_2O \rightleftharpoons CH_2COO^- + 3H_2 + CO_2(aq)$$

$$\Delta G'_0 = 81.8\ kJ/mol$$

$$CH_3CH_2CH_2COO^- + 2H_2O \rightleftharpoons 2CH_3COO^- + 2H_2 + H^+$$

$$\Delta G'_0 = 41.7\ kJ/mol$$

$$CH_3CH_2OH + H_2O \rightleftharpoons CH_2COO^- + 2H_2 + H^+$$

$$\Delta G'_0 = 5.8\ \text{kJ/mol}$$

以上反应过程均受氢分压调控，丙酸、丁酸和乙醇的产氢产乙酸转化过程分别在 $P(H_2)$ 为 0.01、0.5 和 30 kPa 以下时才能自发进行（图 6－14）。否则，代谢过程受阻，将导致发酵代谢产物（如丙酸）的积累。

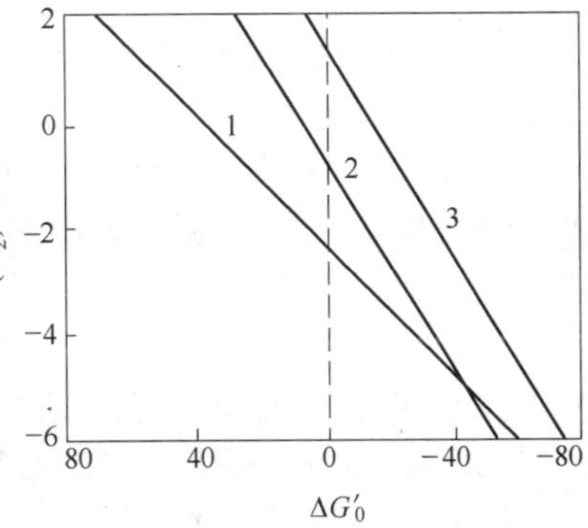

图 6－14 产氢产乙酸过程中 $P(H_2)$ 与自由能变化的关系

1—丙酸；2—丁酸；3—乙醇

（3）同型产乙酸菌 同型产乙酸菌（home-acetogens，HOMA）可将 H_2 和 CO_2 或 CO_3^{2-} 通过还原过程转化为乙酸：

$$2CO_2(aq) + 4H_2 \rightleftharpoons CH_3COO^- + 2H_2O + H^+$$

$$\Delta G'_0 = -15.9\ \text{kJ/mol}\ CO_2$$

同型产乙酸菌对 H_2/CO_2 的利用，可保持系统中较低的氢分压，有利于厌氧发酵过程的正常进行。

B 产甲烷细菌

产甲烷细菌（*methanogen*）这一名词是 1974 年由 Bryant 提出的，目的是为了避免这类细菌与另一类好氧性甲烷氧化细菌（aerobic methano-oxidizing bacterla）相混淆。产甲烷细菌利用有机或无机物作为底物，在厌氧条件下转化形成甲烷。而甲烷氧化细菌则以甲烷为碳源和能源，将甲烷氧化分解成 CO_2 和 H_2O。

（1）产甲烷细菌的种类及形态特征。产甲烷细菌是一个很特殊的微生物类群，属古细菌，与其他细菌相比，种类较少，但它们在形态上仍有明显的差异，常见的有杆状、丝状、球状、螺旋状和八叠球状等。产甲烷细菌均不形成芽孢，革兰染色不定，有的具有鞭毛。球形菌呈圆形或椭圆形，直径一般为 0.3～5 mm，有的成对或成链状排列。杆菌有的为短杆状，两端钝圆。八叠球菌革兰染色呈阳性，这种细菌在沼气池中大量存在。

常见的产甲烷细菌主要有：

1）甲烷杆菌属（*Methanobacterium*），如反刍甲烷杆菌（*M. ruminantium*）、甲酸甲烷杆菌（*M. formicicum*）、索氏甲烷杆菌（*M. sochngenii*）、运动甲烷杆菌（*M. mobilie*）、热自养甲烷杆菌（*M. thermoautrophicum*）等。

2）甲烷八叠球菌属（*Methanosarcina*），如巴氏甲烷八叠球菌（*M. barkeri*）等。

3）甲烷球菌属（*Methanococcus*），如万尼甲烷球菌属（*Methanospirillum*）等。

4）甲烷螺菌属（*Methanospirillum*），如洪氏甲烷螺菌（*M. hungatii*）等。

（2）产甲烷菌的生理特征。主要表现在 5 个方面：

1）专性厌氧。产甲烷细菌对氧非常敏感，都生活在没有氧气的厌氧环境中，遇氧后会立即受到抑制，不能生长繁殖，最终导致死亡。

2）生长缓慢。产甲烷细菌在自然界中生长特别缓慢，即使在人工培养条件下，也要经过 18 天乃至几十天才能长出菌落。其主要原因是产甲烷菌能够利用的底物很少，仅有 CO_2、H_2、乙酸、甲酸、甲醇和甲胺这些简单物质，而这些物质转化为 CH_4 所释放的能量很少，因而为生物合成所提供的能量亦少，使微生物的生长繁殖速率很低，世代时间很长。

3）对环境变化非常敏感。产甲烷细菌对其生存环境的要求非常苛刻，各种生态因子的生态幅均较窄。例如，对温度、pH 值、氧化还原电位及有毒物质等均很敏感，适应范围十分有限。如所有产甲烷细菌都只能生活在氧化还原电位低于 －300 mV 以下的环境中，而对 pH 值则要求在中性。

4）产甲烷细菌属古细菌。能产生甲烷的微生物为一类群古细菌，细胞壁缺少肽聚糖，而含有多糖、多肽或多肽与多糖的囊状物；细胞膜的类脂组成中，缺乏由酯键连接的甘油酯，而有类异戊二烯通过醚键聚合而成的聚类异戊二烯。

5）产甲烷细菌分离培养比较困难。由于产甲烷细菌是严格的厌氧菌，受技术手段限制，培养分离产甲烷细菌很困难。所以，20 世纪 70 年代中期以前产甲烷细菌新种发现得不多，据《伯杰氏细菌鉴定手册》记载产甲烷细菌只有一个科，即甲烷细菌科，有 9 个种。

随着人们对厌氧生物处理法认识的不断深入，世界上研究产甲烷细菌的人越来越多，培养分离产甲烷细菌的方法也有新的突破，陆续又发现了一些产甲烷细菌的新种。目前，全世界报道的产甲烷细菌约有 40 多种。

（3）产甲烷细菌的营养特征。不同的产甲烷细菌在生长过程中所需碳源是不一样的。在纯培养条件下，几乎所有的产甲烷细菌都能利用 H_2 和 CO_2 生成甲烷。在厌氧生物处理中，绝大多数产甲烷细菌都能利用甲醇、甲胺、乙酸，所以在厌氧生物处理反应设备中产甲烷细菌最为常见。产甲烷细菌不能直接利用除乙酸外的二碳以上的有机物质。一般常将产甲烷细菌分为 3 个种群：氧化氢产甲烷菌（HOM），氧化氢利用乙酸产甲烷菌（HOAM）和非氧化氢利用乙酸产甲烷菌（NHOAM）。尽管这一分类并不严格，但在厌氧反应器中，以上种群常分别出现在不同的环境，构成优势种，对实际工程的运行具有重要意义。

所有的产甲烷细菌都能利用 NH_3，有的产甲烷细菌需酪蛋白的胰消化物（trypticdigests），它可刺激产甲烷细菌生长，所以分离产甲烷细菌时，培养基中要加入胰酶解酪蛋白（tryptilase）。

产甲烷细菌在生活中需要某些维生素，尤其是 B 族维生素。酵母汁含 B 族维生素，因而能刺激产甲烷细菌生长。另外，瘤胃液也能刺激产甲烷细菌的生长，它可提供辅酶 M（SH-CoM）等多种生长因子。

产甲烷细菌在生活中还需要某些微量元素，如镍、钴、钼等，所需量一般为：Ni，小于 0.1 μmol/L；Co，小于 0.01 μmol/L；Mo，小于 0.01 μmol/L。

C　*硫酸盐还原细菌*

在含有硫酸盐的有机废水厌氧生物处理系统中，会有硫酸盐还原菌的生存。硫酸盐还原菌（SRB）是对具有把硫酸盐、亚硫酸盐、硫代硫酸盐等硫化物以及单质硫还原形成硫化氢这一生理特征细菌的统称。迄今为止，已发现的硫酸盐还原菌有 12 个属的 40 多个种，如脱硫弧菌属（*Desulfovibrio*）、脱硫杆菌属（*Desulfobacter*）、脱硫球菌属（*Desulfococcus*）、脱硫肠状菌属（*Desulfotomaculum*）、脱硫洋葱状菌属（*Desulfobulbus*）、脱硫八叠球菌属（*Desulfosarcina*）等。

硫酸盐还原菌生长的最适 pH 值一般在中性偏碱范围，对氧气非常敏感，只能生活在氧化还原电位（E）低于 100 mV 以下的环境，而且都需要维生素作为生长因子。

在厌氧反应器中，硫酸盐还原菌和产甲烷菌在环境条件和所利用的基质方面有许多相同之处。高浓度的有机废水进行厌氧消化处理的目的之一就是获取甲烷，然而，在有硫酸盐存在时，硫酸盐还原菌将与产甲烷菌竞争氢（电子受体），从而影响甲烷的产率。而且，硫酸盐还原菌活动产生的 H_2S 达到一定质量浓度时，还会对其他微生物产生毒害作用。因此，对于含硫酸盐过多的有机废水，在进行甲烷发酵之前，应采取一定的前处理措施尽可能地将其去除。

6.2.3.3　非产甲烷细菌与产甲烷细菌之间的关系

在厌氧消化中，存在着种类繁多、关系非常复杂的微生物区系。甲烷的产生是这个微生物区系中各种微生物相互平衡、协同作用的结果。厌氧消化过程实际上是由这些微生物所进行的一系列生物化学的偶联反应，而产甲烷细菌则是厌氧生物链上的最后一个成员。厌氧微生物的相互关系包括：非产甲烷细菌与产甲烷细菌之间的相互关系；非产甲烷细菌之间的相互关系；产甲烷细菌之间的相互关系。以上第一种关系最为重要，在厌氧消化系统中，非产甲烷细菌和产甲烷细菌相互依赖，互为对方创造良好的环境和条件，构成互生关系；同时双方又互为制约，在厌氧生物处理系统中处于平衡状态。

（1）非产甲烷细菌为产甲烷细菌提供生长繁殖的底物。非产甲烷细菌中的发酵细菌可把各种复杂的有机物，如高分子的碳水化合物、脂肪、蛋白质等进行发酵，生成 H_2、CO_2、NH_3、挥发性脂肪酸（VFA）和醇类，丙酸、丁酸、乙醇等又可被产氢产乙酸细菌转化生成 H_2、CO_2 和乙酸。这样，非产甲烷细菌通过生命活动，为产甲烷细菌提供了生长和代谢所需要的碳源和氮源。

（2）非产甲烷细菌为产甲烷细菌创造了适宜的氧化还原电位。在厌氧消化反应器运转过程中，由于加料过程难免挟带空气进入，有时液体原料里也含有微量溶解氧，这显然对产甲烷细菌是有害的。非产甲烷细菌类群中那些兼性微生物的活动，可以将氧消耗掉，使厌氧反应系统的氧化还原电位逐渐下降，最终为产甲烷细菌的生长创造适宜的氧化还原电位条件。

（3）非产甲烷细菌为产甲烷细菌清除了有毒物质。工业废水或废物中可能含有酚、氰、苯甲酸、长链脂肪酸和重金属离子等，这些物质对产甲烷细菌有毒害作用。而非产甲烷细菌中有许多种类能裂解苯环，有些菌还能以氰化物作为碳源和能源，这些作用不仅解除了它们对产甲烷细菌的毒害，而且同时给产甲烷细菌提供了底物。此外，非产甲烷细菌的代谢产物硫化氢，可以和一些重金属离子作用，生成不溶性的金属硫化物沉淀，从而解除了一些重金属的毒害作用。但反应系统内的 H_2S 浓度不能过高，否则亦会毒害产甲烷细菌。

（4）产甲烷细菌为非产甲烷细菌的生化反应解除了反馈抑制。非产甲烷细菌的发酵产物，可以抑制本身的生命活动。在正常消化反应器中，产甲烷细菌能连续利用由非产甲烷细菌产生的氢、乙酸、二氧化碳等生成 CH_4，不会由于氢和酸的积累而产生反馈抑制作用，使非产甲烷细菌的代谢能够正常进行。

（5）非产甲烷细菌和产甲烷细菌共同维持适宜的酸碱环境。在沼气发酵的第一阶段，非产甲烷细菌首先降解废水中的有机物质，产生大量的有机酸和碳酸盐，使发酵液中 pH 值明显下降。同时非产甲烷细菌类群中还有一类氨化细菌，能迅速分解蛋白质产生氨。氨可中和部分酸，起到一定的缓冲作用。另一方面，产甲烷细菌可利用乙酸、氢和 CO_2 形成甲烷，从而避免了酸的积累，使 pH 值稳定在一个适宜的范围，不会使发酵液中 pH 值达到对产甲烷过程不利的程度。但如果发酵条件控制不当，如进水负荷过高、碳氮质量比失调，则可造成 pH 值过低或过高，进水负荷过高较为多见，称为酸化。这将严重影响产甲烷细菌的代谢活动，甚至使产甲烷作用中断。

6.2.3.4 厌氧生物处理过程中微生物优势种群的演替

在厌氧生物处理系统中（如在消化反应器中），由于内部各区域生态位的差异，造成非产甲烷细菌、产甲烷菌中各类群细菌有规律地出现演替。在非完全混合反应器中，优势种群沿水流方向的演替规律如下：

进水 →	FB、HPA、HOMA、HOM、HOAM	OHPA、HOM、HOAM	NHOAM、HOM	出水 →

通过各种群间相互利用、相互制约，构成一个稳定的生态系统，保证生物代谢过程正常进行。若这一演替规律被破坏，往往会影响代谢平衡，甚至导致整个处理系统的运行失败。

6.2.3.5 废水厌氧生物处理的工艺条件及其控制

厌氧生物处理工艺条件与一般工业发酵工艺相比要复杂得多。一般工业发酵是用单一菌种，而沼气发酵采用的是混合菌种。如前所述，参加厌氧消化作用的混合菌种主要分为发酵（产酸）性菌和产甲烷细菌，由于它们各自要求的生活条件不同，因此在发酵条件控制上常有顾此失彼的情况。实践证明，往往因某一工艺条件失控，就有可能造成整个厌氧生物处理系统运行的失败。如温度波动幅度太大，就会影响产气；发酵原料浓度过高，将产生大量的挥发酸，使反应系统的 pH 值下降，就会抑制产甲烷细菌生长而影响产气和处理效果。因此，控制好厌氧生物处理的工艺条件，是维持厌氧消化过程正常进行的关键。

（1）严格厌氧条件。这是最关键的条件，所以必须修建严格密闭的构筑物或反应器，以保证厌氧消化过程的正常进行。在运行过程中，进水可能会将少量的氧气带入反应器，系统中兼性微生物大量活动，会很快将这部分氧消耗掉，从而维系了反应系统对低氧化还原电位的要求。因此，除非特殊情况，无须对高质量浓度有机废水中的溶解氧采取措施。

（2）营养条件。和其他废水生物处理技术一样，厌氧生物处理工艺的正常运转是建立在系统内微生物的生长代谢基础之上的，因此欲取得较佳的处理效果，必须给微生物提供生长必需的营养条件，任何一种营养源的不足，都会严重影响微生物的生长，威胁系统的正常运行。在实际工程中，一般考虑最多的是维持微生物对碳、氮、磷营养需求的平衡。大量研究表明，C: N: P 质量比控制为(200 ~ 300)：5：1 为宜(其中 C 以 COD 计，N、P 以元素质量浓度计)。在反应器启动时，适当增加氮素，有利于微生物的增殖，有利于提高反应系统的缓冲能力。另外，产甲烷细菌对 Fe、Ni、Co 这几种元素的需求较高，向反应系统中适当投加这些元素，可提高产甲烷菌的活性。

（3）温度。水温的变化对微生物细胞的增殖、内源代谢过程和群体组成的变化，以及污泥沉降性能都有很大的影响。所以，对于一个反应器来说，其操作温度以稳定为宜。根据操作温度的不同，厌氧生物处理可以分为常温(10 ~ 34℃)、中温(35 ~ 40℃)和高温(50 ~ 55℃)3 种。由于中温性细菌(尤其是产甲烷菌)种类多，易于培养驯化，活性高，因此厌氧处理常采用中温消化。而高温消化更有利于对纤维素的分解与对病原微生物的灭活作用，适宜处理高温工业有机废水。

（4）pH 值。产甲烷细菌的最适 pH 值是 6.5 ~ 7.5，pH 值大于 8.2 或小于 6 都将影响产甲烷菌的活性。如前所述，在一定负荷范围内，厌氧消化池内的 pH 值是自然平衡的，一般无须调节。但当负荷过高，如进水速率突然增大或管理不当时，将出现挥发酸积累，导致系统 pH 值下降。这时，可加草木灰或适量的氨水来调节，也可适量投加石灰来调节。

（5）搅拌。搅拌对于厌氧反应器功能的正常发挥是非常重要的。如果不搅拌，池内会明显地呈现分层，出现浮渣层、液体层、污泥层。这种分层现象将导致原料发酵不均匀，出现死角，产生的甲烷难以释放。搅拌可增加微生物与底物的接触机会，加速传质过程，提高处理效率，同时也可防止大量浮渣的产生。搅拌可以有 3 种方式：机械搅拌，即在发酵池里安装搅拌器，用电机带动搅拌；沼气搅拌，即将收集后的沼气通过沼气风机压入池底部，靠强大气流达到搅拌的目的；水射器搅拌，即通过泥浆泵或污水泵将池内发酵液抽出，并回流至池内，产生较强的液流，达到搅拌的目的。

（6）污泥接种。由于产甲烷细菌繁殖速度很慢，靠自然条件下产生足够量的产甲烷细菌需时较长。为了加速厌氧反应器的启动过程，使其尽早转入正常运行状态，一般均需人为地接种微生物，主要是接种产甲烷细菌。接种污泥可直接取城市污水处理厂污泥消化池中的污泥，亦可取池塘淤泥接种到消化池中。

6.2.3.6 主要厌氧消化装置类型

进行污水处理的厌氧消化装置主要有四种类型：

（1）常规消化池或普通消化池(convention digester) 污水间歇地或连续地进入消化池，出水由上部排出，沼气由顶部排出，设水力或机械搅拌装置充分混合，水力停留时间等于固体停留时间，且无污泥回流。活性污泥质量分数不高，一般为 5%；水力停留时间为 25 ~ 30 d。

（2）厌氧接触消化池(anaerobic contact digester)。在常规消化池的基础上增设了污泥回流装置，使消化池内的污泥质量分数增至 10% 甚至 20% 左右，效率较高，一般水力停留时间约为 1 ~ 10 d。

（3）厌氧滤池(anaerobic filter，AF)。反应器内全部或部分填充填料供微生物附着生长，填料有较大的比表面积和较高的孔隙度。一般为上升式,需要在过滤器后设沉淀分离装置分离生物膜。停留时间一般为0.5~3 d。

(4) 升流式厌氧污泥床(upflow anaerobic sludge blanket,UASB)。反应器是一个无填料的空容器,运行时污水以一定流速自下进入反应器,通过一个悬浮的污泥层,料液和污泥菌体接触反应并产生沼气小气泡,气泡托起使污泥上升,在上部有一个关键装置气、液、固三相分离器,使污泥下沉,气水分离。20 世纪 80 年代发展出一种折流式厌氧反应器(anaerobic baffled reactor,ABR),其效率更高,可以看做是多个 UASB 串联而成。

厌氧消化通常要在 30~35℃或更高的温度下进行。温度较低的废水需要有加热设备,在池内用蒸汽直接加热或在池外预热。

几种常用厌氧消化处理方法的特点比较如表 6-4 所示。

表 6-4 几种常用厌氧处理方法的特点

类 别	常规消化池	厌氧接触消化池	厌氧滤池	升流式厌氧污泥床
COD 去除为 90% 的有机负荷/kgCOD·$(m^3 \cdot d)^{-1}$	<3.0	3.0~55.0	5.0~10.0	8.0~15.0
进水允许 SS 浓度/g·L^{-1}	>50	>50	<0.2	<4
进水 COD/mg·L^{-1}	>5000	>3000	>300	>1000
COD 去除率/%	60	>90	>90	>90
水力停留时间/d	>8	0.2~8	0.2~4	0.15~8
污泥停留时间/d	>8	15~80	20~300	30~300
动力消耗	较大	较大	较小	较小
生产控制	较易	较易	较易	较难
投 资	较大	较大	较大	较小
占 地	较大	较大	较小	较小
堵 塞	无	无	有可能	无
低 温	效率低	效率低	效率较高	效率较高
反应器内流态	完全混合	完全混合	接近推流	完全混合与推流之间

还有一种很古老的处理方法也应属于厌氧处理法,即腐化池系统(septic tank system)。该法起源于19 世纪末期,在美国现在仍有 25% 的家庭污水用此法处理。它主要包括腐化池和吸收场地(absorption field)两部分。前者用混凝土、钢材和玻璃纤维构筑,具有沉淀、厌氧消化功能。底层积累的污泥(sludge)定期抽取。后者接受前者的出水经多孔管分散到沟渠、土床、土堆和渗坑中,通过土地处理进一步处理污水,但可引起一定的环境问题。我国《建筑给水排水设计规范》(GBJ 15—88)推荐污水在池中停留 12~24 h,3~12 m 抽取一次,清泥时保留 20% 污泥量作为接种污泥。

6.2.4 脱氮除磷

6.2.4.1 废水脱氮除磷的意义

氮、磷是藻类生长的限制性因子,水体中氮、磷浓度增高会导致水体的富营养化。如前所述,水体富营养化带来的危害是多方面的和严重的,而目前水体的富营养化问题越来越突出,已在世界范围内受到了广泛重视。另外,不同形式的氮还会引起如下一些问题:

（1）NH_3 对鱼和其他水生生物有较大的毒性。

（2）排放废水中的氨氮和有机氮会消耗受纳水体中的溶解氧。

（3）NH_3 对某些金属有腐蚀作用。

（4）NH_3 对给水投氯消毒会有不利的影响。

（5）NO_2^- 和 NO_3^- 对人体健康有害，饮用水中所含硝态氮的质量浓度如果超过 10 mg/L，就会引起婴儿发生高铁血红蛋白症。因此，水体中氮、磷的去除已越来越受到重视，许多国家对废水处理厂排水中的氮、磷都制定了严格的排放标准。

常规的活性污泥法以去除废水中的含碳化合物为主，对于氮、磷的去除效率很低，难以达到严格的排放标准。在此背景下，废水的脱氮除磷技术得到了迅速发展。微生物脱氮除磷技术由于具有处理效果好、处理过程稳定可靠、费用低、系统操作管理方便等优点而得到了广泛应用，成为废水脱氮除磷的有效手段。

6.2.4.2 废水的生物脱氮原理与工艺

A 生物脱氮的基本原理

污水中的氮主要以氨氮和有机氮两种形式存在，有时也含有少量亚硝酸盐和硝酸盐形态的氮。在未经处理的污水中，氮有可溶性的，也有非溶性的。可溶性有机氮主要以尿素和氨基酸的形式存在。一部分非溶性有机氮在初沉池中可以去除。在生物处理过程中，大部分的非溶性有机氮转化成氨氮和其他无机氮，却不能有效地将氮从污水中分离而去除。废水生物脱氮的基本原理就在于：在有机氮转化为氨氮的基础上，通过硝化反应将氨氮转化为亚硝态氮和硝态氮，再通过反硝化反应将硝态氮转化为氮气从水中逸出，从而达到脱氮的目的。

a 硝化作用

硝化作用是将氨氮转化为硝酸盐氮的过程。硝化反应是由一群自养型好氧微生物完成的，它包括两个基本反应步骤。

第一步是由亚硝酸菌将氨氮转化为亚硝酸盐（NO_2^-），称为亚硝化反应，其反应式为

$$NH_4^+ + 1.5O_2 \longrightarrow NO_2^- + 2H^+ + H_2O\ (\Delta G = 240 \sim 350\ \text{kJ/mol})$$

亚硝酸菌中有亚硝化单胞菌属（*Nitrosomonas*）、亚硝酸螺旋杆菌属（*Nitrosospira*）和亚硝化球菌属（*Nitrosococcus*）等。

第二步则由硝酸菌将亚硝酸盐进一步氧化为硝酸盐，称为硝化反应，其反应式为

$$NO_2^- + 0.5O_2 \longrightarrow NO_3^-\ (\Delta G = 65 \sim 90\ \text{kJ/mol})$$

硝酸菌有硝化杆菌属（*Nitrobacter*）、硝酸螺菌属（*Nitrospira*）和硝酸球菌属（*Nitrococus*）等。

亚硝酸菌和硝酸菌统称为硝化菌，均是化能自养型微生物，它们利用无机碳化合物，如 CO_2、CO_3^{2-}、HCO_3^- 等作为碳源，通过与 NH_3、NH_4^+、NO_2^- 的氧化反应来获得能量。

b 反硝化作用

反硝化作用是由一群异养型微生物完成的生物化学过程。它的主要作用是在缺氧（无分子态氧）的条件下，将硝化过程中产生的亚硝酸盐和硝酸盐还原成气态氮（N_2）或 N_2O、NO。

在污水处理系统中，有很多细菌都能进行反硝化反应。常见的反硝化细菌包括假单胞菌属（*Pseudomonas*）、无色杆菌属（*Achromobacter*）、产碱杆菌属（*Alcaligenes*）、黄杆菌属（*Flavbacterium*）、变形杆菌属（*Proteus*）和气杆菌属（*Aerobacter*）等。它们多数是兼性细菌，有分子态氧存在时，反硝化菌氧化分解有机物，利用分子氧作为最终电子受体；在无分子态氧条件下，反硝化菌利用硝酸盐和亚硝酸盐中的 N^{5+} 和 N^{3+} 作为电子受体，O^{2-} 作为受氢体生成 H_2O 和 OH^- 碱度，有机物则作为碳源及电子供体提供能量并得到氧化稳定。

反硝化过程中亚硝酸盐和硝酸盐的转化是通过反硝化细菌的同化作用和异化作用来完成的。异化作用就是将 NO_2^- 和 NO_3^- 还原为 NO、N_2O、N_2 等气体物质，主要是 N_2；而同化作用是反硝化菌将 NO_2^- 和 NO_3^- 还原成 NH_3-N 供新细胞合成之用，氮成为细胞质的成分，此过程可称为同化反硝化。

在反硝化过程中，去除 NO_3-N 的同时需要消化碳源。当废水中碳源有机物不足时，应补充投加易于生物降解的碳源有机物，如甲醇等。

B 生物脱氮工艺

生物脱氮工艺同废水生化处理工艺一样，可根据细菌在处理装置中存在的状态，分为悬浮状态的活性污泥处理系统和固着状态的生物膜处理系统两大类。

a 活性污泥脱氮系统

利用活性污泥降解废水中的有机碳和转化氨态氮为硝酸盐氮，再将硝酸盐氮还原为分子态氮。根据去碳、硝化和脱氮的组合方式不同，可以把活性污泥法系统分为单级活性污泥系统和多级活性污泥系统。根据反硝化过程中利用的有机碳源的来源不同，还可以把活性污泥法系统分为内碳源（污水或活性污泥自溶提供的碳源）系统和外加碳源系统。

（1）单级活性污泥内碳源系统。在单级系统中给予细菌交替的好氧和厌氧条件，以进行硝化和反硝化作用，其工艺流程如图 6－15 所示。BOD_5 氧化（去碳）和硝化在一个曝气池中进行，先去碳（包括脱氨基）后硝化，要求曝气时间长；再将含有硝酸盐的处理水引入缺氮的反硝化池中，在缺氧条件下，硝酸盐还原细菌利用硝酸盐为电子受体，利用原水中或活性污泥内源呼吸释放的有机碳化合物作为电子供体，进行无氧呼吸。

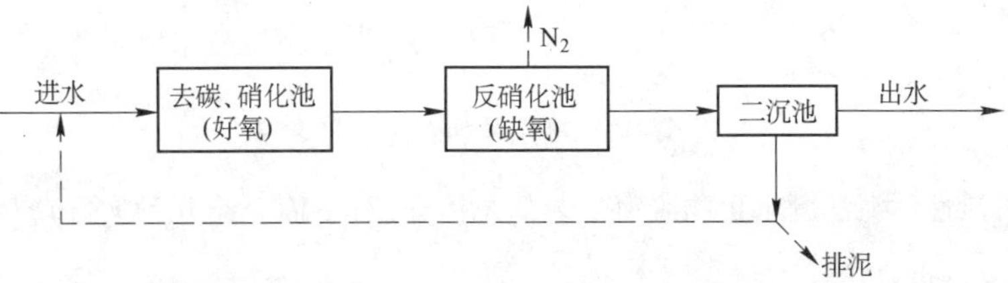

图 6－15 利用内源碳的工艺流程

好氧池中达到硝化阶段时，水中有机碳化合物的质量浓度很低，难以作为内碳源；活性污泥中的微生物达到内源呼吸，其自溶后释放出有机碳所需时间较长，且碳源不足，致使反硝化速率低，所以利用内碳源提供有机碳化合物的方法不宜采用。

（2）单级活性污泥外加碳源系统。该系统与单级活性污泥内碳源系统不同之处是在反硝化池内通入外加碳源，一般常以甲醇作为外加碳源。该系统是最典型的生物脱氮工艺，其流程如图 6－16 所示。由于反硝化池外加碳源后出水的有机物质量浓度较高，所以常需设后曝气池。

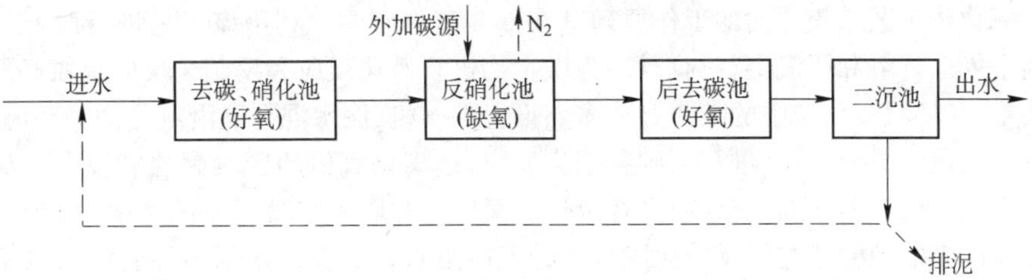

图 6－16 利用外加源碳的工艺流程

(3) 多级活性污泥内碳源系统。多级活性污泥内碳源系统主要分成两大部分:第一部分是活性污泥在好氧条件下去除有机物质,污泥经沉淀池分离后,又回流到曝气池,与后半部分并不混合;第二部分是通过硝化和反硝化达到脱氮的目的。该系统的工艺流程如图6-17所示。

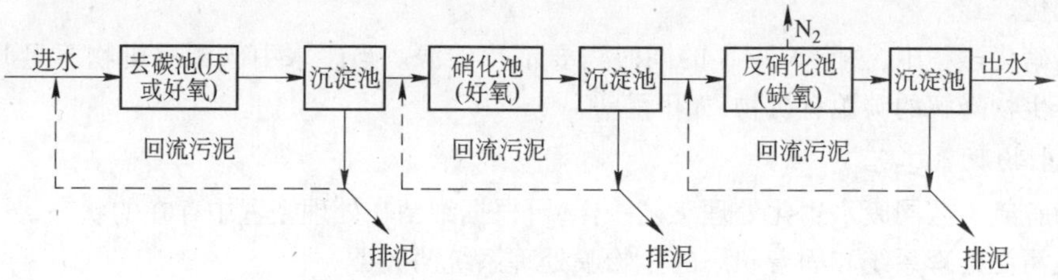

图6-17　利用内碳源工艺流程

该系统由于将污泥分成数级分隔开来,各级构筑物中生物相较单一,去碳、硝化和反硝化作用都比较稳定,处理效果较好,但是构筑物较多,基建费用高。

(4) 多级活性污泥外加碳源系统。该系统是在多级活性污泥内碳源系统的基础上,在反硝化池中加入外来碳源,并设后曝气池去除剩余的有机物,其工艺流程如图6-18所示。

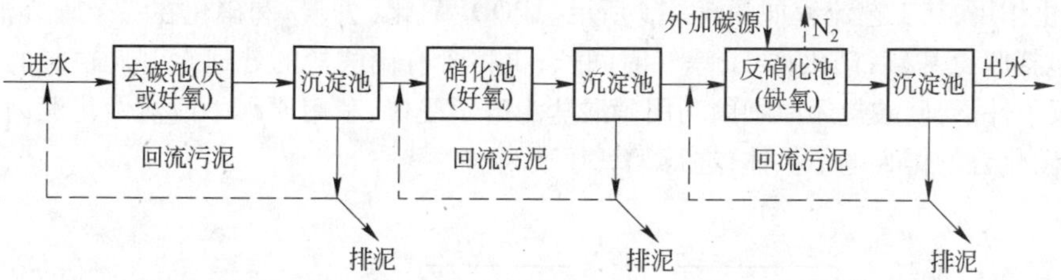

图6-18　利用外加碳源工艺流程

以上是对活性污泥法废水生物脱氮工艺的总体介绍,下面介绍几种实际应用中常见的工艺技术。

(1) A/O工艺,即缺氧/好氧(anoxic/oxic)工艺。在这种系统中,反硝化段位于去碳与硝化段的前面,硝化段中的混合液以一定比例回流到反硝化段。反硝化段中的反硝化脱氮菌在无氧或低氧条件下,利用进水中的有机物作为碳源,以来自硝化池的回流液中的 NO_3^- 作为电子受体,将 NO_3^- 还原为 N_2。这样,反硝化过程中所需的有机碳源可直接来源于污水,不必外加,从而可以减轻硝化时的有机物负荷,减少停留时间,并节省曝气量。而且,反硝化过程中产生的碱度可补偿硝化段消耗的碱度的一半左右,因此运行中可以减少碱的投加量,降低运行费用。可见,该种微生物脱氮法是一种较为完善的工艺技术,这也是目前在生物脱氮中最广泛采用的工艺。

(2) 氧化沟工艺。氧化沟的工作原理已在6.2节中阐明。利用该工艺进行脱氮,关键是要在氧化沟中创造好氧和厌氧交替的环境,为微生物进行硝化反应和反硝化反应提供必要的条件。一般做法是,在环状氧化沟中的某一点或多点设置曝气机,泥水混合液沿氧化沟循环流动。在曝气机的下游区段形成好氧段,进行去碳和硝化反应,远离曝气机的区段为缺氧段,完成反硝化反应。废水进入氧化沟后,先后流经或交替流过好氧区段和厌氧区段,反硝化细菌可利用废水中的碳源和好氧段来的硝酸盐进行反硝化脱氮。处理后出水在好氧段末端由导管引入二沉池,氧化沟生物脱氮工艺流程如图6-19所示。目前,西欧不少国家广泛采用此工艺来处理城市或工业废水,在中国的应用实例也越来越多。

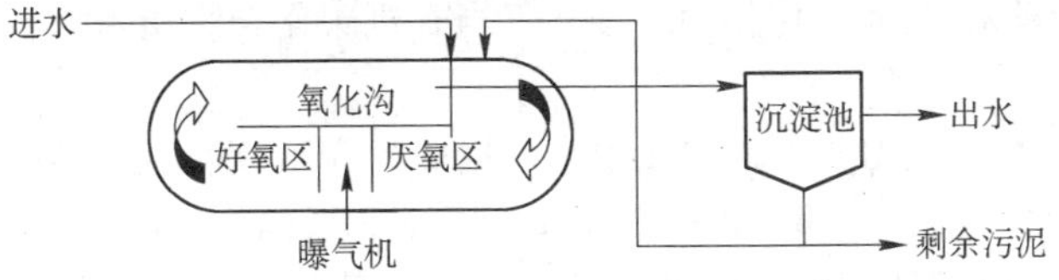

图 6-19 氧化沟生物脱氮工艺流程示意图

(3) 桥本工艺。如图 6-20 所示，在桥本工艺中，反硝化的缺氧反应池位于好氧反应池之后。废水进入前面的好氧池进行去碳和硝化，后面的缺氧池利用旁路流入的一部分废水中的碳源以及来自前面的好氧池的硝酸盐进行反硝化脱氮。由旁路引入缺氧池的废水流量很难控制，若流量不足会因碳源不足而影响反硝化，流量过大则会因碳源过剩而影响出水水质。为此，需在缺氧池后设一水力停留时间为 34～45 min 的后曝气池，以去除残留的有机物并吹脱污泥上的氮气泡。

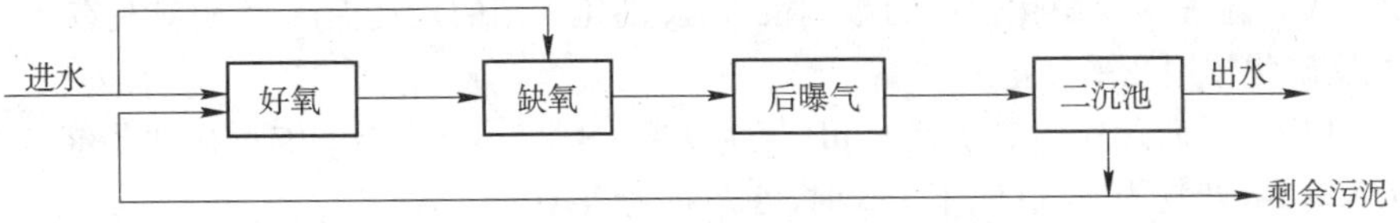

图 6-20 桥本脱氮工艺

(4) 四段 Bardenpho 工艺。四段 Bardenpho 工艺流程与图 6-28 所示类似，前面两段类似于 A/O 工艺。为了进一步提高去氮率，可将第一个好氧池（硝化池）流出的硝酸盐导入第二个缺氧池（反硝化池），反硝化细菌可利用细菌衰亡后释放的二次性基质作为碳源进行反硝化，以彻底去除系统中的硝酸盐。污水最后进入第二个好氧池（后去碳池），以吹脱氮气泡并去除残留的有机物，提高污泥的沉降性能。

b 生物膜脱氮系统

生物膜脱氮工艺是利用介质上生长的生物膜完成对污水去碳、硝化和反硝化作用的。生物膜脱氮系统通常使反硝化过程和硝化过程分别在两个处理构筑物内进行，并使反硝化设备内的微生物处于厌氧状态。可采用的生物膜法主要有生物滤池、生物转盘和生物流化床等。

生物膜脱氮系统同活性污泥系统一样，也可以分为内碳源系统和外碳源系统；还可以根据淹没式生物滤池废水的流向分为上向流和下向流两类。

目前研究认为，在生物转盘中，氧气很难渗透到生物膜最深处。因此，生物膜的深层厌氧层部分常存在反硝化细菌。所以，即使单级的生物转盘，亦可完成 BOD 氧化、硝化和反硝化过程，达到脱氮的目的。

与活性污泥脱氮系统相比，生物膜系统的主要优点是无须污泥回流，且构筑物内可维持较高的生物量，因此，水力停留时间也较短，有机负荷率高，脱氮效率高，是较为经济适用的脱氮工艺。

C 影响脱氮作用的环境因素

由于生物脱氮系统对氮的去除是通过微生物的硝化作用和反硝化作用实现的，因而，凡能影响这两个过程的环境因素都会对整个系统的除氮效果产生影响。

a 影响硝化作用的因素

(1) 有机碳浓度。亚硝化细菌和硝化细菌大多为专性无机营养型，而在废水生物处理中常存在大量兼性有机营养型细菌，当水中存在有机碳化合物时，主要进行的是有机物的氧化分解过程，以获得更多的能量来源，而硝化作用缓慢。仅当有机碳化合物质量浓度很低时，才完全进行硝化作用。

（2）溶解氧。硝化作用对氧的需要量很高。据资料介绍，硝化过程耗氧量超过有机部分氧化所耗氧的3倍以上。据统计，28g氮需要128g氧才能完成硝化作用。

（3）pH值。硝化细菌适宜中性偏碱环境，最适pH值为7～7.5，过酸或过碱均会影响硝化速度。

（4）温度。硝化细菌属于中温性自养型细菌，最适宜的温度为30℃，低于5℃或高于40℃时活性很低。

b　影响反硝化作用的因素

（1）溶解氧。氧可抑制硝酸盐还原作用，能阻碍硝酸盐还原酶的形成；或者充当电子受体，从而竞争性地阻抑了硝酸盐的还原。在用活性污泥法进行的反硝化系统中，反硝化池的溶解氧应控制在0.5 mg/L以上，否则会影响反硝化的进行。现在也有人在研究好氧条件下的反硝化作用。

（2）温度。温度对反硝化速度的影响很大，反硝化细菌的最适温度为30℃左右，低于5℃或高于40℃反硝化作用几乎停止。

（3）pH值。反硝化作用最适宜的pH值为7.5～9.2。pH值能影响反硝化最终产物，当pH值超过7.3时，终产物为氮气；低于7.3时，终产物为N_2O。

（4）有毒物质。研究表明，NO_2-N质量浓度超过30mg/L时，可抑制反硝化作用；镍质量浓度大于0.5 mg/L，盐度高于0.63%，也会影响反硝化作用。另外，反硫化作用进行的条件与反硝化作用相仿，当反硝化处理系统中存在过高的硫酸盐时，会影响反硝化作用的进行，两者互相争夺氢。

（5）碳源。反硝化细菌所能利用的碳源很多。在废水生物处理过程中，能利用的碳源主要有3类：

1）外加碳源。当废水中碳氮质量比过低，BOD_5∶TN（总氮）<（3～5）∶1时，需要投加碳源。外加碳源一般使用甲醇为多，因甲醇氧化后可分解为CO_2和H_2O，不会残留任何难以分解的中间产物，而且反硝化细菌利用甲醇的速率较快，有利于反硝化作用的进行。此外，还可利用含碳丰富的工业废水作碳源，如淀粉、制糖及酿造厂的含碳有机废水等。

2）废水本身的含碳有机物。废水中的各种有机基质，如有机酸类、醇类、碳水化合物、烷烃类、苯酸盐类、酚类等都可以作为反硝化反应的电子供体。一般认为，当废水中BOD_5∶TN>（3～5）∶1时，可以不投加外碳源就能达到脱氮目的。

3）内碳源。活性污泥中的微生物死亡自溶后释放出来的有机碳，也可以作为反硝化作用的碳源。由于内源碳主要是在微生物生长的稳定期后期和衰亡期产生的，所以这一碳源的获得需提供较长的水力停留时间，反应器容积较大，导致基建投资费较高。它的优点是在废水碳氮比较低时不必外加碳源也可达到脱氮的目的，而且因污泥产率低也减少了污泥处理的费用。

6.2.4.3　废水的生物除磷原理与工艺

虽然某些化学的或物理化学的方法可以有效地去除废水中的氮和磷，但是一般来说化学法或物理化学法运行操作复杂、费用高，无法利用原有的废水处理构筑物来改建污水处理系统。污水除磷脱氮技术发展的重大成就之一就是生物除磷脱氮技术的发展，以及生物处理和化学处理的有机结合。

A　生物除磷的基本原理

在传统的活性污泥法中，磷作为微生物正常生长所必需的元素用于微生物菌体的合成，并以生物污泥的形式排出，从而使废水中的磷得以去除。在常规活性污泥系统中，微生物正常生长时通过活性污泥的排放仅能获得10%～30%的除磷效果。但在污水处理厂的运行中，常会观察到更高的去除率，即微生物吸收的磷量超过了微生物正常生长所需要的磷量，这就是活性污泥的生物超量吸磷现象。污水生物除磷技术的发展正是源于生物超量吸磷现象的发现。

对微生物超量吸收磷这一现象的解释有两种：一是生物诱导的化学沉淀作用，二是生物积磷作用。一般倾向于认为废水中磷的去除是一种生物作用过程。大量的实验研究资料证实，经过厌氧状态释放磷的活性污泥在好氧状态下有很强的磷吸收能力，这就是磷得以去除的原因所在。生物除磷的机理可具体表述如下：

在没有溶解氧和硝态氮存在的厌氧条件下，兼性细菌通过发酵作用将溶解性BOD转化为醇类和挥发性脂肪酸（VFA）。聚磷菌从污水中吸收这些VFA，并将其转运到细胞内，同化成胞内碳能源贮存物，如聚β-羟基丁酸（PHB）和聚β-羟基戊酸（PHV）。所需的能量来源于聚磷的降解以及细胞内糖的酵解，并导致磷酸盐的释放。

在厌氧环境释放过磷的聚磷菌，进入好氧区后活力得到恢复，并以聚磷的形式贮存超出生长需要的磷量，通过PHB/PHV的氧化代谢产生能量，用于磷的吸收和聚磷的合成。能量以聚磷酸高能键的形式贮存，磷酸盐从液相去除。产生的富磷污泥（重新吸收富集了大量磷的菌细胞），将在后续的操作单元中通过剩余污泥的形式得到排放，从而将磷从系统中除去。从能量角度来看，聚磷菌在厌氧状态下释放磷获取能量以吸收废水中溶解性有机物，在好氧状态下降解吸收的溶解性有机物获取能量以吸收磷，在整个生物除磷过程中表现为PHB的合成和分解。乙酸盐和其他发酵产物来源于厌氧区内兼性微生物对有机物的发酵作用。

除磷系统的关键所在就是厌氧区的设置，可以说厌氧区是聚磷菌的生物选择器。由于聚磷菌能在这种短暂性的厌氧条件下优先于非聚磷菌吸收低分子基质（发酵终产物）并快速同化和贮存这些发酵产物，厌氧区为聚磷菌提供了竞争优势。同化和贮存发酵产物的能源来自聚磷的水解以及细胞内糖的酵解，贮存的聚磷为基质的主动运输、乙酰乙酸盐（PHB合成前体）的形成提供能量。这样一来，能吸收大量磷的聚磷菌群体就能在处理系统中得到选择性增殖，并可通过排除含磷量高的剩余污泥达到除磷的目的。这种选择性增殖的另一个好处就是抑制了丝状菌的增殖，避免了产生沉淀性能差的污泥，也就是说，厌氧/好氧生物除磷工艺的应用可使曝气池混合液的SVI值保持在相当低的水平。

由生物除磷的机理可知，PHB的合成和降解，作为一种能量的贮存和释放过程，在聚磷菌的摄磷和释磷过程中起着十分重要的作用，即聚磷菌对PHB的合成能力的大小将直接影响其摄磷能力的高低。应当指出，正是因为聚磷菌在厌氧、好氧交替运行的系统中有释磷和摄磷的作用，才使得它在与其他微生物的竞争中取得优势，从而使除磷作用向正反馈的方向发展。值得注意的是，细胞不能吸收有机磷化合物，只能利用无机磷酸盐、碱性磷酸酶可以在细胞表面水解含磷有机物产生磷酸盐，从而细胞以无机磷的形式吸收磷。

B　生物除磷的基本工艺

根据生物除磷的原理，废水生物除磷包括厌氧释磷和好氧摄磷两个过程，所以废水生物除磷的工艺流程一般由厌氧工艺段和好氧工艺段组成。现有的除磷工艺流程可分为主流除磷工艺和侧流除磷工艺两类。侧流除磷以Phostrip工艺为代表，结合生物除磷和化学除磷，将部分回流污泥分流到厌氧池脱磷并用石灰沉淀，厌氧池不在污水处理的主流工艺线上，而是在回流污泥的侧流中。主流除磷有多个系列，包括A/O（anaerobic/oxic）、A2/O（anaerobic/anoxic/oxic）、Bardenpho、SBR等，厌氧池作为主体工艺的主要部分布置在主流工艺线上，磷的最终去除通过剩余污泥排放实现。在此仅就具有代表性的A/O工艺和Phostrip工艺介绍如下。

a A/O 工艺

A/O 工艺是厌氧/好氧(anaerobic/aerobic)工艺的简称,它与前面讲到的用于废水脱氮的 A/O 工艺是有区别的,在脱磷系统中,A 段为厌氧(anaerobic)段,而在脱氮系统中的 A 段则是缺氧(anoxic)段。用于废水脱磷的 A/O 系统,由活性污泥反应池和二沉池构成,污水和污泥顺次经厌氧段和好氧段交替循环流动,其工艺流程如图 6-21 所示。反应池分为厌氧区和好氧区,两个反应区进一步划分为体积相同的格,产生推流式流态。回流污泥进入厌氧池可吸收去除一部分有机物,并释放出大量磷,接着进入好氧池并对废水中有机物进行好氧降解,同时污泥将大量摄取废水中的磷,部分富磷污泥以剩余污泥的形式排出,实现磷的去除。

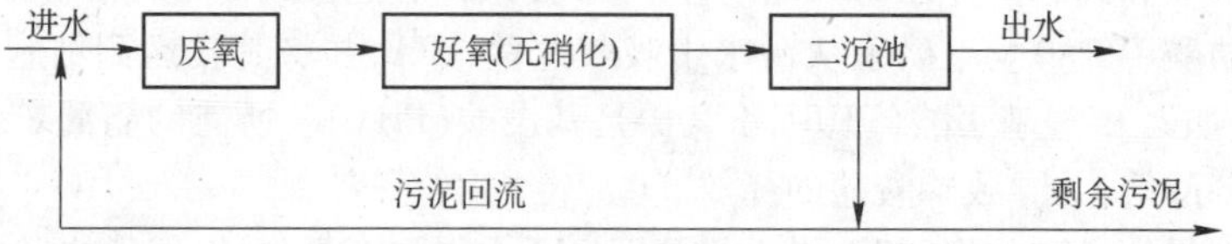

图 6-21 A/O 工艺流程

A/O 工艺流程简单,不需另加化学药剂,基建和运行费用低。将厌氧池布置在好氧池之前,不仅有利于抑制丝状菌的生长,防止污泥膨胀,而且厌氧状态有利于聚磷菌的选择性增殖,污泥中磷的质量分数含量可达到干重的 6%。厌氧区分格有利于改善污泥的沉淀性能,而好氧区分格所形成的推流又有利于介质均化和磷的吸收。A/O 工艺的有机负荷较高,泥龄和停留时间短。典型 A/O 工艺的水力停留时间设计值为厌氧区 0.5 ~ 1.0 h,好氧区 1.5 ~ 2.5 h。由于泥龄短,系统中的氨态氮往往得不到硝化,回流污泥也就不会携带硝酸盐回到厌氧区。

A/O 废水除磷工艺存在的问题是除磷效率低,如用于处理城市污水时其除磷率为 75% 左右;出水含磷约 1 mg/L,或略低,很难进一步提高。原因是 A/O 系统磷的去除主要依靠剩余污泥的排除来实现,受运行条件和环境条件的影响大,且在二沉池中还难免有磷的释放。再者,如果进水中易降解的有机物质量浓度较低,聚磷菌较难以直接利用这类基质,也会导致聚磷菌在好氧段对磷的摄取能力下降。同时水质波动较大时也会对除磷产生一定的影响。

b Phostrip 工艺

Phostrip 工艺是在常规活性污泥法的回流污泥分流管线上增设一个脱磷池和化学沉淀池而构成的,其工艺流程如图 6-22 所示。废水经曝气池去除绝大部分的 BOD_5 和 COD,同时由聚磷菌在好氧状态下过量地摄取磷。在二沉池中,含磷污泥与水分离,上清液从系统中排出,污泥一部分回流至曝气池,而另一部分分流至厌氧除磷池。在厌氧除磷池中,回流污泥在好氧状态时过量摄取的磷得到充分释放,之后,释磷后的污泥重新回流到曝气池与原生污水相混合,开始新的循环。由除磷池流出的富磷上清液进入化学沉淀池,投加石灰形成不溶物沉淀,通过排放含磷污泥去除磷。

Phostrip 工艺把生物除磷和化学除磷结合在一起,与 A/O 工艺系统相比具有以下优点:

(1) 出水总磷质量浓度低,小于 1 mg/L。

(2) 回流污泥中磷质量分数较低,对进水水质波动的适应性较强。

(3) 大部分磷以石灰污泥的形式沉淀去除,因而污泥的处置不像高磷剩余污泥那样复杂。

(4) 比较适合于对现有工艺的改造,只需在污泥回避管线上增设小规模的处理单元即可,且在改造过程中不必中断处理系统的正常运行。

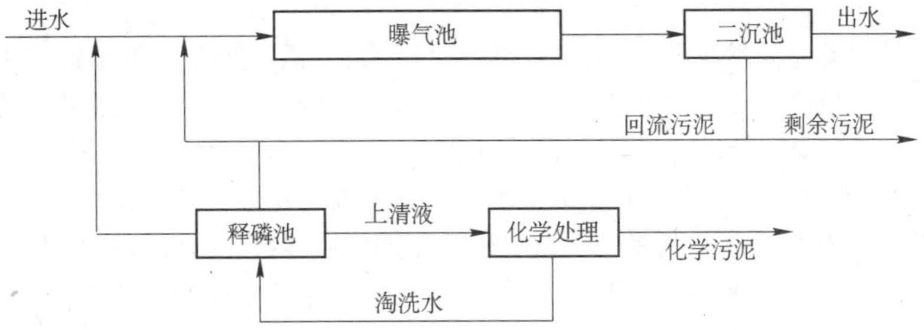

图 6-22 Phostrip 除磷工艺流程

C 影响生物除磷的主要因素

a 溶解氧

在厌氧区,由于DO的存在,一方面DO将作为最终电子受体而抑制厌氧菌的发酵产酸作用,妨碍磷的释放;另一方面会减少聚磷菌所需的脂肪酸产生量,造成生物除磷效果差。所以,必须在厌氧区中严格控制厌氧条件,这直接关系到聚磷菌的生长状况、释磷能力及利用有机基质合成PHB的能力。在好氧区,则需要有足够的溶解氧供给,以满足聚磷菌对其贮存的PHB进行降解,释放足够的能量供其过量摄磷之需,有效地吸收废水中的磷。一般厌氧段的DO应严格控制在0.2 mg/L以下,而好氧段的溶解氧控制在2.0 mg/L左右。

b 厌氧区硝态氮

硝酸盐氮与亚硝酸盐氮的存在及其还原,同样需要消耗有机基质,这会抑制聚磷菌对磷的释放,从而影响在好氧条件下聚磷菌对磷的吸收。而且,硝态氮的存在会诱使聚磷菌(如气单胞菌)以其为电子受体进行无氧呼吸(即反硝化作用),从而影响有机物的发酵产酸,进而抑制聚磷菌的释磷和摄磷能力及PHB的合成能力。

c 温度

温度对除磷效果的影响不如对生物脱氮过程的影响那么明显,因为在高温、中温、低温条件下,有不同的菌群都具有生物除磷的能力,但低温运行时厌氧区的停留时间需要更长一些,以保证发酵作用的完成及基质的吸收。实验表明温度为5~30℃时,都可以得到很好的除磷效果。

d pH值

试验证明,pH值为6~8时,磷的厌氧释放比较稳定;pH值低于6.5时,生物除磷的效果会大大下降。

e BOD负荷

废水生物除磷工艺中,厌氧段有机基质的种类、质量浓度及其与微生物营养物质的质量比(BOD_5/TP)是影响除磷效果的重要因素。以不同的有机物为基质时,磷的厌氧释放和好氧摄取能力是不同的。根据生物除磷原理,相对分子质量较小的易降解的有机物(如低级脂肪酸类物质)易于被聚磷菌利用,将其体内贮存的多聚磷酸盐分解释放出磷,诱导磷释放的能力较强,而高分子难降解的有机物诱导释磷的能力较弱。厌氧阶段磷的释放越充分,好氧阶段磷的摄取量就越大。另一方面,聚磷菌在厌氧段释放磷所产生的能量,主要用于其吸收进水中低分子有机基质合成PHB贮存在体内,以作为其在厌氧条件压抑环境下生存的基础。因此,进水中是否含有足够的有机基质以提供给聚磷菌合成PHB,是关系到聚磷菌在厌氧条件下能否顺利生存的重要因素。一般认为,进水中BOD_5/TP要大于15,才能保证聚磷菌有足够的基质需求而获得良好的除磷效果。

f 污泥龄

由于生物脱磷系统主要是通过排除剩余污泥去除磷的,因此剩余污泥量的多少将决定系统的脱磷效果。而污泥龄的长短对污泥的摄磷作用及剩余污泥的排放量有着直接的影响。一般来说,污泥龄越短,污泥磷含量越高,排放的剩余污泥量也越多,越可以取得较好的脱磷效果。短的污泥龄还有利于好氧段控制硝化作用的发生而利于厌氧段的充分释磷,因此,仅以除磷为目的的污水处理系统中,一般宜采用较短的污泥龄。但过短的污泥龄会影响出水的 BOD_5 和 COD,若污泥龄过短可能会使出水的 BOD_5 和 COD 达不到要求。资料表明,以除磷为目的的生物处理工艺污泥龄一般控制在 3.5 ~7 d。

6.2.5 实际工程中微生物的培养与控制

微生物絮凝剂是一类由微生物产生的有絮凝活性的次生代谢产物。已经知道的微生物絮凝剂有糖蛋白、多糖、蛋白质、纤维素和 DNA 等,均为相对分子质量高于 10^5 的生物大分子,尽管性质各异,但均能快速絮凝各种颗粒物质,尤其具有废水脱色的独特效果。微生物絮凝剂产生菌来源广泛,种类多。此外,微生物絮凝剂具有高效、无毒、无二次污染、使用条件粗放等特点。目前在细菌、霉菌、放线菌、酵母菌中均有絮凝剂发现,种类有数十种之多,其中微生物絮凝剂产品的报道最多的主要是:以酱油曲霉 AJ7002(*Aspergillus*)[5,6]为原料生产的 A J7002 微生物絮凝剂、拟青霉素(*Paecilomyces* sp.)[7]微生物生产的 PF101 絮凝剂、红平红球菌(*Rhodococcu serythropolis*)[8,9]、微生物生产的 NOC-1 絮凝剂等。

6.2.5.1 实验室培养

A 材料和方法

a 菌种及筛选培养基

菌种源液:取自广州市的污水处理厂生活污水。筛选培养基:葡萄糖 20 g;KH_2PO_4 2 g;K_2HPO_4 5 g;$(NH_4)SO_4$ 0.2g;NaCl 0.1 g;脲 0.5 g;酵母膏 0.5 g;pH =7.5 ~8。

b 筛选方法

将样品富集培养后,用平板划线分离方法获得单菌落。将纯化后的菌种编号,各菌在 30 ℃摇床培养 72 h 后,通过测定各菌培养液的絮凝活性进行初筛;对初筛获得的菌采用平行发酵培养,定量测定发酵液的絮凝活性,进行复筛。

c 絮凝活性的测定

100 mL 量筒中加入 80 mL 蒸馏水、0.4 g 高岭土、5 mL1% $CaCl_2$ 溶液、2 mL 发酵液,然后加蒸馏水至 100 mL,调节 pH 至 7.5。然后倒入 150 mL 烧杯中,放在磁力搅拌器上搅拌 2 min,静止 5 min。吸取上清液 50 mL 处的液体采用 722 型分光光度计在 550 nm 处测定吸光度(以 A 表示),以不加发酵液的吸光率(以 B 表示)为对照,来计算发酵液的絮凝程度。

$$\text{絮凝率} = \frac{A - B}{A} \times 100\%$$

d 菌产絮凝剂的周期

在 250 mL 三角瓶中装入 50 mL 培养基,30℃摇床培养,每隔一段时间取样一次,测定培养液的 pH 值、菌生长量(以 OD660 表示)及絮凝率。

e 不同阳离子对絮凝效果的影响

不同阳离子(质量浓度为 10 mg/L)分别加到絮凝体系中,测定阳离子对絮凝效果的影响。

f 培养液中絮凝活性的分布

发酵液在 3000 r/min 下离心 30 min,移去上清液。菌体用蒸馏水洗涤后悬浮在与培养液等体积的蒸馏水中，得菌细胞悬液。定量测定培养液、去菌细胞上清液及菌细胞悬液对高岭土的絮凝率。

B 结果与讨论

a 菌种筛选

以高岭土悬浊液为测试水样，测定从样品中纯化出的菌株培养液絮凝活性。筛选共获得11株有絮凝能力的菌株，分属于细菌和真菌。有3株絮凝活性达到80%以上，其中一株具有较高絮凝活性的真菌HHE6，根据它的生化和生理特征初步鉴定为霉菌。该菌株产生的絮凝剂对高岭土悬浊液的絮凝率为95%～98%，以下以菌HHE6为例进行一些特性研究。

b 菌产絮凝剂的周期测定

通过HHE6菌株的生长曲线、pH值变化曲线及絮凝率曲线可以看出，在培养过程中，HHE6菌株一直保持在偏酸性的环境中生长；pH值先是下降，然后缓慢升高，并趋于稳定；培养液絮凝率与菌生长量同步升高，在菌生长的稳定期后期达到最佳的絮凝效果。在此培养条件下，絮凝率在第5天左右达到最高值。

絮凝活性与菌生长量呈正相关性，与多篇相关文献的报道结论相同。

C 不同金属离子对絮凝效果的影响

不同阳离子（质量浓度为10 mg/L）分别加到用高岭土和培养液配制的水样中，测定阳离子对菌株絮凝效果的影响。不同金属离子对絮凝效果的影响有差异，Ca^{2+}的添加有利于菌产絮凝剂的絮凝作用，Al^{3+}的添加基本上起不到促进絮凝的作用，而Fe^{2+}、Mn^{2+}、Cu^{2+}、K^{+}等阳离子的加入不利于絮凝作用的发生。

菌株发酵液离心分离得到完整细胞及上清液。菌体用蒸馏水洗涤后，悬浮在与培养液等体积的蒸馏水中，得到菌细胞悬液。

测定菌细胞悬液及去菌细胞上清液的絮凝率，并与发酵液的絮凝率比较。

6.2.5.2 污水处理厂的运行调试

污水处理厂运行管理人员必须熟悉本厂处理工艺和设施、设备的运行要求与技术指标，运行管理人员和操作人员应按要求巡视检查构筑物、设备、电器和仪表的运行情况。各岗位应有工艺系统网络图、安全操作规程等，并应示于明显部位。操作人员应按时做好运行记录，数据应准确无误。操作人员发现运行不正常时，应及时处理或上报主管部门。

A 水质管理制度

污水处理厂水质管理工作是运行管理工作的核心，是保证出水达到处理要求的重要因素。水质管理包括制定水质管理制度、水质控制以及对水质进行检验。

（1）水质管理制度　包括各级水质管理工作机构责任制度，环保监测部门、总公司和污水站检验制度，水质排放标准和水质检验制度，水质控制和清洁生产制度等。

（2）水质控制　是指污水处理厂根据原污水的水量、水质条件，确定合理运行处理能力和工艺运行参数，保证处理设施优化运行，达标排放污水。对原污水的水质、水量，处理设施运行负荷和曝气量等进行调整，既保证污水能够达标排放，又降低物耗、能耗和运行成本。

（3）水质检验　是污水处理厂确定和调节运行状态的重要手段之一。水质检验的项目和测试方法应参照国家排放标准。

B 运行调试

污水处理厂的运行调试也称试运行，是污水处理厂正式运行前必需的过程。污水处理厂的调试可以进一步检验土建工程、设备和安装工程的质量，是保证正常运行过程能够高效节能的基础,以进一步实现污水治理项目的环境效益、社会效益和经济效益。

污水处理厂调试一般包括以下内容:

(1) 对整个工艺系统进行清水联动试车,检查水位高程是否满足设计要求,考察设备在清水状态下的运行情况,并建立相关档案材料。

(2) 各处理单元分别进行废水调试,验证运行参数。要求达到设计的处理效果,尤其是生物处理法的工程应培养出适应的微生物污泥。

(3) 进行整个工程的污水联合运行,直至出水水质达标,设备运行状态稳定,并进行验收。

污水处理厂的运行调试一般由业主、工程设计单位共同完成,设备供货单位参与并配合。验收则由污水处理厂建设主管单位、环保主管部门完成。

运行调试过程根据各处理单元不同,其所需过程和时间也不同。一般来讲,物理处理的调试过程比较简单,生物处理的调试过程要复杂得多。好氧工艺一般需要 2 ~ 3 周,而厌氧工艺可能需要 1 ~ 3 个月,甚至更长的时间。在调试过程中应严密监测水质情况,采取相应措施,保证调试过程的顺利进行。

运行调试的依据是工程施工图、设计的运行方案,设备安装和使用说明书,国家污水排放标准或地方环保部门根据水体环境容量提出的排放标准。

a 沉淀池的运行调试

沉淀池分为初沉池和二沉池,通常二沉池的调试与生物单元一起进行。

沉淀池运行效果的影响因素主要包括污水水质、沉淀池设计负荷、污水水量和操作等。

初沉池的调试过程比较简单,调试时可按照设计负荷投入废水,观察其沉淀状况及出水水质后,再满负荷进水。初沉池的刮泥设备是调试的关键因素。在调试过程中,应注意观察刮泥机的运行状况,确定刮泥机刮泥是否功能正常;根据来水水质变化情况,分别检测进出水 SS 及去除率,并做出相应调整。

初沉池操作人员应根据池组设置、进水量的变化,调节各池进水量,使各池均匀配水。初沉池应及时排泥,并宜间歇进行。操作人员应经常检查初次沉淀池浮渣斗和排渣管道的排渣情况,并及时清除浮渣,清捞出的浮渣应妥善处理。刮泥机待修或长期停机时,应将池内污泥放空。采用泵房排泥工艺时,可按污水泵房要求进行管理。当剩余活性污泥排入初沉池时,在正常情况下应控制其回流量。

污水处理厂曝气池常与二沉池一起进行调试工作。

管理人员按曝气池池组设置情况及运行方式调节各池进水量,使各池均匀配水。无论采用何种运行方式,都应通过调整污泥负荷、污泥泥龄或污泥浓度等方式对曝气池进行工艺控制。曝气池出口处的溶解氧质量浓度宜为 2 mg/L,除非工艺有特殊要求。运行人员应经常观察活性污泥生物相、上清液透明度、污泥颜色和状态、气味等,并定时测试和计算反映污泥特性的有关项目。因水温、水质或曝气池运行方式的变化而在二沉池可能引起污泥膨胀、污泥上浮等不正常现象,应分析原因,并针对具体情况调整系统运行工况,采取适当措施使其恢复正常。当曝气池水温低时,应采取适当延长曝气时间、提高污泥浓度、增加泥龄或其他方法,保证污水的处理效果。合建式的完全混合式曝气池的回流量,可通过调节回流闸板进行控制。

操作人员应经常排放曝气器空气管路中的存水,放完后应立即关闭放水闸阀。曝气池产生泡沫和浮渣时,应根据泡沫颜色分析原因,并采取相应措施恢复正常。应每年放空、清理曝气池一次,清通曝气头,检修曝气装置。表面曝气机、射流曝气器等曝气设备应定期进行维修。

操作人员应根据二沉池池组设置、进水量的变化,适时调节各池进水量,使之均匀配水。二沉池的污泥必须连续排放。应经常检查和调整二沉池刮吸泥机的排泥闸阀,以保持吸泥管路畅通,池内污泥面不得超过设计泥面 0.7 m。刮吸泥机集泥槽内的污物应每月清除 1 次。

混凝沉淀池除按上述内容进行运行管理外,还应保证混凝处理效果。一般可以通过调整絮凝剂或助凝剂种类、改变絮凝剂投加量、控制污水水温和酸碱度等进行。

斜管沉淀池用作污水一级沉淀或三级(絮凝)沉淀时,应防止斜管的堵塞。产生堵塞的原因包括进水水质不均匀导致斜管固体负荷不均匀,污水中有机质浓度高导致滋生生物污泥并挂膜,斜管变形导致固体负荷不均匀,泥斗容积小、排泥不及时导致污泥上浮,以及进水水量、水质变化较大导致斜管负荷不均匀等。

b 活性污泥系统的运行调试

活性污泥系统运行管理的重点是活性污泥的培养和驯化。当污水成分复杂、浓度不是很高时,活性污泥的培养过程比较简单;但当污水成分复杂、浓度又很高时,活性污泥的培养驯化比较困难。必要时,可以在原污水中加入粪便水,或投加一些已驯化好的活性污泥后再进行调试。

活性污泥的培养是指在一定环境条件下,在曝气池中形成处理污水所需的微生物浓度和种类。活性污泥的培养方法比较多,在实践中,应根据污水处理厂的具体情况,选择一种或几种方法。

活性污泥的培养方法可以分为间歇培养、低负荷连续培养、满负荷连续培养和接种培养。为了提高培养速度,缩短培养时间,应在进水中增加营养,如 C、N、P 等。由于温度对培养速度影响很大,因此,应尽量避免在冬季培养污泥。污泥培养初期,由于污泥尚未大量形成,产生的污泥也处于离散状态,因而曝气量不能太大,一般控制在设计正常曝气池容积的 1/2 即可,否则污泥絮体不易形成。在培养过程中应随时观察生物相,并测量 SV、MLSS 等指标,根据情况对培养过程做随时调整。观察生物相时应注意生物种类变化、微生物活动的状态和微生物数量的变化。

污泥中微生物种类会随水质变化,并随运行阶段而变化。在培菌阶段,随着活性污泥的逐渐生成,出水由浊变清,污泥中微生物种类发生变化。在运行阶段,污泥中微生物种类的正常变化可以表示运行状况。因此,应通过长期观察,找出污水水质变化和生物相变化的对应关系。

随着污水水质的变化,微生物的活动状态会发生一些变化,微生物的形体也会随着污水变化而发生变化。如钟虫会随污水中溶解氧、pH 值和代谢物质量等发生变化。

城市污水处理厂活性污泥中的微生物种类很多,某些微生物数量的变化会反映出水水质的变化。如丝状菌大量出现,反映细菌减少、污泥膨胀和出水水质变差。

活性污泥的生物相观察一般通过光学显微镜来完成。用低倍数的光学显微镜观察污泥絮粒的状态,高倍数的光学显微镜观察微型动行的状态,油镜观察细菌的情况。运行管理中对生物相的观察,已越来越受到管理人员的重视。

c 生物膜处理系统的运行调试

生物膜处理系统通常包括生物滤池、生物转鼓(盘)、生物接触氧化等。

生物膜处理系统膜状污泥的培养和驯化过程可以称为挂膜。挂膜就是使具有代谢活性的微生物污泥在处理系统填料上固着生长。挂膜可分为直接挂膜和分步挂膜。

对于各种生物膜处理设施,为了保证生物膜的均匀生长,应对处理设施均匀布水和布气。在实践中,应充分利用布水、布气系统的调节装置,调节各池或池内各部分的配水或供气量,从而保证均匀布水、布气。

安装填料时,应去除粘在填料上的尘土、残渣等杂质,并检查安装后填料的均匀性。当填料在生物膜处理设施中正常运行时,应定期观察其生物膜生长和脱膜情况,观察其是否损坏。

生物膜处理系统和活性污泥处理系统生物相特征有所区别,主要表现在微生物种类和分布等方面。一般来说,水质的变化和微生物生长环境条件的改善,会引起生物膜中微生物种类和数量的变化。因此,可以通过生物膜的变化来推断污水质量浓度和污泥负荷的变化情况。

生物膜处理设施一般不需要污泥回流,但在挂膜过程中,却需要进行污泥回流。回流时回流比大小应由运行试验来确定。

在生物膜处理系统的运行管理过程中,应注意以下几点。

(1) 在生物培养阶段,应采用小负荷进水方式,使滤料表层逐渐被膜状污泥,即生物膜覆盖。

(2) 调试时,应严格监测溶解氧、温度、微生物生长状态和种类。

(3) 应控制生物膜的厚度,保持好氧层厚度在2 mm左右,不使厌氧层过分增长,使生物膜均衡进行。

d　厌氧生物处理系统的运行管理

厌氧生物处理系统的运行管理包括厌氧反应装置的启动和启动后的正常运行两部分。

厌氧反应装置的启动是反应装置中微生物污泥的培养和驯化过程,通过形成生物膜和细胞聚集体使污泥达到预定的浓度和活性,从而使厌氧反应装置在设计负荷下正常运行。厌氧反应装置启动的基本方式分为分批培养法和连续培养法。

通常在厌氧反应装置中接入厌氧代谢的微生物种菌。污泥在投加前可与部分原水混合,停留一段时间再开始连续进水。对于高浓度的废水要进行适当稀释,并在启动过程中逐渐减少稀释倍数,增加负荷。

在接种污泥时,应注意选用比甲烷活性值高、相对密度大的污泥,并去除其中夹带的大颗粒固体和漂浮杂物。接种量依据处理对象水质特征、接种污泥性能、厌氧反应器类型和容积、启动运行条件等决定。

影响启动的因素除接种污泥以外,还与污水水质特征、有机物负荷、环境条件、填料类型和污泥回流等有关。

在厌氧反应装置启动完成后,在运行管理工作中要注意以下两点。

(1) 对运行指标进行控制,如COD、BOD、pH值、SS、污泥负荷、容积负荷、水力负荷、温度、生物相和沼气气压等。

(2) 保证配水和计量装置的正常运行。冬季做好管道加热和换热器的清通与保温,防止进出水管、水封装置的冻结。每隔一定时间清除浮渣和沉砂。在反应装置区及贮气区严禁明火和电气火花。停车维护时,应尽量保持温度在5～20℃,并且避免管道管口等与空气连通。

在启动过程或正常运行的初期,厌氧反应装置没有很多的剩余污泥。在处理装置稳定运行较长时间后,需通过定期排泥或加大水力负荷冲去部分浮泥,也可以降低进水浓度使微生物进行内源呼吸自身氧化,从而调节厌氧反应器的存泥量。

e　污泥厌氧消化系统的运行调试

污泥厌氧消化系统的启动主要是培养消化污泥。消化污泥培养正常的一个主要标志是产酸菌和产甲烷菌数量上的动态平衡。

在调试阶段,消化污泥培养的主要目标是对产甲烷菌的培养,一般来说,产甲烷菌培养良好时,产酸菌也必然良好。产甲烷菌的培养方法分为接种培养法和逐步培养法。

消化池内应按一定投配率投加新鲜污泥,并自动排放消化污泥。采用池外加温且循环搅拌的消化池,投泥和循环搅拌应同时进行。新鲜污泥投到消化池后应充分搅拌,并保持消化温度恒定。在产气量不足或在启动期间搅拌无法充分进行时,用沼气搅拌污泥宜采用单池进行,或采用辅助措施搅拌。不能连续搅拌的消化污泥池必须在2～5h之内充分混合1次,此时消化池中的搅拌不得与排泥同时进行。消化池应监测产气量、pH值、脂肪酸、总碱度和沼气成分等数据,并根据监测数据调整消化池运行工况。热交换器长期停止使用时,必须关闭通往消化池的进泥闸阀,并将热交换器中的污泥放空。二级消化池的上清液如不能自动排放,应按设计要求定时排放。消化池前栅筛上的杂物必须及时清捞并外运。消化池溢流管必须畅通,并保持其水封高度。环境温度低于0℃时,应防止水封结冰。消化池启动初期,搅拌时间和次数可适当减少,而运行数年的消化池的搅拌次数可适当增多搅拌时间可适当延长。

对消化池的各种加热设施均应定期除垢、检修、更换。每年应对消化池池体、沼气管道、蒸汽管道和热水管道、热交换器及闸阀等设施、设备进行保温检查和维修。寒冷季节应做好设备和管道的保温防冻工作。应及时更换热交换器管路和闸阀处的密封材料。对正常运行的消化池,宜5年彻底清理、检修1次。

f　沼气利用的运行调试

应保持沼气柜浮动盖的水封高度,当pH值小于6时应换水,北方地区应有防冻措施。沼气应充分利用,需排放的沼气应用火炬燃烧。应定期排放沼气管道中的冷凝水罐冷凝水。沼气柜运行5~10年后应进行一次维修,气柜外涂料应是反射性色彩。

沼气脱硫装置中的脱硫剂应定期再生或更换。

沼气发动机的操作人员应每小时巡视1次,检查发动机组(或发电机组)的运行情况,并做好运行记录,分析运行状态,发现问题应及时调整或上报主管部门。

沼气发动机在运行中,操作人员应随时掌握负载的变化情况,并应对发动机的最大负荷进行限制。应定期清洗沼气过滤装置。操作人员必须经常检查沼气发动机管路,防止漏气、冷凝水过多而影响供气。

应每年对沼气发电机房内的电气设备进行调整和检测1次,对沼气发电机系统必须每周检查1次。沼气发动机及调速器必须使用规定型号的润滑油。

沼气发动机系统宜分日保养、周保养、运转额定小时保养。每次保养必须填写保养记录。

对发电机余热利用系统的管道、换热器和保温设施应定期进行检修,应定期检修沼气进气管路上的电磁阀。要注意待油温、水温等降到常温时,方可维修发电机。沼气稳压罐、启动气瓶应定期进行检测,主机和附属设备内的水垢应及时消除。应定期对发电机的启动系统进行检修。

应经常清通沼气锅炉的沼气喷嘴,锅炉使用中应严格控制供气量,停止使用前应关闭气路闸阀。

g　管道和设备的运行调试

污水处理厂常见的工艺管道有污水管、污泥管、药液管、压缩空气管、雨水管、蒸汽管、沼气管等。一般可以按其输送介质的不同分为液体输送管道和气体输送管道。液体输送管道又可以分为有压液体输送管道和无压液体输送管道,而气体输送管道多为低压管道,且以空气管道为主。

污水处理厂有大量的处理工艺设施(或构筑物)、设备和辅助生产设备。生产工艺设备如格栅拦污机、泵类、刮(排)泥机、曝气机、风机、投药设备、污泥浓缩机、污泥脱水机、混合搅拌设备、空气扩散装置、电动阀门等。这些主要工艺设备的故障将影响污水处理厂的运行或造成全厂的停运。

污水处理厂设备的运行管理,是指对生产全过程中的设备管理,即从选用、安装、运行、维修直至报废的全过程的管理。

C　工艺改造

(1) 污泥膨胀控制。通常,活性污泥系统的污泥膨胀是由大量丝状菌的存在而引起的。控制污泥膨胀的措施有:改变二沉池的运行方式,采用多点进水或污泥再曝气以降低二沉池的固体负荷;活性污泥加氯,在回流污泥或直接在反应池的混合液中加氯,以减少丝状菌的数量。当采用加氯措施时,通常的投加量MLVSS为4~6 g/(kg·d),加氯次数不宜太多(大约3次/d),并保证投加点的混合条件足以使含氯溶液迅速扩散,而1~2 g/(kg·d)的投加量则用来维持一个系统的正常运行；对于特殊的高浓度污水，需向污水中投加营养物（包括 N、P）以保证进水的 BOD_5∶N∶P = 100∶20∶1（质量比），否则容易因营养缺乏而导致丝状菌生长；当处理城市污水和工业废水时，增加水中的 DO 可以避免低 DO 类丝状菌的生长；当进水的 H_2S 的质量浓度过高时，需进行预处理以避免 H_2S 类丝状菌形成；对于一些完全混合活性污泥系统来说，可以在生物反应池前加设选择器以控制丝状菌生长，选择器可以是好氧的，也可以是缺氧或厌氧的。

（2）去除营养物。是指去除污水中的 N、P。随着排放标准的不断提高，对污水中 N、P 的去除要求也在提高。可以通过以下方法进行改造：

1）在沉淀池或污水处理反应池内投加金属盐和聚合物等化学药剂，通过化学反应和凝聚作用来凝聚胶体颗粒，生成沉淀物以达到去除悬浮有机物和除磷的目的。

2）在普通曝气反应池内增设单独的厌氧区以维持聚磷菌的优势生长，达到生物除磷的效果；设置单独的缺氧区可以达到生物脱氮的目的。同时设置厌氧、缺氧区，改造为 Bardenpho 工艺、AAO 工艺、改良 AAO 工艺、倒置 AAO 工艺和 VIP 工艺，能同时达到脱氮除磷目的，此外还有改善污泥沉降性能、碱度回收和减少耗氧量等优点。

3）在传统 AB 工艺的基础上，增加 AB 两段间的回流，将 A 段中沉池的部分污泥进入 B 段，为 B 段提供反硝化菌及碳源，与二沉池的回流污泥混合形成具有硝化和反硝化能力的混合污泥，同时将 B 段污泥循环至 A 段以提供硝化菌，克服 A 段泥龄短无法硝化的缺点，使 A、B 两段同时具有脱氮功能，实现系统部分污泥交替处于厌氧好氧条件，增强脱氮除磷效果。

4）在传统的 SBR 反应池内、外增设预反应区、兼氧区，改变进水方式和反应池内的曝气方式；增设污泥回流等措施，将原有工艺改造为 ICEAS、CAST、CASS、DAT-IAT 工艺，不仅改进了污水处理的连续性，还可以达到较好的脱氮除磷效果。

（3）深度处理。常采用下列措施：

1）常规的过滤、吸附、混凝、沉淀、气浮及消毒工艺。近年来出现了许多新型滤池，如 V 形、D 形滤池等，滤料也从单一的砂增加到纤维束、彗星滤料、烧结陶粒、塑料颗粒等；混凝剂的选择也从最初的石灰增加了硫酸铝、聚合铝等；消毒工艺有液氯、二氧化氯、紫外线、臭氧等。

2）曝气生物滤池。可实现有机物的降解、硝化、反硝化，有效去除 SS、COD、BOD_5、NH_4^+-N、PO_4^{3-}-P，满足脱氮除磷的要求，该工艺具有容积负荷高、水力负荷大、水力停留时间短、所需基建投资少、占地面积小、出水水质好等特点。

3）膜技术。该技术具有出水水质好、不受进水水质波动影响、模块化设计、安装维护方便、占地小、自动化程度高等优点，但其基建费用和运行成本（主要是膜的折旧费）较高。

4）膜生物反应器技术。该技术由于具有节省基建投资和占地面积、能耗小、水力停留时间短、COD 和 NH_4^+-N 去除率高、出水水质好等优点而备受关注。

（4）污泥处理。一般污泥处理的方法包括贮存、浓缩、好氧或厌氧水化、堆肥、湿式氧化、干化、焚烧等。污泥处理方法的选择对污水处理厂的投资及日常运行费用有很大影响。国内大多数污水处理厂对污泥处理的程度较低，进行改造的方法一般包括：采用机械浓缩设备提高浓缩效率，减少污泥存放时间以免长时间厌氧导致污泥中磷的再次析出；在污泥脱水前对有机污泥进行化学调节、热处理、冷冻、淘洗等预处理，改变污泥内部结构，改善污泥脱水性能；采用各种新型的机械压滤、离心脱水装置及浓缩、脱水一体机，提高污泥脱水的效率和脱水后污泥的含固率；增设各种污泥干化造粒、焚烧设备以达到减量和无害化。

6.2.6 微生物在重点污染行业废水处理中的应用

6.2.6.1 用利蒙(LLMO)技术改进黏胶化纤废水治理的可行性

黏胶纤维生产废水主要包括酸性和碱性废水两大类，其中酸性废水主要来源于纺丝车间和酸站，碱性废水主要来源于碱站排水、原液车间废水和后处理的脱硫废水等。这些废水具有水量大、成分复杂且含有毒性物质等特点，是极难有效处理的工业废水之一[1,2]，因此成为重要的污染源。由于黏胶纤维生产混合废水的酸性很强且富含锌盐和硫化物，采用常规的物化+生化治理工艺存在运行效果不够稳定、出水水质 COD_{Cr}，SS 浓度偏高等问题[3]。利蒙液态微生物制剂是一种应用于各种污水处理厂、景观水体和养殖场的液态活性复合微生物制剂。采用的独特配方中含有2类微生物菌群，并含有对黏胶废水中的木质纤维素降解性能优良的纤维单胞菌属。通过这些菌群间相辅相成的交互作用，能有效地降解水中有机物质、氨氮、亚硝酸氮及硝酸氮。通过对江西某化纤有限公司污水处理厂中的生化池投加新一代专利技术利蒙液态微生物制剂产品，改善了出水水质，使出水 COD_{Cr}，SS 明显降低。初步探讨用利蒙(LLMO)技术改进黏胶化纤废水治理的可行性。

该污水处理厂设计废水处理能力为 $2.1\times10^4\ m^3/d$。废水处理采用物化+生化处理工艺，物化处理采用 pH 值调节及混凝沉淀工艺，生化处理采用 SBR 法中的 CASS 池工艺，此工艺的处理周期为8h。处理后的废水排入鄱阳湖。

经物化处理后的废水进入 CASS 池，在池中进行常规活性污泥法的生物处理，进生化池水质为 $COD_{Cr}\approx450$ mg/L，SS≈500 mg/L。出水水质需达到国家一级排放标准：$COD_{Cr}<100$ mg/L，SS<70 mg/L。采用利蒙技术对污水厂的4号 CASS 池进行改进，测定投加利蒙菌前后 CASS 池排水水质中 COD_{Cr}和 SS 质量浓度的变化以及镜检原生动物情况。

A 实验部分

(1) 主要仪器。小型曝气机、1400倍光学显微镜、电子分析天平、COD_{Cr}快速测定仪、鼓风干燥烘箱等。

(2) 实验药品。利蒙菌 LLMO-E1 和 LLMO-S1、硫酸汞粉末、重铬酸钾、硫酸亚铁铵、试亚铁灵、硫酸-硫酸银等。

(3) 实验过程。取生化池沉淀1 h后的上清液于溶药桶中，加利蒙菌 LLMO-E1、LLMO-S1 进行曝气激活，24 h 后定量，分别投加到 CASS 池好氧区和兼氧区中，在取样口取样后测定排水的 COD_{Cr}和 SS 质量浓度以及镜检微生物的情况判别实验效果。

(4) 分析方法。COD_{Cr}采用 COD_{Cr}快速测定仪测定，SS 采用重量法测定，微生物采用光学显微镜观察测定。

B 结果与讨论

(1) 使用前后 COD_{Cr}去除率有比较明显的变化，在使用前1周的数据显示，COD_{Cr}均值为92 mg/L，使用后的第4周 COD_{Cr}均值仅为37 mg/L，使用 LLMO 产品的每1周数据曲线均显示4号生化池出水水质有不同程度的下降变化。由于利蒙菌中含有对纤维木质素特殊分解能力的菌种，所以投加之后能加快对难降解有机物的降解，将大分子的有机物降解为小分子的物质，便于其他菌种的进一步分解消化。

(2) 投加利蒙菌对 SS 去除率的影响。投加利蒙菌后，整体的出水 SS 普遍降低。在未投加利蒙菌前，SS 出水很不稳定，最大出水 SS 达到了101 mg/L，而在投加利蒙菌后不仅去除率降低，而且整体平均值很稳定。由于利蒙微生物制剂中的细菌胞壁外表面具有吸附性能良好的黏液层，能迅速在废水中形成结构致密的菌胶团，可以迅速稳定废水中有机污染物质，有良好的自我凝聚能力和沉降性能，所以能使废水中的SS水平迅速降低。

(3) 由于LLMO微生物制剂中的细菌世代时间非常短，仅为18 min，所以菌群增殖速度比一般的活性污泥中的微生物增长速度快，并且由于其能大量地形成结构致密、具有良好吸附能力的菌胶团，为其他微生物如酵母菌、霉菌、放线菌、藻类以及原生动物和某些微型后生动物提供栖息场所。尤其是LLMO-S1，能将难降解的大分子有机污染物分解为低分子的简单有机物，可为其他细菌提供养料，促进整个CASS池中生态系统的良性循环。投加后的第4周，活性污泥的浓度最高，其数据曲线在其他曲线之上；投加前的污泥质量浓度最低。得出的初步结论是，投加的这一个月中，污泥质量浓度逐步在上升。

(4) 污泥生物相观察。投加LLMO菌前原生动物很少，基本镜检不出。投加后1周基本上也未看见原生动物出现，反映此时池中的微生态系统正处于调整阶段，水质并不稳定，同时也反映出池中的原生动物正在适应新引入来的物种，我们称此为微生物的适应期。投加后第2周，原生动物开始出现，镜检出现草履虫，接下来第3、4周镜检已开始出现钟虫。钟虫对溶解氧和毒物特别敏感，所以钟虫的出现是水质变化的一个重要标志。投加LLMO产品1个月左右，生化池出水水质已经相当稳定。投加前生物相不丰富，其中原生动物很少，且不很活泼；菌胶团比较松散，没有形成特定的形状，大量的丝状菌穿插在菌胶团中。而在投加第4周，污泥混合液在显微镜下出现较多行动活泼的原、后生动物，如钟虫、等枝虫等，且菌胶团结合紧密，已有一些特定的形状。

C　结论

通过对赛得利污水处理厂生化池中投加利蒙菌的实验得出：

(1) 利蒙菌在对黏胶化纤废水生化处理上的应用是可行的，对废水中COD_{Cr}，SS的平均去除率可比未投加的分别提高56%，44%，其出水水质良好、稳定，其中$COD_{Cr} < 40$ mg/L，SS < 50 mg/L。

(2) 生物相镜检可见大量纤毛目的原生动物，特别是钟虫数量的增加，反映出水水质的稳定。

6.2.6.2　变水量动态培菌法在无锡市城北污水处理厂调试中的应用

无锡市城北污水处理厂的周围民居林立，人口密度大，与受纳水体北兴塘河相贯通的鱼塘星罗棋布，所以当地环保部门要求该厂的出水COD从试运行就需达标排放。城北厂培菌调试小组于2001年11月中旬开始进行奥贝尔氧化沟的培菌工作，摒弃了传统单池闷曝的培菌方法，采用整体工艺联动、变水量、变水质"动态"培菌方法。

A　污水处理厂工艺流程

无锡市城北污水处理厂位于市区东北部，设计规模为10×10^4 m^3/d，一期已完成5×10^4 m^3/d，生化处理部分采用奥贝尔氧化沟作为A^2O工艺的主体，增设厌氧段中心岛沟，将厌氧、缺氧、好氧三阶段组合在一起，完成了对污水中有机物、氮及磷的生物去除。奥贝尔氧化沟工艺具有负荷低、微生物浓度高、容积大等特点，故该处理系统不设初沉池。

水处理工艺流程为：进水→粗格栅→进水泵房→细格栅→旋流沉砂池→氧化沟→二沉池→消毒接触池→出水。

氧化沟运行方式如图6-23所示。

一期共设2座氧化沟，单座沟长为108 m，直线段为60 m，宽为42.5 m，有效水深为4.2 m。内设四条渠道，依污水流经次序分别为中心岛沟、外沟、中沟和内沟。中心岛沟为一条狭长形渠道，其余三沟均为环状渠道。

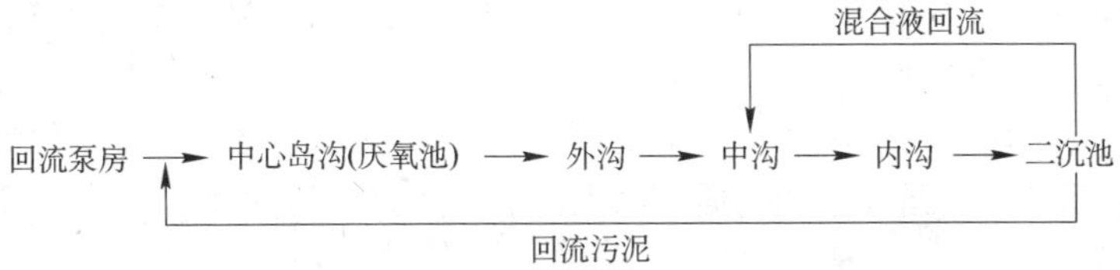

图 6－23 无锡市城北污水处理厂氧化沟运行方式

B 培菌中存在的问题

(1) 时间紧。因该厂交工验收时为 11 月中旬，无锡地区气温已降至 5～6℃，12 月就要到 0℃左右，更不利于培菌，所以计划的培菌时间为半个月，时间紧迫。

(2) 进水 BOD_5 过低且可生化性差。由于无锡市城北厂管网所辖区域较大（33 km^2），最初流入本厂的水量较小，加上管线又较长，同时许多老化粪池还在起作用而导致进水 BOD_5 偏低，可生化性较差（B/C 仅为 0.199），这与国内大部分污水处理厂（特别是南方地区）试运行初期所遇情况类似。2001 年 11 月该厂进水水量、水质如表 6－5 所示。

表 6－5 2001 年 11 月进水水量、水质

项　目	水量(单池) /$m^3 \cdot d^{-1}$	BOD_5 /$mg \cdot L^{-1}$	COD /$mg \cdot L^{-1}$	SS /$mg \cdot L^{-1}$	TP /$mg \cdot L^{-1}$	NH_4^+-N /$mg \cdot L^{-1}$
设　计	25000	200	400	250	4.00	25
最　高	13683	281.9	732.92	626	5.40	45
最　低	583	26.40	81.92	50	1.33	14
平　均	8961	180	90	138	3.80	36

(3) 氧化沟池容积大且要求污泥质量浓度较高。氧化沟容积单池为 16000 m^3，有效容积达 13000 m^3，污泥质量浓度的设计要求也较高（4000 mg/L），且氧化沟的充氧方式与普通曝气池不同，其曝气转碟同污水接触于上表面，必须进行满负荷培养。在短期内迅速提高氧化沟内的污泥质量浓度也是件很棘手的事。

(4) 传统单池闷曝培菌与氧化沟运行方式之间存在矛盾。若氧化沟采用传统单池闷曝培菌，其方法为：氧化沟引入菌种后注满污水，开启氧化沟曝气转碟进行闷曝，注意控制氧化沟内的 DO 质量浓度，待污水中有机污染物基本降解完后，停止曝气使混合液静止沉降 1 h，并通过降低调节堰来排放上清液，同时重新注入污水再次闷曝，如此循环往复，使氧化沟中的微生物质量浓度达 2.5 g/L 以上。

由于该厂氧化沟内沟的混合液是通过敷设在氧化沟池底的管道进入与外沟共壁建设的出水井中出水的，所以很难通过传统的撇除上清液的方法来提高沟内污泥质量浓度。

(5) 试运行培菌阶段的出水必须合格。由于周边受纳水体与鱼塘相贯通，所以环保要求试运行的出水 COD 必须符合环评要求（$<80mg/L$）。

C 解决方法

(1) 调用化粪池、放粪站污水，以提高进水 BOD_5 质量浓度，并且利用了粪水中的菌种进行培菌，经过连续一周每天补充 20～50 车的粪便污水，使进水 BOD_5 的质量浓度维持在 100～120 mg/L，同时 B/C 在 0.35～0.45（间歇进水）。

(2) 利用周边废弃鱼塘的淤泥，增加氧化沟内的污泥质量浓度，这一方式有效地克服了氧化沟池容较大、污泥质量浓度上升缓慢的弊端。

(3)与常规闷曝培菌不同,培菌第一天就直接采用氧化沟与二沉池联动方式,即把二沉池作为生物池的一部分,用以撇除上清液。氧化沟每次进水 2500 ~ 5000 m^3,4 ~ 6 次/d,氧化沟进水时二沉池即出水,但二沉池污泥 100% 回流,这样有效地克服了传统培菌与氧化沟出水方式之间的矛盾,也使整个系统中的活性絮状物质不随上清液流失,从而也加快提高了污泥质量浓度。

D 处理效果

2001 年 11 月 19 日至 11 月底,氧化沟内混合液由原来的黑褐色、松散细颗粒转变为土黄色絮状混合液,混合液水样中可看到较多细小的污泥絮体,使 SV 达到 4%,经检测(MLSS)达到 1000 mg/L,二沉池出水(COD)平均值一直维持在 80 mg/L 左右,微生物镜检分析发现少量菌胶团,钟虫也开始出现,初步可判定活性污泥已培养较好。从 11 月底开始便加大进水量,步入稳定运行阶段。2001 年 12 月进、出水水质如表 6 - 6 所示。

表 6 - 6 2001 年 12 月进、出水水质

项 目	进 水			出 水		
	平均值	最 高	最 低	平均值	最 高	最 低
COD/mg · L^{-1}	231.65	318.05	114.98	72.68	98.98	38.00
BOD_5/mg · L^{-1}	73.06	127.20	26.40	23.79	32.47	8.00
SS/mg · L^{-1}	175.40	310	38	29.80	20	14

E 结语

在污水处理厂的运行调试中应注意以下方面:

(1) 溶解氧的控制。一般理论上总是要求 DO 质量浓度维持在 2 mg/L 左右。其实在培菌的初始阶段,将 DO 质量浓度控制在 2 mg/L 左右是绝对不可能的,因为该阶段基本没有活性污泥,故消耗量很小。DO 质量浓度偏高是正常的,特别是在表面曝气的系统中,表曝机同时还起推动力作用,只控制 DO 质量浓度小于 2 mg/L 无法保证系统的混合与推流,但在一周以后曝气池中溶液出现絮体,DO 质量浓度应逐步调低,需控制在 3 ~ 3.5 mg/L 以下,以提高污泥的沉降性能,有利于泥水分离。

(2) 满足培菌条件。应因地制宜,充分利用一些"废物"来调节进水水质,如用粪便污水提高进水浓度、用排水渠中的淤泥来为早期生物池引种等,既经济又可迅速地达到目的。

(3) 培菌重要,驯化更重要。驯化时水质、水量的控制尤为重要,需要针对不同情况仔细观察,循序渐进地调整运行状态。

培菌是在普通活性污泥法的状态下进行的,而工艺调节时则需针对 AO、A^2O、AB 等不同情况逐步调整,硝化菌和反硝化菌则更需在活性污泥生长优良的情况下逐步培养,该工程(A^2O 工艺)调节 NH_4^+-N、TN、TP 等指标达标也用了近半年时间。

6.2.6.3 SBR 法处理阿胶制药废水

山东省某阿胶企业集团公司以驴皮为原料,生产传统阿胶及阿胶保健品的原料——清胶,生产过程中排放大量的高浓度有机废水。该厂污水治理被列为济南市重点污染限期治理项目。经工艺筛选决定采用 SBR 法。工程实践证明,SBR 工艺处理阿胶制药废水具有处理效果好、投资省、运行费用低等优点,取得了良好的经济效益和社会效益,为同类废水的处理提供了一个成功的工程实例。

A　废水水质及处理工艺

(1)废水水质　阿胶的生产工艺是先将干驴皮浸泡、清洗,清除驴皮上沾染的污物,再经高压熔化,然后添加黄酒等辅料熬制成胶。废水水质的主要特点是有机质的悬浮物的质量浓度高,易腐败。直接排放于水体会消耗水中的溶解氧,破坏水生态系统,并产生臭味;同时废水中的致病菌会导致炭疽菌传播,人体表皮过敏、听觉障碍等。

厂方提供的原水数据为:废水量为 800 m^3/d,COD 为 1800 mg/L,BOD 为 1200 mg/L,SS 为 1000 mg/L,色度 500 倍。

(2) 工艺流程　该厂废水处理工艺流程简单,平面布置紧凑,占地面积小,如图 6-24 所示。

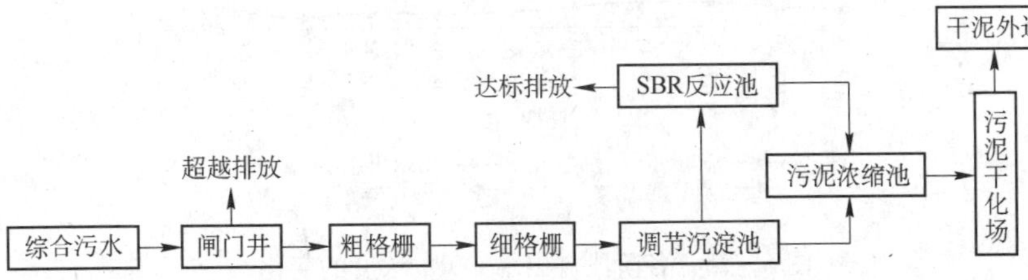

图 6-24　阿胶制药废水处理工艺流程

B　主要构筑物和设备

a　主要构筑物

(1) 格栅。设粗、细两道格栅,主要用于拦截污水中携有的驴毛。粗、细格栅间隙分别为 20 mm 和 10 mm,倾角为 60°。

(2) 调节池。用于调节水质水量。一般 SBR 工艺不设调节池,但由于生产车间污水为间歇排放,不均匀系数较大,与 SBR 运行程序不匹配,为减少水质、水量的波动对生物处理效果的影响,故 SBR 反应器前设置调节沉淀池。分 2 格,分格定期清理。采用钢筋混凝土结构,尺寸为 12 m×3 m×4.2 m, 有效容积为 150 m^3。

(3) SBR 反应池。SBR 反应池是该工程的主体构筑物。分 2 格交替运行,每格有效容积为 350 m^3,采用钢筋混凝土结构,半地下式,排水比为 0.5。设计污泥 BOD_5 负荷为 0.4 $kg/(m^3 \cdot d)$,混合液 MLSS 为 400 mg/L,工作周期为 8 h。SBR 系统运行周期时间分配为进水 1.5 h,反应 4 h, 沉淀 1 h,滗水 1 h,闲置 0.5 h。

(4) 污泥浓缩池。采用钢筋混凝土圆形池,尺寸为 5 m×5 m。

(5) 污泥干化场。尺寸为 11.32 m×6.15 m,3 格,砖砌。

b　主要设备

(1) 曝气设备。采用自吸式离心潜水曝气机,每格 3 台,安装在 SBR 池内。

(2) 搅拌设备。采用潜水搅拌机,设在 SBR 池前段,每格 1 台。

(3) 滗水器。采用铁路系统自行研制开发的机械滗水器,属于丝杠套筒式,主要组件为浮筒、丝杠、可扰动软管等。实际应用表明,该设备具有排水均匀、性能稳定、价格低廉等优点。

(4) PLC 自动控制系统。污水处理系统中所有电气设备的控制系统采用集中控制与现场手动控制相结合的方法。

(5) 计量设备。采用超声波流量计。设备安装时注意流槽内不可积水,否则会造成误差,显示瞬时流量,并使累计流量偏大。施工时流槽后要保持一定的坡度,保证排水能通畅。

C　运行结果及讨论

(1) 运行结果　该废水处理站自投产运行以来,各项设施运行正常。COD_{Cr}的去除率高达

90%（见图 6－25）。可见，SBR 法大大突破了传统活性污泥法 COD_{Cr}的去除界限（COD_{Cr}去除率一般为 80% 左右）。

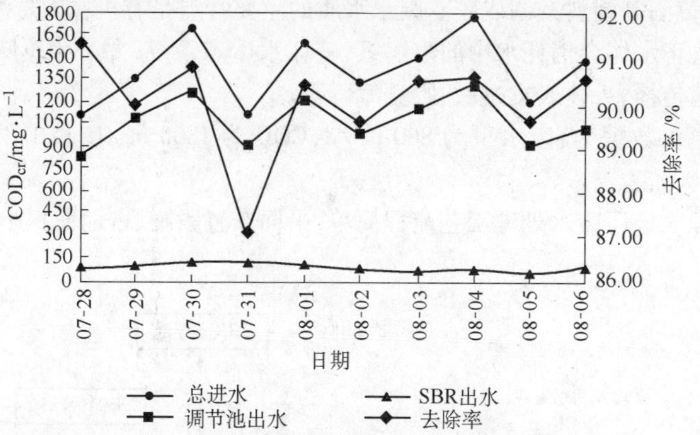

图 6－25　各阶段进出水 COD_{Cr}浓度的变化

SBR 法之所以能高效地去除有机物，主要原因是：

1）SBR 法为间歇进水，且采用限制曝气方式，增大了反应过程中基质浓度梯度，提高了生化反应推动力。

2）SBR 法活性微生物生长良好，有效地降解了有机物。

（2）活性污泥特性在 SBR 反应池运行中进行了微生物相的观察。镜检表明，微生物相稳定，除了结构良好的菌胶团外，还有钟虫、草履虫、累枝虫、线虫等好氧微生物，它们生长良好。

SBR 反应池自投产运行未曾发生污泥膨胀现象，这可以从 SBR 法的运行程序中得到解释。污泥膨胀多为丝状菌性膨胀，绝大多数丝状菌都是专性好氧丝状菌，SBR 法中进水阶段的厌氧与反应阶段的好氧状态的交替，能抑制专性好氧丝状菌过量繁殖。另外，采用限制曝气方式能增大反应过程中基质浓度梯度，这样快速生长的非丝状菌微生物成为优势。运行过程中，SVI 值始终保持在 70～90 mL/g。这也说明限制曝气方式有利于抑制丝状菌过量繁殖，避免污泥膨胀。

D　主要经济技术指标

该废水处理站的主要经济技术指标如表 6－7 所示。SBR 法与普通活性污泥法相比可节省用地 30%～40%，可降低运行费用 10%～20%。

表 6－7　废水处理站的主要经济技术指标

项　目	数　值	项　目	数　值
建设规模/$m^3 \cdot d^{-1}$	800	运营成本/元·m^{-3}	0.52
工程投资/万元	110	COD_{Cr}日常处理成本/元·m^{-3}	0.29
劳动定员/人	5	电费/元·m^{-3}	0.33
人工费/元·m^{-3}	0.09	总占地面积/m^2	500

E　结论

（1）该工艺流程操作简便，运行费用低，去除率高，而且不会出现污泥膨胀现象。

（2）该工艺具有明显的技术经济优势，有效地减少了污泥产出量，降低了运行成本。

（3）由于该废水处理站没有设置消泡除渣设施，在调试及运行期间曾出现泥块上浮、泡沫溢出现象。因此,建议在今后设计 SBR 工艺处理类似废水时应考虑消泡除渣措施。

6.2.6.4 曝气生物滤池在乙烯污水深度处理中的应用

天津石化公司乙烯厂是一个年产 20 万 t 乙烯、13 万 t 聚乙烯、6 万 t 聚丙烯、4 万 t 环氧乙烷(EO)、4 万 t 乙二醇(EC)的中型乙烯企业。乙烯厂现有的污水处理装置,采用纯氧曝气活性污泥法,年处理污水 150 万 t,达标后排入渤海。在目前水资源日益紧张的情况下,该厂积极探索污水回用的可行性方案,采用曝气生物滤池(BAF)建立试验装置,对外排污水做进一步处理。经过一年多的试验研究,取得较满意的结果。

A BAF 技术特点

BAF 也叫淹没式 BAF、颗粒填料接触氧化池,它集生物降解、固液分离于一体,是国际上 20 世纪 80 年代兴起的应用于污水二级处理和深度处理的先进工艺。它采用粒径为 3 ~ 6 mm 的填料作为微生物载体,通过鼓风曝气进行充氧,利用填料生物膜降解有机物。用于污水深度处理时,其污泥负荷很低,因而可以达到很好的出水水质,而且水质稳定。

BAF 的主要优点是:

(1) 陶粒属于多孔颗粒填料,具有比表面积大且容易被微生物附着的特点,可形成具有较高活性的生物膜。

(2) 在运行中空气由下而上经过填料对微生物进行供气,填料可对气泡进行充分切割使之分配均匀,布气效果好,氧转移效率高,节省动力。

(3) 水与生物膜的接触充分,接触面积大,处理效率高。

(4) 在进行生物絮凝、吸附、降解的过程中,兼具过滤的作用,使出水悬浮物较其他生物接触氧化工艺少,效果更好。

(5) 生物活性高,且在填料床内按水流方向呈分层分布,运行稳定性好,耐低温,耐冲击负荷。

B 试验装置与运行参数

a 试验装置

计量泵 1 台(Q = 365 L/h);管道泵 1 台(Q = 1.2 m^3/h、H = 16 m);计量仪表有液体转子流量计 1 台(Q = 25 ~ 2500 L/h),气体转子流量计 2 台(Q = 40 ~ 400 L/h、100 ~ 1000 L/h)。BAF 直径 0.2 m,高 3.8 m,由有机玻璃制成;内装页岩陶粒滤料,粒径 2 ~ 5 mm,比表面积 3.1 ~ 4.2 m^2/g,孔隙率 71% ~ 84%。曝气生物滤池结构如图 6 - 26 所示。

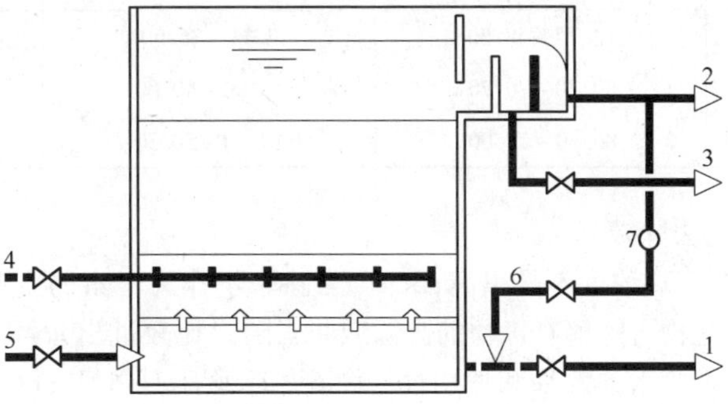

图 6 - 26 曝气生物滤池结构

1—进水;2—出水;3—反冲出水;4—供气;5—反冲气;6—反冲水;7—冲洗泵

试验所用污水为天津石化公司乙烯厂污水装置外排污水。所含污染物主要为环氧乙烷/乙二醇的水溶物、聚乙烯/聚丙烯塑料颗粒和少量的油品。经过悬浮物去除、隔油和纯氧曝气生化处理后，这部分污水已经具有良好的出水水质。BAF 主要通过生物对有机物的降解能力，去除经过纯氧曝气工艺后尚未去除或难以降解的有机物。同时，通过填料层对固体悬浮物的截留和生物膜的吸附，去除废水中的固体悬浮物，降低废水的浊度。乙烯厂污水二级处理出水水质如表 6－8 所示。

表 6－8 乙烯厂污水二级处理出水水质

指标	控制值	实际运行范围	指标	控制值	实际运行范围
w(油)/mg · L^{-1}	≤10	≤1	SS/mg · L^{-1}	≤100	≤80
COD$_{Cr}$/mg · L^{-1}	≤120	60～100	总碱度/mg · L^{-1}	—	200～250
BOD$_5$/mg · L^{-1}	≤70	≤10	总硬度/mg · L^{-1}	—	300～400
pH 值	6～9	6～9	Cl$^-$/mg · L^{-1}	—	400～1000
电导率/μS · cm^{-1}	—	440～4600			

b 运行参数

影响 BAF 运行的主要参数如表 6－9 所示。

表 6－9 影响 BAF 运行的主要参数

水温/℃	m(BOD$_5$)/m(COD$_{Cr}$)	水力负荷/m^3 · (m^2 · h)$^{-1}$	工艺曝气量/L · (m^2 · s)$^{-1}$	溶解氧质量浓度/mg · L^{-1}		气水比	反冲洗气量/L · (m^2 · s)$^{-1}$	反冲洗气量/L · (m^2 · s)$^{-1}$	反冲洗周期/d
				进水	出水				
17.69	0.11	1～10	8～10	3.68	6.39	8∶1～10∶1	10～18	6～11.5	3～15

C 试验结果及数据分析

a BAF 对 COD 的去除效果

对 COD 的深度去除能力，是 BAF 主要考核指标。BAF 对 COD$_{Cr}$ 的去除效果如表 6－10 所示。

表 6－10 BAF 对 COD$_{Cr}$ 的去除效果

负荷范围/mg · L^{-1}	进水 COD$_{Cr}$/mg · L^{-1}	出水 COD$_{Cr}$/mg · L^{-1}	COD$_{Cr}$ 去除率/%
0～50	12.70～48.50	2.11～36.60	24.50～91.60
50～80	50.70～76.70	13.80～40.80	35.60～78.60
≥80	86.40～19500	19.00～50.30	47.50～83.60

b BAF 对 BOD 的去除效果

由于试验污水中 BOD$_5$ 浓度不是很高，BOD$_5$ 去除率不作为考察的主要目标，但是 BOD$_5$ 去除可以反映出 BAF 对生物可降解有机物的去除效果。通过比较进出 m(BOD)/m(COD) 的变化情况可以判断 BAF 处理废水的效果和适用性。图 6－27 所示是 BAF 进出水 ρ(BOD$_5$) 的变化。图 6－28 所示的是 BAF 进出水 m(BOD)/m(COD) 的变化。图中显示出，尽管废水的可生化性并不好[进水 m(BOD)/m(COD) 平均为 0.28]，但是经过 BAF 处理，出水 m(BOD)/m(COD) 平均为 0.04。

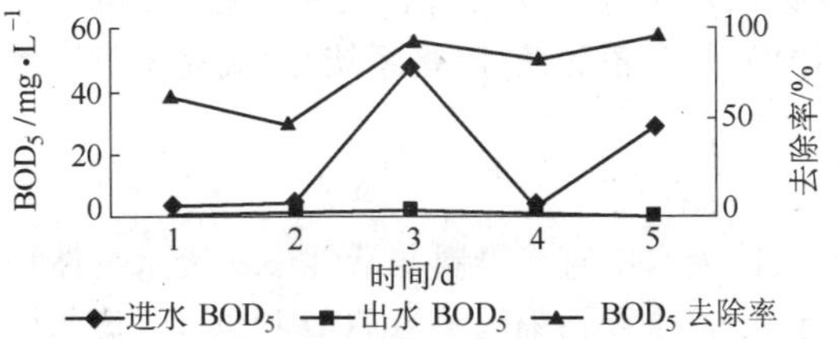

图6-27 BAF进出水 BOD_5 的变化

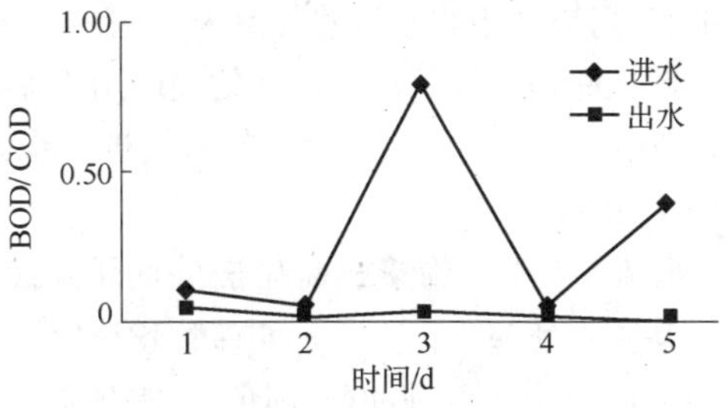

图6-28 BAF进出水BOD/COD的变化

c BAF对浊度的去除效果

由于BAF可以通过填料截留以及生物膜表面的吸附作用来去除废水中的固体悬浮物,因此可以相应地使废水的浊度大大降低。BAF对浊度的去除效果如表6-11所示。

表6-11 BAF对浊度的去除效果

项 目	进水浊度/NTU	出水浊度/NTU	去除率/%
最大值	53.20	7.74	97.03
最小值	2.42	0.36	51.40
平均值	16.48	2.38	82.14

很多研究表明,BAF对SS的去除率>90%,从几次抽样结果的平均值可以看出,该试验装置对SS的去除率为42.72%。

d 水温对BAF运行的影响

通常水温是影响生化处理的主要因素。表6-12列出了各温度段BAF对COD_{Cr}去除率的影响。试验发现,随着温度的升高,COD_{Cr}去除率也不断提高,温度较高时出水COD_{Cr}去除率波动较大,这可能是由于试验条件下BAF生物膜老化较快、反冲洗频繁所致。

表6-12 各温度段BAF对COD_{Cr}去除率的影响

温度/℃	最高去除率/%	最低去除率/%	平均去除率/%
0~10	83.32	24.78	37.76
10~20	91.60	20.93	60.87
20~30	78.60	37.20	56.90

e 试验的结论和建议

(1) 试验使用的污水 为天津石化乙烯厂经过二级处理的可生化性较低的外排污水。试验数据表明:BAF在处理可生化性较低的污水中仍然具有较好的性能。这不仅为乙烯企业污水深度处理以及中水回用工作奠定了较好的基础,同时也拓展了BAF的使用范围,取得了在低BOD条件下宝贵的运行数据。

(2) BAF 在试验的进水负荷条件下均具有较好的处理能力。试验条件下进水有机负荷的变化对BAF的运行效果影响不大,无论在较高负荷下还是在较低负荷下,均有较好品质的出水。这表明BAF在石化企业中具备较好的应用前景。

(3) 温度对BAF的运行有一定影响 试验表明,其比较适宜的温度在15~20℃。在北方寒冷地区,可以考虑将装置建在室内。

该试验是乙烯厂污水深度处理回用于循环水项目的一部分。为了保证较好的循环水补水水质,建议将BAF出水引入活性炭系统进一步去除COD,并配备除菌、除盐系统,形成完整的中水回用工艺。

6.2.6.5 生物接触氧化法处理印染废水

某废水处理工程主要是处理黏胶长丝印染废水,该废水中直接染料与活性染料废水的体积比为4:6,其中含各种助剂、固色剂、整理剂品种有十几种,主要污染因子为COD和色度。废水处理采用“生化+物化”。生化工艺采用“水解酸化+二级生物接触氧化”,主要去除COD_{Cr};物化工艺采用混凝沉淀,主要去除色度和COD_{Cr}。尽快使水解酸化池和接触氧化池的填料挂膜,是该工程正常运行的关键。工程于2001年11月开始施工,2002年4月开始调试运行。2002年6月通过了当地环保部门的竣工验收。

A 工艺设计参数

工艺设计采用进水水量$Q_d = 500\ m^3/d$,$Q_h = 21\ m^3/h$。进、出水水质指标如表6-13所示。

表6-13 进、出水水质指标

项 目	$COD_{Cr}/mg \cdot L^{-1}$	$BOD_5/mg \cdot L^{-1}$	$SS/mg \cdot L^{-1}$	色度/倍	pH值
进 水	600~800	150~200	100~150	300~400	9~10
出 水	≤100	<30	≤70	≤40	6~9

B 废水处理工艺流程

印染废水处理工艺流程如图6-29所示。

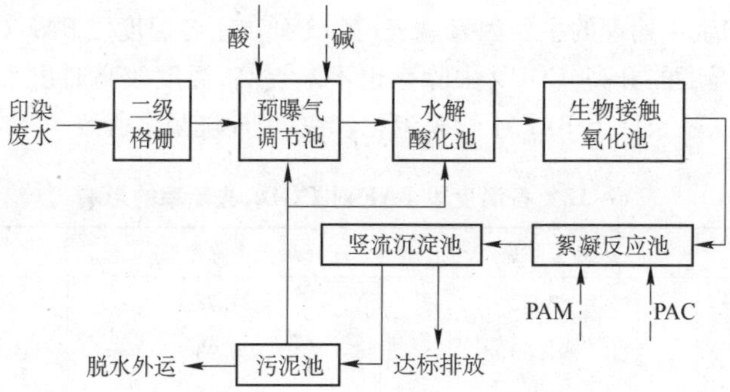

图6-29 废水处理工艺流程

(1) 二级格栅。去除进水中较大颗粒的悬浮物和漂浮纤维。

(2) 预曝气调节池。均衡水量水质和调节水温。

(3) 水解酸化池。处理进水中的有机物,改善废水的可生化性能,使BOD_5/COD_{Cr}提高,有利于好氧微生物分解利用;同时具有初沉池污泥消化池功能,能有效去除COD、SS和色度。池内设生物填料和搅拌装置。

(4) 生物接触氧化池。按二级推流式设计,采用高、低不同的有机负荷,以产生不同的生物相,优化出水并减少剩余泥量。池内设特殊设计的不同类型的生物填料和高效水下曝气装置。

(5) 絮凝反应池。池中加入絮凝剂PAM和PAC进行絮凝反应。

(6) 竖流沉淀池。利用重力作用对生化混合液进行固液分离。

(7) 污泥池。一部分污泥回流至水解酸化池,剩余污泥排放至污泥浓缩池再进一步浓缩和消化减容,经污泥泵打入板框压滤机压缩,滤饼外运。

C 主要设备与构筑物

(1) 二级格栅。设计流量 $Q=21\ m^3/h$ 时变化系数 1.5,过水流量 $Q=32\ m^3/h$;人工和机械格栅各 1 台人工格栅栅隙 15 mm,机械格栅栅隙 5 mm。

(2) 调节池。水力停留时间 HRT = 8 h,有效容积 170 m^3,池深 4.8 m;调节池内设潜污泵,流量 $Q=25\ m^3/h$,扬程 98 kPa,型号 SP-51.5-65,功率 1.5 kW,1 用 1 备共 2 台;设水下曝气器 1 台,起搅拌及预曝气作用,气水比 3∶1,空气流量 63 m^3/h。

(3) 水解酸化池。HRT = 10 h,有效容积 210 m^3,池深 4.6 m;潜水搅拌机设于水解酸化池内,使废水与回流污泥充分混合反应,保证水解酸化去除效率,功率 0.85 kW,2 台。

(4) 接触氧化池。HRT = 10 h,有效容积 210 m^3,池深 4.6 m;弹性填料 310 m^3;设水下曝气器,型号 BER-55,供气量 90 $m^3/(台 \cdot h)$,功率 5.5 kW,5 台。

(5) 絮凝反应池。反应时间 15 min,有效容积 5.5 m^3,搅拌机功率 0.80 kW,4 台;设 PAC、PAM、pH 值调节加药装置 V400-100,分别为 1 套、1 套、2 套。

(6) 二沉池。竖流式,表面负荷 1 $m^3/(m^2 \cdot h)$,HRT = 2 h,池容 122 m^3,1 座。

(7) 污泥浓缩池。池容 17 m^3,1 座;设污泥螺杆泵,流量 $Q=6\ m^3/h$,扬程 0.6 MPa,2 台,1 用 1 备;板框压滤机,过滤面积 16 m^2,功率 1.5 kW,1 台。

D 调试运行情况及处理效果

a 生化调试

(1) 充水与接种。土建试水完成后,开始投加营养基料。处理印染废水微生物的培养、驯化,营养基料的投加十分重要。按化粪池出水 BOD_5 为 600 mg/L,水解酸化池和接触氧化池容积和为 380 m^3,基料投加量为 120 t。

据生物环境适应原理,适应于印染废水环境中生长的微生物,来源于相似类型处理工艺的污泥或是在印染废水中自然形成的沟泥中。一般可投放新鲜脱水污泥量为池容积的 1%,即投放脱水污泥(含水率 60% ~80%)每次约 5 ~6 t。工程采用成都某污水处理厂的消化污泥 1 车,约 8 t,于 2002 年 4 月 13 日均匀投加到水解酸化池和接触氧化池。

(2) 挂膜培养。水解酸化池和接触氧化池充水与接种后,4 月 13 日开始开动 1 台提升泵进基料,开启 2 台曝气机(一、二级接触氧化池各 1 台),进行小气量曝气,氧化池的出水经沉淀池沉淀后,污泥回流到调节池或水解酸化池,循环运行,进行填料挂膜。经过几天的运行,发现氧化池内填料挂上一层很厚的黄褐色的膜。在培菌挂膜充气,生物膜较薄,生物膜活性较好时,将竖流沉淀池积下来的污泥全部回流。

(3) 进水调试。第 1 阶段(15 d),白天 8 h,流量 10 m^3/h;第 2 阶段(10 d),每天 16 h 运行,流量 15 m^3/h;第 3 阶段(10 d),24 h 按设计水量运行。至物化处理前,COD_{Cr}去除率约 50% ~70%,色度去除率约 50% ~75%,出水测试 COD_{Cr}为 50 ~100 mg/L,色度 50 ~150 倍。

b 物化调试

生物膜挂膜接近成功,即可进行物化调试。PAC 设计投加量为 100 ~200 mg/L,PAM 为 1 mg/L,调试过程中可根据进、出水 COD_{Cr}和色度及时调整加药量。出水 COD_{Cr}高和色度高可稍微加大 PAC 和 PAM 的投加量;反之则减少投加量。

经过几天加药,出水 COD_{Cr}为 80 mg/L,色度为 30 ~40 倍。实际运行效果如表 6 – 14 所示。

表 6－14　实际运行效果

项　目	pH 值	SS /mg·L^{-1}	色度/倍	COD /mg·L^{-1}	S^{2-} /mg·L^{-1}	Cr^{6+} /mg·L^{-1}	NH^{4+}-N /mg·L^{-1}	Cu^{2+} /mg·L^{-1}
进　水	10.45	194	125	137.87	0.07	0.002	1.511	0.029
	10.57	65.5	80	121.65	0.07	0.002	0.726	0.010
	10.68	106.8	250	358.60	0.01	0.002	0.315	0.015
	10.57	36.0	250	346.38	0.01	0.002	0.273	0.014
	10.50	112.7	250	218.62	0.07	0.002	0.692	0.081
	10.79	121.5	250	170.04	0.01	0.002	0.253	0.012
进水平均值		106.1	201	225.53	0.04	0.002	0.628	0.027
出水平均值	8.10	35.9	25	37.64	0.001	0.002	0.480	0.011
排放标准	6～9	70	50	100	1.0	0.5	15	0.5

从表 6－14 可以看出，出水符合《污水综合排放标准》(GB 8978—1996)中一级标准。

E　工艺特点

(1) 无需污泥回流。由于微生物是附着在填料上形成生物膜，生物膜的脱落与增长自动保持平衡，所以正常运行时无需回流污泥，运转方便。

(2) 无污泥膨胀问题。池内填料固定在水中，附着在填料上的丝状菌有较强的分解有机物的能力，具有立体结构，但沉降性差，易在曝气池中随水流走，不会产生污泥膨胀问题。

(3) 可间断运行，挂膜方便。当停电或生产检修时，细菌和原生动物都可转入休眠状态，一旦运转启动微生物又重新开始生长。体积负荷高，处理时间短，占地面积少。

(4) 生物活性高，传质条件好。通过曝气，生物膜与水均匀接触，微生物对有机物的代谢速度较快，细菌表面介质更新快，加快了生物代谢分解速度。一般第一级接触氧化池生物膜泥龄 1～2 d。

(5) 污泥量少。由于池内 DO 质量浓度高，微生物的内源呼吸进行得比较充分，合成物质被进一步氧化，微生物食物链比较完全和稳定，污泥产生量少，动力设备少，维修费用低。

(6) 靛蓝染料和硫化染料具有还原性，通过调节池预曝气、水解酸化，能改善废水中有机物的形态，破坏染料和表面活性剂结构，有明显脱色及去泡沫效果。

F　运动与管理的效果

(1) 调节池进水一定要控制进水温度小于 35℃，避免毒物大量进入。出水一定要控制 pH 值在 6～9，否则易使生化系统受到破坏。为保证调节池发挥最大效用，应适当调高水位，搅拌机经常开启，进水悬浮物及时清理，以防止潜水搅拌器和提升泵的堵塞，降低处理效果。

(2) 水解酸化池要防止生物量堵塞填料间隙，一旦发生堵塞，可进行反冲洗，对生物膜强行剥离。

(3) 生物膜的厚度随负荷的增高而增大，负荷过高则生物膜过厚，引起填料堵塞并可能形成短路，影响出水水质。防止生物膜过厚的方法有瞬时加大曝气量、加大进水量或采用"闷"的办法使生物膜在厌氧条件下发酵，产生气体促其脱膜。

(4) 竖流沉淀池排泥时应少排勤排　防止排泥时产生扰动，避免污泥上翻。磷是染色废水中必不可缺少的主要营养成分，最低按 BOD_5: P＝100: 1(质量比)比例投加。

(5) 综合效益分析　工程运行费用约 1.0 元/t，每年可减少 15 万 t 不合格废水排入自然水体，减少排放 COD 总量 28 t，废丝回收利用年收益 10.74 万元，具有较好的经济和环境效益。

由于场地区域较小，污泥脱水系统室内布置相对比较拥挤；进水水温、水质波动较大，特别是水温较高,好氧生物膜受影响较大。

6.2.6.6 厌氧生物膜法处理聚酯高浓度废水

厌氧发酵在城市污泥处理方面的应用已有100年的历史,但应用于高浓度有机废水的处理则是近十几年的事情,先后开发出厌氧接触法、厌氧生物滤池、厌氧污泥床、厌氧流化床(膨胀床)、两相厌氧消化工艺等多种新工艺。厌氧工艺虽然是以一种高效工艺问世,但由于反应器污泥增长慢;启动时间长;单用厌氧处理,出水水质一般不能达到排放标准,需辅以好氧处理;应用经验较少等原因,它的实际应用还不多。本节即介绍一则利用上流式厌氧生物膜法处理聚酯切片高浓度废水的工程实例。

某公司是一家由世界著名跨国集团投资6500万美元兴建的现代化聚酯切片企业,年产量8万t,工艺流程为:浆料搅拌→预聚→终聚→切粒→结晶器→冷却→出料。工业废水处理站总投资120万美元,好氧、厌氧工艺和设备全部由意大利引进,其中的厌氧工艺是欧洲最新专利技术,专门设计用来处理生产上排放的高浓度废水,出水再经好氧系统曝气后水质达标排放,低浓度水则直接进入好氧系统。

A 高浓度废水水质

废水主要成分有乙二醇、二甘醇、芳香族化合物,二甲酸、低聚物单体等。初期生产不稳定,排放的高浓度废水COD达12000~15000 mg/L,流量为40~50 m^3/d,生产稳定之后COD约为8000~10000 mg/L,流量逐渐增大到70~100 m^3/d。pH值一直稳定在约4~5。

B 厌氧处理工艺流程

厌氧处理工艺流程如图6-30所示。

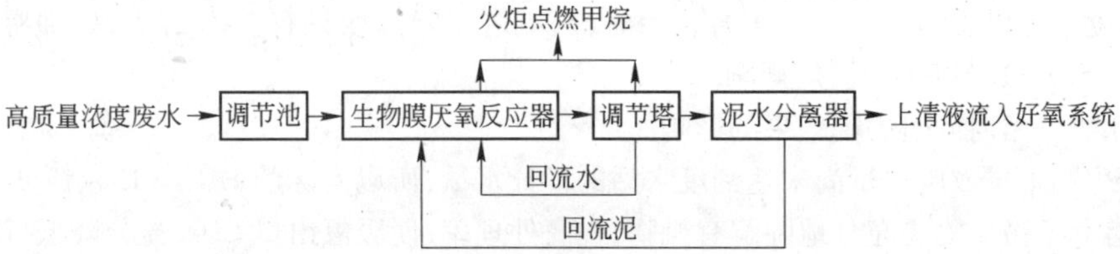

图6-30 厌氧处理工艺流程

(1) 生物膜厌氧反应器废水由反应器底部的8根布水管均匀进水。当废水流经生物膜悬浮性载体时,有机物得以厌氧降解,并连续不断产生沼气供火炬持续燃烧。在反应器内,微生物以固着形态生长,不易随水流失,泥龄长,产泥率较低,出水悬浮物少,几乎不用排泥。该反应器有效体积约为900 m^3,顶部有倒圆锥形的三相分离器,产生的沼气由顶部通气管直通火炬。

(2) 泥水分离器中内置斜板装置,60°倾角。当厌氧反应器内有少量污泥随水流出时,可在此进行沉淀收集后重新打回厌氧塔,这样可以延长污泥在塔内的停留时间,增加污泥量,最终提高厌氧塔的处理能力和效率。

C 厌氧反应器的菌种驯化

按外方要求,需进口专用于聚酯废水厌氧处理的污泥,这样将耗资数百万美元,最后是利用城市污水处理厂污泥消化池中的污泥进行接种驯化。经过3个月的培养,接种成功,火炬持续燃烧甲烷气体,厌氧塔的处理情况逐渐稳定,并且处理效率达到70%~80%。

D 生物膜厌氧工艺的稳定运行数据分析

a 运行水质

实际进水水质:流量50~80 m^3/d(设计流量150 m^3/d);COD为5000~11000 mg/L(设计值

20000 mg/L)；容积负荷 COD 为 0.28 ~ 1.22 kg/(m^3 · d)；pH 值为 3 ~ 5。

实际出水水质：COD 为 1000 ~ 2500 mg/L，pH 值为 7.4 ~ 7.6。

由于 PET 生产尚未达到满负荷，年产仅 5 万 t，所以高浓度废水流量小于设计量。选取 1999 年 8 ~ 9 月（气温较高时节）和 1999 年 12 月、2000 年 1 月（气温较低时节）的几组处理数据进行具体分析探讨生物膜法运行的一些特点，如表 6 – 15 所示。

表 6 – 15　厌氧系统稳定运行各项数据

月　份	厌氧进水流量/$m^3 \cdot d^{-1}$	进水 COD /$mg \cdot L^{-1}$	进水 pH 值	厌氧塔控温 /℃	出水 COD /$mg \cdot L^{-1}$	出水 pH 值	厌氧塔去除率/%
8 月平均值	49.3	6636	4.66	30	1652	7.64	75
9 月平均值	64.6	5766	4.5	30	2011	7.48	65
12 月平均值	51.4	7520	3.77	26	2377	7.45	68.4
1 月平均值	68.2	9498	4.5	26	2310	7.44	75.7

b　进水水质对处理效果的影响

由表 6 – 15 的数据可知，平均日进水量逐渐增大，平均进水 COD 质量浓度逐渐增大，日处理 COD 总量逐渐增大，但厌氧处理率却稳中有升。说明微生物基本已适应了此种工业废水，生长成熟，充分降解污水中的有机污染物，而且在日处理 COD 总量有较大增加时，仍有非常好的处理率，显示了生物膜法在抗冲击负荷方面较强的能力。

c　温度对厌氧处理效果的影响

一般认为厌氧消化的最佳温度是 30 ~ 35℃，若低于 30℃，处理效果便会降低。但从表 6 – 15 所示的温度中可以看出，在 12 月、1 月寒冷时，厌氧塔实际温度只有 25 ~ 27℃，处理率仍分别有 68.4% 和 75.7%，丝毫未受温度影响。

d　水力停留时间对去降效果的影响

由于生产上排放废水量尚未达到废水站的设计水量，所以实际的 HRT = 13 ~ 17 d，停留时间延长，能有利于微生物更充分地降解有机物，提高处理率，使厌氧出口 COD 充分降低以减轻好氧系统的负担。当然在设计时也并非 HRT 越大越好，因为这样会相应增加基建成本，增大反应器体积和占地面积。

e　污泥停留时间对去除率的影响

众所周知，产甲烷菌的世代期很长，增长速度很慢，只有让污泥在消化器中停留时间足够长才能有效地降解 COD，完成甲烷化过程。传统的污泥消化池工艺低效的原因在于池内的污泥停留时间和水力停留时间相等，产甲烷菌无法正常生成，从而难以提高处理率。此套生物膜厌氧工艺专门设计了污泥回流泵，将在泥水分离器中沉淀的污泥重新打回厌氧塔使污泥在塔内不断循环，大大提高了泥龄，提高了污泥质量浓度，增强了处理能力，而且节省了处理污泥设备。

f　pH 值对厌氧处理的影响

一般认为厌氧反应最佳 pH 值为 6.8 ~ 7.2。实际运行中发现厌氧出口的 pH 值明显超出此范围，pH 值 8 月平均为 7.64，9 月为 7.48，12 月为 7.45，1 月为 7.44，表明厌氧塔内呈微碱性状态。当通过人为控制使 pH 值略有降低，但仍在 7.0 左右，出口 COD 反而有所上升；当 pH 值重新调高时，出口 COD 随之下降。碱性状态能抑制有机酸的过分积累，增加缓冲能力，促进产甲烷菌的生长。

E　结论

(1) 该套生物膜厌氧反应器随着负荷的提高，处理率也相应提高，且抗冲击负荷能力较强。

(2) 在寒冷冬季，厌氧消化温度偏低，仅有 25 ~ 27℃，但对反应效果未有影响，只要管理良好,仍能保持高效去除率,说明该系统适应的温度范围较广,对温度要求不高。

(3) 通过设置回流装置,提高 HRT 和泥龄,能有效地提高处理效果,增加系统污泥质量浓度,并且几乎不用排泥。

(4) 将厌氧反应器内 pH 值控制在微碱范围内(pH 值为 7.40~7.65),能提高消化液的缓冲能力,及时中和积累的有机酸,进而提高去除率。若严格将 pH 值控制在 7.0 左右,反而会使去除率略有降低。

6.2.6.7　稳定塘工程实例

目前亚麻沤制工艺大多数仍采用温水生物沤麻工艺,废水排放量大、浓度高、pH 值低,很难处理。巴彦亚麻有限公司采用气浮/氧化沟/稳定塘工艺处理沤麻废水,取得了较为理想的效果。

A　废水水质

该公司废水主要来自沤麻车间。沤麻过程中排放的先水和终止水总量为 1500~2000 m^3/d,其中先水 COD 为 1800~2800 mg/L,色度为 300~400 倍,pH 值为 5.5~6.5;终止水 COD 为 6000~10000 mg/L,pH 值为 4.0~5.5,有机酸质量浓度高达 2500~4000 mg/L。混合废水 COD 为 5000~8000 mg/L,pH 值为 4.5~5.8。

B　处理工艺及设备

a　处理工艺的选择

亚麻厂的生产主要集中在每年 3 月末到 10 月中旬,有 5 个月不排放沤麻废水,因此选择处理工艺时需要考虑冬季停运问题,故决定采用物化-好氧生化组合技术。物化部分采用混凝沉淀-气浮,生化部分采用氧化沟,其出水采用稳定塘-煤渣滤池深度处理工艺,再生水直接回用沤麻生产过程。沤麻废水处理工艺流程如图 6-31 所示。

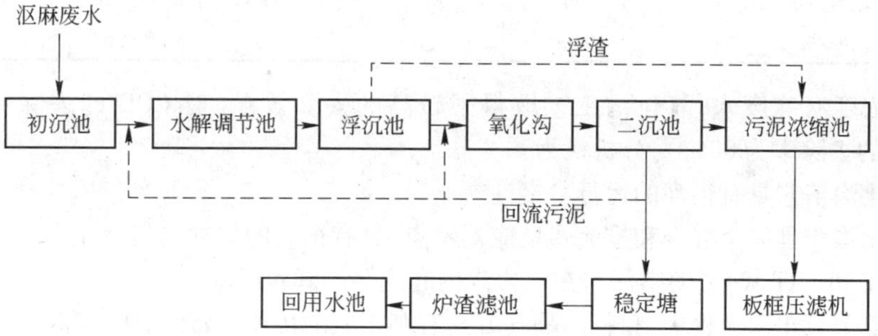

图 6-31　沤麻废水处理工艺流程

(1) 物化工艺。物化处理部分投加硫酸铝 300~500 mg/L,同时投加石灰调 pH 值至 6.5~7.0,物化工艺可去除部分难以生物降解的污染物质和悬浮态物质,对 COD 的去除率为 30%~36%(其中混凝沉淀去除 18%~30%,气浮去除 8%~12%),去除色度为 60%~75%。

(2) 氧化沟工艺　氧化沟在第 1 年和第 2 年启动及正常运行期均出现过大量的泡沫,最严重时泡沫平均厚达 2 m。分析认为,启动期主要是由较高的污泥负荷所引起,而正常运行期是由于丝状菌过度增殖所引起。控制泡沫采取的措施是调整氧化沟的运行模式并控制污泥负荷。

(3)深度处理工艺利用有利的地势条件,设计了稳定塘-煤渣滤池深度处理工艺。稳定塘 HRT 长,具有独特的菌藻共生体系与稳定的食物链,对难生物降解物质具有较好的去除效能;煤渣滤池通过过滤及吸附截留污染物质,进一步降低 COD、色度和 SS,pH 值有所提高。实践表明,深度处理出水回用于沤麻生产过程,实现了水资源的良好循环。

b　主体构筑物及设备

该废水处理工程的主体构筑物及设备如表6－16所示。

表6－16　沤麻废水处理工程的主体构筑物及设备

构筑物及设备	尺　寸	数　量	设计及运行参数
初沉池	5 m×10 m×2.4 m	1	HRT为1.5 h
水解调节池	10 m×20 m×4 m	1	HRT为10 h
混凝沉淀－气浮池	5 m×5 m×5.5 m	1	絮凝时间为10 min,气浮池表面负荷为3.6 $m^3/(m^2 \cdot h)$,回流比为25%～40%
氧化沟(4台曝气转刷)	直段:48 m×12 m;转弯段:R＝6 m,有效水深为4 m	2	HRT为72～96 h,SRT为30 d,MLSS为3～4.5 g/L
二沉池	15 m×5 m×2.4 m	1	HRT为2.5 h
稳定塘	150 m×200 m,平均水深为2.5 m	1	HRT为40 d
炉渣滤池	6 m×6 m×4 m	2格串联	HRT为2 h,水力负荷为2.0～3.0 $m^3/(m^2 \cdot h)$

C　组合工艺的处理效果

运行期间组合工艺各单元对COD的去除效果如表6－17所示。

表6－17　组合工艺各单元对COD的去除效果

项　目	水解调节池	浮沉池	氧化沟	稳定塘	煤渣滤池
进水质量浓度/$mg \cdot L^{-1}$	4755	4254	2892	180	58
出水质量浓度/$mg \cdot L^{-1}$	4254	2892	180	58	25
去除率/%	10.5	32	94	67	56

对于高浓度沤麻废水,氧化沟工艺取得了较高的去除效果(对COD的去除率为93%～97%,对TN的去除率为80%),分析认为:

(1) 氧化沟工艺具有很高的运行稳定性。

(2) 氧化沟兼具完全混合和推流式反应器特点,具有很高的抗冲击负荷能力。

(3) HRT和SRT较长,使得污水在氧化沟内有充足的降解时间。

(4) 在整个氧化沟流程中,独特的曝气方式有利于氧的传质、液体的混合和污泥絮凝。

D　运行成本

工程总投资为260万元,总装机容量为198 kW,运行成本为0.991元/m^3,其中电费为0.533元/m^3,药剂费为0.383元/m^3,人工费为0.075元/m^3。

6.3　微生物在给水处理中的应用

我国是水资源严重短缺的国家之一,在国内90%以上的城市水域受到不同程度的污染,约50%的重点城镇的集中饮用水水源不符合标准。由于受纳水体的污染,不仅加剧了城市用水的供需矛盾,而且直接影响了城市供水水质,威胁城镇居民的健康。

19世纪下半叶,在发现水是引起某些较严重疾病的细菌携带者并导致人类疾患之后,19世纪后期开始使用混凝和过滤,20世纪初开始使用氯消毒,这些措施明显减少了与水有关的疾病。

目前,对饮用水水质保证的主要加强措施是强化现行的常规给水处理工艺以及供水安全输配和发展除污染的高新技术。

6.3.1 给水工艺概况及特点

人们生活用水主要来自于城市自来水厂供水，少部分取自地下水，自来水厂水源多为江河、湖泊、水库等，其常规处理工艺如图6-32*a*所示。水源水经过混凝、沉淀、砂滤及氯化消毒处理，即成为饮用水。但近年来，随着经济的迅速发展，含有毒有害物质的工业废水、生活污水未经处理或只经部分处理便排入天然水体，直接或间接地造成饮用水水源的污染，从而影响了水厂出水的水质。对于这种情况，许多水厂在饮用水常规处理工艺的基础上加入了活性炭过滤单元，较好地保证了处理工艺的出水水质（如图6-32*b*）。

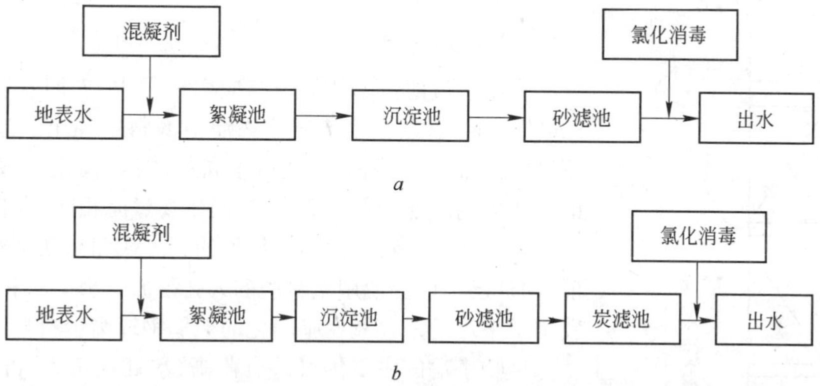

图6-32 饮用水常规处理工艺

然而，随着人们生活水平的不断提高，人们对饮用水水质提出了更加严格的要求。从常规处理工艺来看，目前工艺对水源水的混凝处理，常用的混凝剂是聚合铝（铁）盐。当水源水受到污染时，水体浊度、重金属离子及某些有机污染物指标较高，常需要增加混凝剂铝（铁）盐的用量，使得出水中残留的铝元素增加，同时产生大量的含金属污泥，难以处理。另一方面，对饮用水的消毒处理一般多采用氯消毒，由于水体中的许多有机物能与氯反应，从而导致在水源水入厂的预氯氧化时，能产生多种卤代物，成为消毒副产物前体，并在投氯消毒过程中生成三卤甲烷等“三致”（致癌、致畸、致突变）物质，严重影响水质，对人们的身体健康形成威胁。即使是添加活性炭吸附环节，也对水中氯化产生的“三致”物质不能有效去除，特别是对卤代烃前驱物和相对分子质量大于3000的物质去除效果更差。

目前，饮用水生物处理技术在欧洲较为普及，尤其是法国的研究和使用代表着当今世界生物处理的先进水平。在国内一些大城市和新建城市对原工艺进行了改造，一些安全高效的饮用水深度处理技术正在得到广泛应用。这些深度处理技术包括生物活性炭技术、生物预处理技术、膜处理技术以及臭氧-生物活性炭技术等，这些工艺机理与废水处理相似。

6.3.2 微污染水源水的生物处理

在给水处理工艺中，利用微生物对饮用水的处理可以分为两大类，即对饮用水源水的生物预处理和给水深度处理中的生物处理环节。

6.3.2.1 饮用水源水的生物预处理

预处理通常是指在常规处理工艺之前，采用适当的物理、化学和生物等处理方法，对水源水中的污染物进行初级去除，以便使常规处理工艺更好地发挥作用，提高对污染物的去除效果，改善和提高饮用水水质。

生物预处理是指在常规净水工艺之前增设生物处理工艺段,借助于微生物群体的新陈代谢活动,对水源水中的有机污染物、氨氮、亚硝酸盐及铁、锰等无机污染物进行初步去除。它在饮用水处理中具有以下特点:

(1) 能去除氨氮、铁、锰等污染物。

(2) 能有效地去除原水中可生物降解有机物(BOM)。

(3) 能较好地去除低浓度有机物。

(4) 使整个处理工艺出水更安全可靠;

(5) 经济、有效。生物预处理去除有机污染物、氨氮、铁、锰等,与物化处理相比,具有经济、有效且简单易行的特点。

A　生物塔滤

在生物过滤技术的研究与应用过程中,人们发现高度大于 8 m 左右时,可以克服普通生物滤池滤料空隙小所造成的通风不良的困难,因此创造了池身很高的滤池(高度一般大于 8 m,即塔式生物滤池(图 6 - 33))。同生物过滤相同,生物塔滤控制污染也是通过滤料表面的生物膜的新陈代谢活动来实现的。目前,国外已经广泛使用塑料制的大孔径波纹板滤料和管式滤料,我国常采用的是环氧树脂固化的玻璃钢蜂窝填料。

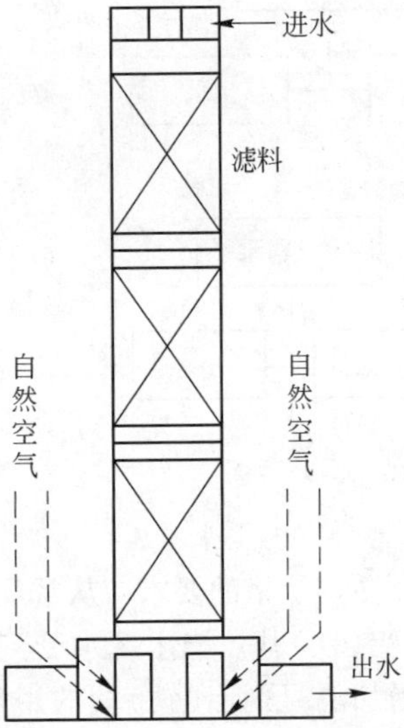

图 6 - 33　生物塔滤

生物塔滤的主要优点是负荷高、水处理量大、占地面积小,且对水量、水质突然变化的适应性较强。其缺点是动力消耗较大,且运行管理较为不便。

B　生物过滤反应器

生物过滤反应器是目前研究较多、应用较广的生物处理方法,有淹没式生物滤池(曝气或不曝气,其构造示意如图 6 - 34 所示)、煤/砂生物滤池以及慢滤池。滤池中装有比表面积较大的填料,通过固定生长技术在填料表面形成生物膜,在水体与生物膜不断接触过程中,有机物及氮等营养物质被生物膜吸收利用而被去除。一般认为,当出水溶解氧质量浓度大于 2 mg/L 时,可以不用曝气。

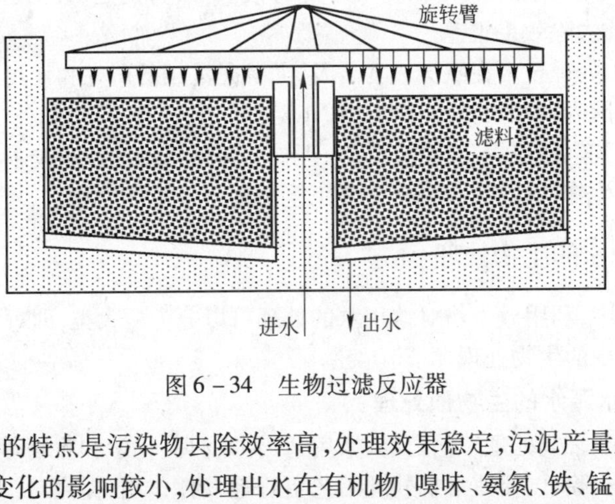

图 6 - 34　生物过滤反应器

生物过滤反应器的特点是污染物去除效率高,处理效果稳定,污泥产量少,运行费用低,管理方便,且受外界环境变化的影响较小,处理出水在有机物、嗅味、氨氮、铁、锰、细菌、浊度等方面均有不同程度的降低，使后续常规工艺的混凝剂用量与消毒用氯量减少。

C 生物转盘

生物转盘在废水处理中已被广泛采用（图6－35），而在给水处理中，其主要应用于水源水污染较为严重的情况。由于生物转盘上的生物膜能够周期地运动于空气与水两者之中，微生物能直接从大气中吸收需要的氧气（减少了溶液中氧传质的困难），使生化过程更为有利地进行，从而使得对有机污染物和氨氮的去除效率高。

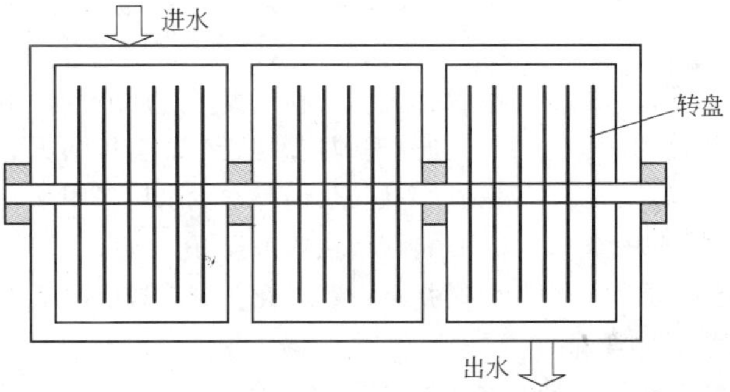

图6－35 生物转盘

生物转盘上生物膜生长的表面积大，生物量丰富，不会出现生物滤池中滤料堵塞的情况，容易清理和维修管理，而且生物转盘有较好的耐冲击负荷能力，运转费用较低，脱落的生物膜也易于处理。不足之处是生物需要的接触时间较长，构筑物占地面积较大，而且塑料盘片的价格较贵。

D 生物接触氧化

生物接触氧化法也叫做浸没式生物膜法，如图6－36所示，即在池内设置人工合成填料，经过充氧的水以一定的速度流经填料，使填料上着生生物膜，在水体与生物膜接触过程中，通过微生物的代谢作用，使水中污染物质得到降解与去除。这种工艺是介于活性污泥法与生物过滤之间的处理方法，其生物膜上生物相很丰富，除细菌外，球衣细菌等丝状菌也得以大量生长，并且还繁殖着众多种属的原生动物和后生动物。它作为水源水预处理的研究与应用在日本开展得较为普遍。

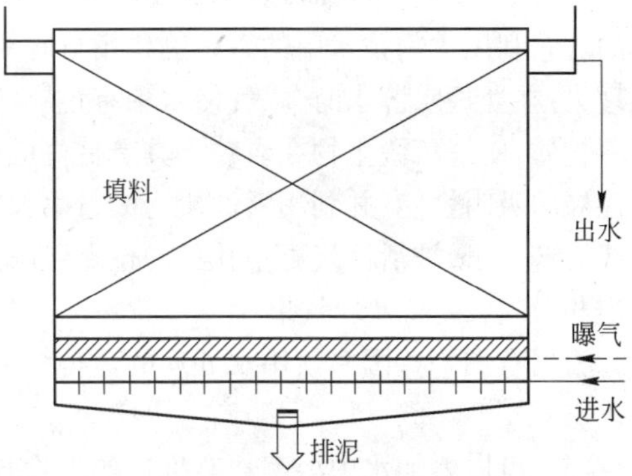

图6－36 生物接触氧化池

接触氧化法的主要优点是处理能力大，对冲击负荷有较强的适应性，污泥生成量少，能保证出水水质，易于维护管理。缺点是在填料间水流缓慢，水力冲刷少，生物膜只能自行脱落，更新速度慢易引起堵塞，布水布气不易达到均匀，而且填料的使用会大大增加投资费用。

E 生物流化床反应器

生物流化床反应器（图6－37）采用底部进水，顶部出水，使反应器内的填料有较高的膨胀率（30%～50%），达到流化状态；使生物膜均匀分布，生物膜与营养基质（溶解氧、C、N、P等）接触几率增加，传质效果得以改善，基质在液相和生物膜之间的转化加快，反应器内细菌浓度较高，生物氧化在更快的反应速度下进行，提高了处理效率，对有机物和氨氮的去除效果较好。

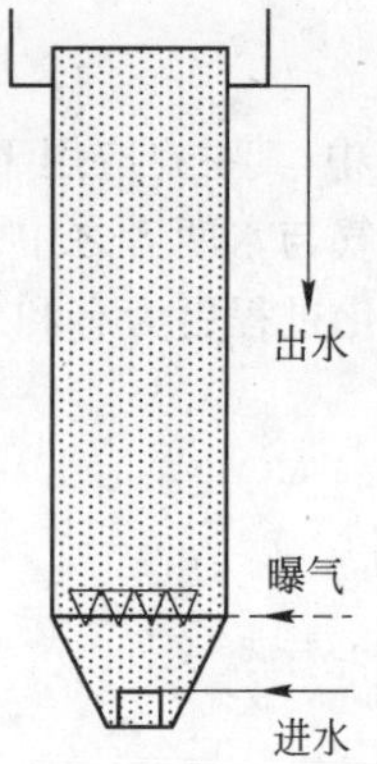

图 6－37 好氧生物流化床

生物流化床能承受较高的污染负荷,出水水质较好,它克服了固定填料中容易出现的堵塞问题,对污染物质的去除效果稳定。缺点是动力费用高,维护管理较复杂,且容易出现载体流失现象。

F 土地处理系统

利用土地生态系统对水源水进行预处理,也是一种重要的预处理技术,它使水源水通过堤岸过滤或沙丘渗透以利用土壤中生长的大量微生物对水中污染物质进行降解去除,净化水质。例如,利用堤岸过滤或沙丘渗透等系统对莱茵河水进行预处理的技术已有 70 多年的历史。目前,在德国、法国和荷兰等国家,仍有不少水厂采用该方法作为处理流程中的第一个环节,且效果良好。土地生物处理系统对有机化合物尤其是有机氯以及氨氮有较好的去除效果,该方法投资省,处理效果好,但占地大,不易管理。

6.3.2.2 给水深度处理中的生物处理

深度处理通常是指在常规处理工艺以后,采用适当的处理方法,将常规处理工艺不能有效去除的污染物或消毒副产物的前体物加以去除,提高和保证饮用水质。应用较广泛的深度处理技术有活性炭吸附、臭氧氧化、生物活性炭、膜技术等。对于生物处理,本节将着重介绍生物活性炭及臭氧生物活性炭技术。

A 生物活性炭

生物活性炭(biological activated carbon,BAC)技术是从活性炭在饮用水处理的应用实践中产生的。它利用生物技术中的微生物作用分解氧化有机物,并与活性炭吸附技术相结合。其作用机理为:在处理水源水时,曝气使水中有足够的溶解氧,同时活性炭吸附水中可供微生物生长的营养物质,使好氧微生物在炭粒上具有良好的生长环境。当水源水通过生物活性炭时充分利用活性炭的吸附性能,并利用活性炭上大量生长的微生物将有机物大分子或长链分子分解为小分子或短链分子,被活性炭更小孔径的位点吸附,这样可增加活性炭的吸附能力,延长活性炭的吸附饱和时间, 提高处理效果。

根据欧洲一些国家饮用水处理的运行结果,采用生物活性炭比单独采用活性炭吸附具有以下优点:

(1) 可以增加水中溶解性有机物的去除效果,提高出水水质。

(2) 延长了活性炭的再生周期,减少了运行费用。

(3) 水中氨氮可以被生物转化为硝酸盐,从而减少了后氯化的投加量,降低了三氯甲烷的生成量。

B 臭氧－生物活性炭(O_3-BAC)

生物活性炭通过活性炭的物理吸附与活性炭表面附着微生物群落的生物降解等作用去除天然有机物(NOM)。但是,饮用水源中的大多数天然有机物属难降解有机物,在不投加臭氧的情况下生物降解效率较低。臭氧化产生的大部分可生物降解有机碳(BDOC)可以在 BAC 中被活性炭吸附和生物降解去除,而被吸附的 BDOC 将会被不可生物降解有机碳(non-BDOC)取代或被生物降解而去除。由此可见,BAC 内部生物降解作用与物理吸附作用同时存在,并且相互影响。

臭氧－生物活性炭基本工艺流程如图 6－38 所示。该工艺进行了 2 次臭氧投加,当水源水入厂后，即对原水进行第一次臭氧氧化，称为预臭氧，可以提高混凝处理效果，并能有效避免水体中氯化消毒副产物前体——卤代烃前驱物的产生。预臭氧后的水经过絮凝沉淀、砂滤后，即进行第二次臭氧氧化，称为主臭氧。该过程将水体中的大分子有机物分解成小分子有机物，将大部分氧化难生物降解有机物氧化成可生物降解有机物，增强有机物的生物可降解性和可吸附性，以利于后续生物活性炭的生物降解。

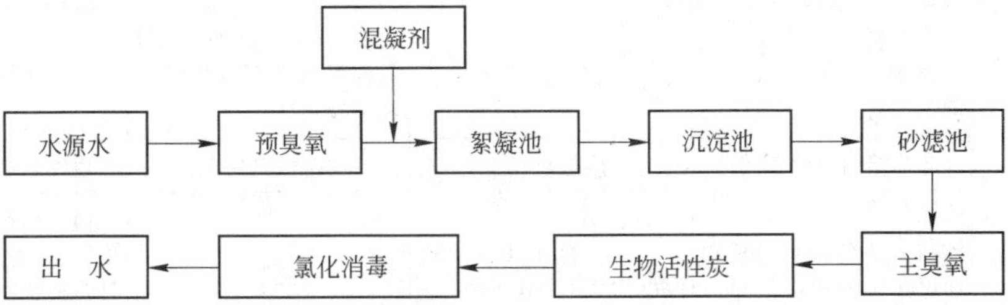

图 6-38　臭氧-生物活性炭工艺流程

臭氧-生物活性炭技术从 20 世纪 60 年代发明以来，已在欧洲、美国、日本等发达国家广泛采用。运行结果表明，此工艺对氨氮（NH_3-N）和总有机炭（TOC）的去除率比单独采用臭氧或活性炭处理要高许多，分别高 70% ~90% 和 30% ~75%，这表明臭氧的氧化作用有效地提高了活性炭的生物活性。法国鲁昂市夏佩尔水厂的运行结果表明，臭氧-生物活性炭技术可以去除水中 85% 的有机物（以 TOC 计）。

臭氧-生物活性炭工艺在国内起步较晚，国内并没有得到大规模的普及，其工艺大都借鉴于国外工程。但就国内使用该工艺的饮用水工程来看，其处理效果好，出水水质均能达到国家标准，尤其对微污染有机物的去除效果较高。

国内大庆石化总厂、前郭炼油厂、北京田村山水厂、上海周家渡水厂等都在采用臭氧-生物活性炭工艺处理原水、饮用水。

总之，生物活性炭技术与单独使用活性炭吸附工艺相比，出水水质得到提高，增加了水中溶解性有机物的去除，对饮用水中微量污染物有很好的去除效果，水中氨氮可以被生物转化为硝酸盐，这样降低了消毒时氯的投加量，从而降低了水中的三氯甲烷生成量，并延长了活性炭的再生周期，减少了运行费用。

6.3.3　给水生物处理中的生物相

在给水生物处理中微生物所处的水环境是一个寡营养状态，对于不同的给水生物处理工艺，由于生存环境以及外界条件的不同，其微生物种类、数量和代谢活性等方面均不相同。当工艺稳定运行时，微生物之间将形成相互关系和相互制约的动态平衡体系，而这个体系也直接影响、决定着处理工艺的运行处理效率。

在生物处理的生物载体上，当挂膜过程完成后，随着处理时间的延续，载体上普遍先后出现腥臭味且手感滑腻的生物膜，其中有原生动物、后生动物、菌胶团、丝状菌和真菌，系统运行稳定后，还有有轮虫和线虫出现。

生物相中占优势的原生动物以固着型纤毛虫为主，如钟虫、小口钟虫、累枝虫等，其次还有游泳型纤毛虫，如豆形虫等。当设备营养状况有较大改变时，即系统非正常运行时，则原生动物中固着型钟虫、累枝虫突然消失，伴随着丝状菌稀少和菌胶团结构松散，此时出水水质变差。

生物相中同时存在着后生动物，如轮虫、线虫、红斑瓢体虫等，它们以其他微生物残体为食，能软化生物膜、促进生物膜脱落，从而经常保持生物膜的活性和良好的净化能力，当轮虫等后生动物数量多且活跃、个体肥大时，则生物处理的效果好；反之，其处理效果差。

表6－18中列举了一些生物预处理工艺生物相的研究实例（主要为生物接触氧化工艺）。

表6－18 净水生物预处理工艺生物相研究实例及其有关运行参数

研究者	陈洪斌	汤利华、许建华等	周建平	黄晓东等
研究水源	东深微污染源水生物预处理（以深圳水库为源水）	宁波梅林水厂（以姚江水为源水）	无锡市充山水厂（以太湖流域富营养化的梅梁湖为源水）	珠江水污染水源
处理工艺	生物接触氧化工艺	生物接触氧化工艺	生物接触氧化工艺	生物陶粒反应器
生物膜特点及生物相	（1）成熟生物膜平均厚度在0.04～0.15 mm； （2）成熟生物膜呈褐色至深褐色； （3）有八个门的动物出现，种类繁多，绝大多数属清水型动物； （4）优势动物种有钟虫、累枝虫、盖纤虫、轮虫、环节动物、苔藓虫等； （5）生物膜沿池程分布呈倒金字塔	（1）成熟生物膜平均厚度为0.1～0.3 mm； （2）成熟生物膜呈黄褐色； （3）表层生物膜中可见大量藻类，下层生物膜中藻类数量明显减少； （4）在上下层生物膜中观察到钟虫； （5）在上下层生物膜中观察到硝化杆菌，下层数量明显比上层的多	（1）弹性填料上为一层褐色薄膜； （2）较多菌胶团出现，并有大量分泌物； （3）以纤毛虫和轮虫为代表的原生动物活跃	（1）陶粒表面及陶粒与陶粒空隙之间都生长出典型的菌胶团生物膜，其间穿插生长着一些丝状菌； （2）生物膜内和周围可见一些原生动物及形体更大的后生动物； （3）反应器内的细菌主要是贫营养菌，其优势菌种为假单胞菌属； （4）后生动物有轮虫和线虫； （5）原生动物有钟虫和等枝虫
挂膜方式	自然富集培菌挂膜方式	自然培菌挂膜方式	自然培菌挂膜方式	外加营养强化接种挂膜方式：补一定量葡萄糖，为碳源，尿素和磷酸二氢钾为氮及磷源
工艺参数	HRT＝60 min； 气水比：1.2∶1～1.7∶1； 水温：t＝20～30℃； 曝气方式：穿孔管曝气； 生物膜培养时间：15～21 d（25℃以上），30 d（25℃以下）； 填料：采用YTD型弹性立体填料、TA波形填料、PWT网状立体填料	HRT＝90 min； 气水比：1.1∶1～3.1∶1； 水温：t＝24.5℃； 曝气方式：逆流穿孔管曝气； 生物膜培养时间：7～12 d； 填料：采用YTD型弹性立体填料	气水比：0.7∶1～1.0∶1； 水温：t＝15～28.4℃； 曝气方式：微孔曝气； 生物膜培养时间：13～16 d； 采用颗粒和弹性立体填料	HRT＝30 min； 气水比＝1.1∶1； 水温：t＝20℃； 曝气方式：逆流曝气 生物膜培养时间：8 d； 填料：采用页岩烧结陶粒
部分物质去除率	$\eta(COD_{Mn})=10\%\sim30\%$； $\eta(NH_3\text{-}N)\geq75\%$； $\eta(BOD_5)=5.76\%\sim66.2\%$	$\eta(COD_{Mn})=20\%\sim30\%$； $\eta(NH_3\text{-}N)>90\%$； $\eta(TOC)=22\%$； $\eta(COD_{Cr})>25\%\sim35\%$	颗粒填料： $\eta(COD_{Mn})>25\%$； $\eta(NH_3\text{-}N)>75\%$； $\eta(NO_2\text{-}N)>65\%$； 弹性填料： $\eta(COD_{Mn})>30\%$； $\eta(NH_3\text{-}N)>65\%$； $\eta(NO_2\text{-}N)>60\%$	$\eta(COD_{Cr})=29.3\%$； $\eta(NH_3\text{-}N)=92.7\%$； $\eta(BOD_5)=90.1\%$； $\eta(OC)=36.6\%$
备注	出现椎丝螺和苔藓虫等特殊微生物	初次挂膜时间较长	颗粒填料见效快，在低温下（＜10℃），自然挂膜不成功	挂膜期间水力停留时间为60 min，气水比为2∶1

注：1. 处理水性质均为生活饮用水；2. HRT为工艺水力停留时间；3. 表中各物质去除率均采用η表示。例如：BOD_5的去除率即为$\eta(BOD_5)$；气水比为体积比。

6.3.4　消毒技术

目前,受到较多关注的水传播病毒是传染性肝炎的致病体——甲肝病毒。最大的问题在于食用生贝类,如牡蛎。贝类能通过在人类粪便污染的水体中进行过滤式捕食而富集病毒颗粒。1955 年,在印度新德里爆发了一次大规模的传染性肝炎,近 3 万人遭受感染,是由于当时排入河流的污水回流到给水厂的取水点所致。

最常见且最可怕的水传播传染病是伤寒、痢疾和霍乱,与水有关的传播仍然经常发生。通过充分的混凝过滤和化学吸毒,可以很容易地将致病细菌从给水中去除。全世界普遍发生的水传染病,通常是由于水未经充分处理而引起的。

最近出现的原生动物疾病是由贾第鞭毛虫和隐孢子虫引起的。20 世纪 60 年代,贾第鞭毛虫病才被确认为一种疑难病(腹泻、恶心等),这与较寒冷气候条件下的供水污染有关。1965～1981 年,美国爆发了 53 次水传播贾第鞭毛虫病,影响人数超过 2 万。贾第鞭毛虫包囊对消毒作用具有抵抗能力,但利用混凝过滤和消毒等有效的水处理过程能够将其去除。动物如麝鼠和海狸,是贾第鞭毛虫细胞及其包囊的主要携带者,经常会污染在荒野地带表面上看似洁净的水。由于这一原因,贾第鞭毛虫病经常被称为海狸热。隐孢子虫致病体导致了有史以来最大的一次水传播疾病。1993 年,在美国密尔沃基有大约 37 万人患上腹泻病,大约 4000 人住院,100 人死于并发症,这次疾病爆发与城市供水系统有关。隐孢子虫是奶牛体内一种常见的肠道病原体,其卵囊是由隐孢子虫形成的一种包囊,对氯消毒的抵抗能力很强,因此必须通过混凝过滤工艺去除。

原水虽然经过预处理和深度处理,但还会含有一些微生物甚至病原微生物。为了使饮用水完全达到卫生安全,须对处理水进行消毒,以杀死病原(致病)微生物。水的消毒有物理方法和化学方法。化学消毒是指使用氯或含氯物质(漂白粉、氯胺、二氧化氯、次氯酸盐)、臭氧、重金属离子等化学药剂对水进行消毒,而物理方法则采用紫外线、超声波以及加热等物理手段。

6.3.4.1　氯或含氯物质消毒

目前在国内水体消毒中,氯消毒是主流消毒方法,99% 以上的水厂仍采用氯消毒。在经济发达的美国,自来水厂也有 94.5% 采用氯消毒。

A　氯气消毒

当 Cl_2 进入水体后,Cl_2 在水中溶解时产生盐酸和次氯酸:

$$Cl_2 + H_2O \longrightarrow HCl + HOCl$$

其他含氯物质进入水体后,水解形成次氯酸:

$$2CaCl_2O + 2H_2O \longrightarrow CaCl_2 + Ca(OH)_2 + 2HOCl$$

$$NaOCl + H_2CO_3 \longrightarrow NaHCO_3 + HOCl$$

或

$$NaOCl + H_2O \longrightarrow NaOH + HOCl$$

$$Ca(OCl)_2 + 2H_2O \longrightarrow Ca(OH)_2 + 2HOCl$$

次氯酸水解形成氢离子和次氯酸根离子:

$$HOCl \longrightarrow H^+ + OCl^-$$

一般认为,在所有的含氯化合物中较为有效的消毒物质是次氯酸。次氯酸是很小的中性分子,能扩散到带负电荷的细菌表面,穿透细菌的细胞壁到达细菌内部,通过氧化作用破坏细菌的酶系统从而使细菌死亡。次氯酸根离子虽然也有杀菌能力,但是带有负电,难以接近带负电的细菌表面,消毒作用不佳。水中的 HOCl,在不同的 pH 值的离解作用($t = 20℃$)汇总于表 6－19 中。

表 6-19 pH 值对离解 HOCl 的影响

pH 值	4	5	6	7	8	9	10	11
$w(OCl^-)/\%$	0.05	0.5	2.5	21.0	75.0	97.0	99.5	99.9
$w(HOCl)/\%$	99.95	99.5	97.5	79.0	25.0	3.0	0.5	0.1

由此可见，物系中的 pH 值越低，在物系中次氯酸含量越高，所以用氯和含氯物质消毒水时，应在加入碱性药剂之前进行。

不过，氯消毒与水中有机物的反应能产生一些消毒副产物，包括三卤甲烷、卤乙酸、卤代酚、卤代醛、卤代酮、卤乙腈、卤代硝基甲烷等，其中主要是挥发性的三卤甲烷和非挥发性的卤乙酸（两者均为“三致”物质），对人体健康构成潜在威胁。然而，由于这种消毒方法设备简单、使用方便、经济、效果可靠，所以至今还在世界范围内广泛应用。

B 二氧化氯消毒

二氧化氯早在 20 世纪 40 年代即被成功用于城市水厂的饮用水消毒。随着对传统氯化消毒工艺产生副产物危害性的研究不断深入，二氧化氯用于饮用水消毒才受到广泛重视。目前，欧洲已有数千家水厂采用二氧化氯作为消毒剂，美国也有 400 余家水厂在消毒工艺中增加了二氧化氯。对于二氧化氯的杀菌机制，一般认为二氧化氯可穿过细胞壁，有效地破坏细菌内含巯基的酶，以此控制微生物蛋白质的合成，杀死细菌和病毒。

与含氯消毒剂相比，二氧化氯具有以下优点：

(1) 二氧化氯在水中不产生三卤甲烷和卤乙酸等副产物，不产生致突变物质，与氯消毒相比，二氧化氯能降低致突活性。

(2) 二氧化氯易溶于水，它在水中的溶解度是氯气的 5 倍左右，其氧化性是氯气的 2.6 倍左右，所以相同条件下，投加量要小于氯气。

(3) 二氧化氯余量的衰减速度慢，消毒持续时间更久。

(4) 二氧化氯弥补了氯消毒易受氨的影响的缺陷，杀菌效果不受氨的影响。

(5) 二氧化氯不水解，消毒效果受酸碱度的影响很小，在 pH 值 4 ~ 9 均有很好的杀菌能力。

(6) 二氧化氯作为氧化剂，可有效地降低水的色、臭及铁、锰、酚等物质。

(7) 氧化性强，能分解细胞结构，并能杀死隐孢子虫。

不过，二氧化氯也有一定的局限性：

(1) 在消毒过程中产生亚氯酸根和氯酸根的无机副产物，实验表明其对人体的血红细胞有损害，对碘的吸收代谢有干扰，还会使血液中的胆固醇含量升高，因此在实际应用中应把二氧化氯用量控制在 0.5 mg/L 以下。

(2) 对有机物的强氧化作用有较强的选择性，不易氧化醇、醛、酮、伯胺等物质。

(3) 二氧化氯本身也有害，特别是在高浓度时。

(4) 常温下极不稳定，其气体易爆，因此必须在现场生产使用。目前，稳定性二氧化氯的成本比较高，纯度不够，其中含有一定的有效氯成分。

6.3.4.2 臭氧氧化

臭氧的杀菌性质在 19 世纪末已被确定，但用它作饮用水消毒却是在 20 世纪初期。当时，在世界上最大的臭氧处理装置是 1911 年彼得格勒臭氧过滤站，该装置每天可处理 50000 m^3 的饮用水。目前，在法国、美国、瑞士、意大利、加拿大以及其他许多国家，为了净化饮用水而建立了多处臭氧处理装置。

臭氧是氧的同素异形变体,通常条件下是浅蓝色气态物质,液态下呈暗蓝色,固态下几乎是黑色,在水中的溶解度比氧高。臭氧的杀菌作用与它的高氧化电势及容易通过微生物细胞膜扩散有关。在水中,臭氧分解如下:

$$O_3 \longrightarrow O_2 + [O]$$

$$[O] + H_2O \longrightarrow 2OH^-$$

氧原子[O]具有极强的氧化能力,对微生物如病毒、细菌甚至芽孢都有极强的杀伤力,还具有很强的渗透能力,从而破坏细菌有机体结构导致细菌死亡。

臭氧分子是不稳定的,随着温度的升高,臭氧分解加速。在干燥的空气中臭氧分解较慢,但在水中较快,在强碱液中最快,而在酸性介质中是足够稳定的。试验研究表明,在1 L蒸馏水中溶解2.5 mg臭氧,经过45 min能分解1.5 mg。

在天然水中,臭氧的溶解度和介质的反应速度与溶于水中物质的数量有关。例如,在水中存在硫酸钙或少量的酸时,会增加臭氧的溶解度;而在水中含碱时,会大大降低臭氧的溶解度。因此,在臭氧氧化水时,应该考虑介质的酸碱性,反应条件应该接近于中性。

由于高的氧化电势(2.076 V),臭氧比氯(氧化电势为1.36 V)具有更强的杀菌作用。臭氧对细菌的作用比氯快,消耗量也明显少。例如,脊髓灰质炎病毒在0.45 mg/L臭氧作用下经过2 min即死亡,而在用氯剂量2 mg/L时,则需要3 h才死亡。

经研究确定,在1 mL原水中含有274~325个大肠杆菌,臭氧剂量为1 mg/L时可使大肠杆菌数减少86%,而剂量为2 mg/L时,则可完全消灭大肠杆菌。孢子形成菌比不形成孢子的细菌对臭氧更为稳定,但这些微生物对氯化作用同样也是稳定的。

臭氧对于水生生物生命活动有致死作用。对于水藻,0.5~1.0 mg/L臭氧是足够的致死臭氧剂量。软体动物门饰贝科幼虫在臭氧剂量0.9~1.0 mg/L时即死亡90%,在臭氧剂量3.0 mg/L时则完全灭亡。水蛭对臭氧是很敏感的,约在1 mg/L臭氧剂量下死亡。为了完全杀死剑水蚤、寡毛虫、水蚤、轮虫,则需要约2 mg/L的臭氧。

对臭氧作用特别稳定的是摇蚊虫、水虱,它们在4 mg/L的臭氧剂量下还不死,但这些有机体同样对氯也是稳定的。

对于水的消毒而言,臭氧的剂量与水的污染程度有关,通常为0.5~4.0 mg/L。水的浊度越大,水的脱色和消毒效果越差,臭氧的消耗量越高。而臭氧消毒的效率与季节温度波动关系甚小。

由于污染物的氧化和矿化,用臭氧消毒的同时可使水的气味消失、色度降低和味道改善。例如,臭氧破坏腐殖质,变为二氧化碳和水。

水的臭氧氧化与氯化相比有许多优点:

(1) 臭氧改善水的感官性能,不使水受附加的化学物质的污染。

(2) 臭氧氧化不需要从已净化的水中去除过剩杀菌剂的附加工序,如在用氯时的脱氯作用,这就允许采用偏大剂量的臭氧。

(3) 臭氧可就地制造,为了获得它只需要电能,且仅采用硅胶作为吸潮剂。

此外,其主要特点还有:

(1) 高效性。投加量少,作用速度快,效果可靠。

(2) 高清洁性。臭氧分解后,不残留任何杂质。

(3) 方便性。臭氧发生器操作使用方便,可设置自动控制程序进行操作。

(4) 消毒副产物少。

(5) 可加快混凝且可控制藻类生长。

(6) 可去除水中铁和锰,改善水质,脱色除臭。

但是,臭氧消毒剂同时也有单独使用效能不佳、能耗高、产率低以及在水中不稳定、易分解的缺点,此外也会产生一些有机副产物和无机副产物。例如,水中的蛋白质、氨基酸、木质素、腐殖酸、链式不饱和化合物、芳香烃、缩环化合物等在臭氧的作用下,会形成甲醛、丙酮酸、丙酮醛和乙酸等有机副产物,其中醛类是致癌致突变物质,无机副产物溴酸根是一种致癌物。为抑制臭氧消毒副产物,可在原水中投加少量的氨氮,以抑制溴酸根和醛类的生成。此外,也可采用臭氧与活性炭联用的方法,通过吸附有机物和微生物,在活性炭表面形成生物膜,提高有机物的可降解性,使降解物在臭氧的氧化作用下转化成酸类,从而降低了醛类的生成。另外,由于臭氧使用需现场制备,成本较高,而且臭氧的高锈蚀性也产生了许多问题。臭氧及其水溶液破坏钢、铁、铜、橡胶和硬质橡胶,所以臭氧装置的所有零件和输送臭氧水溶液的水管,应由不锈钢和铝制造。在这些条件下,装置和输水管的服务年限,由钢制的 15 ~ 20 年变成铝制的 5 ~ 7 年,这在一定程度上也限制了它的广泛应用。

6.3.4.3 紫外线消毒

紫外线(UV)是指电磁波波长处于 200 ~ 380 nm 的光波,一般分为三个区,即 UVA 315 ~ 380 nm, UVB 280 ~ 315 nm,UVC 200 ~ 280 nm。低于 200 nm 的远紫外线区域称为真空紫外线,极易被水吸收,因此不能用于消毒。用于消毒的紫外线是 UVC 区,即波长为 200 ~ 280 nm 的区域,特别是 254 nm 附近。

紫外线消毒机理与前面的氧化剂不同,它是利用波长 254nm 及其附近波长区域对微生物 DNA 的破坏,阻止蛋白质合成而使细菌不能繁殖,并对微生物细胞酶和原生质产生影响,导致细胞的死亡。它对细菌的繁殖体、孢子、原生动物以及病毒都具有致死作用。紫外线的杀菌效率与所给的杀菌能量、悬浮物的存在、微生物的数量和它们的形态学及生理学特性、水的光学窄度或水的吸收特性有关。由于紫外线对隐孢子虫的高效杀灭作用和不产生副产物,紫外线消毒在给水处理中显示了很好的市场潜力。

采用紫外线消毒时,细菌对紫外线作用的抗性具有重要的意义,不同种类的细菌其抗性不一样。为了终止细菌的生命活动,必须达到指定的消毒程度所必需的杀菌能量。

从生理学的观点看,紫外线区分为三种剂量:

(1) 不导致细菌死亡的剂量。

(2) 导致该种类细菌大部分致死的最小杀菌剂量。

(3) 导致该种类细菌全部致死的全剂量。

紫外线的最小杀菌剂量,能刺激一些在无类似照射下处于静止状态的细菌个体的生长和繁殖,更长时间的照射使细菌死亡。例如,在研究热 - 伤寒类的菌种时发现,紫外线照射 0.017 ~ 0.17 s,可引起菌落数的增加,在个别情况下达到 1.6 倍。当照射持续 0.25 ~ 0.83 s 时,相对的菌落数减少,在某些情况下减少至原有的 20% ~ 30%。对消毒对象进行 5s 照射,某些种类的细菌完全死亡。

在所有被照射的热 - 伤寒类的细菌中,大肠杆菌具有最大的抗性。甚至在 5s 照射下,大肠杆菌并未全部死亡。因此,大肠杆菌可作为不形成孢子病毒污染水的处理效果指标。当对含有稳定的孢子形成菌(如炭疽杆菌)的水进行消毒时,对紫外线照射最不敏感的孢子形成菌的抗性应该是确定照射剂量的标准。

紫外线消毒,具有消毒快捷、彻底、不污染水质、运作简便、使用及维护的费用低等优点:

(1) 对致病微生物有广谱消毒效果,消毒效率高。据试验,高强度的紫外线彻底灭菌只需要几秒钟,而臭氧与氯消毒则需 10 ~ 20 min。一般大肠杆菌的平均去除率可达 98%,细菌总数的平均去除率为96.6%。

(2) 对隐孢子虫卵囊有特效消毒作用。

(3) 不产生有毒有害副产物,不会造成任何二次污染,不残留任何有毒物质。

(4) 不增加可同化有机碳(AOC)及生物可降解溶解性有机碳(BDOC)等损害管网水生物稳定性的副产物,不影响水的物理性质和化学成分。

(5) 能降低臭味和降解微量有机污染物。

(6) 占地面积小,消毒效果受水温、pH值影响小。

紫外线消毒的缺点有:

(1) 要求水体具备一定的透明度,其杀菌效果受水中悬浮物和浊度的影响较大,因为水中的悬浮物、有机物和氨氮都会干扰紫外线的传播,进而影响消毒效果。

(2) 管壁易结垢,降低消毒效果。

(3) 没有持续消毒效果,不能解决消毒后在管网中再污染的问题,需与氯配合使用。

(4) 被杀灭的细菌有可能复活。

(5) 国内使用经验较少。

尽管如此,紫外线消毒仍是目前世界上最先进、最有效、最经济的水体消毒方法,在经济发达国家已被广泛使用。加拿大埃德蒙顿的自来水厂,日处理水量为40 t,是目前采用紫外线消毒的最大自来水水厂,温哥华也将在2006年建成日处理量为100万t的紫外线消毒的自来水厂。目前,紫外线消毒在我国也越来越被重视。

6.3.4.4 超声波消毒

不被人们的听觉器所接受的、频率超过20000 Hz的弹性振动称为超声。在技术上用压电和磁致伸缩的方法获得超声振动。

压电方法是基于压电效应。压电效应是将某些物质的晶体放进电场中时,产生机械变形,成为超声源。为了获得超声振动,采用结晶石英(压电石英),由结晶体按一定的方式切割成同样厚度的石英片,在镶嵌的形式中互相研磨,并在两块厚钢片之间黏合,往两块厚钢板通入电流。这种系统作为强大的超声源。

磁致伸缩方法是基于磁致伸缩现象。这是利用磁铁体的磁化作用,并且伴随着改变磁铁体线性尺寸和体积的一种过程。效应的值和符号取决于磁场强化和由磁场方向与结晶轴形成的角度(在单晶体情况下)。实践表明,第一种方法比第二种方法有效。

超声杀菌作用与超声穴蚀作用的能力相关。这种作用是由于超声波在水中的处理对象周围形成由极小的气泡组成的腔,这种腔使处理对象与周围介质隔离,产生相当于几千个大气压的压力,液体的物理状态和超声波频率一起发生激烈变化,从而对超声场内的物质起破坏作用。在这种作用下,人们推测,细菌的死亡是由于在超声造成环境改变后,该作用引起细胞原生质蛋白物质的分解而使细胞生命功能破坏,细胞在机械破坏下死亡。其破坏的效果取决于超声波强度和处理对象的生理特性。

水蛭、纤毛虫、剑水蚤、血吸虫和其他有机体对超声波特别敏感。事实证明,超声波很容易杀死那些能够给饮用水和工业用水带来极大危害的大型有机体,如用肉眼可见到的昆虫(毛翅类、摇蚊、蜉蝣)的幼虫、寡毛虫、某些线虫、苔藓动物、软体动物的饰贝、水蛭等。这些有机体中的许多种类栖息在给水站的净化构筑物内,在有利条件下繁殖和占据很大的空间。同时,在超声波作用下,也能使海洋水生生物区系的动植物死亡。

试验结果表明,在薄水层中用超声波灭菌,1~2 min内就可使95%的大肠杆菌死亡。同时,超声波对痢疾杆菌、斑疹伤寒、病毒及其他微生物也有良好的杀灭作用,并且已应用至牛奶灭菌中。

6.3.5 给水生物处理工程实例

6.3.5.1 国外工程

（1）法国巴黎市 Choisy-Le-Rei 水厂，其原水为塞纳河水，供水能力为 $80\times10^4\ m^3/d$，不仅建有生物滤池，而且在沉淀和 BAC 工序前设有臭氧投加工序，以求最大限度地减少水中有机物含量。法国一些水厂曾采用单一活性炭滤池脱除水中污染物，问题是活性炭寿命较短，需频繁再生，后采用二级臭氧化与活性炭过滤联合处理系统。该水厂处理系统中有 3 个位置投加臭氧：首先向原水中投加臭氧，增加水中有机物在贮存池内的生物降解作用，接着在混凝前投加臭氧以提高混凝处理效果，最后在活性炭吸附前再投加臭氧以增强有机物的可吸附性。在此处理流程中，活性炭吸附放在流程末端，以确保出水水质。同时，预臭氧氧化工序替代了常规预氯化，由此减少了所产生的有机卤化物。此外，原水中所含的高分子腐殖酸和富里酸不易被活性炭吸附，但经臭氧氧化分解后，变成一些易被活性炭吸附的小分子物质，由此提高了活性炭对水中污染物的去除效果。

（2）在日本，北谷净水厂、金町净水厂、柏井净水厂、村野净水厂和猪明川净水厂这 5 个典型水厂均采用臭氧 - 生物活性炭工艺。各水厂采用 O_3-BAC 的目的不同：北谷净水厂去除三卤甲烷，金町净水厂和柏井净水厂去除异嗅和异味，其他净水厂兼具上述两种目的。村野净水厂、猪明川净水厂的水源为同一水源，但 O_3-BAC 的位置不一样。对两者的处理性能进行比较时发现，对霉味、三卤甲烷前驱物质、有机碳、COD_{Mn} 和 LAS 去除效果相近。因此，可认为臭氧、BAC 在处理工艺中的位置，无论在滤池前后，对有机物和三卤甲烷的去除效果没有差异。

（3）德国慕尼黑多奈自来水厂从莱茵河下游取的地表水，多年来一直沿用折点氯化法处理，用常规水处理工艺进行处理后，出水水质中的总有机氯化物和三卤甲烷的含量仍很高，最高时分别达到 200 μg/L 和 25 μg/L，去除效果不是很理想。采用臭氧预氧化取代折点投氯，预投量为 1.0 mg/L，过滤前再进行一次臭氧氧化，投量为 2.0 mg/L，接触时间为 5 min。只用臭氧做氧化剂时不产生有机氯化物，DOC 比原工艺减少 50%，对 NH_3-N 去除效果好，可稳定运行 18 个月以上。活性炭滤池滤速为 18 m/h，活性炭再生周期从原来 2 ~ 4 个月延长到 2 年以上。

6.3.5.2 国内工程

（1）大庆石化总厂选择了滤后水 - 臭氧 - 生物活性炭 - 石英砂过滤 - 出水的工艺流程，采用饮用水处理新工艺流程的大庆化肥厂水厂于 1995 年投产，处理能力为 $800\ m^3/h$。1996 年，采用新工艺流程的大庆龙凤净水厂和大庆乙烯净水厂投产。这三套饮用水深度处理工艺流程基本相同，多年来大庆三个水厂运行状况良好，臭氧处理后原水的 COD_{Mn} 从 4 ~ 6 mg/L 降低到 0.5 ~ 2.0 mg/L，小于设计指标 2.5 mg/L 的要求。同时，通过工程菌活化活性炭技术，解决了水温在 0 ~ 4℃ 时 COD_{Mn} 有时超标的问题。出水浊度和煮沸浊度分别降到 0 ~ 1.0NTU 和 1 ~ 2NTU，水质得到很大改善。对原水进行色质联机检测，发现水中含有机物达 120 种，并确认有 5 种为美国环保局规定的重点污染物，另有 30 种为潜在的有毒物质。经臭氧 - 生物活性炭工艺处理后再氯化消毒，发现出水中只含有 6 种有机化合物，且无毒害作用，其中检不出三氯甲烷和四氯化碳，说明经臭氧 - 生物活性炭工艺深度处理后的水质得到很大改善。对水厂最后出水水质分析结果表明，水质指标均达到世界卫生组织和一些发达国家的饮用水水质指标，并达到我国“国家城市供水 2000 年技术规划”第一类水质要求指标的水平。

（2）前郭炼油厂原饮用水水源为浅层地下水，由于浅层地下水的不断开采，现已日渐枯竭，且污染日趋严重，所以1994年该厂决定用松花江水作为饮用水水源。当时，松花江水虽污染程度较轻，但经沉沙、混凝沉淀及静沉7天后，水中仍能检验出81种有机物，其中含有美国国家环保局规定的重点污染物5种。采用常规给水处理工艺却很难保证出水水质，因此该厂采用臭氧－活性炭吸附技术深度处理饮用水（设计处理能力400 m^3/h）。松花江水经臭氧－活性炭吸附工艺处理后，出水水质完全达到国家饮用水标准，且多数水质指标优于地下水处理后水质，COD_{Mn}仅为0.75 mg/L，去除率高达90.3 %，出水COD_{Mn}远低于2.5 mg/L的国际饮用水标准。对细菌去除率高达99.9%，对大肠杆菌的去除率也较好，这两项水质指标也均达到国家饮用水标准，水中重金属离子含量、氟化物、硫酸盐含量指标均优于处理后的地下水，并且远低于国家饮用水标准。多年来，臭氧－活性炭吸附水处理装置运行平稳，操作方便，效果良好。

小　结

以微生物作用为主的生物处理方法是废水处理中最基本的方法之一，废水生物处理的实质是以含污染物的废水为培养基，在适当条件下对混合的微生物种群进行连续培养，通过微生物作用使污染物转化为对环境无害的物质。微生物在废水处理中涉及相当多的机制，其中最主要的是微生物对有机物的生物降解作用，其次在生物处理中还有吸附、沉淀、气提和伴随某些简单或复杂的化学反应发生。

1. 微生物处理废水的基本方法有好氧处理、厌氧处理和兼氧处理。

2. 微生物在污水处理中主要应用于活性污泥法、生物膜法、厌氧处理法以及脱氮除磷。

(1) 活性污泥处理系统主要由活性污泥反应器、二沉池、污泥回流系统和曝气及空气扩散系统等组成。活性污泥是活性污泥处理系统中的主体作用物质，活性污泥中的微生物主要有：菌胶团细菌、丝状细菌、真菌、原生动物、微型后生动物。影响活性污泥活性的因素有：BOD负荷、水温、溶解氧、pH值、营养盐、有毒物质等。

(2) 生物膜处理法是与活性污泥法并列的一种污水好氧处理技术。生物膜中的微生物主要有细菌、真菌、放线菌、原生动物和微型后生动物。生物膜法是利用固着在介质表面的微生物处理污水，具有能耗低、维持费用低、运转管理方便、抗毒物冲击能力强、产生污泥量少的优点。

(3) 最新的厌氧处理法的理论为三阶段理论，第一阶段为水解发酵阶段；第二阶段为产氢产乙酸阶段；第三阶段为产甲烷阶段。厌氧生物处理过程是一个连续的微生物学过程，参与厌氧消化的微生物类群总体上可分为两大类：非产甲烷菌和产甲烷菌。

厌氧生物处理工艺条件较为复杂，要注意以下几点：严格厌氧条件；营养条件；温度；pH值；搅拌和污泥接种。

(4) 氮、磷是导致水体富营养化的主要原因，另外不同形式的氮还会引起环境问题。生物脱氮的基本原理为：在有机氮转化为氨氮的基础上，通过硝化反应将氨氮转化为亚硝态氮和硝态氮，再通过反硝化反应将硝态氮转化为氮气从水中逸出，从而达到脱氮的目的。

废水生物除磷包括厌氧释磷和好氧摄磷两个过程，所以废水生物除磷的工艺流程一般由厌氧工艺段和好氧工艺段组成。主流除磷有多个系列包括A/O、A^2/O、SBR等。影响生物除磷的因素主要有：溶解氧、硝态氮、温度、pH值、BOD负荷、污泥龄等。

3. 在给水处理工艺中，利用微生物对饮用水的处理可分为饮用水源水的生物预处理和给水深度处理中的生物处理环节两大类。

(1) 饮用水源水的生物预处理通常在常规处理工艺之前，主要工艺有：生物塔滤、生物过滤反应器、生物转盘、生物接触氧化、生物流化床反应器、土地处理系统。

给水深度处理中的生物处理通常在常规处理工艺之后，主要工艺有：生物活性炭、臭氧-生物活性炭。

(2) 原水虽然经过预处理和深度处理，但还会含有一些微生物甚至病原微生物，须对处理水进行消毒，杀死病原微生物。水的消毒可分为物理法和化学法。化学消毒是使用氯或含氯物质、臭氧、重金属离子等化学药剂对水进行消毒，物理消毒是采用紫外线、超声波以及加热等手段对水进行消毒。

思考题

6-1 微生物有氧呼吸的特点有哪些？

6-2 高分子量有机物的厌氧降解可以分为哪几个阶段？

6-3 哪些因素对发酵和水解过程有限制作用？

6-4 活性污泥法的一般工艺是什么样的？

6-5 生物膜的结构及降解机理分别是什么样的？

6-6 生物膜有哪些类型，有什么特点？

6-7 生物脱氮工艺的机理是什么？

6-8 生物除磷工艺的机理是什么？

6-9 生物脱氮除磷工艺有哪些，影响脱氮除磷效果因素都有哪些？

6-10 污水处理厂调试一般包括哪些内容？

6-11 饮用水处理的一般工艺是什么，生物深度处理技术有哪些？

6-12 什么是饮用水源水的生物预处理，其特点有哪些，它包括了哪些方式方法，试简述各方法的应用。

6-13 什么是给水深度处理，试描述 BAC 工艺和 O_3-BAC 工艺并比较其优劣。

6-14 给水生物处理中的生物相主要有哪些？

6-15 为什么要为饮用水进行消毒，常用的消毒方法有哪些，各方法的消毒机理是什么？

7　微生物在大气污染治理中的应用

本章要点

(1) 有机废气的生物净化过程和方法；

(2) 应用微生物技术净化 SO_2 的工艺和原理；

(3) 微生物净化含 NO_x 废气的原理。

随着我国工业现代化进程，电子、塑料、橡胶、印刷、建材、化工等行业的迅速发展，行业生产过程中排入大气环境中的有机污染物（如苯系物、醛酮类、醇类等芳香族化合物）也在迅速增加。工业有机废气污染已直接对人们的健康造成危害。随着公众环保意识的不断提高，人们对空气质量的要求越来越高，执行的环保排放标准也越来越严格，有害空气污染物质和工厂臭气造成的环境污染问题越来越受到人们的重视，传统的物理化学方法已经不能完全满足人们对空气净化的要求。

微生物法净化方法应用于废水处理领域，已有100多年的历史，而利用微生物治理大气污染的历史则很短。美国"利用微生物处理废气"于1957年获得专利；从20世纪70年代起荷兰和德国科学家将其应用于有机废气净化领域，并且获得了良好的净化效果；之后废气生物处理的研究与应用才引起各国的重视。到80年代，德国、日本、荷兰等国已有一定数量工业规模的各类生物净化装置投入运行。对于低质量浓度（$\leqslant 5\ mg/m^3$）、生物降解性好的气态污染物，生物处理的效率可达到90%以上，显得更加经济有效。

生物法已逐渐成为世界工业废气净化研究的前沿热点课题之一。同传统的大气污染治理技术相比，利用微生物法治理大气污染具有处理效果好、设备简单、能耗低、不消耗有用的原料、投资及运用费用低、易于管理、安全可靠、无二次污染等优点。

目前，微生物处理大气污染主要用于净化有机污染物，特别是脱除臭味，此外在烟气脱硫、氮氧化物净化等方面的研究和工业应用也取得了可喜的进展。在我国，这些方面的科研成果尚未广泛应用于工程实践中，亟待开展相关的研究开发工作。

7.1　有机废气的微生物处理技术

有机废气的微生物处理技术属于一种环保友好技术。如前所述，相对于传统的物理化学处理方法，微生物法更加适用于处理低质量浓度的有机气态污染物质，且具有投资运行费用省、维护管理简单、不产生二次污染等特点。在欧洲，燃料费用较高，对于恶臭的控制规范也十分严格，因此微生物法广泛用于去除恶臭气体。

7.1.1　有机废气的微生物处理原理

微生物处理技术的实质是利用有孔的、潮湿的介质上聚集的活性微生物的生命活动，将废气中的有害物质转变为简单的无机物（如 CO_2 和 H_2O）或组成自身细胞。与废水生物处理不同，废气的生物净化过程中，气态污染物首先从气相转移到液相或固相表面的液膜中，然后才能被液相或固相表面的微生物吸附并降解。

一般认为微生物法净化有机废气需经历三个步骤：

(1) 有机废气成分首先同水接触并溶于水中(即由气相扩散进入液相)；

(2) 溶解于液相中的有机成分在浓度差的推动下，进一步扩散至介质周围的生物膜(如图 7－1 所示)，进而被其中的微生物捕捉并吸收；

(3) 进入微生物体内的有机污染物在其自身的代谢过程中作为能源和营养物质被分解，经生物化学反应最终转化为无害的化合物。

微生物处理有机废气过程如图 7－1 所示。

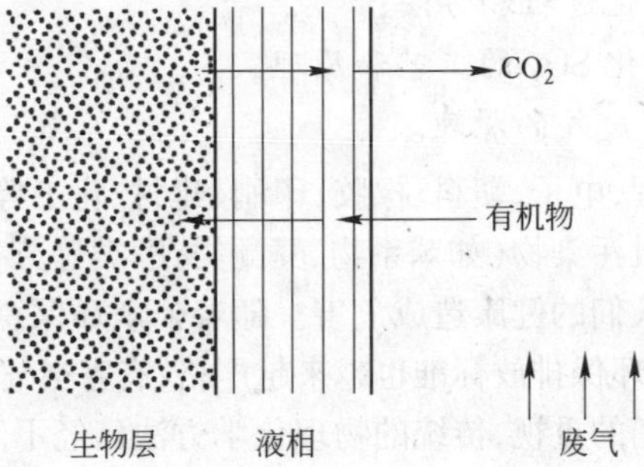

图 7－1　微生物处理有机废气过程示意图

7.1.2　有机废气的微生物处理工艺

有机废气的微生物处理方法包括生物过滤法、生物滴滤法、生物吸收法和生物洗涤法等。

7.1.2.1　生物过滤法

生物过滤法废气处理工艺利用含有微生物的固体颗粒吸收废气中的污染物，然后微生物再将其转化为无害物质。常用的工艺设备包括土壤滤池、堆肥滤池和微生物过滤箱。生物滤池中，有孔的介质通过进气的湿度调节器和偶尔的喷淋而保持潮湿，如图 7－2 所示。

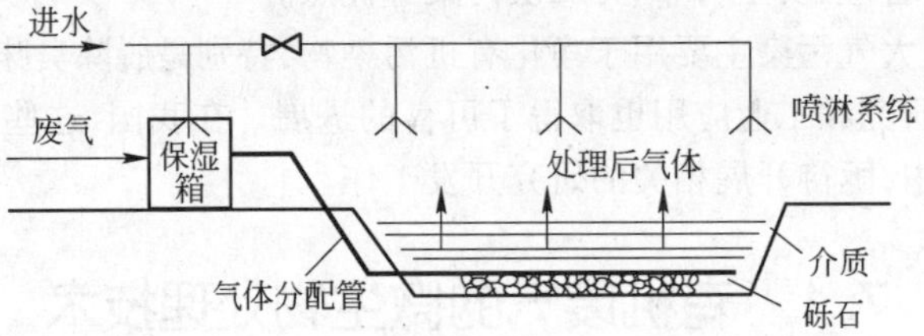

图 7－2　典型的露天生物滤池(间歇喷淋)

A　土壤滤池

土壤滤池是生物滤池的最初形式，通过挖掘沟渠，在沟中放置空气分配系统，再用渗透性土壤填埋沟渠建成。土壤滤池采用特制的颗粒化土壤作为填料，由气体分配层和土壤滤层两部分组成。气体分配层下层铺设粗石子、细石子或轻质陶粒等，上部由黄砂或细粒组成；土壤滤层由黏土、含有机质沃土堆肥、细砂土和粗砂按一定比例混合的配料组成。土壤填料可按 1.2%、含有机质沃土 15.3%、细砂土 53.9% 和粗砂 29.6% 的比例配置，厚度一般为 0.5～1.0 m。为了保证处理效率，土壤中还要维持适当的水分(40%～70%)、pH 值(7～8)。一般处理系统使用一年后会发生酸化，需加入石灰对 pH 值进行调整。影响土壤滤池处理效率的因素主要有：温度、湿度、pH 值及土壤中的营养成分。研究表明在土壤中加入 3% 鸡粪和 2% 珍珠岩后，土壤的透气性能不变，但对甲硫醇、硫化氢、二甲基硫和二甲基二硫等物质的去除率可分别提高 34%、5%、80% 和 70%。

土壤滤池已用于肉类加工厂、动物饲养场、堆肥场等产生恶臭废气的处理。这类废气的主要特点是带有强烈的臭味。这种臭味是由一种或多种有机成分引起的，而这些有机成分在废气中的浓度并不高。土壤滤池具有投资小、抗冲击能力强、无二次污染等优点，但是该处理方法占地面积大、卫生条件差。

B 堆肥滤池

土壤滤池中，土壤颗粒之间的小孔尺寸带来滤池的堵塞问题。为了解决这个问题，产生了堆肥滤池。堆肥滤池是将畜粪、城市垃圾、污水处理厂的污泥等有机废弃物经好氧发酵、热处理后作为填料。有机废物经稳定化作用后形成的堆肥是一种高达 50% ~ 80% 腐殖质含量的疏松物质，空隙率高、比表面积大，其中含有大量可降解有机气体的微生物。

堆肥滤池构造如图 7-3 所示。在地面挖浅坑或筑池，池底铺设排水管，在池的一侧或中央设输气总管，总管上接出多孔配气支管，并覆盖砂石等材料，组成厚度为 5 ~ 10 cm 的气体分配层，分配层上再铺厚度为 50 ~ 60 cm 的堆肥，形成过滤层。过滤气速通常为 0.01 ~ 0.1 m/s，过滤材料可用泥炭（特别是纤维状泥炭）、固体废弃物堆肥或草等。填料必须经过筛选；滤层要均匀、疏松，空隙率需大于 40%；滤料必须保持湿润，泥炭滤层含水量不低于 25%，堆肥滤层含水量不低于 40%，但又不能有水淤积；同时必须使滤层保持适当的温度。

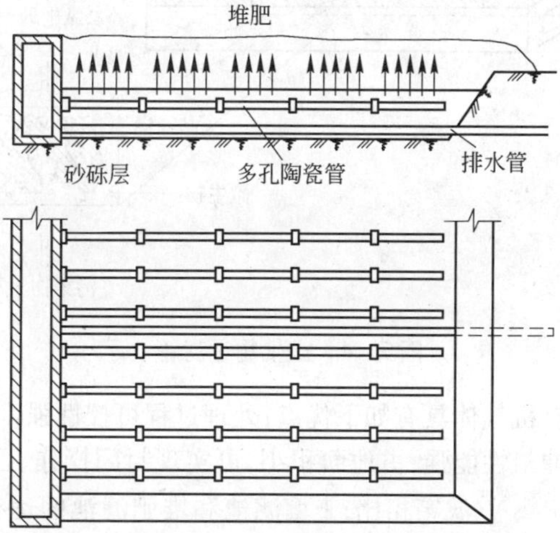

图 7-3 堆肥滤池

堆肥滤池和土壤滤池都是利用土壤等物质中的微生物降解有机气体，两种方法原理相同，区别在于堆肥滤池采用的是处理后的土壤。由于堆肥具有空隙率高、渗透性能好的特点，因此该处理方法占地面积要远小于土壤滤池；堆肥中微生物含量明显高于土壤，因此堆肥滤池处理效率远大于土壤滤池，而停留时间一般仅为土壤滤池的 $\frac{1}{4} \sim \frac{1}{2}$，可用于处理易生物降解有机气体产生量大的场合。由于堆肥产品受 pH 值的影响，堆肥滤池一般不适合于酸性有机气体的处理。

使用堆肥做填料也存在缺陷，当肥料软化时容易产生水平和垂直压缩作用。水平压缩使滤料内部产生裂缝，也有可能使过滤层与池壁间产生裂缝；垂直压缩使填料孔隙堵塞，从而增加了水头损失。当废气经过填料到达裂缝和开口处,处理效果会明显恶化甚至失效;如果增湿和喷淋系统运行不好,由于干化作用也可能使填料发生收缩,干肥料通常呈疏水性,将使再次润湿填料很困难。

C　微生物过滤箱

土壤滤池和堆肥滤池使用的填料是土壤或近似土壤物质,两者均受到土壤本身特性的限制。为了克服这些局限性,可采用人工合成含多种有机物的颗粒载体作为填料。这些填料具有生物活性高、耐用性强的特点。采用这种人工合成填料的微生物过滤工艺称为微生物过滤箱处理法。

微生物过滤箱为封闭式装置,其构造如图7-4所示,主要由箱体、生物活性床、喷水器等组成。微生物一部分附着于载体表面,一部分悬浮于活性床水体中,有机废气通过活性床,部分污染物被载体吸附,部分被水吸收,然后微生物降解污染物。床层厚度按需要确定,一般为0.5~1.0 m。床层对易降解有机物的降解能力约为200 g/(m^3·h),过滤负荷大于600 m^3/(m^2·h)。气体通过床层的压降较小,使用一年后,负荷为110 m^3/(m^2·h)条件下,床层压降约200 Pa。

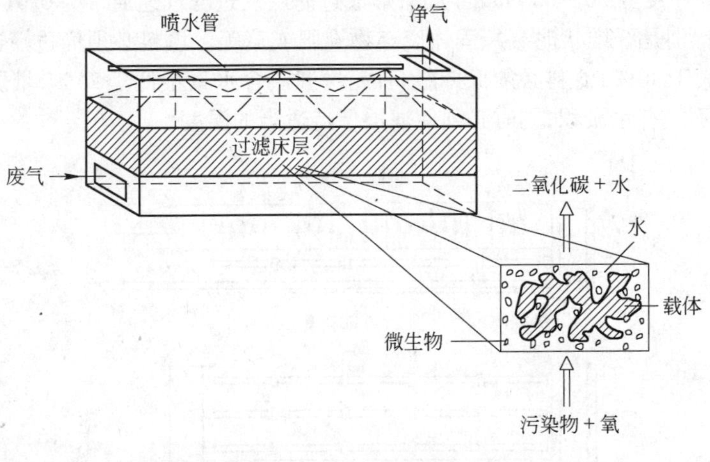

图7-4　微生物过滤箱

微生物过滤箱法处理有机气体具有如下优点:处理过程可控性强,可充分发挥微生物及反应器的作用;处理效率高,抗冲击性能强;占地面积小,可实现封闭操作,卫生条件好。与微生物过滤箱相比,土壤滤池和堆肥滤池的运行和管理费用较低,但处理效果差,可根据现场实际情况进行选择。

7.1.2.2　生物滴滤法

生物滴滤法以生物滴滤反应塔为主体设备,内布多层喷淋装置,废气从底部进入,上升过程中被喷淋的混合液充分吸收,并在反应塔底部形成废水处理系统。在曝气作用下,微生物降解废水中的有机物,达到稳定化、无害化,如图7-5所示。生物滴滤池不同于生物滤池,它要求水流稳定、连续的通过有孔的填料,可以有效防止填料干燥,精确控制营养物浓度与pH值。

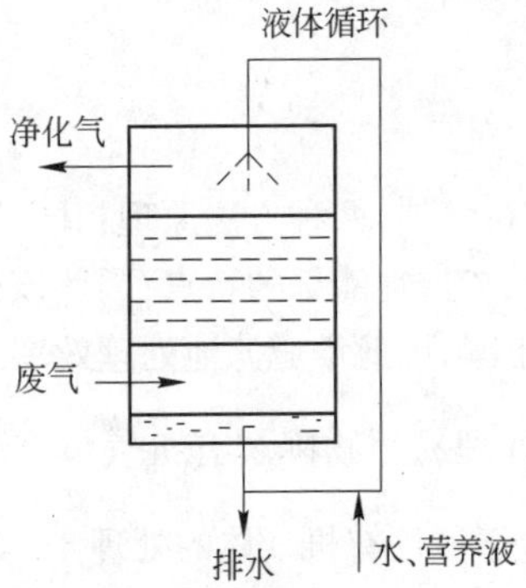

图7-5　生物滴滤反应塔

生物滴滤池集废气吸收和废水处理于一体,具有投资少、占地小、工艺简单、易于操作、压降低、填料不易堵塞、处理效率高等特点，逐渐受到普遍的关注。缺点是有时需要外加营养，运行成本较高，填料比表面积小（100～300 m^2/m^3），不适合处理溶解度低的有机气体。

7.1.2.3　生物吸收法

生物吸收法是利用对有机废气成分有特别降解作用的微生物、营养物和水组成的微生物吸收液处理废气，适合于吸收可溶性的气态污染物。吸收了废气的微生物混合液再进行好氧处理，去除液体中吸收的污染物，经处理后的吸收液再重复使用。

微生物吸收法处理工艺一般由吸收装置和废水反应装置两部分组成，如图7－6所示。这里的吸收主要是物理溶解过程，可采用各种常用的吸收设备，如喷淋塔、筛板塔、鼓泡塔等。吸收过程进行得很快，混合液在吸收设备中的停留时间仅约几秒钟，而生物反应的净化过程相对较慢，废水在反应设备中一般需要停留几分钟至十几小时。如果生物转化与吸收所需时间相差不大，可不另设生物反应器，否则吸收器和生物反应器要分开设置。

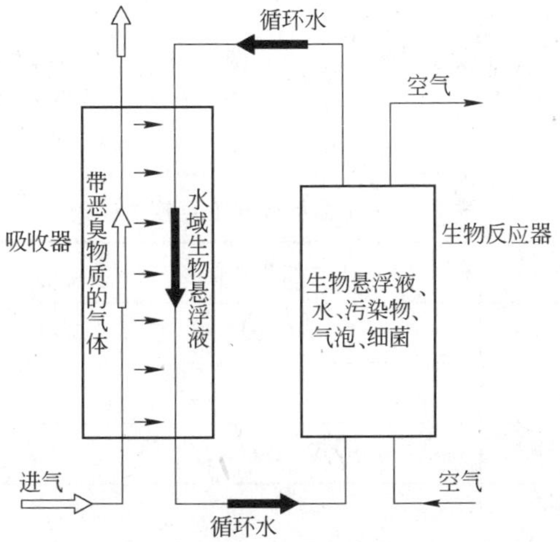

图7－6　生物吸收工艺流程

废水在生物反应器中进行好氧处理，活性污泥法和生物膜法均可以。经微生物处理后的废水可以直接进入吸收器循环使用，也可以经过泥水分离后再重复使用。从生物反应器排出的气体仍可能含有少量的污染物，若有必要，可再做净化处理，一般是再次送入吸收器。

这里介绍生物吸收法用于处理动物脂肪加工厂和轻金属铸造厂废气的实例。

图7－7所示为处理动物脂肪加工厂废气的生物吸收系统。废气中含有氨、胺、硫醇、脂肪酸、乙醛和酮等污染物。吸收反应器为两级填充塔，第一级用弱酸性（pH＝5.5）吸收液吸收弱碱性和中性有机物和氨，第二级用弱碱性（pH＝9）吸收液吸收其他污染物。吸收液为微生物悬浮液。图7－8为处理轻金属铸造厂废气的生物吸收系统。废气含有胺、酚和乙醛等污染物。这一系统由两个并联的吸收器、生物反应器及辅助设备组成。第一级，废气中的粉尘和碱性污染物被弱酸性吸收剂清除；第二级，气体与生物悬浮液接触。每个吸收器均配一个生物反应器，用压缩空气向反应器供氧。当反应器效率下降时，则由营养物贮槽向反应器内添加特殊营养物。反应器的主要技术参数如表7－1所示。

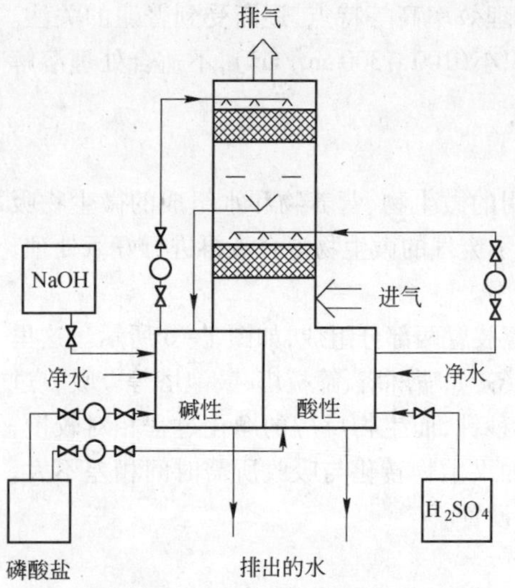

图 7－7 动物脂肪加工厂废气生物吸收系统

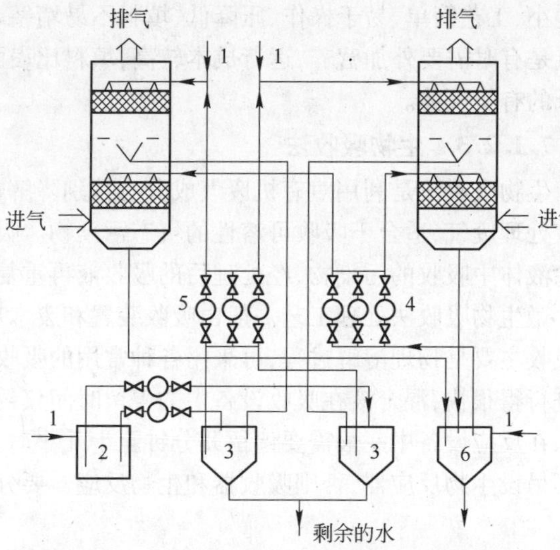

图 7－8 轻金属铸造厂废气生物吸收系统

1—新鲜水；2—营养物；3—生物反应器；4—第一级泵；5—第二级泵；6—吸收剂贮槽

表 7－1 生物反应器主要技术参数

技术参数	动物脂肪加工厂	轻金属铸造厂
气体流量/$m^3 \cdot h^{-1}$	40000	2×60000
气体最高温度/K	308	308
输入气体浓度	2000～20000Nod①	（丙烷当量）0.006～0.01%
净化后气体质量浓度/$mg \cdot m^{-3}$		酚 6
气体平均停留时间/s	4	9
气液比/$m^3 \cdot m^{-3}$	1200	346.8
气体压降/Pa	5.76	400～600
能耗/$kJ \cdot m^{-3}$		7.20
原料消耗/$mg \cdot m^{-3}$	NaOH（纯）0.1，H_2SO_4（纯）2.0	
设备材料	聚乙烯和聚氯乙烯	聚乙烯和聚氯乙烯

① Nod 为臭味单位。

7.1.2.4 生物洗涤法

生物洗涤法处理有机废气的工艺类似于微生物吸收处理工艺，可利用污水处理厂剩余的活性污泥配制废气吸收液，作为吸收剂处理废气。应用微生物洗涤法处理有机废气时，生物悬浮液自吸收室顶部喷淋而下，混合有机气体的空气从底部进入，污染物质向悬浮液转移，吸收了有机气体的悬浮液进入再生反应器，由生物降解去除。微生物洗涤法处理有机气体的效率取决于污泥浓度、pH 值、溶解氧、营养盐的投加量及投加时间等因素。该工艺处理能力大，可达到 60 m^3/

($m^2 \cdot min$),占地面积小,对脱除复合型臭气效果显著,脱臭效率可达99%,而且能脱除很难治理的焦臭,但设备维修管理较为复杂。

7.1.3　有机废气生物处理法的应用及研究方向

生物处理方法适宜处理多种挥发性有机物(VOCs)和许多工业废气中的无机蒸气物质,这些物质中含有氮、氯或可产生少量酸的硫化合物。例如,H_2S 通常是恶臭问题的来源,利用生物滤池可以很好地加以处理,仅仅产生少量的酸;在处理低浓度的易降解的污染物质方面,生物滤池和生物滴滤池的实际应用也是非常成功的。

据报道,在美国的新泽西州采用生物滴滤池处理挥发性有机物(VOCs)、有害空气污染物质(HAPs)和海边污水处理厂的恶臭排放物。该污水处理厂位于加利福尼亚州的圣地亚哥市的海空基地,所处理的废气来自工业废水、炼油厂的处理池。处理流程是:污染气体下向流,同循环的液体一起运行,经过两个生物滴滤池(填料为455 kg 的活性炭)处理后而排放;系统的设计参数是:空气进气流速3000 m^3/h,反应器尺寸为3.1 m×9.1 m,完全由玻璃纤维合成树脂制成,滤床体积为31 m^3,气体停留时间为36 s,平均有机负荷率约为12 $g/(m^3/h)$;对于污染物质(包括酚、亚甲基氯化物、丁酮、苯、甲苯、乙苯、二甲苯和硫化氢)的总去除率达到85%。污水处理厂的气体污染物在采用生物滴滤池处理之前,通过4个独立的250 kg 的活性炭吸附柱进行处理,活性炭的更新和再生需要一个月的时间,每年需花费36000美元;生物滴滤池每年的费用为5000美元。

当然,生物处理方法也有不适宜的地方,例如含有油或油脂的灰尘和空气可能会阻塞滤床,从而应用生物法无法得到很好的处理效果。

由于生物反应器涉及气、固、液三相传质及生化降解过程,影响因素多而复杂,因此在理论研究和实际应用方面还有许多亟待解决的问题。今后的研究将主要集中在以下方面:

(1) 低浓度、复杂的混合型恶臭气体的生物处理工艺研究;

(2) 研究并开发适合于特定有机物降解的细菌种类和接种方法;

(3) 有机废气生物处理的动力学及生物学原理的研究;

(4) 新型、高效生物处理设备的研制。

7.2　硫氧化物微生物净化技术

在我国,大气污染以煤烟型污染为主。酸雨是硫酸型的,造成酸雨的主要原因是 SO_2 的排放,而人类活动排入大气的 SO_2 中80%以上来源于化石燃料(主要是煤和石油)的燃烧。控制 SO_2 排放的重点是控制与能源活动有关的排放,控制的方法有采用低硫燃料和清洁能源替代、燃料脱硫、燃烧过程中脱硫和末端尾气脱硫。其中,应用微生物技术净化 SO_2 的工艺技术包括煤炭微生物脱硫和微生物烟气脱硫技术。

7.2.1　煤炭微生物脱硫

煤炭微生物脱硫是在细菌浸出金属的基础上,应用于煤炭工业的一项生物工程新技术,可脱除无机硫、有机硫,但脱除菌种不同,脱除机理不同。

7.2.1.1　煤的无机硫脱除

煤中的无机硫大部分以黄铁矿(FeS_2)的形式存在。在微生物作用下,煤中的无机硫被氧化、溶解,最终生成硫酸和 Fe^{2+} 而被去除。可用于煤中无机硫脱除的微生物种类繁多,其中主要的种类是氧化亚铁硫杆菌(*T. ferrooxidans*)和硫化叶菌(*Sulgolobus*)。无机硫脱除的反应过程是开采出来裸露的原煤与空气接触发生氧化反应,其反应式为

$$2FeS_2 + 7O_2 + 2H_2O \longrightarrow 2FeSO_4 + 2H_2SO_4 \tag{7-1}$$

经自然氧化后的煤矿水变酸,一般 pH 值为 2.5~4.5,因而促进了耐酸性细菌的繁殖,例如氧化硫杆菌(*Tiobacillusthiocxidans*)。$FeSO_4$ 是细菌生成的能源,氧化亚铁硫杆菌能将 $FeSO_4$ 氧化成 $Fe_2(SO_4)_3$,其反应式为

$$4FeSO_4 + 2H_2SO_4 + O_2 \xrightarrow{\text{氧化亚铁硫杆菌}} 2Fe_2(SO_4)_3 + 2H_2O \tag{7-2}$$

硫酸铁与黄铁矿继续反应生成更多的硫酸,硫酸使黄铁矿中的硫得到进一步转化而脱除,其反应式为

$$FeS_2 + 7Fe_2(SO_4)_3 + 8H_2O \longrightarrow 15FeSO_4 + 8H_2SO_4 \tag{7-3}$$

7.2.1.2　煤的有机硫脱除

煤中的有机硫主要以噻吩基(C_4H_4S—)、硫基(—S—)和多硫基(—S—)$_x$ 形式存在,其中二苯并噻吩(DBT)是煤中含量较高的有机硫。煤中有机硫脱除的过程为脱硫微生物在酶的作用下,使C-S键断裂。DBT 分解有两条途径:一是通过微生物的作用环羟化使碳环开环、结构变化,把不溶于水的 DBT 转换成可溶性的噻吩衍生物;二是通过微生物的直接作用,将 DBT 中的硫元素变成硫酸,而从煤中脱除。脱除有机硫的菌种主要有拟单球菌、恶臭假单胞菌、不动杆菌、根瘤菌、大肠杆菌等,多数为异养型微生物。

目前,生物脱硫研究的焦点主要集中在菌种的开发上,用于煤脱硫的细菌涉及喜温嗜酸型、嗜热型、自养型以及异样型等多种细菌,而重点在 4 组微生物上:硫杆菌属、硫化叶菌、大肠杆菌和假单细胞菌属,而这些菌种的开发研究还存在一些问题。煤炭微生物脱硫具有反应条件温和、对煤质损害小、能脱除煤中的大部分硫、处理量大、不受场地限制等优点,成本与某些分选技术相当,应用前景十分广阔;但该方法的脱硫周期长、工艺复杂,还不适应工业脱硫的要求。

7.2.2　微生物烟气脱硫技术

7.2.2.1　微生物烟气脱硫原理

烟气中的 SO_2 一方面以物理吸附、化学反应的形式转变为 H_2SO_4,另一方面在微生物的作用下促使反应式(7-4)加快。吸收液中的微生物使 Fe^{2+} 和 Fe^{3+} 相互转化,使反应式(7-5)迅速发生。

$$2SO_2 + O_2 + 2H_2O \xrightarrow{\text{Fe 离子,微生物}} 2H_2SO_4 \tag{7-4}$$

$$Fe_2(SO_4)_3 + SO_2 + 2H_2O \xrightarrow{\text{微生物}} 2FeSO_4 + 2H_2SO_4 \tag{7-5}$$

Fe^{3+} 是较强的氧化剂,其浓度越高,脱硫的速度就越快;同时反应生成的 Fe^{2+} 又可作为营养源被微生物利用生成 Fe^{3+},再次加快 SO_2 的吸收。

7.2.2.2　微生物烟气脱硫工艺流程

微生物烟气脱硫工艺流程如图 7-9 所示。利用含有脱硫菌的溶液作为循环吸收液,以粉煤灰中 Fe_2O_3 被离子化后产生的铁离子作催化剂和反应介质,建立两个生化反应器:一个为吸收塔,利用含有微生物的吸收液做喷淋水,与进入反应器内的烟道气发生生化反应;另一个为三层滤料生物滤池,在粒状填料表面,微生物经驯化、培育和挂膜后形成一层生物膜,与吸收塔出来的气水混合物进一步发生反应,使烟气中剩余的 SO_2 很快被脱除,同时生物滤膜料对循环吸收液起净化作用,防止喷淋水堵塞喷嘴。

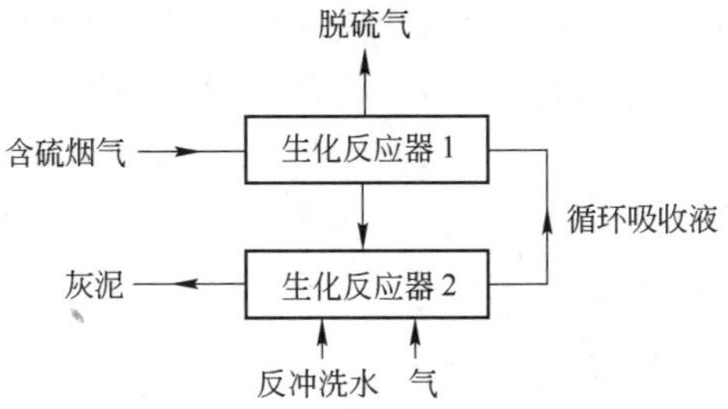

图7-9 微生物烟气脱硫工艺流程

7.2.2.3 微生物脱硫研究进展

国内外很多学者利用细菌研究了大量的脱硫技术。在细菌工业废气脱硫研究中,最成功的细菌代表是氧化亚铁硫杆菌,其生长的最适宜 pH 值为 2.0～2.2,利用该菌的间接氧化作用进行脱硫,脱硫率已达到95%以上。日本的科研人员利用该菌进行工业废气脱硫,已建成一套工业化装置,处理炼油厂胺洗装置以及克劳斯装置的排出气,硫化氢脱除率可达 99.99%,脱硫气体中的硫化氢浓度一般在 2.94×10^{-7} mol/L 以下。我国学者也在实验室条件下,利用该菌对炼油厂催化干气和工业沼气进行脱硫,硫化氢去除率分别为 71.15% 和 46.91%。1994 年,美国学者利用脱氮硫杆菌直接氧化硫化氢为元素硫,对石油精炼厂酸性废水、废气的 H_2S 去除进行了现场实验研究。利用脱氮硫杆菌的耐受株 *T. denitrificans*,在反应器中进行 H_2S 去除,在厌氧条件下,每克菌体氧化硫化氢 15.1～20.9 mmol/h,脱硫率达 80%。

7.3 微生物烟气脱硝技术

NO_x 是大气污染的主要污染物之一,给自然环境和人类生产生活带来严重的危害。NO_x 主要来自化石燃料燃烧和硝酸、电镀等工业排放的废气以及汽车排放的尾气。目前脱除 NO_x 的技术主要包括选择性催化还原技术、选择性非催化还原技术、液膜法和生物处理法。各种技术及方法的比较如表 7-2 所示。

表 7-2 NO_x 废气净化技术比较

方 法	优 点	缺 点	适用气体
选择性催化还原技术	可获得高达95%以上的净化效率	易发生催化剂中毒的现象,工作温度较高(300℃以上)	适用于含灰量低的高温气体
选择性非催化还原技术	费用低,能耗少,适用性广	净化率一般在30%左右,操作较困难	燃煤烟气
液膜法	运行稳定,设备使用寿命长,可同时脱硫	选择性低	NO_x 体积百分比为0.05%～1.01%
生物处理法	净化效率较高,投资运行费用低,无二次污染,易管理	尚处于试验阶段,无成熟工艺、	各种含 NO_x 的气体

7.3.1 微生物净化 NO_x 废气的原理

微生物净化含 NO_x 废气的思路建立在利用微生物净化有机废气、臭气以及用微生物进行废水反硝化脱氮获得成功的基础上。但微生物处理 NO_x 与微生物处理有机挥发物及臭气有较大的不同，由于 NO_x 是无机气体，其构成中不含有碳元素，因此，微生物净化 NO_x 的原理是：适宜的脱氮菌在有外加碳源的情况下，利用 NO_x 作为氮源，将 NO_x 还原成最基本的无害的 N_2，而脱氮菌本身获得生长繁殖的过程。其中 NO_2 先溶于水中形成 NO_3^- 及 NO_2^- 再被生物还原为 N_2，而 NO 则是被吸附在微生物表面后直接被生物还原为 N_2。

7.3.2 微生物净化 NO_x 废气工艺流程

NO_x 废气的生物处理中，微生物的存在形式可分为悬浮生长系统和附着生长系统两种。

7.3.2.1 悬浮生长系统

悬浮生长系统即微生物及其营养物配料存在于液相中，气体中的污染物通过与悬浮液接触后转移到液相中被微生物所净化，其形式有喷淋塔、鼓泡塔等生物洗涤器。

7.3.2.2 附着生长系统

附着生长系统中，微生物附着生长于固体介质上，气体中的污染物通过介质构成的固定床层时被吸收、吸附，最终被微生物所净化，其形式有土壤、堆肥等材料构成的生物滤床。废气在增湿后进入生物滤床，通过滤层时，污染物从气相中转移到生物膜表面并被微生物净化。

7.3.3 微生物脱除 NO_x 技术的研究进展

据报道，科研人员在这方面开展相关的研究工作有：

（1）在厌氧条件下取自养型脱氮硫杆菌（*Thiobacillus Denit rificans*），用硫代硫酸盐作为唯一的能源，CO_2 作为碳源，硝酸盐为最终的电子受体，NH_4^+ 为还原氮的来源，在培养基中进行培养，控制培养液的温度为30℃，pH 值为7.0。

（2）在460 μm、光密度为1.0、1 mL 培养液中约含 5×10^8 个细胞的条件下培养脱氮硫杆菌，采用无菌操作，将细胞从培养液中离心分离后，分散悬浮在不含硝酸盐的培养液中，再将含0.48% NO、5% CO_2 和起平衡作用的 N_2 的混合气体，以10.5 ~ 16.2L/h（对应 NO 的流率为2.0 ~ 3.1 mmol/h）的流量通过悬浮液，同时进行机械搅动，搅拌速度为500 ~ 900 r/min。

（3）驯化结束后，通入 $w(NO)$ 为 4800×10^{-6} 的混合气体，测得 NO 的出口质量分数降至 $(100 \sim 200)\times10^{-6}$，且出口流量越大，NO 的出口含量就越高。

实验中发现随着 NO 的去除，培养液中硫代硫酸根及 NH_4^+ 浓度逐渐减少，同时光密度及生物量相应增加，表明 *Thiobacillus Denit rificans* 的生长以硫代硫酸盐作为能源，以 NO 作为最终电子受体。在此基础上，科研人员又利用异养型的脱氮菌 *Paracoccus denitrificans* 和 *Pseudomonas denitrificans* 进行了类似的研究，并得到了类似的结果。

小 结

微生物处理大气污染主要用于净化有机污染物特别是脱除臭味，另外在烟气脱硫、氮氧化物净化等方面也有一定的进展。同传统的大气污染治理技术相比，利用微生物法治理大气污染具有处理效果好、设备简单、能耗低、不消耗有用的原料、运行费用低等优点。

1. 废气的生物净化过程中，气态污染物首先从气相转移到液相或固相表面的液膜中，然后才能被液相或固相表面的微生物吸附并降解。有机废气的微生物处理方法包括生物过滤法、生物滴滤法、生物吸收法和生物洗涤法等。生物过滤法常用的工艺设备包括土壤滤池、堆肥滤池和微生物过滤箱。

生物处理方法适宜处理多种挥发性有机物和许多工业废气中的无机蒸汽物质，这些物质中含有氮、氯或可产生少量酸的硫化物。

2. 应用微生物技术净化 SO_2 的工艺技术包括煤炭微生物脱硫和微生物烟气脱硫技术。煤炭微生物脱硫可脱除无机硫、有机硫。

3. 微生物净化含 NO_x 废气的原理是：适宜的脱氮菌在有外加碳源的情况下，利用 NO_x 作为氮源，将 NO_x 还原成最基本的无害的 N_2，而脱氮菌本身获得生长繁殖的过程。NO_x 废气的生物处理中，微生物的存在形式可分为悬浮生长系统和附着生长系统两种。

思考题

7-1　微生物法治理大气污染的优点有哪些？

7-2　有机废气的微生物处理原理及步骤各是什么？

7-3　有机废气的微生物处理方法有哪些？并各举一实例。

7-4　生物过滤池的含义是什么，并列举其工艺设备。

7-5　土壤滤池和堆肥滤池有哪些异同点？

7-6　微生物过滤箱法含义是什么，有哪些优点？

7-7　生物滴滤法含义是什么，有哪些优缺点？

7-8　生物吸收法原理是什么，并举一工程实例。

7-9　煤炭微生物脱硫机理是什么？

7-10　微生物烟气脱硫原理是什么，并说明其工艺流程。

7-11　脱除 NO_x 的技术有哪些，并阐明各技术优缺点。

7-12　微生物净化 NO_x 废气原理是什么？

8　微生物技术在固体废物处理中的应用

本章要点

（1）剩余污泥的微生物处理主要方法；

（2）生活垃圾的微生物处理主要方法；

（3）工业固体废弃物的微生物处理方法；

（4）农业固体废弃物的微生物处理方法。

8.1　剩余污泥处理

在城市污水或一些工业废水处理厂的生物处理工艺中，会产生大量的污泥，其数量约占处理水量的0.3%～0.5%［以含水率为97%计（质量分数）］。它们有的是从初沉池排出的沉淀污泥，以有机物为主，通常有令人感到不快的臭味；有的是从生物处理工艺中从固液分离构筑物中排出的污泥，这些污泥包括活性污泥法的剩余污泥，生物滤池脱落的生物膜等。污泥的特点是有机物含量高，含水率高，还含有大量的有害物质，如寄生虫卵、病原微生物、细菌、合成有机物以及细小的无机颗粒物如重金属离子等；同时，污泥中还含有一些有用物质如植物营养素（氮、磷、钾）。初沉污泥和剩余活性污泥，比重为1.01左右，含挥发性固体达65%～70%，干固体含量为4%～6%。如果这些污泥不经过适当处理就排放到环境中会造成很大的危害。目前污水处理厂污泥处理和利用的基本方向包括如下三个方面：

（1）资源化利用。包括：

1）土地利用，有农业利用、绿地利用、森林利用和土地恢复四种类型。

2）材料利用，污泥可用于制砖，制纤维板材、生产水泥，做混凝土的填料等。

3）热能利用，污泥做焚烧处理的尾气可当做余热回收，通常以通蒸汽或蒸汽发电的方式当做热能利用。

4）沼气利用，污泥的厌氧消化可产生沼气，以沼气为燃料发电是大多数污水处理厂采取的沼气利用形式。

（2）填埋。当污泥不能当做资源化利用时，通常的、最为经济的出路就是填埋。污泥可单独填埋，也可与垃圾等其他固体废弃物一起填埋，其填埋操作要求与垃圾填埋场类似。

（3）焚烧。一般的，当污泥有毒物质含量高，不符合卫生要求，不能作为资源化利用时，同时考虑污泥自身的燃烧热值高，可以利用其热量发电时，才采用污泥焚烧并回收能量。污泥焚烧尤其适合于大型污水处理厂。

8.1.1　污泥发酵

在如上的处理中，厌氧工艺，即污泥的厌氧发酵工艺，被认为是经济有效的污泥处理工艺之一。在通过厌氧微生物对污泥中的有机物质转化为稳定的腐殖质和无机物质的同时，还产生能源（甲烷）可用于发电，降低处理厂的运行费用。厌氧过程（特别是高、中温消化）能有效控制污泥中的致病菌，杀死寄生虫卵，因而改善了污泥的卫生条件，并使污泥体积减少、易于脱水。当厌氧消化后，污泥比重增加到1.03左右，挥发性固体通常可降解到32%～48%，干固体含量为8%～13%（质量分数）。经厌氧消化后的污泥还可用作农肥。

8.1.1.1 发酵原理

有机废弃物的厌氧发酵（消化）过程就是有机物质在特定的厌氧环境下，微生物将有机质进行分解，其中一部分碳素物质转化为甲烷和二氧化碳。由于厌氧发酵的原料来源复杂，参与反应的微生物种类繁多，使得这一过程复杂化。目前，对厌氧发酵的生化过程有多种理论，这里主要介绍三阶段理论。

三阶段理论于1979年由布融·赖恩提出，它是将厌氧发酵分成三个阶段，即三个细菌营养群，其过程如图8－1所示。

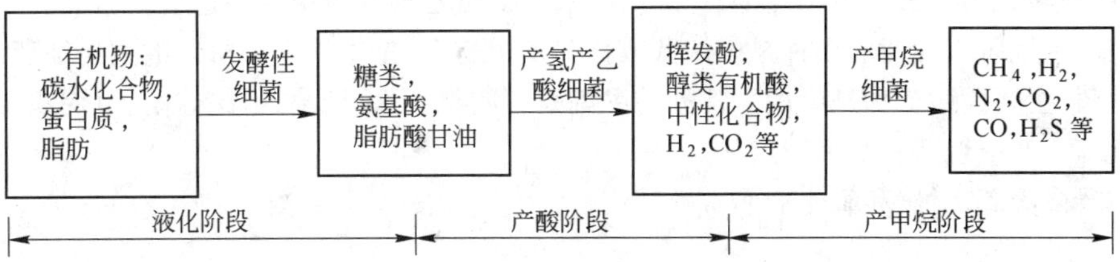

图8－1 厌氧发酵三阶段

第一阶段（液化阶段），复杂的有机物在水解与发酵细菌的作用下，使碳水化合物、蛋白质与脂肪，经水解与发酵转化为单糖、氨基酸、脂肪酸、甘油及二氧化碳、氢等。

第二阶段（产酸阶段），是在产氢、产乙酸菌的作用下，把第一阶段的产物转化成氢、二氧化碳和乙酸。如戊酸的转化为：

$$CH_3CH_2CH_2CH_2COOH + 2H_2O \longrightarrow CH_3CH_2COOH + CH_3COOH + 2H_2$$

丙酸的转化为：

$$CH_3CH_2COOH + 2H_2O \longrightarrow CH_3COOH + 3H_2 + CO_2$$

乙醇的转化为：

$$CH_3CH_2OH + H_2O \longrightarrow CH_3COOH + 2H_2$$

第三阶段（产甲烷阶段），通过两组生理物性上不同的产甲烷菌的作用，将氢和二氧化碳转化为甲烷或对乙酸脱羧产生甲烷。

在二氧化碳存在时，利用氢气生成甲烷：

$$4H_2 + CO_2 \longrightarrow CH_4 + 2H_2O$$

利用乙酸生成甲烷：

$$CH_3COOH \longrightarrow CH_4 + CO_2$$

在厌氧消化的过程中，由乙酸形成的 CH_4 约占总量的2/3，由 CO_2 还原形成的 CH_4 约占总量的1/3。产甲烷阶段产生的能量绝大部分都用于维持细菌的生存，只有很少能量用于合成新细菌，故细胞的增殖很少。

8.1.1.2 厌氧反应中的生物相

在上述的厌氧发酵过程中，参与液化阶段代谢的微生物包括细菌、原生动物和真菌，通称水解与发酵细菌。它们大多为专性厌氧菌，也有不少兼性厌氧菌。根据其代谢功能可分为以下4类：

（1）纤维分解菌。参与对纤维素的分解，将纤维素转化为二氧化碳、氢气、乙醇和乙酸。

（2）碳水化合物分解菌。主要是水解碳水化合物生成葡萄糖，它能分解碳水化合物产生丙酮、丁醇、乙酸和氢。

（3）蛋白质分解菌。水解蛋白质形成氨基酸，并进一步分解生成硫醇、氨和硫化氢，但也能分解非蛋白质的含氮化合物，如嘌呤、嘧啶等。

（4）脂肪分解菌，可将脂肪分解成简单脂肪酸。

参与液化阶段的原生动物主要有鞭毛虫、纤毛虫和变形虫。真菌主要有毛菌、根霉、共同霉和曲霉等。

参与产酸阶段代谢的微生物是一群极其重要的菌种——产氢、产乙酸菌及同型乙酸菌，其中有专性厌氧菌和兼性厌氧菌。它们能在厌氧条件下，将丙酮酸及其他脂肪酸转化为乙酸、二氧化碳，并放出氢气。同型乙酸菌的种属有乙酸杆菌等，它们能够将二氧化碳、氢气转化为乙酸，也能将甲酸、甲醇转化为乙酸。由于同型乙酸的存在，可促进乙酸形成甲烷的进程。

参与产甲烷阶段代谢的菌种是甲烷菌或称为产甲烷菌，是甲烷发酵阶段的主要细菌，属于严格的厌氧菌，主要代谢产物是甲烷。常见的甲烷菌有四类：甲烷杆菌、甲烷球菌、甲烷八叠球菌和甲烷螺旋菌。产甲烷菌有5个特点：

（1）严格厌氧，对氧和氧化剂非常敏感。

（2）要求中性偏碱环境条件。

（3）菌体倍增时间较长，有的系列4～5 d才繁殖一代。

（4）只能利用少数简单化合物作为营养，所有产甲烷菌几乎都能利用分子氢

（5）代谢的主要终产物是CH_4和CO_2。

8.1.1.3　厌氧消化工艺

厌氧消化工艺种类很多，主要有：

（1）按消化温度的不同可分为中温消化（30～60℃）和高温消化（50～53℃）两种形式。

（2）按运行方式可分为一级消化和二级消化。

（3）按消化池的效率不同可分为常规消化和高效消化。常规消化池的负荷小于0.9 kg/($m^3 \cdot d$)，污泥的进出流是间隙式的，消化时间一般为30～60 d；高效消化池的负荷可达到5.3 kg/($m^3 \cdot d$)，污泥进出流可以是间歇式的，也可以是连续式的。

（4）两相消化，根据消化机制把消化的第一、第二与第三阶段分别在两个消化池中进行，使各阶段都能在各自的最佳环境条件下完成。

在实际过程中，常用的厌氧消化工艺有以下四种。

A　常规中温厌氧消化

脱水污泥不经预热直接进入间歇式的消化罐内，消化罐内通常不设置搅拌装置，利用产生的沼气上升起到一定的混合作用。由于搅拌作用不充分，罐内的污泥分为三个区域：漂浮污泥层、中部液体层和下部污泥层。由于此种消化的混合效果差，消化罐只有约50%的容积能得到有效利用，因此此工艺仅适用于小型的污水处理厂。

B　单级高效中温厌氧消化

由于微生物的生长率即有机物的去除率随温度的增加而提高，因此高效消化罐设置污泥预热系统，通常的预热温度为30～38℃；消化罐内加设机械搅拌装置，以提高污泥的混合程度。

C　两级厌氧消化

在一级厌氧消化的基础上引入第二个消化罐，目的是对厌氧消化过的污泥进行重力浓缩。虽然第二个消化罐中污泥的有机质消化减量和产生的气体很少，但它使总的出泥体积减少很多，

且有效地控制了污泥消化过程中的短流现象，进一步提高了杀菌效果，还为污泥的储存和操作弹性的加大（必要时可将第二个消化罐按一级消化条件运行，以提供附加的消化容积）创造了条件。

D 中温/高温两相厌氧消化（APAD）

中温/高温两相厌氧消化的特点是在污泥中温厌氧消化前设置高温厌氧消化阶段。污泥进泥的预热温度为50～60℃，前置高温段中的污泥停留时间为1～3 d，后续厌氧中温消化时间可从20 d左右减少至12 d左右，总的停留时间为15 d左右。这种工艺同时增加了总有机物的去除率和产气率，并可完全杀灭污泥中的病原菌。

8.1.1.4 厌氧消化的影响因素

（1）有机物投入量。在厌氧发酵罐（或称为消化罐）中，从搅拌时液体的流动性、搅拌动力的关系考虑，发酵原料液的固形物的质量分数的极限约为10%～12%，污水处理厂污泥为2%～5%，家畜粪尿为2%～8%，其他有机废水中的固形物浓度极限为8%。适宜的有机物投入量，需要根据菌体的性质、发酵温度等决定。如对于单槽方式的发酵法，猪粪作为基质时，中温发酵的有机负荷是(2～3)kg(VS)/(m^3·d)，高温发酵的有机负荷是(6～5)kg(VS)/(m^3·d)，固形物中有机物（VS）含量通常为60%～80%，甲烷发酵后为35%～45%。

（2）营养。为了使甲烷发酵顺利进行，碳氮比和碳磷比是重要因素，产生甲烷的最佳碳氮（质量比）是12～16。

（3）粒度。粒度越小对于发酵越有利，因为发酵过程是在可溶性有机物中进行的。

（4）温度。厌氧发酵分为中温发酵和高温发酵，中温发酵温度控制在30～70℃，高温发酵温度控制在50～58℃。

（5）发酵槽的搅拌。为了使发酵槽内充分混合并使浮渣充分破碎，在发酵罐内必须进行适当的搅拌。搅拌方式有泵循环、机械搅拌、浮渣破碎机、气体搅拌等。

（6）厌氧状态。由于厌氧微生物对氧很敏感，因此发酵槽需完全密封。

（7）加温。由于厌氧发酵需要适宜温度，因此有时必须加温。虽然中温和高温发酵对有机物处理能力的比是1:2.5～1:3，但发酵温度要根据原料的特性、发酵装置所在地区的气温、发酵槽的运行费用来决定。

（8）平均滞留时间。厌氧发酵的基质需要一定的平均滞留时间。如果平均滞留时间小于菌体的最小世代期时，从发酵槽流出菌体的速率大于其繁殖速率，发酵就难以维持。

（9）pH值的影响。在产酸阶段是兼性厌氧菌起作用时，其pH值的容许范围是4.0～4.5。在兼性厌氧菌群和专性厌氧菌共栖的系统，pH值为6.4～7.2；对于两相式发酵的甲烷发酵槽中，pH值为6.5～7.5最适宜。

8.1.1.5 高碑店污水处理厂污泥消化工艺

高碑店污水处理厂是目前国内最大的二级污水处理厂，地处北京东郊，设计日处理污水量100万m^3。其污水处理部分采用传统活性污泥法处理工艺，而污泥处理部分则采用两级中温厌氧消化的处理工艺。污泥厌氧发酵的工艺流程如图8－2所示。

来自于污水处理系统的含水率为97%的剩余污泥进入重力浓缩池浓缩，出泥含水率约为94%。出泥再进入一级消化池，开始进行厌氧消化。在一级消化池内，污泥通过蒸汽和热水加热以及沼气或机械搅拌，其发酵温度被控制在33～35℃内，发酵时间为3周。经一级消化后，污泥进入二级消化池。在二级消化池内，既不加热也不搅拌，发酵时间1周后，污泥被送入储泥池中暂存，最后，经带式压滤机脱水外运处理。

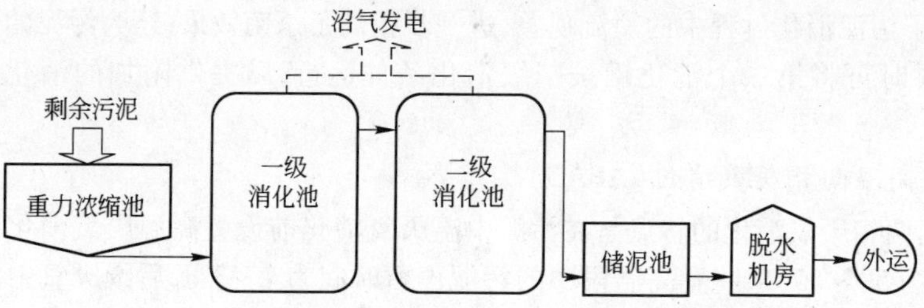

图 8 - 2　高碑店污水处理厂污泥处理工艺流程

在一级和二级消化池中产生的沼气(其成分主要包括 60% ~70% 的甲烷,25% ~35% 的二氧化碳及 0.5% ~0.7% 的硫化氢),经过干式或湿式法脱硫后,储存于湿式气柜和球罐中,用于沼气发电,当发电系统出现故障时,多余的沼气则通过废气燃烧器烧掉。沼气发电量约占全厂总耗电量的 23% 左右。

8.1.2　污泥脱水

污泥脱水的目的是进一步减少污泥的体积,便于后续的处理、处置和利用。污泥中的水分主要分为间隙水、毛细管结合水、表面吸附水和内部水(胞内水)四种。间隙水一般存在于污泥颗粒间隙中,约占污泥水分的 70% 左右,一般用浓缩法分离。毛细管结合水约占污泥水分的 20% 左右,可采用高速离心机、负压或正压过滤机脱水。吸附在污泥颗粒表面的水称为表面吸附水,约占污泥水分的 7% 左右,可用加热法脱除。存在于污泥颗粒内部或微生物细胞内的水称为内部水或胞内水,约占污泥水分的 3% 左右,可采用生物法破坏细胞膜除去胞内水或高温加热法、冷冻法去除。而污泥脱水去除的主要是污泥颗粒间毛细管结合水和颗粒表面的吸附水。脱水的方法主要有机械脱水与固定床自然脱水两类。

8.1.2.1　机械脱水

机械脱水是以过滤介质两边的压力差为推动力,使水分强制通过过滤介质成为滤液,固体颗粒被截留为滤饼,从而达到脱水的目的。根据造成压力差推动力的方法,可将污泥机械脱水分为三类:在过滤介质的一面形成负压进行脱水,即真空吸滤脱水;在过滤介质的一面加压进行脱水,即压滤脱水;造成离心力实现泥水分离,即离心脱水。污泥机械脱水的原理、设备、适用范围如表 8 - 1 所示。

表 8 - 1　污泥机械脱水方式及其原理、设备、适用范围

脱水技术	方　式	原　　理	设备、构造	适 用 范 围
真空过滤	间歇过滤	用真空泵等机械产生过滤压力,间歇地交替进行生成滤饼、脱水和滤饼剥离等工序	叶状过滤机	适用于较少量污泥处理的部门
	连续性过滤	用真空泵等机械使装在旋转体内的滤材两侧产生过滤压差,连续重复进行生成滤饼、脱水和滤饼剥离等工序	连续圆筒形真空过滤机,连续圆盘形真空过滤机,连续水平形真空过滤机,连续带式过滤机及移动圆盘式过滤机	广泛适用于较大量污泥处理的部门,有不少机种适用于难过滤污泥的连续处理

续表 8－1

脱水技术	方 式	原 理	设备、构造	适 用 范 围
加压过滤	间歇过滤脱水	用泵或压缩机间歇式顺次进行加压过滤、脱水、滤饼剥离等工序	压滤机，加压叶状过滤机	广泛用于污泥的脱水处理
	连续式过滤脱水	①用泵或压缩机使装在旋转体内的滤材两侧产生过滤压差，连续重复进行加压过滤、脱水、滤饼剥离等工序；②在滤带间提供滤材进行压榨脱水；③利用螺旋挤压作用过滤脱水	连续加压转筒过滤机，连续加压带式过滤脱水机，连续螺旋挤压式过滤脱水机	构造复杂，实用例很少，适用于给水污泥和排水污泥等
离心沉降及离心脱水过滤	离心沉降	利用高速旋转体内的离心效果促进污泥的浓缩脱水	离心沉降机	适用于水处理厂的各种污泥实例不少，但粒子去除率一般较低，故必须添加混凝剂
	离心脱水过滤	依靠设置在高速旋转体内壁的滤材及离心作用进行脱水过滤	离心脱水机，离心过滤机	使用实例不少，但维修管理较困难，污泥处理时需添加混凝剂

8.1.2.2 污泥浆自然干化脱水

自然干化脱水是一种古老而广泛采用的脱水方法，其原理是利用自然蒸发和底部滤料、土壤进行过滤脱水。其设施称为污泥干化场或晒泥场，其四周建有土或板体围堤，中间用土堤或隔板隔成等面积的若干区段（一般不少于 3 块）。污泥干化周期随季节而异，在良好条件下，约 10～15d，脱水后污泥含水率可降低到 60%。自然脱水设备简单，干化污泥含水率低，但占用土地面积大，环境卫生条件差，适用于小规模应用。污泥自然脱水的原理、设备、适用范围如表 8－2 所示。

表 8－2 污泥自然脱水方式及其原理、设备、适用范围

脱水技术	方 式	原 理	设备、构造	适 用 范 围
自然脱水	干化床式	利用太阳热量和风的作用进行自然蒸发脱水	分层的干化床及浅的干化床	给水污泥、排水污泥等
	砂滤式	依靠砂层过滤脱水和利用太阳能和风进行自然蒸发脱水	20～30 cm 厚砂层和 20 cm 的砾石层	给水污泥、排水污泥，脱色废水、洗毛废水、电镀废水等处理后污泥

8.1.2.3 其他脱水方式

污泥的脱水，除了机械脱水方式和自然脱水方式之外，还包括脱水筛分（类似于混凝沉降作用）以及近年来研究开发的新技术如凝聚上浮、冷冻脱水等，如表 8－3 所示。

表 8－3 污泥其他脱水方式及其原理、设备、适用范围

脱水技术	方 式	原 理	设备、构造	适 用 范 围
脱水筛分	凝聚式	依靠添加混凝剂形成的絮凝物进行筛分脱水	由国外某公司开发的新装置	正试图扩大用于工业废水处理
	造粒式	依靠添加混凝剂形成的泥粒进行筛分脱水	近年来国外正开发这种方式的装置	广泛用于采石废水及工业废水的处理
其 他	凝聚上浮、冷冻脱水、毛细管脱水及电渗脱水等			均为近年来开发的新技术。实际应用时，还有不少研究课题及设备上的问题要解决

8.1.3 污泥生物制能

目前,利用污泥进行生物制能应用最为广泛的就是污泥发酵制甲烷(厌氧消化工艺),其产生的沼气可用于发电、产热,是一种十分清洁的能源。近年来,污泥发酵制氢的技术也正逐步发展,它属于对污泥厌氧消化产甲烷过程的一种革新利用,其原理就是污泥厌氧消化的三阶段理论。通过对消化环境条件控制和消化器设备设计的适当改变,使污泥厌氧发酵的主要气相产物改变为 $H_2 + CO_2$ 是完全可能的。从传统燃料的应用价值看,甲烷气远比氢气更高,但近年来氢－氧燃料电池的技术已日渐成熟,其核心技术质子膜特性的改善,已使氢－氧燃料电池的体积功率密度达到了在交通工具上使用的临界要求,而其完全无有害尾气排放的环境特征,使燃料电池的大规模应用指日可待,因此,高纯氢燃料市场即将成为现实。这是污泥发酵制氢生物过程发展的原因和市场背景依据。

污泥发酵制氢工艺的应用发展关键,除了消化(发酵)过程设备与控制技术发展外,鉴于燃料电池对氢的纯度要求,高效的发酵气体分离以获得高纯氢的技术环节同样对工艺的实用可行性有重要的影响。

8.2 生活垃圾处理

生活垃圾的生物处理是利用微生物的代谢作用分解生活垃圾中可降解的有机物质,从而使其达到无害化的目的。经过生物处理的生活垃圾,体积减小,成分以稳定的腐殖质和无机物为主,在形态上也发生了重大变化,因而便于运输、贮存、利用和处置。生活垃圾生物处理处置的主要方法有堆肥、沼气发酵和卫生填埋等。生活垃圾沼气发酵的基本原理和生物过程与剩余污泥发酵相类似,这里不再赘述。下面主要介绍生活垃圾处理的堆肥法及卫生填埋法。

8.2.1 堆肥法

堆肥法就是依靠自然界广泛分布的细菌、放线菌、真菌等微生物,有控制地促进可被生物降解的有机物向稳定的腐殖质转化的生物化学工程。堆肥法可分为好氧堆肥(高温堆肥)和厌氧堆肥两种。

8.2.1.1 好氧堆肥法

好氧堆肥法是在有氧的条件下,通过好氧微生物的作用使有机废弃物达到稳定化,转变为有利于作物吸收生长的有机物的方法。堆肥的微生物学过程如下:

(1) 发热阶段。堆肥堆置初期,主要由中温好氧的细菌和真菌,利用堆肥中容易分解的有机物,如淀粉、糖类等迅速增殖,释放出热量,使堆肥温度不断升高。

(2) 高温阶段。堆肥温度上升到50℃以上,便进入了高温阶段。由于温度上升和易分解的物质减少,好热性的纤维素分解菌逐渐代替了中温微生物,这时堆肥中除残余的或新形成的可溶性有机物继续被分解转化外,一些复杂的有机物如纤维素、半纤维素等也开始迅速分解。

由于各种嗜热微生物的最适温度各不相同,因此随着堆肥的变化,嗜热微生物的种类、数量也逐渐发生着变化。在50℃左右,主要是嗜热性真菌和放线菌,如嗜热真菌属、嗜热褐色放线菌、普通小单细胞菌等。温度升至60℃时,真菌几乎完全停止活动,仅有嗜热性放线菌与细菌在继续活动,分解着有机物。温度升至70℃时,大多数嗜热微生物已不适应,相继大量死亡,或进入休眠状态。

高温对于堆肥的快速腐熟起到重要作用,在此阶段堆肥内开始了腐殖质的形成过程,并开始出现能溶解于弱碱的黑色物质。同时,高温对于杀死病原性生物也是极其重要的,一般认为,堆温在50～60℃,持续6～7 d,可达到较好地杀死虫卵和病原菌的效果。

(3) 高温和腐热保肥阶段。当高温持续一段时间以后,易于分解或较易分解的有机物(包括纤维素等)已大部分分解,剩下的是木质素等较难分解的有机物以及新形成的腐殖质。这时,嗜热性微生物活动减弱,产热量减少,温度逐渐下降,嗜温性微生物又逐渐成为了优势菌群,残余物质进一步分解,腐殖质继续不断地积累,堆肥进入了腐熟阶段。为了保存腐殖质、氮等植物性养料,可采取压实堆肥的措施,造成其厌氧状态,使有机质矿化作用减弱,以免损失肥效。

堆肥中微生物的种类和数量,往往因堆肥的原料来源不同而有很大的不同。

在以城市污水处理厂剩余污泥为原料的堆肥中,可见表8-4归纳的微生物相变化。堆肥堆制前的脱水污泥中占优势的微生物为细菌,而真菌和放线菌较少。在细菌的组成中,一个显著的特征是厌氧菌和脱氮菌相当多,这与污泥含水量多、含易分解有机物多、呈厌氧状态有关。

表8-4　污泥堆肥中每克干土的微生物相

微生物种类	每克干土的微生物相/个		
	0 d	30 d	60 d
好氧性细菌	801×10^3	192×10^3	113×10^3
厌氧性细菌	136×10^3	1.8×10^3	0.97×10^3
放线菌	10.2×10^3	5.5×10^3	3.7×10^3
真菌	8.4×10^3	16.5×10^3	0.36×10^3
氨化细菌	34×10^3	240×10^3	44×10^3
氨氧化细菌	$<43\times10^3$	14×10^3	0.37×10^3
亚硝酸氧化菌	0.08×10^3	$>0.003\times10^3$	0.03×10^3
脱氮菌	1300×10^3	9900×10^3	200×10^3
好氧细菌/放线菌	78.5×10^3	349×10^3	30×10^3

经30天堆制后(其间经过65℃高温,后又维持在50℃左右),细菌数有了减少,但好氧菌比原料污泥只是略有减少,仍保持着每克干物质10^7个数量级,厌氧菌比原料污泥减少到大约1%,真菌数量并没有明显增长,氨化细菌和脱氮菌却有明显的增加,说明堆肥中发生着硝化和反硝化过程,这与堆肥污泥中既存在适于硝化细菌活动的有氧微环境,也存在适于脱氮菌活动的无氧微环境有关。

堆制到60 d,可见各类微生物的数量都下降了,但此时,好氧菌仍然占优势,真菌和放线菌较少。

从以上分析中可知,剩余污泥的堆肥中一般都是细菌占优势。

对于农业废弃物,以一年生植物残体为主要原料的堆肥中,常见到以下微生物相变化特征:细菌、真菌→纤维素分解菌→放线菌→能分解木质素的菌类。

在城市垃圾的堆肥中,细菌同样占优势,但与剩余污泥的堆肥相比,其放线菌更少,另外还出现在腐熟初期丝状菌增加随后又减少的现象。由于对植物有害的微生物不少是丝状菌,因此在堆肥中,控制和减少丝状菌数量是很重要的。

现代化好氧堆肥生产,通常包括堆肥预处理、主发酵(也称一次发酵、一级发酵或初级发酵)、后发酵(也称二次发酵、二级发酵或次级发酵)、后处理、脱臭和贮存等工序。堆肥工艺的主要参数为:主发酵的含水率为45%～60%,碳氮比(质量比)30～35,温度55～65℃,周期3～4 d;后发酵,垃圾含水率小于40%,温度低于40℃,周期30～40 d。

8.2.1.2 厌氧堆肥法

厌氧堆肥法是指在不通气的条件下,将有机废弃物(包括城市垃圾、人畜粪便、植物秸秆、污水处理厂的剩余污泥等)进行厌氧发酵,制成有机肥料,使固体废弃物无害化的过程。堆肥方式与好氧堆肥法相同,但堆内不设通气系统,堆温低,腐热及无害化所需时间较长。然而,厌氧堆肥法简便、省工,在不急需用肥或劳力紧张的情况下可以采用。一般而言,厌氧堆肥要求封堆后一个月左右翻堆一次,以利于微生物活动,使堆料腐熟。

8.2.1.3 南宫堆肥厂堆肥工艺

北京市南宫堆肥厂是德国政府赠给北京市的固体废物处理项目之一,是中国及亚洲地区高度自动化、大规模、现代化垃圾堆肥厂之一。它位于北京市大兴区瀛海乡南宫村,总面积约6.6 hm^2,总建筑面积2.16万m^2,其中厂房1.5万m^2。

南宫堆肥厂日处理粒径15~60 mm的生活垃圾400 t,年处理量12.4万t。年产粒径12 mm以下及12~25 mm堆肥4万t。该厂采用先进的强制通风隧道式发酵技术,工艺流程如图8-3所示。

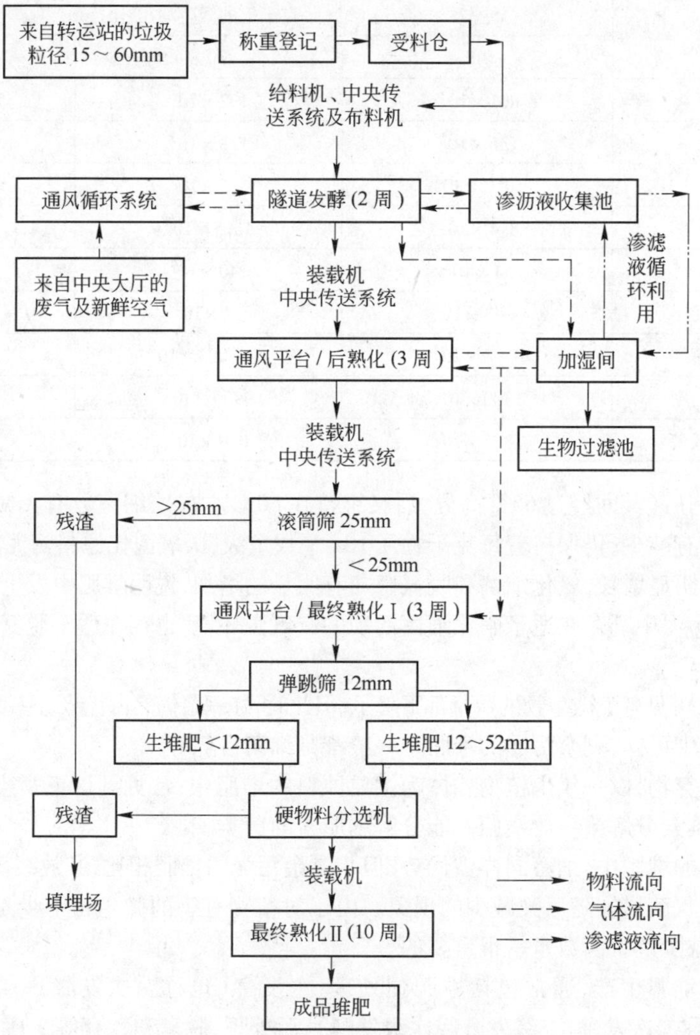

图8-3 南宫堆肥厂堆肥工艺流程

来自于马家楼垃圾转运站的粒径 15 ~ 60 mm 的生活垃圾经计量登记后，于受料仓中暂存，再通过给料机和中央传送系统以及布料机，将垃圾堆放在发酵隧道内。在隧道内，通风循环系统向隧道进行强制通风，制造有氧环境，以利于好氧堆肥发酵，时间持续 2 周。在隧道发酵期间，垃圾所产生的渗滤液被收集，并通过生物过滤进行处理，以达无害化。垃圾经隧道发酵后，被堆置于通风平台，一般主要是通过自然的空气流通造成好氧环境。在通风平台上进行后熟化 3 周后，生堆肥被筛选粒径 25 mm 的滚筒筛筛选，粒径大于 25 mm 的残渣被填埋，小于 25 mm 的仍堆置于通风平台，并进入最终熟化期 13 周。在最终熟化进行 3 周后，生堆肥经 12 mm 弹跳筛和硬物料分选机挑走硬物，形成粒径不同的两种生堆肥，再经 10 周熟化即成为成品堆肥。成品肥适用于农业和园林用肥，实现了垃圾处理的减量化、无害化和资源化。

8.2.2 卫生填埋

卫生填埋法始于 20 世纪 60 年代，它是在传统基础上，从环境免受二次污染的角度出发而发展起来的一种较好的固体废弃物处理法，其优点是投资少，容量大，见效快，因此广为各国采用。

卫生填埋主要又分为厌氧、好氧和半好氧三种。目前，厌氧填埋因操作简单、施工费用低，同时还可以回收甲烷气体，而被广泛采用。好氧和半好氧填埋分解速度快，垃圾稳定化时间短，也日益受到各国的重视。

卫生填埋是将垃圾在填埋场内分区进行填埋，每天运到填埋场垃圾，在限定的范围内铺撒为 40 ~ 75 cm 的薄层，然后压实，一般垃圾层厚度应为 2.5 ~ 3 m。一次性填埋处理垃圾层最大厚度为 9 m，每层垃圾压实后必须覆土 20 ~ 30 cm。废物层和土壤覆盖层共同构成一个单元，即填埋单元。一般一天的垃圾，当天压实覆土，成为一个填埋单元。具有同样高度的一系列相互衔接的填埋单元构成一个填埋层。完整的卫生填埋场由一个或几个填埋层组成。当填埋到最终的设计高度以后，再在该填埋层上层盖一层 90 ~ 120 cm 的土壤，压实后就得到一个完整的卫生填埋场。

8.2.2.1 填埋坑中微生物的活动过程

(1) 好氧分解段。随着垃圾填埋，垃圾孔隙中存在着大量的空气也同样被埋入其中，因此开始阶段，垃圾只是好氧分解。此阶段时间的长短取决于垃圾分解速度，可以由几天到几个月，好氧分解将填埋层中的氧耗尽以后便进入第二阶段。

(2) 厌氧分解不产生甲烷阶段。在此阶段，微生物利用硝酸根作为氧源，产生硫化物、氨气和二氧化碳，硫酸盐还原菌和反硝化细菌的繁殖速度大于产甲烷菌。当还原状态达到一定程度以后，才能产甲烷。还原状态的建立与环境因素有关，潮湿而温暖的填埋坑能迅速完成这一阶段而进入下一阶段。

(3) 厌氧分解产阶段。此阶段甲烷气的产量逐渐增加，当坑内温度达到 55℃ 左右时，便进入稳定阶段。

(4) 稳定产气阶段。此阶段稳定地产生二氧化碳和甲烷。

8.2.2.2 填埋场渗滤液

垃圾分解过程中产生的液体以及渗出的地下水和渗入的地表水，统称为填埋渗滤液。渗滤液的性质主要取决于所埋垃圾的种类。渗滤液的数量取决于填埋场渗滤液的来源、填埋场的面积、垃圾状况和下层土壤等。

为了防止渗滤液对地下水的污染，需在填埋场底部构筑不透水的防水层、集水管、集水井等设施将产生的渗滤液不断收集排出。对新产生的渗滤液，最好的处理方法为厌氧、好氧生物处理，而对已稳定的填埋场渗滤液，由于已经历厌氧发酵，使其可生化的有机物的含水率减少到最低点，再用生物处理的效果不明显，最好采用物理化学处理方法。目前，国内正逐步采用膜生物反应器和反渗透相组合的渗滤液处理工艺。

渗滤液除采用传统方法进行处理外，在旱季或干旱地区还可以采用渗滤液再循环的方法，用于喷洒灌溉、地面流水灌溉等方法，使渗滤液被蒸发或被植物吸收。渗滤液再循环的优点在于能加速垃圾稳定作用和省略水处理系统。

8.2.2.3 填埋场气体利用

垃圾填埋以后，由于微生物的厌氧发酵，产生甲烷、二氧化碳、氨、一氧化碳、氢气、硫化氢、氮气等气体，统称为填埋气(LFG)。填埋场的产气量和成分与被分解的固体废物的种类有关，并随填埋年限而变化。由于填埋场中存在着许多不能控制因素，所以用各种方式进行估算的结果与实际情况偏离很大。填埋场产气范围每公斤挥发性有机固体约为0.013～0.047 m^3。甲烷发酵最旺盛期间通常在填埋后的5年内。填埋场气体一般含有40%～50%(体积分数)的二氧化碳和30%～40%(体积分数)的甲烷，以及其他各种气体。因此，填埋场的气体经过处理以后可以作为能源加以利用。

(1) 垃圾沼气燃烧供热或发电。就地利用沼气燃烧供热或发电是应用最广的方法。沼气经较低水平的净化处理后，得到低热值燃料，其甲烷含量可达40%(体积分数)以上，如果增加吸附净化法，还可以得到高热值沼气燃料，然后再送至锅炉燃烧，主要应用于填埋场和附近居民供热，还可用于发电厂锅炉和工业窑炉做燃料，如制砖窑等。

(2) 垃圾沼气用做民用燃料。垃圾沼气用做民用燃料必须将甲烷含量提高到98%(体积分数)以上，不仅要除去气中的二氧化碳，还要除去其中的有害的有机挥发物，其处理成本很高，且有害气体易对人体产生危害，因此不主张直接用做民用燃料使用。

(3) 垃圾沼气用做汽车燃料。由于垃圾沼气净化处理做汽车燃料，其尾气排放的污染大大减轻，具有显著的环境效益，且成本不高。美国已开发了采用垃圾沼气代替汽油做汽车燃料的工业，其工艺技术是垃圾沼气的净化处理，除去气体中的二氧化碳，使甲烷含量提高到80%以上，然后将净化气加压至25 MPa，压入高压贮罐作汽车加气用。

8.2.2.4 安定垃圾卫生填埋场

北京安定垃圾卫生填埋场同马家楼垃圾转运站和南宫堆肥厂，主要承担北京市宣武区全区的生活垃圾无害化处理任务，建于1996年，设计填埋高度为40 m，设计填埋容量356.8万 m^3，设计日处理量为700 t。

安定垃圾卫生填埋场的填埋工艺为：每压实填埋2 m高度的垃圾，即覆盖一层黄土，整个堆体呈阶梯状，并进行边坡修建，坡度为1:3。为了防止风吹垃圾飘移，在堆体上设置了拦网，定期进行打药灭蝇等工作。当安定填埋场达到使用年限(14年)后表面实行绿化覆盖，使之成为一处观赏景点。

填埋场底部采用黏土和膨润土混合压实方式形成防渗层，达到防止地下水被污染的目的。防渗层上有导流层，在渗滤液流动方向上设1%坡度，北高南低，底部设渗滤液管道，每间隔60 m 1条，渗滤液经收集管路收集到渗滤液池内进行处理。在垃圾填埋堆体上设置沼气收集处理系统，采用气体水平收集和竖井收集相结合的方法，收集渠道由收集花管及卵石(将集气花管四周填以卵石)组成，又称“收集石笼”。

该填埋场渗滤液处理的主导工艺是反渗透技术，填埋场每天收集的渗滤液约为200 m^3，反渗透处理后水的回收率约80%，每天产生的渗滤液浓缩液约40 m^3。填埋场所收集的填埋气体中含沼气即甲烷气体约50%(体积分数)。该填埋场利用沼气燃烧的高温热能来蒸发渗滤液浓缩液，实现“利用废气，治理废水”的目的，浓缩液经蒸发只剩下3%的沉渣。

8.3　其他固体废物处理

8.3.1　工业固体废物

目前,我国工业固体废弃物的年产量已经达到8亿t,累计堆存量超过67亿t。年产量最大的是矿山开采和以矿石为原料的冶炼工业产生的固体废弃物,占工业固体废弃物产生量的80%以上。产生量大的几种工业固体废弃物是:尾矿2.47亿t,煤矸石1.87亿t,粉煤灰1.15亿t,炉渣0.90亿t,冶炼废渣0.8亿t。

在所产生的工业固体废弃物中,有3.3亿t得到综合利用,占产生量的41.7%;贮存量为2.7亿多t,占产生量的34.4%;处理量近1.1亿t,占产生量的13.1%;排放进入环境的废物量为7000多万t,占产生量的8.8%。

对工业固体废弃物的治理一般采用处理、处置和开展综合利用相结合的治理策略。能综合利用的,尽量进行利用;暂时不能进行综合利用的,则采取必要的处置和堆存措施。对于工业固体废弃物的微生物处理,目前在譬如食品工业、制革工业和石化工业等的固体废弃物有机物含量高的部门中应用较广,并且在一些矿产和冶金工业中也有所应用。

8.3.1.1　含油污泥生物处理

油田含油污泥主要是指由于在石油开采、贮运及炼制加工过程中,由于事故、不正常的操作及检修等原因造成的落地原油与泥土形成的含油污泥,以及油田正常生产中系统排出的含油泥砂。污泥中一般含油率10%~50%,含水率为40%~90%,含有大量的苯系物、酚类、蒽、芘等有恶臭的有毒物质,成分比较复杂,属于多相体系,一般由水包油(O/W)、油包水(W/O)以及悬浮固体组成,黏度较大,固相难以彻底沉降。

生物处理是一种比较有效的含油污泥处理技术,也是今后含油污泥处理的发展方向之一。生物处理主要是微生物利用石油烃类作为碳源进行同化降解,使其最终完全矿化,转变为无害的无机物质(CO_2和H_2O)的过程。污油微生物降解按过程机理分为两个方向:一是向油污染点投加具有高效油污降解能力的细菌、营养和一些生物吸附剂;二是曝气,向油污染点投加含氮磷的营养,增强污染点微生物群的活性。

含油污泥的生物处理技术大体可分为4种,即地耕法、堆肥法、生物泥浆反应器法、生物浮选法。

A　地耕法

地耕法为露天在地表铺放含油污泥,定期翻耕、浇水、施肥,利用土壤微生物降解污泥中的油,常用于处理油污土壤,也可用于处理含油污泥及含油钻屑。但地耕法净化过程缓慢,不适用于冬季较长的地区,且会在农田中产生生物难以降解的烃类(主要是高分子蜡及沥青质)积累。其占地面积大,受温度、降雨等条件限制,并有可能污染空气、水源和地下水,因而有被处理反应器的堆肥方式取代的趋势,在一些发达国家已经停止使用。

B　堆肥法

堆肥法(也称堆腐法)是将含油废弃物与适当的材料相混合并成堆放置,使天然微生物降解石油烃类的过程。堆肥法能保持微生物代谢过程中产生的热量,有利于石油烃类的生物降解;所采用的松散材料能增加持水性、透气性,可有效地加快含油废弃物中烃类物质生物降解速度。

堆肥法可以最大限度地降低污染物浓度,姜昌亮等采用以微生物异位修复技术——长料堆式堆置处理法，对辽河油田4种石油污染土壤进行了处理，53 d后，总石油烃含量（total hydrocarbon content，TPH）去除率达到45.2%～56.7%。魏小芳等采用经筛选、驯化的4株石油降解菌，对炼厂含油污泥用生物堆肥法处理。经过120 d处理后，油泥中油含量达标，低于GB 4284—84规定的3000 μg/g干泥，苯并芘的含量为1.04 μg/g，已经小于国标规定的3 μg/g。堆肥法在国内已得到了广泛运用，是一种行之有效的含油污泥处理方法。

C　生物泥浆反应器法

生物泥浆反应器是一种将含油污泥稀释于营养介质中使之成为泥浆状的容器。由于以水相为主要处理介质，污染物、微生物、溶解氧和营养物的传质速度快，而且消除了自然环境变化的影响，各种环境条件便于控制在最佳状态，因此反应器处理污染物的速度明显加快。Weissenfelst等的研究表明，对同种污染土壤的处理，生物泥浆反应器的处理周期比原位处理缩短1/2，其去除率比原位处理提高25%以上。

生物泥浆反应器法也是一种效果比较理想的含油污泥处理方法。李晔等对含油污泥利用土壤浆化曝气生物反应器进行生物处理后，萘、菲、苯并蒽、1,2-苯并菲均未检出，苯、甲苯、乙苯含量均较低，分别为1.19 μg/g、1.14 μg/g、0.32 μg/g，芘、蒽、苯并芘含量分别降到了0.03 μg/g、0.02 μg/g、<0.01 μg/g，取得了良好的修复效果。但由于其工艺复杂，成本较高，生物泥浆反应器法处理含油污泥在国内目前还处于实验室研究阶段，现场应用的报道较少。

D　生物浮选法

最近，中国科学院成都生物研究所的李大平等通过对油田含油污泥的多种实验摸索，提出了一种新的含油污泥的生物处理方法，即利用微生物产气与表面张力改变的生物浮选去除含油污泥中大部分油并将其回收。实验利用从石油污染物中分离的一组微生物菌株对胜利油田含油污泥进行了生物浮选处理，在最佳运行参数运行条件下，原油去除率可达95%以上。该项技术既有效利用了资源，又减少了对环境的污染，为油田和炼厂废弃物的有效治理提供了一种可行的技术方案。

8.3.1.2　矿业固体废物的有价金属回收

利用微生物及其代谢产物氧化、溶浸废物中的有价成分，使废物中有价组分得以利用的过程，称为微生物浸出，也称生物冶金。目前，微生物浸出主要用于回收矿业固体中的有价金属，如铜、金、铀、钴、镍、锰、锌、银、铂、钛等金属，尤其是铜、金等金属。

生物冶金工业用的微生物种类很多，主要有氧化亚铁硫杆菌、氧化硫铁杆菌、铁氧化钩端螺菌和嗜酸热硫化叶菌等，其中重要的浸出细菌如表8－5所示。

表8－5　浸矿细菌种类及其主要生理特征

细菌名称	主要生理特征	最佳生存pH值
氧化铁硫杆菌	$Fe^{2+} \rightarrow Fe^{3+}$，$S_2O_3^{2-} \rightarrow SO_4^{2-}$	2.5～5.3
氧化铁杆菌	$Fe^{2+} \rightarrow Fe^{3+}$	3.5
氧化硫铁杆菌	$S \rightarrow SO_4^{2-}$，$Fe^{2+} \rightarrow Fe^{3+}$	2.8
氧化硫杆菌	$S \rightarrow SO_4^{2-}$，$S_2O_3^{2-} \rightarrow SO_4^{2-}$	2.0～3.5
聚生硫杆菌	$S \rightarrow SO_4^{2-}$，$H_2S \rightarrow SO_4^{2-}$	2.0～4.0

表8－5中的浸矿细胞除能源差异外，其他特征十分相似，均属化能自养菌。它们广泛分布于金属硫化矿及煤矿的矿坑酸性水中，嗜酸好气，习惯生活于酸性（pH＝1.6～3.0）及含多种金属离子的溶液中。

利用生物冶金法回收矿业固体中的浸出方法大体包括槽浸、堆浸和原位浸出。槽浸法一般适用于高品位的贵金属的浸出，是将细菌酸性硫酸高铁浸出液与废物在反应槽中混合，机械搅拌通气或气升搅拌，然后从浸出液中回收金属。堆浸法是在倾斜的地面上，用水泥、沥青登台砌成不渗漏的基础盘床，把含量低的矿业固体废弃物堆积其上，从上部不断喷洒细菌酸性硫酸高铁浸出液，然后从流出的浸出液中回收金属。原位浸出法是利用自然或人工形成的矿区地面裂痕，将细菌酸性硫酸高铁浸出液注入矿床中，然后从矿床中抽出浸出液回收金属。三种方法都要注重温度、酸度、通气和营养物对菌种的影响，促进细菌能最佳地发挥浸矿作用。

8.3.2 农业固体废物

农业废弃物（agricultural waste）是农业生产和再生产链环中资源投入与产出在物质和能量上的差额，是资源利用过程中产生的物质能量流失份额。一般意义上的农业废弃物，主要是指农业生产和农村居民生活中不可避免的一种非产品产出。农业废弃物按其来源不同可分为：第一性生产废弃物，主要是指农田和果园残留物，如作物或果树的秸秆或枝条、杂草、落叶、果实外壳等；第二性生产废弃物，主要是指畜禽粪便和栏圈垫物等；农副产品加工后的剩余物；农村居民生活废弃物，包括人粪尿及生活垃圾。

8.3.2.1 农作物秸秆

农作物秸秆通常是指小麦、水稻、玉米、薯类、油料、棉花、甘蔗和其他农作物在收获籽实后剩余的部分。农作物光合作用的产物有一半以上存在于秸秆中，总能量基本和玉米、淀粉的总能量相当，其燃烧值约为标准煤的50%。秸秆富含有机质和氮、磷、钙、钾、镁、硫等多种养分，蛋白质含量约5%（质量分数），纤维素含量在30%（质量分数）左右，是一种具有多种用途的可综合利用的可再生生物资源。

传统农业和简单再生产对秸秆的利用，仅仅是烧火做饭、饲养牲畜、盖房、取暖和肥田等，相当数量的秸秆资源没有得到合理利用。目前，对秸秆的综合利用包括秸秆的能源化、肥料化、饲料化以及工业应用。

A 秸秆的能源化

秸秆的能源密度为13 ~15 MJ/kg，作为农村主要的生活燃料，其能源化用量占农村生活用能的30% ~35%。现行主要的秸秆能源化利用技术有秸秆直燃供热技术、秸秆气化集中供气技术、秸秆发酵制沼技术、秸秆压块成型及炭化技术等。

秸秆发酵制沼技术的微生物过程与污泥发酵的无异，只是由于这种发酵制沼技术为农家小规模使用，没有类似污水处理厂中污泥消化的规模，故其工艺控制简单。一般常规沼气发酵的工艺如下：

（1）备料。池中投入农作物秸秆、杂草、落叶以及人畜粪便等，秸秆、人畜粪便和水的配比（质量比）一般为1∶1∶8。

（2）修建。新修建池装料前要试水试压；旧池大换料后，要仔细检查，发现裂缝或破损及时修补。一个3 ~5 口人的家庭，建一口8 ~10 m^3 的沼气池，年产300 ~350 m^3 的沼气，可满足一日三餐和晚间的照明用能。

（3）配料的预处理。干物质与粪便搭配后，适当泼水，盖上塑料薄膜。堆沤时间夏季为3 ~4 d，春秋季5 ~7 d，待秸秆变为黄褐色即可。

（4）接种。接种物占原料重量的20% ~30%，应分层投料，分层接种并踩实。

（5）加水封池。进料后要及时从进、出料口加水。加水时要注意留下15%的贮气空间，并将酸碱度调至中性后加盖封口。

(6) 日常管理。要先进后出,防止料液过满。若发生结壳影响产气时,可结合补料打开活动盖进行搅拌。冷凉季节要在池上覆盖稻草等以保温,同时每年应在春、秋季进行大出料和大换料两次。在产沼过程中,需定期投入发酵基质及清理沼渣。

B 秸秆的肥料化

农业废弃物(畜禽粪便、秸秆等) 和乡镇生活垃圾的肥料化在提高土壤肥力、增加土壤有机质、改善土壤结构等方面有其独特的作用。秸秆的肥料化一般包括直接还田、间接还田以及生化腐熟快速还田三类,如表 8-6 所示。

表 8-6 秸秆肥料化还田技术比较

还田技术	还田方法	优 点	限 制
直接还田	直接粉碎还田 整秆还田 覆盖栽培还田	操作简单,省工省时,作业效率高;利于水土保持,缓解气温激变对作物的伤害,促进植株地上部分生长	耗能大,成本高;在山区、丘陵地区机械使用受限;未经高温发酵直接还田的秸秆,可能导致病害蔓延;在薄地、氮肥不足及播期临近时,秸秆用量受限
间接还田	堆沤腐解还田 烧灰还田 过腹还田 菇渣还田 沼渣还田	高温厌氧发酵而成,操作简单廉价; 操作方便,K_2CO_4 含量丰富; 利用效益高,实现畜牧增产和肥田; 菇渣营养丰富,可减少化肥用量; 优质有机肥,可副产沼气和沼液	耗时长,劳动强度大,产量小; 污染空气,损失大量能源和 C、N、P; 未经处理的秸秆饲料利用率低,耗量小; 菇渣产量小,所消纳的秸秆量有限; 沼渣产量小,生产周期长,劳动强度大
生化腐熟快速还田	催腐堆肥技术 速腐堆肥技术 酵菌堆肥技术	机械自动化程度高,易实现产业化;腐熟周期短,产量高;采用好氧发酵,无环境污染;肥效高且稳定	优良微生物复合菌种和化学制剂筛选困难;操作条件需严格控制;秸秆需严格预处理;设备成本和运行费用较高

C 秸秆的饲料化

农作物秸秆在自然条件下是一种劣质饲料,其特点是:蛋白质含量低,而且品质不佳;粗纤维含量高,其中不易被家畜消化的木质素含量较高,有些秸秆质地粗硬,适口性差,采食率极低。而要提高秸秆的饲用价值,其实质就是在以秸秆为日粮基础成分的情况下为瘤胃微生物的生长繁衍提供适宜条件。常用的方法主要有物理处理、化学处理和微生物处理,在微生物处理中,又包括青贮技术和微贮技术(微生物发酵技术),其原理与特点如表 8-7 所示。

表 8-7 秸秆饲料的生物处理方法

方 法	原理与特点	备 注
青贮技术	利用微生物的乳酸发酵作用,对青绿秸秆无杂菌密封贮藏,得到青绿多汁、适口性好、营养丰富的"草罐头"。青贮技术简单,容易推行,制作成本低	青贮对纤维素消化率提高甚微,只能用于喂饲牛、羊等反刍动物,不能喂猪、鸡等非反刍家畜
微贮技术	利用微生物发酵菌剂及辅料,在密闭设施中,经一定发酵过程,将秸秆转化为湿润膨胀、柔软酸香的饲料。微贮消化率高,原料来源广泛,无季节限制	用微贮技术,可将秸秆、杂草等加工成非草食家畜可食用的菌体蛋白生物饲料

秸秆青贮及微贮工艺流程如图 8－4 及图 8－5 所示。

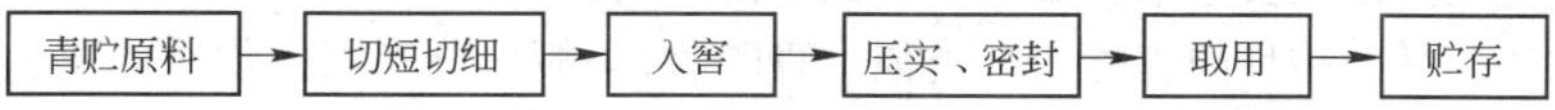

图 8－4 秸秆青贮工艺流程

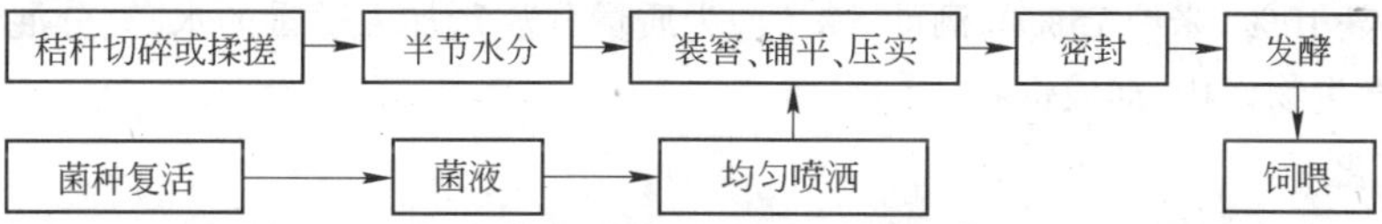

图 8－5 秸秆微贮工艺流程

在微贮技术中，菌种是至关重要的，目前常用的菌种有霉菌、酵母菌、乳酸菌、放线菌等。菌种因发酵饲料的营养要求、发酵工艺和原料的不同而有差异，相应的菌种应达到以下要求：

(1) 能够分解纤维素。

(2) 能够利用无机氮转化为菌体蛋白，合成和分泌更多的营养物质。

(3) 能够改变原料的适口性。

(4) 能够产生多种分解酶。

(5) 菌种必须是安全的。

(6) 具有促生长快的优势特性。

(7) 菌体耐性高，不容易自溶分解。

D 秸秆的工业应用

秸秆在工业中的应用也比较多，例如生产可降解的包装材料、用作装饰材料、充当工业原料、用于培养基生产等。

8.3.2.2 畜禽粪便

我国是世界上畜禽养殖业大国，其产品在满足国内市场需要和提供外贸出口等方面，均占有举足轻重的地位。随着畜禽养殖业的迅速发展，畜禽养殖业在为市场提供了大量质优价廉的产品，保证人类物质生活的需要和社会经济发展的同时，也产生了大量粪便，造成了严重的环境污染。2003 年我国畜禽粪便产生量约为 31.90 亿 t，远超过当年工业固体废弃物 10.00 亿 t 的总量；畜禽粪便中的总氮量为 1394.60 万 t，总磷量为 378.50 万 t，可导致对环境的恶臭气体污染、有害病源微生物污染、抗菌素污染、氮磷污染、重金属污染等。

目前我国对畜禽粪便的利用主要有以下几个方面。

A 饲料化

畜禽粪便含有大量营养物质，如未消化的蛋白质、B 族维生素、矿物质元素、粗脂肪和一定的碳水化合物，最适合于反刍动物。同时粪便中也含有一些潜在有害物质，如重金属（铜、锌、砷等）、药物（抗虫药、磺胺等）、抗生素、激素以及大量病原微生物或寄生虫等。所以，畜禽粪便在做饲料时需控制用量或进行加工处理，以保证畜禽的安全。目前，对禽畜粪便饲料化的应用偏重于鸡粪，因为鸡无牙咀嚼，其消化道比较短小，对食物吸收较少，所食饲料中 40% ~70% 的营养成分都未被吸收而排出体外，鸡粪中所含饲料养分多，利用价值高。猪、牛粪便的饲用价值较低，一般不做饲料使用。

对畜禽粪便的饲料化加工方法有微生物发酵法，物理干燥法，利用化学试剂对粪便进行脱水、除臭和灭菌的化学法，利用优良品种的蝇、蚯蚓或蜗牛等低等动物分解畜禽粪便的分解法，此外，还有热喷法、机械法、氧化沟法、钙化法和膨化法等，都能取得较好的效果。

其中微生物发酵法主要包括青贮法及加曲发酵法两种。

(1) 青贮法。其与秸秆的青贮工艺类似。青贮时，一般水分和固体物质的比例(质量比)为1∶1。纤维成分的消化率可用氢氧化钠、氢氧化钾和氢氧化铵等碱性物质来提高。

(2) 加曲发酵法。是用畜禽粪便和米糠、麦麸等加酒曲和水混合密封制成饲料。如用新鲜鸡粪70%、麦麸10%、米糠15%与酒曲5%(均为质量分数)，加入适量的水，充分混匀，入窖密封48~72 h，经微生物作用，即成饲料。

B 肥料化

目前对畜禽粪便的肥料化处理应用较广的主要是堆肥处理，它包括：

(1) 自然堆、沤制凼肥，这是一种比较传统的生物发酵法，就是将人畜粪便自然堆置于粪坑内，自然沤制。由于翻堆次数少，其发酵不均匀也不彻底，且堆放时间长。

(2) 好氧高温发酵(高温堆肥)，好氧高温发酵对有机物分解快，降解彻底，发酵均匀；发酵温度高，一般为55~65℃，高的可达70℃以上；脱水速度快，脱水率高，发酵周期短；经试验一般经15 d左右高温发酵，畜禽粪便含水率即从70%~80%降至40%~50%(均为质量分数)；杀灭病菌、寄生虫卵和杂草种子及除臭效果好，但起始发酵适宜的粪料含水率为55%~65%。

(3) 厌氧发酵：利用厌氧或兼性厌氧微生物以粪料中的原糖和氨基酸为养料生长繁殖，进行乳酸发酵和乙醇发酵或沼气发酵，粪料含水量较低(60%~70%)的以乳酸发酵为主，粪料含水量高(>80%)的则以沼气发酵为主。其优点是无须通气，也不需要翻堆，能耗省，运输费用低。但发酵周期长，占地面积大，脱水干燥效果差。

C 能源化

对畜禽粪便的能源化处理主要是通过厌氧发酵生产沼气做能源。其生产工艺同秸秆的发酵制沼技术。沼气厌氧发酵技术，已由最初的水压式发展到较先进的浮罩式、集气罩式、干湿分离式和太阳能式等池型；已开始应用干发酵、两步发酵、干湿结合发酵、太阳能加热发酵等发酵工艺新技术；由小型沼气池逐步向发酵罐、大中型集中供气沼气发酵工程发展；发酵温度采用常温(10~26℃)、中温(28~38℃)和高温(48~55℃)，气压有低压式、恒压式等多种形式。

沼气发酵残留物是高效有机肥和动物饲料，沼渣含有机质36.0%~49.9%，腐殖酸10.1%~24.6%，粗蛋白5%~9%，总氮0.8%~1.5%，总磷0.2%~0.6%，总钾0.6%~1.2%。用沼渣养鱼不仅比用鲜猪粪养鱼增产，而且还能改善鱼的品质。用沼渣栽培食用菌、养殖蚯蚓和沼液浸种效果均显著。

小结

1. 剩余污泥有机物含量高，含水率高，还含有大量的有害物质，同时污泥中还含有一些有用物质。目前污水处理厂污泥处理主要有三个方面：资源化利用；填埋和焚烧。

(1) 污泥的厌氧发酵是经济有效的污泥处理工艺之一，在特定的厌氧环境下，微生物将有机质分解，其中一部分碳素物质转化为甲烷和二氧化碳。

影响厌氧发酵的主要因素有：有机物投入量、营养、粒度、温度、发酵槽的搅拌、厌氧状态、加温、平均滞留时间、pH值。

(2) 污泥脱水的目的是进一步减少污泥的体积，便于后续的处理、处置和利用。污泥中的水主要分为间隙水、毛细管结合水、表面吸附水和内部水。脱水的主要方法有机械脱水和固定床自然脱水。

(3) 利用污泥进行生物制能应用最为广泛的是污泥发酵制甲烷。

2. 生活垃圾的生物处理是利用微生物的代谢作用分解生活垃圾可降解的有机物质,从而达到无害化的目的。生活垃圾生物处理处置的主要方法有堆肥、沼气发酵和卫生填埋等。

3. 工业固体废弃物的微生物处理目前在食品工业、制革工业和石化工业等的有机物含量高的部门中应用较广,并且在一些矿产和冶金工业中也有所应用。

(1) 含油污泥的生物处理技术大体可分为4种:地耕法、堆肥法、生物泥浆反应器法、生物浮选法。生物冶金是利用微生物及其代谢产物氧化、溶浸废物中的有价成分,使废物中有价组分得以利用的过程。其方法大体包括槽浸、堆浸和原位浸出。

(2) 农业废弃物主要指农业生产和农村居民生活中不可避免的一种非农产品产出。秸秆能源化利用技术有秸秆直燃供热技术、秸秆气化集中供气技术、秸秆发酵制沼技术、秸秆压块成型及炭化技术等。秸秆肥料化,一般包括直接还田、间接还田以及生化腐熟快速还田。秸秆饲料化有物理处理、化学处理和微生物处理,微生物处理中包括青贮技术和微贮技术。秸秆在工业上可生产降解包装材料、装饰材料、充当工业原料、用于培养基生产等。

(3) 禽畜粪便的利用一般有饲料化、肥料化和能源化。

对畜禽粪便的饲料化加工方法有:微生物发酵法、物理干燥法等。其中微生物发酵法主要有青贮法和加曲发酵法。

肥料化处理应用较广的主要是堆肥处理,包括自然堆肥、好氧高温发酵、厌氧发酵。

能源化处理主要是通过厌氧发酵生产沼气作能源。

思考题

8-1 污泥处理和利用的基本方向包括哪几个方面?

8-2 试叙述污泥厌氧发酵过程中的三阶段理论,以及各阶段的生物相。

8-3 试描述常用的四种厌氧消化工艺及发酵的影响因素。

8-4 污泥脱水技术可分为哪几类,试叙述其原理。

8-5 什么是堆肥和卫生填埋,试描述好氧堆肥和卫生填埋的微生物学过程。

8-6 对含油污泥的生物处理技术可分为哪几种,试描述生物冶金技术。

8-7 试简述秸秆和畜禽粪便的生物处理技术。

9 生物修复

本章要点

(1) 生物修复的概念和影响因素;

(2) 原位生物修复的概念、原理和影响因素;

(3) 异位生物修复的机制、影响因素和方法;

(4) 生物修复的实际工程应用。

生物修复(bioremediation)是近年来国内外在土壤污染治理的研究和实践过程中诞生的一个新名词,并逐步发展为一种治理环境污染的有效技术。广义的生物修复是利用环境中的各种生物——植物、动物与微生物吸收、降解和转化环境中的污染物,使污染物的浓度降低到可接受的水平,或将有毒有害的污染物转化为无害的物质。它可划分为植物修复、动物修复和微生物修复3种类型。狭义的生物修复专指土壤污染的治理,就是利用微生物的作用将环境中有害的有机污染物降解为无害的无机物(如 CO_2 和 H_2O 等)或其他无害物质的过程。本章将以污染土壤的修复为主,对微生物修复技术进行重点讨论。

9.1 概 述

随着现代工业的迅速发展,工业三废、农药、化肥和其他有毒有害物质大量进入土壤,超出了土壤微生物本身的净化能力,自然的生物净化已不能满足对污染物净化和去除的需要,利用人工生物技术对进入土壤的污染物进行强化处理即生物修复成为一门新的技术。有毒有害的有机污染物不仅存在于地表水中,而且更广泛地存在于土壤、地下水和海洋中。利用生物特别是微生物催化降解有机污染物,从而去除或消除环境污染的一个受控或自发进行的过程,称为生物修复。

生物修复也叫做环境生物修复技术,其含义是"通过生物技术对人为造成的环境污染进行医治、恢复、纠正和修补"。生物修复是依赖微生物的降解活动、自然的生物降解速度和能力,人为加强和加快的过程。它包括所有微生物处理方法和过程。基于微生物能利用污染物作为碳源和能源,从而达到对污染物的分解和矿化的原理;基于遗传学和分子生物学的方法来改善微生物的降解能力、基于实验科学手段,创造微生物生长的良好环境条件,各种生物修复技术有能力通过这一系列过程有效地消除污染,净化环境,将已被破坏了的生态平衡重新加以恢复。它的新意就在于修复、治理,在于着眼于解决问题,而使用的手段是生物技术。

大多数环境中都存在着天然微生物降解净化有毒有害有机污染物的过程。研究表明,大多数土壤内部含有能降解低浓度芳香化合物(如苯、甲苯、乙基苯和二甲苯)的微生物,只要地下水中含足够的溶解氧,污染物的生物降解就可以进行。但是在自然条件下,由于溶解氧不足、营养盐缺乏和有效微生物生长缓慢等限制性因素,以微生物作用为主的环境自然净化速度就很慢,在环境的人工治理中需要采用各种方法来强化这一过程。例如,提供氧气或其他电子受体,添加氮、磷营养盐,接种经驯化培养的高效微生物等,以便能够迅速去除污染物。生物修复技术就是在这种认识的基础上提出的。

微生物对有机污染物的降解和转化主要包括好氧和厌氧两个过程。完全的好氧过程可使有机污染物完全降解为CO_2、H_2O、SO_4^{2-}、PO_4^{3-}、NO^-。污染环境中的有机物除小部分是通过物理、化学作用被稀释、扩散、挥发及氧化、还原、中和而迁移转化外，主要是通过微生物的代谢活动进行降解转化。当有足够可利用的污染物时，微生物能够不断繁殖，使降解速率达到最大。

NO^-等无机物的厌氧过程的主要产物为小分子有机酸和其他产物（CO_2、CH_4和H_2等）。微生物虽然不能够将重金属通过降解而除去，但却可以通过对重金属的转化和固定过程降低其毒性，还可以将重金属积累在菌体内。值得注意的是，由于有机物的降解过程涉及多种酶和复杂的化学反应，有的有机污染物不能够被彻底降解，只是转化为毒性和移动性较弱或更强的中间产物，违背生物修复的效果，影响环境的生态安全评价，因此，对降解中间产物的研究是生物修复技术中不该忽视的环节。

污染土壤生物修复技术的基本原理就是利用微生物将土壤中有机污染物降解为无害的无机物质（H_2O和CO_2）的过程。目前，污染土壤的生物修复技术越来越引起人们的关注。污染土壤生物修复技术主要有两类：一类是原位生物修复或就地生物修复（in-situ bioremediation），一般适用污染现场；另一类是异位生物修复技术（exsitu bioremediation），主要包括预制床法（prepared bed）、堆肥法（composting）、厌氧处理法（anaerobic reactor）和生物泥浆反应器法（bioslurry reactor）。异位生物修复技术一般可保证生物降解的较理想条件，因而处理效果好，还可防止二次污染，是一项具有广阔应用前景的处理技术。

9.2 生物修复的主要方法及微生物的种类

9.2.1 生物修复的主要方法

生物修复的种类很多，可以根据不同的标准进行分类。

在土壤的生物修复中，根据人工干预的情况，可进行如下分类：

- 自然生物修复
- 人工生物修复
  - 原位生物修复
  - 异位生物修复
    - 非反应器型
    - 反应器型

根据生物修复利用微生物的情况，可以分为使用污染处土著微生物、使用外源微生物和进行微生物强化作用。

具有实用价值的生物修复技术有两方面的突出特点：

（1）通过各种工程手段增强自然界中已有但速度缓慢的生物降解过程。

（2）通过应用各类生物反应器，增加污染物与微生物的接触机会，创造最佳生物代谢反应条件，促进污染物快速转化。目前已经具备应用条件的生物修复技术种类较多，大致可以分为两类，即原位生物修复及异位生物修复。原位生物处理中污染土壤不需移动，污染地下水不需用泵抽至地面，其优点是处理费用低，但处理过程控制比较难。异位生物处理需要通过某种方法将污染介质转移到污染现场附近或之外，再进行处理。通常污染物搬动费用较大，但处理过程容易控制。

原位生物修复的主要技术手段是：

（1）添加营养物质，满足微生物生存的必需。

（2）增加溶解氧，以提高微生物的活性。

(3) 添加微生物或(和)酶,以强化污染物分解速率。

(4) 添加表面活性剂,以促进污染物质与微生物的充分接触。

(5) 补充碳源及能源,以保证微生物共代谢的进行,分解共代谢化合物。根据被处理对象(如土壤、地下水、污泥等)的性质、污染物种类、环境条件等的区别,营养物质的添加方式也不同。

在异位生物修复中较多地应用了各类生物反应器。与原位生物处理一样,根据处理对象、处理工艺的要求,处理过程中常需要添加各种辅助有机物分解的物质。异位生物修复除污染介质搬运费用较高外,反应器的加工制造、控制系统的设置等也会增加异位生物修复的费用。但对一些难以处理,尤其是一些有毒化合物、挥发性污染物或浓度较高的污染物的处理,异位生物处理是不可替代的选择。

9.2.2 生物修复中利用的微生物

在污染环境的生物修复中,可以利用的微生物有3大类:土著微生物、外来微生物和基因工程菌。

9.2.2.1 土著微生物

微生物能够降解和转化环境污染物,这是生物修复的基础。在自然环境中,存在着各种各样的微生物,在环境遭受有毒有害物质污染后,实际上就面临着一个对微生物的驯化过程。有些微生物不适应新的生长环境,逐渐死亡;而另一些微生物逐渐适应了这新的生长环境,它们在污染物的诱导下,产生可以分解污染物的酶系,进而将污染物降解转化为新的物质,有时可以将污染物彻底矿化。

目前,在大多数生物修复工程中实际应用的都是土著微生物,主要原因是由于土著微生物降解污染物的潜力巨大,另一方面是因为接种的微生物在环境中难以长期保持较高的活性,并且工程菌的利用在许多国家受到立法上的限制,如欧洲,引进外来微生物工程菌必须考虑这些微生物对当地土著微生物的影响。

环境中往往同时存在多种污染物,单一微生物的降解能力常是不够的。实验表明,很少有单一微生物具有降解所有污染物的能力,污染物的降解通常是分步进行的,在这个过程中需要多种酶系和多种微生物的协同作用,一种微生物的代谢产物可以成为另一种微生物的底物。因此,在实际的处理过程中,必须考虑多种微生物的相互作用。土著微生物具有多样性,群落中的优势菌种会随着污染物的种类、环境温度等条件发生相应的变化。

9.2.2.2 外来微生物

土著微生物生长速度缓慢,代谢活性低,或者由于污染物的影响,会造成土著微生物的数量急剧下降,在这种情况下,往往需要一些外来的降解污染物的高效菌。采用外来微生物接种时,都会受到土著微生物的竞争,因此外来微生物的投加量必须足够多,使之成为优势菌种,这样才能迅速降解污染物。这些接种在环境中用来启动生物修复的微生物称为先锋生物,它们所起的作用是催化生物修复的限制过程。

现在国内外的研究者正在努力扩展生物修复的应用范围。一方面,他们在积极寻找具有广谱降解特性、活性较高的天然微生物;另一方面,研究在极端环境下生长的微生物,试图将其用于生物修复过程。这些微生物包括两极端温度、耐强酸或强碱、耐有机溶剂等种类。这类微生物若用于生物修复工程,将会使生物修复技术提高到一个新的水平。

目前用于生物修复的高效降解菌大多是多种微生物混合而成的复合菌群,其中不少已被制成商业化产品。如光合细菌(photosynthetic bacteria,PSB),这是一大类在厌氧光照下进行不产氧光合作用的原核微生物的总称。目前广泛使用的PSB菌剂多为红螺菌科(*Rhodospirillaceae*)光合细菌的复合菌群,它们在厌氧光照及好氧黑暗条件下都能以小分子有机物为基质,进行代谢和生长,因此对有机物具有很强的降解转化能力,同时对硫、氮素也起了很大的作用。目前国内许多高校、科研院所和微生物技术公司都有PSB菌液、浓缩液、粉剂及复合菌剂出售,这些复合菌群在水产养殖水体及天然有机物污染河道的应用中取得了一定的效果。美国CBS公司开发的复合菌剂,内含光合细菌、酵母菌、乳酸菌、放线菌、硝化菌等多种生物,经对成都府南河、重庆桃花溪等严重有机污染河道的试验,对水体的COD、BOD、NH_3-N、TP及底泥的有机质菌有一定的降解转化效果。美国的Polybac公司推出的20多种复合微生物制剂,可分别用于不同种类有机物的降解、氨氮转化等。日本Anew公司研制的EM生物制剂,由光合细菌、乳酸菌、酵母菌、放线菌等共约10个属30多种微生物组成,已被用于污染河道的生物修复。其他用于生物修复的微生物制剂尚有DBC(dried bacterial culture)及美国的LLMO(liquid live microorganisms)生物制液,后者含芽孢杆菌、假单胞菌、气杆菌、红色假单胞菌等7种细菌。

9.2.2.3 基因工程菌

现代生物技术为基因工程菌的构建打下了坚实的基础。通过采用遗传工程的手段将降解多种污染物的降解基因转入到一种微生物细胞中,使其具有广谱降解能力;或者增加细胞内降解基因的拷贝数来增加降解酶的数量,以提高其降解污染物的能力。Chapracarty等人为消除海上石油污染,将假单胞菌中的不同菌株CAM、OCT、Sal、NAH 4种降解性质粒结合转移至一个菌之中,构建出一株能同时降解芳香烃、多环芳烃、萜烃和脂肪烃的“超级细菌”。该细菌能将浮油在数小时内消除,而使用天然菌要花费一年以上的时间。该菌已取得美国专利,这在污染降解工程菌的构建历史上是第一块里程碑。

R. J. Klenc等人从自然环境中分离到一株能在5~10℃水温中生长的嗜冷菌——恶臭假单胞菌(*Pseudomonas putida*)Q5,将嗜温菌*Pseudomonas putidapawl*所含的降解质粒TOL转入该菌株中,形成新的工程菌株Q5T。该菌在温度低至10℃时仍可利用质量浓度为1000 mg/L的甲苯为异氧碳源正常生长,在实际的应用中价值很高。瑞士的Kulla分离到两株分别含有两种可降解偶氮染料的假单胞菌,应用质粒转移技术获得了含有两种质粒、可同时降解两种染料的脱色工程菌。

尽管在利用遗传工程提高微生物降解能力方面有了很大的提高,但是在欧美和日本等国家对工程菌的利用,正面临着严格的立法控制,而在亚洲,许多国家也对此表示了极大的兴趣。

9.3 生物修复的影响因素

影响微生物生长、活性及存在的因素很多,包括物理、化学及生物因素。这些因素影响微生物对污染物的转化速率,也影响生物降解产物的特征及持久性。在讨论影响生物修复的环境因素时特别要强调,污染现场环境条件的多样性对生物降解的影响是巨大的。如,2,4-二氯苯氧乙酸(2,4-D)在富营养化湖中(无机营养丰富)可以矿化,但在贫营养湖中却不能矿化。类似的例子很多。

在纯培养、高基质浓度下,细菌及真菌活性的研究资料已有很多,这为认识微生物的营养水平、遗传特性及代谢潜力提供了基础。但自然环境中细菌及真菌的生境千变万化,如污染场地可能没有充足的无机营养,缺乏重要的生长因子,温度及pH值超出微生物的忍受范围,出现有毒物质等,这些均会减缓微生物的生长甚至导致它们的死亡。微生物可能受益于其他种类微生物的作用,也可能被其他微生物捕食。因此,实验室获得的资料往往不能简单地推广至实地应用,还必须研究自然环境下影响生物降解发生、速率及产物的因素。

(1) 非生物因素影响。有机物生物降解性(生物可给性)的最重要因素有温度、pH 值、湿度水平(对土壤而言)、盐度、有毒物质、静水压力(对土壤深层或深海沉积物)。

(2) 营养物质。异养微生物及真菌的生长除需要有机物提供的碳源及能源之外,还需要一系列营养物质及电子受体。最常见的无机营养物质是氮及磷,在多数生物修复过程中需要添加氮及磷以促进生物代谢的进行。许多细菌及真菌还需要一些低含量的生长因子,包括氨基酸、B族维生素、脂溶性维生素及其他有机分子。

(3) 电子受体。对好氧微生物而言,电子受体是 O_2。厌氧微生物可以利用硝酸盐、CO_2、硫酸盐、三价铁等作为电子受体分解有机物。

(4) 复合基质。污染环境中常存在多种污染物,这些污染物可能是合成有机物、天然物质碎片、土壤或沉积物中的腐殖酸等。在这样多种污染物与多种微生物共存条件下的生物降解过程与实验室进行的单一微生物分解单一化合物的情况有很大区别。对一种化合物而言,另一种化合物的出现可能产生不同的效应:

1) 促进其降解,如水杨酸酯可以促进土壤中萘的矿化,芴可以促进地下水中咔唑的矿化。

2) 抑制其降解,如五氯酚的降解速率在有酚或三氯酚存在时降低。

3) 不产生影响,如葡萄糖的降解不受同时进行的乙酸降解的影响。

自然或污染环境中发生的上述现象的机理还很不清楚,研究工作也很少。

(5) 微生物的协同作用。在自然界,多数生物降解过程需要两种或更多种类微生物的协同作用才能完成。微生物之间的这种协同作用主要体现在:

1) 一种或多种微生物为其他微生物提供 B 族维生素、氨基酸及其他生长因素。

2) 一种微生物将目标化合物分解成一种或几种中间有机物,第二种微生物继续分解中间产物。

3) 一种微生物通过共代谢作用对目标化合物进行转化,形成的中间产物不能被其进一步降解,只有在其他微生物的作用下才能得到彻底分解。

4) 一种微生物分解目标化合物形成有毒中间产物,使分解速率下降,其他微生物则可能以这种有毒中间产物作为碳源加以利用。

(6) 捕食作用。环境中细菌或真菌浓度较高时,常存在一些捕食或寄生类微生物。寄生微生物的有些种类可能引起细菌或真菌分解。这种捕食、寄生及分解作用可能影响细菌或真菌对污染物的生物降解过程。这种影响经常是破坏性的,但也有有利的情况。

(7) 种植植物在高等植物的根系周围,可以形成发达的根际微生物区系,这将对污染土壤的修复过程起到积极的促进作用。

另外,要使生物修复技术能成功地应用于解决实际污染问题,必须满足一定的条件要求,这些条件要求是多方面的,主要包括:

(1) 污染场地中必须存在具有代谢活性的微生物,这些微生物必须能以相当速率降解污染物,并使其浓度降低至环境要求的范围内。

(2) 污染场地中的污染物对微生物无害或其浓度对微生物的生长不构成抑制,或可以对污染物进行稀释。

(3) 在污染物降解和转化过程中不产生有毒副产物。

(4) 目标化合物必须能被生物利用。

(5) 污染场地或生物处理反应器的环境必须利于微生物生长或微生物活性的保持,如提供适当的无机营养、充足的溶解氧或其他电子受体、适宜的温度及湿度,如果污染物被共代谢则还需提供必要的碳源及能源。

(6) 处理费用应较低,至少要低于其他处理技术。

9.4 原位生物修复

由于土壤在生物圈中的重要地位,土壤污染的防护与治理变得十分重要。虽然各国政府三令五申地强调限制性排放,加强废物管理,通过再利用、再循环等途径实现废弃物资源化,控制或减少直接排放所带来的环境压力,然而随着人口持续增长,工农业的迅速发展以及都市化的不断扩大,对土壤的有机污染仍呈大幅度增长趋势。特别是近年来大量使用生物异源物质(Xenobioties),因其抗性强、难以被微生物分解,使污染环境的恢复更加困难。而难降解有机化合物因潜在的毒性强,难以清除,易产生诱变,具有生物富集、放大的特点,给人居环境带来的压力不断增加,由此也激发了有机污染环境整治与修复技术的发展。专家们普遍认为,原位生物治理技术比物理和化学处理技术更具发展前途。一般用生物的方法是除去土壤中有机物最经济有效的手段。

已有的研究结果表明,原位生物治理技术具有以下优点:

(1) 费用省。原位生物治理技术是所有处理技术中最便宜的,约为焚烧处理费用的1/3~1/2。

(2) 环境影响小。原位生物治理只是一个自然过程的强化,其最终产物是CO_2、水和脂肪酸等,不会形成二次污染或导致污染的转移,可以达到将污染物永久去除的目标。

(3) 最大限度地降低污染物浓度。原位生物治理技术可以将污染物的残留浓度降低到很低,如经处理后,BTX(苯、甲苯和二甲苯)总质量浓度为0.05~0.10 mg/L,甚至低于检测限。

与传统的污染土壤治理技术相比,土壤生物修复技术的主要特点和优点有:

(1) 不破坏植物生长所需要的土壤环境,土壤的物理、化学、生物性质保持不变甚至优于原有的性质。

(2) 污染物降解完全,可将有机污染物降解为完全无害的无机物(CO_2 和 H_2O),没有二次污染问题。

(3) 处理形式多样,可就地处理,操作相对简单,如受污染土壤位于建筑物或公路下面不能挖掘和搬出时,可采取生物修复技术。

(4) 处理成本低于热处理及物理化学方法,其处理费用约为热处理费用的1/3~1/4。20世纪80年代末采用热处理或填埋处理污染土壤每立方米需160~1046美元,而用生物修复技术仅需98~260美元。

(5) 应用广泛,可处理各种不同种类的有机污染物,如石油、炸药、农药、除草剂、塑料等,无论小面积或大面积污染均可应用,并可同时处理受污染的土壤和地下水。

9.4.1 原位修复概念

原位修复技术是在不破坏土壤基本结构的情况下,污染土壤不经搅动或移动,在原位和易残留部位进行的修复。

近年来国内外研究和实践的所谓土壤生物修复技术(soil bioremediation),也称生物恢复、生物整治等,就是一种利用生物技术和方法来治理土壤污染使其恢复其正常功能的途径。生物修复(bioremediation)是新近发展起来的一项清洁环境的低投资、高效益,便于应用,发展潜力较大的新兴技术。然而目前对于生物修复的概念尚无统一认识,Hamer将生物修复的概念定义为"对环境肆虐的生物反应”(biological response to environmental abuse)。更确切的定义应该是:利用特定的生物(植物、微生物或原生动物)吸收、转化、清除或降解环境污染物,实现环境净化、生态效应恢复的生物措施。这一定义应该包括两个方面:一是利用具有特殊生理生化功能的植物或特异微生物在原位修复污染场所(土壤或水体);二是应用生物处理或生物循环过程,通过精心设计与合理应用阻断或减少污染源向环境的直接排放。由此可见,生物修复的作用是将曾受到污染的场所通过生物过程得以恢复或清除新近排放的污染物。原位生物处理是向污染区域投放氮、磷营养物质或供养,促进土壤中依靠有机物作为碳源的微生物的生长繁殖;或接种经驯化培养的高效微生物等,利用其代谢作用达到消耗有机物的目的。

广义的土壤生物修复包括利用土壤中的各种生物-植物、土壤动物和微生物吸收、降解和转化土壤中的污染物,使污染物的浓度降低到可接受的水平,或将有毒有害的污染物转化为无害的物质。在这一概念下又可将土壤生物修复分为植物修复、动物修复和微生物修复三种类型。

狭义的土壤生物修复,就是利用微生物的作用将土壤中有害的有机污染物降解为无害的无机物(CO_2 和 H_2O)或其他无害物质的过程。由于这种技术应用最为广泛,所以通常就把这种技术称为土壤的生物修复。

9.4.2 原位修复原理

受污染的土壤(严格地说是受有机污染物污染的土壤)之所以能够用生物的方法来治理修复,其原因可以从两方面来论述:其一是土壤中存在大量依靠有机物生活的微生物,如细菌、真菌、放线菌等,它们有氧化分解有机物的巨大能力。这些微生物能够适应变化了的环境,具有产生酶,具备代谢功能,能够降解或转化土壤中难降解的有机化合物。其二是进入土壤的有机化合物大部分具有可生物降解性,即具有在微生物作用下由大分子化合物转变为简单小分子化合物的可能性。只有具备了上述这两方面的条件,污染土壤的生物修复才能实现。即在人为优化的条件下,利用自然环境中的微生物或人为投加特效微生物,来分解土壤中的污染物,以修复受污染的环境。微生物对物质进行各种转化作用的生理学基础是其新陈代谢活动,即分解代谢(catabolism)和合成代谢(anabolism)。

微生物通常是将污染物作为碳源而降解的。有机污染物不仅为微生物提供碳源,同时也提供生物体获得能量的电子受体。细菌在目前的生物修复中起着主要作用,这是因为土壤微生物群落中的细菌部分具有很大的代谢多样性。与真菌不同的是,多数细菌依靠烃类混合物生长时,其生长情况要比依靠单个底物时为好,虽然细菌分离物优先利用直链的脂肪族缓和,但它们也能利用直链烃和芳香烃。微生物是一个非常复杂的自组织系统,具有多样性,为适应不同的环境而进化得千差万别。例如,异氧菌只能利用有机物作为碳源,而自养菌只能利用二氧化碳作为碳源。细菌可以利用各种各样的电子受体,包括分子氧、硝酸根、硫酸根、三价铁离子和二氧化碳等。在有些条件下,多种微生物形成共生群落,以共利的方式存在,对污染进行协同降解。

9.4.2.1 微生物代谢

微生物对污染物降解的基本代谢是有氧呼吸,其他代谢包括厌氧呼吸、共代谢、发酵。细菌彼此能迅速分配遗传信息,因此能迅速适应如新污染物出现等环境变化。通常,微生物比植物可以进行更多种类化合物的代谢,进行复杂的降解反应,并把污染物转变成小分子。但并非所有微生物都以同样方式降解有机污染物。如细菌 *prokaryotic* 对多环芳烃的需氧降解途径与加双氧酶有关,把两个分子氧结合到污染物上,产生毒性较小的酸、醇、二氧化碳和水。真菌降解多环芳烃,与哺乳动物中的机制相似,只将一个氧结合到 PAH。虽然大多数真菌的转化结果是毒性低于 PAH 的产物,但在 PAH 的真菌降解中也产生一些毒性更强的代谢物。

影响微生物系统的环境因素主要包括温度、湿度、pH 值以及产物的积累等，介质常常是多相系统，一般是液－气－固相等的组合，空间分布不均匀，所有这些都会影响微生物的活性。各种不同类型的代谢反应是在细胞内的水介质中进行的，因此水是细胞内最重要的物质之一。

9.4.2.2 微生物共降解

相当一部分难降解污染物质是通过共降解途径，使其转变为容易降解的中间产物，继而得到最终的降解。共降解是指微生物利用一种容易降解的物质作为支持生长的营养基质，而同时降解另一种物质，但是后一种物质的降解并不支持微生物的生长。前者通常称为第一基质，而后者称为第二基质或者共降解基质，且往往是难降解的污染物质。共降解是 Leadbetter 和 Foster 于 1959 年研究甲烷细菌代谢乙烷现象时发现的。甲烷细菌以甲烷为生长基质，同时能够与乙烷发生作用，产物是乙醇、乙醛和乙酸，但是乙烷及其任何一种代谢产物对甲烷细菌的生长没有任何作用。这种现象采用"co-metabolism"来描述，表示共代谢。

严格地说，共代谢一词对于单个微生物细胞并不准确，因为共代谢基质及其产物并不能进入细胞的后续代谢过程。另外的术语"co-oxidation"，即共氧化，从活性酶的角度来说，更加准确一些。但是，这种现象并不仅仅限于好氧过程，也存在于厌氧过程。因此，采用"co-degradation"，即共降解，对于环境科学和工程领域来说也许更合适。

共降解过程主要特点可以概括为：

(1) 微生物利用第一基质作为碳和能量的来源，用于本身的生长和维护，难降解的有机污染物作为第二基质被微生物降解。

(2) 作为第二基质的污染物与第一营养基质之间存在竞争性抑制现象。

(3) 污染物共降解的产物不能作为营养被同化为细胞质，有些共降解中间产物对细胞具有毒性抑制作用，但是共降解产物可能被其他微生物所利用。

(4) 共降解是需能反应，能量来自第一营养基质的产能代谢。在某些条件下，能量可能成为共降解过程的控制性因素。

共降解途径对于难降解有机污染物质的生物降解是非常重要的。因为，难降解污染物质并不能单独支持微生物的生长。根据研究报道，许多难降解有机污染物是通过共降解开始而完成降解全过程的。这类污染物包括稠环芳烃、杂环化合物、氯化有机溶剂、氯代芳烃类化合物、表面活性剂(ABS)以及农药等。能够进行共降解的微生物包括好氧微生物、厌氧微生物和兼氧微生物等。

基于"共降解"概念，有必要重新审视"难降解性"和"持久性"概念。传统的鉴定污染物质的生物可降解性的方法一般是以单一菌种或者经过筛选的菌种作为活性微生物，或者以被测物质作为单一营养基质，由此测定的"难降解性"结果也许并不能反映实际发生的过程。因此，有些在实验室里被鉴定为"难降解"的物质，在自然环境可能并不一定是难降解的。

同样基于"共降解"概念，有理由相信针对某种污染物的单一菌株是很难被筛选分离得到的，而且有理由怀疑利用基因重组技术制造超级细菌的可行性。因为，传统的优化筛选方法可能破坏了菌群的原有生态结构，而基因重组技术可能会限制微生物活性酶系统的"广谱"适应性。

9.4.3 影响原位修复因素

9.4.3.1 污染物可降解性

一般将生物可降解性分为两类，即初级降解和最终降解。初级降解是指污染物质初步转化为某种中间物质，其降解产物可以用合适的分析方法进行识别和定量，降解过程用速率常数或者半寿命常数等表示。最终降解或者总降解是指污染物质被转化为简单的分子如二氧化碳和水等。降解程度通常以二氧化碳的生成、溶解性总有机碳(DOC)的去除或者BOD的降低等表示。有多种方法可以用来测定最终降解过程速率,主要包括传统的密封瓶法(BOD测定)、改进的OECD筛选实验、改进的AFNOR实验(法国标准联合协会)、ISO法(国际标准化协会)、改进的MITI法(日本国际贸易与工业部)等。所有的这些方法都可以在28 d之内完成。筛选实验并不能直接指示该污染物质是否能够得到降解,以确定是否需要进一步的实验。最终降解方法一般用以判定生物降解是否可行。

由于污染物质的生物降解是由各种活性酶执行的,因此,从污染物质与酶的生化反应着手,容易理解其间存在的定量的结构与可降解性的关系。酶是高度专一的生物催化剂,每一种酶只能与特定结构的污染物进行反应。

物质分子结构中影响可降解性的主要因素包括以下几个方面:

(1) 分子含有的碳原子的数目。碳原子数目主要影响分子的大小和质量。一些污染物质含有的碳原子数目越多越容易降解。例如,酰胺和亚酰胺,3~10个C的酮,1~8个C的醇,4~8个C的脂肪醇,1~8个C的2,4-叔丁基酯和叔胺等。另外一些污染物质的碳原子数目越多则越难降解。例如烷烃、脂肪醇、脂肪酸、己二酸酯类、芳香烃的烷基取代链、苯甲酸酯中的烷基链等。

(2) 环的数目。一般来说,环的数目越多越难降解。

(3) 双键数目的影响。双键的影响具有双重作用。

(4) 偶氮基团。(—N═N—)在染料中,数目越多越难降解。

(5) 单取代基的影响(对脂肪和芳香母体化合物)。羟基和羧基数目越多越容易降解;相反,氨基、卤代基、硝基、磺酸基等,一般是数目越多越难降解;烃类取代基的影响取决于链的长度和支链程度等。

(6) 取代基位置的影响。在芳香烃中,邻位的羟基和羧基的取代将增加化合物的可降解性,因为邻位的羟基化将导致开环。相反,氯原子取代将降低物质的可降解性,其顺序是邻位>间位>对位。同样的情况发生于羧基、羟基或者氯原子取代的苯胺分子中。

对于脂肪烃类化合物,接近端头的羧基取代或者羟基取代能够增加化合物的生物可降解性,因为此处往往是微生物代谢开始的位置;相反,卤原子的取代将降低生物可降解性。

(7) 取代基数目的影响。有的情况是取代基越多,生物可降解性越低,例如脂肪酸、脂肪醇和芳烃的甲基取代基数目,芳烃的磺酸和偶氮取代基数目,脂肪烃、芳香烃和环类化合物的卤原子取代等。脂肪烃分子上,支链取代基越多,生物可降解性越低。

(8) 结构复杂性的影响。一般而言,化合物结构越复杂,例如石油类化合物和人工合成高分子化合物,生物可降解性越低。最难降解的物质包括多氯联苯(PCB),人工合成高分子聚合物例如尼龙、聚乙烯、乙酸纤维等,农药(多数是氯代烃杀虫剂),表面活性剂例如烷基苯磺酸,工业用有机物例如氯代硝基苯类和二氧六环烷等。

从污染物质分子的结构特征参数也能够判断其生物可降解性。一般规律是对于芳香类化合物,Hammett常数越高,生物降解性越高。对于表示支链程度的分子连接指数,指数值越高,指数越复杂,生物可降解性越低。分子的体积越大,范德华半径、空间效应越显著,生物可降解性越低。对于红外光谱来说,C—H键谱峰强度增加,生物可降解性就降低;一般烷烃支链程度增加,C—H键谱峰强度增加,则生物可降解性就降低。对于辛醇-水分配系数,数值增加,说明化合物憎水性增加,容易通过扩散渗透穿过细胞膜,但是如果分子尺寸也增加,则将使化合物的传质变得比较困难。所以,辛醇-水分配系数显著增加,污染物质的生物可降解性反而降低。

常用的生物降解过程参数包括:生物降解速率系数(k_b)、二级速率系数(R_c)、12 d后的降解百分率、理论需氧量(ThOD)、生物降解速率v[mg/(g·h)]、5 d生化需氧量(BOD_5)、生物降解半数时间(T50)、最终好氧降解时间等。实验结果可以表明该污染物质是否能够得到降解,以确定是否需要进一步的实验。最终降解方法一般用来判定生物降解是否可行。

生物可降解性实验受各种因素的影响,包括受试微生物的性质和质量浓度、培养和适应实验、受试物质质量浓度等。总之,生物可降解性实验费时耗力。因此,根据污染物质的结构对其可降解性进行定量的分析是一种非常有价值的途径,称为结构 - 生物可降解性模型(quantitative structure-biodegradability relationship,QSBR)。这方面模型的目标是确定机理、开始进攻的位置、速率限制性步骤等。但是,由于过程的复杂性,目前的模型离这一目标尚比较远。

9.4.3.2 营养物质

土壤和地下水中,尤其是地下水中,氮、磷是限制微生物活动的重要因素。为了达到完全的降解,适当添加营养物常常比接种特殊的微生物更为重要。添加酵母膏或酵母废液可以明显地促进石油烃类化合物的降解。为达到良好的效果,必须在添加营养盐之前确定营养盐的形式、合适的浓度以及适当的比例。目前已经使用的营养盐类型很多,如铵盐、正磷酸盐或聚磷酸盐、酿造酵母废液和尿素等。对于一些微量营养素(如微量元素和维生素等)在生物修复中的作用也做了相应的研究。Trobaugh 等在对土壤中多氯联苯生物修复的研究中发现,作为亲核试剂的维生素 B12 可催化多氯联苯所有位置上的脱氯反应,30℃下 40 d 内多氯联苯分子上氯的平均个数由 5 个减少到 3 个,即脱氯率达 40%;相比之下,在缺乏维生素 B12 时,其脱氯率小于 10%。植物和微生物的生长,尤其是当植物 - 微生物群落处于污染物存在的条件下,也要求足够的营养。Xu 等表明石油烃能显著降低土壤里植物营养的可用性。当土壤微生物降解烃时,它们消耗或固定可利用的营养(即氮和磷),导致污染土壤里营养物的缺乏。

9.4.3.3 电子受体

微生物的活性除了受到营养盐的限制外,土壤中污染物氧化分解的最终电子受体的种类和浓度也极大地影响着污染物降解的速度和程度。微生物氧化还原反应的最终电子受体分为三大类,包括溶解氧、有机物分解的中间产物和无机酸根(如硝酸根、硫酸根和碳酸根等)。

为了增加土壤中的溶解氧,可以采用一些工程化的方法,例如将压缩空气送入土壤、添加产氧剂等。厌氧环境中,甲烷、硝酸根、硫酸根和铁离子等都可以作为有机物降解的电子受体。应用硝酸盐作为厌氧生物修复的电子受体时,还应注意地下水中对硝酸盐浓度的限制。

土壤中溶解氧的情况不仅影响污染物的降解速度,也决定着一些污染物的最终降解形成,如某些氯代脂肪族的化合物在厌氧降解时,产生有毒的分解产物,但在好氧条件下这种情况就为少见。魏德洲等的研究表明,当所加 H_2O_2 的量适当时,土壤样品中烃类污染物的生物降解速率较加入前增加 3 倍,这是因为 H_2O_2 不仅能直接降解部分有机污染物,还能为生物降解提供所需的电子受体。

9.4.3.4 土壤特征

不同的土壤特征往往决定污染物在土壤和地下水中的迁移及土壤微生物的生长条件,因此了解土壤特征是应用生物技术的基础之一。土壤特征与生物修复的关系已成为生物修复工程化中的关键问题。土壤特征包括结构、质地和有机质质量浓度等。Rubin 等研究受污染的多孔介质(如含大裂隙和微小裂隙的破碎渗透性含水层)的生物修复时发现,在多孔介质中,污染物在不同类型裂隙中的散布,与其在低渗透稳定区域的扩散作用有关。Clement 等研究了在反硝化条件下,多孔透水介质中细菌的生长和迁移。Venkatraman 等研究了在吸附、扩散、生物降解共同作用下,低渗透土壤中易挥发性溶质甲苯的运移。结果表明,由于氮的存在使得氧环境中易挥发性溶质的生物降解速率高于厌氧系统中的生物降解速率。

Alexander 等从土壤构造影响推断菲(多环芳烃)可能被吸附结合在“nanopore”(土壤孔径<100 nm)表面,而不易被微生物降解。黏土比淤泥和沙更易结合分子。污染物在黏土质量分数高的土壤里生物可利用性可能更低。Carmichael 等发现大颗粒(如沙)土壤比小颗粒土壤(如泥和黏土)对 PAH 矿化作用更大,可能是由于在沙土里污染物的生物可利用性高。在土壤中,有机碳质量分数高(>5%)导致强吸附,生物可用性低,中度有机碳质量分数(1% ~5%)可能限制可利用性。土壤类型可以影响根分泌物的质量和数量,可以影响植物修复效果。Bachmann 等的研究表明土壤类型和根际中氨基酸、糖和某些酶活性存在明显的相互关系。

9.4.3.5 强化措施

(1) 人工复氧。即根据水体受到污染后缺氧的特点,人工向水体中充入空气或氧气,加速水体复氧过程,以提高水体的溶解氧水平,恢复和增强水体中好氧微生物的活力,使水体中的污染物质得以净化,从而改善受污染水体的水质,进而恢复水体的生态系统。

(2) 投加微生物菌种和微生物促生剂工程。往水体中投加微生物促生剂或直接投加经事先培养筛选的一种或者多种微生物菌种,可以进行受污染地表水体的原位生物修复。投放的微生物包括光合细菌(PSB)、有效微生物群(EM)、东江菌、集中式生物系统(CBS)、固定化细菌以及基因工程菌等。

微生物促生剂包括许多种,如各类促生液,微生物营养盐,采用一些工程化的方法提供电子受体,提供共代谢底物诱导共代谢酶、表面活性剂等。

(3) 植物修复与微生物修复相结合。包括在污染区建立适当的植物和微生物联合关系;不同污染物浓度对植物和微生物的影响;污染物的生物转化和生物累积及污染的生物处理;在污染的场所无机和有机的复合效应;提高修复的工程技术。建立适当的植物-微生物关系,利用各种组合技术,如通过人工复氧、投加微生物菌种、投加微生物促生剂、放养水生植物、放养水生动物、添加生物填料等几种措施联用,可以更为有效地进行受污染水体的原位生物修复。

(4) 利用专家系统。智能专家系统能够综合考虑各方面因素,针对不同情况,提供污染物降解的过程和最后的产物或者归宿。一般专家系统的流程如图 9-1 所示。原位降解技术的关键是筛选出高效吸收或降解污染物的生物突变体,能在污染土壤、沉积物、地表水或地下水中表现出对有机污染物较高的吸收能力或降解效率。有机污染物的原位修复技术需激活土著微生物群落的降解活性,或接种外源微生物种,添加营养成分如 N、P 等或在厌氧条件下提供外源电子受体(如 NO_3^-、SO_4^{2-} 等)。

目前已经开发的专家系统,例如 SPARC 和 MFA 等,已经能够大体断定不同类型污染物质的生物可降解性程度。但是,距离提供定量的准确的结果还有相当大的差距。尽管如此,开发综合性的专家系统仍然是一个必然的趋势。利用专家系统,可以识别污染物的结构中最难以降解的分子片段,进而设计相应的工艺,或者开发相应的技术,达到有效处理的目的。利用专家系统,可以跟踪污染物质及其生物降解过程产生的各种中间产物,识别微生物首先进攻的部位和反应的速率,预测自然环境的生物转化途径和最后归宿,为环境毒理学和环境质量评价与管理提供依据等。

当然,生物修复技术有其自身的局限性,主要表现在:

(1) 微生物不能降解所有进入环境的污染物,污染物的难降解性、不溶性以及与土壤腐殖质或泥土结合在一起常常使生物修复不能进行。

(2) 这一技术在应用时要对污染地点和存在的污染物进行详细具体的考察,如在一些低渗透的土壤中可能不宜使用生物修复,因为这类土壤或在这类土壤中的注水井会由于细菌生长过多而阻塞。

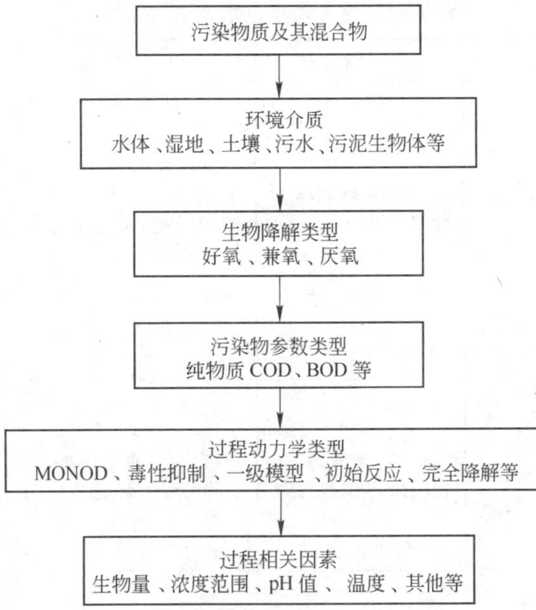

图 9-1 专家系统流程图

(3) 特定的微生物只降解特定类型的化合物质，状态稍有变化的化合物就可能不会被同一微生物酶所破坏。

(4) 这一技术受各种环境因素的影响较大，因为微生物活性受温度、氧气、水分、pH 值等环境条件的变化影响。与物理法、化学法相比，这一技术治理污染土壤的时间相对较长。

(5) 有些情况下，生物修复不能将污染物全部去除。当污染物的质量浓度太低，不足以维持降解细菌的群落时，残余的污染物就会留在土壤中。

9.4.4 原位修复的工程技术方法

针对异位修复的处理成本高，很难治理深度污染特别是污染物渗入至饱和层土壤及地下水的场合，不能处理建筑物下面的土壤污染，破坏原土壤结构及生态环境等问题，西方国家近十几年来发展了多种原位修复技术，在现场条件下直接修复污染的土壤。各国开发和应用的石油污染土壤治理技术中，很多技术属于物理、化学处理方法，如热熔玻璃化方法、焚烧方法、固化作用/稳定化方法、超临界方法、汽提法、淋滤冲洗法、化学氧化法、光降解法、溶剂萃取法等，但由于处理费用高，在大规模应用受到了一定的限制，因此，生物修复技术一出现，即引起了人们的高度关注。

其中比较典型的技术有原位气相抽取技术、原位生物修复技术，以及最近几年发展起来的原位土壤冲洗技术、原位电磁波频率加热技术、原位玻璃化技术等。土壤有机物污染的治理主要有化学法、生物法及化学与生物相结合的修复方法。原位修复技术通常比挖掘法的治理费用要少(表 9-1)。

(1) 物理化学技术。包括空气喷射、原位电磁波频率加热、原位加热-真空提取、原位固定/稳定化、原位玻璃化、原位土壤冲洗、原位土壤气提、二阶段(两相)提取等。

(2) 化学技术。包括原位覆盖技术、沥青/混凝土覆盖技术等。

表9-1 生物修复技术方法的比较

特　征	植物修复	自然消减	工程措施	微生物修复
性　质	原　位	原　位	原位、异位	原位、异位
一般特征	使用植物和微生物降解污染物	使用植物和微生物降解污染物	异位有挖掘、耕种、焚烧；原位有气提、化热处理、固定化、泵处理、真空抽提、喷射	使用微生物降解污染物；异位是结合固相或泥浆的挖掘处理
人为干涉	存在，农学翻耕，施肥，接种，种植	无	完全存在	存在，提供合适的温度、氧气、营养，保证微生物的最大活性
优　点	太阳能驱动，适合大面积污染，微生物可降解许多污染物，易于实施，提高土壤理化性质，防侵蚀，减少二次污染	原位，无破坏，防侵蚀，减少二次污染	可靠，处理效果好，有明确的起止点，速度快	原位有限干扰，效果明显
局　限	污染是浅位的，在污染物浓度高时会抑制植物生长，速度慢，要求污染物的生物可利用性	速度慢，健康风险高，不一定存在适宜的条件	挖掘破坏性大，耕种需要第二场所，焚烧需要处理飞灰，泵处理无法直接处理土壤	异位挖掘破坏大，原位要求大面积采集样品，处理时间比工程长，污染物不能对微生物有毒性
费　用	17～100美元/m^3，3美元/(m^3·a)，用于农田中的费用为0.02～1.00美元/(m^3·a)	无实施费用，可能需要检测费用	可溶性污染物处理，10～1000美元/m^3；耕种或低温热处理，10～100美元/m^3；特殊耕种或高温热处理，60～300美元/m^3；焚烧处理，200～700美元/m^3	原位50～133美元/m^3，异位133～400美元/m^3

资料来源：Boeve, 1989; cunningham et al., 1996; cunningham et al., 1995; Cunningham et al., 1993; Cunningham et al., 1996; Hrudey et al., 1993, Malot, 1989; McIntyre et al., 1997; Otten et al., 1997; Pierzynski et al., 1994; Schnoor et al., 1995; Shimp et al., 1993; Tsao, 1999b; USEPA, 1996a; USEPA, 1996b.

(3) 生物技术。包括生物过滤器、生物栅、生物处理、共代谢生物处理和释氧化合物、生物通气和共代谢通风、深层土壤混合、土地利用、土壤耕作、植物修复、真菌处理、自然衰减、加速真空恢复(生物噬食)、动物修复技术、生物培养法、有机黏土法、原位微生物-植物联合修复等。

9.5 异位生物修复

所谓异位生物修复(ex-situ bioremediation)，是指利用微生物及其他生物，将存在于土壤、地下水和海洋中的有毒有害的环境污染物降解成二氧化碳和水或转化成为无害物质的工程技术系统。异位生物修复很多是利用微生物(诸如细菌和真菌)，去氧化存在于各种污染环境中的有机污染物，利用了这些有机体能氧化有机化合物的能力。

异位生物修复的特点：环境影响小，生物修复只是一个自然过程的强化，其最终产物是二氧化碳、水等，不会形成二次污染或导致污染的转移，可以永久性地消除污染物的长期隐患；最大限度地降低污染物的浓度，异位生物修复技术可以将污染物的残留浓度降到最低。

9.5.1 异位生物修复机理

微生物降解有机污染物的基本反应类型如下：

A 氧化作用

(1) 醇的氧化。醋化醋杆菌(*Acetobacteraceti*)将乙醇氧化为乙酸，氧化节杆菌(*Arthrobacter oxydans*)将丙二醇氧化为乳酸。

(2) 醛的氧化。铜绿假单胞菌(*Pseudomonas aeruginosa*)将乙醛氧化为乙酸。

(3) 甲基的氧化。铜绿假单胞菌将甲苯氧化为安息香酸。表面活性剂的甲基氧化主要是亲油基末端的甲基氧化为羧基的过程。

(4) 氨的氧化。亚硝化单胞菌属(*Nitrosomonas*)可进行此反应。

(5) 亚硝酸的氧化。硝化杆菌属(*Nitrobacter*)可进行此反应。

(6) 硫的氧化。氧化硫杆菌(*Thiobacillus thiooxidans*)可进行此反应。

(7) 铁的氧化。氧化亚铁硫杆菌(*Thiobacillus ferrooxidans*)可进行此反应。

(8) β-氧化。脂肪酸、ω-苯氧基烷酸酯和除草剂的生物降解。

(9) 氧化支烷基化。N-去烷基化：烷基氨基甲酸酯、苯基脲、S-三嗪香草酸、有机磷杀虫剂可进行此反应；C-去烷基化：二甲苯、甲苯和甲氧氮化物可进行此反应。

(10) 硫醚氧化。三硫磷、扑草净和丁醛肟威的氧化降解。

(11) 过氧化。艾氏剂和七氯可被微生物过氧化。

(12) 苯环羟基化。吡啶、尼古丁酸、2,4-D和苯甲酸等化合物可通过微生物的氧化作用使苯环羟基化。

(13) 芳环裂解。苯酚系列的化合物可在微生物作用下使环裂解。

(14) 杂环裂解。五元环(杂环农药)和六元环(吡啶类化合物)化合物的裂解。

(15) 环氧化。对于环戊二烯类杀虫剂来说，其生物降解作用机制包括脱卤、水解、还原和羟基化作用，但环氧化作用是生物降解的主要机制。

B 还原作用

(1) 乙烯基的还原。如大肠杆菌(*Eschirichia coliform*)可将延胡索酸还原为琥珀酸。

(2) 醇的还原。如丙酸梭菌(*Clostridium propionicum*)可将乳酸还原为丙酸。

(3) 醌类的还原。醌类可以被还原成酚类。

(4) 芳环羟基化。苯甲酸盐在厌氧条件下也可以羟基化。

(5) 双键还原作用。

(6) 三键还原作用。

C 基团转移作用

(1) 脱羧作用。如戊糖丙酸杆菌(*Propionibacterium pentosaceum*)可使琥珀酸等羧酸脱羧为丙酸。尼古丁酸和儿茶酸也可进行脱羧反应。

(2) 脱氨基作用。如丙氨酸可在腐败芽孢杆菌(*Bacillus putrificus*)作用下脱氨基而成为丙酸。

(3) 脱卤作用。常见于农药的生物降解，是某些脂肪酸生物降解的起始反应，若干氯代烃农药的生物降解也有此反应。五氯酚的生物降解就是通过逐步的脱氯反应实现的。

(4) 脱烃作用。常见于某些有烃基连接在氮、氧或硫原子间的农药(如均三氮苯类和甲苯胺类)。

(5) 脱氢卤。可发生此反应的典型化合物为 γ-BHC 和 p′,p′-DDT。

(6) 脱水反应。如芽孢杆菌属(*Bacillus*)可使甘油脱水为丙烯醛。

D 水解作用

(1) 酯类的水解。多种微生物可发生此反应。

(2) 胺类(如苯胺类除草剂)。也可被许多微生物水解。

(3) 磷酸酯水解。

(4) 腈水解。

(5) 卤代烃水解去卤。氯代苯甲酸盐、苯氧基乙酸盐、芳草枯等可通过水解进行生物降解。

E 酯化作用

羧酸与醇发生酯化反应。如 *Hansenula anomola* 可将乳酸转变为乳酸酯。

F 缩合反应

如乙醛可在某些酵母的作用下缩合成3-羟基丁酮。

G 氨化作用

如丙酮酸可在某些酵母作用下发生氨化反应,生成丙氨酸。

H 乙酰化作用

如克氏梭菌等可进行乙酰化作用。

I 双键断裂反应

偶氮染料在厌氧菌的作用下,先发生脱氯反应生成两个中间产物,再经好氧过程才进一步生物降解。

J 卤原子移动

卤代苯、2,4-D 等污染物降解时可进行此反应。

9.5.2 影响异位生物修复的环境条件

9.5.2.1 非生物因子

每个微生物菌株对影响生长和代谢的生物因子都有一定的耐受范围。如果某一环境中有几种参与修复的微生物,就比在同一环境中只有一种修复微生物的耐受范围要宽。但如果环境条件超出了所有定居微生物耐受范围,微生物修复作用就会停止。非生物因子有温度、湿度、pH值、溶解氧、营养物质、共存物质(盐分、毒物、其他基质等)。

A 温度

微生物生长的温度为 -12 ~ 100℃,大多数微生物生活在 30 ~ 40℃。任何一种微生物都有一个最适生长温度。在一定的温度范围内,随着温度的上升,该微生物生长速率加快。根据微生物对温度的依赖,可以将它们分为嗜冷性微生物(<25℃)、中温性微生物(25 ~ 40℃)和嗜热性微生物(>40℃)。生物反应速率在微生物所能容忍的温度范围内随着温度的升高而增大,这可由图 9 - 2 得到说明。

这是一个化合物在两个温度下的降解情况,其关系可以用阿伦尼乌斯(Arrhenius)方程式来描述:

$$y = A\mathrm{e}^{-E_a/RT}$$

式中,y 为温度校正生物降解速率常数;A 为与反应有关的特性常数,又称前因子或频率因子;E_a 为反应活化能;R 为摩尔气体常量;T 为热力学温度。

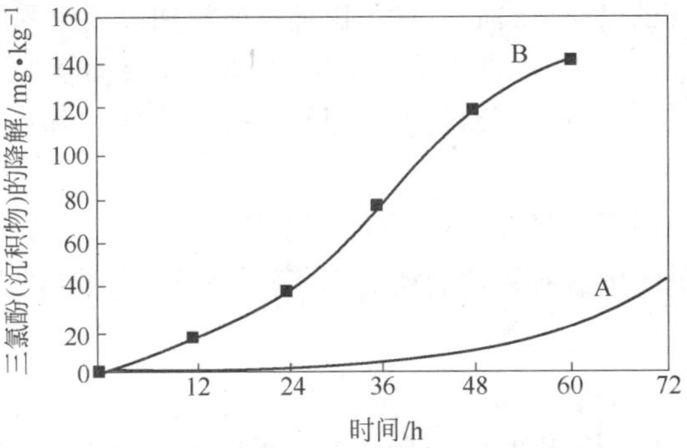

图 9-2 两种温度下三氯酚降解的量

A10℃;B22℃,两种温度的起始含量均为 2.5 mg/kg 沉积物

(引自金志刚等. 污染物生物降解. 上海:华东理工大学出版社,1997)

根据 Mulkins-Phillips 和 Stewart 计算,海洋诺卡菌在 5~15℃内的 Q10 值为 2.2。而 Dibble 和 Bartha 根据土壤中油质污泥利用的研究结果,算出 5~20℃内的 Q10 值为 1.7。根据 Jones 的数据可以算出,土壤微生物利用的正十二烷在 6~25℃区间内的 Q10 值为 2.3。

反应速率和温度之间的关系可能受其他因素的影响而有所变化。例如,尽管在冬季温度较低,但是水流速的上升和降低可能改变微生物主群密度,从而改变生物降解速率。同时温度和其他因素之间的关系也是密切的,尤其是在土壤中,潮湿的土壤传热性能更好,因而在一定深度内,其温度梯度要比干燥土壤小。微生物降解污染物的活性沿土壤深度的变化不大。同样是在气候转凉的秋冬季节,2,4-D 在寡营养的湖泊中的降解速率反而加快,这是因为落叶进入湖中带来了丰富的微生物,微生物生物量增加的影响超过了低温带来的不利影响。

温度影响有机污染物生物降解的原因除了改变微生物的代谢速率外,还能影响有机污染物的物理状态,使得一部分污染物在自然生态系统温度变化的范围内发生固-液相的转换。另外温度也能影响污染物的溶解度,这一点对于石油烃类污染物的生物降解特别重要,因为大多数石油烃类化合物至多也只是微溶的。

B 酸碱度

pH 值对硝基苯类化合物的毒性明显,这是因为有些硝基苯类化合物,如硝基酚类、硝基苯酸类在不同 pH 值条件下呈现不同的状态。pH 值较低时主要以化合态存在,而在 pH 值较高时主要以游离态存在。一般认为游离态硝基苯类化合物的毒性比化合态更大。因此在细菌生长允许的范围内,适当提高 pH 值有利于硝基苯类化合物的生物降解。

不同土壤的酸碱度变化较大,且大部分稍偏酸性,虽然某些土壤可以通过碳酸盐-碳酸氢盐系统而缓冲酸化作用,但绝非全部土壤都是这样的,有时由各种代谢过程产生的有机酸或无机酸能使土壤的酸碱度降到很低的水平。尽管真菌较能抗酸,但大部分细菌对酸性条件的耐性是很有限的。因此,土壤 pH 值往往决定何种微生物能够参与烃类生物降解过程。有证据表明,微碱性条件下烃的生物降解总速率要高于酸性条件下的总速率。

C 氧气供应

在许多环境条件下,大量基质的降解需要有电子受体充分供应。例如烃类等几类化合物的降解,氧气是仅有的或优先的电子受体,即只有在好氧条件下才能发生转化作用或只有专性好氧菌才能进行最迅速的转化作用。当氧气扩散受到限制时,原油和其他烃类的降解速率就受到影响。受汽油或石油污染的地下水,水相中的氧气会迅速消耗,接着降解变缓,最后停止。因此,典型的修复策略是增加氧气的供应量,强制供气、供纯氧或添加过氧化氢等。

在深水、土壤和沉积物中氧气的供应受到影响时,常常导致烃类化合物的降解十分缓慢,或者不能进行。在海面和湖面上漂浮的油膜也会限制氧气向水体内部的扩散,在波浪和风力作用下,氧气供应将得到改善。

有时有机物的生物降解不需要分子氧,在厌氧条件下可由有机物、硝酸盐、硫酸盐或 CO_2 作为电子受体。如果环境中的硝酸或硫酸盐耗尽,降解反应就会停止,需要重新补充电子受体。

D 营养物质

a 碳源

碳源对细菌和真菌的生长很重要。在土壤、沉积物或水体中通常碳的质量分数很高(91%),但是许多碳以微生物不可利用的或缓慢利用的络合形态存在,经常出现碳源是微生物生长限制因子的情况。如果进入环境的有机污染物的质量浓度较高,碳源不会成为生长的限制因子,但若较低时仍是限制因子。有时污染物的质量浓度看起来很低,实际并非如此,这是由于环境中的污染物未均匀混合或者是以 NAPL 的形式存在。例如,在原油、汽油或溶剂与环境之间的界面上碳的质量浓度很高,这时,原来不是限制因子的营养盐类成为高浓度的限制因子,通常 N 和 P 是缺乏的,一般 K、S、Mg、Ca 和 Fe 以及微量元素不缺乏。

由于共代谢有机化合物的细菌和真菌需要生长基质,所以向环境中添加有机物或单一化学品经常可以促进降解。添加有机物或单一化学品促进基质降解的例子如表 9-2 所示。加入联苯以后可以促进 PCB 的转化,因为 PCB 和联苯的结构相似,属类似物共代谢。但是对促进降解的机制了解较少。大部分共代谢物与添加的基质在结构上并不相似(如 DDT、七氯和 BHC 等),仍能促进共代谢,这可能是因为添加基质后增加了生物量,并非特异性反应所致。有时加入有机质后会引起氧气耗竭,结果发生厌氧反应。表 9-2 中所列的有机基质与微生物生长有关,但并不一定是共代谢过程,如 MCPA、间甲酚和 4-氯苯酚与共代谢无关。另外,有些有机改良剂会降低降解速率。

表 9-2 加入单一化合物或复杂有机物后对基质降解的促进作用

基质	环境	添加基质	基质	环境	添加基质
BHC	土壤	蛋白胨	MCPA	土壤	稻草
间甲酚、4-氯苯酚	湖水	氨基酸	萘	土壤	水杨酸
DDT	污水	葡萄糖	PCBS	土壤	联苯
DDT、七氯	淹水土壤	植物残茬	TCE	含水层	甲烷
2,6-二氯苯胺	土壤	苯胺	TCE	生物反应器	酚
马拉硫磷	土壤	十七烷			

b 氮和磷

对海洋原油泄漏和地下储油罐泄漏造成的海洋和地下水污染进行生物修复,促进了原油和汽油等燃料与 N、P 之间关系的研究。研究发现不加 N、P 原油在海洋中降解缓慢,而加入 N、P 后降解加速,但是单独加入 N 或 P 却没有发现降解速率有增加的趋势。同样,在汽油污染的地下水样中加入 N 和 P 也会刺激细菌生长。

最适的营养盐的质量浓度与石油的各类和水体的各类有关。据报道,向海水中加入的营养盐在很大的质量浓度范围内都对降解有促进作用。由于水溶性的 N 和 P 加入地表水中,在油-水界面及其附近浓度会迅速下降,因此开发出多种"亲油性"肥料。这些憎水剂可以和油缔合,促进了烃降解菌的生长。早期开发的氮磷肥料有辛基磷酸盐、癸基磷酸盐、石蜡化尿素和十二烷基脲等。以前普遍认为在任何一段时间内只有一种营养元素起限制作用。当一种限制因子的限制作用解除以后,另一种因子变为限制因子。但是现在认识到两种营养物可以同时阻挠挫败微生物生长,经常发现几种无机营养物一起加入比单独加入促进降解的作用更大。

尽管环境中氮、磷的供应量很低时生物降解速率也很低,但降解仍然可以继续。这可能与营养物的再生有关,即无机营养物被微生物同化为细胞后,再经过细胞或原生动物消化后又转化为无机物。在这种情况下,降解速率受到了限制营养盐的循环速率的支配。原生动物可能在海洋、湖泊以及土壤中的营养盐再生中起非常重要的作用。

现在还不清楚为什么磷和无机氮质量浓度明显低于 1.0 mg/L 就可以抑制降解。例如在河水中 4-硝基苯酚的质量浓度为 2 ~ 200 μg/L,就是如此,如果不加磷,降解很慢或不能降解。水中高浓度氮、磷的需要可能与氮、磷结合到生物量中无关,而与氮和磷的 K_s 值较高有关,要达到降解的最大速率则需要较高氮、磷浓度。不同的微生物有不同的氮、磷 K_s 值,例如磷的 K_s 值是 0.4 ~ 500 μg/L。另外高磷的需要只是由于非生物反应降低了磷的有效性,磷酸盐可与钙、铁或镁形成沉淀。

钙和镁大量存在于内陆的水体中,并且反应性钙、铁和镁存在于土壤和沉积物中。这些阳离子改变了磷的有效性。而且 pH 值会影响水相中的钙和镁的磷酸盐的性质,也会改变 $H_2PO_4^-$ 和 HPO_4^{2-} 的相对比例。在溶液中磷的变化可以解释为什么一株使酚矿化的假单胞菌在 pH 值为 8 时需要高质量浓度磷,而在 pH 值为 5.2 时仅要求低质量浓度磷。

除了氮、磷以外,铁有时会限制微生物分解海上石油的速率,在海水中有效铁浓度经常很低。

c 生长因子

在环境中可能有降解同一种化合物的几种菌。当营养缺陷型和原养型共同存在时,缺乏生长因子就会影响到降解。但是如果环境中有一种或两种降解菌,并且是营养缺陷型,生长因子的供应就会成为限制因子,影响到降解速率。在海水中大约有 90% 的细菌是营养缺陷型,海洋沉积物中大约有 75% ~80% 的细菌是营养缺陷型。土壤中 90% 的细菌,湖水中很高比例的细菌需要一种或几种 B 族维生素、氨基酸或其他生长因子。环境中的细菌、真菌或藻类可以分泌生长因子,原生动物和高等动物也可以排泄生长因子。

生长因子还会影响到提供生长和生物降解碳源的阈值浓度。混合氨基酸能降低细菌增殖的最低葡萄糖质量浓度,单种氨基酸可以降低湖水中细菌对酚矿化的阈值。

E 共存物质

a 多种基质

与实验室研究不同,自然环境或污染环境下经常是多种基质在一起,其浓度可以高到使微生物中毒,也可以低到不能支持微生物生长。多种微生物和多种化合物共同存在下的生物降解与一种微生物对一种化合物的生物降解有很大不同。

(1) 多种基质作用的现象。多种有机质可以同时被利用。经常是一种基质可以促进第二种基质的降解速率。这种情况可以发生在环境样品中或生物反应器内,也可以发生在两种微生物的培养物内或纯培养中。相反,一种基质也可以减慢第二种基质的降解。在某些情况下,基质的顺次利用机制抑制了基质利用,一种基质的消失只发生在另一种基质大部分或全部消失以后。例如,树脂枝孢就是顺次分解链烷烃。这种顺次利用的情况还发生在天然水、土壤和富集培养中,微生物对石油烃类混合物的某些成分的降解先于其他物质,这些烃类消失速率的差异可能是各种烃类对生物降解固有差异的反映。

在纯培养中基质的顺次利用经常是二次生长作用(即一种基质的利用推迟另一种基质的利

用）的结果。二次生长可以出现在含有高浓度有机基质的多种细菌的培养物中，也可以出现在单一细菌种占优势的富集培养物中。在饮食两种支持生长基质的培养基中，支持生长快的基质一般首先被利用。单一微生物种在两种化合物中，在高浓度时会表现为二次生长，但在低浓度下会表现为同时利用。

（2）多种基质作用的解释。在天然和污染环境中，一种基质对另一种基质生物降解的影响研究还不够深入。在自然界，如果两种基质之间不存在相互影响，可能是因为两种不同种微生物有各自不同的基质。当不同的微生物受一些共同因子的限制（如受原生动物捕食、缺氧、缺无机盐）时，两种基质之间也会发生影响。另一种情况是一种微生物正在降解两种化合物，其浓度可能太低而不能进行二次生长。由于二次生长涉及到当第一种基质代谢时，抑制了分解第二种基质的酶的合成，如果在微生物体内两种碳源的分解代谢或酶调节的机制不受与二次生长有关的生理过程控制，二次生长则可能不重要。

b 盐分

盐分对微生物的影响应分两个方面，对于适合在海水或含盐量高的环境中生长的，则需要盐；而淡水或非碱性土壤环境中的微生物不需要盐，在含盐条件下，它们的生物降解活性会受到抑制。

9.5.2.2 生物因子

A 微生物的协同作用

许多生物修复需要多种微生物的合作。这种合作在最初的转化反应和以后的矿化作用中都可能存在。协同有不同类型，一种情况是单一菌种不能降解，混合以后可以降解；另一种情况是单一菌种都可以降解，但是混合以后降解的速率超过单个菌种的降解速率之和。

协同作用的例子很多。节杆菌属（*Arthrobacter*）和链霉菌（*Streptomyces*）属在一起才能矿化二嗪；假单胞和节杆菌混合后才可以降解除草剂2,4,5-涕丙酸；两种混合菌在一起比单一菌株可以迅速降解表面活性剂十二烷基-1-癸乙氧基化合物。

协同作用机制有多种：

（1）提供生长因子。一种或几种微生物向其他微生物提供维生素B、氨基酸或其他生长因子。

（2）分解不完全降解物。一种微生物可对某种有机物进行不完全降解，第二种微生物则使前者的产物矿化。许多合成有机物在纯培养条件下只能进行生物转化，很少矿化。然而，在自然界许多菌共同降解有机物。

（3）分解共代谢产物。一种微生物只能共代谢有机物形成不能代谢的产物，另一种微生物则可以分解这些产物。

（4）分解有毒产物。第一种微生物产生的产物对自身有毒害作用，但是另一种微生物可以解除这种毒害，并将其作为碳源和能源利用。如在厌氧降解产甲烷的代谢过程中，往往不只是种间氢转移，还会有更多的微生物参与。

B 微生物的捕食作用

环境中存在有大量的捕食、寄生、裂解微生物，它们常促进或抑制细菌和真菌的生物降解作用。原生动物是典型的以细菌为食的微生物。一个原生动物需要消耗103～104个细菌才能生长繁殖，因此在环境中有大量原生动物时细菌数目显著下降。原生动物还可以促进有限的无机营养（特别是磷和氮）的循环并分泌出必要的生长因子。

在有大量原生动物活动的环境中，原生动物的影响取决于捕食速率和降解速率（细菌繁殖速率）。如果捕食速率低，细胞细菌繁殖迅速，原生动物的影响不大；如果捕食速率高，导致生物降解的特殊微生物的生长繁殖速率低，原生动物的影响会很大。在低有机物质量浓度下（$<K_s$值）细菌生长缓慢是其特征。在低质量浓度下，生物降解的物种密度会下降。另外，原生动物有时也可以刺激微生物活动。例如纤毛虫和豆形虫（*Colpidium colpoda*）可以促进混合细菌分解原油，纤毛虫和鞭毛虫可以促进植物组织或颗粒物的降解。这种促进降解主要与氮、磷再生有关。环境中氮、磷浓度很低限制了微生物的生长，氮、磷被各种微生物同化后，缺少氮、磷供降解菌利用，所以影响了转化速率。原生动物捕食了一些生物量并排出无机氮、磷以后，这部分氮、磷可供生物降解菌再利用。这种氮、磷再生或氮、磷矿化过程在土壤、淡水环境中可促进维生素、氨基酸营养缺陷型菌的生物降解作用。

9.5.3 异位生物修复技术方法

异位生物修复主要包括现场处理法、预制床法、堆置处理法、生物反应器和厌氧生物处理法等。

9.5.3.1 预制床法

预制床法是异地处理的一种形式，需要很大的工程和一定的容器。污染土壤被移入一个特殊的预制床上。预制床底部用一种密度较大、渗透性很小的材料装填好，如聚已烯或黏土，然后通过施肥、灌溉、控制 pH 值等方式保持最佳的降解状态，有时也需要加入一些微生物和表面渗透剂。预制床的设计可以使污染物的迁移量减至最小，因为它具有滤液收集和控制排放系统。预制床的设计应满足处理要求和避免污染物外溢，一般的预制床设有淋出物收集系统和外溢控制系统，它通常建在异地处理点或污染物被清走的地点。

预制床修复处理是农耕法的延续，但它可以使污染物的迁移量减至最低。在不泄漏的平台上，铺上石子与沙子，将遭受污染的土壤以 15 ~ 30 cm 的厚度平铺其上，并加入营养液和水，必要时加入表面活性剂，定期翻动充氧，以满足土壤中微生物生长的需要。处理过程中流出的渗滤液，回灌于该土层上，以便彻底清除污染物。

预制床修复已用于处理受 PCP（五氯酚）、杂酚油、石油加工废水污泥、焦油或农药等污染的土壤，并有一些成功的实例。例如 Hyzy 等成功地对规模 4000 m^3 受 PAH 污染的漏沉积物进行修复，PAH 质量浓度由 1000 mg/L 降至 100 mg/L。Mueller 应用该工艺处理 American Creosote Works 污染项目中受污染的沉积物和土壤，发现杂酚油等相对分子质量小的污染物易被降解，PCP 等相对分子质量大的污染物不易被降解而滞留。他们认为这种修复工艺大规模应用时，很难在特定时间达到预期效果。Pope 等对预制床处理技术进行了深入研究，内容涉及 pH 值控制、翻动操作、湿度调节及营养要求等。

还有一种挖掘堆置的处理床，是将受污染的土壤从污染地区挖掘起来，防止污染物向地下水或更广大地域扩散，将土壤运输到一个经过各种工程准备（包括布置衬里，设置通气管道等）的地点堆放，形成上升的斜坡，并在此进行生物恢复的温室封闭并带管道，简单的系统就只是露天堆放。有时是首先将受污染土壤挖掘起来运输到一个地点暂时堆置，然后在受污染原地进行一些工程准备，再把受污染土壤运回原地处理。从系统中渗流出来的水要收集起来，重新喷散或另外处理。其他一些工程措施包括用有机块状材料（如树皮或木片）补充土壤。如在一受氯酚污染的土壤中，用 35 m^3 的软木树皮和 70 m^3 的污染土壤构成处理床，然后加入营养物，经过 3 个月的处理，氯酚质量浓度从 212 mg/L 降到 30 mg/L。添加这些材料，一方面可以改善土壤结构，保持湿度，缓冲温度变化；另一方面也能够为一些高效降解菌（如白地霉）提供适宜的生长基质。

将 PCP 降解菌接种在树皮上或包裹在多聚物材料中，能够强化微生物的 PCP 降解能力，同时可以增加微生物对污染物毒性的耐受能力。

预制床修复的优点是，可以在土壤受污染之初限制污染物的扩散和迁移，减少污染范围。但用在挖土方和运输方面的费用显著高于原位修复方法，另外在运输过程中可能会造成进一步的污染物暴露，还会由于挖掘而破坏原地的土壤生态结构。

9.5.3.2 堆置式修复

堆置式修复是利用传统的积肥方法，将污染土壤与有机废物（木屑、秸秆、树叶等）、粪便等混合起来，依靠堆肥过程中微生物的作用来降解土壤中难降解的有机污染物。堆置式修复最早用于污水污泥的处理，近年来国内外都有一些学者研究堆置式修复的原理、工艺、条件、影响因素、降解效果等，并已将此工艺应用到污染土壤的修复中。

堆置式修复过程包括调整降解和低速降解两个连续阶段。在第一阶段，微生物活动很强烈，耗氧和降解的速率均很高，要非常注意供氧，可以通过强制通风或频繁混合供氧。但也需注意高温和气味的产生。第二阶段一般不需要强制通风或混合，通常可以通过自然对流供氧。由于微生物活动大量减少、供能减少，所以温度不高，气味不重。第二阶段通常异地进行，以通过某种程度的混合使完全降解的部分再进行降解，但对有毒化合物，会增加物料泄漏的可能和操作接触的危险，所以，一般尽量不进行移动。

堆置式修复通常分为条形堆置、静态堆置和反应器堆置等三种方式。条形堆置操作简单，投资最少，但占地较多，不可能控制挥发性气体。反应器堆置可以最佳控制气体，占最小的空间，但欠灵活。三种堆置式修复的比较如表 9 – 3 所示。

表 9 – 3 三种堆置式修复的比较

项 目	条形堆置	静态堆置	反应器堆置	项 目	条形堆置	静态堆置	反应器堆置
操作水平	低	中	高	径流控制	中	中	高
处理灵活性	高	中	低	占地面积	高	中	低
处理负荷	高	中	中	灭菌程度	中	高	高
过程控制	低	中	高	气候依赖性	高	中	低
水分控制	低	中	高	建设费用	低	中	高
气体挥发控制	低	中	高	维护费用	低	中	高

引自沈德中．污染环境的生物修复．北京：化学工业出版社，2002。

9.5.3.3 生物反应器修复

生物反应器是用于处理土壤的特殊反应器，通常为卧式、旋转鼓状、气提式，分批或连续培养，可建在污染现场或异地处理。其基本原理就是利用微生物将土壤中有害有机污染物降解为无害的无机物质（CO_2 和 H_2O），降解过程由改变土壤的理化条件（包括土壤 pH 值、湿度、温度、通气及营养盐添加）来完成，也可接种特殊驯化与构建的工程微生物提高降解效率。

在微生物相互作用和污染物降解途径方面，生物反应器法和其他生物法如原位或场上处理是相同的。它的主要特征是：

（1）以水相为处理介质，污染物、微生物、溶解氧和营养物均一分布，传递速度快，处理效果好；可以最大限度满足微生物降解所需的最适宜条件，避免复杂、不利的自然环境变化。

（2）可以设计不同构造以满足不同目标处理物的需要，提供最大限度的控制。

（3）避免有害气体排入环境。

生物反应器修复的主要缺点是工程复杂，要求严格的前、后处理工序，处理费用高。同时还要注意防止污染物由土壤转移到地下水体中。

该技术的典型工艺流程如图 9－3 所示。

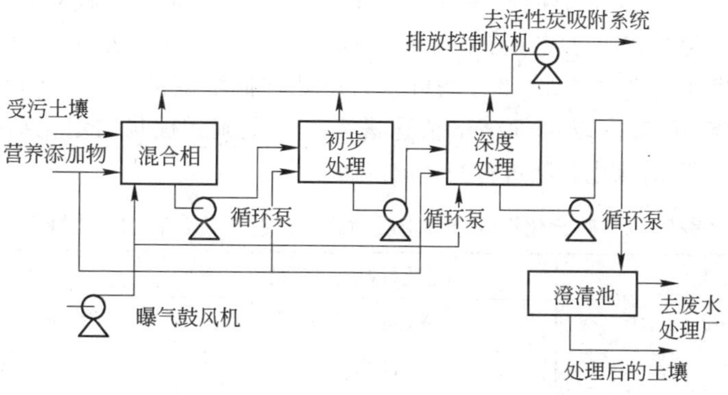

图 9－3 生物修复反应器处理方式示意图

生物反应器处理污染土壤是将受污染的土壤挖掘起来，与水混合后，在接种了微生物的反应器内进行处理，其工艺类似于污水生物处理方法。处理后的土壤与水分离后，经脱水处理再运回原地。反应装置不仅包括各种可拖动的小型反应器，也有类似稳定塘和污水处理厂的大型设施。反应器可以使土壤及其添加物如营养盐、表面活性剂等彻底混合，能很好地控制降解条件，如通气、控制温度、控制湿度及提供微生物生长所需要的各种营养物质，因而处理速度快，效果好。

常见的生物反应器及其工艺有：

(1) 泥浆生物反应器。生物泥浆反应器是一种异位生物修复技术，通过为微生物提供最佳的代谢条件而达到快速清除污染物的目的。与已有的土壤修复技术相比，生物泥浆反应器以水相为处理介质，污染物、微生物、溶解氧和营养物的传质速度很快，而且避免了复杂不利的自然环境变化，各种环境条件便于控制在最佳状态，因此反应器处理污染物的速度明显加快。有研究表明，生物泥浆反应器的污染物降解速率是其他修复技术的 10 倍以上。

根据污染物的特性及处理要求，实际中泥浆反应器的工艺流程有多种形式，典型的工艺过程为首先挖出受污染的土壤，过筛筛去大块部分后送入泥浆反应器，再加水稀释为设计质量浓度的泥浆。在反应器内设搅拌器，以改善土壤的均一性，也能使微生物和底物充分接触。运转过程中根据需要添加营养物，接种高效菌体，鼓入空气，调节 pH 值和温度，使微生物代谢处于最佳状态，从而快速清除污染物。反应器出水在浓缩池中进行泥水分离，上层液处理后排入下水道，浓缩后的固体则送回原地。

(2) 生物过滤反应器。生物过滤反应器的固定化载体一般采用泥炭、土壤、堆肥有机物、锯末、树皮屑、活性炭、黏土颗粒或多孔玻璃，土壤和堆肥有机物是常用的固定相，需要保持一定的湿度以维持微生物活性。挥发性有机物通过固定床时先被吸附，然后被载体上固定膜中的微生物降解。一个简单而有效的生物过滤反应器可以是一个管状的系统，其顶部填有土壤，而气体从其中通过。

(3) 固定化膜与固定化细胞反应器。是一种装有固定填料的反应器，土壤加入反应器后在进水的冲带下截留在填料表面。土壤微生物从反应器内水中获得足够的营养物质、氧和碳源，将土壤中污染物降解，而微生物先在土壤颗粒生长，后在固体填料表面形成生物膜。

这种固定膜生物反应器的微生物停留时间长，不易流失，因而运行管理方便，冲击负荷对其影响小，反应器各种不同种群微生物自然分层固定，保持高活性。Dimitre 等应用固定化土壤膜生物反应器液相处理污染土壤，载体为多孔性材料。

在固定化系统中可以将细菌与真菌共同固定，这种系统可以稳定降解许多化合物见表9－4。固定化细胞的方法可以在许多反应器中被采用，以获得快速的生物降解。该技术对处理化工废水效果特别明显。例如，该方法可以大量处理低浓度的 Glyphosate（N-膦酸甲基甘氨酸）废水，含该化合物的废水以 45 L/min 流速进入一个上流式柱状固定化细胞反应器（图9－4），固定化微生物可以对该化合物进行快速的降解。

表9－4　固定化细胞或紧密吸附细胞对有机化合物的生物降解

化　合　物	固定化材料或固定相	微　生　物
Acrylonitrile	藻（蛋白）酸盐	*Brevibacterium* sp.
苯胺、氯代苯胺	硅藻土	混合培养
蒽	藻（蛋白）酸盐颗粒	*Trichoderma harzianum*
2-氯苯酚	藻（蛋白）酸盐颗粒	*Phanerochaete chrysosporium*
Glyphosate	硅藻土	混合培养
4-硝基苯酚	硅藻土	*Pseudomonas* sp.
五氯酚	藻（蛋白）酸盐颗粒	*Arthrobacter* sp.
苯　酚	活性炭	*Pseudomonas* sp.

引自陈坚. 环境生物技术. 北京：中国轻工业出版社，1999。

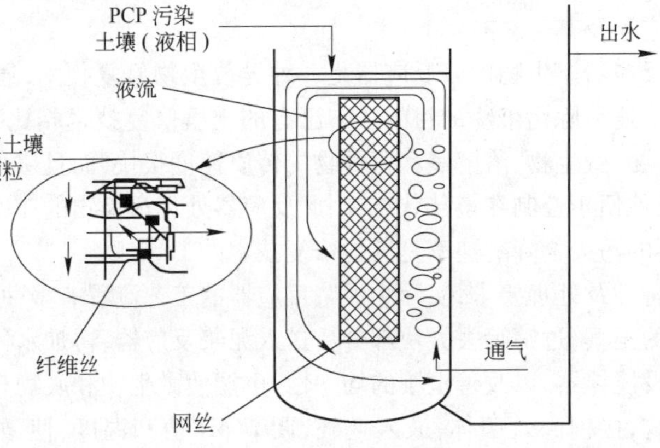

图9－4　固定化土壤反应器

（4）厌氧－好氧反应器。整个系统分两步进行，首先反应器内控制厌氧过程，把土壤中难降解的复杂有机物还原为简单有机物，或减低毒性，然后降低有机物的复杂程度有利于好氧处理。已有报道使用该工艺处理 TNT 污染的土壤处理装置如图9－5所示。

厌氧方法具有较好的生物降解潜力，因此应该将研究厌氧微生物转向研究其应用于生物修复的实际方法。

（5）转鼓式反应器。反应器的主体是一个回转圆筒（图9－6）。由于反应器的回转运动，微生物与底物得以充分接触完成代谢过程。该设备可以间歇操作，也可以连续操作。转筒内还可以设计不同的附加设备以利于混合，如加钢性滚珠、提升筛板等，达到最佳处理效果。

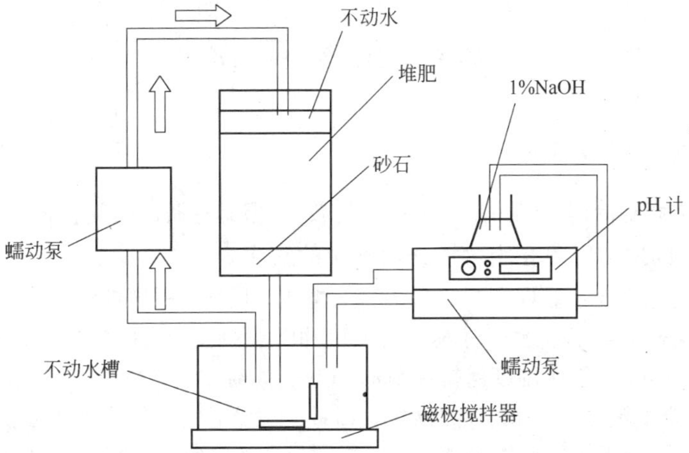

图9－5 堆肥反应器示意图

9.5.3.4 物理、化学法与反应器法结合的修复

土壤有机污染的物理化学法与生物反应器法相结合的修复技术已成为国外研究的热点，并取得一定进展。用化学与生物相结合修复污染土壤大致可分为两大类：

(1) 利用土壤物质中含有黏土，在反应器内注入季铵盐离子表面活性剂使其形成有机黏土矿物，以实现化学与生物反应器的修复。

(2) 是利用表面活性剂的增溶作用，增大水中疏水性有机污染物的浓度。有机物被分配到表面活性剂胶束相中，易被微生物吸收代谢。

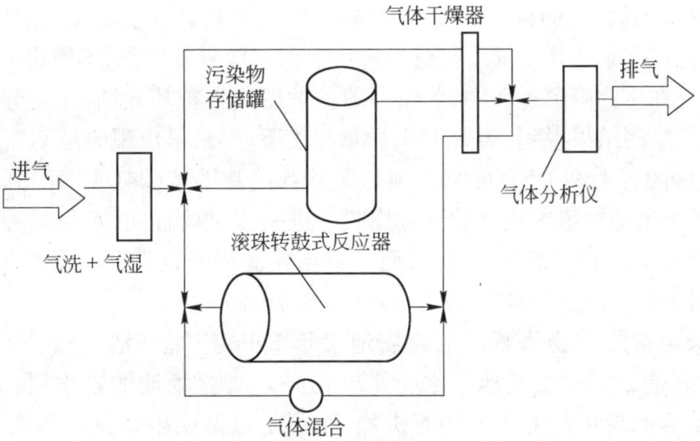

图9－6 转鼓式反应器

用物理法与反应器法结合修复污染土壤有：

(1) 通过土壤喷淋，有效地利用机械或化学分散使污染物分离成尽可能小的颗粒，为洗后生物反应器处理创造条件。由于土壤冲淋是一个很成熟的技术，其设备已广泛使用于反应器修复工艺中。

(2) 土壤预整，使用滚筒筛或杆磨、摩擦刷使土壤颗粒减小，并使土中混凝土颗粒破碎，提高生物可行性。Stefanoff 等进行了采用此方法结合土壤泥浆法及土地耕作法修复有机污染的土壤研究。

9.6 工程实例

9.6.1 原位生物修复的实例

目前使用生物修复治理有机污染土壤的实例较多,但是花费的时间较长。

9.6.1.1 原位生物修复在土壤污染治理中的应用

许多国家利用这种技术处理被石油污染的土壤,取得了较好的成效。

(1) 美国犹他州某空军基地针对航空发动机油污染的土壤,采用原位生物降解进行修复。具体做法是:喷湿土壤,使土壤湿度保持在8% ~12%,同时添加N、P等营养物质,并在污染区打竖井抽风,以促进空气流动,增加氧气的供应。13个月后,土壤中平均油含量由410 mg/kg降至38 mg/kg。对有机污染土壤的生物修复则主要靠微生物的降解、吸收与转化等途径。

(2) 利用土著微生物,通过补充养分提高生物降解速率而清除石油污染的成功实例也受到其他国家的认可与采纳。如阿根廷1992年10月曾在Puerto Rosales集散地施用富含养分的肥料,靠土著微生物清除了700 t油罐泄漏所造成的污染;科威特因石油泄漏污染了大片土地,科学家采用微生物技术成功地进行了降解。其中发挥作用的微生物主要是 *Cellulomonas flavigena*, *Rhodocoe-cuserythropolis* 和 *Arthrobacter* sp.,特别是蚕豆(*Vicia faba*)根际周围的 *Cellulomonas flavigena* 可吸收大量的脂肪族和芳香族碳氢化合物。

(3) 除可清除石油污染外,生物修复技术还成功地应用于其他化合物污染的修复。如原美军基地中军用化学物2,4,6-三硝基甲苯(TNT)严重污染了当地的土壤。采用生物修复技术较传统的焚化脱污法显然具有价廉、适应性强、操作简单、避免了挖出土体而耗时费力且破坏自然景观与土层构造、加重环境负担的优点。因TNT的好氧性生物转化会导致中间产物偶氮键的形成,从而产生二聚化或多聚化作用而不是进行降解。但在厌氧条件下,不稳定的中间产物没有机会形成偶氮键,相反在生物降解过程中,首先是硝基被还原为氨基,然后才是芳香环的降解。在特定的厌氧条件下,检测结果说明,随着TNT质量浓度下降,最早出现的是4-氨基-2,6-二硝基甲苯(4A26DNT),然后随着4A26DNT减少,2,4-二氨基-6硝基甲苯(24DA6NT)开始出现。由此证明在连续反应体系中硝基被依次还原的反应模式。进一步试验证明,不仅接种甲烷菌、调节pH值到7.0时可以明显提高TNT的降解速率,而且适当振荡培养也可明显促进TNT的降解速率。类似的方法也曾用于除草剂二硝基丁酚(地乐酚)污染土壤的修复。

(4) 燃料污染土壤的生物修复。实验场地位于Eglin空军基地石油、润滑油生产厂。由于地下管道的泄漏,造成含水层及地下水受燃料污染。实验场地的含水层比较浅,土质呈沙性,溶解氧含量低,含水层中的氮主要为有机氮,而不是氨氮或硝态氮。污染物主要分布于地表以下1 ~2 m内,地下水位位于地下1 ~1.2 m处。地下水中有大量活性微生物群落。在实验场地共建了两个处理单元(30 m×30 m),其中一个单元接受NO_3-N为10 mg/L的地下水补给,另一个单元则只接受不含NO_3-N的地下水补给。每个处理单元配有5个洒水装置,使处理单元内任何地方都能接受到水补给。单元内补给水速率为42 L/min,补给水源为从清洁含水层抽取的可饮用水。系统运行期间,通过水质监测井监测地下水和补给水的水质。在每个单元内的中心和边缘,都打了一系列0.3 ~3.4 m的水质连续监测井群。井群由5口独立井组成,5口独立井的深度分别为1.2、1.5、2.0、2.6、3.4 m。同时在处理单元以外还打了一个由3口井组成的井群,3口井的测量深度分别为0.3 ~3.4 m、3.4 ~6.4 m、6.4 ~9.4 m。这几口井主要是用来确定硝酸盐是否脱离了系统。图9-7示出了污染场监测图、土壤场监测点的位置和 JP-4 累积质量分布、处理单元的边界。图 9－8 示出了洒水车、监测井群的位置，1994 年 6 月水位等值线、去除植被的区域，1995 年 5 月溶水计的位置。在系统运行期间，第一个月内，每半星期监测一次补给水和井 EPAl-4、EPA5A-C 以及井群内水的水质。随后每半个月监测一次。修复工作从 1994 年 4 月 7 日开始，1994 年 7 月 5 日，补给水中 NO_3-N 的质量浓度增加到 15～20 mg/L。1994 年 9 月 14～16 日在每个单元内又开出一小块地（9 m×9 m），其中的植被被去除，这样可以促进硝酸盐的传送与转移。

洒水系统的运行导致地下水表面的上升，补给水能达到处理单元中心井群的最深处。井群

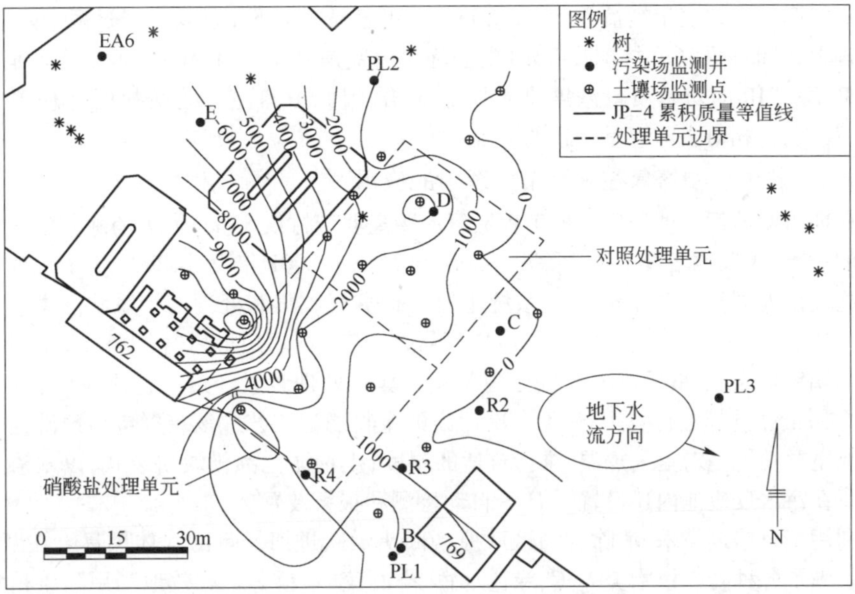

图 9－7 污染场监测图、土壤场监测点的位置

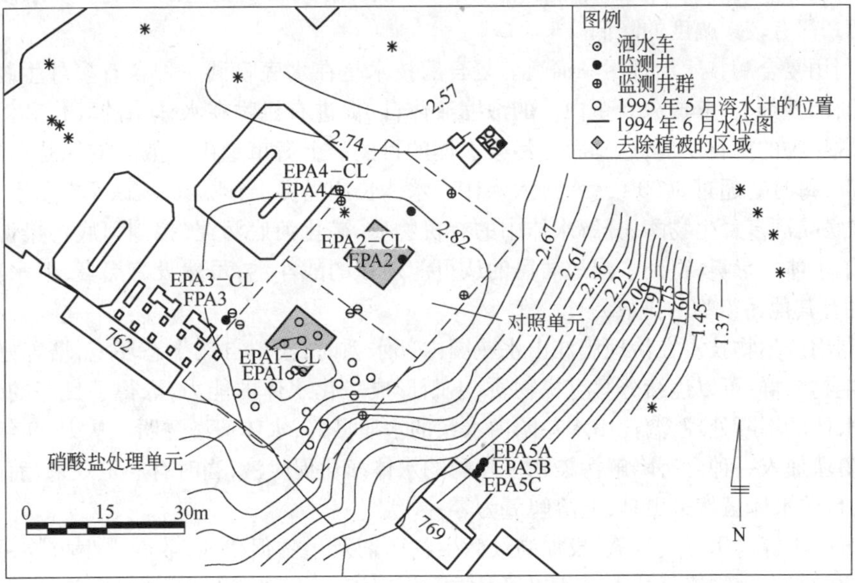

图 9－8 洒水车、监测井群的位置

中氯化物的背景值总体上比较低(3 ~ 5 mg/L),但是随着补给水的注入,氯化物的质量浓度不断升高,直至达到补给水中的质量浓度(8 ~ 10 mg/L)。6 个月后处理单元边缘的深井和井 EPA5A、EPA5B 中都产生了同样的结果。这说明处理单元内大部分含水层内的地下水已经被清除。

1995 年 5 月溶水计的位置中都产生了同样的结果。这说明处理单元内大部分含水层内的地下水已经被清除。处理单元共接受了两个阶段的补给水,体积分别为 9000 m^3 和 27000 m^3,硝酸盐处理单元内,这些水量可以分别折算成 90 kg 和 390 kg 的 NO_3-N 补给。从结果上看,处理单元内的硝酸盐可以转入根区以下含水层,而且在脱氮条件下,含水层土壤中的甲苯和二甲苯也可以被降解和代谢。当地表植被被去除以后,硝酸盐更容易向地下水转移。经过两个阶段的修复,硝酸盐处理单元和对照单元内 BTEXTMB 的去除量分别是 106 kg 和 21 kg,但是注入硝酸盐的处理单元中 BTEXTMB 的初始质量浓度是对照的 5 倍,因此虽然注入硝酸盐的处理单元去除的 BTEXTMB 量大,但相对去除率是一致的。

9.6.1.2 原位生物修复在水污染治理中的应用

(1) 深圳市罗芳污水处理厂二期工程厌氧池距离罗芳村仅 50 m,为了消除其产生的恶臭对周边居民的影响,厌氧池增设了生物除臭系统。该系统于 2001 年设计,2002 年 8 月建成并投入运行。设施设计处理气量 2 万 m^3/h。系统主要包括臭气收集和处理两个系统。臭氧收集系统是在反应池顶加设轻钢结构臭气收集罩,臭气经过收集后再用矩形风管(0.63 m × 1 m)集中送至瑞士产玻璃钢抽风机,最后进入臭气处理装置。臭氧处理装置经过工艺比较(三级化学处理和生物滤池),最终选择运行费用省、无二次污染的生物滤池工艺。该装置包括预洗池和生物滤池。预洗池主要功能是对臭气加湿,维持合适的湿度;生物滤池为模块拼装式,以木渣和树皮为主要填料。在污水反应池内还设置了 H_2S 自动检测和报警装置。

(2) 利用生态修复技术,消除青浦区政府旁断头浜跃进河严重的水体黑臭。在跃进河 2/3 的水面上长满了各种陆生植物美人蕉、绿色水竹、空心菜、水稻等。有效地利用陆生植物发达的根系,通过生物链分解和吸收水体中的有机物质,起到了消除黑臭、净化水质的作用;水上陆生植物的茂盛的枝叶和花果,又在水面上形成了景观效果,给人以视觉上的享受。从水质指标看,COD、TN、TP 都有较大幅度的降低。

(3) 利用复合酶技术治理污染河道。复合酶技术是在水底喷洒一种含有多种生物酶、非高分子型表面活性剂、营养成分及蛋白质的浓缩液体,以促进有机物在水体中的乳化和溶解,并刺激和加速微生物的生化反应,达到净化污染水体的目的。上海市金山区战斗港原是居民小区内一条断头浜,每月有超过 8000 t 污水进入水体。水体长期黑臭,当地居民反映不断。利用复合酶技术,在水底喷洒多种生物酶,分解水体中的有机物质,矿化河底污泥,控制河底污染源的释放,基本消除了水体的黑臭,得到了当地居民的认可。现在的战斗港,虽然没有黑臭,但水质仍不太理想(据说有其他污染物的排放)。

(4) 利用微生物技术在治理漓江山水花园内部水系时,模拟自然生态环境,培养好氧、兼氧及厌氧微生物菌群,可以连续分解有机物质,不断形成净化水体的能力,取得了良好的效果。通过对补充水体的不断处理,漓江山水花园内水系的水质良好,水体清澈透明。从 1999 年开始,在徐汇区上澳塘加入一种含有降解污染物多种酶的水体净化促生液,当时有一定效果,后因没有进一步治理,目前水体虽然未黑臭,但溶解氧为零。

(5) 黄民生等采用曝气复氧、投加高效微生物菌剂及生物促生液、放养水生植物、悬挂生物填料等构建的组合生物修复技术对苏州河严重污染支流——绥宁河进行原位污染治理和生物修复工程试验。结果表明:严重污染的水体消除了黑臭,COD 平均下降了 50% 以上,DO 平均升高了 2 mg/L 左右,透明度平均增加 10 cm 以上;但是试验期间主要微生物指标以及底泥有机质含量未发生显著变化。熊万永等以水生生物(包括水生植物和水生动物)为主体,辅以适当的人工曝气,建立人工模拟生态处理系统,并应用于福州白马支河的修复。结果表明:曝气生态净化系统对消除河道水质的黑臭效果良好,是立足于就地生态净化,促进黑臭河流水质改善的一种有效治理方案。刘宏伟研究了"生物坝"(放入河道的包含填料的生物反应器)修复受污染的河水的效果及机理,并以漕河泾桂林公园段为试验对象,做了现场模拟试验(采用60%填充率的Lantec填料,布置方式采用折流式和截流式两种)。现场模拟试验表明:生物坝技术处理受污染河水是可行的,折流式生物坝HRT为3.3 h,气水比(体积比)为(6~7):1时,COD、BOD和NH_3-N去除率分别为41.6%、87.3%、42.7%;截流式生物坝HRT为2.2 h,气水比为(8~10):1时,COD、BOD和NH_3-N去除率分别为38.6%、76.2%和14.4%。

(6) 肖羽堂等采用弹性填料微孔曝气生物接触氧化法对受污染水源进行修复去除NH_4^+-N效果研究。结果表明:正常水温20~27℃的条件下,当污染水源COD_{Mn}为7~14 mg/L,NH_4^+-N为0.7~2.0 mg/L和生物修复工艺运行参数HRT为1.4 h,气:水(体积比)=0.5:1,DO为7~9 mg/L时,生物修复工艺可去除水源中的NH_4^+-N为64%~95%;较低水温7~12℃的条件下,当污染水源COD_{Mn}6~11 mg/L,NH_4^+-N1.2~8.0 mg/L和生物修复工艺运行参数HRT为1.4 h,气:水=0.5:1,DO为8~10 mg/L时,生物修复工艺可去除水源中NH_4^+-N为40%~63%。王学江等采用悬浮填料移动床工艺处理苏州河支流河水。试验结果表明:填料填充率为50%,水力停留时间为1 h,进水COD_{Cr}为44~232 mg/L,BOD_5为19~101 mg/L时,出水COD_{Cr}为34.1 mg/L,BOD_5为9.1 mg/L;适宜的水温条件下,进水氨氮小于30 mg/L,水力停留时间为1.5 h,亦能取得较好的氨氮去除效果。唐玉斌等考察了低质量浓度葡萄糖、乙醇和生物激活剂对生物膜法修复污染河水的影响。结果表明:三种药剂对生物膜去除污染河水的COD均有明显强化作用,葡萄糖的强化作用最为明显。张宝娣等开发出比传统的接触氧化法更加新型的河流直接净化技术,并经过对高质量浓度有机污染河流的就地净化研究和试验,证明采用经活化处理的多孔异形填料,适当添加经就地驯化的优势微生物,对COD_{Cr}为100~200 mg/L、BOD_5为40~80 mg/L、MH3-N为15~25 mg/L的河水,去除率分别可达到70%、80%、65%。野川净化场以卵石为填料使之表面形成生物膜,再利用生物膜对河水进行净化。结果表明:野川净化场自建成投入使用后,大约经过6年的运行结果观测,进入净化槽的BOD和SS的质量浓度平均值分别为12.7 mg/L和9.0 mg/L,经净化槽净化后出水BOD和SS的质量浓度平均值分别为5.2 mg/L和3.3 mg/L,去除率分别为72.3%和84.9%。唐玉斌等考察了生物膜法对上海市漕河泾和青春河河水的修复。结果表明:生物膜法可以去除漕河泾和青春河河水一部分的COD,并去除大部分氨氮。

9.6.2 异位生物修复的应用实例

9.6.2.1 利用生物反应器法处理污染土壤

利用自行设计的生物泥浆反应器研究了多环芳烃(PAH)污染土壤生物修复技术。利用生物泥浆反应器修复PAH污染土壤过程中,污染物自身物理、化学性质是影响生物修复的关键因素,故菲比芘具有更高的污染可修复性。温度和泥浆中的溶解氧浓度是重要的环境影响因素。在实验设计的浓度范围内,PAH污染土壤中污染水平越高降解速度越快。在不加共代谢底物的情况下,当污染土壤中PAH降解到一定程度(菲与污染土壤的质量比小于2 mg/kg和芘与污染土壤的质量比小于15 mg/kg)时,污染物浓度可成为生物降解的限制因素,这也是今后深入研究的问题之一。生物泥浆反应器法处理PAH污染土壤工艺中,实验确定的最佳运行工艺参数为:温度20~30℃,水土体积比例2:1,空气流量8 L/h,接种量50 g/kg。生物泥浆反应器技术处理

PAH 污染土壤是一种高效的处理方法,该研究结果为深入研究 PAH 污染土壤共代谢机理和生物反应器技术实用化、产业化奠定了理论基础。

美国东南部的一家木材厂,最近使用反应器处理杂酚油污染土壤,安装了 4 个半间歇式生物泥浆反应器,并接种细菌,每周可处理 100 t 受污染土壤,使菲与原混合物的质量比从 300000 mg/kg降低到 65 mg/kg,苯并[a]芘从 1100 mg/kg 降低到检测线以下(3 mg/kg),五氯酚与原混合物的质量比从13000 mg/kg降低到 40 mg/kg。荷兰的一家公司研制出回转式生物反应器,这种设备的特点是把要处理的石油污染土壤装入圆桶内,借助于反应器的回转运动,使土壤得以与微生物充分接触。利用此设备对石油量为 1000 ~ 6000 mg/kg 的石油污染土壤在温度 22℃条件下,处理 17 d 后,土壤中石油与土壤的质量比降至 56 ~ 250 mg/kg。

Robert 等在生物反应器中使用白腐真菌(*phanerochate chrysosporium*)处理受多环芳烃污染的土壤。在该系统中,真菌与土壤分别放在不同的反应器内,通过加热土壤反应器,使污染物抽提挥发至真菌反应器再进行处理。起始土壤中多环芳烃与土壤的质量比为 41 g/kg。36 d 后,相对分子质量小的多环芳烃的降解率为 70% ~100%,相对分子质量大的多环芳烃的降解率为 50% ~60%,土壤中多环芳烃降为 18 g/kg。在土壤的多环芳烃起始质量浓度较高的情况下,多环芳烃有相当高的降解速率,为 511 mg/(kg · d)。其中苯并[a]芘的降解速率为 4.9 mg/(kg · d),这比以往报道的都要高,同时该系统对多环芳烃的降解没有选择性。

Jee 等用生物反应器修复受多环芳烃污染的底泥。样品取自美国得克萨斯州 Dickinson Bayon 河河口河面以下 0.6 ~ 1.2 m。泥浆中固体质量分数分别配成 5%、10% 和 15%,其中多环芳烃菲的起始量保持为 88 mg/kg。在曝气但没有机械搅拌和曝气有机械搅拌两种条件下对菲的降解进行比较。运行 7 天,菲基本被去除。其中菲的完全矿化去除率在固体质量分数为 10%、搅拌且曝气的条件下最高达 40%。

Mueller 等采用生物反应器处理防腐油污染的表土和沉积物制成的泥浆液。受污染样品中相对分子质量高的和相对分子质量低的 PAH 的含量都很高。实验发现:控制 pH 值为 7 ± 0.1,DO 饱和率为 9%,温度为 28.5℃,经过 30 天处理,表土、沉积物中有机物的降解顺序为:酚醛 > 杂环烃 > PAH。虽然沉积物的降解方式与表土相似,但是沉积物降解速度较大。表土培养 14 天,除双环 PAH 完全降解外,三环、四环多环 PAH 的降解率分别为 60% 和 40%。沉积物经过 5 天培养,双环、三环、四环多环 PAH 的降解率分别为 90%、70% 和 60%。但由于该实验未采用外源性降解菌进行生物强化,对表土及沉积物中几种难降解有机物包括相对分子质量大的 PAH 未有明显的降解作用。这一结果显示,对受污染的环境,特别是多种污染物共存下,仅仅利用土著性微生物的原位生物修复技术很难达到预期的目标。

Weissenfel 等在升降机型的土壤泥浆反应器系统中研究了 A、B 两种土壤的生物降解性能。土壤 A 含高质量浓度的相对分子质量低的 PAH;土壤 B 含高质量浓度的相对分子质量大的 PAH。将此法的 PAH 降解率与就地处理进行比较,显然,土壤 A 中 PAH 的降解率明显高于就地处理,尤其是双环、三环和四环 PAH。采用土壤泥浆反应器处理 4 周后,土壤 A 的双环、三环和四环 PAH 的平均降解率为 80%,而就地处理仅为 50%。土壤 B 中除了少数双环、三环 PAH 外,其他 PAH 即使用能降解 PAH 的混合菌接种,也均无显著降解。

9.6.2.2 采用堆置处理方法处理污染土壤

丁克强、尹睿等采用异位生物修复技术堆式堆置处理方法,对辽河油田原油污染土壤进行了生物修复处理研究。处理工程设 4 个处理料堆单元,每个处理单元长 118.5 cm、宽 65.5 cm、高 12.5 cm。研究结果表明,当进行处理的石油污染土壤中石油烃总量为每(100 ± 5.22)g 时,利用黄孢原毛平革菌(*Phanerochaete chrysosporium*),经过 55 天的运行,石油烃总量去除率达 54.2%。

堆置处理中影响污染土壤石油烃总量生物降解的主要变化因子为污染土壤的 O_2 和 CO_2 含量、降解石油烃微生物的数量、污染土壤 pH 值的变化。通过监测这些数据的变化，可直接反映该工程处理石油污染土壤的效果。在该处理工程中采用定期通风措施，操作简单、运行费用低廉，为石油污染土壤生物修复实用化提供了一种简单易行的污染土壤清洁技术。

9.6.3 植物修复法

植物修复法目前也是一个备受关注的污染场修复方法。有人建议用深根植物如白杨对受三氯乙烷污染的浅含水层进行修复。树木能从土壤和含水层中吸收水分，因而有潜力修复这两种基质。也有人建议用白杨来阻止污染地下水的运动。当含水层太深或根难以达到毛管边缘或者是污染场地不适合种植植物时，可以从含水层中吸取出污染水来灌溉树木。Newman 为此研究了与杂交白杨交互作用下，含水层及地下水中三氯乙烷的迁移、转化与归趋。因此有报道说杂交白杨有吸收降解三氯乙烷的能力，所以采用此树种作为修复树种。实验场地为一系列人工含水层单元，含水层单元深 1.5 m、长 5.7 m、宽 3 m。在每个含水层单元内种植 15 株经过剪枝修理的白杨，株高 45 cm，株距 1 m。含水层单元的设计示意图如图 9－9 所示。

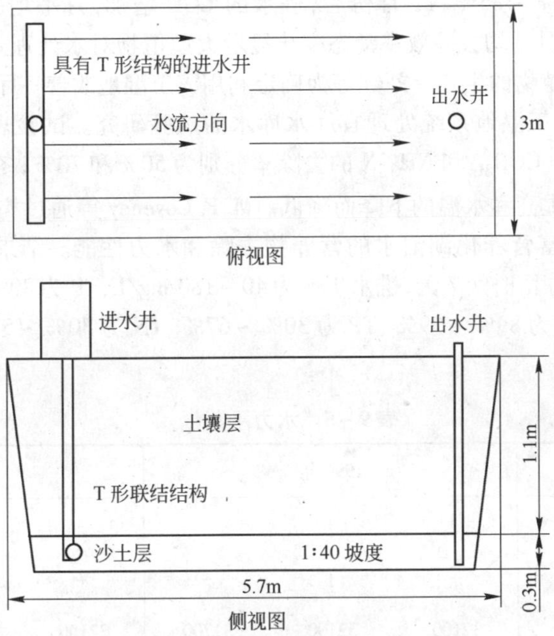

图 9－9 植物修复实验单元示意图

含水层单元底部为 0.3 m 厚的粗沙，上层为 1.1 m 厚的粉质黏土。每一个含水层单元一端有一进水井及 T 形步水管道，使得含三氯乙烷的水能够进入沙层。含水层单元底部有 1:40 的斜坡，单元的另一端为出水井。从出水井提取的水经过处理后可以重新利用。他们共设计了 4 个人工含水层单元，其中一个种植树木但不引入三氯乙烷，另两个种植树木但引入三氯乙烷，最后一个不种植树木但引入三氯乙烷。三氯乙烷通过进水井分配到人工含水层单元。从 1995 ~ 1997 年，每年都有一阶段向人工含水层单元注入含三氯乙烷的水。为了维持白杨的正常生长，同时对人工含水层单元进行灌溉及其他水分管理。

从俯视图可以看出水流方向和 T 形结构，从侧视图可以看出进水井和出水井的方位。人工单元的白杨生长迅速，一年后平均高度达到3 m，第二年达7 m，第三年长到11 m。白杨的生长速度受到三氯乙烷处理的影响。两年后白杨的主要生长参数为高7 m、胸径18.7 cm，每棵树71个分枝。

表9－5列出了1996年向各人工单元加的水量和从出流井排出的水量。树木有很高的蒸腾作用，这说明在适当的环境条件下，白杨有潜在能力降低污染水的流动性，减小可溶性污染物的扩散。表9－6中的累积数据表明从1995年未种植白杨的人工单元可以回收到0.37 mol的三氯乙烷，而从种植白杨的两个人工单元分别只能回收到0.02 mol和0.06 mol三氯乙烷。1996年从未种植白杨的人工单元可回收到3.3 mol，而从种植白杨的人工单元只能回收到0.04～0.06 mol三氯乙烷。第三年的结果也是类似的。总体上，从未种植白杨的人工单元的出水井可以回收到67%的注入的三氯乙烷，相反，从种植白杨的人工单元则只能回收到1%～2%的三氯乙烷。很多数据都表明相对很低的三氯乙烷回收率是因为含水层内三氯乙烷的损失是和植物吸收相关的。

Shuh-RenJing等采用人工湿地处理技术进行Erh-Ren河中试规模的修复研究。结果表明：研究期间，营养物去除效率最高月份为4月和10月，月平均去除率COD为13%～51%，氨氮78%～100%，正磷酸盐为52%～85%；11月份后，进水的COD增加，月平均去除率氨氮下降到为16%，正磷酸盐为13%；月平均去除效率动态变化显示大型植物对水处理效果有直接影响，进水的季节变化会抑制大型植物的生长。刘红等为确定利用人工湿地改善官厅水库水质工程所需的设计参数，开展了潜流人工湿地系统处理官厅水库水的试验研究。试验表明：当水力负荷率为0.15～0.45 m/d时，夏季COD_{Mn}和NH_3-N的去除率分别为50%和70%；冬季可达15%和50%，去除率随水力负荷率的提高和水温的下降而降低。M. F. Coveney等通过构建2 km^2的中试规模的湿地以测试湿地修复富营养化湖泊水的营养物去除和水力性能。结果表明：当水力负荷为6.5～65 m/a，平均水力停留时间7天，进水TSS为40～180 mg/L，TP为80～380 mg/L，TN为3～9 mg/L时，去除效率TSS为89%～99%、TP为30%～67%、TN为30%～52%；当发生水力短路时，去除效果下降。

表9－5 水力平衡①

项目	1996年			1997年		
植树	+	+	+	－	+	+
引入三氯乙烷	+	+	－	+	+	－
注入量/L	32100	32100	31700	32100	81800	64300
表层水量/L	5640	5640	31700	3270	8730	8340
降雨量/L	9170	7590	9170	7590	7590	7590
加入的总水量/L	46900	45300	46500	43000	98100	80200
1997.10.10前回收量/L					530	
1997.10.10～1997.11.21回收量/L					19730	
年度回收量/L	1190	1430	2720	35000	20300	774

① 加入水是把水注入到沙土层底部或是来自降雨，通过出流井回收水。水的损失来自挥发、土壤和植物吸收。

表 9-6 进水和出水中三氯乙烷的含量、回收量、累积量(1995~1997 年)①

项目		三氯乙烷含量及回收量/mol			总回收量/mol	回收率/%
		1995 年	1996 年	1997 年		
进水三氯乙烷的量		0.93	4.5	6.26	11.7	
出水回收量	未种植树的单元	0.37	3.30		3.66	67
	种植树的单元	0.02	0.04	0.02	0.08	1
	种植树的单元	0.06	0.06		0.12	2

① 3 年内三氯乙烷的加入量和每个单元内的回收量。

9.7 生物修复的应用前景

将微生物降解技术有意识地大规模地应用于受污染的土壤治理仅仅是十几年的事,有待进一步研究和大力发展。

为了将生物修复技术发展成为成熟而可靠的技术并应用到污染土壤的实际治理中,研究工作者至少应在以下这些方面进行深入的研究与实验:

(1) 评价生物修复技术是否适合某场地时需要考虑哪些因素。

(2) 实行有效的生物修复计划时需要采取哪些步骤。

(3) 如何确定生物修复技术彻底降解污染物所需要的运行周期。

(4) 如何通过大量的现场试验获得可信的实际应用数据跟踪和记录。

(5) 怎样向土壤和地下水中有效地注入微生物、营养物和提供氧气。

(6) 怎样保证微生物与污染物有良好的接触,使污染物能被微生物迅速降解。

(7) 如何监测生物修复计划的进展和污染物降解的过程。

(8) 土壤的生物修复计划是否会造成新的污染或导致污染物的扩散。

(9) 建立有关生物修复技术应用的统一的评价程序和标准。

(10) 在生物修复中运用遗传工程技术的安全性。

(11) 将生物修复技术与物理和化学处理方法相结合,组成统一的技术体系。

发展成熟的生物修复技术,需要多方面研究和技术人员的合作。该技术的研究与应用,不仅需要有关的微生物知识,还需要对工程科学、污染物的化学性质和分析测试方法、污染物及其代谢产物的生物毒性等方面进行研究。为此,美国国家环保局下属的 5 个实验室确定了 4 个主要的研究领域以深入对生物修复技术进行研究。这 4 个研究领域是:

(1) 工程科学。生物修复技术的最终成功依赖于微生物与待降解基质(污染物)的密切接触和适当的微生物生长环境,但有些工程技术并不能保证这一点,因而降低了处理效率。工程科学研究的目标就是要为微生物提供最合适的环境,促进污染物与微生物细胞的相互接触,从而使污染物在微生物的作用下降解。

(2) 微生物学。在细胞和分子水平上研究微生物对污染物的降解作用以及污染物降解的生化过程,有助于建立特定微生物物种降解具体污染物的资料,用于针对具体污染地点的情况,选择合适的微生物物种,同时帮助判定污染物的不完全降解产物是否会造成新的环境问题。

(3) 测试和分析方法。测试和分析是生物修复研究中的重要环节,只有采用适当的采样和分析手段才能精确地判断是否发生了生物修复过程及该过程进行的程度。

(4) 生物毒性。为了保证生物修复技术的安全性,必须评价接种微生物和分解产物对人类和生态系统的卫生效应和毒性效应。因为一些污染物是致癌物和致突变化合物，而另一些污染物是前致癌物，经过微生物代谢后会产生遗传效应，因此需要发展可靠的实验方法确定这些物质的毒性和致癌特性。

生物修复技术具有广阔的应用前景，但它不是万能的，并不是在所有的情况下都能使用，也不能具有同热处理和化学处理一样的高速度，因污染物、微生物物种和具体工程技术的不同，其处理周期可以从几天到几个月。这一技术只有同物理和化学处理方法组成统一的处理技术体系，才能如人们所乐观期望的那样，为人类解决目前所面临的最困难的环境问题——有机有害污染物，提供一种可靠而有效的处理方法。在有些情况下，最经济有效的组合首先用低成本的生物修复技术将污染物处理到较低的水平，然后再采用费用较高的物理或化学方法处理残余的污染物。

生物修复是一个跨学科的领域，需要有化学、微生物学、生物化学、毒理学、工程学、土壤学、水文地质学、植物学等方面的综合知识，需要有环境化学、环境微生物学、环境工程、环境医学和生物技术等方面的专家的通力合作。

尽管生物修复技术在美国还被某些人认为是不成熟（unproved）的方法，但在环境科学界这种方法已被广泛接受并认为是具有发展前途的。目前，对污染土壤的修复研究已在许多国家展开，石油污染的现场生物修复已有应用实例，化学与生物修复相结合的技术已成为国外研究热点。

生物修复在土壤、水有机污染物的降解与环境修复中具有重要意义。利用植物或微生物进行有机污染物的生物降解是一项经济、有效、对环境具有美化效应的新兴技术，末端产物通常对环境无害，不会导致二次污染。为此，生物修复技术近年来得到了越来越广泛的应用。特别是对于残留在土壤或水体中的危险、有毒污染物，如 TNT、石油、农药、甲基汞等，生物修复技术具有独特的、不可替代的作用。近年来，生物修复技术在国内外皆得到较快发展，一批具有特殊生理生化功能的植物、微生物应运而生，基因修饰、改造、克隆与基因转移等现代生物技术的渗透，推动了生物修复技术的进一步应用与发展，同时也给人们带来了更大的希望。预计随着研究水平的不断提高，范围不断扩大，一些更加有效、适应性更强的工程植物、微生物将会诞生出来并将产生更大的自然、经济、社会效益。

由于土壤和水体有机质的原位结构、形态和成分的高度复杂性和不均匀性，所以，有机质不均匀分布和表征、环境变量引起其构型变化的直接测定和预测等，仍需要用新方法和新技术做进一步的研究。土壤和沉积物中有机化合物对微生物、植物和动物的生物有效性在制订修复清除目标、质量标准及危险性评价方面很重要；由于老化的比新加入的有机化合物难于被微生物降解，后者的降解常常留下一部分难降解部分，因此，生物有效性是完全修复污染土壤和沉积物的主要限制。慢解吸的有机污染物部分地限制了修复中广泛使用的蒸汽和水提取方法，引起污染物羽毛状迁移及拖尾，增加了清除时间和成本，而且在所有污染物去除前停止处理，地下水污染又发生，所以，必须克服慢解吸的限制，才能取得完全的修复。我国的生物修复处于刚刚起步阶段，在过去的 10 年中主要是跟踪国际生物修复技术的发展。随着人们对污染问题认识的提高，国家各项制度的完善，国家和企业对污染治理投入的增加，在今后的 10 年内我国的生物修复水平会有很大的提高。随着我国综合国力的增强、对污染物治理要求的提高以及治理手段的改进，在今后的 30 ~ 50 年内，我国生物修复技术将会有广泛的应用和质的飞跃。

小结

广义的生物修复是利用环境中的各种生物——植物、动物与微生物吸收、降解和转化环境中的污染物,使污染物的浓度降低到可接受的水平,或将有毒有害的污染物转化为无害的物质。可划分为植物修复、动物修复和微生物修复3种类型。狭义的生物修复专指土壤污染的治理。

1. 污染土壤生物修复技术主要有两类:原位生物修复或就地生物修复,一般适用污染现场;异位生物修复技术,主要包括预制床法、堆肥法、厌氧处理法和生物泥浆反应器法。

2. 污染环境的生物修复中,可利用的微生物有3类:土著微生物、外来微生物和基因工程菌。

3. 生物修复的影响因素有:非生物因素、营养物质、电子受体、复合基质、微生物的协同作用、捕食作用、种植植物。

4. 原位生物修复技术是在不破坏土壤基本结构的情况下,污染土壤不经搅动或移动,在原位和易残留部位进行的修复。

(1) 受污染的土壤可以进行原位修复的原因有两个,一是土壤中存在大量依靠有机物生活的微生物;二是进入土壤的有机化合物大部分具有可生物降解性。

(2) 影响原位修复的因素有:污染物可降解性;营养物质;电子受体;土壤特征;强化措施。

(3) 土壤有机物污染的治理主要有化学法、生物法及化学与生物相结合的修复方法。

5. 异位生物修复是利用微生物及其他生物,将存在于土壤、地下水和海洋中的有毒有害的环境污染物降解成二氧化碳和水或转化成为无害物质的工程技术系统。

(1) 微生物降解有机物有两种作用方式,一是通过微生物分泌的胞外酶降解;二是污染物被微生物吸收到微生物细胞内后,由胞内酶降解。微生物从胞外环境中吸收摄取物质的方式有:主动运输、被动扩散、基团转位、胞饮作用等。微生物降解有机污染物的基本反应有:氧化作用、还原作用、基团转移作用、水解作用、酯化作用、缩合反应、氨化作用、乙酰化作用、双键断裂反应、卤原子转移。

(2) 影响异位生物修复的环境条件有非生物因子:温度、酸碱度、氧气供应、营养物质、共存物质;生物因子:微生物的协同作用和微生物的捕食作用。

(3) 异位生物修复主要包括现场处理法、预制床法、堆置处理法、生物反应器和厌氧生物处理法等。

思考题

9-1 生物修复的方法主要有哪些?

9-2 影响原位修复的因素有哪些?

9-3 举例说明原位生物修复的机理。

9-4 影响异位修复的环境因素有哪些?

9-5 列举异位生物修复的技术方法。

9-6 生物修复的局限性有哪些?

9-7 生物修复技术的特点是什么,有哪些微生物?

9-8 与传统的污染土壤治理技术相比,土壤生物修复技术的主要特点和优点各是什么?

参考文献

1 徐海宏，李满．环境工程微生物学．北京:煤炭工业出版社，2005

2 王国惠．环境工程微生物学．北京:化学工业出版社，2005

3 李建政．环境工程微生物学．北京:化学工业出版社教材出版中心,2004

4 陈剑虹．环境工程微生物学．武汉:武汉理工大学出版社，2003

5 周群英,高廷耀．环境工程微生物学．北京:高等教育出版社，2000

6 周凤霞，白京生．环境微生物．北京:化学工业出版社，2003

7 王兰．现代环境微生物学．北京:化学工业出版社，2006

8 张兰英，刘娜，孙立波,等．现代环境微生物技术．北京:清华大学出版社，2005

9 杨柳燕，肖琳．环境微生物技术．北京:科学出版社，2003

10 王家玲．环境微生物学．北京:高等教育出版社，2003

11 杨汝德．现代工业微生物学教程．北京:高等教育出版社，2006

12 路福平．微生物学．北京:中国轻工业出版社,2005

13 岑沛霖,蔡谨．工业微生物学．北京:化学工业出版社,2000

14 金志华,林建平,梅乐和．工业微生物遗传育种学原理与应用．北京:化学工业出版社,2006

15 诸葛健．工业微生物资源开发应用与保护．北京:化学工业出版社,2002

16 廖湘萍．微生物学基础．北京:高等教育出版社,2002

17 黄秀梨．微生物学．北京:高等教育出版社,2003

18 周德庆．微生物学教程(第二版)．北京:高等教育出版社,2002

19 沈萍．微生物学. 北京:高等教育出版社,2000

20 殷士学,林海．环境微生物学. 北京:机械工业出版社,2006

21 俞俊棠,唐孝宣．生物工艺学(上、下册)．上海:华东理工大学出版社,1991

22 陈世和,陈建华,王士芬．微生物生理学原理. 上海:同济大学出版社,1992

23 张文治．微生物学. 北京:高等教育出版社,2005

24 蔡信之,黄君红．微生物学. 北京:高等教育出版社,2002

25 陈三凤,刘德虎．现代微生物遗传学. 北京:化学工业出版社,2003

26 彭燕,李戈,陈秀贤,等．抗生素产生菌诱变育种的研究进展．生物技术通报，2007,5:34~52

27 艾云灿．美国能源部资助的微生物基因组研究概况. 微生物学报,2001,41(6):757~761

28 吴谋胜,彭宣宪．微生物蛋白质组学研究进展. 微生物学报,2002,42(2):251~254

29 谢建平,陈永青,王洪海．用微生物基因组开发对付感染性疾病的新措施. 微生物学通报,2002,29(2):81~85

30 潘学东,虞云龙. 生物修复中细菌的遗传修饰. 微生物学报,2002,42(1):121~124

31 Makarova K S, Aravind L, Wolf Y L, et al. Genome of the extremely radiation-resistant bacterium Deinococcus radiodurans viewed from the perspective of comparative genomics. Microbiol Mol Biol Rev. 2001, 65(1): 44~79

32 Suh S J, Runyen-Janecky L J, Maleniak T C, et al. Effect of vfr mutation on global gene expression and catabolite repression control of *Pseudomonas aeruginosa*. Microbiology. 2002, 148(5): 1561~1569

33 Thongboonkerd V, Luengpailin J, Cao J, et al. Fluoride exposure attenuates expression of Streptococcus pyogenes virulence factors. J Biol Chem. 2002, 277(19): 16599~16605

34 周少奇．环境生物技术. 北京:科学出版社,2003

35 曾向东,林大泉. 石油化工废气处理技术现状及发展动向. 石油化工环境保护,2002,25(3):40~43

36 李琳,刘俊新. 挥发性有机污染物与恶臭的生物处理技术及其工艺选择. 环境污染治理技术与设备,

2001,2(5):41~45
37 王玉亭,郭兵兵,曾向东,等. 用生物过滤法净化炼油污水处理设施排放的废气. 石油炼制与化工,2003,34(4):54~57
38 马艳玲,赵景联,杨伯伦,等. 微生物法处理含硫工业废气. 现代化工,2002,22(3):48~51
39 李淑芹,王帆,闫蕾. 微生物脱臭的技术研究. 东北农业大学学报,2003,43(1):101~104
40 张鸿郭,周少奇,石永. 恶臭气体微生物处理技术研究进展. 四川环境,2006,25(3):95~100
41 苑宏英,郭静. 工业废气的生物处理方法. 天津城市建设学院学报,2002,8(3):176~178
42 于涛,李荫堂,黄卓,等. 微生物法在大气污染治理中的应用. 低温与特气,2004,22(8):30~34
43 张彭义,余刚,蒋展鹏. 挥发性有机物和臭味的生物过滤处理. 环境污染治理技术与设备,2000,1(1):1~7
44 Sheridan B A, Curran T P, Dodd V A. Biofiltration of n-butyric acid for the control of odour. Bioresource Technology, 2003, 89: 199~205
45 任南琪,马放,等. 污染控制微生物学原理与应用. 北京:化学工业出版社,2003
46 张胜华. 水处理微生物学. 北京:化学工业出版社教材出版中心,2005
47 [英]. 尼克林 J 等. 微生物学. 林稚兰,等译. 北京:科学出版社,2000
48 李军,杨秀山,彭永臻. 微生物与水处理工程. 北京:化学工业出版社,2002
49 吴桐. 中国城市垃圾、污水处理技术实务. 北京:世界知识出版社,2001
50 叶创兴,周昌清,王金发. 生命科学基础教程. 北京:高等教育出版社,2006
51 朱能武. 固体废物处理与应用. 北京:北京大学出版社,2006
52 高艳玲. 固体废物处理处置与工程实例. 北京:中国建材工业出版社,2004
53 聂永丰. 三废处理工程技术手册:固体废物卷. 北京:化学工业出版社,2000
54 何品晶,顾国维,李笃中,等. 城市污泥处理与利用. 北京:科学出版社,2003
55 [美]普雷斯科特. 微生物学(第五版). 沈萍译. 北京:高等教育出版社,2003
56 孙永明,李国学,张夫道,等. 中国农业废弃物资源化现状与发展战略. 农业工程学报,2005,21(8):169~173
57 石磊,赵由才,柴晓利. 我国农作物秸秆的综合利用技术进展. 中国沼气,2005,23(2):11~19
58 包木太,王兵,李希明,等. 含油污泥生物处理技术研究. 自然资源学报,2007,22(6):865~871
59 马明筠,谭革. 秸秆发酵饲料的研究与应用. 湖北三峡职业技术学院学报,2006,3(1):68~71
60 李伟英. 给水生物预处理工艺中生物相变迁规律及作用. 环境与开发,2000,15(2):5~8
61 董保澍. 我国工业固体废弃物现状和处理对策. 中国环保产业,2001.10:20~21
62 边凌飞,杜璋璋. 饮用水的消毒技术及发展. 济宁师范专科学校学报,2004,25(6):9~11
63 王擎,梁爽,郑爽英,等. 饮用水消毒技术研究与应用. 中国消毒学杂志,2006,23(4):349~351
64 刘文君. 给水处理消毒技术发展展望. 给水排水,2004,30(1):2~5
65 朱光童. 给水中的生物预处理技术. 中外房地产导报,2003,21
66 刘继凤. 浅谈饮用水微量有机污染物处理技术. 环境科学与管理,2007,32(4):99~101
67 刘敏敏,吴云海,杨凤. 生物活性炭处理废水中有机物的研究探讨. 江苏环境科技,2006,19(增刊2):40~42
68 刘秉涛,徐菲,娄渊知. 饮用水深度处理技术现状及工艺比较. 水科学与工程技术,2007,(3):7~10
69 Rittmann B E,McCarty P L. 环境生物技术——原理与应用. 文湘华,王建龙,等译. 北京:清华大学出版社,2004
70 朱启红. 畜禽粪便的综合利用. 农机化研究,2007,(8):236~238
71 李淑芹,胡玖坤. 畜禽粪便污染及治理技术. 可再生能源,2003,(107):21~23
72 薛智勇,汤江武. 畜禽废弃物的无害化处理与资源化利用技术进展. 浙江农业科学,2002,(1):45~47,(2):99~100

73 (美)格拉泽 A N, 二介堂弘．微生物生物技术．现代生物技术译丛．北京:科学出版社, 2002
74 张锡辉．水环境修复工程学原理与应用．北京:化学工业出版社, 2002
75 张悦．污水生物处理应用技术及工程实例. 北京:化学工业出版社,2006
76 陈玉成．污染环境生物修复工程. 北京:化学工业出版社,2003
77 陈坚．环境生物技术应用与发展. 北京:中国轻工业出版社,2001
78 Madigan, Martinko, Parker. Brock Biology of Microorganisms. London: Prentice-Hall International Limited, 2000

术语索引

冶金工业出版社部分图书推荐

书　　名	定价(元)
化验师技术问答	79.00
矿山过程废水处理与利用	26.00
氮氧化物减排技术与烟气脱硝工程	29.00
环境保护及其法规(第2版)	45.00
环保知识400问(第3版)	26.00
二氧化硫减排技术与烟气脱硫工程	56.00
膜法水处理技术(第2版)	32.00
工业水处理技术的系统方法	14.00
三废治理与利用	60.00
环保工作者实用手册(第2版)	118.00
高浓度有机废水处理技术与工程应用	69.00
防尘与分离技术	36.00
环境污染控制工程	49.00
焦化废水无害化处理与回用技术	28.00
含砷难处理金矿石的生物氧化工艺及应用	25.00
袋式除尘技术	125.00
矿山通风与环保	16.00
微生物湿法冶金	33.00
除尘与分离技术	36.00
现代除尘理论与技术	26.00
除尘技术手册(精)	78.00
工业除尘设备——设计、制作、安装与管理	158.00
钢铁工业废水资源回用技术与应用	68.00
电炉炼钢除尘	45.00
钢铁冶金的环保与节能	39.00
工业防毒技术	28.00
烟尘纤维过滤理论、技术与应用	45.00